MDCCCLXXI.

Published by

JAMES MACLEHOSE, GLASGOW, PUBLISHER TO THE UNIVERSITY.

LONDON, CAMBRIDGE AND NEW YORK:
MACMILLAN AND CO.

SIR ISAAC NEWTON'S

PRINCIPIA

REPRINTED FOR

SIR WILLIAM THOMSON LL.D.
LATE FELLOW OF ST. PETER'S COLLEGE, CAMBRIDGE

AND

HUGH BLACKBURN M.A.
LATE FELLOW OF TRINITY COLLEGE, CAMBRIDGE

PROFESSORS OF NATURAL PHILOSOPHY AND MATHEMATICS IN THE UNIVERSITY OF GLASGOW

GLASGOW

JAMES MACLEHOSE, PUBLISHER TO THE UNIVERSITY

PRINTED BY ROBERT MACLEHOSE

MDCCCLXXI

NOTICE.

Finding that all the Editions of the *PRINCIPIA* are now out of print, we have been induced to reprint NEWTON's *last Edition without note or comment, only introducing the "Corrigenda" of the old copy and correcting typographical errors.*

W. T.
H. B.

UNIVERSITY OF GLASGOW, 1871.

PHILOSOPHIÆ

NATURALIS

PRINCIPIA

MATHEMATICA.

AUCTORE

ISAACO NEWTONO, Eq. Aur.

Editio tertia aucta & emendata.

LONDINI:

Apud Guil. & Joh. Innys, Regiæ Societatis typographos.
MDCCXXVI.

1871—Reprinted by Robert MacLehose.

Published by James MacLehose, Glasgow, Publisher to the University.

ILLUSTRISSIMÆ

SOCIETATI REGALI

A

SERENISSIMO REGE

CAROLO II

AD PHILOSOPHIAM PROMOVENDAM

FUNDATÆ

ET

AUSPICIIS

SERENISSIMI REGIS

GEORGII

FLORENTI

TRACTATUM HUNC D.D.D.

IS. NEWTON.

VIRI PRÆSTANTISSIMI

ISAACI NEWTONI

OPUS HOCCE

MATHEMATICO-PHYSICUM

SECULI GENTISQUE NOSTRÆ DECUS EGREGIUM.

EN tibi norma poli, & divæ libramina molis,
    Computus en Jovis; & quas, dum primordia rerum
Pangeret, omniparens leges violare creator
Noluit, atque operum quæ fundamenta locârit.
Intima panduntur victi penetralia cæli,
Nec latet extremos quæ vis circumrotat orbes.
Sol solio residens ad se jubet omnia prono
Tendere descensu, nec recto tramite currus
Sidereos patitur vastum per inane moveri;
Sed rapit immotis, se centro, singula gyris.
Jam patet horrificis quæ sit via flexa cometis;
Jam non miramur barbati phænomena astri.
Discimus hinc tandem qua causa argentea Phœbe
Passibus haud æquis graditur; cur subdita nulli
Hactenus astronomo numerorum fræna recuset:
Cur remeant nodi, curque auges progrediuntur.
Discimus & quantis refluum vaga Cynthia pontum
Viribus impellit, fessis dum fluctibus ulvam
Deserit, ac nautis suspectas nudat arenas;
Alternis vicibus suprema ad littora pulsans.
Quæ toties animos veterum torsere sophorum.

Quæque scholas frustra rauco certamine vexant,
Obvia conspicimus, nubem pellente mathesi.
Jam dubios nulla caligine prægravat error,
Queis superum penetrare domos atque ardua cæli
Scandere sublimis genii concessit acumen.

    Surgite mortales, terrenas mittite curas;
Atque hinc cæligenæ vires dignoscite mentis,
A pecudum vita longe lateque remotæ.
Qui scriptis jussit tabulis compescere cædes,
Furta & adulteria, & perjuræ crimina fraudis;
Quive vagis populis circundare mœnibus urbes
Auctor erat; Cererisve beavit munere gentes;
Vel qui curarum lenimen pressit ab uva;
Vel qui Niliaca monstravit arundine pictos
Consociare sonos, oculisque exponere voces;
Humanam sortem minus extulit: utpote pauca
Respiciens miseræ tantum solamina vitæ.
Jam vero superis convivæ admittimur, alti
Jura poli tractare licet, jamque abdita cæcæ
Claustra patent terræ, rerumque immobilis ordo,
Et quæ præteriti latuerunt secula mundi.
· Talia monstrantem mecum celebrate camænis,
Vos ô cælicolum gaudentes nectare vesci,
NEWTONUM clausi reserantem scrinia veri,
NEWTONUM Musis charum, cui pectore puro
Phœbus adest, totoque incessit numine mentem:
Nec fas est propius mortali attingere divos.

EDM. HALLEY.

AUCTORIS PRÆFATIO

AD LECTOREM.

*C*UM *veteres* mechanicam (*uti auctor est* Pappus) *in rerum natur-*
alium investigatione maximi fecerint; & recentiores, missis
formis substantialibus & qualitatibus occultis, phænomena naturæ ad
leges mathematicas revocare aggressi sint: Visum est in hoc tractatu
mathesin *excolere, quatenus ea ad* philosophiam *spectat.* Mechanicam
vero duplicem veteres constituerunt: rationalem, *quæ per demon-*
strationes accurate procedit, & practicam. *Ad practicam spectant*
artes omnes manuales, a quibus utique mechanica *nomen mutuata est.*
Cum autem artifices parum accurate operari soleant, fit ut mechanica
omnis a geometria *ita distinguatur, ut quicquid accuratum sit ad*
geometriam *referatur, quicquid minus accuratum ad* mechanicam.
Attamen errores non sunt artis, sed artificum. Qui minus accurate
operatur, imperfectior est mechanicus, & si quis accuratissime operari
posset, hic foret mechanicus omnium perfectissimus. Nam & linearum
rectarum & circulorum descriptiones, in quibus geometria *fundetur,*
ad mechanicam *pertinent. Has lineas describere* geometria *non docet,*
sed postulat. Postulat enim ut tyro easdem accurate describere prius
didiceret, quam limen attingat geometriæ*; dein, quomodo per has*
operationes problemata solvantur, docet; rectas & circulos describere
problemata sunt, sed non geometrica. Ex mechanica *postulatur horum*
solutio, in geometria *docetur solutorum usus. Ac gloriatur* geometria
quod tam paucis principiis aliunde petitis tam multa præstet. Fun-
datur igitur geometria *in praxi mechanica, & nihil aliud est quam*
mechanicæ universalis *pars illa, quæ artem mensurandi accurate pro-*
ponit ac demonstrat. Cum autem artes manuales in corporibus moven-
dis præcipue versentur, fit ut geometria *ad magnitudinem,* mechanica
ad motum vulgo referatur. Quo sensu mechanica rationalis *erit*
scientia motuum, qui ex viribus quibuscunque resultant, & virium

.

quæ ad motus quoscunque requiruntur, accurate proposita ac demonstrata. Pars hæc mechanicæ *a veteribus in* potentiis quinque *ad artes manuales spectantibus exculta fuit, qui gravitatem (cum potentia manualis non sit) vix aliter quam in ponderibus per potentias illas movendis considerarunt. Nos autem non artibus sed philosophiæ consulentes, deque potentiis non manualibus sed naturalibus scribentes, ea maxime tractamus, quæ ad gravitatem, levitatem, vim elasticam, resistentiam fluidorum & ejusmodi vires seu attractivas seu impulsivas spectant: Et ea propter, hæc nostra tanquam philosophiæ principia mathematica proponimus. Omnis enim philosophiæ difficultas in eo versari videtur, ut a phænomenis motuum investigemus vires naturæ, deinde ab his viribus demonstremus phænomena reliqua. Et huc spectant propositiones generales, quas libro primo & secundo pertractavimus. In libro autem tertio exemplum hujus rei proposuimus per explicationem systematis mundani. Ibi enim, ex phænomenis cœlestibus, per propositiones in libris prioribus mathematice demonstratas, derivantur vires gravitatis, quibus corpora ad solem & planetas singulos tendunt. Deinde ex his viribus per propositiones etiam mathematicas, deducuntur motus planetarum, cometarum, lunæ & maris. Utinam cætera naturæ phænomena ex principiis mechanicis eodem argumentandi genere derivare liceret. Nam multa me movent, ut nonnihil suspicer ea omnia ex viribus quibusdam pendere posse, quibus corporum particulæ per causas nondum cognitas vel in se mutuo impelluntur & secundum figuras regulares cohærent, vel ab invicem fugantur & recedunt: quibus viribus ignotis, philosophi hactenus naturam frustra tentarunt. Spero autem quod vel huic philosophandi modo, vel veriori alicui, principia hic posita lucem aliquam præbebunt.*

In his edendis, vir acutissimus & in omni literarum genere eruditissimus Edmundus Halleius *operam navavit, nec solum typothetarum sphalmata correxit & schemata incidi curavit, sed etiam auctor fuit, ut horum editionem aggrederer. Quippe cum demonstratam a me figuram orbium cœlestium impetraverat, rogare non destitit, ut eandem cum* Societate Regali *communicarem, quæ deinde hortatibus & benignis suis auspiciis effecit, ut de eadem in lucem emittenda cogitare inciperem. At postquam motuum lunarium inæqualitates aggressus essem, deinde etiam alia tentare cœpissem, quæ ad leges & mensuras gravitatis & aliarum virium, & figuras a corporibus secundum* datas quascunque leges attractis describendas, ad motus corporum plurium inter se, ad motus corporum in mediis resistentibus, ad vires, densitates & motus mediorum, ad orbes cometarum & similia spectant, editionem in aliud tempus differendam esse putavi, ut cætera rimarer & una in publicum darem.   Quæ ad motus lunares spectant (imperfecta cum sint) in corollariis propositionis LXVI simul complexus sum, ne singula methodo prolixiore quam pro rei dignitate proponere, & sigillatim demonstrare tenerer, & seriem reliquarum propositionum interrumpere.   Nonnulla sero inventa locis minus idoneis inserere malui, quam numerum propositionum & citationes mutare.   Ut omnia candide legantur, & defectus in materia tam difficili non tam reprehendantur, quam novis lectorum conatibus investigentur, & benigne suppleantur, enixe rogo.

Dabam *Cantabrigiæ*, e Collegio
  S. *Trinitatis*, Maii 8, 1686.

IS. NEWTON.

AUCTORIS PRÆFATIO

IN

EDITIONEM SECUNDAM.

IN hac secunda Principiorum editione multa sparsim emendantur, & nonnulla adjiciuntur. In libri primi sectione II inventio virium, quibus corpora in orbibus datis revolvi possint, facilior redditur & amplior. In libri secundi sectione VII theoria resistentiæ fluidorum accuratius investigatur, & novis experimentis confirmatur. In libro tertio theoria lunæ & præcessio æquinoctiorum ex principiis suis plenius deducuntur, & theoria cometarum pluribus & accuratius computatis orbium exemplis confirmatur.

Dabam *Londini*, Mar. 28, 1713.

IS. NEWTON.

EDITORIS PRÆFATIO

EDITIONEM SECUNDAM.

NEWTONIANÆ philosophiæ novam tibi, lector benevole, diuque desideratam editionem, plurimum nunc emendatam atque auctiorem exhibemus. Quæ potissimum contineantur in hoc opere celeberrimo, intelligere potes ex indicibus adjectis: quæ vel addantur vel immutentur, ipsa te fere docebit auctoris præfatio. Reliquum est, ut adjiciantur nonnulla de methodo hujus philosophiæ.

Qui physicam tractandam susceperunt, ad tres fere classes revocari possunt. Extiterunt enim, qui singulis rerum speciebus qualitates specificas & occultas tribuerint; ex quibus deinde corporum singulorum operationes, ignota quadam ratione, pendere voluerunt. In hoc posita est summa doctrinæ scholasticæ, ab *Aristotele* & Peripateticis derivatæ: Affirmant utique singulos effectus ex corporum singularibus naturis oriri; at unde sint illæ naturæ non docent; nihil itaque docent. Cumque toti sint in rerum nominibus, non in ipsis rebus; sermonem quendam philosophicum censendi sunt adinvenisse, philosophiam tradidisse non sunt censendi.

Alii ergo melioris diligentiæ laudem consequi sperarunt rejecta vocabulorum inutili farragine. Statuerunt itaque materiam universam homogeneam esse, omnem vero formarum varietatem, quæ in corporibus cernitur, ex particularum componentium simplicissimis quibusdam & intellectu facillimis affectionibus oriri. Et recte quidem progressio instituitur a simplicioribus ad magis composita, si particularum primariis illis affectionibus non alios tribuunt modos, quam quos ipsa tribuit natura. Verum ubi licentiam sibi assumunt, ponendi quascunque libet ignotas partium figuras & magnitudines, incertosque situs & motus; quin & fingendi fluida quædam occulta, quæ corporum poros liberrime permeent, omnipotente prædita subtilitate, motibusque occultis agitata; jam ad somnia delabuntur, neglecta rerum constitutione vera: quæ sane frustra petenda est ex fallacibus conjecturis, cum vix etiam per certissimas observationes investigari possit. Qui speculationum suarum fundamentum desumunt ab hypothesibus; etiamsi deinde secundum leges mechanicas accuratissime procedant; fabulam quidem elegantem forte & venustam, fabulam tamen concinnare dicendi sunt.

Relinquitur adeo tertium genus, qui philosophiam scilicet experimentalem profitentur. Hi quidem ex simplicissimis quibus possunt principiis rerum omnium causas derivandas esse volunt: nihil autem principii loco assumunt, quod nondum ex phænomenis comprobatum fuerit. Hypotheses non comminiscuntur, neque in physicam recipiunt, nisi ut quæstiones de quarum veritate disputetur. Duplici itaque methodo incedunt, analytica & synthetica. Naturæ vires legesque virium simpliciores ex selectis quibusdam phænomenis per analysin deducunt, ex quibus deinde per synthesin reliquorum constitutionem tradunt. Hæc illa est philosophandi ratio longe optima, quam præ cæteris merito amplectendum censuit celeberrimus auctor noster. Hanc solam utique dignam judicavit, in qua excolenda atque adornanda operam suam collocaret. Hujus igitur illustrissimum dedit exemplum, mundani nempe systematis explicationem e theoria gravitatis felicissime deductam. Gravitatis virtutem universis corporibus inesse suspicati sunt vel finxerunt alii: primus ille & solus ex apparentiis demonstrare potuit, & speculationibus egregiis firmissimum ponere fundamentum.

Scio equidem nonnullos magni etiam nominis viros, præjudiciis quibusdam plus æquo occupatos, huic novo principio ægre assentiri potuisse, & certis incerta identidem prætulisse. Horum famam vellicare non est animus: tibi potius, benevole lector, illa paucis exponere lubet, ex quibus tute ipse judicium non iniquum feras.

Igitur ut argumenti sumatur exordium a simplicissimis & proximis; dispiciamus paulisper qualis sit in terrestribus natura gravitatis, ut deinde tutius progrediamur ubi ad corpora cælestia, longissime a sedibus nostris remota, perventum fuerit. Convenit jam inter omnes philosophos corpora universa circumterrestria gravitare in terram. Nulla dari corpora vere levia jamdudum confirmavit experientia multiplex. Quæ dicitur levitas relativa, non est vera levitas, sed apparens solummodo; & oritur a præpollente gravitate corporum contiguorum.

Porro, ut corpora universa gravitent in terram, ita terra vicissim in corpora æqualiter gravitat; gravitatis enim actionem esse mutuam & utrinque æqualem sic ostenditur. Distinguatur terræ totius moles in binas quascunque partes, vel æquales vel utcunque inæquales: jam si pondera partium non essent in se mutuo æqualia; cederet pondus minus majori, & partes conjunctæ pergerent recta moveri ad infinitum, versus plagam in quam tendit pondus majus: omnino contra experientiam. Itaque dicendum erit pondera partium in æquilibrio esse constituta: hoc est, gravitatis actionem esse mutuam & utrinque æqualem.

Pondera corporum, æqualiter a centro terræ distantium, sunt ut quantitates materiæ in corporibus. Hoc utique colligitur ex æquali acceleratione corporum omnium, e quiete per ponderum vires cadentium: nam vires quibus inæqualia corpora æqualiter accelerantur, debent esse proportionales quantitatibus materiæ movendæ. Jam vero corpora universa cadentia æqualiter accelerari ex eo patet, quod in vacuo *Boyliano* temporibus æqualibus æqualia spatia cadendo describunt, sublata scilicet aëris resistentia: accuratius autem comprobatur per experimenta pendulorum.

Vires attractivæ corporum, in æqualibus distantiis, sunt ut quantitates materiæ in corporibus. Nam cum corpora in terram & terra vicissim in corpora momentis æqualibus gravitent; terræ pondus in unumquodque corpus, seu vis qua corpus terram attrahit, æquabitur ponderi corporis ejusdem in terram. Hoc autem pondus erat ut quantitas materiæ in corpore: itaque vis qua corpus unumquodque terram attrahit, sive corporis vis absoluta, erit ut eadem quantitas materiæ.

Oritur ergo & componitur vis attractiva corporum integrorum ex viribus attractivis partium: siquidem aucta vel diminuta mole materiæ ostensum est proportionaliter augeri vel diminui ejus virtutem. Actio itaque telluris ex conjunctis partium actionibus conflari censenda erit; atque adeo corpora omnia terrestria se mutuo trahere oportet viribus absolutis, quæ sint in ratione materiæ trahentis. Hæc est natura gravitatis apud terram : videamus jam qualis sit in cælis.

Corpus omne perseverare in statu suo vel quiescendi vel movendi uniformiter in directum, nisi quatenus a viribus impressis cogitur statum illum mutare ; naturæ lex est ab omnibus recepta philosophis. Inde vero sequitur corpora, quæ in curvis moventur, atque adeo de lineis rectis orbitas suas tangentibus jugiter abeunt, vi aliqua perpetuo agente retineri in itinere curvilineo. Planetis igitur in orbibus curvis revolventibus necessario aderit vis aliqua, per cujus actiones repetitas indesinenter a tangentibus deflectantur.

Jam illud concedi æquum est, quod mathematicis rationibus colligitur & certissime demonstratur ; corpora nempe omnia, quæ moventur in linea aliqua curva in plano descripta, quæque radio ducto ad punctum vel quiescens vel utcunque motum describunt areas circa punctum illud temporibus proportionales, urgeri a viribus quæ ad idem punctum tendunt. Cum igitur in confesso sit apud astronomos planetas primarios circum solem, secundarios vero circum suos primarios, areas describere temporibus proportionales ; consequens est ut vis illa, qua perpetuo detorquentur a tangentibus rectilineis & in orbitis curvilineis revolvi coguntur, versus corpora dirigatur quæ sita sunt in orbitarum centris. Hæc itaque vis non inepte vocari potest, respectu quidem corporis revolventis, centripeta ; respectu autem corporis centralis, attractiva ; a quacunque demum causa oriri fingatur.

Quin & hæc quoque concedenda sunt, & mathematice demonstrantur : Si corpora plura motu æquabili revolvantur in circulis concentricis, & quadrata temporum periodicorum sint ut cubi distantiarum a centro communi ; vires centripetas revolventium fore reciproce ut quadrata distantiarum. Vel, si corpora revolvantur in orbitis quæ sunt circulis finitimæ, & quiescant orbitarum apsides ; vires centripetas revolventium fore reciproce ut quadrata distantiarum. Obtinere casum alterutrum in planetis universis consentiunt astronomi. Itaque vires centripetæ planetarum omnium sunt reciproce ut quadrata distantiarum ab orbium centris. Si quis objiciat planetarum, & lunæ præsertim, apsides non penitus quiescere : sed motu quodam lento ferri in consequentia : responderi potest, etiamsi concedamus hunc motum tardissimum exinde profectum esse quod vis centripetæ proportio aberret aliquantum a duplicata, aberrationem illam per computum mathematicum inveniri posse & plane insensibilem esse. Ipsa enim ratio vis centripetæ lunaris, quæ omnium maxime turbari debet, paululum quidem duplicatam superabit; ad hanc vero sexaginta fere vicibus propius accedet quam ad triplicatam. Sed verior erit responsio, si dicamus hanc apsidum progressionem, non ex aberratione a duplicata proportione, sed ex alia prorsus diversa causa oriri, quemadmodum egregie commonstratur in hac philosophia. Restat ergo ut vires centripetæ, quibus planetæ primarii tendunt versus solem & secundarii versus primarios suos, sint accurate ut quadrata distantiarum reciproce.

Ex iis quæ hactenus dicta sunt constat planetas in orbitis suis retineri per vim aliquam in ipsos perpetuo agentem : constat vim illam dirigi semper versus orbitarum centra : constat hujus efficaciam augeri in accessu ad centrum, diminui in recessu ab eodem : & augeri quidem in eadem proportione qua diminuitur quadratum distantiæ, diminui in eadem proportione qua distantiæ quadratum augetur. Videamus jam, comparatione instituta inter planetarum vires centripetas & vim gravitatis, annon ejusdem forte sint generis. Ejusdem vero generis erunt, si deprehendantur hinc & inde leges eædem, eædemque affectiones. Primo itaque lunæ, quæ nobis proxima est, vim centripetam expendamus.

Spatia rectilinea, quæ a corporibus e quiete demissis dato tempore sub ipso motus initio describuntur, ubi a viribus quibuscunque urgentur, proportionalia sunt ipsis viribus : hoc utique consequitur ex ratiociniis mathematicis. Erit igitur vis centripeta lunæ, in orbita sua revolventis, ad vim gravitatis in superficie terræ, ut spatium quod tempore quam minimo describeret luna descendendo per vim centripetam versus terram, si circulari omni motu privari fingeretur, ad spatium quod eodem tempore quam minimo describit grave corpus in vicinia terræ, per vim gravitatis suæ cadendo. Horum spatiorum prius æquale est arcus a luna per idem tempus descripti sinui verso, quippe qui lunæ translationem de tangente, factam a vi centripeta, metitur ; atque adeo computari potest ex datis tum lunæ

b

tempore periodico, tum distantia ejus a centro terræ. Spatium posterius invenitur per experimenta pendulorum, quemadmodum docuit
Hugenius. Inito itaque calculo, spatium prius ad spatium posterius,
seu vis centripeta lunæ in orbita sua revolventis ad vim gravitatis in
superficie terræ, erit ut quadratum semidiametri terræ ad orbitæ
semidiametri quadratum. Eandem habet rationem, per ea quæ
superius ostenduntur, vis centripeta lunæ in orbita sua revolventis
ad vim lunæ centripetam prope terræ superficiem. Vis itaque
centripeta prope terræ superficiem æqualis est vi gravitatis. Non
ergo diversæ sunt vires, sed una atque eadem : si enim diversæ essent,
corpora viribus conjunctis duplo celerius in terram caderent quam ex
vi sola gravitatis. Constat igitur vim illam centripetam, qua luna
perpetuo de tangente vel trahitur vel impellitur & in orbita retinetur, ipsam esse vim gravitatis terrestris ad lunam usque pertingentem.
Et rationi quidem consentaneum est ut ad ingentes distantias illa sese
virtus extendat, cum nullam ejus sensibilem imminutionem, vel in
altissimis montium cacuminibus, observare licet. Gravitat itaque
luna in terram : quin & actione mutua terra vicissim in lunam
æqualiter gravitat : id quod abunde quidem confirmatur in hac
philosophia, ubi agitur de maris æstu & æquinoctiorum præcessione,
ab actione tum lunæ tum solis in terram oriundus. Hinc & illud
tandem edocemur, qua nimirum lege vis gravitatis decrescat in
majoribus a tellure distantiis. Nam cum gravitas non diversa sit a
vi centripeta lunari, hæc vero sit reciproce proportionalis quadrato
distantiæ ; diminuetur & gravitas in eadem ratione.

Progrediamur jam ad planetas reliquos. Quoniam revolutiones
primariorum circa solem & secundariorum circa jovem & saturnum
sunt phænomena generis ejusdem ac revolutio lunæ circa terram,
quoniam porro demonstratum est vires centripetas primariorum
dirigi versus centrum solis, secundariorum versus centra jovis &
saturni, quemadmodum lunæ vis centripeta versus terræ centrum
dirigitur ; adhæc, quoniam omnes illæ vires sunt reciproce ut quadrata
distantiarum a centris, quemadmodum vis lunæ est ut quadratum
distantiæ a terra : concludendum erit eandem esse naturam universis.
Itaque ut luna gravitat in terram, & terra vicissim in lunam ; sic etiam
gravitabunt omnes secundarii in primarios suos, & primarii vicissim

in secundarios; sic & omnes primarii in solem, & sol vicissim in primarios.

Igitur sol in planetas universos gravitat & universi in solem. Nam secundarii dum primarios suos comitantur, revolvuntur interea circum solem una cum primariis. Eodem itaque argumento, utriusque generis planetæ gravitant in solem, & sol in ipsos. Secundarios vero planetas in solem gravitare abunde insuper constat ex inæqualitatibus lunaribus; quarum accuratissimam theoriam, admiranda sagacitate patefactam, in tertio hujus operis libro expositam habemus.

Solis virtutem attractivam quoquoversum propagari ad ingentes usque distantias, & sese diffundere ad singulas circumjecti spatii partes, apertissime colligi potest ex motu cometarum; qui ab immensis intervallis profecti feruntur in viciniam solis, & nonnunquam adeo ad ipsum proxime accedunt ut globum ejus, in periheliis suis versantes, tantum non contingere videantur. Horum theoriam, ab astronomis antehac frustra quæsitam, nostro tandem sæculo feliciter inventam & per observationes certissime demonstratam præstantissimo nostro auctori debemus. Patet igitur cometas in sectionibus conicis umbilicos in centro solis habentibus moveri, & radiis ad solem ductis areas temporibus proportionales describere. Ex hisce vero phænomenis manifestum est & mathematice comprobatur vires illas, quibus cometæ retinentur in orbitis suis, respicere solem & esse reciproce ut quadrata distantiarum ab ipsius centro. Gravitant itaque cometæ in solem: atque adeo solis vis attractiva non tantum ad corpora planetarum in datis distantiis & in eodem fere plano collocata, sed etiam ad cometas in diversissimis cælorum regionibus & in diversissimis distantiis positos pertingit. Hæc igitur est natura corporum gravitantium, ut vires suas edant ad omnes distantias in omnia corpora gravitantia. Inde vero sequitur planetas & cometas universos se mutuo trahere, & in se mutuo graves esse: quod etiam confirmatur ex perturbatione jovis & saturni, astronomis non incognita, & ab actionibus horum planetarum in se invicem oriunda; quin & ex motu illo lentissimo apsidum, qui supra memoratus est, quique a causa consimili proficiscitur.

Eo demum pervenimus ut dicendum sit & terram & solem & corpora omnia cælestia, quæ solem comitantur, se mutuo attrahere.

Singulorum ergo particulæ quæque minimæ vires suas attractivas habebunt, pro quantitate materiæ pollentes; quemadmodum supra de terrestribus ostensum est.   In diversis autem distantiis erunt & harum vires in duplicata ratione distantiarum reciproce: nam ex particulis hac lege trahentibus componi debere globos eadem lege trahentes mathematice demonstratur.

Conclusiones præcedentes huic innituntur Axiomati, quod a nullis non recipitur philosophis; effectuum scilicet ejusdem generis, quorum nempe quæ cognoscuntur proprietates eædem sunt, easdem esse causas & easdem esse proprietates quæ nondum cognoscuntur.   Quis enim dubitat, si gravitas sit causa descensus lapidis in *Europa,* quin eadem sit causa descensus in *America?* Si gravitas mutua fuerit inter lapidem & terram in *Europa;* quis negabit mutuam esse in *America?* Si vis attractiva lapidis & terræ componatur in *Europa* ex viribus attractivis partium; quis negabit similem esse compositionem in *America?* Si attractio terræ ad omnium corporum genera & ad omnes distantias propagetur in *Europa;* quidni pariter propagari dicamus in *America?* In hac regula fundatur omnis philosophia: quippe qua sublata nihil affirmare possimus de universis.   Constitutio rerum singularum innotescit per observationes & experimenta: inde vero non nisi per hanc regulam de rerum universarum natura judicamus.

Jam cum gravia sint omnia corpora, quæ apud terram vel in cælis reperiuntur, de quibus experimenta vel observationes instituere licet; omnino dicendum erit gravitatem corporibus universis competere. Et quemadmodum nulla concipi debent corpora, quæ non sint extensa, mobilia & impenetrabilia; ita nulla concipi debere, quæ non sint gravia.   Corporum extensio, mobilitas & impenetrabilitas non nisi per experimenta innotescunt: eodem plane modo gravitas innotescit. Corpora omnia de quibus observationes habemus, extensa sunt & mobilia & impenetrabilia: & inde concludimus corpora universa, etiam illa de quibus observationes non habemus, extensa esse & mobilia & impenetrabilia.   Ita corpora omnia sunt gravia, de quibus observationes habemus: & inde concludimus corpora universa, etiam illa de quibus observationes non habemus, gravia esse.   Si quis dicat corpora stellarum inerrantium non esse gravia, quandoquidem eorum gravitas nondum est observata; eodem argumento dicere licebit neque extensa esse, nec mobilia, nec impenetrabilia, cum hæ fixarum affectiones nondum sint observatæ. Quid opus est verbis? inter primarias qualitates corporum universorum vel gravitas habebit locum; vel extensio, mobilitas & impenetrabilitas non habebunt. Et natura rerum vel recte explicabitur per corporum gravitatem, vel non recte explicabitur per corporum extensionem, mobilitatem & impenetrabilitatem.

Audio nonnullos hanc improbare conclusionem, & de occultis qualitatibus nescio quid mussitare. Gravitatem scilicet occultum esse quid, perpetuo argutari solent; occultas vero causas procul esse ablegandas a philosophia. His autem facile respondetur; occultas esse causas, non illas quidem quarum existentia per observationes clarissime demonstratur, sed has solum quarum occulta est & ficta existentia nondum vero comprobata. Gravitas ergo non erit occulta causa motuum cælestium; siquidem ex phænomenis ostensum est, hanc virtutem revera existere. Hi potius ad occultas confugiunt causas; qui nescio quos vortices, materiæ cujusdam prorsus fictitiæ & sensibus omnino ignotæ, motibus iisdem regendis præficiunt.

Ideone autem gravitas occulta causa dicetur, eoque nomine rejicietur e philosophia, quod causa ipsius gravitatis occulta est & nondum inventa? Qui sic statuunt, videant nequid statuant absurdi, unde totius tandem philosophiæ fundamenta convellantur. Etenim causæ continuo nexu procedere solent a compositis ad simpliciora : ubi ad causam simplicissimam perveneris, jam non licebit ulterius progredi. Causæ igitur simplicissimæ nulla dari potest mechanica explicatio : si daretur enim, causa nondum esset simplicissima. Has tu proinde causas simplicissimas appellabis occultas, & exulare jubebis? Simul vero exulabunt & ab his proxime pendentes & quæ ab illis porro pendent, usque dum a causis omnibus vacua fuerit & probe purgata philosophia.

Sunt qui gravitatem præter naturam esse dicunt, & miraculum perpetuum vocant. Itaque rejiciendam esse volunt, cum in physica præternaturales causæ locum non habeant. Huic ineptæ prorsus objectioni diluendæ, quæ & ipsa philosophiam subruit universam, vix operæ pretium est immorari. Vel enim gravitatem corporibus omnibus inditam esse negabunt, quod tamen dici non potest : vel eo nomine præter naturam esse affirmabunt, quod ex aliis corporum affectionibus atque adeo ex causis mechanicis originem non habeat. Dantur certe primariæ corporum affectiones; quæ, quoniam sunt primariæ, non pendent ab aliis. Viderint igitur annon & hæ omnes sint pariter præter naturam, eoque pariter rejiciendæ: viderint vero qualis sit deinde futura philosophia.

Nonnulli sunt quibus hæc tota physica cælestis vel ideo minus placet, quod cum *Cartesii* dogmatibus pugnare & vix conciliari posse videatur. His sua licebit opinione frui; ex æquo autem agant oportet: non ergo denegabunt aliis eandem libertatem quam sibi concedi postulant. Newtonianam itaque philosophiam, quæ nobis verior habetur, retinere & amplecti licebit, & causas sequi per phænomena comprobatas, potius quam fictas & nondum comprobatas. Ad veram philosophiam pertinet, rerum naturas ex causis vere existentibus derivare: eas vero leges quærere, quibus voluit summus opifex hunc mundi pulcherrimum ordinem stabilire; non eas quibus potuit, si ita visum fuisset. Rationi enim consonum est, ut a pluribus causis, ab invicem nonnihil diversis, idem possit effectus proficisci: hæc autem vera erit causa, ex qua vere atque actu proficiscitur; reliquæ locum non habent in philosophia vera. In horologiis automatis idem indicis horarii motus vel ab appenso pondere vel ab intus concluso elatere oriri potest. Quod si oblatum horologium revera sit instructum pondere; ridebitur qui finget elaterem, & ex hypothesi sic præpropere conficta motum indicis explicare suscipiet: oportuit enim internam machinæ fabricam penitius perscrutari, ut ita motus propositi principium verum exploratum habere posset. Idem vel non absimile feretur judicium de philosophis illis, qui materia quadam subtilissima cælos esse repletos, hanc autem in vortices indesinentur agi voluerunt. Nam si phænomenis vel accuratissime satisfacere possent ex hypothesibus suis; veram tamen philosophiam tradidisse, & veras causas motuum cælestium invenisse nondum dicendi sunt; nisi vel has revera existere, vel saltem alias non existere demonstraverint. Igitur si ostensum fuerit, universorum corporum attractionem habere verum locum in rerum natura; quinetiam ostensum fuerit, qua ratione motus omnes cælestes abinde solutionem recipiant; vana fuerit & merito deridenda objectio, si quis dixerit eosdem motus per vortices explicari debere, etiamsi id fieri posse vel maxime concesserimus. Non autem concedimus : nequeunt enim ullo pacto phænomena per vortices explicari ; quod ab auctore nostro abunde quidem & clarissimis rationibus evincitur ; ut somnis plus æquo indulgeant oporteat, qui ineptissime figmento resarciendo, novisque porro commentis ornando infelicem operam addicunt.

Si corpora planetarum & cometarum circa solem deferantur a vorticibus ; oportet corpora delata & vorticum partes proxime ambientes eadem velocitate eademque cursus determinatione moveri, & eandem habere densitatem vel eandem vim inertiæ pro mole materiæ. Constat vero planetas & cometas, dum versantur in iisdem regionibus cælorum, velocitatibus variis variaque cursus determinatione moveri. Necessario itaque sequitur, ut fluidi cælestis partes illæ, quæ sunt ad easdem distantias a sole, revolvantur eodem tempore in plagas diversas cum diversis velocitatibus : etenim alia opus erit directione & velocitate, ut transire possint planetæ ; alia, ut transire possint cometæ. Quod cum explicari nequeat ; vel fatendum erit, universa corpora cælestia non deferri a materia vorticis ; vel dicendum erit, eorundem motus repetendos esse non ab uno eodemque vortice, sed a pluribus qui ab invicem diversi sint, idemque spatium soli circumjectum pervadant.

Si plures vortices in eodem spatio contineri, & sese mutuo penetrare motibusque diversis revolvi ponantur ; quoniam hi motus debent esse conformes delatorum corporum motibus, qui sunt summe regulares, & peraguntur in sectionibus conicis nunc valde eccentricis, nunc ad circulorum proxime formam accedentibus ; jure quærendum erit, qui fieri possit, ut iidem integri conserventur nec ab actionibus materiæ occursantis per tot sæcula quicquam perturbentur. Sane si motus hi fictitii sunt magis compositi & difficilius explicantur, quam veri illi motus planetarum & cometarum ; frustra mihi videntur in philosophiam recipi : omnis enim causa debet esse effectu suo simplicior. Concessa fabularum licentia, affirmaverit aliquis planetas omnes & cometas circumcingi atmosphæris, adinstar telluris nostræ ; quæ quidem hypothesis rationi magis consentanea videbitur quam hypothesis vorticum. Affirmaverit deinde has atmosphæras, ex natura sua, circa solem moveri & sectiones conicas describere; qui sane motus multo facilius concipi potest, quam consimilis motus vorticum se invicem permeantium. Denique planetas ipsos & cometas circa solem deferri ab atmosphæris suis credendum esse statuat, & ob repertas motuum cælestium causas triumphum agat. Quisquis autem hanc fabulam rejiciendam esse putet, idem & alteram fabulam rejiciet: nam ovum non est ovo similius, quam hypothesis atmosphærarum hypothesi vorticum.

Docuit *Galilæus* lapidis projecti & in parabola moti deflexionem a cursu rectilineo oriri a gravitate lapidis in terram, ab occulta scilicet qualitate. Fieri tamen potest ut alius aliquis, nasi acutioris, philosophus causam aliam comminiscatur. Finget igitur ille materiam quandam subtilem, quæ nec visu nec tactu neque ullo sensu percipitur, versari in regionibus quæ proxime contingunt telluris superficiem. Hanc autem materiam, in diversas plagas, variis & plerumque contrariis motibus ferri, & lineas parabolicas describere contendet. Deinde vero lapidis deflexionem pulchre sic expediet, & vulgi plausum merebitur. Lapis, inquiet, in fluido illo subtili natat & cursui ejus obsequendo, non potest non eandem una semitam describere. Fluidum vero movetur in lineis parabolicis; ergo lapidem in parabola moveri necesse est. Quis nunc non mirabitur acutissimum hujusce philosophi ingenium, ex causis mechanicis, materia scilicet & motu, phænomena naturæ ad vulgi etiam captum præclare deducentis? Quis vero non subsannabit bonum illum *Galilæum*, qui magno molimine mathematico qualitates occultas, e philosophia feliciter exclusas, denuo revocare sustinuerit? Sed pudet nugis diutius immorari.

Summa rei huc tandem redit: cometarum ingens est numerus; motus eorum sunt summe regulares, & easdem leges cum planetarum motibus observant. Moventur in orbibus conicis, hi orbes sunt valde admodum eccentrici. Feruntur undique in omnes cælorum partes, & planetarum regiones liberrime pertranseunt, & sæpe contra signorum ordinem incedunt. Hæc phænomena certissime confirmantur ex observationibus astronomicis: & per vortices nequeunt explicari. Imo, ne quidem cum vorticibus planetarum consistere possunt. Cometarum motibus omnino locus non erit ; nisi materia illa fictitia penitus e cælis amoveatur.

Si enim planetæ circum solem a vorticibus devehuntur ; vorticum partes, quæ proxime ambiunt unumquemque planetam, ejusdem densitatis erunt ac planeta ; uti supra dictum est. Itaque materia illa omnis, quæ contigua est orbis magni perimetro, parem habebit ac tellus densitatem : quæ vero jacet intra orbem magnum atque orbem saturni, vel parem vel majorem habebit. Nam ut constitutio vorticis permanere possit, debent partes minus densæ centrum occupare, magis densæ longius a centro abire. Cum enim planetarum tempora periodica sint in ratione sesquiplicata distantiarum a sole, oportet partium vorticis periodos eandem rationem servare. Inde vero sequitur vires centrifugas harum partium fore reciproce ut quadrata distantiarum. Quæ igitur majore intervallo distant a centro, nituntur ab eodem recedere minore vi : unde si minus densæ fuerint, necesse est ut cedant vi majori, qua partes centro propiores ascendere conantur. Ascendent ergo densiores, descendent minus densæ, & locorum fiet invicem permutatio ; donec ita fuerit disposita atque ordinata materia fluida totius vorticis, ut conquiescere jam possit in æquilibrio constituta. Si bina fluida, quorum diversa est densitas, in eodem vase continentur ; utique futurum est ut fluidum, cujus major est densitas, majore vi gravitatis infimum petat locum : & ratione non absimili omnino dicendum est, densiores vorticis partes majore vi centrifuga petere supremum locum. Tota igitur illa & multo maxima pars vorticis, quæ jacet extra telluris orbem, densitatem habebit atque adeo vim inertiæ pro mole materiæ, quæ non minor erit quam densitas & vis inertiæ telluris : inde vero cometis trajectis orietur ingens resistentia, & valde admodum sensibilis ; ne dicam, quæ motum eorundem penitus sistere atque absorbere posse merito videatur. Constat autem ex motu cometarum prorsus regulari, nullam ipsos resistentiam pati quæ vel minimum sentiri potest ; atque adeo neutiquam in materiam ullam incursare, cujus aliqua sit vis resistendi, vel proinde cujus aliqua sit densitas seu vis inertiæ. Nam resistentia mediorum oritur vel ab inertia materiæ fluidæ, vel a defectu lubricitatis. Quæ oritur a defectu lubricitatis, admodum exigua est ; & sane vix observari potest in fluidis vulgo notis, nisi valde tenacia fuerint adinstar olei & mellis. Resistentia quæ sentitur in aëre, aqua, hydrargyro, & hujusmodi fluidis non tenacibus fere tota est prioris generis; & minui non potest per ulteriorem quemcunque gradum subtilitatis, manente fluidi densitate vel vi inertiæ, cui semper proportionalis est hæc resistentia; quemadmodum clarissime demonstratum est ab auctore nostro in peregregia resistentiarum theoria, quæ paulo nunc accuratius exponitur, hac secunda vice, & per experimenta corporum cadentium plenius confirmatur.

Corpora progrediendo motum suum fluido ambienti paulatim communicant, & communicando amittunt, amittendo autem retardantur. Est itaque retardatio motui communicato proportionalis; motus vero communicatus, ubi datur corporis progredientis velocitas, est ut fluidi densitas; ergo retardatio seu resistentia erit ut eadem fluidi densitas; neque ullo pacto tolli potest, nisi a fluido ad partes corporis posticas recurrente restituatur motus amissus. Hoc autem dici non poterit, nisi impressio fluidi in corpus ad partes posticas æqualis fuerit impressioni corporis in fluidum ad partes anticas, hoc est, nisi velocitas relativa qua fluidum irruit in corpus a tergo, æqualis fuerit velocitati qua corpus irruit in fluidum, id est, nisi velocitas absoluta fluidi recurrentis duplo major fuerit quam velocitas absoluta fluidi propulsi; quod fieri nequit. Nullo igitur modo tolli potest fluidorum resistentia, quæ oritur ab eorundem densitate & vi inertiæ. Itaque concludendum erit; fluidi cælestis nullam esse vim inertiæ, cum nulla sit vis resistendi: nullam esse vim qua motus communicetur, cum nulla sit vis inertiæ: nullam esse vim qua mutatio quælibet vel corporibus singulis vel pluribus inducatur, cum nulla sit vis qua motus communicetur; nullam esse omnino efficaciam, cum nulla sit facultas mutationem quamlibet inducendi. Quidni ergo hanc hypothesin, quæ fundamento plane destituitur, quæque naturæ rerum explicandæ ne minimum quidem inservit, ineptissimam vocare liceat & philosopho prorsus indignam. Qui cælos materia fluida repletos esse volunt, hanc vero non inertem esse statuunt; hi verbis tollunt vacuum, re ponunt. Nam cum hujusmodi materia fluida ratione nulla secerni possit ab inani spatio; disputatio tota fit de rerum nominibus, non de naturis. Quod si aliqui sint adeo usque dediti materiæ, ut spatium a corporibus vacuum nullo pacto admittendum credere velint; videamus quo tandem oporteat illos pervenire.

Vel enim dicent hanc, quam confingunt, mundi per omnia pleni constitutionem ex voluntate dei profectam esse, propter eum finem, ut operationibus naturæ subsidium præsens haberi posset ab æthere subtilissimo cuncta permeante & implente; quod tamen dici non potest, siquidem jam ostensum est ex cometarum phænomenis, nullam esse hujus ætheris efficaciam : vel dicent ex voluntate dei profectam esse, propter finem aliquem ignotum; quod neque dici debet, siquidem diversa mundi constitutio eodem argumento pariter stabiliri posset : vel denique non dicent ex voluntate dei profectam esse, sed ex necessitate quadam naturæ. Tandem igitur delabi oportet in fæces sordidas gregis impurissimi. Hi sunt qui somniant fato universa regi, non providentia; materiam ex necessitate sua semper & ubique extitisse, infinitam esse & æternam. Quibus positis, erit etiam undiquaque uniformis : nam varietas formarum cum necessitate omnino pugnat. Erit etiam immota : nam si necessario moveatur in plagam aliquam determinatam, cum determinata aliqua velocitate; pari necessitate movebitur in plagam diversam cum diversa velocitate; in plagas autem diversas, cum diversis velocitatibus, moveri non potest; oportet igitur immotam esse. Neutiquam profecto potuit oriri mundus, pulcherrima formarum & motuum varietate distinctus, nisi ex liberrima voluntate cuncta providentis & gubernantis dei.

Ex hoc igitur fonte promanarunt illæ omnes quæ dicuntur naturæ leges : in quibus multa sane sapientissimi consilii, nulla necessitatis apparent vestigia. Has proinde non ab incertis conjecturis petere, sed observando atque experiendo addiscere debemus. Qui vere physicæ principia legesque rerum, sola mentis vi & interno rationis lumine fretum, invenire se posse confidit; hunc oportet vel statuere mundum ex necessitate fuisse, legesque propositas ex eadem necessitate sequi; vel si per voluntatem dei constitutus sit ordo naturæ, se tamen, homuncionem misellum, quid optimum factu sit perspectum habere. Sana omnis & vera philosophia fundatur in phænomenis rerum : quæ si nos vel invitos & reluctantes ad hujusmodi principia deducunt, in quibus clarissime cernuntur consilium optimum & dominium summum sapientissimi & potentissimi entis; non erunt hæc ideo non admittenda principia, quod quibusdam forsan hominibus minus grata sint futura. His vel miracula vel qualitates occultæ dicantur, quæ displicent: verum nomina malitiose indita non sunt ipsis rebus vitio vertenda; nisi illud fateri tandem velint, utique debere philosophiam in atheismo fundari. Horum hominum gratia non erit labefactanda philosophia, siquidem rerum ordo non vult immutari.

Obtinebit igitur apud probos & æquos judices præstantissima philosophandi ratio, quæ fundatur in experimentis & observationibus. Huic vero, dici vix poterit, quanta lux accedat, quanta dignitas, ab hoc opere præclaro illustrissimi nostri auctoris; cujus eximiam ingenii felicitatem, difficillima quæque problemata enodantis, & ad ea porro pertingentis ad quæ nec spes erat humanam mentem assurgere potuisse, merito admirantur & suspiciunt quicunque paulo profundius in hisce rebus versati sunt. Claustris ergo reseratis, aditum nobis aperuit ad pulcherrima rerum mysteria. Systematis mundani compagem elegantissimam ita tandem patefecit & penitius perspectandam dedit; ut nec ipse, si nunc revivisceret, rex *Alphonsus* vel simplicitatem vel harmoniæ gratiam in ea desideraret. Itaque naturæ majestatem propius jam licet intueri, & dulcissima contemplatione frui, conditorum vero ac dominum universorum impensius colere & venerari, qui fructus est philosophiæ multo uberrimus. Cæcum esse oportet, qui ex optimis & sapientissimis rerum structuris non statim videat fabricatoris omnipotentis infinitam sapientiam & bonitatem: insanum, qui profiteri nolit.

Extabit igitur eximium NEWTONI opus adversus atheorum impetus munitissimum præsidium: neque enim alicunde felicius, quam ex hac pharetra, contra impiam catervam tela deprompseris. Hoc sensit pridem, & in pereruditis concionibus anglice latineque editis, primus egregie demonstravit vir in omni literarum genere præclarus idemque bonarum artium fautor eximius RICHARDUS BENTLEIUS, seculi sui & academiæ nostræ magnum ornamentum, collegii nostri *S. Trinitatis* magister dignissimus & integerrimus. Huic ego me pluribus nominibus obstrictum fateri debeo: huic & tuas quæ debentur gratias, lector benevole, non denegabis. Is enim, cum a longo tempore celeberrimi auctoris amicitia intima frueretur, (qua etiam apud posteros censeri non minoris æstimat, quam propriis scriptis quæ literato orbi in deliciis sunt inclarescere) amici simul famæ & scientiarum incremento consuluit. Itaque cum exemplaria prioris editionis rarissima admodum & immani pretio coëmenda superessent; suasit ille crebris efflagitationibus, & tantum non objurgando perpulit denique virum præstantissimum, nec modestia minus quam eruditione summa insignem, ut novam hanc operis editionem, per omnia elimatam denuo & egregiis insuper accessionibus ditatam, suis sumptibus & auspiciis prodire pateretur : mihi vero, pro jure suo pensum non ingratum demandavit, ut quam posset emendate id fieri curarem.

Cantabrigiæ, Maii 12, 1713.

ROGERUS COTES collegii *S. Trinitatis* socius, astronomiæ & philosophiæ experimentalis professor *Plumianus*.

AUCTORIS PRÆFATIO

IN

EDITIONEM TERTIAM.

*I*N Editione hacce tertia, quam Henricus Pemberton M.D. *vir harum rerum peritissimus curavit, nonnulla in libro secundo de resistentia mediorum paulo fusius explicantur quam antea, & adduntur experimenta nova de resistentia gravium quæ cadunt in aëre. In libro tertio argumentum qua lunam in orbe suo per gravitatem retineri probatur, paulo fusius exponitur: & novæ adduntur observationes de proportione diametrorum Jovis ad invicem a* D. Poundio *factæ. Adduntur etiam observationes aliquot cometæ illius qui anno* 1680 *apparuit, a* D. Kirk *mense Novembri in* Germania *habitæ, quæ nuper ad manus nostras venerunt, & quarum ope constet quam prope orbes parabolici motibus cometarum respondent. Et orbita cometæ illius, computante* Halleio, *paulo accuratius determinatur quam antea, idque in ellipsi. Et ostenditur cometam in hac orbita elliptica, per novem cælorum signa, non minus accurate cursum peregisse, quam solent planetæ in orbitis ellipticis per astronomiam definitis moveri. Orbis etiam cometæ qui anno* 1723 *apparuit, a* D. Bradleio *astronomiæ apud* Oxonienses *professore computatus, adjicitur.*

IS. NEWTON.

Dabam *Londini,* Jan. 12, 1725-6.

INDEX CAPITUM

TOTIUS OPERIS.

DE MOTU CORPORUM LIBER SECUNDUS.

DE MUNDI SYSTEMATE LIBER TERTIUS.

PHILOSOPHIÆ NATURALIS
PRINCIPIA MATHEMATICA.

DEFINITIONES.

DEFINITIO I.

Quantitas materiæ est mensura ejusdem orta ex illius densitate et magnitudine conjunctim.

AER densitate duplicata, in spatio etiam duplicato, fit quadruplus; in triplicato sextuplus. Idem intellige de nive & pulveribus per compressionem vel liquefactionem condensatis. Et par est ratio corporum omnium, quæ per causas quascunque diversimode condensantur. Medii interea, si quod fuerit, interstitia partium libere pervadentis, hic nullam rationem habeo. Hanc autem quantitatem sub nomine corporis vel massæ in sequentibus passim intelligo. Innotescit ea per corporis cujusque pondus: Nam ponderi proportionalem esse reperi per experimenta pendulorum accuratissime instituta, uti posthac docebitur.

DEFINITIO II.

Quantitas motus est mensura ejusdem orta ex velocitate et quantitate materiæ conjunctim.

Motus totius est summa motuum in partibus singulis; ideoque in corpore duplo majore, æquali cum velocitate, duplus est, & dupla cum velocitate quadruplus.

A

DEFINITIO III.

Materiæ vis insita est potentia resistendi, qua corpus unumquodque, quantum in se est, perseverat in statu suo vel quiescendi vel movendi uniformiter in directum.

Hæc semper proportionalis est suo corpori, neque differt quicquam ab inertia massæ, nisi in modo concipiendi. Per inertiam materiæ fit, ut corpus omne de statu suo vel quiescendi vel movendi difficulter deturbetur. Unde etiam vis insita nomine significantissimo vis inertiæ dici possit. Exercet vero corpus hanc vim solummodo in mutatione status sui per vim aliam in se impressam facta; estque exercitium illud sub diverso respectu & resistentia & impetus: Resistentia, quatenus corpus ad conservandum statum suum reluctatur vi impressæ; impetus, quatenus corpus idem, vi resistentis obstaculi difficulter cedendo, conatur statum obstaculi illius mutare. Vulgus resistentiam quiescentibus & impetum moventibus tribuit: sed motus & quies, uti vulgo concipiuntur, respectu solo distinguuntur ab invicem; neque semper vere quiescunt, quæ vulgo tanquam quiescentia spectantur.

DEFINITIO IV.

Vis impressa est actio in corpus exercita, ad mutandum ejus statum vel quiescendi vel movendi uniformiter in directum.

Consistit hæc vis in actione sola, neque post actionem permanet in corpore. Perseverat enim corpus in statu omni novo per solam vim inertiæ. Est autem vis impressa diversarum originum, ut ex ictu, ex pressione, ex vi centripeta.

DEFINITIO V.

Vis centripeta est, qua corpora versus punctum aliquod, tanquam ad centrum, undique trahuntur, impelluntur, vel utcunque tendunt.

Hujus generis est gravitas, qua corpora tendunt ad centrum terræ; vis magnetica, qua ferrum petit magnetem; & vis illa, quæcunque sit, qua planetæ perpetuo retrahuntur a motibus rectilineis, & in lineis curvis revolvi coguntur. Lapis, in funda circumactus, a circumagente manu abire conatur; & conatu suo fundam distendit, eoque fortius quo celerius revolvitur; &, quamprimum dimittitur, avolat. Vim conatui illi contrariam, qua funda lapidem in manum perpetuo retrahit & in orbe retinet, quoniam in manum ceu orbis centrum dirigitur, centripetam appello. Et par est ratio corporum omnium, quæ in gyrum aguntur. Conantur ea omnia a centris orbium recedere; & nisi adsit vis aliqua conatui isti contraria, qua cohibeantur & in orbibus retineantur, quamque ideo centripetam appello, abibunt in rectis lineis uniformi cum motu. Projectile, si vi gravitatis destitueretur, non deflecteretur in terram, sed in linea recta abiret in cœlos; idque uniformi cum motu, si modo aëris resistentia tolleretur. Per gravitatem suam retrahitur a cursu rectilineo & in terram perpetuo flectitur, idque magis vel minus pro gravitate sua & velocitate motus. Quo minor fuerit ejus gravitas pro quantitate materiæ, vel major velocitas quacum projicitur, eo minus deviabit a cursu rectilineo & longius perget. Si globus plumbeus, data cum velocitate secundum lineam horizontalem a montis alicujus vertice vi pulveris tormentarii projectus, pergeret in linea curva ad distantiam duorum milliarium priusquam in terram decideret: hic dupla cum velocitate quasi duplo longius pergeret, & decupla cum velocitate quasi decuplo longius: si modo aëris resistentia tolleretur. Et augendo velocitatem augeri posset pro lubitu distantia in quam projiceretur, & minui curvatura lineæ quam describeret, ita ut tandem caderet ad distantiam graduum decem vel triginta vel nonaginta; vel etiam ut terram totam circuiret vel denique ut in cœlos abiret, & motu abeundi pergeret in infinitum. Et eadem ratione, qua projectile vi gravitatis in orbem flecti posset &

terram totam circuire, potest & luna vel vi gravitatis, si modo gravis sit, vel alia quacunque vi, qua in terram urgeatur, retrahi semper a cursu rectilineo terram versus, & in orbem suum flecti : & sine tali vi luna in orbe suo retineri non potest.   Hæc vis, si justo minor esset, non satis flecteret lunam de cursu rectilineo : si justo major, plus satis flecteret, ac de orbe terram versus deduceret.   Requiritur quippe, ut sit justæ magnitudinis : & Mathematicorum est invenire vim, qua corpus in dato quovis orbe data cum velocitate accurate retineri possit; & vicissim invenire viam curvilineam, in quam corpus e dato quovis loco data cum velocitate egressum a data vi flectatur. Est autem vis hujus centripetæ quantitas trium generum, absoluta, acceleratrix, & motrix.

DEFINITIO VI.

Vis centripetæ quantitas absoluta est mensura ejusdem major vel minor pro efficacia causæ eam propagantis a centro per regiones in circuitu.

Ut vis magnetica pro mole magnetis vel intensione virtutis major in uno magnete, minor in alio.

DEFINITIO VII.

Vis centripetæ quantitas acceleratrix est ipsius mensura velocitati proportionalis, quam dato tempore generat.

Uti virtus magnetis ejusdem major in minori distantia, minor in majori : vel vis gravitans major in vallibus, minor in cacumini-bus altorum montium, atque adhuc minor (ut posthac patebit) in majoribus distantiis a globo terræ; in æqualibus autem distantiis eadem undique, propterea quod corpora omnia cadentia (gravia an levia, magna an parva) sublata aëris resistentia, æqualiter accelerat.

DEFINITIO VIII.

Vis centripetæ quantitas motrix est ipsius mensura proportionalis motui, quem dato tempore generat.

Uti pondus majus in majore corpore, minus in minore; & in corpore eodem majus prope terram, minus in cœlis. Hæc quantitas est corporis totius centripetentia seu propensio in centrum & (ut ita dicam) pondus; & innotescit semper per vim ipsi contrariam & æqualem, qua descensus corporis impediri potest.

Hasce virium quantitates brevitatis gratia nominare licet vires motrices, acceleratrices, & absolutas; & distinctionis gratia referre ad corpora centrum petentia, ad corporum loca, & ad centrum virium: nimirum vim motricem ad corpus, tanquam conatum totius in centrum ex conatibus omnium partium compositum; & vim acceleratricem ad locum corporis, tanquam efficaciam quandam, de centro per loca singula in circuitu diffusam, ad movenda corpora quæ in ipsis sunt; vim autem absolutam ad centrum, tanquam causa aliqua præditum, sine qua vires motrices non propagantur per regiones in circuitu; sive causa illa sit corpus aliquod centrale (quale est magnes in centro vis magneticæ, vel terra in centro vis gravitantis) sive alia aliqua quæ non apparet. Mathematicus duntaxat est hic conceptus: Nam virium causas & sedes physicas jam non expendo.

Est igitur vis acceleratrix ad vim motricem ut celeritas ad motum. Oritur enim quantitas motus ex celeritate & ex quantitate materiæ, & vis motrix ex vi acceleratrice & ex quantitate ejusdem materiæ conjunctim. Nam summa actionum vis acceleratricis in singulas corporis particulas est vis motrix totius. Unde juxta superficiem terræ, ubi gravitas acceleratrix seu vis gravitans in corporibus universis eadem est, gravitas motrix seu pondus est ut corpus: at si in regiones ascendatur ubi gravitas acceleratrix fit minor, pondus pariter minuetur, eritque semper ut corpus & gravitas acceleratrix conjunctim. Sic in regionibus ubi gravitas acceleratrix duplo minor est, pondus corporis duplo vel triplo minoris erit quadruplo vel sextuplo minus.

Porro attractiones & impulsus eodem sensu acceleratrices & motrices nomino. Voces autem attractionis, impulsus, vel propensionis cujuscunque in centrum, indifferenter & pro se mutuo promiscue usurpo; has vires non physice sed mathematice tantum considerando. Unde caveat lector, ne per hujusmodi voces cogitet me speciem vel modum actionis causamve aut rationem physicam alicubi definire, vel centris (quæ sunt puncta mathematica) vires vere & physice tribuere; si forte aut centra trahere, aut vires centrorum esse dixero.

Scholium.

Hactenus voces minus notas, quo sensu in sequentibus accipiendæ sint, explicare visum est. Tempus, spatium, locus & motus, sunt omnibus notissima. Notandum tamen, quod vulgus quantitates hasce non aliter quam ex relatione ad sensibilia concipiat. Et inde oriuntur præjudicia quædam, quibus tollendis convenit easdem in absolutas & relativas, veras & apparentes, mathematicas & vulgares distingui.

I. Tempus absolutum, verum, & mathematicum, in se & natura sua sine relatione ad externum quodvis, æquabiliter fluit, alioque nomine dicitur duratio: Relativum, apparens, & vulgare est sensibilis & externa quævis durationis per motum mensura (seu accurata seu inæquabilis) qua vulgus vice veri temporis utitur; ut hora, dies, mensis, annus.

II. Spatium absolutum, natura sua sine relatione ad externum quodvis, semper manet similare & immobile: Relativum est spatii hujus mensura seu dimensio quælibet mobilis, quæ a sensibus nostris per situm suum ad corpora definitur, & a vulgo pro spatio immobili usurpatur: uti dimensio spatii subterranei, aërii vel cœlestis definita per situm suum ad terram. Idem sunt spatium absolutum & relativum, specie & magnitudine; sed non permanent idem semper numero. Nam si terra, verbi gratia, moveatur, spatium aëris nostri, quod relative & respectu terræ semper manet idem, nunc erit una pars spatii absoluti in quam aër transit, nunc alia pars ejus; & sic absolute mutabitur perpetuo.

III. Locus est pars spatii quam corpus occupat, estque pro ratione spatii vel absolutus vel relativus. Pars, inquam, spatii; non situs corporis, vel superficies ambiens. Nam solidorum æqualium æquales semper sunt loci; Superficies autem ob dissimilitudinem figurarum ut plurimum inæquales sunt; Situs vero proprie loquendo quantitatem non habent, neque tam sunt loca quam affectiones locorum. Motus totius idem est cum summa motuum partium; hoc est, translatio totius de suo loco eadem est cum summa translationum partium de locis suis; ideoque locus totius idem est cum summa locorum partium, & propterea internus & in corpore toto.

IV. Motus absolutus est translatio corporis de loco absoluto in locum absolutum, relativus de relativo in relativum. Sic in navi quæ velis passis fertur, relativus corporis locus est navigii regio illa in qua corpus versatur, seu cavitatis totius pars illa quam corpus implet, quæque adeo movetur una cum navi : & quies relativa est permansio corporis in eadem illa navis regione vel parte cavitatis. At quies vera est permansio corporis in eadem parte spatii illius immoti, in qua navis ipsa una cum cavitate sua & contentis universis movetur. Unde si terra vere quiescat, corpus, quod relative quiescit in navi, movebitur vere & absolute ea cum velocitate, qua navis movetur in terra. Sin terra etiam moveatur; orietur verus & absolutus corporis motus, partim ex terræ motu vero in spatio immoto, partim ex navis motu relativo in terra. Et si corpus etiam moveatur relative in navi; orietur verus ejus motus, partim ex vero motu terræ in spatio immoto, partim ex relativis motibus tum navis in terra tum corporis in navi : & ex his motibus relativis orietur corporis motus relativus in terra. Ut si terræ pars illa, ubi navis versatur, moveatur vere in orientem cum velocitate partium 10010; & velis ventoque feratur navis in occidentem cum velocitate partium decem; nauta autem ambulet in navi orientem versus cum velocitatis parte una : movebitur nauta vere & absolute in spatio immoto cum velocitatis partibus 10001 in orientem, & relative in terra occidentem versus cum velocitatis partibus novem.

Tempus absolutum a relativo distinguitur in Astronomia per æquationem temporis vulgi. Inæquales enim sunt dies naturales, qui vulgo tanquam æquales pro mensura temporis habentur. Hanc inæqualitatem corrigunt Astronomi, ut ex veriore tempore mensurent motus cœlestes. Possibile est, ut nullus sit motus æquabilis, quo tempus accurate mensuretur. Accelerari & retardari possunt motus omnes, sed fluxus temporis absoluti mutari nequit. Eadem est duratio seu perseverantia existentiæ rerum, sive motus sint celeres, sive tardi, sive nulli : proinde hæc a mensuris suis sensibilibus merito distinguitur, & ex iisdem colligitur per æquationem astronomicam. Hujus autem æquationis in determinandis phænomenis necessitas, tum per experimentum horologii oscillatorii, tum etiam per eclipses satellitum Jovis evincitur.

Ut ordo partium temporis est immutabilis, sic etiam ordo partium spatii. Moveantur hæ de locis suis, & movebuntur (ut ita dicam) de seipsis. Nam tempora & spatia sunt sui ipsorum & rerum omnium quasi loca. In tempore quoad ordinem successionis, in spatio quoad ordinem situs, locantur universa. De illorum essentia est ut sint loca : & loca primaria moveri absurdum est. Hæc sunt igitur absoluta loca ; & solæ translationes de his locis sunt absoluti motus.

Verum quoniam hæ spatii partes videri nequeunt, & ab invicem per sensus nostros distingui ; earum vice adhibemus mensuras sensibiles. Ex positionibus enim & distantiis rerum a corpore aliquo, quod spectamus ut immobile, definimus loca universa : deinde etiam & omnes motus æstimamus cum respectu ad prædicta loca, quatenus corpora ab iisdem transferri concipimus. Sic vice locorum & motuum absolutorum relativis utimur ; nec incommode in rebus humanis : in philosophicis autem abstrahendum est a sensibus. Fieri etenim potest, ut nullum revera quiescat corpus, ad quod loca motusque referantur.

Distinguuntur autem quies & motus absoluti & relativi ab invicem per proprietates suas & causas & effectus. Quietis proprietas est, quod corpora vere quiescentia quiescunt inter se. Ideoque cum possibile sit, ut corpus aliquod in regionibus fixarum, aut longe ultra, quiescat absolute ; sciri autem non possit ex situ corporum ad invicem in regionibus nostris, horumne aliquod ad longinquum illud datam positionem servet necne ; quies vera ex horum situ inter se definiri nequit.

Motus proprietas est, quod partes, quæ datas servant positiones ad tota, participant motus eorundem totorum. Nam gyrantium partes omnes conantur recedere ab axe motus, & progredientium impetus oritur ex conjuncto impetu partium singularum. Motis igitur corporibus ambientibus, moventur quæ in ambientibus relative quiescunt. Et propterea motus verus & absolutus definiri nequit per translationem e vicinia corporum, quæ tanquam quiescentia spectantur. Debent enim corpora externa non solum tanquam quiescentia spectari, sed etiam vere quiescere. Alioquin inclusa omnia, præter translationem e vicinia ambientium, participabunt etiam ambientium motus veros; & sublata illa translatione non vere quiescent, sed tanquam quiescentia solummodo spectabuntur. Sunt enim ambientia ad inclusa, ut totius pars exterior ad partem interiorem, vel ut cortex ad nucleum. Moto autem cortice, nucleus etiam, sine translatione de vicinia corticis, ceu pars totius, movetur.

Præcedenti proprietati affinis est, quod moto loco movetur una locatum : ideoque corpus, quod de loco moto movetur, participat etiam loci sui motum. Motus igitur omnes, qui de locis motis fiunt, sunt partes solummodo motuum integrorum & absolutorum : & motus omnis integer componitur ex motu corporis de loco suo primo, & motu loci hujus de loco suo, & sic deinceps ; usque dum perveniatur ad locum immotum, ut in exemplo nautæ supra memorato. Unde motus integri & absoluti non nisi per loca immota definiri possunt : & propterea hos ad loca immota, relativos ad mobilia supra retuli. Loca autem immota non sunt, nisi quæ omnia ab infinito in infinitum datas servant positiones ad invicem ; atque adeo semper manent immota, spatiumque constituunt quod immobile appello.

Causæ, quibus motus veri & relativi distinguuntur ab invicem, sunt vires in corpora impressæ ad motum generandum. Motus verus nec generatur nec mutatur, nisi per vires in ipsum corpus motum impressas : at motus relativus generari & mutari potest sine viribus impressis in hoc corpus. Sufficit enim ut imprimantur in alia solum corpora ad quæ fit relatio, ut iis cedentibus mutetur relatio illa in qua hujus quies vel motus relativus consistit. Rursum motus verus a viribus in corpus motum impressis semper mutatur ; at motus relativus ab his viribus non mutatur necessario. Nam si eædem vires in alia etiam corpora, ad quæ fit relatio, sic imprimantur, ut situs relativus conservetur, conservabitur relatio in qua motus relativus consistit. Mutari igitur potest motus omnis relativus, ubi verus conservatur, & conservari ubi verus mutatur ; & propterea motus verus in ejusmodi relationibus minime consistit.

Effectus, quibus motus absoluti & relativi distinguuntur ab invicem, sunt vires recedendi ab axe motus circularis. Nam in motu circulari nude relativo hæ vires nullæ sunt, in vero autem & absoluto majores vel minores pro quantitate motus. Si pendeat situla a filo prælongo, agaturque perpetuo in orbem, donec filum a contorsione admodum rigescat, dein impleatur aqua, & una cum aqua quiescat ; tum vi aliqua subitanea agatur motu contrario in orbem, & filo se relaxante, diutius perseveret in hoc motu ; superficies aquæ sub initio plana erit, quemadmodum ante motum vasis : At postquam vas, vi in aquam paulatim impressa, effecit ut hæc quoque sensibiliter revolvi incipiat ; recedet ipsa paulatim a medio, ascendetque ad latera vasis, figuram concavam induens (ut ipse expertus sum), & incitatiore semper motu ascendet magis & magis, donec revolutiones in æqualibus cum vase temporibus peragendo, quiescat in eodem relative. Indicat hic ascensus conatum recedendi ab axe motus, & per talem conatum innotescit & mensuratur motus aquæ circularis verus & absolutus, motuique relativo hic omnino contrarius. Initio, ubi maximus erat aquæ motus relativus in vase, motus ille nullum excitabat conatum recedendi ab axe : aqua non petebat circumferentiam ascendendo ad latera vasis, sed plana manebat, & propterea illius verus motus circularis nondum inceperat. Postea vero, ubi aquæ motus relativus decrevit, ascensus ejus ad latera vasis indicabat conatum recedendi ab axe ; atque hic conatus monstrabat motum illius circularem verum perpetuo crescentem, ac tandem maximum factum ubi aqua quiescebat in vase relative. Quare conatus iste non pendet a translatione aquæ respectu corporum ambientium, & propterea motus circularis verus per tales translationes definiri nequit. Unicus est corporis cujusque revolventis motus vere circularis, conatui unico tanquam proprio & adæquato effectui respondens : motus autem relativi pro variis relationibus ad externa innumeri sunt ; & relationum instar, effectibus veris omnino destituuntur, nisi quatenus verum illum & unicum motum participant. Unde & in systemate eorum, qui cœlos nostros infra cœlos fixarum in orbem revolvi volunt, & planetas secum deferre; singulæ cœlorum partes, & planetæ qui relative quidem in cœlis suis proximis quiescunt, moventur vere. Mutant enim positiones suas ad invicem (secus quam fit in vere quiescentibus) unaque cum cœlis delati participant eorum motus, & ut partes revolventium totorum, ab eorum axibus recedere conantur.

Quantitates relativæ non sunt igitur eæ ipsæ quantitates, quarum nomina præ se ferunt, sed sunt earum mensuræ illæ sensibiles (veræ an errantes) quibus vulgus loco quantitatum mensuratarum utitur. At si ex usu definiendæ sunt verborum significationes; per nomina illa temporis, spatii, loci & motus proprie intelligendæ erunt hæ mensuræ sensibiles; & sermo erit insolens & pure mathematicus, si quantitates mensuratæ hic intelligantur. Proinde vim inferunt sacris literis, qui voces hasce de quantitatibus mensuratis ibi interpretantur. Neque minus contaminant mathesin & philosophiam, qui quantitates veras cum ipsarum relationibus & vulgaribus mensuris confundunt.

Motus quidem veros corporum singulorum cognoscere, & ab apparentibus actu discriminare, difficillimum est; propterea quod partes spatii illius immobilis, in quo corpora vere moventur, non incurrunt in sensus. Causa tamen non est prorsus desperata. Nam argumenta desumi possunt, partim ex motibus apparentibus qui sunt motuum verorum differentiæ, partim ex viribus quæ sunt motuum verorum causæ & effectus. Ut si globi duo, ad datam ab invicem distantiam filo intercedente connexi, revolverentur circa commune gravitatis centrum; innotesceret ex tensione fili conatus globorum recedendi ab axe motus, & inde quantitas motus circularis computari posset. Deinde si vires quælibet æquales in alternas globorum facies ad motum circularem augendum vel minuendum simul imprimerentur, innotesceret ex aucta vel diminuta fili tensione augmentum vel decrementum motus; & inde tandem inveniri possent facies globorum in quas vires imprimi deberent, ut motus maxime augeretur; id est, facies posticæ, sive quæ in motu circulari sequuntur. Cognitis autem faciebus quæ sequuntur, & faciebus oppositis quæ præcedunt, cognosceretur determinatio motus. In hunc modum inveniri posset & quantitas & determinatio motus hujus circularis in vacuo quovis immenso, ubi nihil extaret externum & sensibile quocum globi conferri possent. Si jam constituerentur in spatio illo corpora aliqua longinqua datam inter se positionem servantia, qualia sunt stellæ fixæ in regionibus cœlorum: sciri quidem non posset ex relativa globorum translatione inter corpora, utrum his an illis tribuendus esset motus. At si attenderetur ad filum, & deprehenderetur tensionem ejus illam ipsam esse quam motus globorum requireret; concludere liceret motum esse globorum, & corpora quiescere; & tum demum ex translatione globorum inter corpora, determinationem hujus motus colligere. Motus autem veros ex eorum causis, effectibus, & apparentibus differentiis colligere, & contra ex motibus seu veris seu apparentibus eorum causas & effectus, docebitur fusius in sequentibus. Hunc enim in finem tractatum sequentem composui.

AXIOMATA,

SIVE

LEGES MOTUS.

LEX I.

Corpus omne perseverare in statu suo quiescendi vel movendi uniformiter in directum, nisi quatenus illud a viribus impressis cogitur statum suum mutare.

PROJECTILIA perseverant in motibus suis, nisi quatenus a resistentia aëris retardantur, & vi gravitatis impelluntur deorsum. Trochus, cujus partes cohærendo perpetuo retrahunt sese a motibus rectilineis, non cessat rotari, nisi quatenus ab aëre retardatur. Majora autem planetarum & cometarum corpora motus suos & progressivos & circulares in spatiis minus resistentibus factos conservant diutius.

LEX II.

Mutationem motus proportionalem esse vi motrici impressæ, & fieri secundum lineam rectam qua vis illa imprimitur.

Si vis aliqua motum quemvis generet; dupla duplum, tripla triplum generabit, sive simul & semel, sive gradatim & successive impressa fuerit. Et hic motus (quoniam in eandem semper plagam cum vi generatrice determinatur) si corpus antea movebatur, motui ejus vel conspiranti additur, vel contrario subducitur, vel obliquo oblique adjicitur, & cum eo secundum utriusque determinationem componitur.

LEX III.

Actioni contrariam semper & æqualem esse reactionem: sive corporum
*   duorum actiones in se mutuo semper esse æquales & in partes*
*   contrarias dirigi.*

Quicquid premit vel trahit alterum, tantundem ab eo premitur
vel trahitur.   Si quis lapidem digito premit, premitur & hujus
digitus a lapide.   Si equus lapidem funi alligatum trahit, retrahe-
tur etiam & equus (ut ita dicam) æqualiter in lapidem : nam funis
utrinque distentus eodem relaxandi se conatu urgebit equum versus
lapidem, ac lapidem versus equum; tantumque impediet progressum
unius quantum promovet progressum alterius.   Si corpus aliquod
in corpus aliud impingens, motum ejus vi sua quomodocunque
mutaverit, idem quoque vicissim in motu proprio eandem mutationem
in partem contrariam vi alterius (ob æqualitatem pressionis mutuæ)
subibit.   His actionibus æquales fiunt mutationes, non velocitatum, sed motuum; scilicet in corporibus non aliunde impeditis.
Mutationes enim velocitatum, in contrarias itidem partes factæ,
quia motus æqualiter mutantur, sunt corporibus reciproce proportionales.   Obtinet etiam hæc lex in attractionibus, ut in scholio
proximo probabitur.

COROLLARIUM I.

Corpus viribus conjunctis diagonalem parallelogrammi eodem tempore
*   describere, quo latera separatis.*

Si corpus dato tempore, vi sola M
in loco A impressa, ferretur uniformi
cum motu ab A ad B; & vi sola N in
eodem loco impressa, ferretur ab A ad C:
compleatur parallelogrammum $ABDC$,
& vi utraque feretur corpus illud eodem
tempore in diagonali ab A ad D.   Nam quoniam vis N agit secundum lineam AC ipsi BD parallelam, hæc vis per legem II nihil

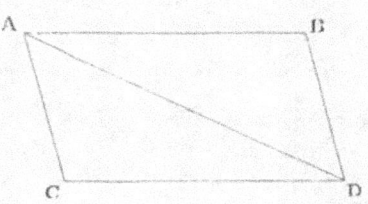

mutabit velocitatem accedendi ad lineam illam *BD* a vi altera genitam. Accedet igitur corpus eodem tempore ad lineam *BD*, sive vis *N* imprimatur, sive non; atque ideo in fine illius temporis reperietur alicubi in linea illa *BD*. Eodem argumento in fine temporis ejusdem reperietur alicubi in linea *CD*, & idcirco in utriusque lineæ concursu *D* reperiri necesse est. Perget autem motu rectilineo ab *A* ad *D* per legem 1.

COROLLARIUM II.

Et hinc patet compositio vis directæ AD 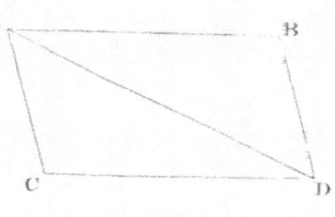 *ex viribus quibusvis obliquis* AB & BD, & vicissim resolutio vis cujusvis directæ AD in obliquas quascunque AB & BD. Quæ quidem compositio & resolutio abunde confirmatur ex mechanica.*

Ut si de rotæ alicujus centro *O* exeuntes radii inæquales *O M*, *O N* filis *M A*, *N P* sustineant pondera *A* & *P*, & quærantur vires ponderum ad movendam rotam : Per centrum *O* agatur recta *K O L* filis perpendiculariter occurrens in *K* and *L*, centroque *O* & inter- 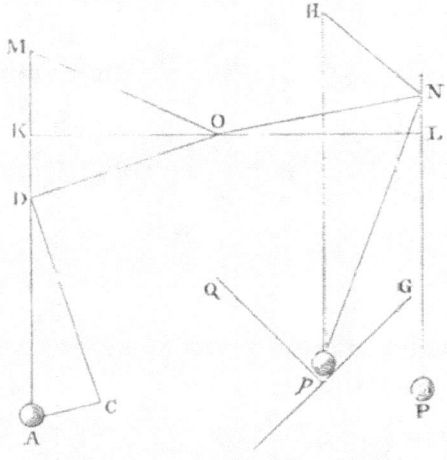 vallorum *O K*, *O L* majore *O L* describatur circulus occurrens filo *M A* in *D*: & actæ rectæ *O D* parallela sit *A C*, & perpendicularis *D C*. Quoniam nihil refert, utrum filorum puncta *K*, *L*, *D* affixa sint an non affixa ad planum rotæ; pondera idem valebunt, ac si suspenderentur a punctis *K* & *L* vel *D* & *L*. Ponderis autem *A* exponatur vis tota per lineam *A D*, & hæc resolvetur in vires *A C*, *C D*, quarum *A C* trahendo radium *O D* directe a centro nihil valet ad movendam rotam; vis autem altera *D C*, trahendo radium *D O* perpendiculariter, idem

valet, ac si perpendiculariter traheret radium OL ipsi OD æqualem ;
hoc est, idem atque pondus P, si modo pondus illud sit ad pondus
A ut vis DC ad vim DA, id est (ob similia triangula ADC,
DOK,) ut OK ad OD seu OL. Pondera igitur A & P, quæ
sunt reciproce ut radii in directum positi OK & OL, idem pollebunt,
& sic consistent in æquilibrio : quæ est proprietas notissima libræ,
vectis, & axis in peritrochio. Sin pondus alterutrum sit majus
quam in hac ratione, erit vis ejus ad movendam rotam tanto
major.

Quod si pondus p ponderi P æquale partim suspendatur filo Np,
partim incumbat plàno obliquo pG : agantur pH, NH, prior
horizonti, posterior plano pG perpendicularis ; & si vis ponderis p
deorsum tendens, exponatur per lineam pH, resolvi potest hæc in
vires pN, HN. Si filo pN per-
pendiculare esset planum aliquod
pQ, secans planum alterum pG
in linea ad horizontem parallela ;
& pondus p his planis pQ, pG
solummodo incumberet ; urgeret
illud hæc plana viribus pN, HN,
perpendiculariter nimirum planum
pQ vi pN, & planum pG vi
HN. Ideoque si tollatur planum
pQ, ut pondus tendat filum ;
quoniam filum sustinendo pondus
jam vicem præstat plani sublati,

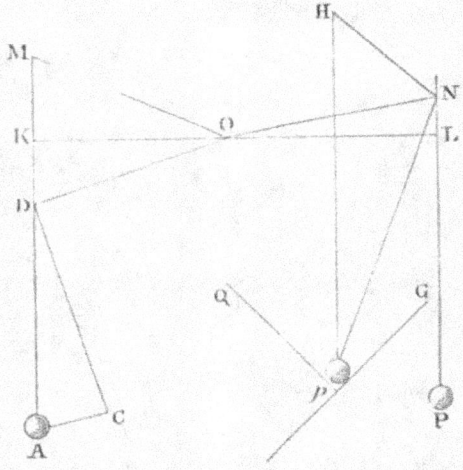

tendetur illud eadem vi pN, qua planum antea urgebatur. Unde
tensio fili hujus obliqui erit ad tensionem fili alterius perpendicularis
PN, ut pN ad pH. Ideoque si pondus p sit ad pondus A
in ratione, quæ componitur ex ratione reciproca minimarum
distantiarum filorum suorum pN, AM a centro rotæ, & ratione
directa pH ad pN ; pondera idem valebunt ad rotam movendam,
atque ideo se mutuo sustinebunt, ut quilibet experiri potest.

Pondus autem p, planis illis duobus obliquis incumbens, rationem
habet cunei inter corporis fissi facies internas : & inde vires cunei
& mallei innotescunt : utpote cum vis qua pondus p urget planum
pQ sit ad vim, qua idem vel gravitate sua vel ictu mallei impellitur

secundum lineam $p\ H$ in plana, ut $p\ N$ ad $p\ H$; atque ad vim, qua urget planum alterum $p\ G$, ut $p\ N$ ad $N\ H$. Sed & vis cochleæ per similem virium divisionem colligitur; quippe quæ cuneus est a vecte impulsus. Usus igitur corollarii hujus latissime patet, & late patendo veritatem ejus evincit; cum pendeat ex jam dictis mechanica tota ab auctoribus diversimode demonstrata. Ex hisce enim facile derivantur vires machinarum, quae ex rotis, tympanis, trochleis, vectibus, nervis tensis & ponderibus directe vel oblique ascendentibus, cæterisque potentiis mechanicis componi solent, ut & vires tendinum ad animalium ossa movenda.

COROLLARIUM III.

Quantitas motus quæ colligitur capiendo summam motuum factorum ad eandem partem, & differentiam factorum ad contrarias, non mutatur ab actione corporum inter se.

Etenim actio eique contraria reactio æquales sunt per legem 111, ideoque per legem 11 æquales in motibus efficiunt mutationes versus contrarias partes. Ergo si motus fiunt ad eandem partem; quicquid additur motui corporis fugientis, subducetur motui corporis insequentis sic, ut summa maneat eadem quæ prius. Sin corpora obviam eant; æqualis erit subductio de motu utriusque, ideoque differentia motuum factorum in contrarias partes manebit eadem.

Ut si corpus sphæricum A sit triplo majus corpore sphærico B, habeatque duas velocitatis partes; & B sequatur in eadem recta cum velocitatis partibus decem, ideoque motus ipsius A sit ad motum ipsius B, ut sex ad decem : ponantur motus illis esse partium sex & partium decem, & summa erit partium sexdecim. In corporum igitur concursu, si corpus A lucretur motus partes tres vel quatuor vel quinque, corpus B amittet partes totidem, ideoque perget corpus A post reflexionem cum partibus novem vel decem vel undecim, & B cum partibus septem vel sex vel quinque, existente semper summa partium sexdecim ut prius. Si corpus A lucretur partes novem vel decem vel undecim vel duodecim, ideoque progrediatur post concursum cum partibus quindecim vel sexdecim vel septendecim vel octodecim; corpus B, amittendo tot partes quot A lucratur, vel cum una parte progredietur amissis partibus novem, vel quiescet amisso motu suo progressivo partium decem, vel cum una parte regredietur amisso motu suo & (ut ita dicam) una parte amplius, vel regredietur cum partibus duabus ob detractum motum progressivum partium duodecim. Atque ita summæ motuum conspirantium $15+1$ vel $16+0$. & differentiæ contrariorum $17-1$ & $18-2$ semper erunt partium sexdecim, ut ante concursum & reflexionem. Cognitis autem motibus quibuscum corpora post reflexionem pergent, invenietur cujusque velocitas, ponendo eam esse ad velocitatem ante reflexionem, ut motus post est ad motum ante. Ut in casu ultimo, ubi corporis A motus erat partium sex ante reflexionem & partium octodecim postea, & velocitas partium duarum ante reflexionem; invenietur ejus velocitas partium sex post reflexionem, dicendo, ut motus partes sex ante reflexionem ad motus partes octodecim postea, ita velocitatis partes duæ ante reflexionem ad velocitatis partes sex postea.

Quod si corpora vel non sphærica vel diversis in rectis moventia incidant in se mutuo oblique, & requirantur eorum motus post reflexionem; cognoscendus est situs plani a quo corpora concurrentia tanguntur in puncto concursus: dein corporis utriusque motus (per Corol. 11.) distinguendus est in duos, unum huic plano perpendicularem, alterum eidem parallelum: motus autem paralleli, propterea quod corpora agant in se invicem secundum lineam huic plano perpendicularem, retinendi sunt iidem post reflexionem atque antea; & motibus perpendicularibus mutationes æquales in partes contrarias tribuendæ sunt sic, ut summa conspirantium & differentia contrariorum maneat eadęm quæ prius. Ex hujusmodi reflexionibus oriri etiam solent motus circulares corporum circa centra propria. Sed hos casus in sequentibus non considero, & nimis longum esset omnia huc spectantia demonstrare.

COROLLARIUM IV.

Commune gravitatis centrum corporum duorum vel plurium, ab actionibus corporum inter se, non mutat statum suum vel motus vel quietis; & propterea corporum omnium in se mutuo agentium (exclusis actionibus & impedimentis externis) commune centrum gravitatis vel quiescit vel movetur uniformiter in directum.

Nam si puncta duo progrediantur uniformi cum motu in lineis rectis, & distantia eorum dividatur in ratione data, punctum dividens vel quiescit vel progreditur uniformiter in linea recta. Hoc postea in lemmate XXIII ejusque corollario demonstratur, si punctorum motus fiant in eodem plano; & eadem ratione demonstrari potest, si motus illi non fiant in eodem plano. Ergo si corpora quotcunque moventur uniformiter in lineis rectis, commune centrum gravitatis duorum quorumvis vel quiescit vel progreditur uniformiter in linea recta; propterea quod linea, horum corporum centra in rectis uniformiter progredientia jungens, dividitur ab hoc centro communi in ratione data. Similiter & commune centrum horum duorum & tertii cujusvis vel quiescit vel progreditur uniformiter in linea recta; propterea quod ab eo dividitur distantia centri communis corporum duorum & centri corporis tertii in data ratione. Eodem modo & commune centrum horum trium & quarti cujusvis vel quiescit vel progreditur uniformiter in linea recta; propterea quod ab eo dividitur distantia inter centrum commune trium & centrum quarti in data ratione, & sic in infinitum. Igitur in systemate corporum, quæ actionibus in se invicem aliisque omnibus in se extrinsecus impressis omnino vacant, ideoque movetur singula uniformiter in rectis singulis, commune omnium centrum gravitatis vel quiescit vel movetur uniformiter in directum.

Porro in systemate duorum corporum in se invicem agentium, cum distantiæ centrorum utriusque a communi gravitatis centro sint reciproce ut corpora; erunt motus relativi corporum eorundem, vel accedendi ad centrum illud vel ab eodem recedendi, æquales inter se. Proinde centrum illud a motuum æqualibus mutationibus in partes contrarias factis, atque ideo ab actionibus horum corporum inter se, nec promovetur nec retardatur nec mutationem patitur in statu suo quoad motum vel quietem. In systemate autem corporum plurium, quoniam duorum quorumvis in se mutuo agentium commune gravitatis centrum ob actionem illam nullatenus mutat statum suum ; & reliquorum, quibuscum actio illa non intercedit, commune gravitatis centrum nihil inde patitur ; distantia autem horum duorum centrorum dividitur a communi corporum omnium centro in partes summis totalibus corporum quorum sunt centra reciproce proportionales ; ideoque centris illis duobus statum suum movendi vel quiescendi servantibus, commune omnium centrum servat etiam statum suum : manifestum est quod commune illud omnium centrum ob actiones binorum corporum inter se nunquam mutat statum suum quoad motum & quietem. In tali autem systemate actiones omnes corporum inter se, vel inter bina sunt corpora, vel ab actionibus inter bina compositæ ; & propterea communi omnium centro mutationem in statu motus ejus vel quietis nunquam inducunt. Quare cum centrum illud ubi corpora non agunt in se invicem, vel quiescit, vel in recta aliqua progreditur uniformiter ; perget idem, non obstantibus corporum actionibus inter se, vel semper quiescere, vel semper progredi uniformiter in directum ; nisi a viribus in systema extrinsecus impressis deturbetur de hoc statu. Est igitur systematis corporum plurium lex eadem, quæ corporis solitarii, quoad perseverantiam in statu motus vel quietis. Motus enim progressivus seu corporis solitarii seu systematis corporum ex motu centri gravitatis æstimari semper debet.

COROLLARIUM V.

Corporum dato spatio inclusorum iidem sunt motus inter se, sive spatium illud quiescat, sive moveatur idem uniformiter in directum sine motu circulari.

Nam differentiæ motuum tendentium ad eandem partem, & summæ tendentium ad contrarias, eædem sunt sub initio in utroque casu (ex hypothesi) & ex his summis vel differentiis oriuntur con-

gressus & impetus quibus corpora se mutuo feriunt. Ergo per legem
11 æquales erunt congressuum effectus in utroque casu ; & propterea
manebunt motus inter se in uno casu æquales motibus inter se
in altero. Idem comprobatur experimento luculento. Motus omnes
eodem modo se habent in navi, sive ea quiescat, sive moveatur
uniformiter in directum.

COROLLARIUM VI.

Si corpora moveantur quomodocunque inter se, & a viribus accelera-
tricibus æqualibus secundum lineas parallelas urgeantur; pergent
omnia eodem modo moveri inter se, ac si viribus illis non essent
incitata.

Nam vires illæ æqualiter (pro quantitatibus movendorum corporum) & secundum lineas parallelas agendo, corpora omnia æqualiter
(quoad velocitatem) movebunt per legem 11. ideoque nunquam
mutabunt positiones & motus eorum inter se.

Scholium.

Hactenus principia tradidi a mathematicis recepta & experientia
multiplici confirmata. Per leges duas primas & corollaria duo prima
Galilæus invenit descensum gravium esse in duplicata ratione temporis, & motum projectilium fieri in parabola; conspirante experientia, nisi quatenus motus illi per aëris resistentiam aliquantulum
retardantur. Corpore cadente gravitas uniformis, singulis temporis
particulis æqualibus æqualiter agendo imprimit vires æquales in
corpus illud, & velocitates æquales generat : & tempore toto vim
totam imprimit & velocitatem totam generat tempori proportionalem.
Et spatia temporibus proportionalibus descripta, sunt ut velocitates
& tempora conjunctim ; id est in duplicata ratione temporum. Et
corpore sursum projecto gravitas uniformis vires imprimit & velocitates aufert temporibus proportionales ; ac tempora ascendendi ad
altitudines summas sunt ut velocitates auferendæ, & altitudines illæ
sunt ut velocitates ac tempora conjunctim, seu in duplicata ratione

velocitatum. Et corporis secundum rectam quamvis projecti motus
a projectione oriundus cum motu a gravitate oriundo componitur. Ut si corpus *A* motu solo projectionis dato
tempore describere posset rectam *A B* & motu
solo cadendi eodem tempore describere posset
altitudinem *A C:* compleatur parallelogrammum

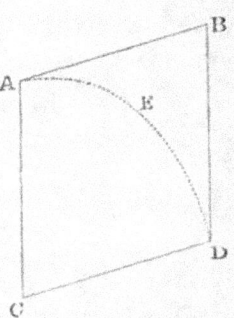

A B D C, & corpus illud motu composito reperietur in fine temporis in loco *D;* & curva linea
A E D, quam corpus illud describet, erit parabola
quam recta *A B* tangit in *A,* & cujus ordinata
B D est ut *A Bq.* Ab iisdem legibus & corollariis
pendent demonstrata de temporibus oscillantium
pendulorum, suffragante horologiorum experientia quotidiana.   Ex his
iisdem & lege tertia *Christophorus Wrennus* eques auratus, *Johannes
Wallisius S.T.D.* & *Christianus Hugenius,* ætatis superioris geometrarum facile principes, regulas congressuum & reflexionum durorum
corporum seorsim invenerunt, & eodem fere tempore cum *Societate
Regia* communicarunt, inter se (quoad has leges) omnino conspirantes:
& primus quidem *Wallisius,* deinde *Wrennus* & *Hugenius* inventum
prodiderunt.   Sed & veritas comprobata est a *Wrenno* coram *Regia
Societate* per experimentum pendulorum : quod etiam *Clarissimus
Mariottus* libro integro exponere mox dignatus est.   Verum, ut
hoc experimentum cum theoriis ad amussim congruat, habenda est
ratio, cum resistentiæ aëris, tum etiam vis elasticæ concurrentium
corporum.   Pendeant corpora sphærica *A, B* filis parallelis &
æqualibus *A C, B D,* a centris *C, D.* His centris & intervallis describantur semicirculi *E A F,*
G B H radiis *C A, D B* bisecti.
Trahatur corpus *A* ad arcus
E A F punctum quodvis *R,* &
(subducto corpore *B*) demittatur inde, redeatque post unam
oscillationem ad punctum *V.*
Est *R V* retardatio ex resisten-

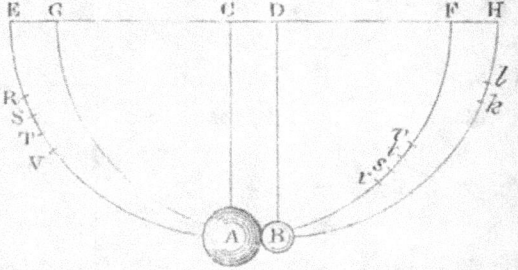

tia aëris.   Hujus *R V* fiat *S T* pars quarta sita in medio, ita scilicet
ut *R S* & *T V* æquentur, sitque *R S* ad *S T* ut 3 ad 2.   Et ista *S T*
exhibebit retardationem in descensu ab *S* ad *A* quam proxime.

Restituatur corpus *B* in locum suum. Cadat corpus *A* de puncto *S*, & velocitas ejus in loco reflexionis *A* sine errore sensibili tanta erit, ac si in vacuo cecidisset de loco *T*. Exponatur igitur hæc velocitas per chordam arcus *T A*. Nam velocitatem penduli in puncto infimo esse ut chordam arcus, quem cadendo descripsit, propositio est geometris notissima. Post reflexionem perveniat corpus *A* ad locum *s*, & corpus *B* ad locum *k*. Tollatur corpus *B* & inveniatur locus *v*; a quo si corpus *A* demittatur & post unam oscillationem redeat ad locum *r*, sit *s t* pars quarta ipsius *r v* sita in medio, ita videlicet ut *r s* & *t v* æquentur; & per chordam arcus *t A* exponatur velocitas, quam corpus *A* proxime post reflexionem habuit in loco *A*. Nam *t* erit locus ille verus & correctus, ad quem corpus *A*, sublata aëris resistentia, ascendere debuisset. Simili methodo corrigendus erit locus *k*, ad quem corpus *B* ascendit, & inveniendus locus *l*, ad quem corpus illud ascendere debuisset in vacuo. Hoc pacto experiri licet omnia, perinde ac si in vacuo constituti essemus. Tandem ducendum erit corpus *A* (ut ita dicam) in chordam arcus *T A*, quæ velocitatem ejus exhibet, ut habeatur motus ejus in loco *A* proxime ante reflexionem; deinde in chordam arcus *t A*, ut habeatur motus ejus in loco *A* proxime post reflexionem. Et sic corpus *B* ducendum erit in chordam arcus *B l*, ut habeatur motus ejus proxime post reflexionem. Et simili methodo, ubi corpora duo simul demittuntur de locis diversis, inveniendi sunt motus utriusque tam ante, quam post reflexionem; & tum demum conferendi sunt motus inter se & colligendi effectus reflexionis. Hoc modo in pendulis pedum decem rem tentando, idque in corporibus tam inæqualibus quam æqualibus, & faciendo ut corpora de intervallis amplissimis, puta pedum octo vel duodecim vel sexdecim, concurrerent; reperi semper sine errore trium digitorum in mensuris, ubi corpora sibi mutuo directe occurrebant, æquales esse mutationes motuum corporibus in partes contrarias illatæ, atque ideo actionem & reactionem semper esse æquales. Ut si corpus *A* incidebat in corpus *B* quiescens cum novem partibus motus, & amissis septem partibus pergebat post reflexionem cum duabus; corpus *B* resiliebat cum partibus istis septem. Si corpora obviam ibant, *A* cum duodecim partibus & *B* cum sex, & redibat *A* cum duabus; redibat *B* cum octo, facta detractione partium quatuordecim utrinque. De motu ipsius *A* subducantur partes duodecim & restabit nihil : subducantur aliæ partes duæ, & fiet motus duarum partium in plagam contrariam : & sic de motu corporis *B* partium sex subducendo partes quatuordecim, fient partes octo in plagam contrariam. Quod si corpora ibant ad eandem plagam, *A* velocius cum partibus quatuordecim, & *B* tardius cum partibus quinque, &

post reflexionem pergebat *A* cum quinque partibus ; pergebat *B* cum quatuordecim, facta translatione partium novem de *A* in *B*. Et sic in reliquis. A congressu & collisione corporum nunquam mutabatur quantitas motus, quæ ex summa motuum conspirantium & differentia contrariorum colligebatur.

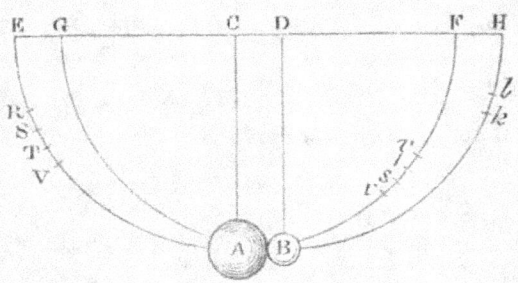

Nam errorem digiti unius & alterius in mensuris tribuerim difficultati peragendi singula satis accurate.   Difficile erat, tum pendula simul demittere sic, ut corpora in se mutuo impingerent in loco infimo *A B;* tum loca *s, k* notare, ad quæ corpora ascendebant post concursum.   Sed & in ipsis corporibus pendulis inæqualis partium densitas, & textura aliis de causis irregularis, errores inducebant.

Porro nequis objiciat regulam, ad quam probandam inventum est hoc experimentum, præsupponere corpora vel absolute dura esse, vel saltem perfecte elastica, cujusmodi nulla reperiuntur in compositionibus naturalibus ; addo quod experimenta jam descripta succedunt in corporibus mollibus æque ac in duris, nimirum a conditione duritiei neutiquam pendentia. Nam si regula illa in corporibus non perfecte duris tentanda est, debebit solummodo reflexio minui in certa proportione pro quantitate vis elasticæ. In theoria *Wrenni* & *Hugenii* corpora absolute dura redeunt ab invicem cum velocitate congressus. Certius id affirmabitur de perfecte elasticis. In imperfecte elasticis velocitas reditus minuenda est simul cum vi elastica ; propterea quod vis illa, (nisi ubi partes corporum ex congressu læduntur, vel extensionem aliqualem quasi sub malleo patiuntur,) certa ac determinata sit (quantum sentio) faciatque ut corpora redeant ab invicem cum velocitate relativa, quæ sit ad relativam velocitatem concursus in data ratione. Id in pilis ex lana arcte conglomerata & fortiter constricta sic tentavi. Primum demittendo pendula & mensurando reflexionem, inveni quantitatem vis elasticæ; deinde per hanc vim determinavi reflexiones in aliis casibus concursuum, & respondebant experimenta. Redibant semper pilæ ab invicem cum velocitate relativa, quæ esset ad velocitatem relativam concursus ut 5 ad 9 circiter. Eadem fere cum velocitate redibant pilæ ex chalybe: aliæ ex subere cum paulo minore: in vitreis autem proportio erat 15 ad 16 circiter. Atque hoc pacto lex tertia quoad ictus & reflexiones per theoriam comprobata est, quæ cum experientia plane congruit.

In attractionibus rem sic breviter ostendo. Corporibus duobus quibusvis *A*, *B* se mutuo trahentibus, concipe obstaculum quodvis interponi, quo congressus eorum impediatur. Si corpus alterutrum *A* magis trahitur versus corpus alterum *B*, quam illud alterum *B* in prius *A*, obstaculum magis urgebitur pressione corporis *A* quam pressione corporis *B*; proindeque non manebit in æquilibrio. Præ-valebit pressio fortior, facietque ut systema corporum duorum & obstaculi moveatur in directum in partes versus *B*, motuque in spatiis liberis semper accelerato abeat in infinitum. Quod est absurdum & legi primæ contrarium. Nam per legem primam debebit systema perseverare in statu suo quiescendi vel movendi uniformiter in directum, proindeque corpora æqualiter urgebunt obstaculum, & idcirco æqualiter trahentur in invicem. Tentavi hoc in magnete & ferro. Si hæc in vasculis propriis sese contingentibus seorsim posita, in aqua stagnante juxta fluitent; neutrum propellet alterum, sed æqualitate attractionis utrinque sustinebunt conatus in se mutuos, ac tandem in æquilibrio constituta quiescent.

Sic etiam gravitas inter terram & ejus partes mutua est. Sece-tur terra *FI* plano quovis *EG* in partes duas *EGF* & *EGI*: & æqualia erunt harum pondera in se mutuo. Nam si plano alio *HK* quod priori *EG* parallelum sit, pars major *EGI* secetur in partes duas *EGKH* & *HKI*, quarum *HKI* æqualis sit parti prius abscissæ *EFG*: manifestum est quod pars media *EGKH* pondere proprio in neutram partium extremarum propendebit,

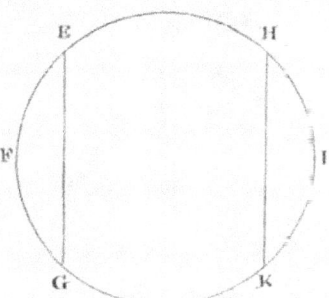

sed inter utramque in æquilibrio, ut ita dicam, suspendetur, & quiescet. Pars autem extrema *HKI* toto suo pondere incumbet in partem mediam, & urgebit illam in partem alteram extremam *EGF*; ideoque vis qua partium *HKI* & *EGKH* summa *EGI* tendit versus partem tertiam *EGF*, æqualis est ponderi partis *HKI*, id est ponderi partis tertiæ *EGF*. Et propterea pondera partium duarum *EGI*, *EGF* in se mutuo sunt æqualia, uti volui ostendere. Et nisi pondera illa æqualia essent, terra tota in libero æthere fluitans ponderi majori cederet, & ab eo fugiendo abiret in infinitum.

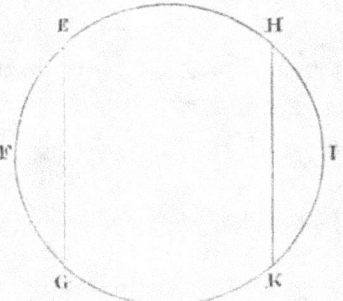

Ut corpora in concursu & reflexione idem pollent, quorum velocitates sunt reciproce ut vires insitæ: sic in movendis instrumentis mechanicis agentia idem pollent & conatibus contrariis se mutuo sustinent, quorum velocitates secundum determinationem virium æstimatæ, sunt reciproce ut vires. Sic pondera æquipollent ad movenda brachia libræ, quæ oscillante libra sunt reciproce ut eorum velocitates sursum & deorsum : hoc est, pondera, si recta ascendunt & descendunt, æquipollent, quæ sunt reciproce ut punctorum a quibus suspenduntur distantiæ ab axe libræ; sin planis obliquis aliisve admotis obstaculis impedita ascendunt vel descendunt oblique, æquipollent, quæ sunt reciproce ut ascensus & descensus, quatenus facti secundum perpendiculum : idque ob determinationem gravitatis deorsum. Similiter in trochlea seu polyspasto vis manus funem directe trahentis, quæ sit ad pondus vel directe vel oblique ascendens ut velocitas ascensus perpendicularis ad velocitatem manus funem trahentis, sustinebit pondus. In horologiis & similibus instrumentis, quæ ex rotulis commissis constructa sunt, vires contrariæ ad motum rotularum promovendum & impediendum, si sunt reciproce ut velocitates partium rotularum in quas imprimuntur, sustinebunt se mutuo. Vis cochleæ ad premendum corpus est ad vim manus manubrium circumagentis, ut circularis velocitas manubrii ea in parte ubi a manu urgetur, ad velocitatem progressivam cochleæ versus corpus pressum. Vires quibus Cuneus urget partes duas ligni fissi sunt ad vim mallei in cuneum, ut progressus cunei secundum determinationem vis a malleo in ipsum impressæ, ad velocitatem qua partes ligni cedunt cuneo, secundum lineas faciebus cunei perpendiculares. Et par est ratio machinarum omnium.

Harum efficacia & usus in eo solo consistit, ut diminuendo velocitatem augeamus vim, & contra : Unde solvitur in omni aptorum instrumentorum genere problema, *Datum pondus data vi movendi*, aliamve datam resistentiam vi data superandi. Nam si machinæ ita formentur, ut velocitates agentis & resistentis sint reciproce ut vires ; agens resistentiam sustinebit : & majori cum velocitatum disparitate eandem vincet. Certe si tanta sit velocitatum disparitas, ut vincatur etiam resistentia omnis, quæ tam ex contiguorum & inter se labentium corporum attritione, quam ex continuorum & ab invicem separandorum cohæsione & elevandorum ponderibus oriri solet ; superata omni ea resistentia, vis redundans accelerationem motus sibi proportionalem, partim in partibus machinæ, partim in corpore resistente producet. Cæterum mechanicam tractare non est hujus instituti. Hisce volui tantum ostendere, quam late pateat quamque certa sit lex tertia motus. Nam si æstimetur agentis actio ex ejus vi & velocitate conjunctim ; & similiter resistentis reactio æstimetur conjunctim ex ejus partium singularum velocitatibus & viribus resistendi ab earum attritione, cohæsione, pondere, & acceleratione oriundis ; erunt actio & reactio, in omni instrumentorum usu, sibi invicem semper æquales. Et quatenus actio propagatur per instrumentum & ultimo imprimitur in corpus omne resistens, ejus ultima determinatio determinationi reactionis semper erit contraria.

MOTU CORPORUM

LIBER PRIMUS.

SECTIO I.

De methodo rationum primarum & ultimarum, cujus ope sequentia demonstrantur.

LEMMA I.

Quantitates, ut & quantitatum rationes, quæ ad æqualitatem tempore quovis finito constanter tendunt, & ante finem temporis illius propius ad invicem accedunt quam pro data quavis differentia, fiunt ultimo æquales.

SI negas; fiant ultimo inæquales, & sit earum ultima differentia D. Ergo nequeunt propius ad æqualitatem accedere quam pro data differentia D: contra hypothesin.

LEMMA II.

Si in figura quavis A a c E, *rectis* A a, A E & *curva* a c E *comprehensa, inscribantur parallelogramma quotcunque* A b, B c, C d, &c. *sub basibus* A B, B C, C D, &c. *æqualibus, & lateribus* B b, C c, D d, &c. *figuræ lateri* A a *parallelis contenta; & compleantur parallelogramma* a K b l, b L c m, c M d n, &c. *Dein horum parallelogrammorum, latitudo minuatur, & numerus augeatur in infinitum: dico quod ultimæ rationes quas habent ad se invicem figura inscripta*

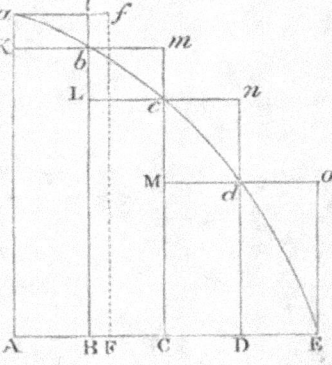

A K b L c M d D, *circumscripta* A a l b m c n d o E, *& curvilinea* A a b c d E, *sunt rationes æqualitatis.*

Nam figuræ inscriptæ & circumscriptæ differentia est summa parallelogrammorum $K l$, $L m$, $M n$, $D o$, hoc est (ob æquales omnium bases) rectangulum sub unius basi $K l$ & altitudinum summa $A a$, id est, rectangulum $A B l a$. Sed hoc rectangulum, eo quod latitudo ejus $A B$ in infinitum minuitur, fit minus quovis dato. Ergo (per lemma 1) figura inscripta & circumscripta & multo magis figura curvilinea intermedia fiunt ultimo æquales. *Q. E. D.*

LEMMA III.

Eædem rationes ultimæ sunt etiam rationes æqualitatis, ubi parallelo-grammorum latitudines A B, B C, C D, *&c. sunt inæquales, & omnes minuuntur in infinitum.*

Sit enim $A F$ æqualis latitudini maximæ, & compleatur parallelo-grammum $F A a f$. Hoc erit majus quam differentia figuræ inscriptæ & figuræ circumscriptæ; at latitudine sua $A F$ in infinitum diminuta, minus fiet dato quovis rectangulo. *Q. E. D.*

Corol. 1. Hinc summa ultima parallelogrammorum evanescentium coincidit omni ex parte cum figura curvilinea.

Corol. 2. Et multo magis figura rectilinea, quæ chordis evanes-centium arcuum $a b$, $b c$, $c d$, &c. comprehenditur, coincidit ultimo cum figura curvilinea.

Corol. 3. Ut & figura rectilinea circumscripta quæ tangentibus eorundem arcuum comprehenditur.

Corol. 4. Et propterea hæ figuræ ultimæ (quoad perimetros $a c E$,) non sunt rectilineæ, sed rectilinearum limites curvilinei.

LEMMA IV.

Si in duabus figuris A a c E, P p r T, *inscribantur (ut supra) duæ parallelogrammorum series, sitque idem amborum numerus, & ubi latitudines in infinitum diminuuntur, rationes ultimæ parallelo-grammorum in una figura ad parallelogramma in altera, singulorum ad singula, sint eædem; dico quod figuræ duæ* A a c E, P p r T, *sunt ad invicem in eadem illa ratione.*

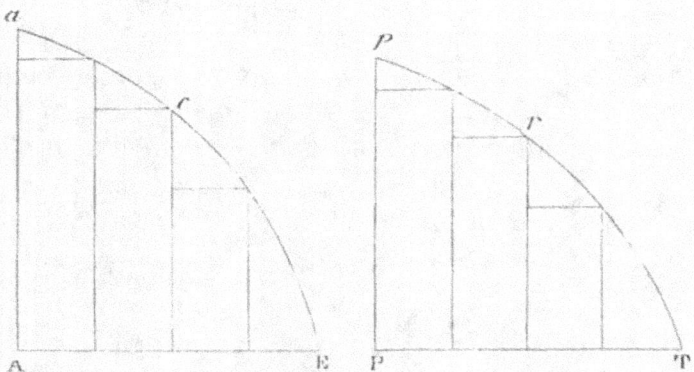

Etenim ut sunt parallelogramma singula ad singula, ita (componendo) fit summa omnium ad summam omnium, & ita figura ad figuram; existente nimirum figura priore (per lemma III) ad summam priorem, & figura posteriore ad summam posteriorem in ratione æqualitatis. *Q. E. D.*

Corol. Hinc si duæ cujuscunque generis quantitates in eundem partium numerum utcunque dividantur; & partes illæ, ubi numerus earum augetur & magnitudo diminuitur in infinitum, datam obtineant rationem ad invicem, prima ad primam, secunda ad secundam, cæteræque suo ordine ad cæteras: erunt tota ad invicem in eadem illa data ratione. Nam si in lemmatis hujus figuris sumantur parallelogramma inter se ut partes, summæ partium semper erunt ut summæ parallelogrammorum; atque ideo, ubi partium & parallelogrammorum numerus augetur & magnitudo diminuitur in infinitum, in ultima ratione parallelogrammi ad parallelogrammum, id est (per hypothesin) in ultima ratione partis ad partem.

LEMMA V.

Similium figurarum latera omnia, quæ sibi mutuo respondent, sunt proportionalia, tam curvilinea quam rectilinea; & areæ sunt in duplicata ratione laterum.

LEMMA VI.

Si arcus quilibet positione datus A C B *subtendatur chorda* A B, *& in puncto aliquo* A, *in medio curvaturæ continuæ, tangatur a recta utrinque producta* AD; *dein puncta* A, B *ad invicem accedant & coëant; dico quod angulus* BAD, *sub chorda & tangente contentus, minuetur in infinitum & ultimo evanescet.*

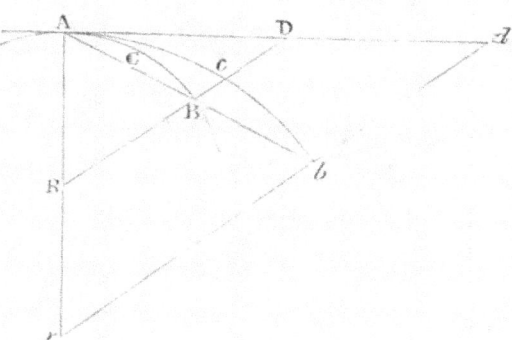

Nam si angulus ille non evanescit, continebit arcus *ACB* cum tangente *AD* angulum rectilineo æqualem, & propterea curvatura ad punctum *A* non erit continua, contra hypothesin.

LEMMA VII.

Iisdem positis; dico quod ultima ratio arcus, chordæ, & tangentis ad invicem est ratio æqualitatis.

Nam dum punctum *B* ad punctum *A* accedit, intelligantur semper *AB* & *AD* ad puncta longinqua *b* ac *d* produci, & secanti *BD* parallela agatur *b d*. Sitque arcus *A c b* semper similis arcui *A C B*. Et punctis *A*, *B* coeuntibus, angulus *d A b*, per lemma superius, evanescet; ideoque rectæ semper finitæ *A b*, *A d*, & arcus intermedius *A c b* coincident, & propterea æquales erunt. Unde & hisce semper proportionales rectæ *A B*, *A D*, & arcus intermedius *A C B* evanescent, & rationem ultimam habebunt æqualitatis. *Q. E. D.*

Corol. 1. Unde si per *B* ducatur tangenti parallela *B F*, rectam quamvis *A F* per *A* transeuntem perpetuo secans in *F*, hæc *BF* ultimo ad arcum evanescentem *A CB* rationem habebit æqualitatis, eo quod completo parallelo-

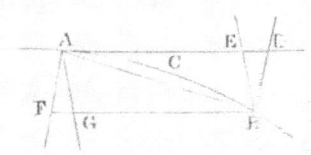

grammo *A FBD* rationem semper habet æqualitatis ad *A D*.

Corol. 2.   Et si per *B* & *A* ducantur plures rectæ *BE, BD, AF, AG*, secantes tangentem *AD* & ipsius parallelam *BF;* ratio ultima abscissarum omnium *AD, AE, BF, BG*, chordæque & arcus *AB* ad invicem erit ratio æqualitatis.

Corol. 3.   Et propterea hæ omnes lineæ, in omni de rationibus ultimis argumentatione, pro se invicem usurpari possunt.

LEMMA VIII.

Si rectæ datæ AR, BR *cum arcu* ACB, *chorda* AB *& tangente* AD, *triangula tria* RAB, RACB, RAD *constituunt, dein puncta* A, B *accedunt ad invicem: dico quod ultima forma triangulorum evanescentium est similitudinis, & ultima ratio æqualitatis.*

Nam dum punctum *B* ad punctum *A* accedit, intelligantur semper *AB, AD, AR* ad puncta longinqua *b, d* & *r* produci, ipsique *RD* parallela agi *rbd*, & arcui *ACB* similis semper sit arcus *Acb*. Et coeuntibus punctis *A, B*, angulus *b A d* evanescet, & propterea triangula tria semper finita *rAb, rAcb, rAd* coincident, suntque eo nom-

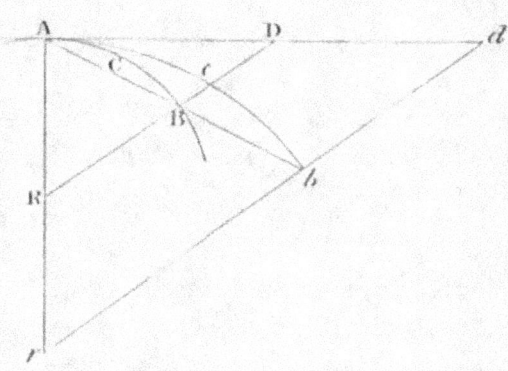

ine similia & æqualia.   Unde & hisce semper similia & proportionalia *RAB, RACB, RAD* fient ultimo sibi invicem similia & æqualia. Q. E. D.

Corol.   Et hinc triangula illa, in omni de rationibus ultimis argumentatione, pro se invicem usurpari possunt.

LEMMA IX.

Si recta AE *& curva* ABC *positione datæ se mutuo secent in angulo dato* A, *& ad rectam illam in alio dato angulo ordinatim*

applicentur BD, CE, *curvæ occurrentes in* B, C, *dein puncta*
B, C *simul accedant ad punctum* A : *dico quod areæ triangulorum*
ABD, ACE *erunt ultimo ad invicem in duplicata ratione laterum.*

Etenim dum puncta *B, C* accedunt ad punctum *A*, intelligatur
semper *A D* produci ad puncta longinqua *d & e*, ut sint *A d, A e*
ipsis *AD, AE* proportionales, & erigantur ordinatæ *db, ec* ordi-

natis *D B, E C* parallelæ quæ
occurrant ipsis *AB, AC* productis
in *b* & *c*. Duci intelligatur, tum
curva *A bc* ipsi *A BC* similis, tum
recta *Ag*, quæ tangat curvam
utramque in *A*, & secet ordinatim
applicatas *DB*, EC, *db, ec* in *F*,
G, f, g. Tum manente longitudine *A e* coeant puncta *B, C* cum
puncto *A ;* & angulo *cAg* evanescente, coincident areæ curvilineæ
Abd, Ace cum rectilineis *Afd*,

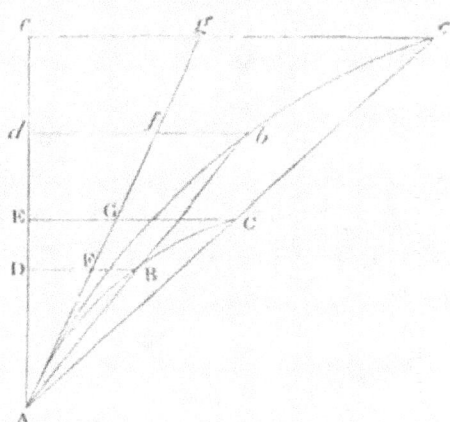

Age ; ideoque (per lemma v.) erunt in duplicata ratione laterum *A d,
A e:* Sed his areis proportionales semper sunt areæ *A BD, ACE*, &
his lateribus latera *AD, AE*. Ergo & areæ *A BD, ACE* sunt
ultimo in duplicata ratione laterum *AD, AE*. Q.E.D.

LEMMA X.

*Spatia quæ corpus urgente quacunque vi finita describit, sive vis illa
determinata & inmutabilis sit, sive eadem continuo augeatur vel
continuo diminuatur, sunt ipso motus initio in duplicata ratione
temporum.*

Exponantur tempora per lineas *AD, AE*, & velocitates genitæ
per ordinatas *DB, EC ;* & spatia his velocitatibus descripta, erunt
ut areæ *ABD, ACE* his ordinatis descriptæ, hoc est, ipso motus
initio (per lemma ix.) in duplicata ratione temporum *AD, AE*.
Q.E.D.

Corol. 1. Et hinc facile colligitur, quod corporum similes similium figurarum partes temporibus proportionalibus describentium errores, qui viribus quibusvis æqualibus ad corpora similiter applicatis generantur, & mensurantur per distantias corporum a figurarum similium locis illis, ad quæ corpora eadem temporibus iisdem proportionalibus sine viribus istis pervenirent, sunt ut quadrata temporum in quibus generantur quam proxime.

Corol. 2. Errores autem qui viribus proportionalibus ad similes figurarum similium partes similiter applicatis generantur, sunt ut vires & quadrata temporum conjunctim.

Corol. 3. Idem intelligendum est de spatiis quibusvis quæ corpora urgentibus diversis viribus describunt. Hæc sunt, ipso motus initio, ut vires & quadrata temporum conjunctim.

Corol. 4. Ideoque vires sunt ut spatia, ipso motus initio, descripta directe & quadrata temporum inverse.

Corol. 5. Et quadrata temporum sunt ut descripta spatia directe & vires inverse.

Scholium.

Si quantitates indeterminatæ diversorum generum conferantur inter se, & earum aliqua dicatur esse ut est alia quævis directe vel inverse : sensus est, quod prior augetur vel diminuitur in eadem ratione cum posteriore, vel cum ejus reciproca. Et si earum aliqua dicatur esse ut sunt aliæ duæ vel plures directe vel inverse : sensus est, quod prima augetur vel diminuitur in ratione quæ componitur ex rationibus in quibus aliæ vel aliarum reciprocæ augentur vel diminuuntur. Ut si A dicatur esse ut B directe & C directe & D inverse : sensus est, quod A augetur vel diminuitur in eadem ratione cum $B \times C \times \frac{1}{D}$ hoc est, quod A & $\frac{BC}{D}$ sunt ad invicem in ratione data.

LEMMA XI.

Subtensa evanescens anguli contactus, in curvis omnibus curvaturam finitam ad punctum contactus habentibus, est ultimo in ratione duplicata subtensæ arcus contermini.

Cas. 1. Sit arcus ille *A B*, tangens ejus *A D*, subtensa anguli contactus ad tangentem perpendicularis *B D*, subtensa arcus *A B*. Huic subtensæ *A B* & tangenti *A D* perpendiculares erigantur *A G*, *B G*, concurrentes in *G*; dein accedant puncta *D, B, G*, ad puncta *d*, *b, g*, sitque *I* intersectio linearum *B G*, *A G* ultimo facta ubi puncta *D, B* accedunt usque ad *A*. Manifestum est 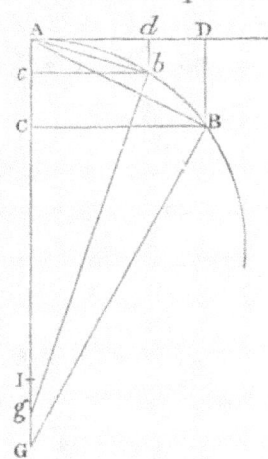 quod distantia *G I* minor esse potest quam assignata quævis. Est autem (ex natura circulorum per puncta *A B G*, *A b g* transeuntium) *A B quad.* æquale *A G × B D*, & *A b quad.* æquale *A g × b d*; ideoque ratio *A B quad.* ad *A b quad.* componitur ex rationibus *A G* ad *A g* & *B D* ad *bd*. Sed quoniam *G I* assumi potest minor longitudine quavis assignata, fieri potest ut ratio *A G* ad *A g* minus differat a ratione æqualitatis quam pro differentia quavis assignata, ideoque ut ratio *A B quad.* ad *A b quad.* minus differat a ratione *B D* ad *bd* quam pro differentia quavis assignata. Est ergo, per lemma 1, ratio ultima *A B quad.* ad *A b quad.* eadem cum ratione ultima *B D* ad *b d*. *Q. E. D.*

Cas. 2. Inclinetur jam *B D* ad *A D* in angulo quovis dato, & eadem semper erit ratio ultima *B D* ad *b d* quæ prius, ideoque eadem ac *A B quad.* ad *A b quad.* *Q. E. D.*

Cas. 3. Et quamvis angulus *D* non detur, sed recta *B D* ad datum punctum convergat, vel alia quacunque lege constituatur; tamen anguli *D, d* communi lege constituti ad æqualitatem semper vergent & propius accedent ad invicem quam pro differentia quavis assignata, ideoque ultimo æquales erunt, per lem. 1, & propterea lineæ *B D, b d* sunt in eadem ratione ad invicem ac prius. *Q. E. D.*

Corol. 1. Unde cum tangentes *A D, A d*, arcus *A B, A b*, & eorum sinus *B C, b c* fiant ultimo chordis *A B, A b* æquales; erunt etiam illorum quadrata ultimo ut subtensæ *B D, b d*.

Corol. 2. Eorundem quadrata sunt etiam ultimo ut sunt arcuum sagittæ, quæ chordas bisecant & ad datum punctum convergunt. Nam sagittæ illæ sunt ut subtensæ *B D, b d*.

Corol. 3. Ideoque sagitta est in duplicata ratione temporis quo corpus data velocitate describit arcum.

Corol. 4. Triangula rectilinea ADB, Adb sunt ultimo in triplicata ratione laterum AD, Ad, inque sesquiplicata laterum DB, db; utpote in composita ratione laterum AD & DB, Ad & db existentia. Sic & triangula ABC, Abc sunt ultimo in triplicata ratione laterum BC, bc. Rationem vero sesquiplicatam voco triplicatæ subduplicatam, quæ nempe ex simplici & subduplicata componitur.

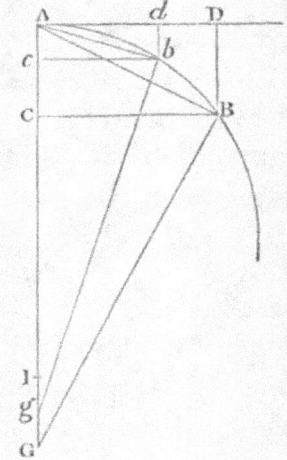

Corol. 5. Et quoniam DB, db sunt ultimo parallelæ & in duplicata ratione ipsarum AD, Ad: erunt areæ ultimæ curvilineæ ADB, Adb (ex natura parabolæ) duæ tertiæ partes triangulorum rectilineorum ADB, Adb; & segmenta AB, Ab partes tertiæ eorundem triangulorum. Et inde hæ areæ & hæc segmenta erunt in triplicata ratione tum tangentium AD, Ad; tum chordarum & arcuum AB, Ab.

Scholium.

Cæterum in his omnibus supponimus angulum contactus nec infinite majorem esse angulis contactuum, quos circuli continent cum tangentibus suis, nec iisdem infinite minorem; hoc est, curvaturam ad punctum A, nec infinite parvam esse nec infinite magnam, seu intervallum AI finitæ esse magnitudinis. Capi enim potest DB ut AD^3: quo in casu circulus nullus per punctum A inter tangentem AD & curvam AB duci potest, proindeque angulus contactus erit infinite minor circularibus. Et simili argumento si fiat DB successive ut AD^4, AD^5, AD^6, AD^7, &c. habebitur series angulorum contactus pergens in infinitum, quorum quilibet posterior est infinite minor priore. Et si fiat DB successive ut AD^2, $AD^{\frac{3}{2}}$, $AD^{\frac{4}{3}}$, $AD^{\frac{5}{4}}$, $AD^{\frac{6}{5}}$, $AD^{\frac{7}{6}}$, &c. habebitur alia series infinita angulorum contactus, quorum primus est ejusdem generis cum circularibus, secundus infinite major, & quilibet posterior infinite major priore. Sed & inter duos quosvis ex his angulis potest series utrinque in infinitum pergens angulorum intermediorum inseri, quorum quilibet posterior erit infinite major minorve priore. Ut si inter terminos AD^2 & AD^3 inseratur series $AD^{\frac{13}{6}}$, $AD^{\frac{11}{5}}$, $AD^{\frac{9}{4}}$,

$A D^{\frac{1}{3}}$, $A D^{\frac{2}{3}}$, $A D^{\frac{3}{3}}$, $A D^{\frac{11}{4}}$, $A D^{\frac{12}{3}}$, $A D^{\frac{5}{3}}$, &c. Et rursus inter binos quosvis angulos hujus seriei inseri potest series nova angulorum intermediorum ab invicem infinitis intervallis differentium. Neque novit natura limitem.

Quæ de curvis lineis deque superficiebus comprehensis demonstrata sunt, facile applicantur ad solidorum superficies curvas & contenta. Præmisi vero hæc lemmata, ut effugerem tædium deducendi longas demonstrationes, more veterum geometrarum, ad absurdum. Contractiores enim redduntur demonstrationes per methodum indivisibilium. Sed quoniam durior est indivisibilium hypothesis, & propterea methodus illa minus geometrica censetur; malui demonstrationes rerum sequentium ad ultimas quantitatum evanescentium summas & rationes, primasque nascentium, id est, ad limites summarum & rationum deducere; & propterea limitum illorum demonstrationes qua potui brevitate præmittere. His enim idem præstatur quod per methodum indivisibilium; & principiis demonstratis jam tutius utemur. Proinde in sequentibus, siquando quantitates tanquam ex particulis constantes consideravero, vel si pro rectis usurpavero lineolas curvas; nolim indivisibilia, sed evanescentia divisibilia, non summas & rationes partium determinatarum, sed summarum & rationum limites semper intelligi; vimque talium demonstrationum ad methodum præcedentium lemmatum semper revocari.

Objectio est, quod quantitatum evanescentium nulla sit ultima proportio; quippe quæ, antequam evanuerunt, non est ultima, ubi evanuerunt, nulla est. Sed & eodem argumento æque contendi posset nullam esse corporis ad certum locum, ubi motus finiatur, pervenientis velocitatem ultimam: hanc enim, antequam corpus attingit locum, non esse ultimam, ubi attingit, nullam esse. Et responsio facilis est: Per velocitatem ultimam intelligi eam, qua corpus movetur, neque antequam attingit locum ultimum & motus cessat, neque postea, sed tunc cum attingit; id est, illam ipsam velocitatem quacum corpus attingit locum ultimum & quacum motus cessat. Et similiter per ultimam rationem quantitatum evanescentium, intelligendam esse rationem quantitatum, non antequam evanescunt, non postea, sed quacum evanescunt. Pariter & ratio prima nascentium est ratio quacum nascuntur. Et summa prima & ultima est quacum esse (vel augeri aut minui) incipiunt & cessant. Extat limes quem velocitas in fine motus attingere potest, non autem transgredi. Hæc est velocitas ultima. Et par est ratio limitis quantitatum & proportionum omnium incipientium & cessantium. Cumque hic limes sit certus & definitus, problema est vere geometricum eundem determinare. Geometrica vero omnia in aliis geometricis determinandis ac demonstrandis legitime usurpantur.

Contendi etiam potest, quod si dentur ultimæ quantitatum evanescentium rationes, dabuntur & ultimæ magnitudines : & sic quantitas omnis constabit ex indivisibilibus, contra quam *Euclides* de incommensurabilibus, in libro decimo elementorum, demonstravit. Verum hæc objectio falsæ innititur hypothesi. Ultimæ rationes illæ quibuscum quantitates evanescunt, revera non sunt rationes quantitatum ultimarum, sed limites ad quos quantitatum sine limite decrescentium rationes semper appropinquant ; & quas propius assequi possunt quam pro data quavis differentia, nunquam vero transgredi, neque prius attingere quam quantitates diminuuntur in infinitum. Res clarius intelligetur in infinite magnis. Si quantitates duæ quarum data est differentia augeantur in infinitum, dabitur harum ultima ratio, nimirum ratio æqualitatis, nec tamen ideo dabuntur quantitates ultimæ seu maximæ quarum ista est ratio. In sequentibus igitur, siquando facili rerum conceptui consulens dixero quantitates quam minimas, vel evanescentes, vel ultimas ; cave intelligas quantitates magnitudine determinatas, sed cogita semper diminuendas sine limite.

SECTIO II.

De inventione virium centripetarum.

PROPOSITIO I. THEOREMA I.

Areas, quas corpora in gyros acta radiis ad immobile centrum virium ductis describunt, & in planis immobilibus consistere, & esse temporibus proportionales.

Dividatur tempus in partes æquales, & prima temporis parte describat corpus vi insita rectam *AB*. Idem secunda temporis parte, si nil impediret, recta pergeret ad *c*, (per leg. 1.) describens lineam *Bc* æqualem ipsi AB; adeo ut radiis AS, BS, cS ad centrum actis, confectæ forent æquales areæ ASB, BSc. Verum ubi corpus

venit ad B, agat vis centripeta impulsu unico sed magno, efficiatque ut corpus de recta Bc declinet & pergat in recta BC. Ipsi BS parallela agatur cC, occurrens BC in C; & completa secunda temporis parte, corpus (per legum corol. 1.) reperietur in C, in eodem plano cum triangulo ASB. Junge

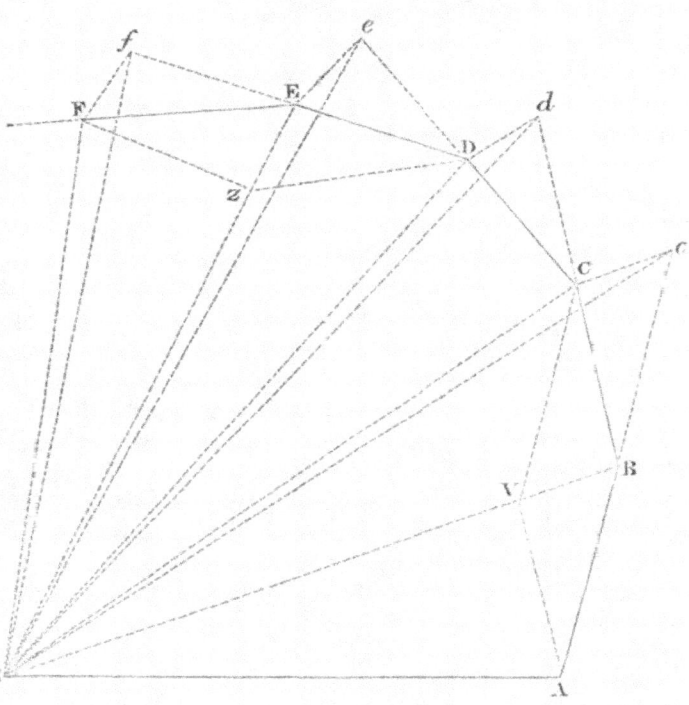

SC; & triangulum SBC, ob parallelas SB, Cc, æquale erit triangulo SBc, atque ideo etiam triangulo SAB. Simili argumento si vis centripeta successive agat in C, D, E, &c. faciens ut corpus singulis temporis particulis singulas describat rectas CD, DE, EF, &c. jacebunt hæ omnes in eodem plano; & triangulum SCD triangulo SBC, & SDE ipsi SCD, & SEF ipsi SDE æquale erit. Æqualibus igitur temporibus æquales areæ in plano immoto describuntur: & componendo, sunt arearum summæ quævis $SADS, SAFS$ inter se, ut sunt tempora descriptionum. Augeatur jam numerus & minuatur latitudo triangulorum in infinitum; & eorum ultima perimeter ADF, (per corollarium quartum lemmatis tertii) erit linea curva : ideoque vis centripeta, qua corpus a tangente hujus curvæ perpetuo retrahitur, aget indesinenter; areæ vero quævis descriptæ $SADS$, $SAFS$ temporibus descriptionum semper proportionales, erunt iisdem temporibus in hoc casu proportionales. $Q. E. D.$

Corol. 1. Velocitas corporis in centrum immobile attracti est in spatiis non resistentibus reciproce ut perpendiculum a centro illo in orbis tangentem rectilineam demissum.   Est enim velocitas in locis illis *A, B, C, D, E,* ut sunt bases æqualium triangulorum *A B, B C, C D, D E, E F;* & hæ bases sunt reciproce ut perpendicula in ipsas demissa.

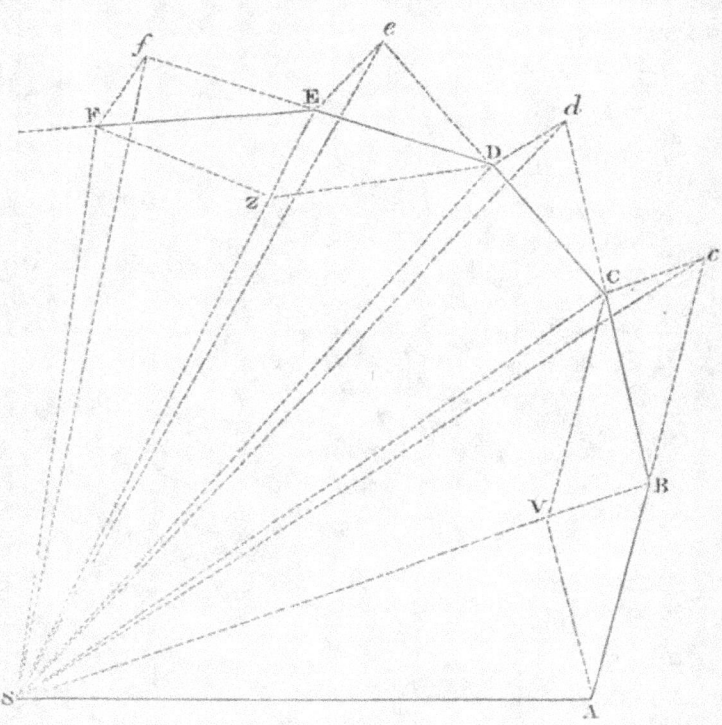

Corol. 2. Si arcuum duorum æqualibus temporibus in spatiis non resistentibus ab eodem corpore successive descriptorum chordæ *A B, B C* compleantur in parallelogrammum *A B C V,* & hujus diagonalis *B V* in ea positione quam ultimo habet ubi arcus illi in infinitum diminuuntur, producatur utrinque; transibit eadem per centrum virium.

Corol. 3. Si arcuum æqualibus temporibus in spatiis non resistentibus descriptorum chordæ *A B, B C,* ac *D E, E F* compleantur in parallelogramma *A B C V, D E F Z;* vires in *B* & *E* sunt ad invicem in ultima ratione diagonalium *B V, E Z,* ubi arcus isti in infinitum diminuuntur. Nam corporis motus *B C* & *E F* componuntur (per legum corol. 1.) ex motibus *B c, B V* & *E f, E Z:* atqui *B V* & *E Z,* ipsis *C c* & *F f* æquales, in demonstratione propositionis hujus generabantur ab impulsibus vis centripetæ in *B* & *E,* ideoque sunt his impulsibus proportionales.

Corol. 4. Vires quibus corpora quælibet in spatiis non resistentibus a motibus rectilineis retrahuntur ac detorquentur in orbes curvos sunt inter se ut arcuum æqualibus temporibus descriptorum sagittæ illæ quæ convergunt ad centrum virium, & chordas bisecant ubi arcus illi in infinitum diminuuntur. Nam hæ sagittæ sunt semisses diagonalium, de quibus egimus in corollario tertio.

Corol. 5. Ideoque vires eædem sunt ad vim gravitatis, ut hæ sagittæ ad sagittas horizonti perpendiculares arcuum parabolicorum, quos projectilia eodem tempore describunt.

Corol. 6. Eadem omnia obtinent per legum corol. v. ubi plana, in quibus corpora moventur, una cum centris virium, quæ in ipsis sita sunt, non quiescunt, sed moventur uniformiter in directum.

PROPOSITIO II.   THEOREMA II.

Corpus omne, quod movetur in linea aliqua curva in plano descripta, & radio ducto ad punctum vel immobile, vel motu rectilineo uniformiter progrediens, describit areas circa punctum illud temporibus proportionales, urgetur a vi centripeta tendente ad idem punctum.

Cas. 1. Nam corpus omne, quod movetur in linea curva, detorquetur de cursu rectilineo per vim aliquam in ipsum agentem (per leg. 1.). Et vis illa, qua corpus de cursu rectilineo detorquetur, & cogitur triangula quam minima SAB, SBC, SCD, &c. circa punctum immobile S temporibus æqualibus æqualia describere, agit in loco B secundum lineam parallelam ipsi cC (per prop. XL. lib. 1. elem. & leg. 11.) hoc est, secundum lineam BS; & in loco C secundum lineam ipsi dD parallelam, hoc est, secundum lineam SC, &c. Agit ergo semper secundum lineas tendentes ad punctum illud immobile S. *Q.E.D.*

Cas. 2. Et, per legum corollarium quintum, perinde est, sive quiescat superficies, in qua corpus describit figuram curvilineam, sive moveatur eadem una cum corpore, figura descripta, & puncto suo S uniformiter in directum.

Corol. 1. In spatiis vel mediis non resistentibus, si areæ non sunt temporibus proportionales, vires non tendunt ad concursum radiorum; sed inde declinant in consequentia seu versus plagam in quam fit motus, si modo arearum descriptio acceleratur: sin retardatur, declinant in antecedentia.

Corol. 2. In mediis etiam resistentibus, si arearum descriptio acceleratur, virium directiones declinant a concursu radiorum versus plagam, in quam fit motus.

Scholium.

Urgeri potest corpus a vi centripeta composita ex pluribus viribus. In hoc casu sensus propositionis est, quod vis illa quæ ex omnibus componitur, tendit ad punctum *S.* Porro si vis aliqua agat perpetuo secundum lineam superficiei descriptæ perpendicularem; hæc faciet ut corpus deflectatur a plano sui motus: sed quantitatem superficiei descriptæ nec augebit nec minuet, & propterea in compositione virium negligenda est.

PROPOSITIO III.   THEOREMA III.

Corpus omne, quod radio ad centrum corporis alterius utcunque moti ducto describit areas circa centrum illud temporibus proportionales, urgetur vi composita ex vi centripeta tendente ad corpus illud alterum, & ex vi omni acceleratrice qua corpus illud alterum urgetur.

Sit corpus primum L, & corpus alterum T: & (per legum corol. vi.) si vi nova, quæ æqualis & contraria sit illi, qua corpus alterum T urgetur, urgeatur corpus utrumque secundum lineas parallelas; perget corpus primum L describere circa corpus alterum T areas easdem ac prius: vis autem, qua corpus alterum T urgebatur, jam destruetur per vim sibi æqualem & contrariam; & propterea (per leg. 1.) corpus illud alterum T sibimet ipsi jam relictum vel quiescet, vel movebitur uniformiter in directum: & corpus primum L urgente differentia virium, id est, urgente vi reliqua perget areas temporibus proportionales circa corpus alterum T describere. Tendit igitur (per theor. 11.) differentia virium ad corpus illud alterum T ut centrum. *Q.E.D.*

Corol. 1. Hinc si corpus unum L radio ad alterum T ducto describit areas temporibus proportionales; atque de vi tota (sive simplici, sive ex viribus pluribus juxta legum corollarium secundum composita) qua corpus prius L urgetur, subducatur (per idem legum corollarium) vis tota acceleratrix, qua corpus alterum urgetur: vis omnis reliqua, qua corpus prius urgetur, tendet ad corpus alterum T ut centrum.

Corol. 2. Et, si areæ illæ sunt temporibus quamproxime proportionales, vis reliqua tendet ad corpus alterum T quamproxime.

Corol. 3. Et vice versa, si vis reliqua tendit quamproxime ad corpus alterum T, erunt areæ illæ temporibus quamproxime proportionales.

Corol. 4. Si corpus L radio ad alterum corpus T ducto describit areas, quæ cum temporibus collatæ sunt valde inæquales; & corpus illud alterum T vel quiescit, vel movetur uniformiter in directum: actio vis centripetæ ad corpus illud alterum T tendentis vel nulla est, vel miscetur & componitur cum actionibus admodum potentibus aliarum virium: visque tota ex omnibus, si plures sunt vires, composita ad aliud (sive immobile sive mobile) centrum dirigitur. Idem obtinet, ubi corpus alterum motu quocunque movetur; si modo vis centripeta sumatur, quæ restat post subductionem vis totius in corpus illud alterum T agentis.

Scholium.

Quoniam æquabilis arearum descriptio index est centri, quod vis illa respicit, qua corpus maxime afficitur, quaque retrahitur a motu rectilineo, & in orbita sua retinetur; quidni usurpemus in sequentibus æquabilem arearum descriptionem ut indicem centri, circum quod motus omnis circularis in spatiis liberis peragitur?

PROPOSITIO IV. THEOREMA IV.

Corporum, quæ diversos circulos æquabili motu describunt, vires centripetas ad centra eorundem circulorum tendere; & esse inter se, ut sunt arcuum simul descriptorum quadrata applicata ad circulorum radios.

Tendunt hæ vires ad centra circulorum per prop. 11. & corol. 2. prop. 1. & sunt inter se ut arcuum æqualibus temporibus quam minimis descriptorum sinus versi per corol. 4. prop. 1. hoc est, ut quadrata arcuum eorundem ad diametros circulorum applicata per lem. vii. & propterea, cum hi arcus sint ut arcus temporibus quibusvis æqualibus descripti, & diametri sint ut eorum radii; vires erunt ut arcuum quorumvis simul descriptorum quadrata applicata ad radios circulorum. *Q. E. D.*

Corol. 1. Cum arcus illi sint ut velocitates corporum, vires centripetæ erunt in ratione composita ex duplicata ratione velocitatum directe, & ratione simplici radiorum inverse.

Corol. 2. Et, cum tempora periodica sint in ratione composita ex ratione radiorum directe, & ratione velocitatum inverse; vires centripetæ sunt in ratione composita ex ratione radiorum directe, & ratione duplicata temporum periodicorum inverse.

Corol. 3. Unde si tempora periodica æquentur, & propterea velocitates sint ut radii; erunt etiam vires centripetæ ut radii: & contra.

Corol. 4. Si & tempora periodica, & velocitates sint in ratione subduplicata radiorum; æquales erunt vires centripetæ inter se: & contra.

Corol. 5. Si tempora periodica sint ut radii, & propterea velocitates æquales; vires centripetæ erunt reciproce ut radii: & contra.

Corol. 6. Si tempora periodica sint in ratione sesquiplicata radiorum, & propterea velocitates reciproce in radiorum ratione subduplicata; vires centripetæ erunt reciproce ut quadrata radiorum: & contra.

Corol. 7. Et universaliter, si tempus periodicum sit ut radii R potestas quælibet R^n, & propterea velocitas reciproce ut radii potestas R^{n-1}; erit vis centripeta reciproce ut radii potestas R^{2n-1}: & contra.

Corol. 8. Eadem omnia de temporibus, velocitatibus, & viribus, quibus corpora similes figurarum quarumcunque similium, centraque in figuris illis similiter posita habentium, partes describunt, consequuntur ex demonstratione præcedentium ad hosce casus applicata. Applicatur autem substituendo æquabilem arearum descriptionem pro æquabili motu, & distantias corporum a centris pro radiis usurpando.

Corol. 9. Ex eadem demonstratione consequitur etiam; quod arcus, quem corpus in circulo data vi centripeta uniformiter revolvendo tempore quovis describit, medius est proportionalis inter diametrum circuli, & descensum corporis eadem data vi eodemque tempore cadendo confectum.

Scholium.

Casus corollarii sexti obtinet in corporibus cœlestibus, (ut seorsum collegerunt etiam nostrates *Wrennus, Hookius & Hallæus)* & propterea quæ spectant ad vim centripetam decrescentem in duplicata ratione distantiarum a centris, decrevi fusius in sequentibus exponere.

Porro præcedentis propositionis & corollariorum ejus beneficio, colligitur etiam proportio vis centripetæ ad vim quamlibet notam, qualis est ea gravitatis. Nam si corpus in circulo terræ concentrico vi gravitatis suæ revolvatur, hæc gravitas est ipsius vis centripeta. Datur autem ex descensu gravium & tempus revolutionis unius, & arcus dato quovis tempore descriptus, per hujus corol. ix. Et hujusmodi propositionibus *Hugenius* in eximio suo tractatu *de Horologio Oscillatorio* vim gravitatis cum revolventium viribus centrifugis contulit.

Demonstrari etiam possunt præcedentia in hunc modum. In circulo quovis describi intelligatur polygonum laterum quotcunque. Et si corpus in polygoni lateribus data cum velocitate movendo ad ejus angulos singulos a circulo reflectatur; vis, qua singulis reflexionibus impingit in circulum, erit ut ejus velocitas: ideoque summa virium in dato tempore erit ut velocitas illa, & numerus reflexionum conjunctim: hoc est (si polygonum detur specie) ut longitudo dato illo tempore descripta, & aucta vel diminuta in ratione longitudinis ejusdem ad circuli prædicti radium; id est, ut quadratum longitudinis illius applicatum ad radium: ideoque, si polygonum lateribus infinite diminutis coincidat cum circulo, ut quadratum arcus dato tempore descripti applicatum ad radium. Hæc est vis centrifuga, qua corpus urget circulum; & huic æqualis est vis contraria, qua circulus continuo repellit corpus centrum versus.

PROPOSITIO V.   PROBLEMA I.

Data quibuscunque in locis velocitate, qua corpus figuram datam viribus ad commune aliquod centrum tendentibus describit, centrum illud invenire.

Figuram descriptam tangant rectæ tres PT, TQV, VR in punctis totidem P, Q, R, concurrentes in T & V.   Ad tangentes erigantur perpendicula PA, QB, RC velocitatibus corporis in punctis illis P, Q, R, a quibus eriguntur, reciproce proportionalia; id est, ita ut sit PA ad QB ut velocitas in Q ad velocitatem in P, & QB ad RC ut velocitas in R ad velocitatem in Q.   Per perpendiculorum terminos A, B, C ad angulos rectos ducantur AD, DBE, EC concurrentes in D & E: Et actæ TD, VE concurrent in centro quæsito S.

Nam perpendicula a centro S in tangentes PT, QT demissa (per corol. 1. prop. 1.) sunt reciproce ut velocitates corporis in punctis P & Q; ideoque per constructionem ut perpendicula AP, BQ directe, id est ut perpendicula a puncto D in tangentes demissa.   Unde facile colligitur quod puncta S, D, T sunt in una recta.   Et simili argumento

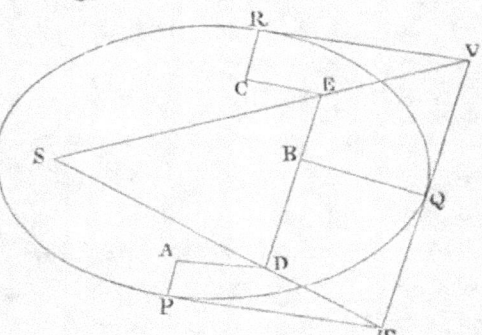

puncta S, E, V sunt etiam in una recta; & propterea centrum S in concursu rectarum TD, VE versatur.   Q.E.D.

PROPOSITIO VI.   THEOREMA V.

Si corpus in spatio non resistente circa centrum immobile in orbe quocunque revolvatur, & arcum quemvis jamjam nascentem tempore quam minimo describat, & sagitta arcus duci intelligatur, quæ chordam bisecet, & producta transeat per centrum virium: erit vis centripeta in medio arcus, ut sagitta directe & tempus bis inverse.

Nam sagitta dato tempore est ut vis (per corol. 4. prop. 1.) & augendo tempus in ratione quavis, ob auctum arcum in eadem ratione sagitta augetur in ratione illa duplicata (per corol. 2 & 3, lem. xi.) ideoque est ut vis semel & tempus bis. Subducatur duplicata ratio temporis utrinque, & fiet vis ut sagitta directe & tempus bis inverse. Q. E. D.

Idem facile demonstratur etiam per corol. 4. lem. x.

Corol. 1. Si corpus P revolvendo circa centrum S describat lineam curvam APQ; tangat vero recta ZPR curvam illam in puncto quovis P, & ad tangentem ab alio quovis curvæ puncto Q agatur QR distantiæ SP parallela, ac demittatur QT perpendicularis

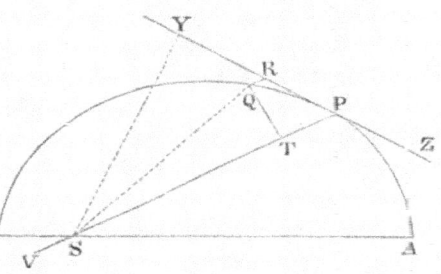

ad distantiam illam SP: vis centripeta erit reciproce ut solidum $\dfrac{SP\ quad. \times QT\ quad.}{QR}$; si modo solidi illius ea semper sumatur quantitas, quæ ultimo fit, ubi coeunt puncta P & Q. Nam QR æqualis est sagittæ dupli arcus QP, in cujus medio est P, & duplum trianguli SQP, sive $SP \times QT$, tempori, quo arcus iste duplus describitur, proportionale est; ideoque pro temporis exponente scribi potest.

Corol. 2. Eodem argumento vis centripeta est reciproce ut solidum $\dfrac{SY\ q \times QP\ q}{QR}$, si modo SY perpendiculum sit a centro virium in orbis tangentem PR demissum. Nam rectangula $SY \times QP$ & $SP \times QT$ æquantur.

Corol. 3. Si orbis vel circulus est, vel circulum concentrice tangit, aut concentrice secat, id est, angulum contactus aut sectionis cum circulo quam minimum continet, eandem habens curvaturam eundemque radium curvaturæ ad punctum P; & si PV chorda sit circuli hujus a corpore per centrum virium acta: erit vis centripeta reciproce ut solidum $SYq \times PV$. Nam PV est $\dfrac{QPq}{QR}$.

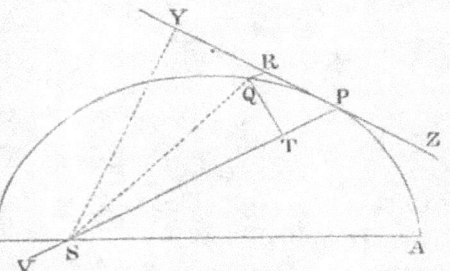

Corol. 4. Iisdem positis, est vis centripeta ut velocitas bis directe, & chorda illa inverse. Nam velocitas est reciproce ut perpendiculum *SY* per corol. 1. prop. 1.

Corol. 5. Hinc si detur figura quævis curvilinea *APQ*, & in ea detur etiam punctum *S*, ad quod vis centripeta perpetuo dirigitur, inveniri potest lex vis centripetæ, qua corpus quodvis *P* a cursu rectilineo perpetuo retractum in figuræ illius perimetro detinebitur, eamque revolvendo describet. Nimirum computandum est vel solidum $\dfrac{SP\,q \times QT\,q}{QR}$ vel solidum $SY\,q$ × *PV* huic vi reciproce proportionale. Ejus rei dabimus exempla in problematis sequentibus.

PROPOSITIO VII. PROBLEMA II.

Gyretur corpus in circumferentia circuli, requiritur lex vis centripetæ tendentis ad punctum quodcunque datum.

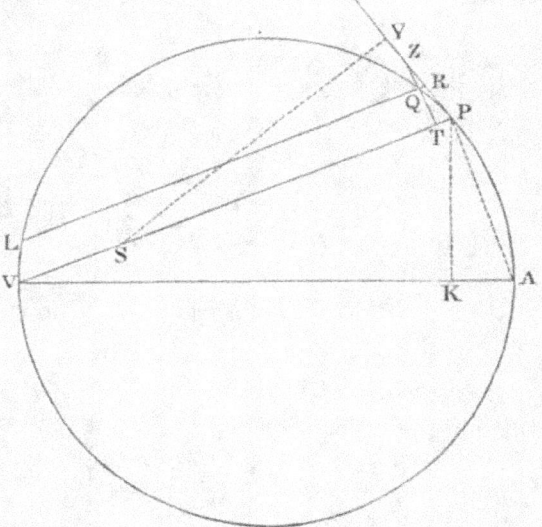

Esto circuli circumferentia *VQPA*; punctum datum, ad quod vis ceu ad centrum suum tendit, *S*; corpus in circumferentia latum *P*; locus proximus, in quem movebitur *Q*; & circuli tangens ad locum priorem *PRZ*. Per punctum *S* ducatur chorda *PV*; & acta circuli diametro *VA*, jungatur *AP*; & ad *SP* demittatur perpendiculum *QT*, quod productum occurrat tangenti *PR* in *Z*; ac denique per punctum *Q* agatur *LR*, quæ ipsi *SP* parallela sit, & occurrat tum circulo in *L*, tum tangenti *PZ* in *R*. Et ob similia triangula *ZQR*, *ZTP*, *VPA*; erit *RP* *quad.* hoc est *QRL* ad

QT *quad.* ut AV *quad.* ad PV *quad.* Ideoque $\dfrac{QRL \times PV \ quad.}{AV \ quad.}$

æquatur QT *quad.* Ducantur hæc æqualia in $\dfrac{SP \ quad.}{QR}$, & punctis

P & Q coeuntibus scribatur PV pro RL. Sic fiet $\dfrac{SP \ quad. \times PV \ cub.}{AV \ quad.}$

æquale $\dfrac{SP \ quad. \times QT \ quad.}{QR}$. Ergo (per corol. 1. & 5. prop. VI.)

vis centripeta est reciproce ut $\dfrac{SPq \times PV \ cub.}{AV \ quad.}$; id est (ob datum

AV *quad.*) reciproce ut quadratum distantiæ seu altitudinis SP & cubus chordæ PV conjunctim. *Q.E.I.*

Idem aliter.

Ad tangentem PR productam demittatur perpendiculum SY: & ob similia triangula SYP, VPA; erit AV ad PV ut SP ad SY: ideoque $\dfrac{SP \times PV}{AV}$ æquale SY, & $\dfrac{SP \ quad. \times PV \ cub.}{AV \ quad.}$ æquale $SY \ quad. \times PV$. Et propterea (per corol. 3. & 5. prop. VI.) vis centripeta est reciproce ut $\dfrac{SPq \times PV \ cub.}{AVq}$, hoc est, ob datam AV reciproce ut $SPq \times PV \ cub.$ *Q.E.I.*

Corol. 1. Hinc si punctum datum S, ad quod vis centripeta semper tendit, locetur in circumferentia hujus circuli, puta ad V; erit vis centripeta reciproce ut quadrato-cubus altitudinis SP.

Corol. 2. Vis, qua corpus P in circulo $APTV$ circum virium centrum S revolvitur, est ad vim, qua corpus idem P in eodem circulo & eodem tempore periodico circum aliud quodvis virium centrum R revolvi potest, ut RP *quad.* $\times SP$ ad cubum rectæ SG, quæ a primo virium centro S ad orbis tangentem PG ducitur, & distantiæ corporis à secundo virium centro parallela est. Nam per constructionem hujus propositionis vis prior est ad vim posteriorem ut $RPq \times PT \ cub.$ ad $SPq \times PV \ cub.$ id est, ut $SP \times RPq$ ad

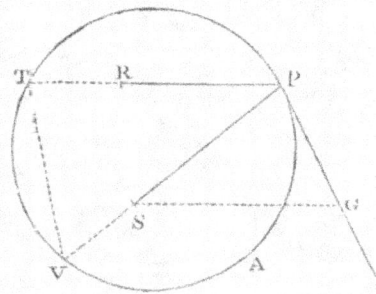

$$\frac{SP \; cub. \times PV \; cub.}{PT \; cub.},$$ sive (ob similia triangula PSG, TPV) ad $SG \; cub.$

Corol. 3. Vis, qua corpus P in orbe quocunque circum virium centrum S revolvitur, est ad vim, qua corpus idem P in eodem orbe eodemque tempore periodico circum aliud quodvis virium centrum R revolvi potest, ut $SP \times RPq$, contentum utique sub distantia corporis a primo virium centro S & quadrato distantiæ ejus a secundo virium centro R, ad cubum rectæ SG, quæ a primo virium centro

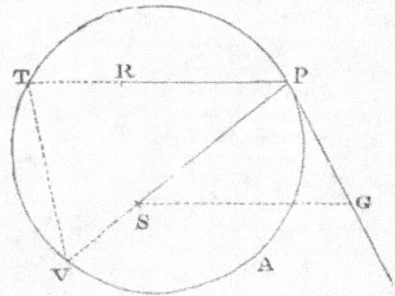

S ad orbis tangentem PG ducitur, & corporis a secundo virium centro distantiæ RP parallela est. Nam vires in hoc orbe ad ejus punctum quodvis P eædem sunt ac in circulo ejusdem curvaturæ.

PROPOSITIO VIII. PROBLEMA III.

Moveatur corpus in semicirculo PQA : *ad hunc effectum requiritur lex vis centripetæ tendentis ad punctum adeo longinquum* S, *ut lineæ omnes* PS, RS *ad id ductæ, pro parallelis haberi possint.*

A semicirculi centro C agatur semidiameter CA parallelas istas perpendiculariter secans in M & N, & jungatur CP. Ob similia triangula CPM, PZT & RZQ est CPq ad PMq ut PRq ad QTq, & ex natura circuli PRq æquale est rectangulo $QR \times \overline{RN+QN}$, sive coeuntibus punctis P & Q rectangulo

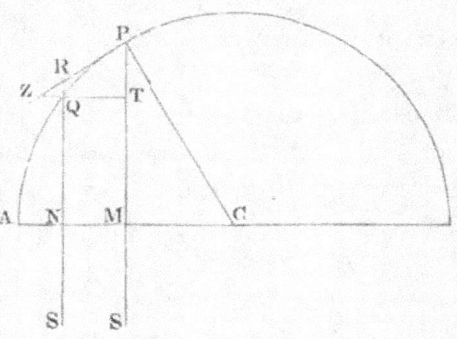

$QR \times 2PM$. Ergo est CPq ad PM *quad.* ut $QR \times 2PM$ ad QT *quad.* ideoque $\dfrac{QT \; quad.}{QR}$ æquale $\dfrac{2PM \; cub.}{CP \; quad.}$, & $\dfrac{QT \; quad. \times SP \; quad.}{QR}$

æquale $\dfrac{2PM \; cub. \times SP \; quad.}{CP \; quad.}$ Est ergo (per corol. 1. & 5. prop.

vi.) vis centripeta reciproce ut $\dfrac{2\,PM\,cub.\,\times\,SP\,quad.}{CP\,quad.}$, hoc est (neglecta

ratione determinata $\dfrac{2\,SP\,quad.}{CP\,quad.}$) reciproce ut $PM\,cub.$ Q. E. I.

Idem facile colligitur etiam ex propositione præcedente.

Scholium.

Et argumento haud multum dissimili corpus invenietur moveri in ellipsi, vel etiam in hyperbola vel parabola, vi centripeta, quæ sit reciproce ut cubus ordinatim applicatæ ad centrum virium maxime longinquum tendentis.

PROPOSITIO IX.   PROBLEMA IV.

Gyretur corpus in spirali PQS *secante radios omnes* SP, SQ, *&c. in angulo dato: requiritur lex vis centripetæ tendentis ad centrum spiralis.*

Detur angulus indefinite parvus PSQ, & ob datos omnes an-

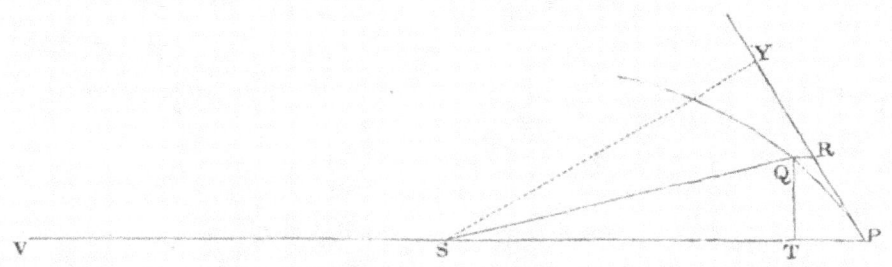

gulos dabitur specie figura $SPRQT$. Ergo datur ratio $\dfrac{QT}{QR}$, estque $\dfrac{QT\,quad.}{QR}$ ut QT, hoc est (ob datam specie figuram illam) ut SP. Mutetur jam utcunque angulus PSQ, & recta QR angulum contactus QPR subtendens mutabitur (per lemma xi.) in duplicata ratione ipsius PR vel QT. Ergo manebit $\dfrac{QT\,quad.}{QR}$ eadem quæ prius, hoc est ut SP. Quare $\dfrac{QTq\,\times\,SPq}{QR}$ est ut $SP\,cub.$ ideoque (per corol. 1. & 5. prop. vi.) vis centripeta est reciproce ut cubus distantiæ SP. Q. E. I.

Idem aliter.

Perpendiculum SY in tangentem demissum, & circuli spiralem concentrice secantis chorda PV sunt ad altitudinem SP in datis rationibus; ideoque SP *cub.* est ut $SYq \times PV$, hoc est (per corol. 3. & 5. prop. VI.) reciproce ut vis centripeta.

LEMMA XII.

Parallelogramma omnia circa datæ ellipseos vel hyperbolæ diametros quasvis conjugatas descripta esse inter se æqualia.

Constat ex conicis.

PROPOSITIO X. PROBLEMA V.

Gyretur corpus in ellipsi: requiritur lex vis centripetæ tendentis ad centrum ellipseos.

Sunto CA, CB semiaxes ellipseos; GP, DK diametri aliæ conjugatæ; PF, QT perpendicula ad diametros; Qv ordinatim applicata ad diametrum GP; & si comple-
atur parallelogram-
mum $QvPR$, erit
(ex conicis) rectan-
gulum PvG ad Qv
quad. ut PC *quad.*
ad CD *quad.* &
(ob similia triangula
QvT, PCF) Qv
quad. est ad QT
quad. ut PC *quad.* ad
PF *quad.* & con-
junctis rationibus,
rectangulum PvG
ad QT *quad.* ut PC

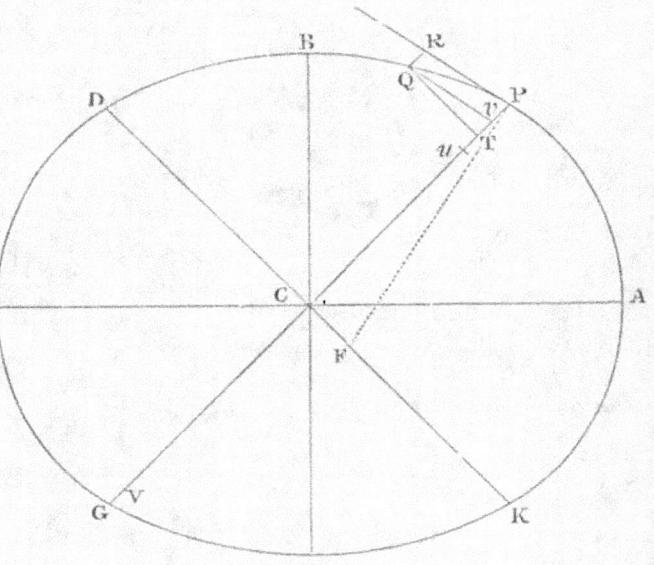

quad. ad CD *quad.* & PC *quad.* ad PF *quad.* id est, vG ad

$\dfrac{Q\,T\ quad.}{P\,v}$ ut $P\,C\ quad.$ ad $\dfrac{CD\,q \times PF\,q}{PC\,q}$. Scribe QR pro

Pv, & (per lemma XII.) $BC \times CA$ pro $CD \times PF$, nec non (punctis

P & Q coeuntibus) $2\,PC$ pro vG, & ductis extremis & mediis in

se mutuo fiet $\dfrac{Q\,T\ quad. \times PC\,q}{QR}$ æquale $\dfrac{2\,BC\,q \times CA\,q}{PC}$. Est ergo

(per corol. 5. prop. VI.) vis centripeta reciproce ut $\dfrac{2\,BC\,q \times CA\,q}{PC}$;

id est (ob datum $2\,BC\,q \times CA\,q$) reciproce ut $\dfrac{1}{PC}$; hoc est, directe

ut distantia PC. $Q.E.I.$

Idem aliter.

In recta PG ab altera parte puncti T sumatur punctum u ut Tu sit æqualis ipsi Tv; deinde cape uV, quæ sit ad vG ut est $DC\ quad.$ ad $PC\ quad.$ Et quoniam ex conicis est $Qv\ quad.$ ad PvG ut $DC\ quad.$ ad $PC\ quad.$ erit $Qv\ quad.$ æquale $Pv \times uV$. Adde rectangulum uPv utrinque, & prodibit quadratum chordæ arcus PQ æquale rectangulo VPv; ideoque circulus, qui tangit sectionem conicam in P & transit per punctum Q, transibit etiam per punctum V. Coeant puncta P & Q, and ratio uV ad vG, quæ eadem est cum ratione DCq ad PCq, fiet ratio PV ad PG seu PV ad $2\,PC$; ideoque PV æqualis erit $\dfrac{2\,DCq}{PC}$. Proinde vis, qua corpus P in ellipsi

revolvitur, erit reciproce ut $\dfrac{2\,DCq}{PC}$ in PFq (per corol. 3. prop. VI.) hoc est (ob datum $2\,DCq$ in PFq) directe ut PC. $Q.E.I.$

Corol. 1. Est igitur vis ut distantia corporis a centro ellipseos : & vicissim, si vis sit ut distantia, movebitur corpus in ellipsi centrum habente in centro virium, aut forte in circulo, in quem utique ellipsis migrare potest.

Corol. 2. Et æqualia erunt revolutionum in ellipsibus universis circum centrum idem factarum periodica tempora. Nam tempora illa in ellipsibus similibus æqualia sunt (per corol. 3. & 8. prop. IV.) in ellipsibus autem communem habentibus axem majorem sunt ad invicem ut ellipseon areæ totæ directe, & arearum particulæ simul descriptæ inverse; id est, ut axes minores directe, & corporum velocitates in verticibus principalibus inverse; hoc est, ut axes illi minores directe, & ordinatim applicatæ ad idem punctum axis communis inverse; & propterea (ob æqualitatem rationum directarum & inversarum) in ratione æqualitatis.

Scholium.

Si ellipsis centro in infinitum abeunte vertatur in parabolam, corpus movebitur in hac parabola; & vis ad centrum infinite distans jam tendens evadet æquabilis. Hoc est theorema *Galilæi.* Et si coni sectio parabolica (inclinatione plani ad conum sectum mutata) vertatur in hyperbolam, movebitur corpus in hujus perimetro vi centripeta in centrifugam versa. Et quemadmodum in circulo vel ellipsi si vires tendunt ad centrum figuræ in abscissa positum; hæ vires augendo vel diminuendo ordinatas in ratione quacunque data, vel etiam mutando angulum inclinationis ordinatarum ad abscissam, semper augentur vel diminuuntur in ratione distantiarum a centro, si modo tempora periodica maneant æqualia; sic etiam in figuris universis si ordinatæ augeantur vel diminuantur in ratione quacunque data, vel angulus ordinationis utcunque mutetur, manente tempore periodico; vires ad centrum quodcunque in abscissa positum tendentes in singulis ordinatis augentur vel diminuuntur in ratione distantiarum a centro.

SECTIO III.

De motu corporum in conicis sectionibus excentricis.

PROPOSITIO XI. PROBLEMA VI.

Revolvatur corpus in ellipsi; requiritur lex vis centripetæ tendentis ad umbilicum ellipseos.

Esto ellipseos umbilicus S. Agatur SP secans ellipseos tum diametrum DK in E, tum ordinatim applicatam Qv in x, & compleatur parallelogrammum $QxPR$. Patet EP æqualem esse semiaxi majori AC, eo quod, acta ab altero ellipseos umbilico H linea HI ipsi EC parallela, ob æquales CS, CH æquentur ES, EI, adeo ut EP semi-summa sit ipsarum PS, PI, id est (ob parallelas HI, PR, & angulos æquales IPR, HPZ) ipsarum PS, PH, quæ conjunctim axem totum $2\,AC$ adæquant. Ad SP demittatur perpendicularis QT, & ellipseos latere recto principali (seu $\frac{2\,BC\,quad.}{AC}$) dicto L, erit $L \times QR$ ad

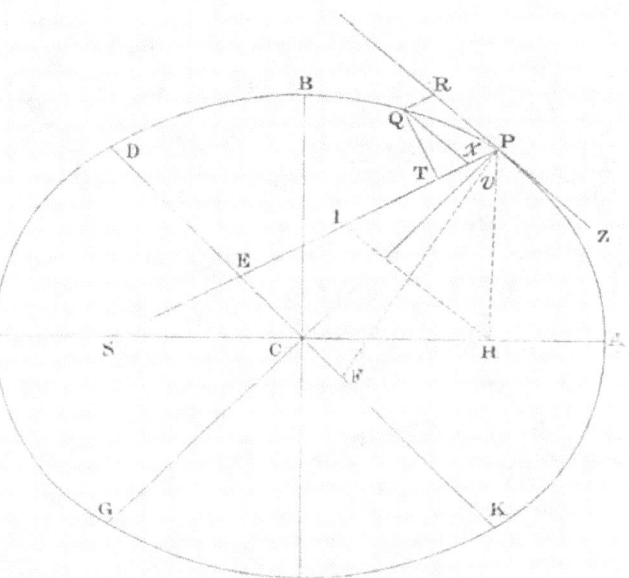

$L \times Pv$ ut QR ad Pv, id est, ut PE seu AC ad PC; & $L \times Pv$ ad GvP ut L ad Gv; & GvP ad Qv quad. ut PC quad. ad CD quad. & (per corol. 2. lem. VII.) Qv quad. ad Qx quad. punctis Q & P coeuntibus est ratio æqualitatis; & Qx quad. seu Qv quad. est ad QT quad. ut EP quad. ad PF quad. id est, ut CA quad. ad PF quad. sive (per lem. XII.) ut CD quad. ad CB quad. Et conjunctis his omnibus rationibus, $L \times QR$ fit ad QT quad. ut $AC \times L \times PCq \times CDq$, seu $2\,CBq \times PCq \times CDq$ ad $PC \times Gv \times CDq \times CBq$, sive ut $2\,PC$ ad Gv. Sed punctis Q & P coeuntibus æquantur $2\,PC$ & Gv. Ergo & his proportionalia $L \times QR$ & QT quad. æquantur. Ducantur hæc æqualia in $\frac{SPq}{QR}$, & fiet $L \times SPq$ æquale $\frac{SPq \times QTq}{QR}$. Ergo (per corol. 1. & 5. prop. VI.) vis centripeta reciproce est ut $L \times SPq$, id est, reciproce in ratione duplicata distantiæ SP. *Q. E. I.*

Idem aliter.

Cum vis ad centrum ellipseos tendens, qua corpus P in ellipsi illa revolvi potest, sit (per corol. 1. prop. X.) ut CP distantia corporis ab ellipseos centro C; ducatur CE parallela ellipseos tangenti PR; & vis, qua corpus idem P circum aliud quodvis ellipseos punctum

S revolvi potest, si CE & PS concurrant in E, erit ut $\dfrac{PE \ cub.}{SPq}$ (per corol. 3. prop. VII.) hoc est, si punctum S sit umbilicus ellipseos, ideoque PE detur, ut SPq reciproce.   *Q. E. I.*

Eadem brevitate, qua traduximus problema quintum ad parabolam, & hyperbolam, liceret idem hic facere: verum ob dignitatem problematis, & usum ejus in sequentibus non pigebit casus cæteros demonstratione confirmare.

PROPOSITIO XII.   PROBLEMA VII.

Moveatur corpus in hyberbola: requiritur lex vis centripetæ tendentis ad umbilicum figuræ.

Sunto CA, CB semiaxes hyperbolæ; PG, KD diametri aliæ conjugatæ; PF perpendiculum ad diametrum KD; & Qv ordinatim applicata ad diametrum GP. Agatur SP secans cum diametrum DK in E, tum ordinatim applicatam Qv in x, & compleatur parallelogrammum $QRPx$. Patet EP æqualem esse semiaxi transverso AC, eo quod, acta ab altero hyperbolæ umbilico H linea HI ipsi EC parallela, ob æquales CS, CH æquentur ES, EI; adeo ut EP semidifferentia sit ipsarum PS, PI, id est (ob parallelas IH, PR & angulos æquales IPR, HPZ) ipsarum PS, PH, quarum differentia axem totum $2\,AC$ adæquat. Ad SP demittatur perpendicularis QT. Et hyperbolæ latere recto principali (seu $\dfrac{2\,BCq}{AC}$) dicto L, erit $L \times QR$ ad $L \times Pv$ ut QR ad Pv, seu Px ad Pv, id est (ob similia triangula Pxv, PEC) ut PE ad PC, seu AC ad PC. Erit etiam $L \times Pv$ ad $Gv \times Pv$ ut L ad Gv; & (ex natura conicorum) rectangulum GvP ad Qv quad. ut PCq ad CDq; & (per corol. 2. lem. VII.) Qv quad. ad Qx quad. punctis Q & P coeuntibus fit ratio æqualitatis; & Qx quad. seu Qv quad. est ad QTq ut EPq ad PFq, id est, ut CAq ad PFq, sive (per lem. XII.) ut CDq ad CBq: & conjunctis his omnibus rationibus $L \times QR$ fit ad QTq ut $AC \times L \times PCq \times CDq$, seu $2\,CBq \times PCq \times CDq$ ad $PC \times Gv \times CDq \times CBq$, sive ut $2\,PC$ ad Gv. Sed punctis P & Q coeuntibus æquantur $2\,PC$ & Gv. Ergo & his proportionalia

$L \times QR$ & QTq æquantur. Ducantur hæc æqualia in $\dfrac{SPq}{QR}$, &

fiet $L \times SFq$ æquale $\dfrac{SPq \times QTq}{QR}$. Ergo (per corol. 1. & 5. prop. vi.)

vis centripeta reciproce est ut $L \times SPq$, id est, reciproce in ratione duplicata distantiæ SP. *Q.E.I.*

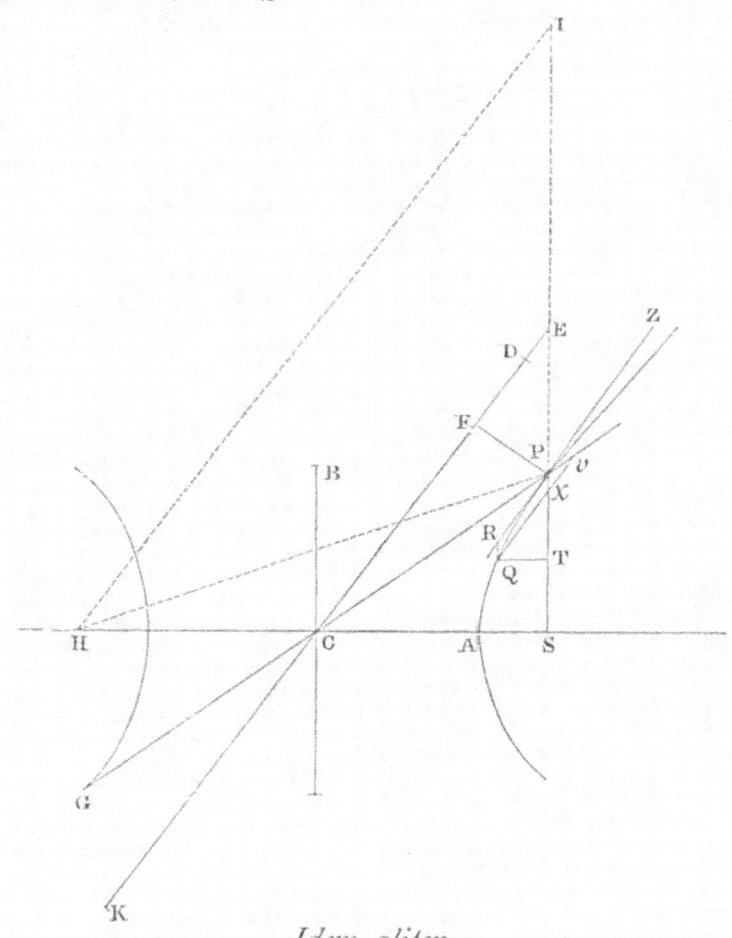

Idem aliter.

Inveniatur vis, quæ tendit ab hyperbolæ centro C. Prodibit hæc distantiæ CP proportionalis. Inde vero (per corol. 3. prop. vii.) vis ad umbilicum S tendens erit ut $\dfrac{PE\ cub.}{SPq}$, hoc est, ob datam PE, reciproce ut SPq. *Q.E.I.*

Eodem modo demonstratur, quod corpus hac vi centripeta in centrifugam versa movebitur in hyperbola opposita.

LEMMA XIII.

Latus rectum parabolæ ad verticem quemvis pertinens est quadruplum distantiæ verticis illius ab umbilico figuræ.

Patet ex conicis.

LEMMA XIV.

Perpendiculum, quod ab umbilico parabolæ ad tangentem ejus demittitur, medium est proportionale inter distantias umbilici a puncto contactus & a vertice principali figuræ.

Sit enim AP parabola, S umbilicus ejus, A vertex principalis, P punctum contactus, PO ordinatim applicata ad diametrum principalem, PM tangens diametro principali occurrens in M, & SN linea perpendicularis ab umbilico in tangentem. Jungatur AN & ob æquales MS & SP, MN, & NP, MA & AO parallelæ erunt rectæ AN & OP; & inde triangulum

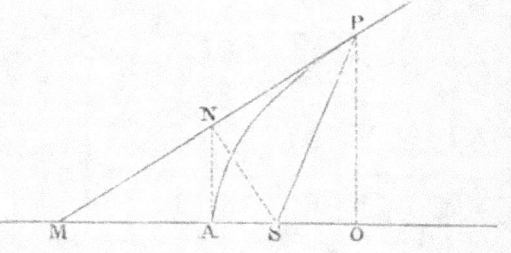

SAN rectangulum erit ad A, & simile triangulis æqualibus SNM, SNP: ergo PS est ad SN ut SN ad SA. *Q.E.D.*

Corol. 1. PSq est ad SNq ut PS ad SA.

Corol. 2. Et ob datam SA est SNq ut PS.

Corol. 3. Et concursus tangentis cujusvis PM cum recta SN, quæ ab umbilico in ipsam perpendicularis est, incidit in rectam AN, quæ parabolam tangit in vertice principali.

PROPOSITIO XIII.   PROBLEMA VIII.

Moveatur corpus in perimetro parabolæ: requiritur lex vis centripetæ tendentis ad umbilicum hujus figuræ.

Maneat constructio lemmatis, sitque P corpus in perimetro parabolæ, & a loco Q, in quem corpus proxime movetur, age ipsi SP

parallelam QR & perpendicularem QT, necnon Qv tangenti parallelam, & occurrentem tum diametro PG in v, tum distantiæ SP in x. Jam ob similia triangula Pxv, SPM, & æqualia unius latera SM, SP, æqualia sunt alterius latera Px seu QR & Pv. Sed ex conicis quadratum ordinatæ Qv æquale est rectangulo sub latere recto & segmento diametri Pv, id est (per lem. XIII.) rectangulo $4\,PS \times Pv$, seu $4\,PS \times QR$; & punctis P & Q coeuntibus, ratio Qv ad Qx (per corol. 2. lem. VII.) fit ratio æqualitatis. Ergo $Qx\ quad.$ eo in casu æquale est rectangulo $4\,PS \times QR$. Est autem (ob similia triangula QxT, SPN) Qxq ad QTq ut PSq ad SNq, hoc est (per corol. 1. lem. XIV.) ut PS ad SA, id est, ut $4\,PS \times QR$ ad $4\,SA \times QR$,

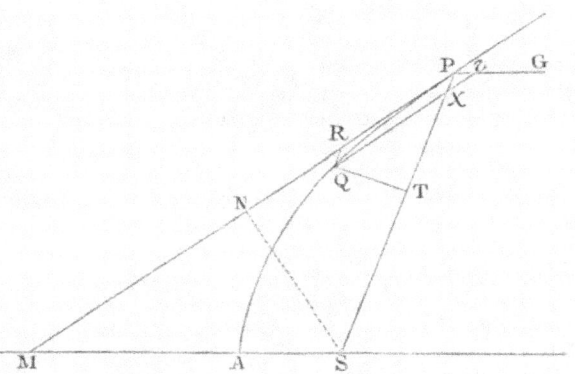

& inde (per prop. IX. lib. V. elem.) QTq & $4\,SA \times QR$ æquantur. Ducantur hæc æqualia in $\dfrac{SPq}{QR}$, & fiet $\dfrac{SPq \times QTq}{QR}$ æquale $SPq \times 4\,SA$: & propterea (per corol. 1. & 5. prop. VI.) vis centripeta est reciproce ut $SPq \times 4\,SA$ id est, ob datam $4\,SA$, reciproce in duplicata ratione distantiæ SP. Q.E.I.

Corol. 1. Ex tribus novissimis propositionibus consequens est, quod si corpus quodvis P secundum lineam quamvis rectam PR quacunque cum velocitate exeat de loco P, & vi centripeta, quæ sit reciproce proportionalis quadrato distantiæ locorum a centro, simul agitetur; movebitur hoc corpus in aliqua sectionum conicarum umbilicum habente in centro virium; & contra. Nam datis umbilico, & puncto contactus, & positione tangentis, describi potest sectio conica, quæ curvaturam datam ad punctum illud habebit. Datur autem curvatura ex data vi centripeta, & velocitate corporis: & orbes duo se mutuo tangentes eadem vi centripeta eademque velocitate describi non possunt.

Corol. 2. Si velocitas, quacum corpus exit de loco suo P, ea sit, qua lineola PR in minima aliqua temporis particula describi possit;

& vis centripeta potis sit eodem tempore corpus idem movere per spatium QR: movebitur hoc corpus in conica aliqua sectione, cujus latus rectum principale est quantitas illa $\dfrac{QTq}{QR}$, quæ ultimo fit, ubi lineolæ PR, QR in infinitum diminuuntur. Circulum in his corollariis refero ad ellipsin; & casum excipio, ubi corpus recta descendit ad centrum.

PROPOSITIO XIV.　THEOREMA VI.

Si corpora plura revolvantur circa centrum commune, & vis centripeta sit reciproce in duplicata ratione distantiæ locorum a centro; dico quod orbium latera recta principalia sunt in duplicata ratione arearum, quas corpora radiis ad centrum ductis eodem tempore describunt.

Nam (per corol 2. prop. XIII.) latus rectum L æquale est quantitati $\dfrac{QTq}{QR}$. quæ ultimo fit, ubi coeunt puncta P & Q. Sed linea minima QR dato tempore est ut vis centripeta generans, hoc est (per hypothesin) reciproce ut SPq.

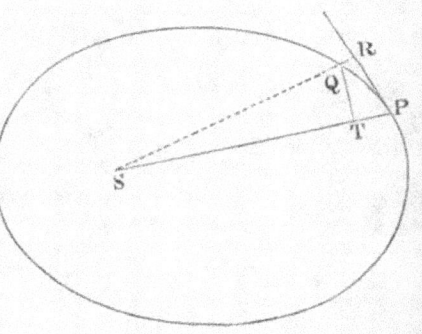

Ergo $\dfrac{QTq}{QR}$ est ut $QTq \times SPq$, hoc est,

latus rectum L in duplicata ratione areæ $QT \times SP$. *Q. E. D.*

Corol. Hinc ellipseos area tota, eique proportionale rectangulum sub axibus est in ratione composita ex subduplicata ratione lateris recti, & ratione temporis periodici. Namque area tota est ut area $QT \times SP$, quæ dato tempore describitur, ducta in tempus periodicum.

PROPOSITIO XV.　THEOREMA VII.

Iisdem positis, dico quod tempora periodica in ellipsibus sunt in ratione sesquiplicata majorum axium.

Namque axis minor est medius proportionalis inter axem majorem & latus rectum, atque ideo rectangulum sub axibus est in ra-

tione composita ex subduplicata ratione lateris recti & sesquiplicata
ratione axis majoris. Sed hoc rectangulum (per corol. prop. XIV.)
est in ratione composita ex subduplicata ratione lateris recti & ratione
periodici temporis. Dematur utrobique subduplicata ratio lateris
recti, & manebit sesquiplicata ratio majoris axis eadem cum ratione
periodici temporis. *Q. E. D.*

Corol. Sunt igitur tempora periodica in ellipsibus eadem ac in
circulis, quorum diametri æquantur majoribus axibus ellipseon.

PROPOSITIO XVI. THEOREMA VIII.

*Iisdem positis, & actis ad corpora lineis rectis, quæ ibidem tangant
orbitas, demissisque ab umbilico communi ad has tangentes perpendicularibus: dico quod velocitates corporum sunt in ratione composita
ex ratione perpendiculorum inverse, & subduplicata ratione laterum
rectorum principalium directe.*

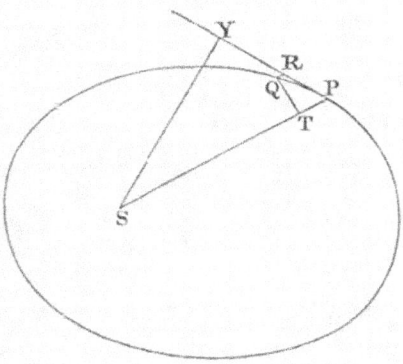

Ab umbilico S ad tangentem PR
demitte perpendiculum SY, & velocitas corporis P erit reciproce in subduplicata ratione quantitatis $\dfrac{SYq}{L}$.
Nam velocitas illa est ut arcus quam
minimus PQ in data temporis particula descriptus, hoc est (per lem. VII.)
ut tangens PR, id est, ob proportionales PR ad QT & SP ad SY, ut
$\dfrac{SP \times QT}{SY}$, sive ut SY reciproce & $SP \times QT$ directe; estque
$SP \times QT$ ut area dato tempore descripta, id est (per prop. XIV.)
in subduplicata ratione lateris recti. *Q. E. D.*

Corol. 1. Latera recta principalia sunt in ratione composita ex
duplicata ratione perpendiculorum, & duplicata ratione velocitatum.

Corol. 2. Velocitates corporum, in maximis & minimis ab umbilico communi distantiis, sunt in ratione composita ex ratione distan-

tiarum inverse, & subduplicata ratione laterum rectorum principalium directe.   Nam perpendicula jam sunt ipsæ distantiæ.

Corol. 3. Ideoque velocitas in conica sectione, in maxima vel minima ab umbilico distantia, est ad velocitatem in circulo in eadem a centro distantia in subduplicata ratione lateris recti principalis ad duplam illam distantiam.

Corol. 4. Corporum in ellipsibus gyrantium velocitates in mediocribus distantiis ab umbilico communi sunt eædem, quæ corporum gyrantium in circulis ad easdem distantias; hoc est (per corol. 6. prop. IV.) reciproce in subduplicata ratione distantiarum.   Nam perpendicula jam sunt semi-axes minores, & hi sunt ut mediæ proportionales inter distantias & latera recta.   Componatur hæc ratio inverse cum subduplicata ratione laterum rectorum directe, & fiet ratio subduplicata distantiarum inverse.

Corol. 5. In eadem figura, vel etiam in figuris diversis, quarum latera recta principalia sunt æqualia, velocitas corporis est reciproce ut perpendiculum demissum ab umbilico ad tangentem.

Corol. 6. In parabola velocitas est reciproce in subduplicata ratione distantiæ corporis ab umbilico figuræ; in ellipsi magis variatur, in hyperbola minus quam in hac ratione.   Nam (per corol. 2. lem. XIV.) perpendiculum demissum ab umbilico ad tangentem parabolæ est in subduplicata ratione distantiæ.   In hyperbola perpendiculum minus variatur, in ellipsi magis.

Corol. 7. In parabola velocitas corporis ad quamvis ab umbilico distantiam est ad velocitatem corporis revolventis in circulo ad eandem a centro distantiam in subduplicata ratione numeri binarii ad unitatem; in ellipsi minor est, in hyperbola major quam in hac ratione.   Nam per hujus corollarium secundum velocitas in vertice parabolæ est in hac ratione, & per corollaria sexta hujus & propositionis quartæ servatur eadem proportio in omnibus distantiis. Hinc etiam in parabola velocitas ubique æqualis est velocitati corporis revolventis in circulo ad dimidiam distantiam, in ellipsi minor est, in hyperbola major.

Corol. 8. Velocitas gyrantis in sectione quavis conica est ad velocitatem gyrantis in circulo in distantia dimidii lateris recti principalis sectionis, ut distantia illa ad perpendiculum ab umbilico in tangentem sectionis demissum.   Patet per corollarium quintum.

Corol. 9. Unde cum (per corol. 6. prop. iv.) velocitas gyrantis in hoc circulo sit ad velocitatem gyrantis in circulo quovis alio reciproce in subduplicata ratione distantiarum ; fiet ex æquo velocitas gyrantis in conica sectione ad velocitatem gyrantis in circulo in eadem distantia, ut media proportionalis inter distantiam illam communem & semissem principalis lateris recti sectionis, ad perpendiculum ab umbilico communi in tangentem sectionis demissum.

PROPOSITIO XVII.   PROBLEMA IX.

Posito quod vis centripeta sit reciproce proportionalis quadrato distantiæ locorum a centro, & quod vis illius quantitas absoluta sit cognita ; requiritur linea, quam corpus describit de loco dato cum data velocitate secundum datam rectam egrediens.

Vis centripeta tendens ad punctum S ea sit, qua corpus p in orbita quavis data $p\,q$ gyretur, & cognoscatur hujus velocitas in loco p.   De loco P secundum lineam PR exeat corpus P cum data velocitate, & mox inde, cogente vi centripeta, deflectat illud in coni sectionem PQ.   Hanc igitur recta PR tanget in P.   Tangat itidem recta aliqua $p\,r$ orbitam $p\,q$ in p, & si ab S ad eas tangentes demitti intelligantur perpendicula, erit (per corol. 1. prop. xvi.) latus rectum principale coni sectionis ad latus rectum
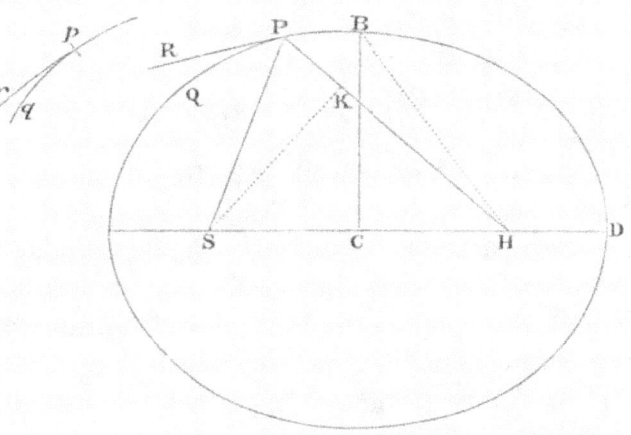
principale orbitæ in ratione composita ex duplicata ratione perpendiculorum & duplicata ratione velocitatum, atque ideo datur.   Sit L coni sectionis latus rectum.   Datur præterea ejusdem coni sectionis umbilicus S.   Anguli RPS complementum ad duos rectos fiat

angulus RPH; & dabitur positione linea PH, in qua umbilicus alter H locatur. Demisso ad PH perpendiculo SK, erigi intelligatur semiaxis conjugatus BC, & erit $SPq - 2\,KPH + PHq = SHq = 4\,CHq = 4\,BHq - 4\,BCq = \overline{SP + PH}:$ *quad.* $-\,L \times \overline{SP + PH} = SPq + 2\,SPH + PHq - L \times \overline{SP + PH}$. Addantur utrobique $2\,KPH - SPq - PHq + L \times \overline{SP + PH}$, & fiet $L \times \overline{SP + PH} = 2\,SPH + 2\,KPH$, seu $SP + PH$ ad PH ut $2\,SP + 2\,KP$ ad L. Unde datur PH tam longitudine quam positione. Nimirum si ea sit corporis in P velocitas, ut latus rectum L minus fuerit quam $2\,SP + 2\,KP$, jacebit PH ad eandem partem tangentis PR cum linea PS; ideoque figura erit ellipsis, & ex datis umbilicis S, H, & axe principali $SP + PH$,

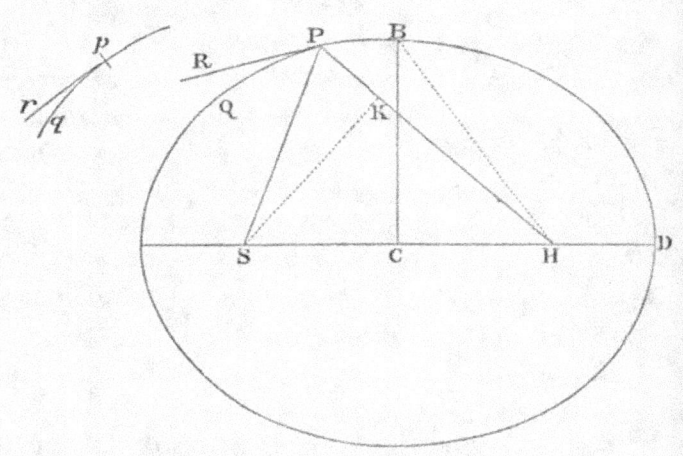

dabitur. Sin tanta sit corporis velocitas, ut latus rectum L æquale fuerit $2\,SP + 2\,KP$, longitudo PH infinita erit; & propterea figura erit parabola axem habens SH parallelum lineæ PK, & inde dabitur. Quod si corpus majori adhuc cum velocitate de loco suo P exeat, capienda erit longitudo PH ad alteram partem tangentis; ideoque tangente inter umbilicos pergente, figura erit hyperbola axem habens principalem æqualem differentiæ linearum SP & PH, & inde dabitur. Nam si corpus in his casibus revolvatur in conica sectione sic inventa, demonstratum est in prop. XI, XII, & XIII, quod vis centripeta erit ut quadratum distantiæ corporis a centro virium S reciproce; ideoque linea PQ recte exhibetur, quam corpus tali vi describet, de loco dato P, cum data velocitate, secundum rectam positione datam PR egrediens. *Q. E. F.*

Corol. 1. Hinc in omni coni sectione ex dato vertice principali D, latere recto L, & umbilico S, datur umbilicus alter H capiendo DH ad DS ut est latus rectum ad differentiam inter latus rectum & $4\,DS$. Nam proportio $SP + PH$ ad PH ut $2\,SP + 2\,KP$ ad L

in casu hujus corollarii, fit $DS + DH$ ad DH ut $4 DS$ ad L, &
divisim DS ad DH ut $4 DS - L$ ad L.

Corol. 2. Unde si datur corporis velocitas in vertice principali D,
invenietur orbita expedite, capiendo scilicet latus rectum ejus ad
duplam distantiam DS, in duplicata ratione velocitatis hujus datæ
ad velocitatem corporis in circulo ad distantiam DS gyrantis (per
corol. 3. prop. XVI.;) dein DH ad DS ut latus rectum ad differentiam
inter latus rectum & $\angle DS$.

Corol. 3. Hinc etiam si corpus moveatur in sectione quacunque
conica, & ex orbe suo impulsu quocunque exturbetur; cognosci
potest orbis, in quo postea cursum suum peraget. Nam componendo
proprium corporis motum cum motu illo, quem impulsus solus
generaret, habebitur motus quocum corpus de dato impulsus loco,
secundum rectam positione datam, exibit.

Corol. 4. Et si corpus illud vi aliqua extrinsecus impressa continuo
perturbetur, innotescet cursus quam proxime, colligendo mutationes
quas vis illa in punctis quibusdam inducit, & ex seriei analogia
mutationes continuas in locis intermediis æstimando.

Scholium.

Si corpus P vi centripeta ad
punctum quodcunque datum R
tendente moveatur in perimetro
datæ cujuscunque sectionis conicæ, cujus centrum sit C; & requiratur lex vis centripetæ : ducatur
CG radio RP parallela, & orbis
tangenti PG occurrens in G; &
vis illa (per corol. 1. & schol. prop.

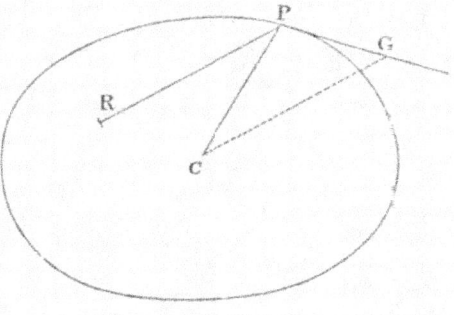

x. & corol. 3. prop. VII.) erit ut $\dfrac{CG\ cub.}{RP\ quad.}$

SECTIO IV.

De inventione orbium ellipticorum, parabolicorum & hyperbolicorum
ex umbilico dato.

LEMMA XV.

Si ab ellipseos vel hyperbolæ cujusvis umbilicis duobus S, H, *ad*
punctum quodvis ·tertium V *inflectantur rectæ duæ* S V, H V,
quarum una H V *æqualis sit axi prin-*
cipali figuræ, id est, axi in quo umbilici
jacent, altera S V *a perpendiculo* T R *in*
se demisso bisecetur in T ; *perpendiculum*
illud T R *sectionem conicam alicubi tan-*
get : & contra, si tangit, erit H V *æqualis axi principali figuræ.*

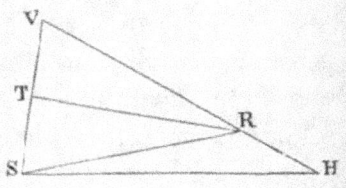

Secet enim perpendiculum *T R* rectam *H V* productam, si opus
fuerit, in *R ;* & jungatur *S R.* Ob æquales *T S, T V,* æquales erunt
& rectæ *S R, V R* & anguli *T R S, T R V.* Unde punctum *R* erit
ad sectionem conicam, & perpendiculum *T R* tanget eandem : &
contra. *Q. E. D.*

PROPOSITIO XVIII. PROBLEMA X.

Datis umbilico & axibus principalibus describere trajectorias ellip-
ticas & hyperbolicas, quæ transibunt per puncta data, & rectas
positione datas contingent.

Sit *S* communis umbilicus figurarum ; *A B* longitudo axis principalis trajectoriæ cujusvis; *P* punc-
tum per quod trajectoria debet transire; & *T R* recta quam debet tangere.
Centro *P* intervallo *A B — S P,* si
orbita sit ellipsis, vel *A B + S P,* si
ea sit hyperbola, describatur circulus
H G. Ad tangentem *T R* demittatur

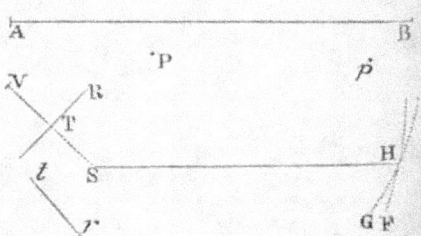

perpendiculum ST, & producatur idem ad V, ut sit TV æqualis ST; centroque V & intervallo AB describatur circulus FH. Hac methodo sive dentur duo puncta P, p, sive duæ tangentes TR, tr, sive punctum P & tangens TR, describendi sunt circuli duo. Sit H eorum intersectio communis, & umbilicis S, H, axe illo dato describatur trajectoria. Dico factum. Nam trajectoria descripta (eo quod $PH+SP$ in ellipsi, & $PH-SP$ in hyperbola æquatur axi) transibit per punctum P, & (per lemma superius) tanget rectam TR. Et eodem argumento vel transibit eadem per puncta duo P, p, vel tanget rectas duas TR, tr. Q.E.F.

PROPOSITIO XIX. PROBLEMA XI.

Circa datum umbilicum trajectoriam parabolicam describere, quæ transibit per puncta data, & rectas positione datas continget.

Sit S umbilicus, P punctum & TR tangens trajectoriæ describendæ. Centro P, intervallo PS describe circulum FG. Ab umbilico ad tangentem demitte perpendicularem ST, & produc eam ad V, ut sit TV æqualis ST. Eodem modo describendus est alter circulus fg, si datur alterum punctum p; vel inveniendum alterum punctum v, si datur altera tangens tr; dein ducenda recta IF quæ tangat duos circulos FG, fg si dantur duo puncta P, p, vel transeat per duo puncta V, v, si dantur duæ tangentes TR, tr, vel tangat circulum FG & transeat per punctum V, si datur punctum P & tangens TR. Ad FI demitte perpendicularem SI, eamque biseca in K; & axe SK, vertice principali K describatur parabola. Dico factum Nam parabola, ob æquales SK & IK, SP & FP, transibit per punctum P; & (per lem. XIV.

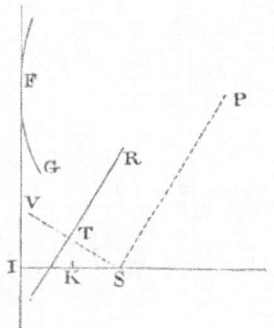

corol. 3.) ob æquales ST & TV & angulum rectum STR, tanget rectam TR. Q.E.F.

PROPOSITIO XX.   PROBLEMA XII.

Circa datum umbilicum trajectoriam quamvis specie datam describere,
quæ per data puncta transibit & rectas tanget positione datas.

Cas. I. Dato umbilico *S*, describenda sit trajectoria *A B C* per
puncta duo *B, C*.   Quoniam trajectoria datur specie, dabitur ratio
axis principalis ad distantiam um-
bilicorum.   In ea ratione cape
K B ad *B S*, & *L C* ad *C S*.
Centris *B, C*, intervallis *B K, C L*,
describe circulos duos, & ad rectam
K L, quæ tangat eosdem in *K*

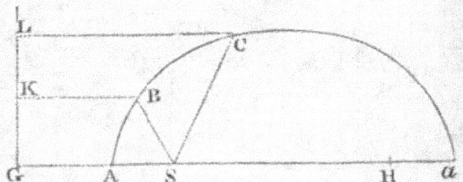

& *L*, demitte perpendiculum *S G*, idemque seca in *A* & *a*, ita ut
sit *G A* ad *A S* & *G a* ad *a S* ut est *K B* ad *B S* & axe *A a*,
verticibus *A, a*, describatur trajectoria.   Dico factum.   Sit enim
H umbilicus alter figuræ descriptæ, & cum sit *G A* ad *A S* ut
G a ad *a S*, erit divisim *G a — G A* seu *A a* ad *a S — A S* seu *S H*
in eadem ratione, ideoque in ratione quam habet axis principalis
figuræ describendæ ad distantiam umbilicorum ejus ; & propterea
figura descripta est ejusdem speciei cum describenda.   Cumque
sint *K B* ad *B S* & *L C* ad *C S* in eadem ratione, transibit hæc figura
per puncta *B, C*, ut ex conicis manifestum est.

Cas. 2. Dato umbilico *S*, describenda sit trajectoria quæ rectas
duas *T R, t r* alicubi contingat.   Ab umbilico in tangentes demitte
perpendicula *S T, S t* & produc ea-
dem ad *V, v*, ut sint *T V, t v* æquales *T S, t S*.   Biseca *V v* in *O*, &
erige perpendiculum infinitum *O H*,
rectamque *V S* infinite productam
seca in *K* & *k*, ita ut sit *V K* ad *K S*
& *V k* ad *k S* ut est trajectoriæ describendæ axis principalis ad umbilicorum distantiam.   Super diametro *K k*

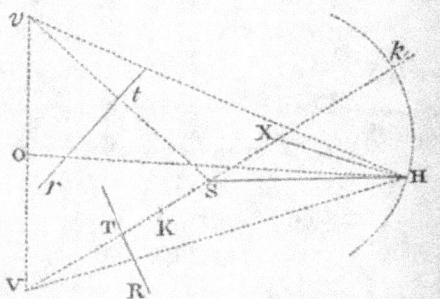

describatur circulus secans *O H* in *H; &* umbilicis *S, H*, axe principali
ipsam *V H* æquante, describatur trajectoria.   Dico factum.   Nam biseca
K k in *X*, & junge *H X, H S, H V, H v*.   Quoniam est *V K* ad *K S* ut

Vk ad kS; & composite ut $VK + Vk$ ad $KS + kS$; divisimque at
$Vk - VK$ ad $kS - KS$, id est, ut $2 VX$ ad $2 KX$ & $2 KX$ ad $2 SX$,
ideoque ut VX ad HX & HX ad SX, similia erunt triangula
VXH, HXS, & propterea VH erit ad SH ut VX ad XH, ideoque
ut VK ad KS. Habet igitur trajectoriæ descriptæ axis principalis
VH eam rationem ad ipsius umbilicorum distantiam SH, quam
habet trajectoriæ describendæ axis principalis ad ipsius umbilicorum
distantiam, & propterea ejusdem est speciei. Insuper cum VH,
vH æquentur axi principali, & VS, vS a rectis TR, tr perpendiculariter bisecentur, liquet (ex lem. xv.) rectas illas trajectoriam
descriptam tangere. *Q. E. F.*

Cas. 3. Dato umbilico S describenda sit trajectoria quæ rectam
TR tanget in puncto dato R. In rectam TR demitte perpendicularem ST, & produc eandem ad V, ut sit TV æqualis ST. Junge
VR & rectam VS infinite productam seca in K & k, ita ut sit
VK ad SK & Vk ad Sk ut ellipseos describendæ axis principalis
ad distantiam umbilicorum; cir-
culoque super diametro Kk descripto secetur producta recta
VR in H, & umbilicis S, H,
axe principali rectam VH
æquante, describatur trajectoria.
Dico factum. Namque VH
esse ad SH ut VK ad SK,

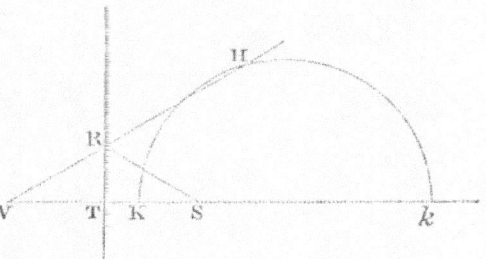

atque ideo ut axis principalis trajectoriæ describendæ ad distantiam
umbilicorum ejus, patet ex demonstratis in casu secundo, & propterea
trajectoriam descriptam ejusdem esse speciei cum describenda, rectam
vero TR qua angulus VRS bisecatur, tangere trajectoriam in puncto
R, patet ex conicis. *Q. E. F.*

Cas. 4. Circa umbilicum S describenda jam sit trajectoria $A P B$,
quæ tangat rectam TR, transeatque per punctum quodvis P extra
tangentem datum, quæque similis sit figuræ $a p b$, axe principali $a b$
& umbilicis s, h descriptæ. In tangentem TR demitte perpendiculum ST, & produc idem ad V, ut sit TV æqualis ST. Angulis
autem VSP, SVP fac angulos hsq, shq æquales; centroque q &
intervallo quod sit ad ab ut SP ad VS describe circulum secantem figuram $a p b$ in p. Junge $s p$ & age SH quæ sit ad $s h$ ut est

SP ad sp, quæque angulum PSH angulo psh & angulum VSH angulo psq æquales constituat. Denique umbilicis S, H, & axe principali AB distantiam VH æquante, describatur sectio conica. Dico factum. Nam si agatur sv quæ sit ad sp ut est sh ad sq, quæque constituat angulum vsp angulo hsq & angulum vsh angulo psq æquales, triangula svh, spq erunt similia, & propterea vh erit ad pq ut est sh ad sq, id est (ob similia triangula VSP, hsq) ut est VS ad SP seu ab ad pq. Æquantur ergo vh & ab.

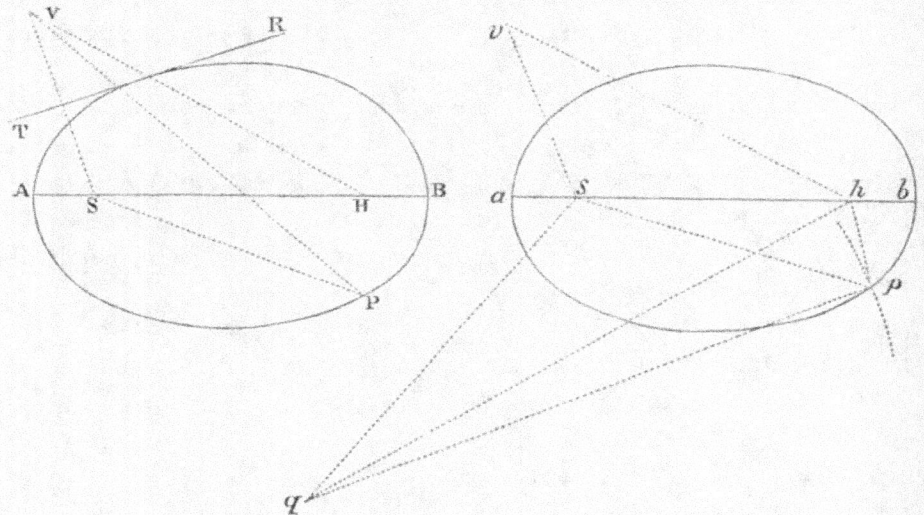

Porro ob similia triangula VSH, vsh, est VH ad SH ut vh ad sh, id est, axis conicæ sectionis jam descriptæ ad illius umbilicorum intervallum, ut axis ab ad umbilicorum intervallum sh; & propterea figura jam descripta similis est figuræ apb. Transit autem hæc figura per punctum P, eo quod triangulum PSH simile sit triangulo psh; & quia VH æquatur ipsius axi & VS bisecatur perpendiculariter a recta TR, tangit eadem rectam TR. *Q. E. F.*

LEMMA XVI.

A datis tribus punctis ad quartum non datum inflectere tres rectas quarum differentiæ vel dantur vel nullæ sunt.

Cas. 1. Sunto puncta illa data A, B, C & punctum quartum Z, quod invenire oportet; ob datam differentiam linearum AZ, BZ,

locabitur punctum Z in hyperbola cujus umbilici sunt A & B, &
principalis axis differentia illa data.   Sit axis ille MN.   Cape PM
ad MA ut est MN ad AB, & erecta PR perpendiculari ad AB,
demissaque ZR perpendiculari ad PR; erit, ex natura hujus hyperbolæ, ZR ad AZ ut est MN ad AB.   Simili discursu punctum Z
locabitur in alia hyperbola, cujus umbilici sunt A, C & principalis
axis differentia inter AZ & CZ, ducique potest QS ipsi AC
perpendicularis, ad quam si ab hyperbolæ hujus puncto quovis Z
demittatur normalis ZS, hæc fuerit ad AZ ut est differentia inter
AZ & CZ ad AC.   Dantur ergo rationes ipsarum ZR & ZS ad

AZ, & idcirco datur earundem ZR
& ZS ratio ad invicem; ideoque si
rectæ RP, SQ concurrant in T, &
agantur TZ & TA, figura $TRZS$
dabitur specie, & recta TZ in qua
punctum Z alicubi locatur, dabitur
positione.   Dabitur etiam recta TA,
ut & angulus ATZ; & ob datas
rationes ipsarum AZ ac TZ ad ZS
dabitur earundem ratio ad invicem;
& inde dabitur triangulum ATZ,
cujus vertex est punctum Z. $Q.E.I.$

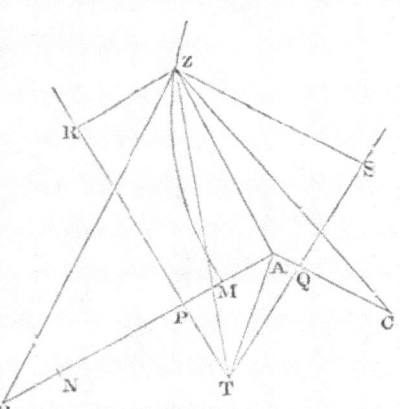

Cas. 2. Si duæ ex tribus lineis, puta AZ & BZ, æquantur, ita
age rectam TZ, ut bisecet rectam AB; dein quære triangulum
ATZ ut supra.

Cas. 3. Si omnes tres æquantur, locabitur punctum Z in centro
circuli per puncta A, B, C transeuntis. $Q.E.I.$

Solvitur etiam hoc lemma problematicum per librum tactionum
Apollonii a *Vieta* restitutum.

PROPOSITIO XXI.   PROBLEMA XIII.

*Trajectoriam circa datum umbilicum describere, quæ transibit per
puncta data & rectas positione datas continget.*

Detur umbilicus S, punctum P, & tangens TR, & inveniendus
sit umbilicus alter H.   Ad tangentem demitte perpendiculum ST, &
produc idem ad Y, ut sit TY æqualis ST, & erit YH æqualis axi

principali. Junge SP, HP, & erit SP differentia inter HP & axem principalem. Hoc modo si dentur plures tangentes TR, vel plura puncta P, devenietur semper ad lineas totidem YH, vel PH, a dictis punctis Y vel P ad umbilicum H ductas, quæ vel æquantur axibus, vel datis longitudinibus SP differunt ab iisdem, atque ideo quæ vel æquantur sibi invicem, vel datas habent differentias; & inde, per lemma superius, datur umbilicus ille alter H. Habitis autem um-

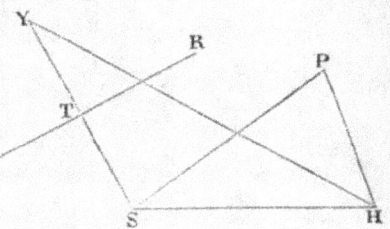

bilicis una cum axis longitudine (quæ vel est YH; vel, si trajectoria ellipsis est, $PH + SP$; sin hyperbola, $PH - SP$) habetur trajectoria. $Q. E. I.$

Scholium.

Ubi trajectoria est hyperbola, sub nomine hujus trajectoriæ oppositam hyperbolam non comprehendo. Corpus enim pergendo in motu suo in oppositam hyperbolam transire non potest.

Casus ubi dantur tria puncta sic solvitur expeditius. Dentur puncta B, C, D. Junctas BC, CD produc ad E, F, ut sit EB ad EC ut SB ad SC, & FC ad FD ut SC ad SD. Ad EF ductam & productam demitte normales SG, BH, inque GS infinite producta cape GA ad AS & Ga ad aS ut est HB ad BS; & erit A vertex, & Aa axis principalis trajectoriæ: quæ, perinde ut GA major, æqualis, vel minor fuerit quam AS, erit ellipsis, parabola vel hyperbola; puncto a in primo casu cadente ad eandem partem lineæ GF cum puncto A; in secundo casu abeunte in infinitum; in tertio cadente ad contrariam partem lineæ GF. Nam

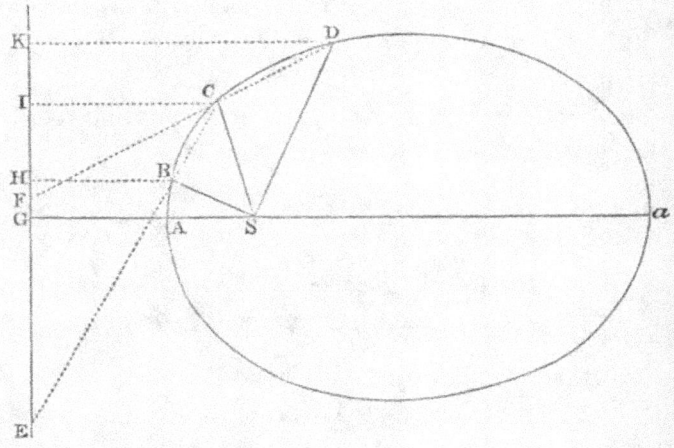

si demittantur ad GF perpendicula CI, DK; erit IC ad HB ut EC

ad EB, hoc est, ut SC ad SB; & vicissim IC ad SC ut HB ad SB sive ut GA ad SA. Et simili argumento probabitur esse KD ad SD in eadem ratione. Jacent ergo puncta B, C, D in coni sectione circa umbilicum S ita descripta, ut rectæ omnes, ab umbilico S ad singula sectionis puncta ductæ, sint ad perpendicula a punctis iisdem ad rectam GF demissa in data illa ratione.

Methodo haud multum dissimili hujus problematis solutionem tradit clarissimus geometra *de la Hire*, conicorum suorum lib. VIII. prop. XXV.

SECTIO V.

Inventio orbium ubi umbilicus neuter datur.

LEMMA XVII.

Si a datæ conicæ sectionis puncto quovis P *ad trapezii alicujus* A B D C, *in conica illa sectione inscripti, latera quatuor infinite producta* A B, C D, A C, D B *totidem rectæ* P Q, P R, P S, P T *in datis angulis ducantur, singulæ ad singula: rectangulum ductarum ad opposita duo latera* P Q × P R, *erit ad rectangulum ductarum ad alia duo latera opposita* P S × P T *in data ratione.*

Cas. 1. Ponamus primo lineas ad opposita latera ductas parallelas esse alterutri reliquorum laterum, puta PQ & PR lateri AC, & PS ac PT lateri AB. Sintque insuper latera duo ex oppositis, puta AC & BD, sibi invicem parallela. Et recta, quæ bisecat parallela illa latera, erit una ex diametris conicæ sectionis, & bisecabit etiam RQ. Sit O punctum in quo RQ bisecatur, & erit PO ordinatim applicata ad diametrum illam. Produc PO ad K, ut sit OK æqualis PO, & erit OK ordinatim applicata ad contrarias partes diametri. Cum igitur puncta A, B, P & K sint ad conicam sectionem, & PK secet AB in dato angulo, erit (per prop. 17, 19, 21 & 23 lib. III. conicorum

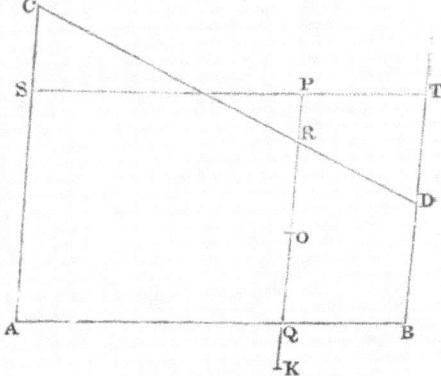

Apollonii) rectangulum PQK ad rectangulum AQB in data ratione. Sed QK & PR æquales sunt, utpote æqualium $OK, OP,$ & $OQ,$ OR differentiæ, & inde etiam rectangula PQK & $PQ \times PR$ æqualia sunt; atque ideo rectangulum $PQ \times PR$ est ad rectangulum AQB, hoc est ad rectangulum $PS \times PT$ in data ratione.   *Q.E.D.*

Cas. 2. Ponamus jam trapezii latera opposita AC & BD non esse parallela.   Age Bd parallelam AC & occurrentem tum rectæ ST in t, tum conicæ sectioni in d.   Junge Cd secantem PQ in r, &

ipsi PQ parallelam age DM secantem Cd in M & AB in N. Jam ob similia triangula BTt, DBN; est Bt seu PQ ad Tt ut DN ad NB.   Sic & Rr est ad AQ seu PS ut DM ad AN. Ergo, ducendo antecedentes in antecedentes & consequentes in consequentes, ut rectangulum PQ in Rr est ad rectangulum PS in Tt, ita rectangulum NDM est

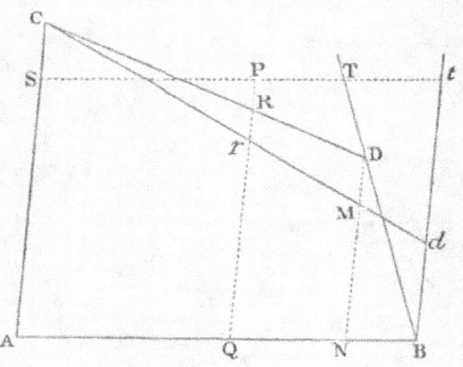

ad rectangulum ANB, & (per cas. 1.) ita rectangulum PQ in Pr est ad rectangulum PS in Pt, ac divisim ita rectangulum $PQ \times PR$ est ad rectangulum $PS \times PT$.   *Q. E. D.*

Cas. 3. Ponamus denique lineas quatuor PQ, PR, PS, PT non esse parallelas lateribus $AC, AB,$ sed ad ea utcunque inclinatas. Earum vice age Pq, Pr parallelas ipsi AC; & Ps, Pt parallelas ipsi AB; & propter datos angulos triangulorum $PQq, PRr, PSs, PTt,$ dabuntur rationes PQ ad Pq, PR ad Pr, PS ad $Ps,$ & PT ad Pt; atque ideo rationes compositæ PQ

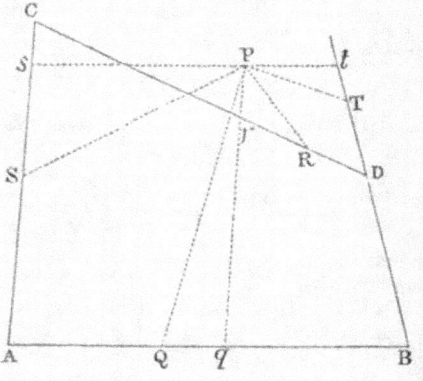

$\times PR$ ad $Pq \times Pr$, & $PS \times PT$ ad $Ps \times Pt$.   Sed, per superius demonstrata, ratio $Pq \times Pr$ ad $Ps \times Pt$ data est: ergo & ratio $PQ \times PR$ ad $PS \times PT$.   *Q. E. D.*

LEMMA XVIII.

Iisdem positis, si rectangulum ductarum ad opposita duo latera trapezii PQ × PR *sit ad rectangulum ductarum ad reliqua duo latera* PS × PT *in data ratione; punctum* P, *a quo lineæ ducuntur, tanget conicam sectionem circa trapezium descriptam.*

Per puncta A, B, C, D & aliquod infinitorum punctorum P, puta p, concipe conicam sectionem describi : dico punctum P hanc semper tangere. Si negas, junge AP secantem hanc conicam sectionem alibi quam in P, si fieri potest, puta in b. Ergo si ab his punctis p & b ducantur in datis angulis ad latera trapezii rectæ pq, pr, ps, pt & bk, bn, bf, bd; erit ut $bk \times bn$ ad $bf \times bd$ ita (per lem. XVII.) $pq \times pr$ ad $ps \times pt$, & ita (per hypoth.) $PQ \times PR$ ad $PS \times PT$. Est & propter similitudinem trapeziorum $bk\,Af$, $PQAS$, ut bk ad bf ita PQ ad PS. Quare, applicando terminos prioris proportionis ad terminos correspondentes hujus, erit bn ad bd ut PR ad PT. Ergo trapezia æquiangula $Dnbd$, $DRPT$ similia sunt, & eorum diagonales Db, DP propterea coincidunt. Incidit itaque b in intersectionem rectarum AP, DP ideoque coincidit cum puncto P. Quare punctum P, ubicunque sumatur, incidit in assignatam conicam sectionem. *Q. E. D.*

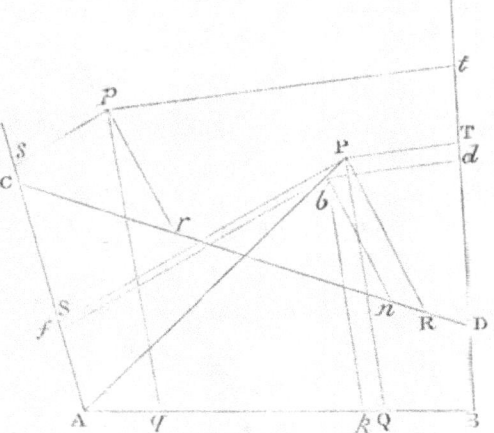

Corol. Hinc si rectæ tres PQ, PR, PS a puncto communi P ad alias totidem positione datas rectas AB, CD, AC, singulæ ad singulas, in datis angulis ducantur, sitque rectangulum sub duabus ductis $PQ \times PR$ ad quadratum tertiæ PS in data ratione : punctum P, a quibus rectæ ducuntur, locabitur in sectione conica quæ tangit lineas AB, CD in A & C; & contra. Nam coeat linea BD cum linea AC, manente positione trium AB, CD, AC; dein coeat etiam linea PT cum linea PS: & rectangulum $PS \times PT$ evadet PS *quad.* rectæque AB, CD, quæ curvam in punctis A & B, C & D secabant, jam curvam in punctis illis coeuntibus non amplius secare possunt, sed tantum tangent.

Scholium.

Nomen conicæ sectionis in hoc lemmate late sumitur, ita ut sectio tam rectilinea per verticem coni transiens, quam circularis basi parallela includatur. Nam si punctum p incidit in rectam, qua puncta A & D vel C & B junguntur, conica sectio vertetur in geminas rectas, quarum una est recta illa in quam punctum p incidit, & altera est recta qua alia duo ex punctis quatuor junguntur. Si trapezii anguli duo oppositi simul sumpti æquentur duobus rectis, & lineæ quatuor PQ, PR, PS, PT ducantur ad latera ejus vel perpendiculariter vel in angulis quibusvis æqualibus, sitque rectangulum sub duabus ductis $PQ \times PR$ æquale rectangulo sub duabus aliis $PS \times PT$, sectio conica evadet circulus. Idem fiet, si lineæ quatuor ducantur in angulis quibusvis, & rectangulum sub duabus ductis $PQ \times PR$ sit ad rectangulum sub aliis duabus $PS \times PT$ ut rectangulum sub sinubus angulorum S, T, in quibus duæ ultimæ

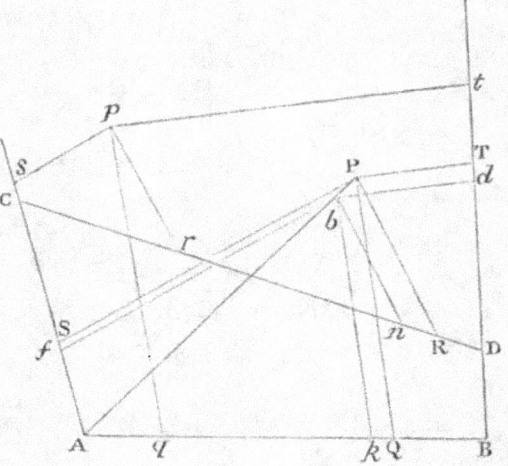

PS, PT ducuntur, ad rectangulum sub sinubus angulorum Q, R, in quibus duæ primæ PQ, PR ducuntur. Cæteris in casibus locus puncti P erit aliqua trium figurarum, quæ vulgo nominantur sectiones conicæ. Vice autem trapezii $ABCD$ substitui potest quadrilaterum, cujus latera duo opposita se mutuo instar diagonalium decussant. Sed & e punctis quatuor A, B, C, D possunt unum vel duo abire ad infinitum, eoque pacto latera figuræ, quæ ad puncta illa convergunt, evadere parallela : quo in casu sectio conica transibit per cætera puncta, & in plagas parallelarum abibit in infinitum.

LEMMA XIX.

Invenire punctum P, *a quo si rectæ quatuor* PQ, PR, PS, PT *ad alias totidem positione datas rectas* A B, CD, AC, B D, *singulæ ad singulas, in datis angulis ducantur, rectangulum sub duabus ductis,* PQ × PR, *sit ad rectangulum sub aliis duabus,* PS × PT, *in data ratione.*

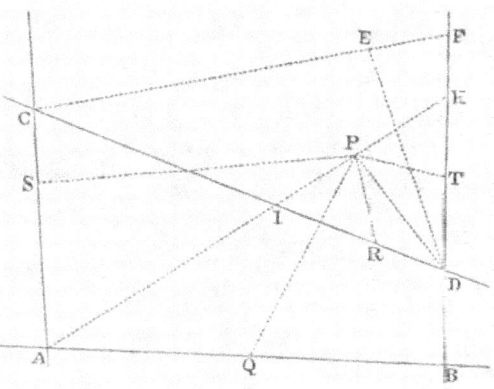

Lineæ $A B$, $C D$, ad quas rectæ duæ PQ, PR unum rectangulorum continentes ducuntur, conveniant cum aliis duabus positione datis lineis in punctis A, B, C, D. Ab eorum aliquo A age rectam quamlibet $A H$, in qua velis punctum P reperiri. Secet ea lineas oppositas BD, CD, nimirum BD in H & CD in I, & ob datos omnes angulos figuræ, dabuntur rationes PQ ad PA & PA ad PS, ideoque ratio PQ ad PS. Auferendo hanc a data ratione PQ × PR ad PS × PT, dabitur ratio PR ad PT, & addendo datas rationes PI ad PR, & PT ad PH dabitur ratio PI ad PH, atque ideo punctum P. $Q.E.I.$

Corol. 1. Hinc etiam ad loci punctorum infinitorum P punctum quodvis D tangens duci potest. Nam chorda PD, ubi puncta P ac D conveniunt, hoc est, ubi $A H$ ducitur per punctum D, tangens evadit. Quo in casu, ultima ratio evanescentium IP & PH invenietur ut supra. Ipsi igitur $A D$ duc parallelam $C F$, occurrentem $B D$ in F, & in ea ultima ratione sectam in E, & $D E$ tangens erit, propterea quod $C F$ & evanescens $I H$ parallelæ sunt, & in E & P similiter sectæ.

Corol. 2. Hinc etiam locus punctorum omnium P definiri potest. Per quodvis punctorum A, B, C, D, puta A, duc loci tangentem $A E$, & per aliud quodvis punctum B duc tangenti parallelam $B F$

occurrentem loco in *F*. Invenietur autem punctum *F* per
lem. XIX. Biseca *B F* in *G*, &
acta indefinita *A G* erit positio
diametri ad quam *B G* & *F G*
ordinatim applicantur. Hæc
A G occurrat loco in *H*, &
erit *A H* diameter sive latus
transversum, ad quod latus rectum erit ut *B G q* ad *A G* ×
G H. Si *A G* nusquam occurrit loco, linea *A H* existente
infinita, locus erit parabola, &

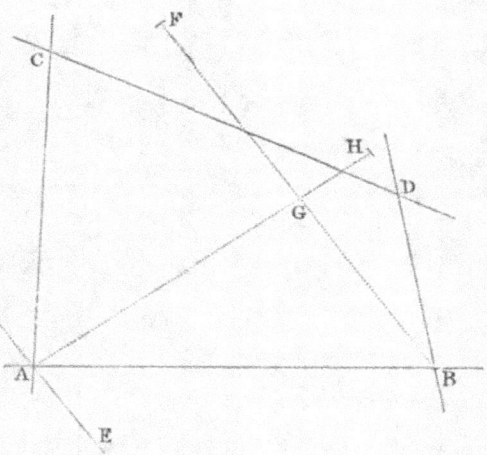

latus rectum ejus ad diametrum *A G* pertinens erit $\dfrac{B\,G\,q}{A\,G}$. Sin ea

alicubi occurrit, locus hyperbola erit, ubi puncta *A* & *H* sita sunt ad
easdem partes ipsius *G*: & ellipsis, ubi *G* intermedium est, nisi forte
angulus *A G B* rectus sit, & insuper *B G quad.* æquale rectangulo
A G H, quo in casu circulus habebitur.

Atque ita problematis veterum de quatuor lineis ab *Euclide*
incœpti & ab *Apollonio* continuati non calculus, sed compositio
geometrica, qualem veteres quærebant, in hoc corollario exhibetur.

LEMMA XX.

Si parallelogrammum quodvis A S P Q *angulis duobus oppositis* A &
P *tangit sectionem quamvis conicam in punctis* A & P; & *lateribus
unius angulorum illorum infinite productis* A Q, A S *occurrit eidem
sectioni conicæ in* B & C; *a punctis autem occursuum* B & C *ad
quintum quodvis sectionis conicæ punctum* D *agantur rectæ duæ* BD,
C D *occurrentes alteris duobus infinite productis parallelogrammi
lateribus* P S, P Q *in* T & R : *erunt semper abscissæ laterum partes*
P R & P T *ad invicem in data ratione. Et contra, si partes illæ
abscissæ sunt ad invicem in data ratione, punctum* D *tanget sectionem
conicam per puncta quatuor* A, B, C, P *transeuntem.*

Cas. 1. Jungantur BP, CP & a puncto D agantur rectæ duæ DG, DE, quarum prior DG ipsi AB parallela sit & occurrat PB, PQ, CA in H, I, G; altera DE parallela sit ipsi AC & occurrat PC, PS, AB in F, K, E: & erit (per lem. XVII.) rectangulum $DE \times DF$ ad rectangulum $DG \times DH$ in ratione data. Sed est PQ ad DE (seu IQ) ut PB ad HB, ideoque ut PT ad DH; & vicissim PQ ad PT ut DE ad DH. Est & PR ad DF ut RC ad DC, ideoque ut (IG vel) PS ad DG, & vicissim PR ad PS ut DF ad DG; & conjunctis rationibus fit rectangulum $PQ \times PR$ ad rectangulum $PS \times PT$ ut rectangulum $DE \times DF$ ad rectangulum $DG \times DH$, atque ideo in data ratione. Sed

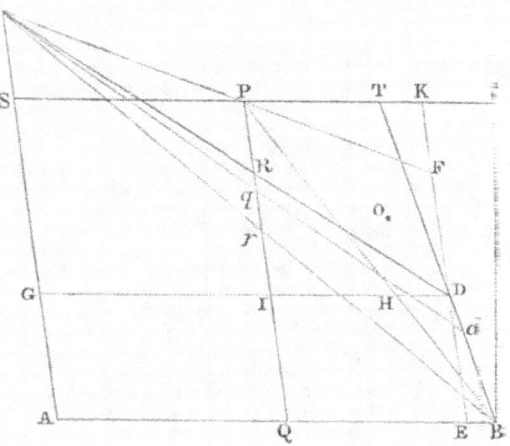

dantur PQ & PS, & propterea ratio PR ad PT datur. *Q.E.D.*

Cas. 2. Quod si PR & PT ponantur in data ratione ad invicem, tum simili ratiocinio regrediendo, sequetur esse rectangulum $DE \times DF$ ad rectangulum $DG \times DH$ in ratione data, ideoque punctum D (per lem. XVIII.) contingere conicam sectionem transeuntem per puncta A, B, C, P. *Q.E.D.*

Corol. 1. Hinc si agatur BC secans PQ in r, & in PT capiatur Pt in ratione ad Pr quam habet PT ad PR: erit Bt tangens conicæ sectionis ad punctum B. Nam concipe punctum D coire cum puncto B, ita ut, chorda BD evanescente, BT tangens evadat; & CD ac BT coincident cum CB & Bt.

Corol. 2. Et vice versa si Bt sit tangens, & ad quodvis conicæ sectionis punctum D conveniant BD, CD; erit PR ad PT ut Pr ad Pt. Et contra, si sit PR ad PT ut Pr ad Pt: convenient, BD, CD ad conicæ sectionis punctum aliquod D.

Corol. 3. Conica sectio non secat conicam sectionem in punctis pluribus quam quatuor. Nam, si fieri potest, transeant duæ conicæ sectiones per quinque puncta A, B, C, P, O; easque secet recta BD in punctis D, d, & ipsam PQ secet recta Cd in q. Ergo PR est ad

PT ut Pq ad PT; unde PR & Pq sibi invicem æquantur, contra hypothesin.

LEMMA XXI.

Si rectæ duæ mobiles & infinitæ B M, C M *per data puncta* B, C *ceu polos ductæ, concursu suo* M *describant tertiam positione datam rectam* M N; & *aliæ duæ infinitæ rectæ* B D, C D *cum prioribus duabus ad puncta illa data* B, C *datos angulos* M B D, M C D *efficientes ducantur: dico quod hæ duæ* B D, C D *concursu suo* D *describent sectionem conicam per puncta* B, C *transeuntem. Et vice versa, si rectæ* B D, C D *concursu suo* D *describant sectionem conicam per data puncta* B, C, A *transeuntem, & sit angulus* D B M *semper æqualis angulo dato* A B C, *angulusque* D C M *semper æqualis angulo dato* A C B : *punctum* M *continget rectam positione datam.*

Nam in recta MN detur punctum N, & ubi punctum mobile M incidit in immotum N, incidat punctum mobile D in immotum P.

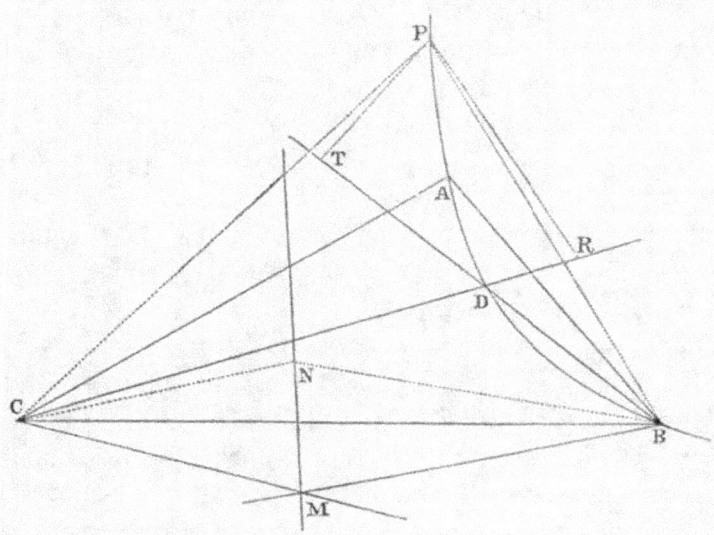

Junge CN, BN, CP, BP, & a puncto P age rectas PT, PR occurrentes ipsis BD, CD in T & R, & facientes angulum BPT

æqualem angulo dato $B\,N\,M$, & angulum $C\,P\,R$ æqualem angulo dato $C\,N\,M$. Cum ergo (ex hypothesi) æquales sint anguli $M\,B\,D$, $N\,B\,P$, ut & anguli $M\,C\,D$, $N\,C\,P$; aufer communes $N\,B\,D$ & $N\,C\,D$, & restabunt æquales $N\,B\,M$ & $P\,B\,T$, $N\,C\,M$ & $P\,C\,R$: ideoque triangula $N\,B\,M$, $P\,B\,T$ similia sunt, ut & triangula $N\,C\,M$, $P\,C\,R$. Quare $P\,T$ est ad $N\,M$ ut $P\,B$ ad $N\,B$, & $P\,R$ ad $N\,M$ ut $P\,C$ ad $N\,C$. Sunt autem puncta B, C, N, P immobilia. Ergo $P\,T$ & $P\,R$ datam habent rationem ad $N\,M$, proindeque datam rationem inter se; atque ideo (per lem. xx.) punctum D, perpetuus rectarum mobilium $B\,T$ & $C\,R$ concursus, contingit sectionem conicam, per puncta B, C, P transeuntem. *Q. E. D.*

Et contra, si punctum mobile D contingat sectionem conicam transeuntem per data puncta B, C, A, & sit angulus $D\,B\,M$ semper æqualis angulo dato $A\,B\,C$, & angulus $D\,C\,M$ semper æqualis angulo dato $A\,C\,B$, & ubi punctum D incidit successive in duo quævis sectionis puncta immobilia p, P, punctum mobile M incidat successive in puncta duo immobilia n, N: per eadem n, N agatur

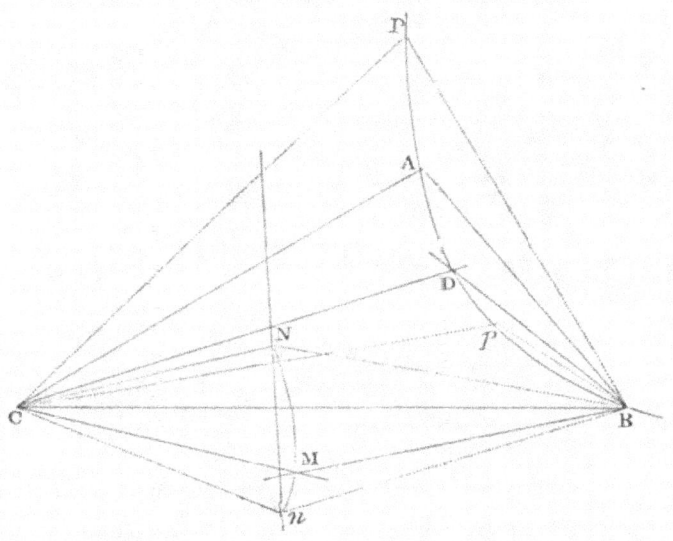

recta $n\,N$, & hæc erit locus perpetuus puncti illius mobilis M. Nam, si fieri potest, versetur punctum M in linea aliqua curva. Tanget ergo punctum D sectionem conicam per puncta quinque B, C, A, p, P transeuntem, ubi punctum M perpetuo tangit lineam curvam. Sed & ex jam demonstratis tanget etiam punctum D sectionem conicam per eadem quinque puncta *B*, *C*, *A*, *p*, *P*, transeuntem, ubi punctum *M* perpetuo tangit lineam rectam. Ergo duæ sectiones conicæ transibunt per eadem quinque puncta, contra corol 3. lemmat. xx. Igitur punctum *M* versari in linea curva absurdum est. *Q.E.D.*

PROPOSITIO XXII. PROBLEMA XIV.

Trajectoriam per data quinque puncta describere.

Dentur puncta quinque *A*, *B*, *C*, *P*, *D*. Ab eorum aliquo *A* ad alia duo quævis *B*, *C*, quæ poli nominentur, age rectas *A B*, *A C*, hisque parallelas *T P S*, *P R Q* per punctum quartum *P*. Deinde a polis duobus *B*, *C* age per punctum quintum *D* infinitas duas *B D T*, *C R D*, novissime ductis *T P S*, *P R Q* (priorem priori & posteriorem posteriori) occurrentes in *T* & *R*. Denique de rectis *P T*, *P R*, acta recta *t r* ipsi *T R* parallela, abscinde quasvis *P t*, *P r* ipsis *P T*, *P R* proportionales ; & si per earum terminos *t*, *r* & polos *B*, *C* actæ *B t*, *C r* concurrant in *d*, locabitur punctum illud *d* in trajectoria quæ-

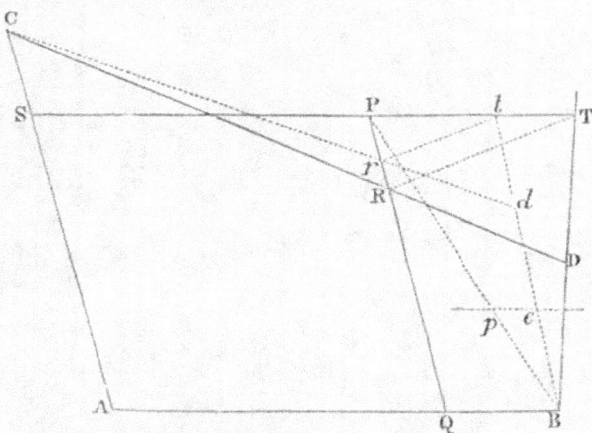

sita. Nam punctum illud *d* (per lem. xx.) versatur in conica sectione per puncta quatuor *A*, *B*, *C*, *P* transeunte ; & lineis *R r*, *T t* evanescentibus, coit punctum *d* cum puncto *D*. Transit ergo sectio conica per puncta quinque *A*, *B*, *C*, *P*, *D*. *Q.E.D.*

Idem aliter.

E punctis datis junge tria quævis *A*, *B*, *C*; & circum duo eorum *B*, *C*, ceu polos, rotando angulos magnitudine datos *A B C*, *A C B*, applicentur crura BA, CA, primo ad punctum D, deinde ad punctum P, & notentur puncta M, N in quibus altera crura BL, CL casu utroque se decussant. Agatur recta infinita MN, & rotentur anguli illi mobiles circum polos suos B, C, ea lege ut crurum BL, CL vel BM, CM intersectio, quæ jam sit m, incidat semper in rectam illam infinitam MN; & crurum BA, CA, vel BD, CD intersectio, quæ jam sit d, trajectoriam quæsitam $PADdB$ delineabit. Nam punctum d (per lem. XXI.) continget sectionem conicam

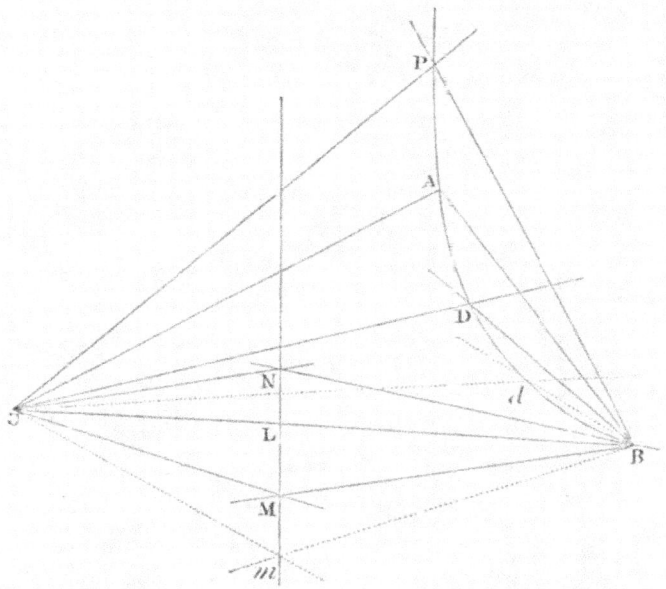

per puncta B, C transeuntem; & ubi punctum m accedit ad puncta L, M, N, punctum d (per constructionem) accedet ad puncta ADP. Describetur itaque sectio conica transiens per puncta quinque A, B, C, P, D. Q. E. F.

Corol. 1. Hinc recta expedite duci potest, quæ trajectoriam quæsitam in puncto quovis dato B continget. Accedat punctum d ad punctum B, & recta Bd evadet tangens quæsita.

Corol. 2. Unde etiam trajectoriarum centra, diametri & latera recta inveniri possunt, ut in corollario secundo lemmatis XIX.

Scholium.

Constructio prior evadet paulo simplicior jungendo BP, & in ea, si opus est, producta capiendo Bp ad BP ut est PR ad PT; &

per p agendo rectam infinitam pe ipsi SPT parallelam, & in ea capiendo semper pe æqualem Pr; & agendo rectas Be, Cr concurrentes in d. Nam cum sint Pr ad Pt, PR ad PT, pB ad PB, pe ad Pt in eadem ratione; erunt pe & Pr semper æquales. Hac methodo puncta trajectoriæ inveniuntur expeditissime, nisi mavis curvam, ut in constructione secunda, describere mechanice.

PROPOSITIO XXIII.   PROBLEMA XV.

Trajectoriam describere, quæ per data quatuor puncta transibit, & rectam continget positione datam.

Cas. 1. Dentur tangens HB, punctum contactus B, & alia tria puncta C, D, P. Junge BC, & agendo PS parallelam rectæ BH, & PQ parallelam rectæ BC, comple parallelogrammum $BSPQ$. Age BD secantem SP in T, & CD secantem PQ in R. Denique,

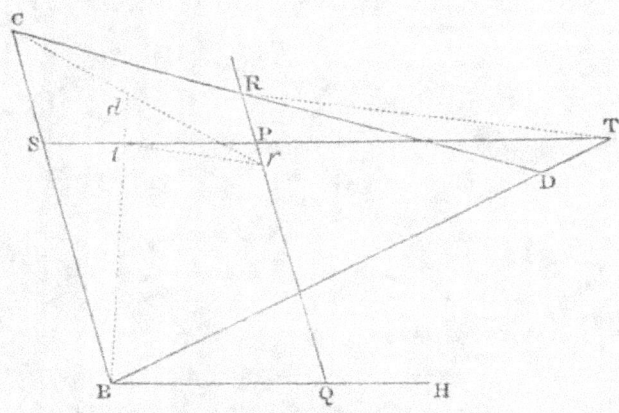

agendo quamvis tr ipsi TR parallelam, de PQ, PS abscinde Pr, Pt ipsis PR, PT proportionales respective; & actarum Cr, Bt concursus d (per lem. xx.) incidet semper in trajectoriam describendam.

Idem aliter.

Revolvatur tum angulus magnitudine datus CBH circa polum B, tum radius quilibet rectilineus & utrinque productus DC circa polum C. Notentur puncta M, N, in quibus anguli crus BC secat radium illum, ubi crus alterum BH concurrit cum eodem radio in punctis P & D. Deinde ad actam infinitam MN concurrant perpetuo radius ille CP vel CD & anguli crus BC, & cruris alterius BH concursus cum radio delineabit trajectoriam quæsitam.

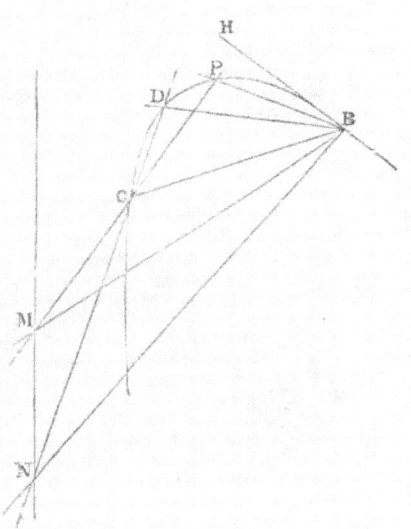

Nam si in constructionibus problematis superioris accedat punctum A ad punctum B, lineæ CA & CB coincident, & linea AB in ultimo suo situ fiet tangens BH; atque ideo constructiones ibi positæ evadent eædem cum constructionibus hic descriptis. Delineabit igitur cruris BH concursus cum radio sectionem conicam per puncta C, D, P transeuntem, & rectam BH tangentem in puncto B. Q.E.F.

Cas. 2. Dentur puncta quatuor B, C, D, P extra tangentem HI sita. Junge bina lineis BD, CP concurrentibus in G, tangentique occurrentibus in H & I. Secetur tangens in A, ita ut sit HA ad IA, ut est rectangulum sub media proportionali inter CG & GP & media proportionali inter BH & HD, ad rectangulum sub media proportionali inter DG & GB & media proportionali inter PI & IC; & erit A punctum contactus. Nam si rectæ PI parallela HX trajectoriam secet in punctis quibusvis X & Y: erit (ex conicis) punctum A ita locandum, ut fuerit HA *quad.* ad AI *quad.* in ratione composita ex ratione rectanguli XHY ad rectangulum BHD, seu rectanguli CGP ad rectangulum DGB, & ex ratione rectanguli BHD

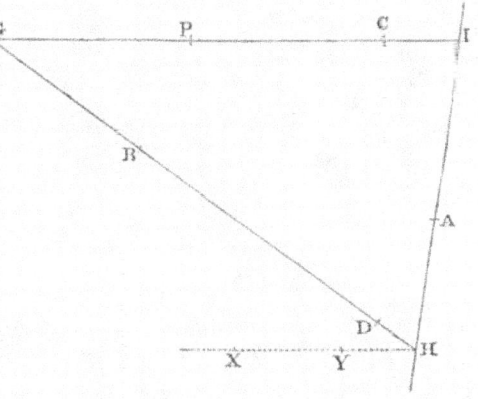

ad rectangulum PIC. Invento autem contactus puncto A, describetur trajectoria ut in casu primo. Q. E. F.

Capi autem potest punctum A vel inter puncta H & I, vel extra ; & perinde trajectoria dupliciter describi.

PROPOSITIO XXIV. PROBLEMA XVI.

Trajectoriam describere, quæ transibit per data tria puncta, & rectas duas positione datas continget.

Dentur tangentes HI, KL & puncta B, C, D. Per punctorum duo quævis B, D age rectam infinitam BD tangentibus occurrentem in punctis H, K. Deinde etiam per alia duo quævis C, D age infinitam CD tangentibus occurrentem in punctis I, L. Actas ita seca in R & S, ut sit HR ad KR ut est media proportionalis inter BH & HD ad mediam proportionalem inter BK & KD; & IS ad LS ut est media proportionalis inter CI & ID ad mediam proportionalem inter CL & LD. Seca autem pro lubitu vel inter puncta K & H, I & L, vel extra eadem; dein age RS secantem tangentes in A & P, & erunt A & P puncta contactuum. Nam si A & P supponantur esse puncta contactuum alicubi in tangentibus sita; & per punctorum H, I, K, L quodvis I, in tangente alterutra HI situm, agatur recta IY tangenti alteri KL parallela, quæ occurrat curvæ in X & Y, & in ea sumatur IZ media proportionalis inter IX & IY: erit, ex conicis, rectangulum XIY seu IZ quad. ad LP quad. ut rectangulum CID ad rectangulum CLD, id est (per constructionem) ut SI quad. ad SL quad. atque ideo IZ ad LP ut SI ad SL. Jacent ergo puncta S, P, Z

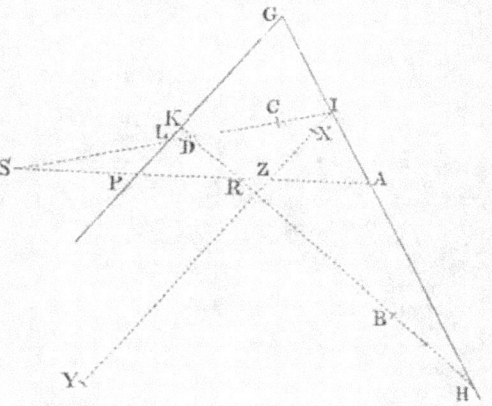

in una recta. Porro tangentibus concurrentibus in G, erit (ex conicis) rectangulum XIY seu IZ quad. ad IA quad. ut GP quad. ad GA quad. ideoque IZ ad IA ut GP ad GA. Jacent ergo puncta P, Z & A in una recta, ideoque puncta S, P & A sunt in una recta. Et eodem argumento probabitur quod puncta R, P & A sunt in una recta. Jacent igitur puncta contactuum A & P in recta RS. Hisce autem inventis, trajectoria describetur ut in casu primo problematis superioris. *Q.E.F.*

In hac propositione, & casu secundo propositionis superioris constructiones eædem sunt, sive recta *X Y* trajectoriam secet in *X* & *Y*, sive non secet; eæque non pendent ab hac sectione. Sed demonstratis constructionibus ubi recta illa trajectoriam secat, innotescunt constructiones, ubi non secat; iisque ultra demonstrandis brevitatis gratia non immoror.

LEMMA XXII.

Figuras in alias ejusdem generis figuras mutare.

Transmutanda sit figura quævis *H G I*. Ducantur pro lubitu rectæ duæ parallelæ *A O*, *B L* tertiam quamvis positione datam *A B* secantes in *A* & *B*, & a figuræ puncto quovis *G*, ad rectam *A B* ducatur quævis *G D*, ipsi *O A* parallela. Deinde a puncto aliquo *O*, in linea *O A* dato, ad punctum *D* ducatur recta *O D*, ipsi *B L*

occurrens in *d*, & a puncto occursus erigatur recta *d g* datum quemvis angulum cum recta *B L* continens, atque eam habens rationem ad *O d* quam habet *D G* ad *O D;* & erit *g* punctum in figura nova *h g i* puncto *G* respondens Eadem ratione puncta singula figuræ primæ dabunt puncta totidem figuræ novæ. Concipe

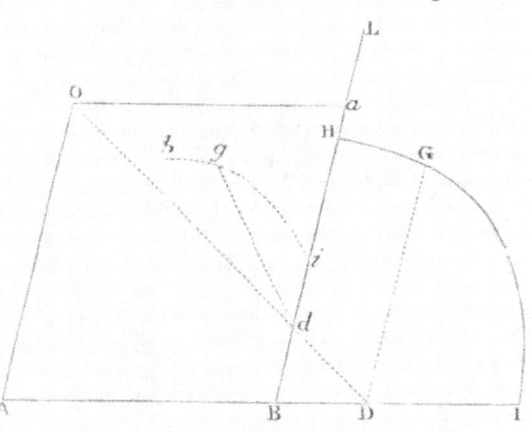

igitur punctum *G* motu continuo percurrere puncta omnia figuræ primæ, & punctum *g* motu itidem continuo percurret puncta omnia figuræ novæ & eandem describet. Distinctionis gratia nominemus *D G* ordinatam primam, *d g* ordinatam novam; *A D* abscissam primam, *a d* abscissam novam ; *O* polum, *O D* radium abscindentem. *O A* radium ordinatum primum, & *O a* (quo parallelogrammum *O A B a* completur) radium ordinatum novum.

Dico jam quod, si punctum *G* tangit rectam lineam positione datam, punctum *g* tanget etiam lineam rectam positione datam. Si punctum *G* tangit conicam sectionem, punctum *g* tanget etiam conicam sectionem. Conicis sectionibus hic circulum annumero. Porro si punctum *G* tangit lineam tertii ordinis analytici, punctum *g* tanget lineam tertii itidem ordinis ; & sic de curvis lineis superiorum ordinum. Lineæ duæ erunt ejusdem semper ordinis analytici quas puncta *G, g* tangunt. Etenim ut est *a d* ad *O A* ita sunt *Od* ad *OD*, *dg* ad *D G*, & *A B* ad *A D ;* ideoque *A D* æqualis est $\dfrac{O A \times A B}{a d}$,

& *D G* æqualis est $\dfrac{O A \times d g}{a d}$. Jam si punctum *G* tangit rectam lineam, atque ideo in æquatione quavis, qua relatio inter abscissam *A D* & ordinatam *D G* habetur, indeterminatæ illæ *A D* & *D G* ad unicam tantum dimensionem ascendunt, scribendo in hac æquatione $\dfrac{O A \times A B}{a d}$ pro *A D*, & $\dfrac{O A \times d g}{a d}$ pro *D G*, producetur æquatio

nova, in qua abscissa nova *a d* & ordinata nova *d g* ad unicam tantum dimensionem ascendent, atque ideo quæ designat lineam rectam. Sin *A D* & *D G*, vel earum alterutra, ascendebant ad duas dimensiones in æquatione prima, ascendent itidem *a d* & *dg* ad duas in æquatione secunda. Et sic de tribus vel pluribus dimensionibus.

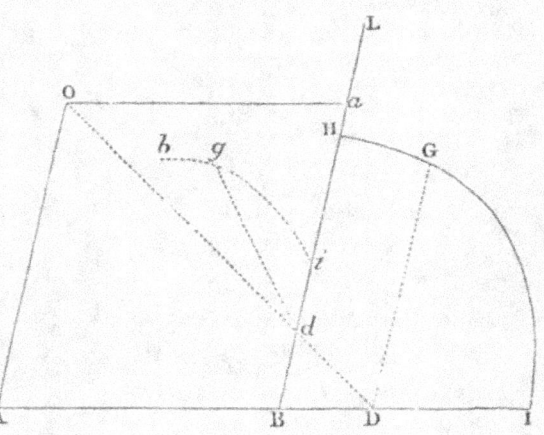

Indeterminatæ *a d, d g* in æquatione secunda, & *A D, D G* in prima ascendent semper ad eundem dimensionum numerum, & propterea lineæ, quas puncta *G, g* tangunt, sunt ejusdem ordinis analytici.

Dico præterea, quod si recta aliqua tangat lineam curvam in figura prima ; hæc recta eodem modo cum curva in figuram novam translata tanget lineam illam curvam in figura nova ; & contra. Nam si curvæ puncta quævis duo accedunt ad invicem & coeunt in figura prima, puncta eadem translata accedent ad invicem & coibunt in figura nova ; atque ideo rectæ, quibus hæc puncta junguntur, simul evadent curvarum tangentes in figura utraque.

Componi possent harum assertionum demonstrationes more magis geometrico. Sed brevitati consulo.

Igitur si figura rectilinea in aliam transmutanda est, sufficit rectarum, a quibus conflatur, intersectiones transferre, & per easdem in figura nova lineas rectas ducere. Sin curvilineam transmutare oportet, transferenda sunt puncta, tangentes, & aliæ rectæ, quarum ope curva linea definitur. Inservit autem hoc lemma solutioni difficiliorum problematum, transmutando figuras propositas in simpliciores. Nam rectæ quævis convergentes transmutantur in parallelas, adhibendo pro radio ordinato primo lineam quamvis rectam, quæ per concursum convergentium transit; idque quia concursus ille hoc pacto abit in infinitum; lineæ autem parallelæ sunt, quæ nusquam concurrunt. Postquam autem problema solvitur in figura nova; si per inversas operationes transmutetur hæc figura in figuram primam, habebitur solutio quæsita.

Utile est etiam hoc lemma in solutione solidorum problematum. Nam quoties duæ sectiones conicæ obvenerint, quarum intersectione problema solvi potest, transmutare licet earum alterutram, si hyperbola sit vel parabola, in ellipsin: deinde ellipsis facile mutatur in circulum. Recta item & sectio conica, in constructione planorum problematum, vertuntur in rectam & circulum.

PROPOSITIO XXV. PROBLEMA XVII.

Trajectoriam describere, quæ per data duo puncta transibit, & rectas tres continget positione datas.

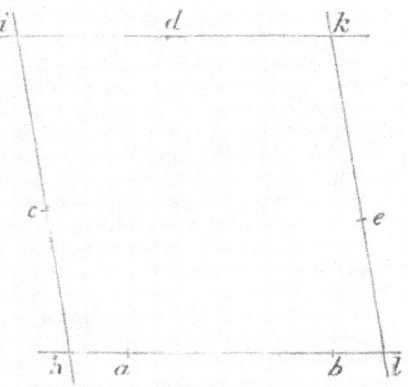

Per concursum tangentium quarumvis duarum cum se invicem, & concursum tangentis tertiæ cum recta illa, quæ per puncta duo data transit, age rectam infinitam; eaque adhibita pro radio ordinato primo, transmutetur figura, per lemma superius, in figuram novam. In hac figura tangentes illæ duæ evadent sibi invicem parallelæ, & tangens tertia fiet parallela rectæ per puncta duo data transeunti. Sunto *h i*, *k l* tangentes illæ duæ parallelæ, *i k*

tangens tertia, & *h l* recta huic parallela transiens per puncta illa *a, b,* per quæ conica sectio in hac figura nova transire debet, & parallelogrammum *h i k l* complens. Secentur rectæ *hi, ik, kl* in *c, d, e,* ita ut sit *h c* ad latus quadratum rectanguli *a h b, i c* ad *i d,* & *k e* ad *k d* ut est summa rectarum *h i* & *k l* ad summam trium linearum, quarum prima est recta *i k,* & alteræ duæ sunt latera quadrata rectangulorum *a h b* & *a l b:* & erunt *c, d, e* puncta contactuum. Etenim, ex conicis, sunt *h c* quadratum ad rectangulum *a h b,* & *i c* quadratum ad *i d* quadratum, & *k e* quadratum ad *k d* quadratum, & *e l* quadratum ad rectangulum

a l b in eadem ratione; & propterea *h c* ad latus quadratum ipsius *a h b,* *i c* ad *i d, k e* ad *k d,* & *e l* ad latus quadratum ipsius *a l b* sunt in subduplicata illa ratione, & composite, in data ratione omnium antecedentium *h i* & *k l* ad omnes consequentes, quæ sunt latus quadratum rectanguli *a h b,* & recta *i k,* & latus quadratum rectanguli *a l b.* Habentur igitur ex data illa ratione puncta contactuum *c, d, e,*

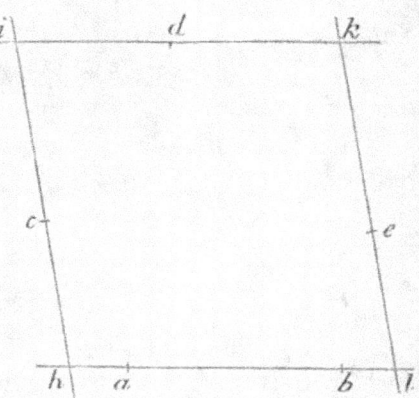

in figura nova. Per inversas operationes lemmatis novissimi transferantur hæc puncta in figuram primam, & ibi (per prob. XIV.) describetur trajectoria. *Q. E. F.* Cæterum perinde ut puncta *a, b* jacent vel inter puncta *h, l,* vel extra, debent puncta *c, d, e* vel inter puncta *h, i, k, l,* capi, vel extra. Si punctorum *a, b* alterutrum cadit inter puncta *h, l,* & alterum extra, problema impossibile est.

PROPOSITIO XXVI. PROBLEMA XVIII.

Trajectoriam describere, quæ transibit per punctum datum, & rectas quatuor positione datas continget.

Ab intersectione communi duarum quarumlibet tangentium ad intersectionem communem reliquarum duarum agatur recta infinita, & eadem pro radio ordinato primo adhibita, transmutetur figura (per lem. XXII.) in figuram novam, & tangentes binæ, quæ ad radium ordinatum primum concurrebant, jam evadent parallelæ. Sun-

to illæ *h i* & *k l*, *i k* & *h l* continentes parallelogrammum *h i k l*. Sitque *p* punctum in hac nova figura
puncto in figura prima dato respondens. Per figuræ centrum *O* agatur *p q*, & existente *O q* æquali *O p*,
erit *q* punctum alterum per quod
sectio conica in hac figura nova
transire debet Per lemmatis XXII.
operationem inversam transferatur
hoc punctum in figuram primam,

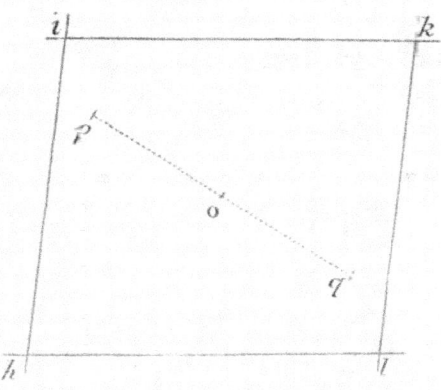

& ibi habebuntur puncta duo per quæ trajectoria describenda est.
Per eadem vero describi potest trajectoria illa per problema XVII.
Q. E. F.

LEMMA XXIII.

Si rectæ duæ positione datæ A C, B D *ad data puncta* A, B, *terminentur,*
datamque habeant rationem ad invicem, & recta C D, *qua puncta*
indeterminata C, D *junguntur, secetur in ratione data in* K: *dico*
quod punctum K *locabitur in recta positione data.*

Concurrant enim rectæ *A C, B D* in *E*, & in *B E* capiatur *B G*
ad *A E* ut est *B D* ad *A C*, sitque *F D* semper æqualis datæ *E G*:
& erit ex constructione *E C*
ad *G D*, hoc est, ad *E F* ut
A C ad *B D*, ideoque in ratione data, & propterea dabitur
specie triangulum *E F C*.
Secetur *C F* in *L* ut sit *C L*
ad *C F* in ratione *C K* ad
C D; & ob datam illam rationem, dabitur etiam specie
triangulum *E F L;* proindeque punctum *L* locabitur

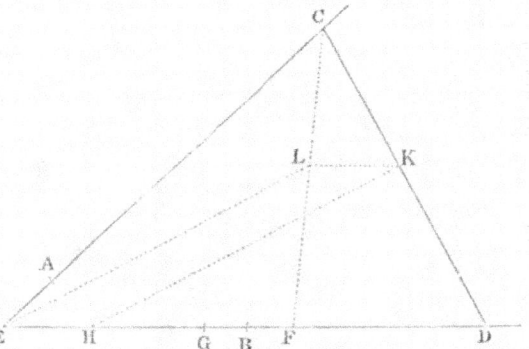

in recta *E L* positione data. Junge *L K*, & similia erunt triangula
C L K, C F D; & ob datam *F D* & datam rationem *L K* ad *F D*,

dabitur LK. Huic æqualis
capiatur EH, & erit semper
$ELKH$ parallelogrammum.
Locatur igitur punctum K
in parallelogrammi illius latere positione dato HK.
$Q.E.D.$

   Corol. Ob datam specie
figuram $EFLC$, rectæ tres
EF, EL & EC, id est, GD,
HK & EC, datas habent rationes ad invicem.

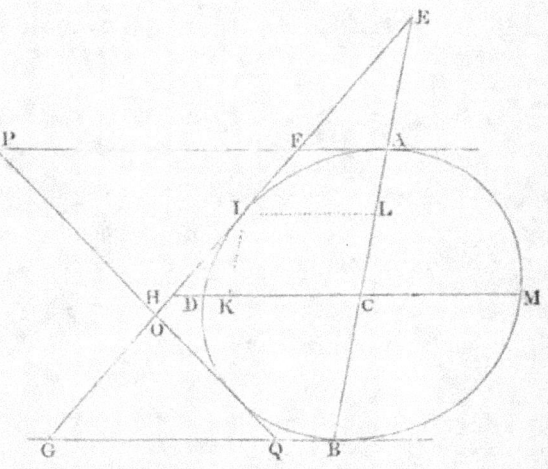

LEMMA XXIV.

Si rectæ tres tangant quamcunque coni sectionem, quarum duæ paral-
   lelæ sint ac dentur positione ; dico quod sectionis semidiameter hisce
   duabus parallela, sit media proportionalis inter harum segmenta,
   punctis contactuum & tangenti tertiæ interjecta.

   Sunto AF, GB parallelæ duæ coni sectionem ADB tangentes in
A & B; EF recta tertia coni sectionem tangens in I, & occurrens
prioribus tangentibus in F & G; sitque CD semidiameter figuræ
tangentibus parallela : dico
quod AF, CD, BG sunt
continue proportionales.

   Nam si diametri con-
jugatæ AB, DM tangenti
FG occurrant in E & H,
seque mutuo secent in C,
& compleatur parallelo-
grammum $IKCL$; erit
ex natura sectionum con-
icarum ut EC ad CA ita
CA ad CL, & ita divisim
$EC-CA$ ad $CA-CL$
seu EA ad AL, & composite EA ad $EA+AL$ seu EL ut EC
ad $EC+CA$ seu EB; ideoque, ob similitudinem triangulorum EAF,

ELI, ECH, EBG, AF ad LI ut CH ad BG. Est itidem, ex natura sectionum conicarum, LI seu CK ad CD ut CD ad CH; atque ideo ex æquo perturbate AF ad CD ut CD ad BG. Q. E. D.

Corol. 1. Hinc si tangentes duæ FG, PQ tangentibus parallelis AF, BG occurrant in F & G, P & Q, seque mutuo secent in O; erit ex æquo perturbate AF ad BQ ut AP ad BG, & divisim ut FP ad GQ, atque ideo ut FO ad OG.

Corol. 2. Unde etiam rectæ duæ PG, FQ, per puncta P & G, F & Q, ductæ, concurrent ad rectam ACB per centrum figuræ & puncta contactuum A, B transeuntem.

LEMMA XXV.

Si parallelogrammi latera quatuor infinite producta tangant sectionem quamcunque conicam, & abscindantur ad tangentem quamvis quintam; sumantur autem laterum quorumvis duorum conterminorum abscissæ terminatæ ad angulos oppositos parallelogrammi dico quod abscissa alterutra sit ad latus illud a quo est abscissa, ut pars lateris alterius contermini inter punctum contactus & latus tertium est ad abscissarum alteram.

Tangant parallelogrammi $MLIK$ latera quatuor ML, IK, KL, MI sectionem conicam in A, B, C, D, & secet tangens quinta FQ

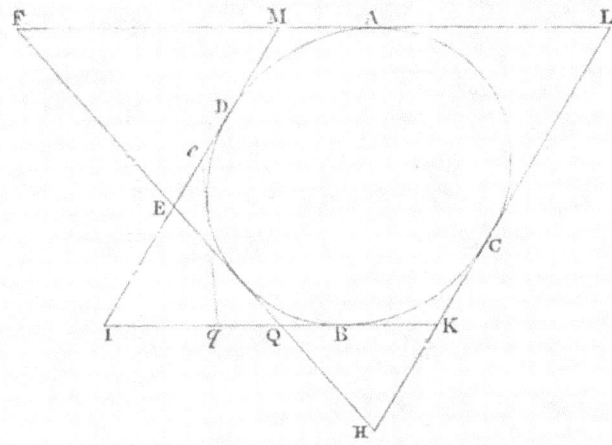

hæc latera in F, Q, H & E; sumantur autem laterum MI, KI abscissæ ME, KQ, vel laterum KL, ML abscissæ KH, MF:

dico quod sit ME ad MI ut BK ad KQ; & KH ad KL ut AM ad MF. Nam per corollarium primum lemmatis superioris est ME ad EI ut AM seu BK ad BQ, & componendo ME ad MI ut BK ad KQ. *Q. E. D.* Item KH ad HL ut BK seu AM ad AF, & dividendo KH ad KL ut AM ad MF. *Q. E. D.*

Corol. 1. Hinc si datur parallelogrammum $IKLM$, circa datam sectionem conicam descriptum, dabitur rectangulum $KQ \times ME$, ut & huic æquale rectangulum $KH \times MF$. Æquantur enim rectangula illa ob similitudinem triangulorum KQH, MFE.

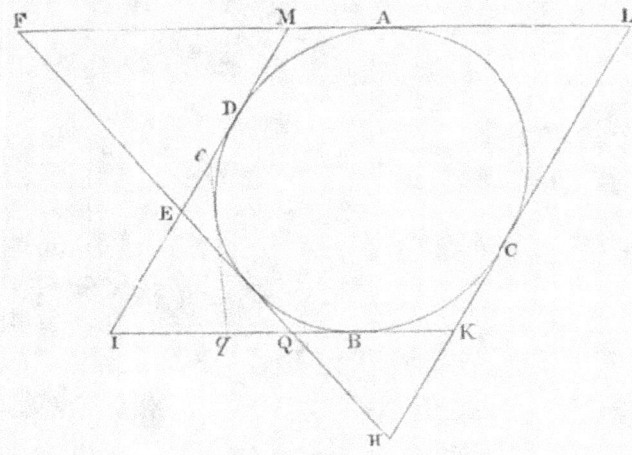

Corol. 2. Et si sexta ducatur tangens eq tangentibus KI, MI occurrens in q & e; rectangulum $KQ \times ME$ æquabitur rectangulo $Kq \times Me$; eritque KQ ad Me ut Kq ab ME, & divisim ut Qq ad Ee.

Corol. 3. Unde etiam si Eq, eQ jungantur & bisecentur, & recta per puncta bisectionum agatur, transibit hæc per centrum sectionis conicæ. Nam cum sit Qq ad Ee ut KQ ad Me, transibit eadem recta per medium omnium Eq, eQ, MK (per lem. XXIII.) & medium rectæ MK est centrum sectionis.

PROPOSITIO XXVII.   PROBLEMA XIX.

Trajectoriam describere, quæ rectas quinque positione datas continget.

Dentur positione tangentes ABG, BCF, GCD, FDE, EA. Figuræ quadrilateræ sub quatuor quibusvis contentæ $ABFE$ diagonales AF, BE biseca in M & N, & (per corol. 3. lem xxv.) recta MN per puncta bisectionum acta transibit per centrum trajecto-

riæ. Rursus figuræ quadrilateræ *B G D F*, sub aliis quibusvis quatuor tangentibus contentæ, diagonales (ut ita dicam) *B D*, *G F*
biseca in *P* & *Q :* & recta *P Q* per puncta bisectionum acta transibit per centrum trajectoriæ. Dabitur ergo centrum in concursu
bisecantium. Sit illud *O*. Tangenti cuivis *B C* parallelam age *K L*,
ad eam distantiam ut centrum *O* in medio inter parallelas locetur,

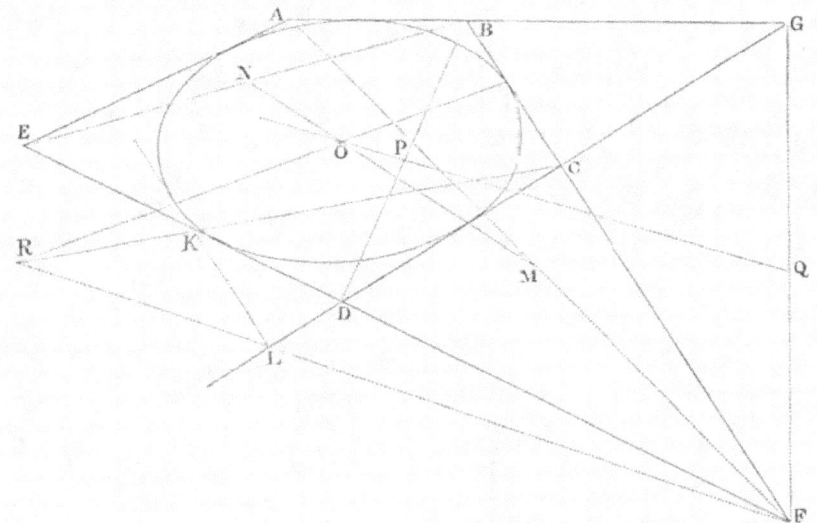

& acta *K L* tanget trajectoriam describendam. Secet hæc tangenees
alias quasvis duas *G C D*, *F D E* in *L* & *K*. Per harum tangentium
non parallelarum *C L*, *F K* cum parallelis *C F*, *K L* concursus *C* & *K*,
F & *L* age *C K*, *F L* concurrentes in *R*, & recta *O R* ducta & producta secabit tangentes parallelas *C F*, *K L* in punctis contactuum.
Patet hoc per corol. 2. lem. xxiv. Eadem methodo invenire licet
alia contactuum puncta, & tum demum per construct. prob. xiv.
trajectoriam describere. *Q. E. F.*

Scholium.

Problemata, ubi dantur trajectoriarum vel centra vel asymptoti,
includuntur in præcedentibus. Nam datis punctis & tangentibus
una cum centro, dantur alia totidem puncta aliæque tangentes a
centro ex altera ejus parte æqualiter distantes. Asymptotos autem
pro tangente habenda est, & ejus terminus infinite distans (si ita
loqui fas sit) pro puncto contactus. Concipe tangentis cujusvis punc-

tum contactus abire in infinitum, & tangens vertetur in Asymptoton, atque constructiones problematum præcedentium vertentur in
constructiones ubi Asymptotos datur.

Postquam trajectoria descripta est, invenire licet axes & umbilicos
ejus hac methodo.   In constructione & figura lemmatis XXI. fac ut
angulorum mobilium PBN, PCN, crura BP, CP, quorum concursu trajectoria describebatur, sint sibi invicem parallela, eumque
servantia situm revolvantur circa polos suos B, C in figura illa.   Interea vero describant altera angulorum illorum crura CN, BN, concursu suo K vel k, circulum $BGKC$.   Sit circuli hujus centrum O.

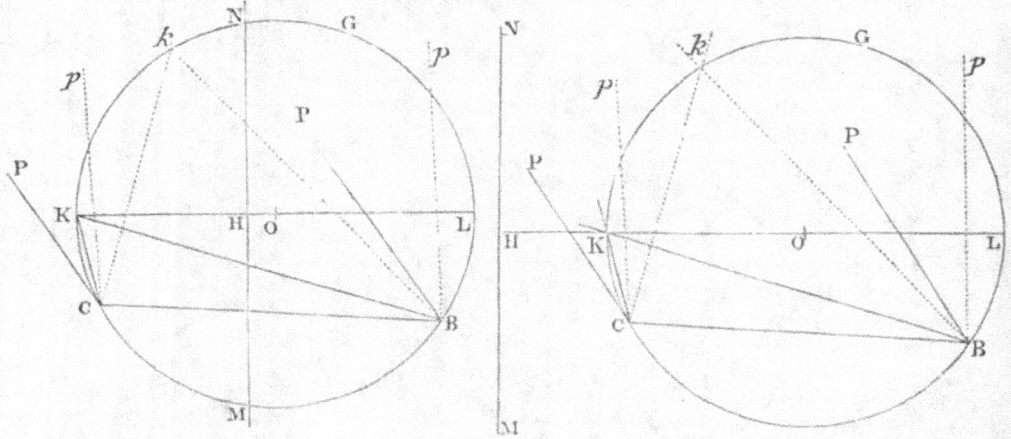

Ab hoc centro ad regulam MN, ad quam altera illa crura CN,
BN interea concurrebant, dum trajectoria describebatur, demitte
normalem OH circulo occurrentem in K & L.   Et ubi crura illa
altera CK, BK concurrunt ad punctum illud K quod regulæ propius
est, crura prima CP, BP parallela erunt axi majori, & perpendicularia minori; & contrarium eveniet, si crura eadem concurrunt ad
punctum remotius L.   Unde si detur trajectoriæ centrum, dabuntur
axes.   Hisce autem datis, umbilici sunt in promptu.

Axium vero quadrata sunt ad invicem ut KH ad LH, & inde
facile est trajectoriam specie datam per data quatuor puncta describere.   Nam si duo ex punctis datis constituantur poli C, B, tertium
dabit angulos mobiles, PCK, PBK; his autem datis describi potest
circulus $BGKC$.   Tum ob datam specie trajectoriam, dabitur
ratio OH ad OK, ideoque ipsa OH.   Centro O & intervallo OH

describe alium circulum, & recta, quæ tangit hunc circulum, & transit per concursum crurum *C K, B K,* ubi crura prima *C P, B P* concurrunt ad quartum datum punctum, erit regula illa *M N* cujus ope trajectoria describetur. Unde etiam vicissim trapezium specie datum (si casus quidam impossibiles excipiantur) in data quavis sectione conica inscribi potest.

Sunt & alia lemmata quorum ope trajectoriæ specie datæ, datis punctis & tangentibus, describi possunt. Ejus generis est quod, si recta linea per punctum quodvis positione datum ducatur, quæ datam coni sectionem in punctis duobus intersecet, & intersectionum intervallum bisecetur, punctum bisectionis tanget aliam coni sectionem ejusdem speciei cum priore, atque axes habentem prioris axibus parallelos. Sed propero ad magis utilia.

L E M M A   X X V I.

Trianguli specie & magnitudine dati tres angulos ad rectas totidem positione datas, quæ non sunt omnes parallelæ, singulos ad singulas ponere.

Dantur positione tres rectæ infinitæ *A B, A C, B C,* & oportet triangulum *D E F* ita locare, ut angulus ejus *D* lineam *A B,* angulus *E* lineam *A C,* & angulus *F* lineam *B C* tangat. Super *D E, D F* & *E F* describe tria circulorum segmenta *D R E, D G F, E M F,* quæ capiant angulos angulis *B A C, A B C, A C B* æquales respective. Describantur autem hæc segmenta ad eas partes linearum *D E, D F, E F,* ut literæ *D R E D* eodem ordine cum literis *B A C B,* literæ *D G F D* eodem cum literis *A B C A,* & literæ *E M F E* eodem cum literis *A C B A* in orbem redeant; deinde compleantur hæc segmenta in circulos integros. Secent circuli duo priores se mutuo in *G,* sintque centra eorum *P & Q.* Junctis *G P, P Q,* cape *G a* ad *A B* ut est *G P* ad *P Q,* & centro *G.* intervallo *G a* describe circulum, qui secet circulum primum *D G E* in *a.* Jungatur tum *a D* secans circulum secundum *D F G* in *b,* tum *a E* secans circulum tertium *E M F* in *c.* Et jam licet figuram *A B C d e f* constituere similem & æqualem figuræ *a b c D E F.* Quo facto perficitur problema.

Agatur enim *F c* ipsi *a D* occurrens in *n,* & jungantur *a G, b G,*

G

$Q\,G$, $Q\,D$, $P\,D$.   Ex constructione est angulus $E\,a\,D$ æqualis angulo
$C\,A\,B$, & angulus $a\,c\,F$ æqualis angulo $A\,C\,B$, ideoque triangulum
$a\,n\,c$ triangulo $A\,B\,C$ æquiangulum.   Ergo angulus $a\,n\,c$ seu $F\,n\,D$
angulo $A\,B\,C$, ideoque angulo $F\,b\,D$ æqualis est; & propterea

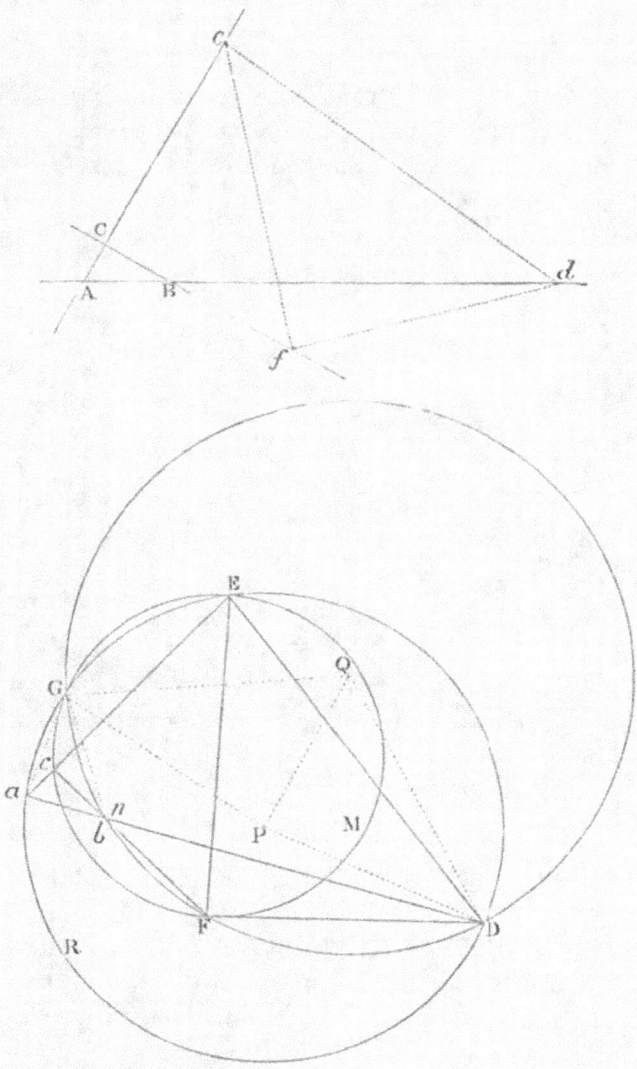

punctum n incidit in punctum b.   Porro angulus $G\,P\,Q$, qui dimidius est anguli ad centrum $G\,P\,D$, æqualis est angulo ad circumferentiam $G\,a\,D$; & angulus $G\,Q\,P$, qui dimidius est anguli ad
centrum $G\,Q\,D$, æqualis est complemento ad duos rectos anguli ad

circumferentiam $G\,b\,D$, ideoque æqualis angulo $G\,b\,a$; suntque ideo triangula $G\,P\,Q$, $G\,a\,b$ similia; & $G\,a$ est ad $a\,b$ ut $G\,P$ ad $P\,Q$; id est (ex constructione) ut $G\,a$ ad $A\,B$. Æquantur itaque $a\,b$ & $A\,B$; & propterea triangula $a\,b\,c$, $A\,B\,C$, quæ modo similia esse probavimus, sunt etiam æqualia. Unde, cum tangant insuper trianguli $D\,E\,F$ anguli D, E, F trianguli $a\,b\,c$ latera $a\,b$, $a\,c$, $b\,c$ respective, compleri potest figura $A\,B\,C\,d\,e\,f$ figuræ $a\,b\,c\,D\,E\,F$ similis & æqualis, atque eam complendo solvetur problema. *Q. E. F.*

Corol. Hinc recta duci potest cujus partes longitudine datæ rectis tribus positione datis interjacebunt. Concipe triangulum $D\,E\,F$, puncto D ad latus $E\,F$ accedente, & lateribus $D\,E$, $D\,F$ in directum positis, mutari in lineam rectam, cujus pars data $D\,E$ rectis positione datis $A\,B$, $A\,C$, & pars data $D\,F$ rectis positione datis $A\,B$, $B\,C$ interponi debet; & applicando constructionem præcedentem ad hunc casum solvetur problema.

PROPOSITIO XXVIII. PROBLEMA XX.

Trajectoriam specie & magnitudine datam describere, cujus partes datæ rectis tribus positione datis interjacebunt.

Describenda sit trajectoria, quæ sit similis & æqualis lineæ curvæ $D\,E\,F$, quæque a rectis tribus $A\,B$, $A\,C$, $B\,C$ positione datis, in

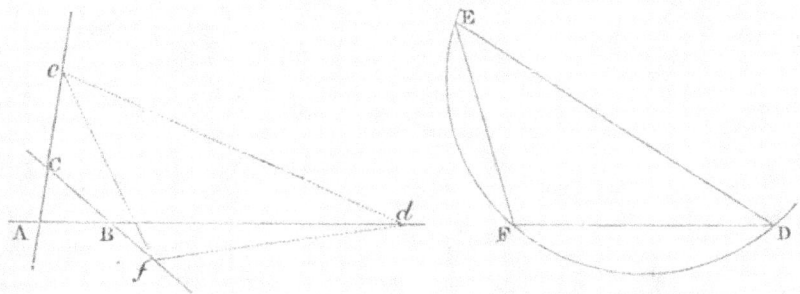

partes datis hujus partibus $D\,E$ & $E\,F$ similes & æquales secabitur.

Age rectas $D\,E$, $E\,F$, $D\,F$, & trianguli hujus $D\,E\,F$ pone angulos D, E, F ad rectas illas positione datas (per lem. XXVI) dein circa triangulum describe trajectoriam curvæ $D\,E\,F$ similem & æqualem. *Q. E. F.*

LEMMA XXVII.

Trapezium specie datum describere, cujus anguli ad rectas quatuor positione datas, quæ neque omnes parallelæ sunt, neque ad commune punctum convergunt, singuli ad singulas consistent.

Dentur positione rectæ quatuor ABC, AD, BD, CE; quarum prima secet secundam in A, tertiam in B, & quartam in C: & describendum sit trapezium $fghi$, quod sit trapezio $FGHI$ simile; & cujus angulus f, angulo dato F æqualis, tangat rectam ABC; cæterique anguli g, h, i, cæteris angulis datis G, H, I æquales, tangant cæteras lineas AD, BD, CE respective. Jungatur FH & super FG, FH, FI describantur totidem circulorum segmenta

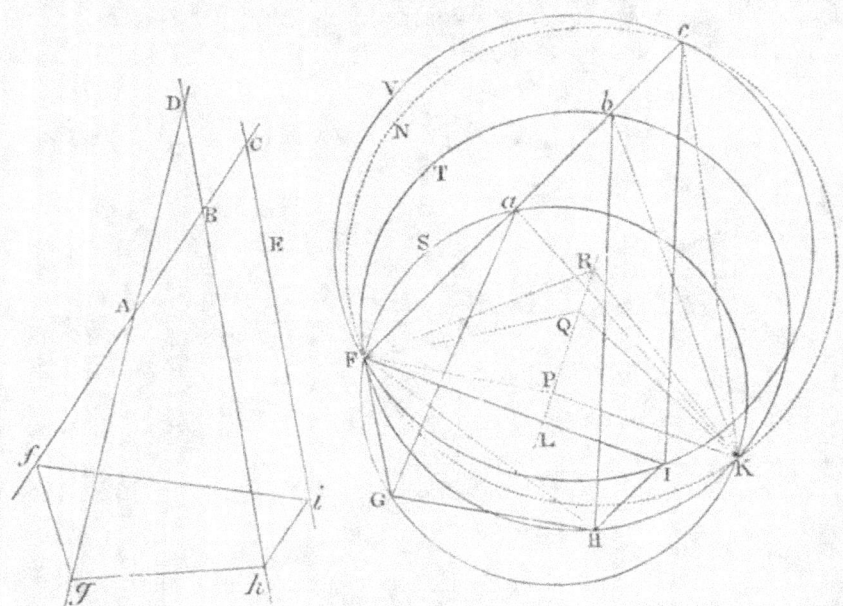

FSG, FTH, FVI; quorum primum FSG capiat angulum æqualem angulo BAD, secundum FTH capiat angulum æqualem angulo CBD, ac tertium FVI capiat angulum æqualem angulo ACE. Describi autem debent segmenta ad eas partes linearum FG, FH, FI, ut literarum $FSGF$ idem sit ordo circularis qui literarum $BADB$, utque literæ $FTHF$ eodem ordine cum literis $CBDC$, & literæ $FVIF$ eodem cum literis $ACEA$ in orbem redeant. Compleantur segmenta in circulos integros, sitque

P centrum circuli primi *F S G*, & *Q* centrum secundi *F T H*. Jungatur & utrinque producatur *P Q*, & in ea capiatur *Q R* in ea ratione ad *P Q* quam habet *B C* ad *A B*. Capiatur autem *Q R* ad eas partes puncti *Q* ut literarum *P, Q, R* idem sit ordo atque literarum *A, B, C*: centroque *R* & intervallo *R F* describatur circulus quartus *F N c* secans circulum tertium *F V I* in *c*. Jungatur *F c* secans circulum primum in *a*, & secundum in *b*. Agantur *a G, b H, c I*, & figuræ *a b c F G H I* similis constitui potest figura *A B C f g h i*. Quo facto erit trapezium *f g h i* illud ipsum, quod constituere oportebat.

Secent enim circuli duo primi *F S G, F T H* se mutuo in *K*. Jungantur *P K, Q K, R K, a K, b K, c K*, & producatur *Q P* ad *L*. Anguli ad circumferentias *F a K, F b K F c K* sunt semisses angulorum *F P K, F Q K, F R K* ad centra, ideoque angulorum illorum dimidiis *L P K, L Q K, L R K* æquales. Est ergo figura *P Q R K* figuræ *a b c K* æquiangula & similis, & propterea *a b* est ad *b c* ut *P Q* ad *Q R*, id est, ut *A B* ad *B C*. Angulis insuper *F a G, F b H F c I* æquantur *f A g, f B h, f C i*, per constructionem. Ergo figuræ *a b c F G H I* figura similis *A B C f g h i* compleri potest. Quo facto trapezium *f g h i* constituetur simile trapezio *F G H I*, & angulis suis *f, g, h, i* tanget rectas *A B C, A D, B D, C E*. Q. E. F.

Corol. Hinc recta duci potest cujus partes, rectis quatuor positione datis dato ordine interjectæ, datam habebunt proportionem ad invicem. Augeantur anguli *F G H, G H I* usque eo, ut rectæ *F G, G H, H I* in directum jaceant, & in hoc casu construendo problema ducetur recta *f g h i*, cujus partes *f g, g h, h i*, rectis quatuor positione datis *A B* & *A D, A D* & *B D, B D* & *C E* interjectæ, erunt ad invicem ut lineæ *F G, G H, H I*, eundemque servabunt ordinem inter se. Idem vero sic fit expeditius.

Producantur *A B* ad *K*, & *B D* ad *L*, ut sit *B K* ad *A B* ut *H I* ad *G H;* & *D L* ad *B D* ut *G I* ad *F G ;* & jungatur *K L* occurrens rectæ *C E* in *i*. Producatur *i L* ad *M*, ut sit *L M* ad *i L* ut *G H* ad *H I*, & agatur tum *M Q* ipsi *L B* parallela, rectæque *A D* occurrens in *g*, tum *g i* secans *A B, B D* in *f, h*. Dico factum.

Secet enim *M g* rectam *A B* in *Q*, & *A D* rectam *K L* in *S*, & agatur *A P* quæ sit ipsi *B D* parallela & occurrat *i L* in *P*, & erunt *g M* ad *L h (g i* ad *h i*, *M i* ad *L i*, *G I* ad *H I*, *A K* ad *B K)* &

$A P$ ad $B L$ in eadem ratione. Secetur $D L$ in R ut sit $D L$ ad $R L$ in eadem illa ratione, & ob proportionales $g S$ ad $g M$, $A S$ ad $A P$, & $D S$ ad $D L$; erit, ex æquo, ut $g S$ ad $L h$ ita $A S$ ad $B L$ & $D S$ ad $R L$; & mixtim, $B L - R L$ ad $L h - B L$ ut $A S - D S$ ad $g S - A S$. Id est $B R$ ad $B h$ ut $A D$ ad $A g$, ideoque ut $B D$ ad $g Q$. Et vicissim $B R$ ad $B D$ ut $B h$ ad $g Q$, seu $f h$ ad $f g$. Sed ex constructione linea $B L$ eadem ratione secta fuit in D & R atque linea $F I$ in G & H: ideoque est $B R$ ad $B D$ ut $F H$ ad $F G$. Ergo

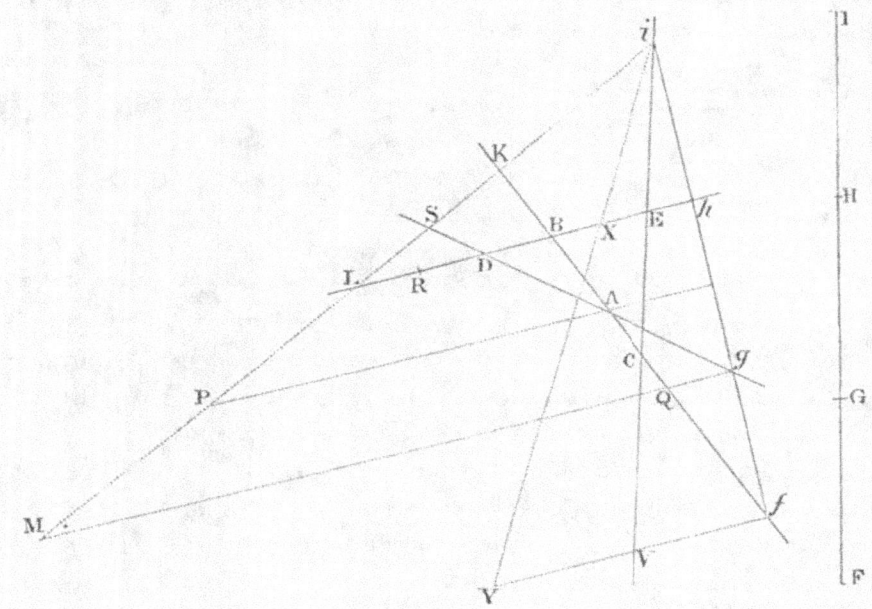

$f h$ est ad $f g$ ut $F H$ ad $F G$. Cum igitur sit etiam $g i$ ad $h i$ ut $M i$ ad $L i$, id est, ut $G I$ ad $H I$, patet lineas $F I$, $f i$ in g & h, G & H similiter sectas esse. *Q. E. F.*

In constructione corollarii hujus postquam ducitur $L K$ secans $C E$ in i, producere licet $i E$ ad V, ut sit $E V$ ad $E i$ ut $F H$ ad $H I$, & agere $V f$ parallelam ipsi $B D$. Eodem recidit si centro i, intervallo $I H$, describatur circulus secans $B D$ in X, & producatur $i X$ ad Y, ut sit $i Y$ æqualis $I F$, & agatur $Y f$ ipsi $B D$ parallela.

Problematis hujus solutiones alias *Wrennus* & *Wallisius* olim excogitarunt.

PROPOSITIO XXIX.   PROBLEMA XXI.

Trajectoriam specie datam describere, quæ a rectis quatuor positione datis in partes secabitur, ordine, specie & proportione datas.

Describenda sit trajectoria, quæ similis sit lineæ curvæ $FGHI$, & cujus partes, illius partibus FG, GH, HI similes & proportionales, rectis AB & AD, AD & BD, BD & CE positione datis, prima primis, secunda secundis, tertia tertiis interjaceant. Actis rectis FG, GH, HI, FI, describatur (per lem. xxvii) trapezium

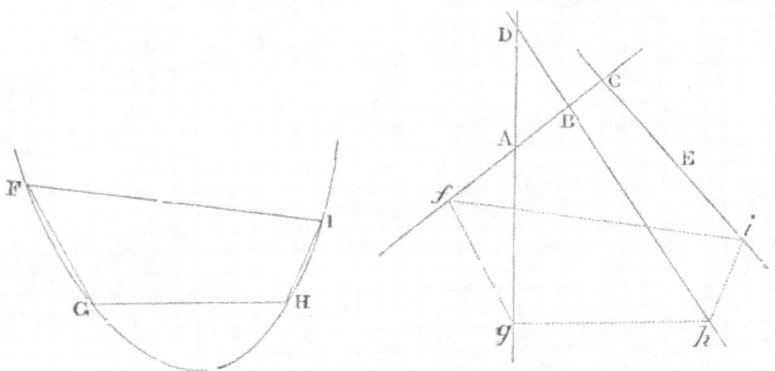

$fghi$ quod sit trapezio $FGHI$ simile, & cujus anguli f, g, h, i tangant rectas illas positione datas AB, AD, BD, CE, singuli singulas dicto ordine. Dein circa hoc trapezium describatur trajectoria curvæ lineæ $FGHI$ consimilis.

Scholium.

Construi etiam potest hoc problema ut sequitur. Junctis FG, GH, HI, FI produc GF ad V, jungeque FH, IG, & angulis FGH, VFH fac angulos CAK, DAL æquales. Concurrant AK, AL cum recta BD in K & L, & inde agantur KM, LN, quarum KM constituat angulum AKM æqualem angulo GHI, sitque ad AK ut est HI ad GH; & LN constituat angulum ALN æqualem angulo FHI, sitque ad AL ut HI ad FH. Ducantur autem AK, KM, AL, LN ad eas partes linearum AD, AK, AL, ut literæ

CAKMC, ALKA, DALND eodem ordine cum literis *FGHIF* in orbem redeant; & acta *MN* occurrat rectæ *CE* in *i*. Fac angulum *iEP* æqualem angulo *IGF*, sitque *PE* ad *Ei* ut *FG* ad *GI* ; & per *P* agatur *PQf*, quæ cum recta *ADE* contineat angulum *PQE* æqualem angulo *FIG*, rectæque *AB* occurrat in *f*, & jungatur

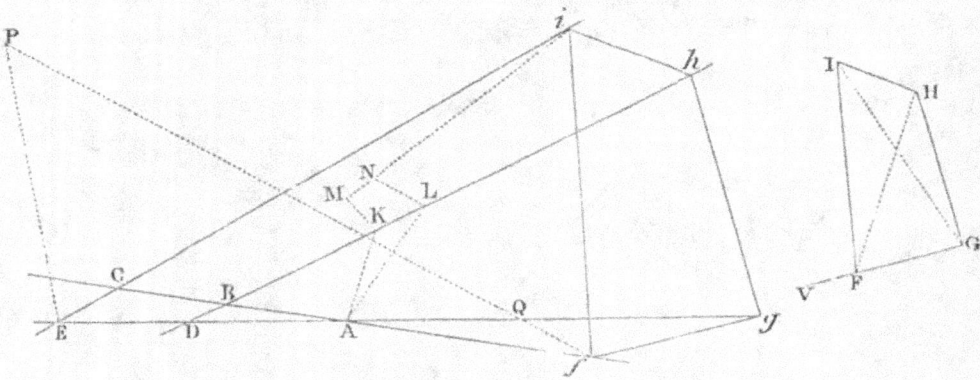

fi. Agantur autem *PE* & *PQ* ad eas partes linearum *CE, PE*, ut literarum *PEiP* & *PEQP* idem sit ordo circularis qui literarum *FGHIF*, & si super linea *fi* eodem quoque literarum ordine constituatur trapezium *fghi* trapezio *FGHI* simile, & circumscribatur trajectoria specie data, solvetur problema.

Hactenus de orbibus inveniendis. Superest ut motus corporum in orbibus inventis determinemus.

SECTIO VI.

De inventione motuum in orbibus datis.

PROPOSITIO XXX.   PROBLEMA XXII.

Corporis in data trajectoria parabolica moti invenire locum ad tempus assignatum.

Sit *S* umbilicus & *A* vertex principalis parabolæ, sitque 4 *AS* × *M* æquale areæ parabolicæ abscindendæ *APS*, quæ radio *SP*, vel post excessum corporis de vertice descripta fuit, vel ante appulsum ejus

ad verticem describenda est. Innotescit
quantitas areæ illius abscindendæ ex tempore ipsi proportionali. Biseca AS in G,
erigeque perpendiculum GH æquale 3 M,
& circulus centro H, intervallo HS descriptus secabit parabolam in loco quæsito
P. Nam, demissa ad axem perpendiculari
PO & ducta PH, est $AGq + GHq$ $(= HPq$

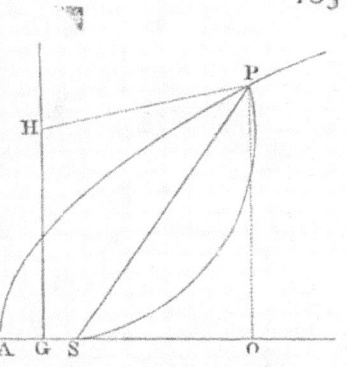

$= \overline{AO - AG: quad.} + \overline{PO - GH: quad}$)
$= AOq + POq - 2\,GAO - 2\,GH \times PO + AGq + GHq$. Unde
$2\,GH \times PO\ (= AOq + POq - 2\,GAO) = AOq + \tfrac{3}{4}\,POq$. Pro

AOq scribe $AO \times \dfrac{POq}{4AS}$; & applicatis terminis omnibus ad 3 PO

ductisque in 2 AS, fiet $\tfrac{1}{3}\,GH \times AS$ $(= \tfrac{1}{6}\,AO \times PO + \tfrac{1}{2}\,AS \times PO$

$= \dfrac{AO + 3\,AS}{6} \times PO = \dfrac{4\,AO - 3\,SO}{6} \times PO = \text{areæ } \overline{APO - SPO}$)

$= \text{areæ } APS$. Sed GH erat 3 M, & inde $\tfrac{1}{3}\,GH \times AS$ est 4 $AS \times$ M.
Ergo area abscissa APS æqualis est abscindendæ 4 $AS \times$ M.
Q.E.D.

Corol. 1. Hinc GH est ad AS, ut tempus quo corpus descripsit
arcum AP ad tempus quo corpus descripsit arcum inter verticem A
& perpendiculum ad axem ab umbilico S erectum.

Corol. 2. Et circulo ASP per corpus motum P perpetuo transeunte, velocitas puncti H est ad velocitatem quam corpus habuit in
vertice A ut 3 ad 8; ideoque in ea etiam ratione est linea GH ad
lineam rectam quam corpus tempore motus sui ab A ad P, ea cum
velocitate quam habuit in vertice A, describere posset.

Corol. 3. Hinc etiam vice versa inveniri potest tempus quo corpus
descripsit arcum quemvis assignatum AP. Junge AP & ad medium
ejus punctum erige perpendiculum rectæ GH occurrens in H.

LEMMA XXVIII.

Nulla extat figura ovalis cujus area, rectis pro lubitu abscissa, possit per æquationes numero terminorum ac dimensionum finitas generaliter inveniri.

Intra ovalem detur punctum quodvis, circa quod ceu polum revolvatur perpetuo linea recta, uniformi cum motu, & interea in recta illa exeat punctum mobile de polo, pergatque semper ea cum velocitate, quæ sit ut rectæ illius intra ovalem quadratum. Hoc motu punctum illud describet spiralem gyris infinitis. Jam si areæ ovalis a recta illa abscissæ portio per finitam æquationem inveniri potest, invenietur etiam per eandem æquationem distantia puncti a polo, quæ huic areæ proportionalis est, ideoque omnia spiralis puncta per æquationem finitam inveniri possunt : & propterea rectæ cujusvis positione datæ intersectio cum spirali inveniri etiam potest per æquationem finitam. Atqui recta omnis infinite producta spiralem secat in punctis numero infinitis, & æquatio, qua intersectio aliqua duarum linearum invenitur, exhibet earum intersectiones omnes radicibus totidem, ideoque ascendit ad tot dimensiones quot sunt intersectiones. Quoniam circuli duo se mutuo secant in punctis duobus, intersectio una non invenietur nisi per æquationem duarum dimensionum, qua intersectio altera etiam inveniatur. Quoniam duarum sectionum conicarum quatuor esse possunt intersectiones, non potest aliqua earum generaliter inveniri nisi per æquationem quatuor dimensionum, qua omnes simul inveniantur. Nam si intersectiones illæ seorsim quærantur, quoniam eadem est omnium lex & conditio, idem erit calculus in casu unoquoque, & propterea eadem semper conclusio, quæ igitur debet omnes intersectiones simul complecti & indifferenter exhibere. Unde etiam intersectiones sectionum conicarum & curvarum tertiæ potestatis, eo quod sex esse possunt, simul prodeunt per æquationes sex dimensionum, & intersectiones duarum curvarum tertiæ potestatis, quia novem esse possunt, simul prodeunt per æquationes dimensionum novem. Id nisi necessario fieret, reducere liceret problemata omnia solida ad plana, & plusquam solida ad solida. Loquor hic de curvis potestate irreducibilibus. Nam si æquatio, per quam curva definitur, ad inferiorem potestatem reduci possit : curva non erit unica, sed ex duabus vel pluribus composita, quarum intersectiones per calculos diversos seorsim inveniri possunt. Ad eundem modum intersectiones binæ rectarum & sectionum conicarum prodeunt semper per æquationes duarum dimensionum, ternæ rectarum & curvarum irreducibilium tertiæ potestatis per æquationes trium, quaternæ rectarum & curvarum irreducibilium quartæ potestatis per æquationes dimensionum quatuor, & sic in infinitum. Ergo rectæ & spiralis intersectiones numero infinitæ, cum curva hæc sit simplex & in curvas plures irreducibilis, requirunt æquationes numero dimensionum & radicum infinitas, quibus intersectiones omnes possunt simul exhiberi. Est enim eadem omnium lex & idem calculus. Nam si a polo in rectam illam secantem demittatur perpendiculum, & perpendiculum illud una cum secante revolvatur circa polum, intersectiones spiralis transibunt in se mutuo, quæque prima erat seu proxima, post unam revolutionem secunda erit, post duas tertia, & sic deinceps : nec interea mutabitur æquatio nisi pro mutata magnitudine quantitatum per quas positio secantis determinatur. Unde cum quantitates illæ post singulas revolutiones redeunt ad magnitudines primas, æquatio redibit ad formam primam, ideoque una eademque exhibebit intersectiones omnes, & propterea radices habebit numero infinitas, quibus omnes exhiberi possunt. Nequit ergo intersectio rectæ & spiralis per æquationem finitam generaliter inveniri, & idcirco nulla extat ovalis cujus area, rectis imperatis abscissa, possit per talem æquationem generaliter exhiberi.

Eodem argumento, si intervallum poli & puncti, quo spiralis describitur, capiatur Ovalis perimetro abscissæ proportionale, probari potest quod longitudo perimetri nequit per finitam æquationem generaliter exhiberi. De ovalibus autem hic loquor quæ non tanguntur a figuris conjugatis in infinitum pergentibus.

Corollarium.

Hinc area ellipseos, quæ radio ab umbilico ad corpus mobile ducto describitur, non prodit ex dato tempore, per æquationem finitam ; & propterea per descriptionem curvarum geometrice rationalium determinari nequit. Curvas geometrice rationales appello quarum puncta omnia per longitudines æquationibus definitas, id est, per longitudinum rationes complicatas, determinari possunt ; cæterasque (ut spirales, quadratrices, trochoides) geometrice irrationales. Nam longitudines quæ sunt vel non sunt ut numerus ad numerum (quemadmodum in decimo elementorum) sunt arithmetice rationales vel irrationales. Aream igitur ellipseos tempori proportionalem abscindo per curvam geometrice irrationalem ut sequitur.

PROPOSITIO XXXI.   PROBLEMA XXIII.

Corporis in data trajectoria elliptica moti invenire locum ad tempus assignatum.

Ellipseos *A P B* sit *A* vertex principalis, *S* umbilicus, & *O* centrum, sitque *P* corporis locus inveniendus. Produc *O A* ad *G*, ut sit *O G* ad *O A* ut *O A* ad *O S*. Erige perpendiculum *G H*, centroque *O* & intervallo *O G* describe circulum *G E F*, & super regula *G H*, ceu fundo, progrediatur rota *G E F* revolvendo circa axem suum, & interea puncto suo *A* describendo trochoidem *A L I*. Quo facto, cape *G K* in ratione ad rotæ perimetrum *G E F G*, ut est tempus,

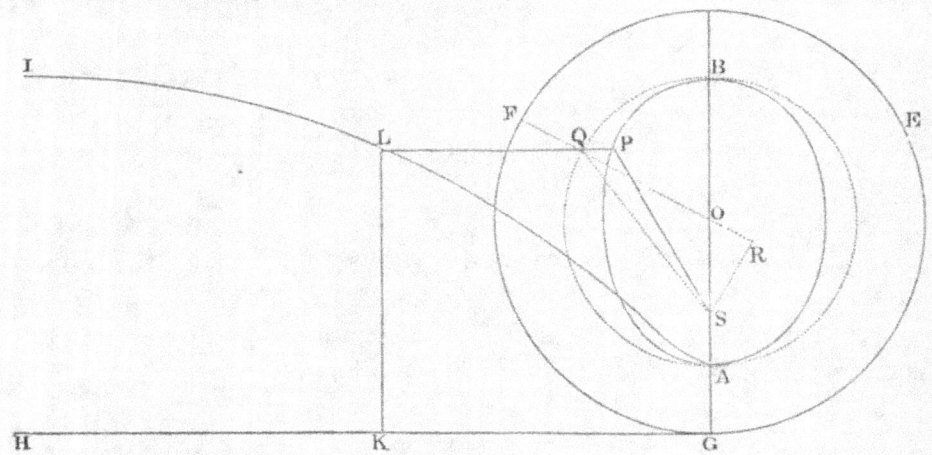

quo corpus progrediendo ab *A* descripsit arcum *A P*, ad tempus revolutionis unius in ellipsi. Erigatur perpendiculum *K L* occurrens trochoidi in *L*, & acta *L P* ipsi *K G* parallela occurret ellipsi in corporis loco quæsito *P*.

Nam centro *O*, intervallo *O A* describatur semicirculus *A Q B*, & arcui *A Q* occurrat *L P* si opus est producta in *Q*, junganturque

$SQ, OQ.$ Arcui EFG occurrat OQ in F, & in eandem OQ demittatur perpendiculum SR. Area APS est ut area AQS, id est,
ut differentia inter sectorem OQA & triangulum OQS, sive ut
differentia rectangulorum $\frac{1}{2} OQ \times AQ$ & $\frac{1}{2} OQ \times SR$, hoc est, ob
datam $\frac{1}{2} OQ$, ut differentia inter arcum AQ & rectam SR, ideoque
(cum eædem sint datæ rationes SR ad sinum arcus AQ, OS ad OA,
OA ad OG, AQ ad GF, & divisim $AQ-SR$ ad GF—sinu
arcus AQ) ut GK differentia inter arcum GF & sinum arcus AQ.
$Q.E.D.$

Scholium.

Cæterum, cum difficilis sit hujus curvæ descriptio, præstat solutionem vero proximam adhibere. Inveniatur tum angulus quidam
B, qui sit ad angulum graduum 57.29578, quem arcus radio æqualis
subtendit, ut est umbilicorum distantia SH ad ellipseos diametrum
AB; tum etiam longitudo quædam L, quæ sit ad radium in eadem

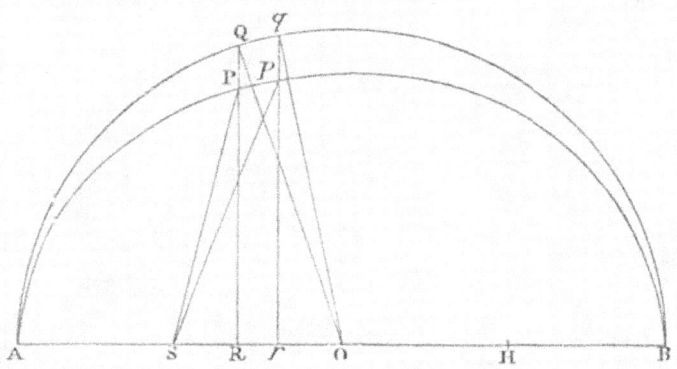

ratione inversa. Quibus semel inventis, problema deinceps confit
per sequentem analysin. Per constructionem quamvis, vel utcunque
conjecturam faciendo, cognoscatur corporis locus P proximus vero
ejus loco p. Demissaque ad axem ellipseos ordinatim applicata PR,
ex proportione diametrorum ellipseos, dabitur circuli circumscripti
AQB ordinatim applicata RQ, quæ sinus est anguli AOQ existente AO radio, quæque ellipsin secat in P. Sufficit angulum illum
rudi calculo in numeris proximis invenire. Cognoscatur etiam
angulus tempori proportionalis, id est, qui sit ad quatuor rectos ut est
tempus, quo corpus descripsit arcum Ap, ad tempus revolutionis
unius in ellipsi. Sit angulus iste N. Tum capiatur & angulus D ad

angulum B, ut est sinus iste anguli AOQ ad radium, & angulus E ad angulum $N - AOQ + D$, ut est longitudo L ad longitudinem eandem L cosinu anguli AOQ diminutam, ubi angulus iste recto minor est, auctam ubi major. Postea capiatur tum angulus F ad angulum B, ut est sinus anguli $AOQ + E$ ad radium, tum angulus G ad angulum $N - AOQ - E + F$ ut est longitudo L ad longitudinem eandem cosinu anguli $AOQ + E$ diminutam ubi angulus iste recto minor est, auctam ubi major. Tertia vice capiatur angulus H ad angulum B, ut est sinus anguli $AOQ + E + G$ ad radium ; & angulus I ad angulum $N - AOQ - E - G + H$, ut est longitudo L ad eandem longitudinem cosinu anguli $AOQ + E + G$ diminutam, ubi

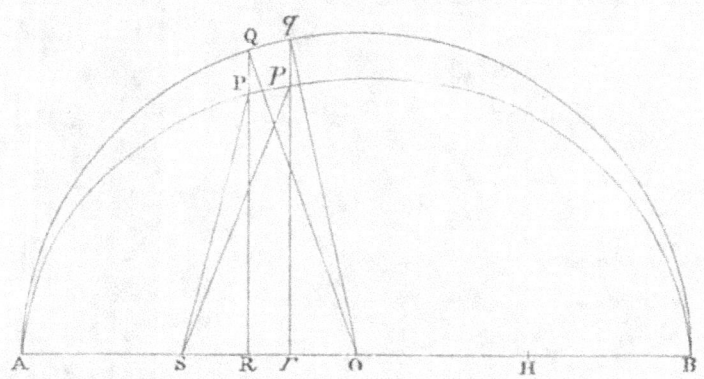

angulus iste recto minor est, auctam ubi major. Et sic pergere licet · in infinitum. Denique capiatur angulus AOq æqualis angulo AOQ $+ E + G + I + $ &c. Et ex cosinu ejus Or & ordinata pr, quæ est ad sinum ejus qr ut ellipseos axis minor ad axem majorem, habebitur corporis locus correctus p. Si quando angulus $N - AOQ + D$ negativus est, debet signum $+$ ipsius E ubique mutari in $-$, & signum $-$ in $+$. Idem intelligendum est de signis ipsorum G & I, ubi anguli $N - AOQ - E + F$, & $N - AOQ - E - G + H$ negativi prodeunt. Convergit autem series infinita $AOQ + E + G + I + $ &c. quam celerrime, adeo ut vix unquam opus fuerit ultra progredi quam ad terminum secundum E. Et fundatur calculus in hoc theoremate, quod area APS sit ut differentia inter arcum AQ & rectam ab umbilico S in radium OQ perpendiculariter demissam.

Non dissimili calculo conficitur problema in hyperbola. Sit ejus centrum O, vertex A, umbilicus S & asymptotos OK. Cognoscatur quantitas areæ abscindendæ tempori proportionalis. Sit ea A, & fiat conjectura de positione rectæ SP, quæ aream APS abscindat veræ proximam. Jungatur OP, & ab A & P ad asymptoton agantur AI,

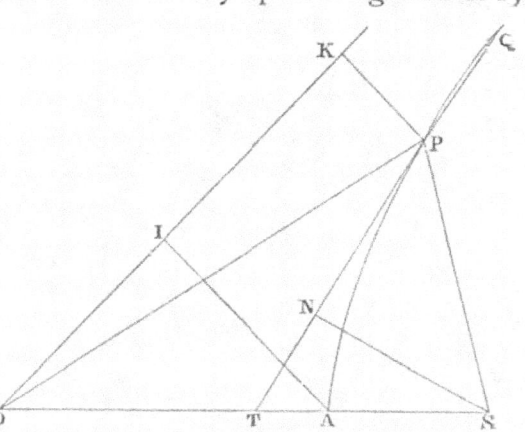

PK asymptoto alteri parallelæ, & per tabulam logarithmorum dabitur area $AIKP$, eique æqualis area OPA, quæ subducta de triangulo OPS relinquet aream abscissam APS. Applicando areæ abscindendæ A & abscissæ APS differentiam duplam 2 APS—2 A vel 2 A—2 APS ad lineam SN, quæ ab umbilico S in tangentem TP perpendicularis est, orietur longitudo chordæ PQ. Inscribatur autem chorda illa PQ inter A & P, si area abscissa APS major sit area abscindenda A, secus ad puncti P contrarias partes : & punctum Q erit locus corporis accuratior. Et computatione repetita invenietur idem accuratior in perpetuum.

Atque his calculis problema generaliter confit analytice. Verum usibus astronomicis accommodatior est calculus particularis qui sequitur. Existentibus AO, OB, OD semiaxibus ellipseos, & L ipsius latere recto, ac D differentia inter semiaxem

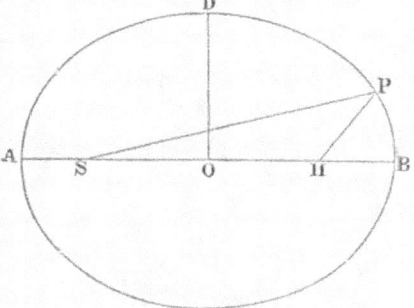

minorem OD & lateris recti semissem $\frac{1}{2}$ L; quære tum angulum Y, cujus sinus sit ad radium ut est rectangulum sub differentia illa D, & semisumma axium $AO+OD$ ad quadratum axis majoris AB; tum angulum Z, cujus sinus sit ad radium ut est duplum rectangulum sub umbilicorum distantia SH & differentia illa D ad triplum quadratum semiaxis majoris AC. His angulis semel inventis; locus corporis sic deinceps determinabitur. Sume angulum T proportionalem tempori quo arcus BP descriptus est, seu motui medio (ut loquuntur) æqualem; & angulum V, primam medii motus æquationem, ad angulum Y, æquationem maxi-

mam primam, ut est sinus dupli anguli T ad radium; atque angulum
X, æquationem secundam, ad angulum Z, æquationem maximam
secundam, ut est cubus sinus anguli T ab cubum radii.   Angulorum
T, V, X vel summæ T + X + V, si angulus T recto minor est, vel
differentiæ T + X − V, si is recto

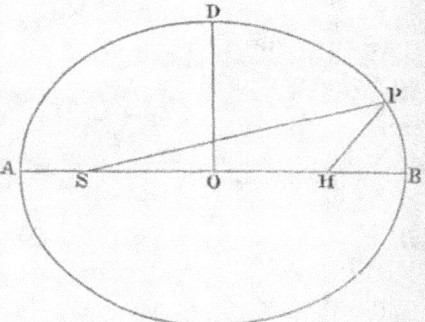

major est rectisque duobus minor,
æqualem cape angulum *BHP*, motum
medium æquatum; & si *H P* occurrat
ellipsi in *P*, acta *SP* abscindet aream
B S P tempori proportionalem quamproxime.   Hæc praxis satis expedita
videtur, propterea quod angulorum
perexiguorum V & X, in minutis
secundis, si placet, positorum, figuras duas tresve primas invenire
sufficit.   Sed & satis accurata est ad theoriam planetarum.   Nam in
orbe vel Martis ipsius, cujus æquatio centri maxima est graduum
decem, error vix superabit minutum unum secundum.   Invento autem
angulo motus medii æquati *B H P*, angulus veri motus *B S P* &
distantia *S P* in promptu sunt per methodum notissimam.

    Hactenus de motu corporum in lineis curvis.   Fieri autem potest
ut mobile recta descendat vel recta ascendat, & quæ ad istiusmodi
motus spectant, pergo jam exponere.

SECTIO VII.

De corporum ascensu & descensu rectilineo.

PROPOSITIO XXXII.   PROBLEMA XXIV.

*Posito quod vis centripeta sit reciproce proportionalis quadrato
distantiæ locorum a centro, spatia definire quæ corpus recta cadendo
datis temporibus describit.*

    Cas. 1. Si corpus non cadit perpendiculariter, describet id (per
corol. 1. prop. XIII) sectionem aliquam conicam cujus umbilicus
congruit cum centro virium. Sit sectio illa conica *A R P B* & umbilicus ejus *S.*   Et primo si figura ellipsis est; super hujus axe majore
A B describatur semicirculus *A D B*, & per corpus decidens transeat
recta *D P C* perpendicularis ad axem; actisque *D S*, *P S* erit area

ASD areæ ASP, atque ideo etiam tempori proportionalis. Manente axe AB minuatur perpetuo latitudo ellipseos, & semper manebit area ASD tempori proportionalis. Minuatur latitudo illa in infinitum : & orbe APB jam coincidente cum axe AB & umbilico S cum axis termino B, descendet corpus in recta AC, & area ABD evadet tempori proportionalis. Dabitur itaque spatium AC, quod corpus de loco A perpendiculariter cadendo tempore dato describit si modo tempori proportionalis capiatur area ABD, & a puncto D ad rectam AB demittatur perpendicularis DC. $Q. E. I.$

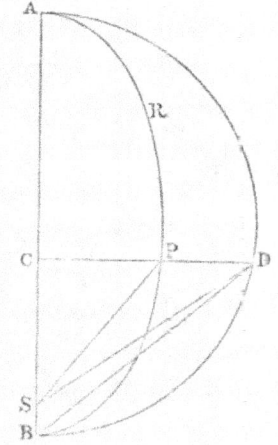

Cas. 2. Si figura illa RPB hyperbola est, describatur ad eandem diametrum principalem AB hyperbola rectangula BED: & quoniam areæ $CSP, CBfP, SPfB$ sunt ad areas $CSD, CBED, SDEB$, singulæ ad singulas, in data ratione alitudinum CP, CD; & area $SPfB$ proportionalis est tempori quo corpus P movebitur per arcum PfB; erit etiam area $SDEB$ eidem tempori proportionalis. Minuatur latus rectum hyperbolæ RPB in infinitum manente latere transverso, & coibit arcus PB cum recta CB & umbilicus S cum vertice B & recta SD cum recta BD. Proinde area $BDEB$ proportionalis erit tempori quo corpus C recto descensu describit lineam CB. $Q. E. I.$

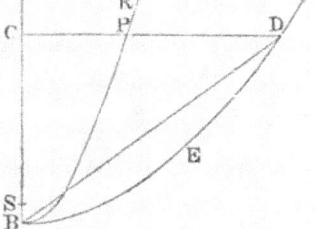

Cas. 3. Et simili argumento si figura RPB parabola est, & eodem vertice principali B describatur alia parabola BED, quæ semper maneat data, interea dum parabola prior, in cujus perimetro corpus P movetur, diminuto & in nihilum redacto ejus latere recto, conveniat cum linea CB; fiet segmentum parabolicum $BDEB$ proportionale tempori quo corpus illud P vel C descendet ad centrum S vel B. $Q. E. I.$

H

PROPOSITIO XXXIII.   THEOREMA IX.

Positis jam inventis, dico quod corporis cadentis velocitas in loco quovis
  C *est ad velocitatem corporis centro* B *intervallo* BC *circulum*
  describentis, in subduplicata ratione quam A C, *distantia corporis*
  a circuli vel hyperbolæ rectangulæ vertice ulteriore A, *habet ad*
  figuræ semidiametrum principalem ½ A B.

Bisecetur *A B*, communis utriusque figuræ *R P B*, *D E B* diameter, in *O;* & agatur recta *P T*, quæ tangat figuram *R P B* in *P*,
atque etiam secet communem illam diametrum *A B* (si opus est

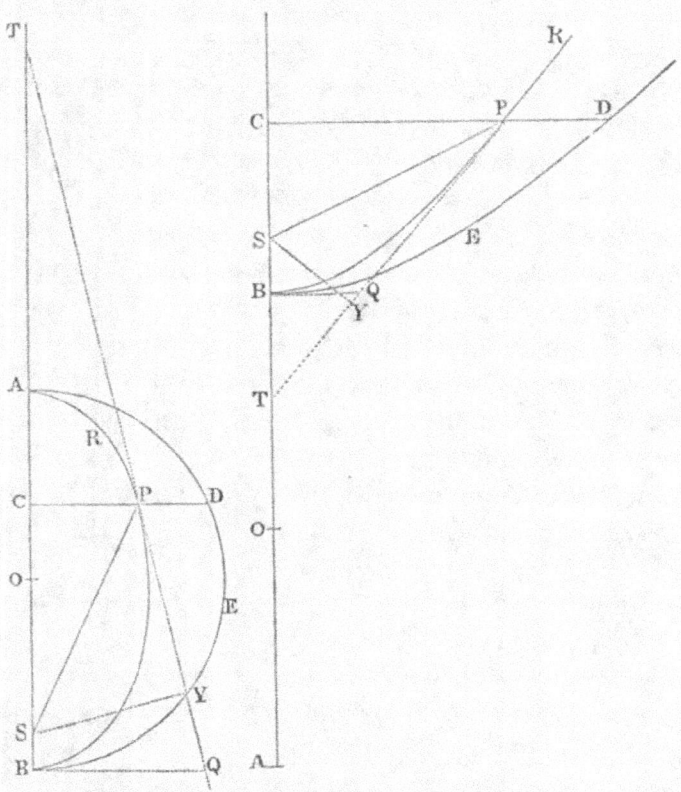

productam) in *T;* sitque *S Y* ad hanc rectam, & *B Q* ad hanc
diametrum perpendicularis, atque figuræ *R P B* latus rectum ponatur
L.   Constat per corol. ix. prop. xvi. quod corporis in linea *R P B*
circa centrum *S* moventis velocitas in loco quovis *P* sit ad velocitatem
corporis intervallo *S P* circa idem centrum circulum describentis in

subduplicata ratione rectanguli $\frac{1}{4}$ L $\times$ SP ad SY quadratum. Est autem ex conicis ACB ad CPq ut 2 AO ad L, ideoque $\dfrac{2\,CPq \times AO}{ACB}$ æquale L. Ergo velocitates illæ sunt ad invicem in subduplicata ratione $\dfrac{CPq \times AO \times SP}{ACB}$ ad SY *quad.* Porro ex conicis est CO ad BO ut BO ad TO, & composite vel divisim ut CB ad BT. Unde vel dividendo vel componendo fit BO — vel + CO ad BO ut CT ad BT, id est, AC ad AO ut CP ad BQ; indeque $\dfrac{CPq \times AO \times SP}{ACB}$ æquale est $\dfrac{BQq \times AC \times SP}{AO \times BC}$. Minuatur jam in infinitum figuræ RPB latitudo CP, sic ut punctum P coeat cum puncto C, punctumque S cum puncto B, & linea SP cum linea BC, lineaque SY cum linea BQ; & corporis jam recta descendentis in linea CB velocitas fiet ad velocitatem corporis centro B intervallo BC circulum describentis, in subduplicata ratione ipsius $\dfrac{BQq \times AC \times SP}{AO \times BC}$ ad SYq hoc est (neglectis æqualitatis rationibus SP ad BC & BQq ad SYq) in subduplicata ratione AC ad AO sive $\frac{1}{2}$ AB. *Q. E. D.*

Corol. 1. Punctis B & S coeuntibus, fit TC ad TS ut AC ad AO.

Corol. 2. Corpus ad datam a centro distantiam in circulo quovis revolvens, motu suo sursum verso ascendet ad duplam suam a centro distantiam.

PROPOSITIO XXXIV. THEOREMA X.

Si figura B E D *parabola est, dico quod corporis cadentis velocitas in loco quovis* C *æqualis est velocitati qua corpus centro* B *dimidio intervalli sui* BC *circulum uniformiter describere potest.*

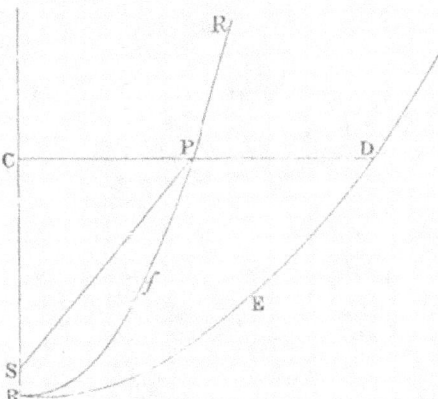

Nam corporis parabolam RPB circa centrum S describentis velocitas in loco quovis P (per corol. VII.

prop. XVI) æqualis est velocitati corporis dimidio intervalli SP circulum circa idem centrum S uniformiter describentis. Minuatur parabolæ latitudo CP in infinitum eo, ut arcus parabolicus PfB cum recta CB, centrum S cum vertice B, & intervallum SP cum intervallo BC coincidat, & constabit propositio. *Q. E. D.*

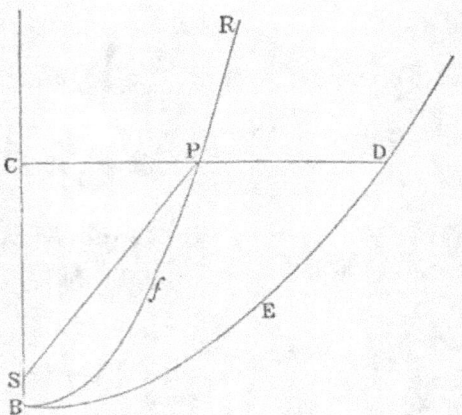

PROPOSITIO XXXV.   THEOREMA XI.

Iisdem positis, dico quod area figuræ DES, *radio indefinito* SD *descripta, æqualis sit areæ quam corpus, radio dimidium lateris recti figuræ* DES *æquante, circa centrum* S *uniformiter gyrando, eodem tempore describere potest.*

Nam concipe corpus C quam minima temporis particula lineolam Cc cadendo describere, & interea corpus aliud K, uniformiter in circulo OKk circa centrum S gyrando, arcum Kk describere. Erigantur perpendicula CD, cd occurrentia figuræ DES in D, d. Jungantur SD, Sd, SK, Sk & ducatur Dd axi AS occurrens in T, & ad eam demittatur perpendiculum SY.

Cas. I. Jam si figura DES circulus est vel hyperbola rectangula, bisecetur ejus transversa diameter AS in O, & erit SO dimidium lateris recti. Et quoniam est TC ad TD ut Cc ad Dd, & TD ad TS ut CD ad SY, erit ex æquo TC ad TS ut $CD \times Cc$ ad $SY \times Dd$. Sed (per corol. I. prop. XXXIII) est TC ad TS ut AC ad AO, puta si in coitu punctorum D, d capiantur linearum rationes ultimæ. Ergo AC est ad AO seu SK ut $CD \times Cc$ ad $SY \times Dd$. Porro corporis descendentis velocitas in C est ad velocitatem corporis circulum intervallo SC circa centrum S describentis in subduplicata ratione AC ad AO vel SK (per prop. XXXIII). Et hæc velocitas ad velocitatem corporis describentis circulum OKk in subduplicata ratione SK ad SC (per corol. VI prop. IV) & ex æquo velocitas prima ad ultimam, hoc est lineola Cc ad arcum Kk in subduplicata ratione AC ad SC, id est in ratione AC ad CD. Quare est $CD \times Cc$ æquale $AC \times Kk$, & propterea AC ad SK ut $AC \times Kk$ ad

$SY \times Dd$, indeque $SK \times Kk$ æquale $SY \times Dd$, & $\frac{1}{2} SK \times Kk$ æquale $\frac{1}{2} SY \times Dd$, id est area KSk æqualis areæ SDd. Singulis

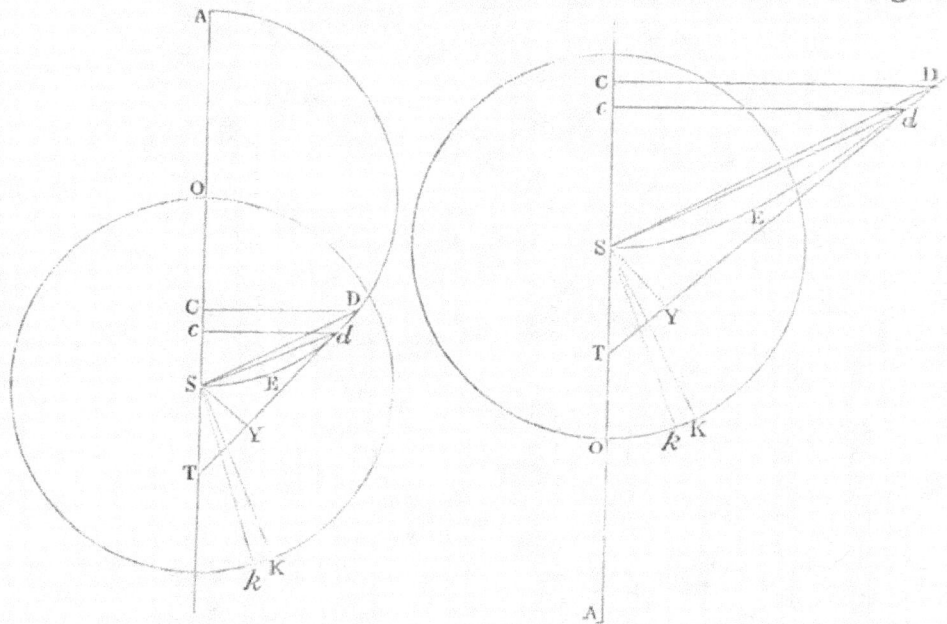

igitur temporis particulis generantur arearum duarum particulæ KSk, & SDd, quæ, si magnitudo earum minuatur & numerus augeatur in infinitum, rationem obtinent æqualitatis, & propterea (per corollarium lemmatis iv) areæ totæ simul genitæ sunt semper æquales. *Q. E. D.*

Cas. 2. Quod si figura DES parabola sit, invenietur esse ut supra $CD \times Cc$ ad $SY \times Dd$ ut TC ad TS, hoc est ut 2 ad 1, ideoque $\frac{1}{4}$ $CD \times Cc$ æquale esse $\frac{1}{2} SY$ $\times Dd$. Sed corporis cadentis velocitas in C æqualis est velocitati qua circulus intervallo $\frac{1}{2} SC$ uniformiter describi possit (per prop. xxxiv). Et hæc velocitas ad velocitatem qua circulus radio SK describi possit, hoc est, lineola Cc ad arcum Kk (per corol.

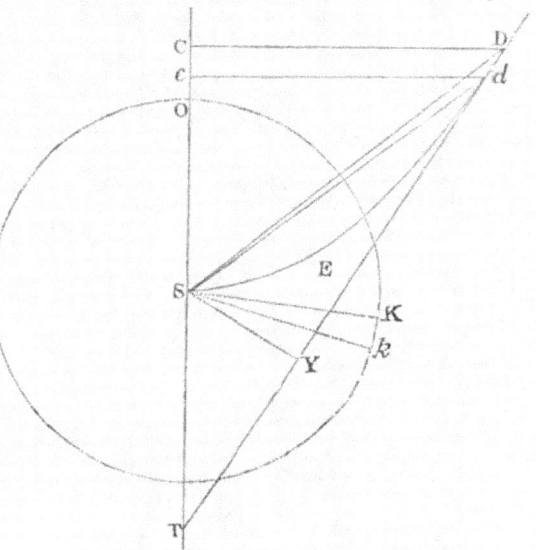

VI. prop. IV) est in subduplicata ratione SK ad $\frac{1}{2} SC$, id est, in ratione SK ad $\frac{1}{2} CD$. Quare est $\frac{1}{2} SK \times Kk$ æquale $\frac{1}{2} CD \times Cc$, ideoque æquale $\frac{1}{2} SY \times Dd$. hoc est, area KSk æqualis areæ SDd, ut supra. *Q. E. D.*

PROPOSITIO XXXVI. PROBLEMA XXV.

Corporis de loco dato A cadentis determinare tempora descensus.

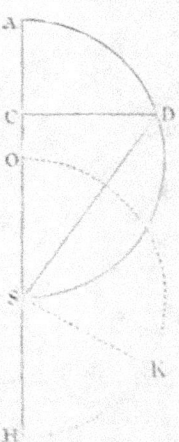

Super diametro AS, distantia corporis a centro sub initio, describe semicirculum ADS, ut & huic æqualem semicirculum OKH circa centrum S. De corporis loco quovis C erige ordinatim applicatam CD. Junge SD, & areæ ASD æqualem constitue sectorem OSK. Patet per prop. XXXV quod corpus cadendo describet spatium AC eodem tempore quo corpus aliud, uniformiter circa centrum S gyrando, describere potest arcum OK. *Q. E. F.*

PROPOSITIO XXXVII. PROBLEMA XXVI.

Corporis de loco dato sursum vel deorsum projecti definire tempora ascensus vel descensus.

Exeat corpus de loco dato G secundum lineam GS cum velocitate

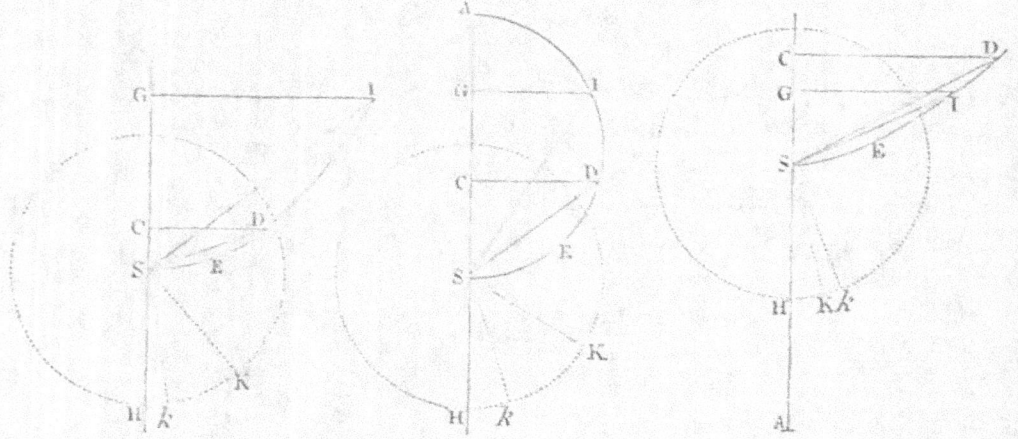

quacunque. In duplicata ratione hujus velocitatis ad uniformem in circulo velocitatem, qua corpus ad intervallum datum SG circa centrum S revolvi posset, cape GA ad $\frac{1}{2}AS$. Si ratio illa est numeri binarii ad unitatem, punctum A infinite distat, quo casu parabola vertice S, axe SG, latere quovis recto describenda est. Patet hoc per prop. xxxiv. Sin ratio illa minor vel major est quam 2 ad 1, priore casu circulus, posteriore hyperbola rectangula super diametro SA describi debet. Patet per prop. xxxiii. Tum centro S, intervallo æquante dimidium lateris recti, describatur circulus HkK, & ad corporis descendentis vel ascendentis locum G, & locum alium quemvis C, erigantur perpendicula GI, CD occurrentia conicæ sectioni vel circulo in I ac D. Dein junctis SI, SD, fiant segmentis $SEIS$, $SEDS$ sectores HSK, HSk æquales, & per prop. xxxv corpus G describet spatium GC eodem tempore quo corpus K describere potest arcum Kk. *Q. E. F.*

PROPOSITIO XXXVIII. THEOREMA XII.

Posito quod vis centripeta proportionalis sit altitudini seu distantiæ locorum a centro, dico quod cadentium tempora, velocitates & spatia descripta sunt arcubus, arcuumque sinibus rectis & sinibus versis respective proportionalia.

Cadat corpus de loco quovis A secundum rectam AS; & centro virium S intervallo AS, describatur circuli quadrans AE, sitque CD sinus rectus arcus cujusvis AD; & corpus A, tempore AD, cadendo describit spatium AC, inque loco C acquiret velocitatem CD.

Demonstratur eodem modo ex propositione x, quo propositio xxxii ex propositione xi demonstrata fuit.

Corol. 1. Hinc æqualia sunt tempora, quibus corpus unum de loco A cadendo pervenit ad centrum S, & corpus aliud revolvendo describit arcum quadrantalem ADE.

Corol. 2. Proinde æqualia sunt tempora omnia quibus corpora de locis quibusvis ad usque centrum cadunt. Nam revolventium tempora omnia periodica (per corol. iii. prop. iv) æquantur.

PROPOSITIO XXXIX. PROBLEMA XXVII.

Posita cujuscunque generis vi centripeta, & concessis figurarum curvilinearum quadraturis, requiritur corporis recta ascendentis vel descendentis tum velocitas in locis singulis, tum tempus quo corpus ad locum quemvis perveniet : Et contra.

De loco quovis *A* in recta *A D E C* cadat corpus *E*, deque loco ejus *E* erigatur semper perpendicularis *E G*, vi centripetæ in loco

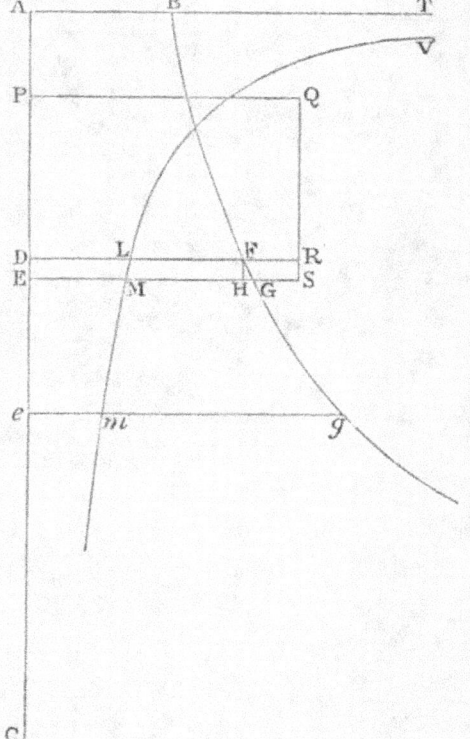

illo ad centrum *C* tendenti proportionalis : Sitque *B F G* linea curva quam punctum *G* perpetuo tangit. Coincidat autem *E G* ipso motus initio cum perpendiculari *A B*, & erit corporis velocitas in loco quovis *E* ut recta, quæ potest aream curvilineam *A B G E*. *Q. E. I.*

In *E G* capiatur *E M* rectæ, quæ potest aream *A B G E*, reciproce proportionalis, & sit *V L M* linea curva, quam punctum *M* perpetuo tangit, & cujus asymptotos est recta *A B* producta; & erit tempus, quo corpus cadendo describit lineam *A E*, ut area curvilinea *A B T V M E*. *Q. E. I.*

Etenim in recta *A E* capiatur linea quam minima *DE* datæ longitudinis, sitque *D L F* locus lineæ

EMG, ubi corpus versabatur in *D*; & si ea sit vis centripeta, ut recta, quæ potest aream *A B G E*, sit ut descendentis velocitas : erit area ipsa in duplicata ratione velocitatis, id est, si pro velocitatibus in *D* & *E*, scribantur V & V + I, erit area *A B F D* ut V V, & area *A B G E* ut V V + 2 V I + I I, & divisim area *D F G E* ut 2 V I + I I, ideoque

$\dfrac{DFGE}{DE}$ ut $\dfrac{2\,V\,I+I\,I}{DE}$, id est, si primæ quantitatum nascentium

rationes sumantur, longitudo DF ut quantitas $\dfrac{2\,V\,I}{DE}$, ideoque etiam

ut quantitatis hujus dimidium $\dfrac{I\times V.}{DE}$ Est autem tempus, quo corpus

cadendo describit lineolam DE, ut lineola illa directe & velocitas V inverse, estque vis ut velocitatis incrementum I directe & tempus

inverse, ideoque si primæ nascentium rationes sumantur, ut $\dfrac{I\times V}{DE}$,

hoc est, ut longitudo DF. Ergo vis ipsi DF vel EG proportionalis facit ut corpus eo cum velocitate descendat, quæ sit ut recta quæ potest aream $ABGE$. Q. E. D.

Porro cum tempus, quo quælibet longitudinis datæ lineola DE describatur, sit ut velocitas inverse, ideoque inverse ut linea recta quæ potest aream $ABFD$; sitque DL, atque ideo area nascens $DLME$, ut eadem linea recta inverse : erit tempus ut area $DLME$, & summa omnium temporum ut summa omnium arearum, hoc est (per corol. lem. IV) tempus totum quo linea AE describitur ut area tota $ATVME$. Q. E. D.

Corol. 1. Si P sit locus, de quo corpus cadere debet, ut urgente aliqua uniformi vi centripeta nota (qualis vulgo supponitur gravitas) velocitatem acquirat in loco D æqualem velocitati, quam corpus aliud vi quacunque cadens acquisivit eodem loco D, & in perpendiculari DF capiatur DR, quæ sit ad DF ut vis illa uniformis ad vim alteram in loco D, & compleatur rectangulum $PDRQ$, eique æqualis abscindatur area $ABFD$; erit A locus de quo corpus alterum cecidit. Namque completo rectangulo $DRSE$, cum sit area $ABFD$ ad aream $DFGE$ ut VV ad $2\,VI$, ideoque ut $\frac{1}{2}V$ ad I, id est, ut semissis velocitatis totius ad incrementum velocitatis corporis vi inæquabili cadentis ; & similiter area $PQRD$ ad aream $DRSE$ ut semissis velocitatis totius ad incrementum velocitatis corporis uniformi vi cadentis ; sintque incrementa illa (ob æqualitatem temporum nascentium) ut vires generatrices, id est, ut ordinatim applicatæ DF, DR, ideoque ut areæ nascentes $DFGE$, $DRSE$; erunt ex æquo areæ totæ $ABFD$, $PQRD$ ad invicem ut semisses totarum velocitatum, & propterea, ob æqualitatem velocitatum, æquantur.

Corol. 2. Unde si corpus quodlibet de loco quocunque D data cum velocitate vel sursum vel deorsum projiciatur, & detur lex vis centripetæ, invenietur velocitas ejus in alio quovis loco e, erigendo ordinatam eg, & capiendo velocitatem illam ad velocitatem in loco D ut est recta, quæ potest rectan-gulum $PQRD$ area curvilinea $DFge$ vel auctum, si locus e est loco D inferior, vel diminutum, si is superior est, ad rectam quæ po-test rectangulum solum $PQRD$.

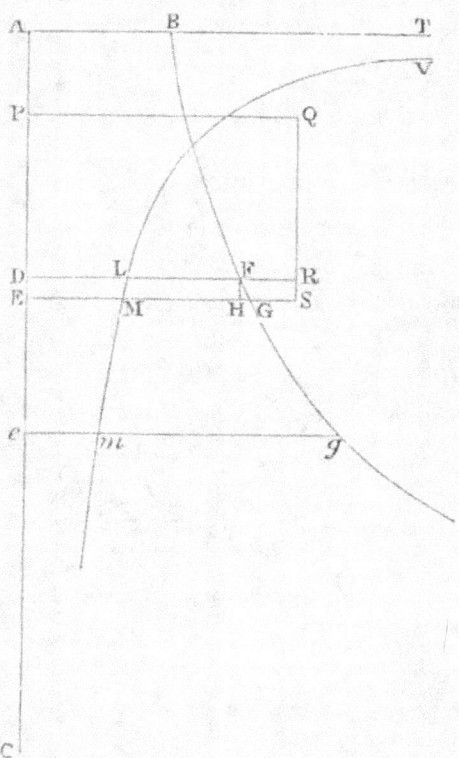

Corol. 3. Tempus quoque inno-tescet erigendo ordinatam em reci-proce proportionalem lateri quadra-to ex $PQRD +$ vel $- DFge$, & capiendo tempus quo corpus de-scripsit lineam De ad tempus quo corpus alterum vi uniformi cecidit a P & cadendo pervenit ad D, ut area curvilinea $DLme$ ad rectan-gulum $2PD \times DL$. Namque tempus quo corpus vi uniformi des-cendens descripsit lineam PD est ad tempus quo corpus idem descrip-sit lineam PE in subduplicata ratione PD ad PE, id est (lineola DE jamjam nascente) in ratione PD ad $PD + \frac{1}{2}DE$ seu $2PD$ ad $2PD + DE$, & divisim, ad tempus quo corpus idem descripsit lineolam DE ut $2PD$ ad DE, ideoque ut rectangulum $2PD \times DL$ ad aream $DLME$; estque tempus quo corpus utrumque descripsit lineolam DE ad tempus quo corpus alterum inæquabili motu descripsit lineam De, ut area $DLME$ ad aream $DLme$, & ex æquo tempus primum ad tempus ultimum ut rectangulum $2PD \times DL$ ad aream $DLme$.

SECTIO VIII.

De inventione orbium in quibus corpora viribus quibuscunque centripetis agitata revolvuntur.

PROPOSITIO XL. THEOREMA XIII.

Si corpus, cogente vi quacunque centripeta, moveatur utcunque, & corpus aliud recta ascendat vel descendat, sintque eorum velocitates in aliquo æqualium altitudinum casu æquales, velocitates eorum in omnibus æqualibus altitudinibus erunt æquales.

Descendat corpus aliquod ab *A* per *D*, *E*, ad centrum *C*, & moveatur corpus aliud a *V* in linea curva *V I K k*. Centro *C* intervallis quibusvis describantur circuli concentrici *D I*, *E K* rectæ *A C* in *D* & *E*, curvæque *V I K* in *I* & *K* occurrentes. Jungatur *I C* occurrens ipsi *K E* in *N*; & in *I K* demittatur perpendiculum *N T*; sitque circumferentiarum circulorum intervallum *D E* vel *I N* quam minimum, & habeant corpora in *D* & *I* velocitates æquales. Quoniam distantiæ *C D*, *C I* æquantur, erunt vires centripetæ in *D* & *I* æquales. Exponantur hæ vires per æquales lineolas *D E*, *I N*; & si vis una *I N* (per legum corol. 2) resolvatur in duas *N T* & *I T*, vis *N T*, agendo secundum lineam *N T* corporis cursui *I T K* perpendicularem, nil mutabit velocitatem corporis in cursu illo, sed retrahet solummodo corpus a cursu rectilineo, facietque ipsum de orbis tangente perpetuo deflectere, inque via curvilinea *I T K k* progredi. In hoc effectu producendo vis illa tota consumetur : vis autem altera *I T*, secundum corporis cursum agendo, tota accelerabit illud, ac dato tempore quam minimo accelerationem generabit sibi ipsi proportionalem. Proinde corporum in *D* & *I* accelerationes æqualibus temporibus factæ (si sumantur linearum nascentium DE, IN, IK, IT, NT rationes primæ) sunt ut linea DE, IT: temporibus autem inæqualibus ut lineæ illæ & tempora conjunctim. Tempora autem quibus DE & IK describuntur, ob æqualitatem velocitatum sunt ut viæ descriptæ DE & IK, ideoque accelerationes in cursu corporum per lineas DE & IK, sunt ut DE & IT, DE & IK conjunctim, id est ut DE *quad.* & $IT \times IK$ *rectangulum.* Sed *rectangulum* $IT \times IK$ æquale est IN *quadrato*, hoc est, æquale DE *quad.* & propterea accelerationes in transitu corporum a D & I ad E & K æquales generantur. Æquales igitur sunt corporum velocitates in E & K: & eodem argumento semper reperientur æquales in subsequentibus æqualibus distantiis. *Q. E. D.*

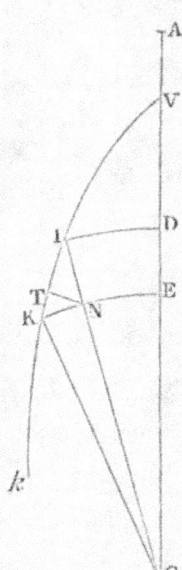

Sed & eodem argumento corpora æquivelocia & æqualiter a centro distantia, in ascensu ad æquales distantias æqualiter retardabuntur. *Q. E. D.*

Corol. 1. Hinc si corpus vel oscilletur pendens a filo, vel impedimento quovis politissimo & perfecte lubrico cogatur in linea curva moveri, & corpus aliud recta ascendat vel descendat, sintque velocitates eorum in eadem quacunque altitudine æquales: erunt velocitates eorum in aliis quibuscunque æqualibus altitudinibus æquales. Namque corporis penduli filo vel impedimento vasis absolute lubrici idem præstatur quod vi transversa NT. Corpus eo non retardatur, non acceleratur, sed tantum cogitur de cursu rectilineo discedere.

Corol. 2. Hinc etiam si quantitas P sit maxima a centro distantia, ad quam corpus vel oscillans vel in trajectoria quacunque revolvens, deque quovis trajectoriæ puncto, ea quam ibi habet velocitate sursum projectum ascendere possit; sitque quantitas A distantia corporis a centro in alio quovis orbitæ puncto, & vis centripeta semper sit ut ipsius A dignitas quælibet A^{n-1}, cujus index $n-1$ est numerus quilibet n unitate diminutus; velocitas corporis in omni altitudine A erit ut $\sqrt{P^n - A^n}$, atque ideo datur. Namque velocitas recta ascendentis ac descendentis (per prop. XXXIX) est in hac ipsa ratione.

PROPOSITIO XLI. PROBLEMA XXVIII.

*Posita cujuscunque generis vi centripeta & concessis figurarum curvi-
linearum quadraturis, requiruntur tum trajectoriæ in quibus
corpora movebuntur, tum tempora motuum in trajectoriis inventis.*

Tendat vis quælibet ad centrum *C* & invenienda sit trajectoria
VIKk. Detur circulus *VR* centro *C* intervallo quovis *CV* descriptus, centroque eodem describantur alii quivis circuli *ID, KE*
trajectoriam secantes in *I* & *K* rectamque *CV* in *D* & *E.* Age
tum rectam *CNIX* secantem circulos *KE, VR* in *N* & *X*, tum
rectam *CKY* occurrentem circulo *VR* in *Y.* Sint autem puncta
I & *K* sibi invicem vicinissima, & pergat corpus ab *V* per *I* & *K*

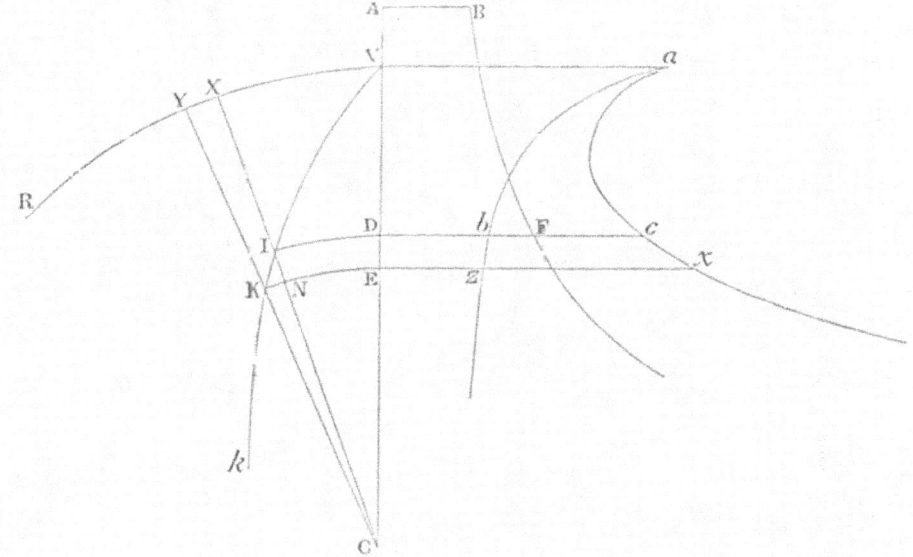

ad *k;* sitque punctum *A* locus ille de quo corpus aliud cadere
debet, ut in loco *D* velocitatem acquirat æqualem velocitati corporis
prioris in *I.* Et stantibus quæ in propositione XXXIX, lineola *IK*,
dato tempore quam minimo descripta, erit ut velocitas, atque ideo
ut recta quæ potest aream *ABFD*, & triangulum *ICK* tempori
proportionale dabitur, ideoque *KN* erit reciproce ut altitudo *IC*,
id est, si detur quantitas aliqua Q, & altitudo *IC* nominetur A, ut
$\frac{Q}{A}$. Hanc quantitatem $\frac{Q}{A}$ nominemus Z, & ponamus eam esse mag-

nitudinem ipsius Q ut sit in aliquo casu $\sqrt{ABFD}$ ad Z ut est IK ad KN, & erit in omni casu $\sqrt{ABFD}$ ad Z ut IK ad KN, &

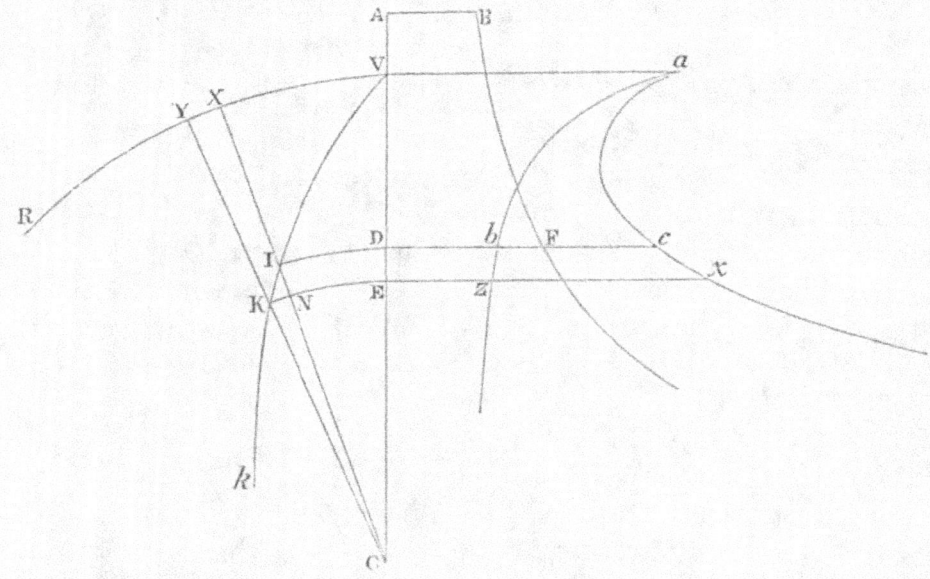

$ABFD$ ad ZZ ut IKq ad KNq, & divisim $ABFD-ZZ$ ad ZZ ut IN *quad.* ad KN *quad.* ideoque $\sqrt{ABFD-ZZ}$ ad Z seu $\dfrac{Q}{A}$ ut IN ad KN, & propterea $A \times KN$ æquale $\dfrac{Q \times IN}{\sqrt{ABFD-ZZ}}$.

Unde cum $YX \times XC$ sit ad $A \times KN$ ut CXq ad AA, erit rectangulum $XY \times XC$ æquale $\dfrac{Q \times IN \times CX \; quad.}{AA\sqrt{ABFD-ZZ}}$. Igitur si in perpen-

diculo DF capiantur semper Db, Dc ipsis $\dfrac{Q}{2\sqrt{ABFD-ZZ}}$,

$\dfrac{Q \times CX \; quad.}{2\,AA\,\sqrt{ABFD-ZZ}}$ æquales respective, & describantur curvæ lineæ ab, ac, quas puncta b, c perpetuo tangunt; deque puncto V ad lineam AC erigatur perpendiculum Va abscindens areas curvilineas $VDba$, $VDca$, & erigantur etiam ordinatæ Ez, Ex: quoniam rectangulum $Db \times IN$ seu $DbzE$ æquale est dimidio rectanguli $A \times KN$ seu triangulo ICK; & rectangulum $Dc \times IN$ seu $DcxE$ æquale est dimidio rectanguli $YX \times XC$ seu triangulo XCY; hoc est, quoniam arearum $VDba$, VIC æquales semper sunt nascentes particulæ $DbzE$, ICK, & arearum $VDca$, VCX æquales semper sunt nascentes particulæ $DcxE$, XCY, erit area genita $VDba$ æqualis areæ genitæ VIC, ideoque tempori proportionalis, & area genita $VDca$ æqualis sectori genito VCX. Dato igitur tempore quovis ex quo corpus discessit de loco V, dabitur area ipsi proportionalis $VDba$, & inde dabitur corporis altitudo CD vel CI; & area $VDca$, eique æqualis sector VCX una cum ejus angulo VCI. Datis autem angulo VCI & altitudine CI datur locus I, in quo corpus completo illo tempore reperietur. *Q. E. I.*

Corol. 1. Hinc maximæ minimæque corporum altitudines, id est apsides trajectoriarum expedite inveniri possunt. Sunt enim apsides puncta illa in quibus recta IC per centrum ducta incidit perpendiculariter in trajectoriam VIK: id quod fit ubi rectæ IK & NK æquantur, ideoque ubi area $ABFD$ æqualis est ZZ.

Corol. 2. Sed & angulus KIN, in quo trajectoria alicubi secat lineam illam IC, ex data corporis altitudine IC expedite invenitur: nimirum capiendo sinum ejus ad radium ut KN ad IK, id est, ut Z ad latus quadratum areæ $ABFD$.

Corol. 3. Si centro C & vertice principali V describatur sectio quælibet conica VRS, & a quovis ejus puncto R agatur tangens RT occurrens axi infinitæ producto CV in puncto T; dein juncta CR ducatur recta CP, quæ æqualis sit abscissæ CT, angulumque VCP sectori VCR proportionalem constituat; tendat autem ad centrum C vis centripeta cubo distantiæ locorum a centro reciproce proportionalis, & exeat corpus de loco V justa cum velocitate secundum lineam rectæ CV perpen-

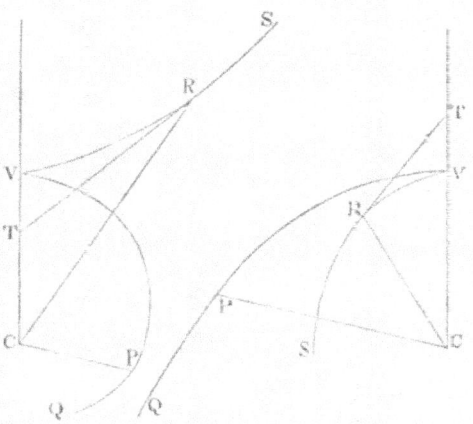

dicularem: progredietur corpus illud in trajectoria VPQ quam punctum P perpetuo tangit; ideoque si conica sectio VRS hyperbola sit, descendet idem ad centrum: sin ea ellipsis sit, ascendet illud perpetuo & abibit in infinitum. Et contra, si corpus quacunque cum velocitate exeat de loco V, & perinde ut incœperit vel oblique

descendere ad centrum, vel ab eo
oblique ascendere, figura *V R S*
vel hyperbola sit vel ellipsis,
inveniri potest trajectoria augendo vel minuendo angulum *V C P*
in data aliqua ratione. Sed &,
vi centripeta in centrifugam versa,
ascendet corpus oblique in trajectoria *V P Q,* quæ invenitur
capiendo angulum *V C P* sectori
elliptico *V R C* proportionalem,
& longitudinem *C P* longitudini

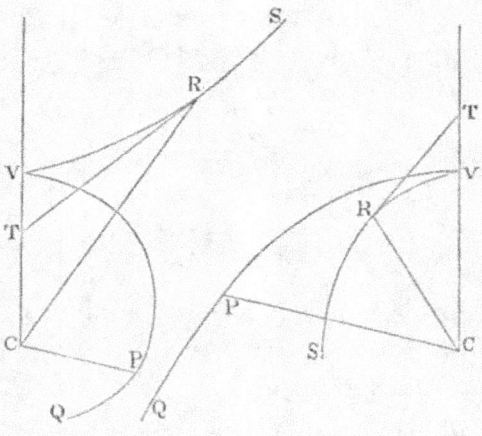

C T æqualem ut supra. Consequuntur hæc omnia ex propositione
præcedente, per curvæ cujusdam quadraturam, cujus inventionem, ut
satis facilem, brevitatis gratia missam facio.

PROPOSITIO XLII.   PROBLEMA XXIX.

*Data lege vis centripetæ, requiritur motus corporis de loco dato,
data cum velocitate, secundum datam rectam egressi.*

Stantibus quæ in tribus propositionibus præcedentibus : exeat

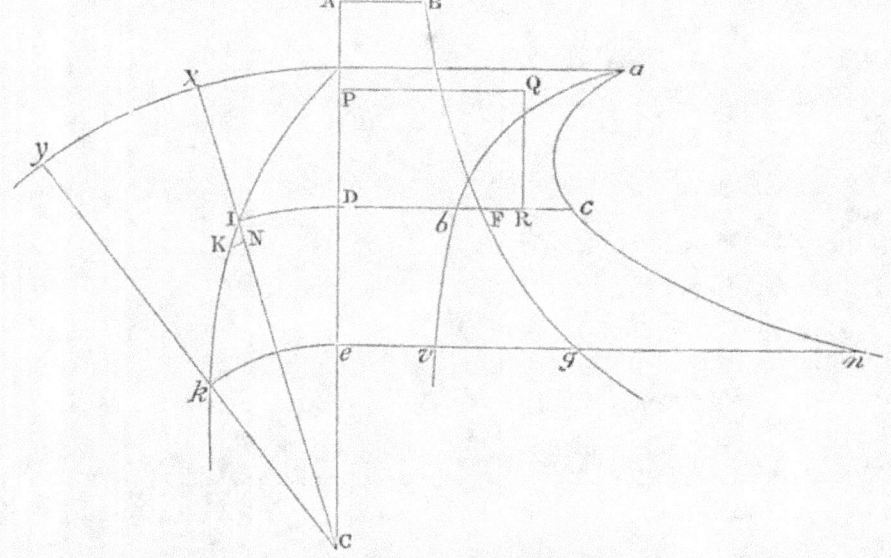

corpus de loco *I* secundum lineolam *I K,* ea cum velocitate quam corpus aliud, vi aliqua uniformi centripeta, de loco P cadendo acquirere posset in D: sitque hæc vis uniformis ad vim, qua corpus primum urgetur in I, ut DR ad DF. Pergat autem corpus versus k; centroque C & intervallo Ck describatur circulus ke occurrens rectæ PD in e, & erigantur curvarum BFg, abv, acw ordinatim applicatæ eg, ev, ew. Ex dato rectangulo $PDRQ$, dataque lege vis centripetæ qua corpus primum agitatur, datur curva linea BFg, per constructionem problematis XXVII, & ejus corol. 1. Deinde ex dato angulo CIK datur proportio nascentium IK, KN, & inde, per constructionem prob. XXVIII, datur quantitas Q, una cum curvis lineis abv, acw: ideoque, completo tempore quovis $Dbve$, datur tum corporis altitudo Ce vel Ck, tum area $Dcve$, eique æqualis sector XCy, angulusque ICk, & locus k in quo corpus tunc versabitur. $Q. E. I.$

Supponimus autem in his propositionibus vim centripetam in recessu quidem a centro variari secundum legem quamcunque, quam quis imaginari potest, in æqualibus autem a centro distantiis esse undique eandem. Atque hactenus motum corporum in orbibus immobilibus consideravimus. Superest ut de motu eorum in orbibus, qui circa centrum virium revolvuntur, adjiciamus pauca.

SECTIO IX.

De motu corporum in orbibus mobilibus, deque motu apsidum.

PROPOSITIO XLIII. PROBLEMA XXX.

Efficiendum est ut corpus in trajectoria quacunque circa centrum virium revolvente perinde moveri possit, atque corpus aliud in eadem trajectoria quiescente.

In orbe VPK positione dato revolvatur corpus P pergendo a V versus K. A centro C agatur semper Cp, quæ sit ipsi CP æqualis, angulumque VCp angulo VCP proportionalem constituat; & area, quam linea Cp describit, erit ad aream VCP, quam linea CP simul describit, ut velocitas lineæ describentis Cp ad velocitatem lineæ describentis CP; hoc est, ut angulus VCp ad angulum VCP, ideoque in data ratione, & propterea tempori proportionalis. Cum

I

area tempori proportionalis sit quam linea Cp in plano immobili describit, manifestum est quod corpus, cogente justæ quantitatis vi centripeta, revolvi possit una cum puncto p in curva illa linea quam punctum idem p ratione jam exposita describit in plano immobili. Fiat angulus VCu angulo PCp, & linea Cu lineæ CV, atque figura uCp figuræ VCP æqualis, & corpus in p semper existens movebitur in perimetro figuræ revolventis uCp, eodemque tempore describet arcum ejus up quo corpus aliud P arcum ipsi similem & æqualem VP in figura quiescente VPK describere

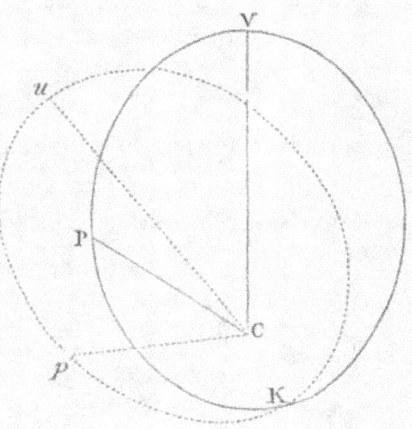

potest. Quæratur igitur, per corollarium quintum propositionis VI, vis centripeta qua corpus revolvi possit in curva illa linea quam punctum p describit in plano immobili, & solvetur problema. *Q.E.F.*

PROPOSITIO XLIV.   THEOREMA XIV.

Differentia virium, quibus corpus in orbe quiescente, & corpus aliud in eodem orbe revolvente æqualiter moveri possunt, est in triplicata ratione communis altitudinis inverse.

Partibus orbis quiescentis VP, PK sunto similes & æquales orbis revolventis partes up, pk; & punctorum P, K distantia intelligatur esse quam minima. A puncto k in rectam pC demitte perpendiculum kr, idemque produc ad m, ut sit mr ad kr ut angulus VCp ad angulum VCP. Quoniam corporum altitudines PC & pC, KC, & kC semper æquantur, manifestum est quod linearum PC & pC incrementa vel decrementa semper sint æqualia, ideoque si corporum in locis P & p existentium distinguantur motus singuli (per legum corol. 2) in binos, quorum hi versus centrum, sive secundum lineas PC, pC determinentur, & alteri prioribus transversi sint, & secundum lineas ipsis PC, pC perpendiculares directionem habeant; motus versus centrum erunt æquales, & motus transversus corporis p erit ad motum transversum corporis P, ut motus angularis lineæ *p C* ad motum angularem lineæ *P C*, id est, ut angulus *V Cp* ad angulum *V C P*. Igitur eodem tempore quo corpus *P* motu suo utroque pervenit ad punctum *K*, corpus *p* æquali in centrum motu æqualiter movebitur a *p* versus *C*, ideoque completo illo tempore reperietur alicubi in linea *m k r*, quæ per punctum *k* in lineam *p C* perpendicularis est; & motu transverso acquiret distantiam a linea *p C*, quæ sit ad distantiam quam corpus alterum *P* acquirit a linea *P C*, ut est motus transversus corporis *p* ad motum transversum corporis alterius *P*. Quare cum *k r* æqualis sit distantiæ quam corpus *P* acquirit a linea *P C*, sitque *m r* ad *k r* ut angulus *V Cp* ad angulum

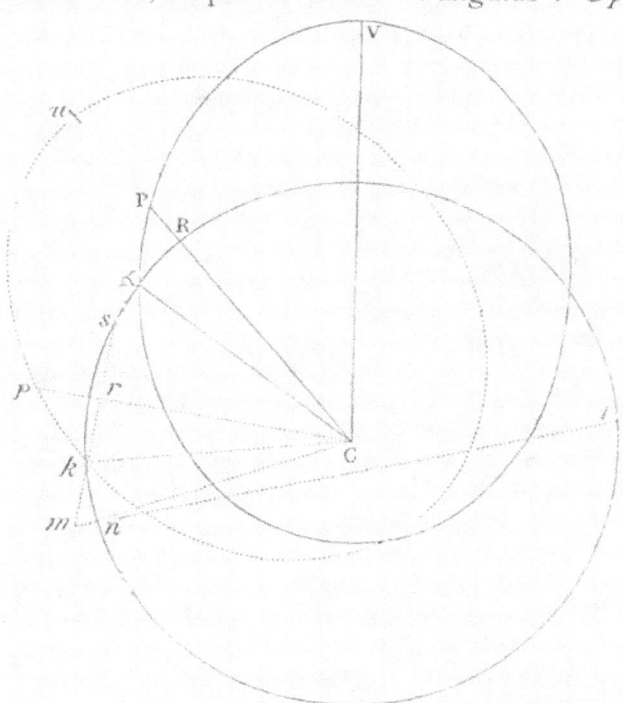

V C P, hoc est, ut motus transversus corporis *p* ad motum transversum corporis *P*, manifestum est quod corpus *p* completo illo tempore reperietur in loco *m*. Hæc ita se habebunt ubi corpora *p* & *P* æqualiter secundum lineas *p C* & *P C* moventur, ideoque æqualibus viribus secundum lineas illas urgentur. Capiatur autem angulus *p C n* ad angulum *p C k* ut est angulus *V Cp* ad angulum *V C P*, sitque *n C* æqualis *k C*, & corpus *p* completo illo tempore revera reperietur in *n*; ideoque vi majore urgetur quam corpus *P*, si modo angulus $n\,C\,p$ angulo $k\,C\,p$ major est, id est si orbis $u\,p\,k$ vel movetur in consequentia, vel movetur in antecedentia majore celeritate quam sit dupla ejus qua linea CP in consequentia fertur; & vi minore si orbis tardius movetur in antecedentia. Estque virium differentia ut locorum intervallum $m\,n$, per quod corpus illud p ipsius actione, dato illo temporis spatio, transferri debet. Centro C intervallo $C\,n$ vel $C\,k$ describi intelligatur circulus secans lineas $m\,r$, $m\,n$

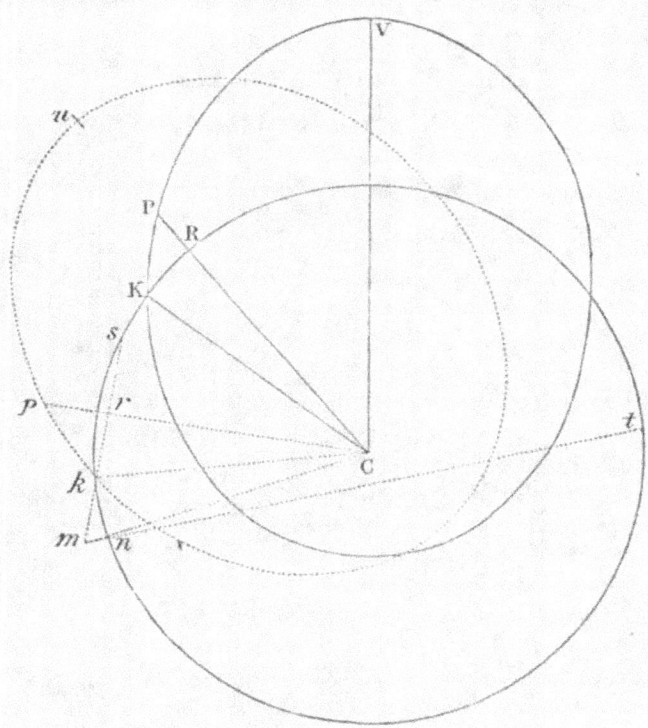

productas in s & t, & erit rectangulum $m\,n \times m\,t$ æquale rectangulo $m\,k \times m\,s$, ideoque $m\,n$ æquale $\dfrac{m\,k \times m\,s}{m\,t}$. Cum autem triangula $p\,C\,k$ $p\,C\,n$ dato tempore dentur magnitudine, sunt $k\,r$ & $m\,r$, earumque differentia $m\,k$ & summa $m\,s$ reciproce ut altitudo $p\,C$, ideoque rectangulum $m\,k \times m\,s$ est reciproce ut quadratum altitudinis $p\,C$. Est & $m\,t$ directe ut $\frac{1}{2}\,m\,t$, id est, ut altitudo $p\,C$. Hæ sunt primæ rationes linearum nascentium; & hinc fit $\dfrac{m\,k \times m\,s}{m\,t}$, id est lineola nascens $m\,n$, eique proportionalis virium differentia reciproce ut cubus altitudinis $p\,C$. *Q. E. D.*

Corol. 1. Hinc differentia virium in locis P & p, vel K & k, est ad vim qua corpus motu circulari revolvi possit ab R ad K eodem tempore quo corpus P in orbe immobili describit arcum PK, ut lineola nascens mn ad sinum versum arcus nascentis RK, id est ut $\frac{mk \times ms}{ml}$ ad $\frac{rkq}{2kC}$, vel ut $mk \times ms$ ad rk quadratum; hoc est, si capiantur datæ quantitates F, G in ea ratione ad invicem quam habet angulus VCP ad angulum VCp, ut GG—FF ad FF. Et propterea, si centro C intervallo quovis CP vel Cp describatur sector circularis æqualis areæ toti VPC, quam corpus P tempore quovis in orbe immobili revolvens radio ad centrum ducto descripsit: differentia virium, quibus corpus P in orbe immobili & corpus p in orbe mobili revolvuntur, erit ad vim centripetam, qua corpus aliquod, radio ad centrum ducto, sectorem illum eodem tempore, quo descripta sit area VPC, uniformiter describere potuisset, ut GG—FF ad FF. Namque sector ille & area pCk sunt ad invicem ut tempora quibus describuntur.

Corol. 2. Si orbis VPK ellipsis sit umbilicum habens C & apsidem summam V; eique similis & æqualis ponatur ellipsis upk, ita ut sit semper pC æqualis PC, & angulus VCp sit ad angulum VCP in data ratione G ad F; pro altitudine autem PC vel pC scribatur A, & pro ellipseos latere recto ponatur 2 R : erit vis, qua corpus in ellipsi mobili revolvi potest, ut $\frac{FF}{AA} + \frac{RGG - RFF}{A \ cub.}$ & contra. Exponatur enim vis qua corpus revolvatur in immota ellipsi per quantitatem $\frac{FF}{AA}$, & vis in V erit $\frac{FF}{CV \ quad.}$. Vis autem qua corpus in circulo ad distantiam CV ea cum velocitate revolvi posset quam corpus in ellipsi revolvens habet in V, est ad vim qua corpus in ellipsi revolvens urgetur in apside V, ut dimidium lateris recti ellipseos ad circuli semidiametrum CV, ideoque valet $\frac{RFF}{CV \ cub.}$: & vis, quæ sit ad hanc ut GG—FF ad FF, valet $\frac{RGG - RFF}{CV \ cub.}$: estque hæc vis (per hujus corol. 1) differentia virium in V quibus corpus P in ellipsi immota VPK, & corpus p in ellipsi mobili upk revolvuntur : Unde cum (per hanc prop.) differentia illa in alia quavis altitudine A sit ad seipsam in altitudine CV ut $\dfrac{1}{A\ cub.}$ ad $\dfrac{1}{CV\ cub.}$, eadem dif-

ferentia in omni altitudine A valebit $\dfrac{RGG-RFF}{A\ cub.}$. Igitur ad vim

$\dfrac{FF}{AA}$, qua corpus revolvi potest in ellipsi immobili VPK, addatur

excessus $\dfrac{RGG-RFF}{A\ cub.}$; & componetur vis tota $\dfrac{FF}{AA}+\dfrac{RGG-RFF}{A\ cub.}$

qua corpus in ellipsi mobili upk iisdem temporibus revolvi possit.

   - *Corol.* 3. Ad eundem modum colligetur quod, si orbis immobilis

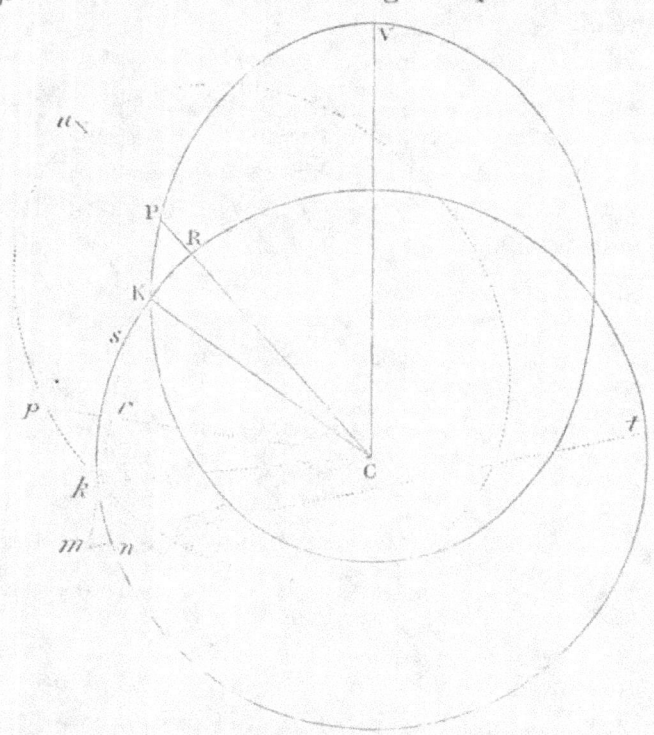

VPK ellipsis sit centrum habens in virium centro C; eique similis,
æqualis & concentrica ponatur ellipsis mobilis upk; sitque 2 R
ellipseos hujus latus rectum principale, & 2 T latus transversum sive
axis major, atque angulus VCp semper sit ad angulum VCP
ut G ad F; vires, quibus corpora in ellipsi immobili & mobili

temporibus æqualibus revolvi possunt, erunt ut $\dfrac{FFA}{T\ cub.}$ & $\dfrac{FFA}{T\ cub.}+$

$\dfrac{RGG-RFF}{A\ cub.}$ respective.

Corol. 4. Et universaliter, si corporis altitudo maxima CV nominetur T, & radius curvaturæ quam orbis VPK habet in V, id est radius circuli æqualiter curvi, nominetur R, & vis centripeta, qua corpus in trajectoria quacunque immobili VPK revolvi potest in loco V, dicatur $\dfrac{VFF}{TT}$, atque aliis in locis P indefinite dicatur X, altitudine CP nominata A, & capiatur G ad F in data ratione anguli VCp ad angulum VCP: erit vis centripeta, qua corpus idem eosdem motus in eadem trajectoria upk circulariter mota temporibus iisdem peragere potest ut summa virium $X + \dfrac{VRGG - VRFF}{A \; cub.}$.

Corol. 5. Dato igitur motu corporis in orbe quocunque immobili, augeri vel minui potest ejus motus angularis circa centrum virium in ratione data, & inde inveniri novi orbes immobiles in quibus corpora novis viribus centripetis gyrentur.

Corol. 6. Igitur si ad rectam CV positione datam erigatur perpendiculum VP longitudinis indeterminatæ, jungaturque CP & ipsi æqualis agatur Cp, constituens angulum VCp, qui sit ad angulum VCP in data ratione ; vis qua corpus gyrari potest in curva illa Vpk, quam punctum p perpetuo tangit, erit reciproce ut cubus altitudinis Cp. Nam corpus P per vim 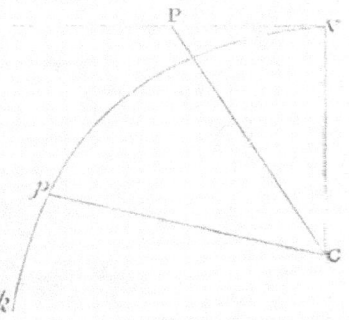 inertiæ, nulla alia vi urgente, uniformiter progredi potest in recta VP. Addatur vis in centrum C, cubo altitudinis CP vel Cp reciproce proportionalis, & (per jam demonstrata) detorquebitur motus ille rectilineus in lineam curvam Vpk. Est autem hæc curva Vpk eadem cum curva illa VPQ in corol. 3 prop. XLI inventa, in qua ibi diximus corpora hujusmodi viribus attracta oblique ascendere.

PROPOSITIO XLV. PROBLEMA XXXI.

Orbium qui sunt circulis maxime finitimi requiruntur motus apsidum.

Problema solvitur arithmetice faciendo ut orbis, quem corpus in ellipsi mobili (ut in propositionis superioris corol. 2 vel 3) revolvens describit in plano immobili, accedat ad formam orbis cujus apsides requiruntur, & quærendo apsides orbis quem corpus illud in plano immobili describit. Orbes autem eandem acquirent formam, si vires centripetæ quibus describuntur, inter se collatæ, in æqualibus altitudinibus reddantur proportionales. Sit punctum V apsis summa, & scribantur T pro altitudine maxima CV, A pro altitudine quavis alia CP vel Cp, & X pro altitudinum differentia $CV-CP$; & vis, qua corpus in ellipsi circa umbilicum suum C (ut in corol. 2) revolvente movetur, quæque in corol. 2 erat ut $\dfrac{FF}{AA}+$

$\dfrac{RGG-RFF}{A\ cub.}$, id est ut $\dfrac{FFA+RGG-RFF}{A\ cub.}$, substituendo $T-X$

pro A, erit ut $\dfrac{RGG-RFF+TFF-FFX}{A\ cub.}$. Reducenda similiter est vis alia quævis centripeta ad fractionem cujus denominator sit A *cub.* & numeratores, facta homologorum terminorum collatione, statuendi sunt analogi. Res exemplis patebit.

Exempl. 1. Ponamus vim centripetam uniformem esse, ideoque ut $\dfrac{A\ cub.}{A\ cub.}$, sive (scribendo $T-X$ pro A in numeratore) ut

$\dfrac{T\ cub.-3TTX+3TXX-X\ cub.}{A\ cub.}$; & collatis numeratorum terminis

correspondentibus, nimirum datis cum datis & non datis cum non datis, fiet $RGG-RFF+TFF$ ad $T\ cub.$ ut $-FFX$ ad $-3TTX+3TXX$ $-X\ cub.$ sive ut $-FF$ ad $-3TT+3TX-XX$. Jam cum orbis ponatur circulo quam maxime finitimus, coeat orbis cum circulo; & ob factas R, T æquales, atque X in infinitum diminutam, rationes ultimæ erunt RGG ad $T\ cub.$ ut $-FF$ ad $-3TT$, seu GG ad TT ut FF ad 3 TT, & vicissim GG ad FF ut TT ad 3 TT, id est, ut 1 ad 3 : ideoque G ad F, hoc est angulus VCp ad angulum VCP, ut 1 ad $\sqrt{3}$. Ergo cum corpus in ellipsi immobili, ab apside summa ad apsidem imam descendendo conficiat angulum VCP (ut ita dicam) graduum 180; corpus aliud in ellipsi mobili, atque ideo in orbe immobili de quo agimus, ab apside summa ad apsidem imam descendendo conficiet angulum VCp graduum $\dfrac{180}{\sqrt{3}}$: id ideo ob similitudinem orbis hujus, quem corpus agente uniformi vi centripeta describit, & orbis illius quem corpus in ellipsi revolvente gyros peragens describit in plano quiescente. Per superiorem terminorum collationem similes redduntur hi orbes, non universaliter sed tunc cum ad formam circularem quam maxime appropinquant. Corpus igitur uniformi cum vi centripeta in orbe propemodum circulari revolvens, inter apsidem summam & apsidem imam conficiet semper angulum $\dfrac{180}{\sqrt{3}}$ graduum, seu 103 *gr.* 55 *m.* 23 *sec.* ad centrum; perveniens ab apside summa ad apsidem imam ubi semel confecit hunc angulum, & inde ad apsidem summam rediens ubi iterum confecit eundem angulum; & sic deinceps in infinitum.

Exempl. 2. Ponamus vim centripetam esse ut altitudinis A dignitas quælibet A^{n-3} seu $\dfrac{A^n}{A^3}$: ubi $n-3$ & n significant dignitatum indices quoscunque integros vel fractos, rationales vel irrationales, affirmativos vel negativos. Numerator ille A^n seu $\overline{T-X}\,{}^n$ in seriem indeterminatam per methodum nostram serierum convergentium reducta, evadit $T^n - n\,X\,T^{n-1} + \dfrac{n\,n-n}{2}\,X\,X\,T^{n-2}$ &c. Et collatis hujus terminis cum terminis numeratoris alterius $RGG - RFF + TFF - FFX$, fit $RGG - RFF + TFF$ ad T^n ut $-FF$ ad $-n\,T^{n-1} + \dfrac{n\,n-n}{2}\,X\,T^{n-2}$ &c. Et sumendo rationes ultimas ubi orbes ad formam circularem accedunt, fit RGG ad T^n ut $-FF$ ad $-n\,T^{n-1}$, seu GG ad T^{n-1} ut FF ad $n\,T^{n-1}$, & vicissim GG ad FF ut T^{n-1} ad $n\,T^{n-1}$ id est ut 1 ad n; ideoque G ad F, id est angulus VCp ad angulum VCP, ut 1 ad $\sqrt{n}$. Quare cum angulus VCP, in descensu corporis ab apside summa ad apsidem imam in ellipsi confectus, sit graduum 180; conficietur angulus VCp, in descensu corporis ab apside summa ad apsidem imam, in orbe propemodum circulari quem corpus quodvis vi centripeta dignitati A^{n-3} proportionali describit, æqualis angulo graduum $\frac{180}{\sqrt{n}}$; & hoc angulo repetito corpus redibit ab apside ima ad apsidem summam, & sic deinceps in infinitum. Ut si vis centripeta sit ut distantia corporis a centro, id est, ut A seu $\frac{A^4}{A^3}$, erit n æqualis 4 & $\sqrt{n}$ æqualis 2; ideoque angulus inter apsidem summam & apsidem imam æqualis $\frac{180}{2}$ *gr.* seu 90 *gr.* Completa igitur quarta parte revolutionis unius corpus perveniet ad apsidem imam, & completa alia quarta parte ad apsidem summam, & sic deinceps per vices in infinitum. Id quod etiam ex propositione x manifestum est. Nam corpus urgente hac vi centripeta revolvetur in ellipsi immobili, cujus centrum est in centro virium. Quod si vis centripeta sit reciproce ut distantia, id est directe ut $\frac{1}{A}$ seu $\frac{A^2}{A^3}$, erit n æqualis 2, ideoque inter apsidem summam & imam angulus erit graduum $\frac{180}{\sqrt{2}}$ seu 127 *gr.* 16 *m.* 45 *sec.* & propterea corpus tali vi revolvens, perpetua anguli hujus repetitione, vicibus alternis ab apside summa ad imam & ab ima ad summam perveniet in æternum. Porro si vis centripeta sit reciproce ut latus quadrato-quadratum undecimæ dignitatis altitudinis, id est reciproce ut $A^{\frac{11}{4}}$, ideoque directe ut $\frac{1}{A^{\frac{11}{4}}}$ seu ut $\frac{A^{\frac{1}{4}}}{A^3}$ erit n æqualis $\frac{1}{4}$, & $\frac{180}{\sqrt{n}}$ *gr.* æqualis 360 *gr.* & propterea corpus de apside summa discedens & subinde perpetuo descendens, perveniet ad apsidem imam ubi complevit revolutionem integram, dein perpetuo ascensu complendo aliam revolutionem integram, redibit ad apsidem summam: & sic per vices in æternum.

Exempl. 3. Assumentes m & n pro quibusvis indicibus dignitatum altitudinis, & b, c pro numeris quibusvis datis, ponamus vim centripetam esse ut $\frac{b A^m + c A^n}{A \; cub.}$, id est, ut $\frac{b \; in \; \overline{T-X}|^m + c \; in \; \overline{T-X}|^n}{A \; cub.}$

seu (per eandem methodum nostram serierum convergentium) ut

$$\frac{b\,T^m + c\,T^n - mb\,X\,T^{m-1} - nc\,X\,T^{n-1} + \dfrac{m\,m-m}{2}b\,X\,X\,T^{m-2} + \dfrac{n\,n-n}{2}c\,X\,X\,T^{n-2}\ \&c.}{A\ cub.}$$

& collatis numeratorum terminis, fiet $R\,G\,G - R\,F\,F + T\,F\,F$ ad $b\,T^m + c\,T^n$, ut $-F\,F$ ad $-m\,b\,T^{m-1} - n\,c\,T^{n-1} + \dfrac{m\,m-m}{2}\,b\,X\,T^{m-2}$

$+ \dfrac{n\,n-n}{2}\,c\,X\,T^{n-2}$ &c. Et sumendo rationes ultimas quæ prodeunt ubi orbes ad formam circularem accedunt, fit $G\,G$ ad $b\,T^{m-1} + c\,T^{n-1}$, ut $F\,F$ ad $mc\,T^{m-1} + nc\,T^{n-1}$, & vicissim $G\,G$ ad $F\,F$ ut $b\,T^{m-1} + c\,T^{n-1}$ ad $m\,b\,T^{m-1} + n\,c\,T^{n-1}$. Quæ proportio, exponendo altitudinem maximam $C\,V$ seu T arithmetice per unitatem, fit $G\,G$ ad $F\,F$ ut $b+c$ ad $m\,b + n\,c$, ideoque ut 1 ad $\dfrac{m\,b+n\,c}{b+c}$. Unde est G ad F, id est angulus VCp ad angulum VCP, ut 1 ad $\sqrt{\dfrac{m\,b+n\,c}{b+c}}$. Et propterea cum angulus VCP inter apsidem summam & apsidem imam in ellipsi immobili sit $180\ gr.$ erit angulus VCp inter easdem apsides, in orbe quem corpus vi centripeta quantitati $\dfrac{b\,A^m + c\,A^n}{A\ cub.}$ proportionali describit, æqualis angulo graduum $180\,\sqrt{\dfrac{b+c}{m\,b+n\,c}}$. Et eodem argumento si vis centripeta sit ut $\dfrac{b\,A^m - c\,A^n}{A\ cub.}$, angulus inter apsides invenietur graduum $180\,\sqrt{\dfrac{b-c}{m\,b-n\,c}}$. Nec secus resolvetur problema in casibus difficilioribus. Quantitas, cui vis centripeta proportionalis est, resolvi semper debet in series convergentes denominatorem habentes $A\ cub.$ Dein pars data numeratoris qui ex illa operatione provenit ad ipsius partem alteram non datam, & pars data numeratoris hujus $R\,G\,G - R\,F\,F + T\,F\,F - F\,F\,X$ ad ipsius partem alteram non datam in eadem ratione ponendæ sunt : Et quantitates superfluas delendo, scribendoque unitatem pro T, obtinebitur proportio G ad F.

Corol. 1. Hinc si vis centripeta sit ut aliqua altitudinis dignitas, inveniri potest dignitas illa ex motu apsidum; & contra. Nimirum si motus totus angularis, quo corpus redit ad apsidem eandem, sit ad motum angularem revolutionis unius, seu graduum 360, ut numerus aliquis m ad numerum alium n, & altitudo nominetur A : erit vis ut altitudinis dignitas illa $A^{\frac{nn}{mm}-3}$, cujus index est $\frac{nn}{mm} - 3$. Id quod per exempla secunda manifestum est. Unde liquet vim illam in majore quam triplicata altitudinis ratione, in recessu a centro, decrescere non posse : Corpus tali vi revolvens deque apside discedens, si cœperit descendere nunquam perveniet ad apsidem imam seu altitudinem minimam, sed descendet usque ad centrum, describens curvam illam lineam de qua egimus in corol. 3. prop. XLI. Sin cœperit illud, de apside discedens, vel minimum ascendere ; ascendet in infinitum, neque unquam perveniet ad apsidem summam. Describet enim curvam illam lineam de qua actum est in eodem corol. & in corol. 6 prop. XLIV. Sic & ubi vis, in recessu a centro, decrescit in majore quam triplicata ratione altitudinis, corpus de apside discedens, perinde ut cœperit descendere vel ascendere, vel descendet ad centrum usque vel ascendet in infinitum. At si vis, in recessu a centro, vel decrescat in minore quam triplicata ratione altitudinis, vel crescat in altitudinis ratione quacunque ; corpus nunquam descendet ad centrum usque, sed ad apsidem imam aliquando perveniet : & contra, si corpus de apside ad apsidem alternis vicibus descendens & ascendens nunquam appellat ad centrum ; vis in recessu a centro aut augebitur, aut in minore quam triplicata altitudinis ratione decrescet : & quo citius corpus de apside ad apsidem redierit, eo longius ratio virium recedet a ratione illa triplicata. Ut si corpus revolutionibus 8 vel 4 vel 2 vel $1\frac{1}{2}$ de apside summa ad apsidem summam alterno descensu & ascensu redierit ; hoc est, si fuerit m ad n ut 8 vel 4 vel 2 vel $1\frac{1}{2}$ ad 1, ideoque $\frac{nn}{mm} - 3$ valeat $\frac{1}{64} - 3$ vel $\frac{1}{16} - 3$ vel $\frac{1}{4} - 3$ vel $\frac{4}{9} - 3$: erit vis ut $A^{\frac{1}{64}-3}$ vel $A^{\frac{1}{16}-3}$ vel $A^{\frac{1}{4}-3}$ vel $A^{\frac{4}{9}-3}$, id est, reciproce ut $A^{3-\frac{1}{64}}$ vel $A^{3-\frac{1}{16}}$ vel $A^{3-\frac{1}{4}}$ vel $A^{3-\frac{4}{9}}$. Si corpus singulis revolutionibus redierit ad apsidem eandem immotam ; erit m ad n ut 1 ad 1, ideoque $A^{\frac{nn}{mm}-3}$ æqualis A^{-2} seu $\frac{1}{AA}$; & propterea decrementum virium in ratione duplicata altitudinis, ut in præcedentibus demonstratum est. Si corpus partibus revolutionibus unius vel tribus quartis, vel duabus tertiis, vel una tertia, vel una quarta, ad apsidem eandem redierit; erit m ad n ut $\frac{3}{4}$ vel $\frac{2}{3}$ vel $\frac{1}{3}$ vel $\frac{1}{4}$ ad 1, ideoque $A^{\frac{nn}{mm}-3}$ æqualis $A^{\frac{16}{9}-3}$ vel $A^{\frac{9}{4}-3}$ vel A^{9-3} vel A^{16-3}; & propterea vis aut reciproce ut $A^{\frac{11}{9}}$ vel $A^{\frac{3}{4}}$, aut directe ut A^6 vel A^{13}. Denique si corpus pergendo ab apside summa ad apsidem summam confecerit revolutionem integram, & præterea gradus tres, ideoque apsis illa singulis corporis revolutionibus confecerit in consequentia gradus tres; erit m ad n ut 363 *gr.* ad 360 *gr.* sive ut 121 ad 120, ideoque $A^{\frac{nn}{mm}-3}$ erit æquale $A^{-\frac{29523}{14641}}$; & propterea vis centripeta reciproce ut $A^{\frac{29523}{14641}}$ seu reciproce ut $A^{2\frac{4}{243}}$ proxime. Decrescit igitur vis centripeta in ratione paulo majore quam duplicata, sed quæ vicibus $59\frac{3}{4}$ propius ad duplicatam quam ad triplicatam accedit.

Corol. 2. Hinc etiam si corpus, vi centripeta quæ sit reciproce ut quadratum altitudinis, revolvatur in ellipsi umbilicum habente in centro virium, & huic vi centripetæ addatur vel auferatur vis alia quævis extranea; cognosci potest (per exempla tertia) motus apsidum qui ex vi illa extranea orietur: & contra. Ut si vis qua corpus revolvitur in ellipsi sit ut $\frac{1}{AA}$, & vis extranea ablata ut cA, ideoque vis reliqua ut $\frac{A-cA^4}{A\ cub.}$; erit (in exemplis tertiis) b æqualis 1, m æqualis 1, & n æqualis 4, ideoque angulus revolutionis inter apsides æqualis angulo graduum $180\ \sqrt{\dfrac{1-c}{1-4\ c}}$. Ponamus vim illam extraneam esse 357.45 partibus minorem quam vis altera qua corpus revolvitur in ellipsi, id est c esse $\frac{100}{35745}$, existente A vel T æquali 1, & $180\ \sqrt{\dfrac{1-c}{1-4\ c}}$ evadet $180\ \sqrt{\frac{35645}{35345}}$, seu 180.7623, id est, 180 *gr.* 45 *m.* 44 *s.* Igitur corpus de apside summa discedens, motu angulari 180 *gr.* 45 *m.* 44 *s.* perveniet ad apsidem imam, & hoc motu duplicato ad apsidem summam redibit: ideoque apsis summa singulis revolutionibus progrediendo conficiet 1 *gr.* 31 *m.* 28 *sec.* Apsis lunæ est duplo velocior circiter.

Hactenus de motu corporum in orbibus quorum plana per centrum virium transeunt. Superest ut motus etiam determinemus in planis excentricis. Nam scriptores qui motum gravium tractant, considerare solent ascensus & descensus ponderum, tam obliquos in planis quibuscunque datis, quam perpendiculares : & pari jure motus corporum viribus quibuscunque centra petentium, & planis excentricis innitentium hic considerandus venit. Plana autem supponimus esse politissima & absolute lubrica ne corpora retardent. Quinimo, in his demonstrationibus, vice planorum quibus corpora incumbunt quæque tangunt incumbendo, usurpamus plana his parallela, in quibus centra corporum moventur & orbitas movendo describunt. Et eadem lege motus corporum in superficiebus curvis peractos subinde determinamus.

SECTIO X.

De motu corporum in superficiebus datis, deque funipendulorum motu reciproco.

PROPOSITIO XLVI. PROBLEMA XXXII.

Posita cujuscunque generis vi centripeta, datoque tum virium centro tum plano quocunque in quo corpus revolvitur, & concessis figurarum curvilinearum quadraturis: requiritur motus corporis de loco dato, data cum velocitate, secundum rectam in plano illo datam egressi.

Sit S centrum virium, SC distantia minima centri hujus a plano dato, P corpus de loco P secundum rectam PZ egrediens, Q corpus idem in trajectoria sua revolvens, & PQR trajectoria illa, in plano dato descripta, quam invenire oportet. Jungantur CQ, QS, & si in QS capiatur SV proportionalis vi centripetæ qua corpus trahitur versus centrum S, & agatur VT quæ sit parallela CQ & occurrat SC in T: vis SV resolvetur (per legum corol. 2) in vires ST, TV; quarum ST trahendo corpus secundum lineam plano perpendicularem, nil mutat motum ejus in hoc plano. Vis autem altera TV, agendo secundum positionem plani, trahit corpus directe versus punctum *C* in plano datum, ideoque efficit, ut corpus illud in hoc plano perinde moveatur, ac si vis *S T* tolleretur, & corpus vi sola *T V* revolveretur circa centrum *C* in spatio libero.   Data autem vi centripeta *T V* qua corpus *Q* in spatio libero circa centrum datum

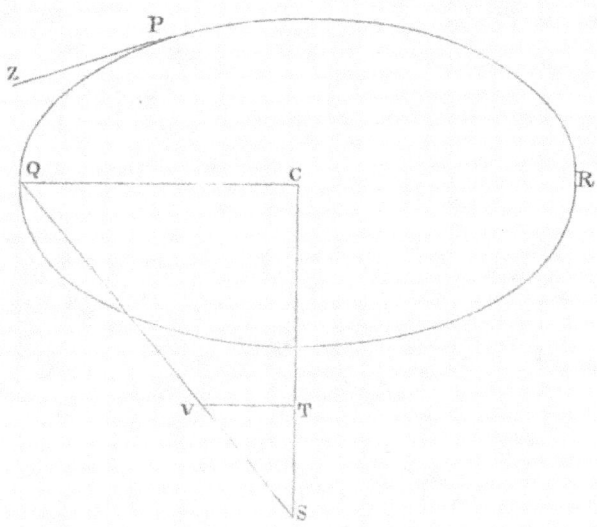

C revolvitur, datur (per prop. XLII) tum trajectoria *P Q R*, quam corpus describit, tum locus *Q*, in quo corpus ad datum quodvis tempus versabitur, tum denique velocitas corporis in loco illo *Q ;* & contra. *Q. E. I.*

PROPOSITIO XLVII. THEOREMA XV.

Posito quod vis centripeta proportionalis sit distantiæ corporis a centro; corpora omnia in planis quibuscunque revolventia describent ellipses, & revolutiones temporibus æqualibus peragent ; quæque moventur in lineis rectis, ultro citroque discurrendo, singulas eundi & redeundi periodos iisdem temporibus absolvent.

Nam, stantibus quæ in superiore propositione, vis *S V*, qua corpus *Q* in plano quovis *P Q R* revolvens trahitur versus centrum *S*, est ut distantia *S Q*; atque ideo ob proportionales *S V* & *S Q*, *T V* & *C Q*, vis *T V*, qua corpus trahitur versus punctum *C* in orbis plano datum, est ut distantia *C Q*. Vires igitur, quibus corpora in plano

PQR versantia trahuntur versus punctum C, sunt pro ratione distantiarum æquales viribus quibus corpora undiquaque trahuntur versus
centrum S; & propterea corpora movebuntur iisdem temporibus,
in iisdem figuris, in plano quovis PQR circa punctum C, atque in

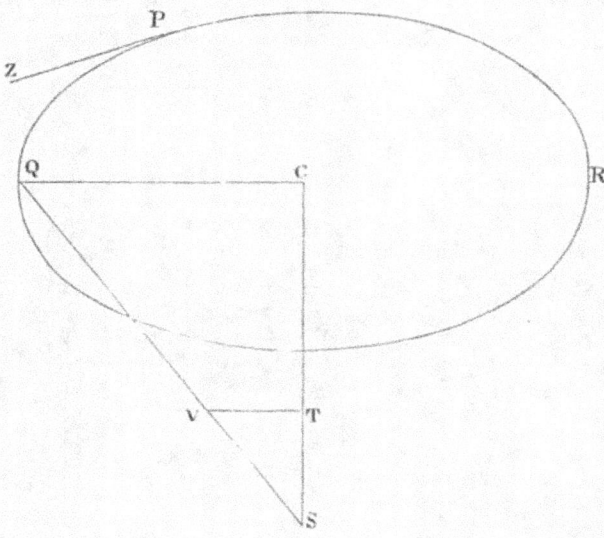

spatiis liberis circa centrum S; ideoque (per corol. 2 prop. x &
corol. 2 prop. xxxviii) temporibus semper æqualibus, vel describent
ellipses in plano illo circa centrum C, vel periodos movendi ultro
citroque in lineis rectis per centrum C in plano illo ductis complebunt.
$Q.E.D.$

Scholium.

His affines sunt ascensus ac descensus corporum in superficiebus
curvis. Concipe lineas curvas in plano describi, dein circum axes
quosvis datos per centrum virium transeuntes revolvi, & ea revolutione
superficies curvas describere; tum corpora ita moveri ut eorum
centra in his superficiebus perpetuo reperiantur. Si corpora illa
oblique ascendendo & descendendo currant ultro citroque; peragentur eorum motus in planis per axem transeuntibus, atque ideo
in lineis curvis, quarum revolutione curvæ illæ superficies genitæ
sunt. Istis igitur in casibus sufficit motum in his lineis curvis
considerare.

PROPOSITIO XLVIII. THEOREMA XVI.

Si rota globo extrinsecus ad angulos rectos insistat, & more rotarum revolvendo progrediatur in circulo maximo; longitudo itineris curvilinei, quod punctum quodvis in rotæ perimetro datum, ex quo globum tetigit, confecit, (quodque cycloidem vel epicycloidem nominare licet) erit ad duplicatum sinum versum arcus dimidii qui globum ex eo tempore inter eundum tetigit, ut summa diametrorum globi & rotæ ad semidiametrum globi.

PROPOSITIO XLIX. THEOREMA XVII.

Si rota globo concavo ad rectos angulos intrinsecus insistat & revolvendo progrediatur in circulo maximo; longitudo itineris curvilinei quod punctum quodvis in rotæ perimetro datum, ex quo globum tetigit, confecit, erit ad duplicatum sinum versum arcus dimidii qui globum toto hoc tempore inter eundum tetigit, ut differentia diametrorum globi & rotæ ad semidiametrum globi.

Sit $A B L$ globus, C centrum ejus, $B P V$ rota ei insistens, E centrum rotæ, B punctum contactus, & P punctum datum in perimetro rotæ. Concipe hanc rotam pergere in circulo maximo $A B L$ ab A per B versus L, & inter eundum ita revolvi ut arcus $A B$, $P B$ sibi invicem semper æquentur, atque punctum illud P in perimetro rotæ datum interea describere viam curvilineam $A P$. Sit autem $A P$ via tota curvilinea descripta ex quo rota globum tetigit in A, & erit viæ hujus longitudo $A P$ ad duplum sinum versum arcus $\frac{1}{2} P B$, ut 2 $C E$ ad $C B$. Nam recta $C E$ (si opus est producta) occurrat rotæ in V, junganturque $C P$, $B P$, $E P$, $V P$, & in $C P$ productam demittatur normalis $V F$. Tangant $P H$, $V H$ circulum in P & V concurrentes in H, secetque $P H$ ipsam $V F$ in G, & ad $V P$ demittantur normales $G I$, $H K$. Centro item C & intervallo quovis describatur circulus $n o m$ secans rectam $C P$ in n, rotæ perimetrum $B P$ in o, & viam curvilineam $A P$ in m; centroque

K

V & intervallo Vo describatur circulus secans VP productam in q.

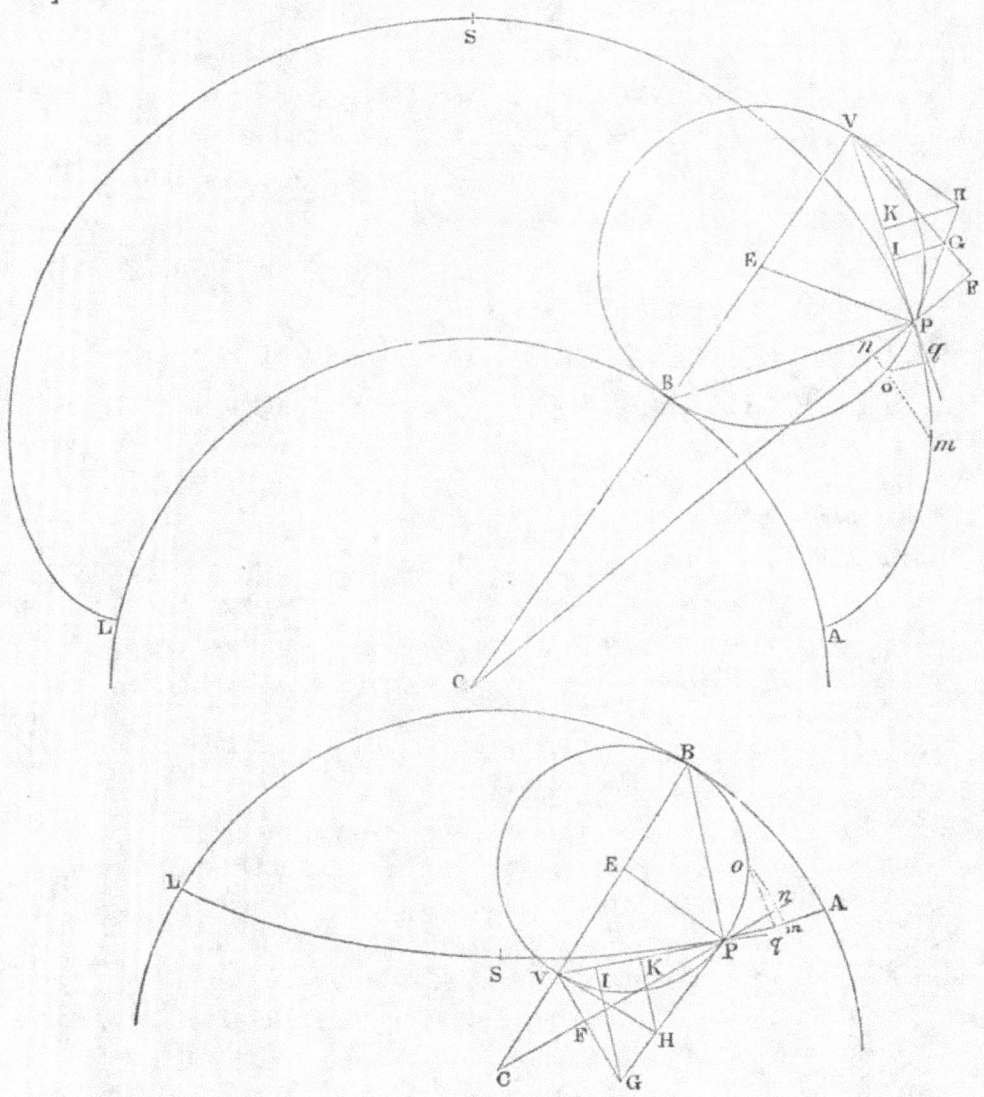

Quoniam rota eundo semper revolvitur circa punctum contactus B, manifestum est quod recta BP perpendicularis est ad lineam illam curvam AP quam rotæ punctum P describit, atque ideo quod recta VP tanget hanc curvam in puncto P. Circuli nom radius sensim auctus vel diminutus æquetur tandem distantiæ CP; &,

ob similitudinem figuræ evanescentis $P n o m q$ & figuræ $P F G V I$, ratio ultima lineolarum evanescentium $P m$, $P n$, $P o$, $P q$, id est, ratio mutationum momentanearum curvæ $A P$, rectæ $C P$, arcus circularis $B P$, ac rectæ $V P$, eadem erit quæ linearum $P V$, $P F$, $P G$, $P I$ respective. Cum autem $V F$ ad $C F$ & $V H$ ad $C V$ perpendiculares sint, angulique $H V G$, $V C F$ propterea æquales; & angulus $V H G$ (ob angulos quadrilateri $H V E P$ ad V & P rectos) angulo $C E P$ æqualis est, similia erunt triangula $V H G$, $C E P$; & inde fiet ut $E P$ ad $C E$ ita $H G$ ad $H V$ seu $H P$ & ita $K I$ ad $K P$, & composite vel divisim ut $C B$ ad $C E$ ita $P I$ ad $P K$, & duplicatis consequentibus ut $C B$ ad $2 C E$ ita $P I$ ad $P V$, atque ita $P q$ ad $P m$. Est igitur decrementum lineæ $V P$, id est, incrementum lineæ $B V - V P$ ad incrementum lineæ curvæ $A P$ in data ratione $C B$ ad $2 C E$, & propterea (per corol. lem. IV) longitudines $B V - V P$ & $A P$, incrementis illis genitæ, sunt in eadem ratione. Sed, existente $B V$ radio, est $V P$ co-sinus anguli $B V P$ seu $\frac{1}{2} B E P$, ideoque $B V - V P$ sinus versus est ejusdem anguli; & propterea in hac rota, cujus radius est $\frac{1}{2} B V$, erit $B V - V P$ duplus sinus versus arcus $\frac{1}{2} B P$. Ergo $A P$ est ad duplum sinum versum arcus $\frac{1}{2} B P$ ut $2 C E$ ad $C B$. Q. E. D.

Lineam autem $A P$ in propositione priore cycloidem extra globum, alteram in posteriore cycloidem intra globum distinctionis gratia nominabimus.

Corol. 1. Hinc si describatur cyclois integra $A S L$ & bisecetur ea in S, erit longitudo partis $P S$ ad longitudinem $V P$ (quæ duplus est sinus anguli $V B P$, existente $E B$ radio) ut $2 C E$ ad $C B$, atque ideo in ratione data.

Corol. 2. Et longitudo semiperimetri cycloidis $A S$ æquabitur lineæ rectæ, quæ est ad rotæ diametrum $B V$ ut $2 C E$ ad $C B$.

PROPOSITIO L. PROBLEMA XXXIII.

Facere ut corpus pendulum oscilletur in cycloide data.

Intra globum $Q V S$, centro C descriptum, detur cyclois $Q R S$ bisecta in R & punctis suis extremis Q & S superficiei globi hinc inde occurrens. Agatur $C R$ bisecans arcum $Q S$ in O, & producatur ea ad A, ut sit $C A$ ad $C O$ ut $C O$ ad $C R$. Centro C

intervallo CA describatur globus exterior DAF, & intra hunc globum a rota, cujus diameter sit AO, describantur duæ semicycloides AQ, AS, quæ globum interiorem tangant in Q & S & globo exteriori occurrant in A. A puncto illo A, filo APT longitudinem AR æquante, pendeat corpus T, & ita intra semicycloides AQ, AS oscilletur, ut quoties pendulum digreditur a perpendiculo AR, filum parte sui superiore AP applicetur ad semicycloidem illam APS versus quam peragitur motus, & circum eam ceu obstaculum flectatur, parteque reliqua PT, cui semicyclois nondum objicitur, protendatur in lineam rectam ; & pondus T oscillabitur in cycloide data QRS. Q. E. F.

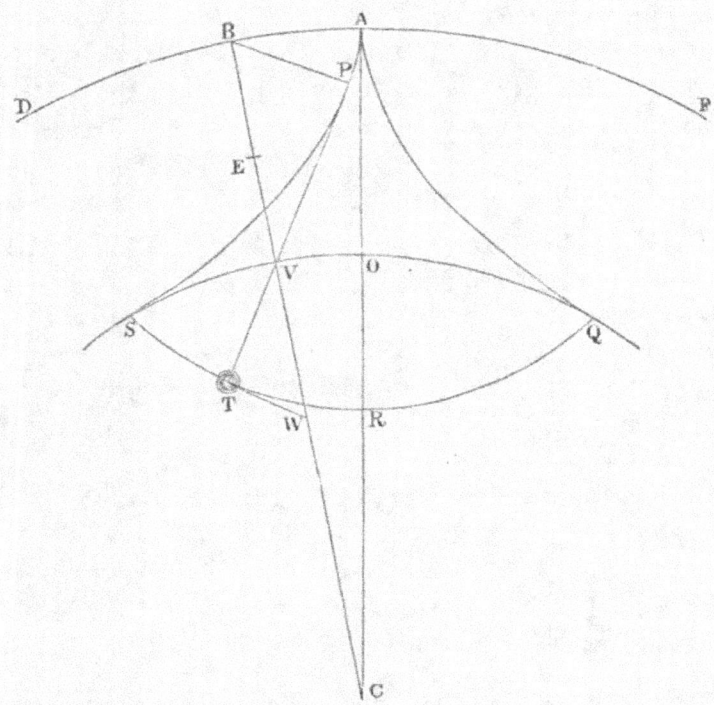

Occurrat enim filum PT tum cycloidi QRS in T, tum circulo QOS in V, agaturque CV ; & ad fili partem rectam PT, e punctis extremis P ac T, erigantur perpendicula BP, TW, occurrentia rectæ CV in B & W. Patet, ex constructione & genesi similium figurarum AS, SR, perpendicula illa PB, TW abscindere de CV longitudines VB, VW rotarum diametris OA, OR æquales. Est igitur TP ad VP (duplum sinum anguli VBP existente $\frac{1}{2}BV$ radio) ut BW ad BV, seu $AO + OR$ ad AO, id est (cum sint CA

ad CO, CO ad CR & divisim AO ad OR proportionales) ut $CA +$ CO ad CA, vel, si bisecetur BV in E, ut $2\,CE$ ad CB. Proinde (per corol. 1 prop. XLIX) longitudo partis rectæ fili PT æquatur semper cycloidis arcui PS, & filum totum APT æquatur semper cycloidis arcui dimidio APS, hoc est (per corol. 2 prop. XLIX) longitudini AR. Et propterea vicissim si filum manet semper æquale longitudini AR movebitur punctum T in cycloide data QRS. *Q.E.D.*

Corol. Filum AR æquatur semicycloidi AS, ideoque ad globi exterioris semidiametrum AC eandem habet rationem quam similis illi semicyclois SR habet ad globi interioris semidiametrum CO.

PROPOSITIO LI. THEOREMA XVIII.

Si vis centripeta tendens undique ad globi centrum C sit in locis singulis ut distantia loci cujusque a centro, & hac sola vi agente corpus T oscilletur (modo jam descripto) in perimetro cycloidis QRS: dico quod oscillationum utcunque inæqualium æqualia erunt tempore.

Nam in cycloidis tangentem TW infinite productam cadat

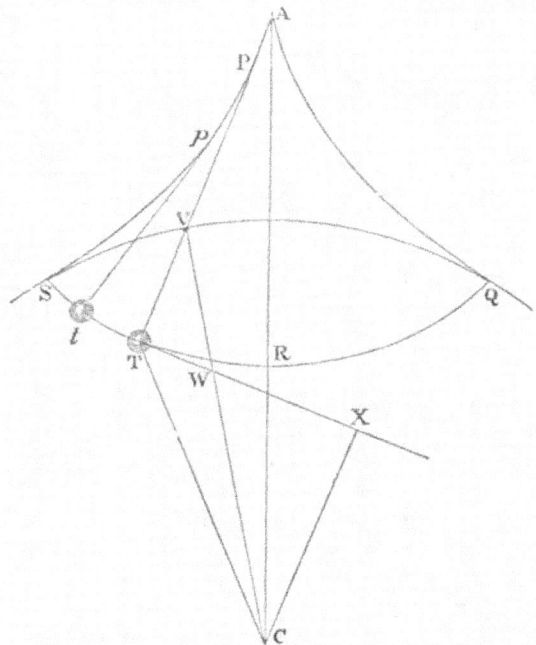

perpendiculum CX & jungatur CT. Quoniam vis centripeta qua corpus T impellitur versus C est ut distantia CT, atque hæc (per legum corol. 2) resolvitur in partes CX, TX, quarum CX impellendo corpus directe a P distendit filum PT & per ejus resistentiam tota cessat, nullum alium edens effectum; pars autem altera TX, urgendo corpus transversim seu versus X, directe accelerat motum ejus in cycloide; manifestum est quod corporis acceleratio, huic vi acceleratrici proportionalis, sit singulis momentis ut longitudo TX, id est, ob datas CV, WV iisque proportionales TX, TW, ut longitudo TW, hoc est (per corol. 1 prop. XLIX) ut longitudo arcus

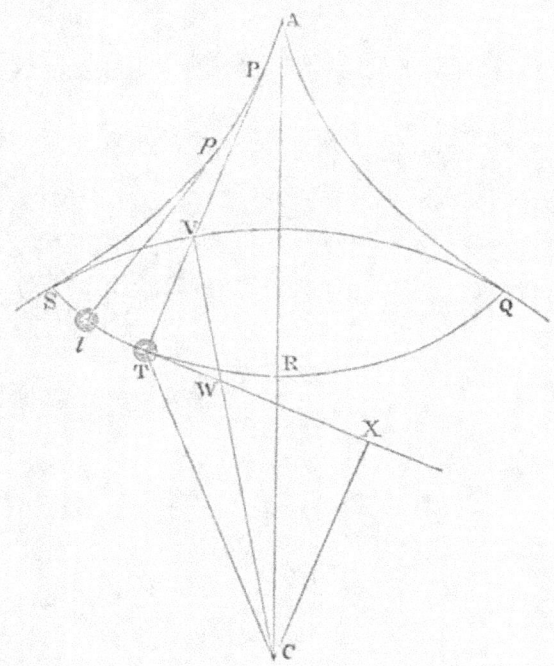

cycloidis TR.   Pendulis igitur duobus APT, Apt de perpendiculo AR inæqualiter deductis & simul dimissis, accelerationes eorum semper erunt ut arcus describendi TR, tR.   Sunt autem partes sub initio descriptæ ut accelerationes, hoc est, ut totæ sub initio describendæ, & propterea partes quæ manent describendæ & accelerationes subsequentes, his partibus proportionales, sunt etiam ut totæ; & sic deinceps.   Sunt igitur accelerationes, atque ideo velocitates genitæ & partes his velocitatibus descriptæ partesque describendæ, semper ut totæ; & propterea partes describendæ datam servantes rationem ad invicem simul evanescent, id est, corpora duo oscillantia simul pervenient ad perpendiculum *A R*.   Cumque vicissim ascensus perpendiculorum de loco infimo *R*, per eosdem arcus cycloidales motu retrogrado facti, retardentur in locis singulis a viribus iisdem a quibus descensus accelerabantur, patet velocitates ascensuum ac descensuum per eosdem arcus factorum æquales esse, atque ideo temporibus æqualibus fieri; & propterea, cum cycloidis partes duæ *R S* & *R Q* ad utrumque perpendiculi latus jacentes sint similes & æquales, pendula duo oscillationes suas tam totas quam dimidias iisdem temporibus semper peragent.   *Q. E. D.*

Corol. Vis qua corpus *T* in loco quovis *T* acceleratur vel retardatur in cycloide, est ad totum corporis ejusdem pondus in loco altissimo *S* vel *Q*, ut cycloidis arcus *T R* ad ejusdem arcum *S R* vel *Q R*.

PROPOSITIO LII.   PROBLEMA XXXIV.

Definire & velocitates pendulorum in locis singulis, & tempora quibus tum oscillationes totæ, tum singulæ oscillationum partes peraguntur.

Centro quovis *G*, intervallo *G H* cycloidis arcum *R S* æquante,

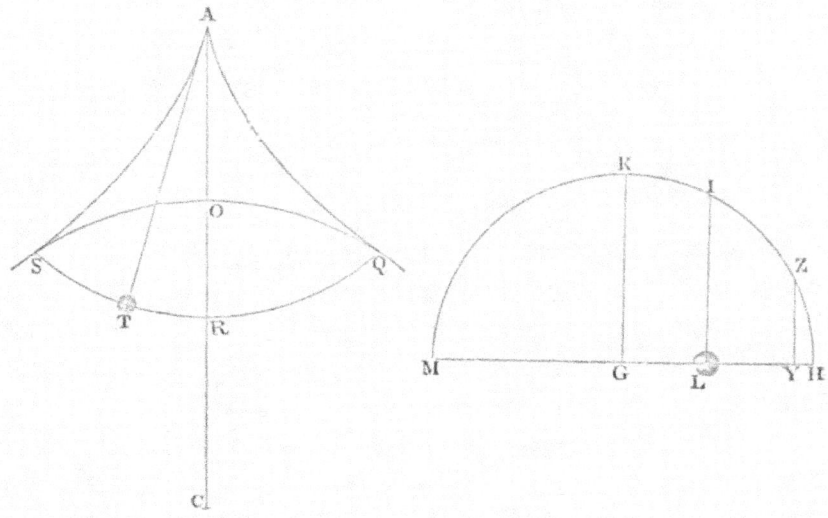

describe semicirculum *H K M* semidiametro *G K* bisectum.   Et si vis centripeta, distantiis locorum a centro proportionalis, tendat ad centrum *G*, sitque ea in perimetro *H I K* æqualis vi centripetæ in perimetro globi *Q O S* ad ipsius centrum tendenti ; & eodem tempore quo pendulum *T* dimittitur e loco supremo *S*, cadat corpus aliquod *L* ab *H* ad *G :* quoniam vires quibus corpora urgentur sunt æquales sub initio & spatiis describendis *T R*, *L G* semper proportionales, atque ideo, si æquantur *T R* & *L G*, æquales in locis *T* & *L ;* patet corpora illa describere spatia *S T*, *H L* æqualia sub initio, ideoque subinde pergere æqualiter urgeri, & æqualia spatia describere. Quare (per prop. xxxviii) tempus quo corpus describit arcum *S T* est ad tempus oscillationis unius, ut arcus *H I*, tempus quo corpus *H* perveniet ad *L*, ad semiperipheriam

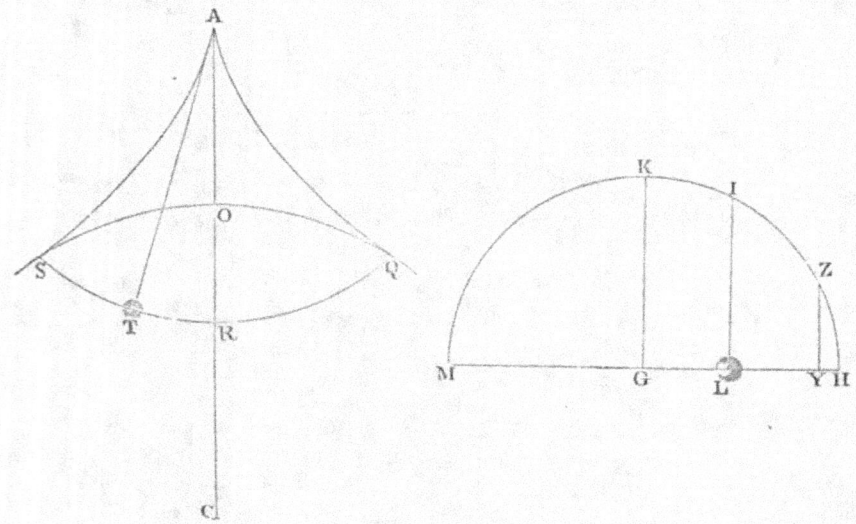

H K M, tempus quo corpus *H* perveniet ad *M*. Et velocitas corporis penduli in loco *T* est ad velocitatem ipsius in loco infimo *R*, (hoc est, velocitas corporis *H* in loco *L* ad velocitatem ejus in loco *G*, seu incrementum momentaneum lineæ *H L* ad incrementum momentaneum lineæ *HG*, arcubus *H I*, *H K* æquabili fluxu crescentibus) ut ordinatim applicata *L I* ad radium *GK*, sive ut $\sqrt{SRq. - TRq.}$ ad *S R*. Unde cum, in oscillationibus inæqualibus, describantur æqualibus temporibus arcus totis oscillationum arcubus proportionales; habentur, ex datis temporibus, & velocitates & arcus descripti in oscillationibus universis. Quæ erant primo invenienda.

Oscillentur jam funipendula corpora in cycloidibus diversis intra globos diversos, quorum diversæ sunt etiam vires absolutæ, descriptis: &, si vis absoluta globi cujusvis $Q\,O\,S$ dicatur V, vis acceleratrix qua pendulum urgetur in circumferentia hujus globi, ubi incipit directe versus centrum ejus moveri, erit ut distantia corporis penduli a centro illo & vis absoluta globi conjunctim, hoc est ut $CO \times V$. Itaque lineola $H\,Y$, quæ sit ut hæc vis acceleratrix $CO \times V$, describetur dato tempore; &, si erigatur normalis YZ circumferentiæ occurrens in Z, arcus nascens HZ denotabit datum illud tempus. Est autem arcus hic nascens HZ in subduplicata ratione rectanguli $G\,H\,Y$, ideoque ut $\sqrt{GH \times \overline{CO \times V}}$. Unde tempus oscillationis integræ in cycloide $Q\,R\,S$ (cum sit ut semiperipheria $H\,K\,M$, quæ oscillationem illam integram denotat, directe; utque arcus HZ, qui datum tempus similiter denotat, inverse) fiet ut $G\,H$ directe & $\sqrt{GH \times CO \times V}$ inverse, hoc est, ob æquales $G\,H$ & $S\,R$ ut $\sqrt{\dfrac{SR}{CO \times V}}$, sive (per corol. prop. 1.) ut $\sqrt{\dfrac{AR}{AC \times V}}$. Itaque oscillationes in globis & cycloidibus omnibus, quibuscunque cum viribus absolutis factæ, sunt in ratione quæ componitur ex subduplicata ratione longitudinis fili directe, & subduplicata ratione distantiæ inter punctum suspensionis & centrum globi inverse, & subduplicata ratione vis absolutæ globi etiam inverse. *Q. E. I.*

Corol. 1. Hinc etiam oscillantium, cadentium & revolventium corporum tempora possunt inter se conferri. Nam si rotæ, qua cyclois intra globum describitur, diameter constituatur æqualis semidiametro globi cyclois evadet linea recta per centrum globi transiens, & oscillatio jam erit descensus & subsequens ascensus in hac recta. Unde datur tum tempus descensus de loco quovis ad centrum, tum tempus huic æquale quo corpus uniformiter circa centrum globi ad distantiam quamvis revolvendo arcum quadrantalem describit. Est enim hoc tempus (per casum secundum) ad tempus semioscillationis in cycloide quavis $Q\,R\,S$ ut 1 ad $\sqrt{\dfrac{AR}{AC}}$.

Corol. 2. Hinc etiam consectantur quæ *Wrennus* & *Hugenius* de cycloide vulgari adinvenerunt. Nam si globi diameter augeatur in infinitum: mutabitur ejus superficies sphærica in planum, visque centripeta aget uniformiter secundum lineas huic plano perpendiculares, & cyclois nostra abibit in cycloidem vulgi. Isto autem in casu longitudo arcus cycloidis, inter planum illud & punctum describens, æqualis evadet quadruplicato sinui verso dimidii arcus rotæ inter idem planum & punctum describens; ut invenit *Wrennus:* Et pendulum inter duas ejusmodi cycloides in simili & æquali cycloide temporibus æqualibus oscillabitur, ut demonstravit *Hugenius.* Sed & descensus gravium, tempore oscillationis unius, is erit quem *Hugenius* indicavit.

Aptantur autem propositiones a nobis demonstratæ ad veram constitutionem terræ, quatenus rotæ eundo in ejus circulis maximis describunt motu clavorum, perimetris suis infixorum, cycloides extra globum; & pendula inferius in fodinis & cavernis terræ suspensa, in cycloidibus intra globos oscillari debent, ut oscillationes omnes evadant isochronæ. Nam gravitas (ut in libro tertio docebitur) decrescit in progressu a superficie terræ, sursum quidem in duplicata ratione distantiarum a centro ejus, deorsum vero in ratione simplici.

PROPOSITIO LIII. PROBLEMA XXXV.

Concessis figurarum curvilinearum quadraturis, invenire vires quibus corpora in datis curvis lineis oscillationes semper isochronas peragent.

Oscilletur corpus T in curva quavis linea $STRQ$, cujus axis sit AR transiens per virium centrum C. Agatur TX quæ curvam illam in corporis loco quovis T contingat, inque hac tangente TX capiatur TY æqualis arcui TR. Nam longitudo arcus illius ex figurarum quadraturis, per methodos vulgares, innotescit. De puncto Y educatur recta YZ tangenti perpendicularis. Agatur CT per pendiculari illi occurrens in Z, & erit vis centripeta proportionalis rectæ TZ. Q.E.I.

Nam si vis, qua corpus trahitur de T versus C, exponatur per rectam TZ captam ipsi proportionalem, resolvetur hæc in vires TY, YZ; quarum YZ trahendo corpus secundum longitudinem fili PT, motum ejus nil mutat, vis autem altera TY motum ejus in curva $STRQ$ directe accelerat vel directe retardat. Proinde cum hæc sit ut via describenda TR, accelerationes corporis vel retardaticnes in oscillationum duarum (majoris & minoris) partibus proportionalibus describendis, erunt semper ut partes illæ, & propterea

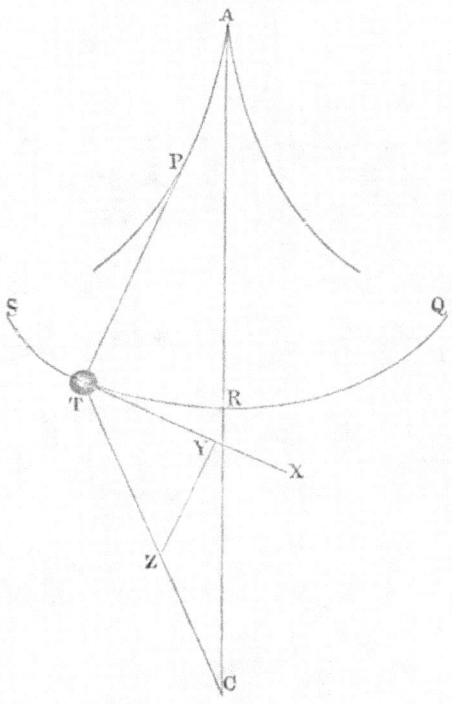

facient ut partes illæ simul describantur. Corpora autem quæ partes totis semper proportionales simul describunt, simul describent totas. *Q. E. D.*

Corol. 1. Hinc si corpus T, filo rectilineo AT a centro A pendens, describat arcum circularem $STRQ$, & interea urgeatur secundum lineas parallelas deorsum a vi aliqua, quæ sit ad vim uniformem gravitatis, ut arcus TR ad ejus sinum TN: æqualia erunt oscillationum singularum tempora. Etenim ob parallelas TZ, AR, similia erunt triangula ATN, ZTY; & propterea TZ erit ad AT ut TY ad TN; hoc est, si gravitatis vis uniformis exponatur per longitudinem datam AT, vis

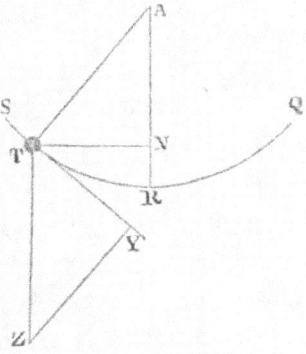

T Z, qua oscillationes evadent isochronæ, erit ad vim gravitatis *A T*, ut arcus *T R* ipsi *T Y* æqualis ad arcus illius sinum *T N*.

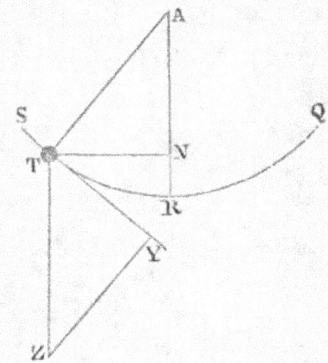

Corol. 2. Et propterea in horologiis, si vires a machina in pendulum ad motum conservandum impressæ ita cum vi gravitatis componi possint, ut vis tota deorsum semper sit ut linea quæ oritur applicando rectangulum sub arcu *T R* & radio *A R* ad sinum *T N*, oscillationes omnes erunt isochronæ.

PROPOSITIO LIV. PROBLEMA XXXVI.

Concessis figurarum curvilinearum quadraturis, invenire tempora, quibus corpora vi qualibet centripeta in lineis quibuscunque curvis, in plano per centrum virium transeunte descriptis, descendent & ascendent.

Descendat corpus de loco quovis *S*, per lineam quamvis curvam *S T t R* in plano per virium centrum *C* transeunte datam. Jungatur *C S* & dividatur eadem in partes innumeras æquales, sitque *D d* partium illarum aliqua. Centro *C* intervallis *C D*, *C d* describantur circuli *D T*, *d t*, lineæ curvæ *S T t R* occurrentes in *T* & *t*. Et ex data tum lege vis centripetæ, tum altitudine *C S* de qua corpus cecidit; dabitur velocitas corporis in alia quavis altitudine *C T* (per prop. XXXIX). Tempus autem, quo corpus describit lineolam *T t*, est ut lineolæ hujus longitudo, id est, ut secans anguli *t T C* directe, & velocitas inverse. Tempori huic proportionalis sit ordinatim applicata *D N* ad rectam *C S*

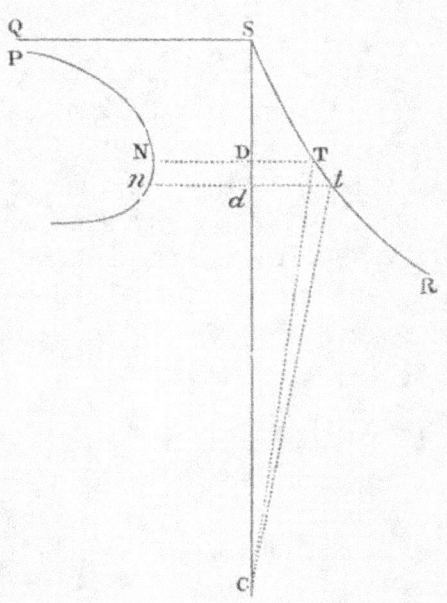

per punctum D perpendicularis, & ob datam Dd erit rectangulum $Dd \times DN$, hoc est area $DNnd$, eidem tempori proportionale. Ergo si PNn sit curva illa linea quam punctum N perpetuo tangit, ejusque asymptotos sit recta SQ rectæ CS perpendiculariter insistens: erit area $SQPND$ proportionalis tempori quo corpus descendendo descripsit lineam ST; proindeque ex inventa illa area dabitur tempus. *Q.E.I.*

PROPOSITIO LV. THEOREMA XIX.

Si corpus movetur in superficie quacunque curva, cujus axis per centrum virium transit, & a corpore in axem demittatur perpendicularis, eique parallela & æqualis ab axis puncto quovis dato ducatur: dico quod parallela illa aream tempori proportionatem describet.

Sit BKL superficies curva, T corpus in ea revolvens, STR trajectoria, quam corpus in eadem describit, S initium trajectoriæ, OMK axis superficiei curvæ, TN recta a corpore in axem perpendicularis, OP huic parallela & æqualis a puncto O, quod in axe datur, educta; AP vestigium trajectoriæ a puncto P in lineæ volubilis OP plano AOP descriptum; A vestigii initium puncto S respondens; TC recta a corpore ad centrum ducta; TG pars ejus vi centripetæ, qua corpus urgetur in centrum C, proportionalis; TM recta ad superficiem curvam perpendicularis; TI pars ejus vi pressionis, qua corpus urget superficiem vicissimque urgetur versus M a superficie, proportionalis;

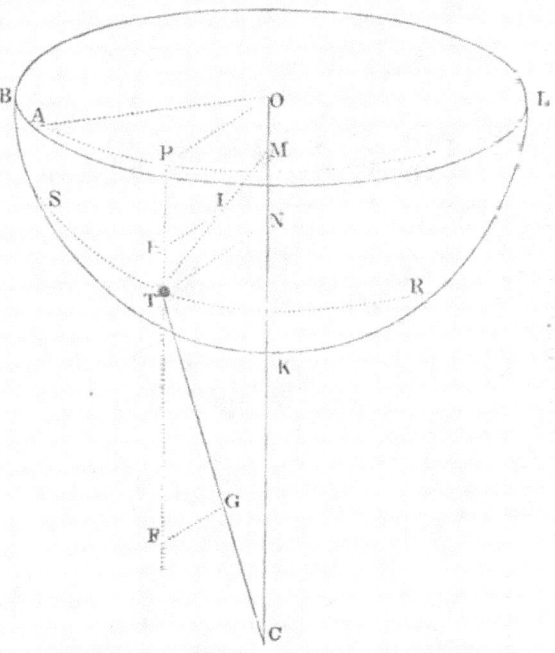

PTF recta axi parallela per corpus transiens, & GF, IH rectæ a punctis G & I in parallelam illam $PHTF$ perpendiculariter demissæ. Dico jam, quod area AOP, radio OP ab initio motus descripta, sit tempori proportionalis. Nam vis TG (per legum corol. 2) resolvitur in vires TF, FG; & vis TI in vires TH, HI. Vires autem TF, TH agendo secundum lineam PF plano AOP perpendicu-

larem mutant solummodo motum corporis quatenus huic plano perpendicularem. Ideoque motus ejus quatenus secundum positionem plani factus, hoc est, motus puncti P, quo trajectoriæ vestigium AP in hoc plano describitur, idem est ac si vires TF, TH tollerentur, & corpus solis viribus FG, HI agitaretur; hoc est, idem ac si corpus in plano AOP, vi centripeta ad centrum O tendente & summam virium FG & HI æquante, describeret curvam AP. Sed vi tali describitur area AOP

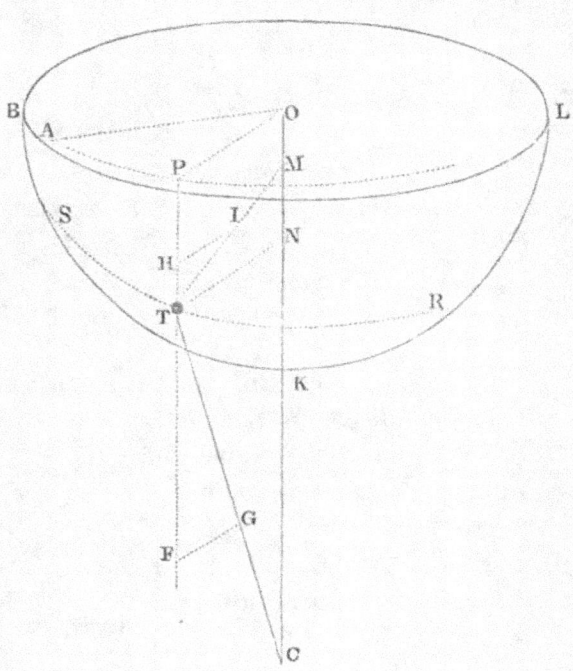

(per prop. 1) tempori proportionalis. *Q. E. D.*

Corol. Eodem argumento si corpus, a viribus agitatum ad centra duo vel plura in eadem quavis recta CO data tendentibus, describeret in spatio libero lineam quamcunque curvam ST; foret area AOP tempori semper proportionalis.

PROPOSITIO LVI. PROBLEMA XXXVII.

Concessis figurarum curvilinearum quadraturis, datisque tum lege vis centripetæ ad centrum datum tendentis, tum superficie curva cujus axis per centrum illud transit; invenienda est trajectoria quam corpus in eadem superficie describet, de loco dato, data cum velocitate, versus plagam in superficie illa datam egressum.

Stantibus quæ in superiore propositione constructa sunt, exeat corpus T de loco dato S secundum rectam positione datam in trajectoriam inveniendam STR, cujus vestigium in plano BLO sit AP. Et ex data corporis velocitate in altitudine SC, dabitur ejus velocitas in alia quavis altitudine TC. Ea cum velocitate dato tempore quam minimo describat corpus trajectoriæ suæ particulam Tt, sitque Pp vestigium ejus in plano AOP descriptum. Jungatur Op, & circelli centro T intervallo Tt in superficie curva descripti vestigium in plano AOP sit ellipsis pQ. Et ob datum magnitudine circellum Tt, datamque ejus ab axe CO distantiam TN vel PO, dabitur ellipsis illa pQ specie & magnitudine, ut & positione ad rectam PO. Cum-

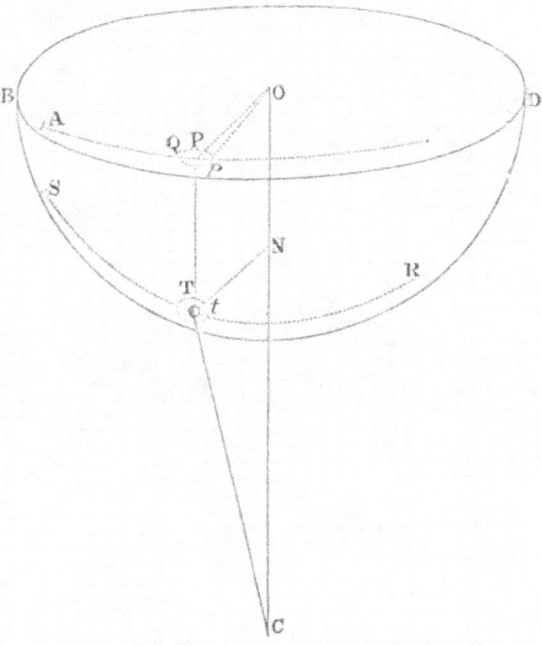

que area POp sit tempori proportionalis, atque ideo ex dato tempore detur, dabitur angulus POp. Et inde dabitur ellipseos & rectæ Op intersectio communis p, una cum angulo OPp in quo trajectoriæ vestigium APp secat lineam OP. Inde vero (conferendo prop. XLI cum corol. suo 2) ratio determinandi curvam APp facile apparet. Tum ex singulis vestigii punctis P, erigendo ad planum AOP perpendicula PT superficiei curvæ occurrentia in T, dabuntur singula trajectoriæ puncta T. *Q. E. I.*

SECTIO XI.

De motu corporum viribus centripetis se mutuo petentium.

Hactenus exposui motus corporum attractorum ad centrum immobile, quale tamen vix extat in rerum natura. Attractiones enim fieri solent ad corpora; & corporum trahentium & attractorum actiones semper mutuæ sunt & æquales, per legem tertiam: adeo ut neque attrahens possit quiescere neque attractum, si duo sint corpora, sed ambo (per legum corollarium quartum) quasi attractione mutua, circum gravitatis centrum commune revolvantur: & si plura sint corpora, quæ vel ab unico attrahantur, & idem attrahant, vel omnia se mutuo attrahant; hæc ita inter se moveri debeant, ut gravitatis centrum commune vel quiescat, vel uniformiter moveatur in directum. Qua de causa jam pergo motum exponere corporum se mutuo trahentium, considerando vires centripetas tanquam attractiones, quamvis fortasse, si physice loquamur, verius dicantur impulsus. In mathematicis enim jam versamur; & propterea, missis disputationibus physicis, familiari utimur sermone, quo possimus a lectoribus mathematicis facilius intelligi.

PROPOSITIO LVII. THEOREMA XX.

Corpora duo se invicem trahentia describunt, & circum commune centrum gravitatis, & circum se mutuo, figuras similes.

Sunt enim distantiæ corporum a communi gravitatis centro reciproce proportionales corporibus; atque ideo in data ratione ad invicem, & componendo in data ratione ad distantiam totam inter corpora. Feruntur autem hæ distantiæ circum terminum suum communem æquali motu angulari, propterea quod in directum semper jacentes non mutant inclinationem ad se mutuo. Lineæ autem rectæ, quæ sunt in data ratione ad invicem, & æquali motu angulari circum terminos suos feruntur, figuras circum eosdem terminos in planis, quæ una cum his terminis vel quiescunt, vel motu quovis non angulari moventur, describunt omnino similes. Proinde similes sunt figuræ, quæ his distantiis circumactis describuntur. *Q. E. D.*

PROPOSITIO LVIII. THEOREMA XXI.

Si corpora duo viribus quibusvis se mutuo trahunt, & interea revolvuntur circa gravitatis centrum commune: dico quod figuris, quas corpora sic mota describunt circum se mutuo, potest figura similis & æqualis, circum corpus alterutrum immotum, viribus iisdem describi.

Revolvantur corpora *S, P* circa commune gravitatis centrum *C,* pergendo de *S* ad *T,* deque *P* ad *Q.* A dato puncto *s* ipsis *SP, TQ* æquales & parallelæ ducantur semper *sp, sq;* & curva *pqv,* quam punctum *p* revolvendo circum punctum immotum *s* describit, erit similis & æqualis curvis, quas corpora *S, P* describunt circum se mutuo: proindeque (per theor. xx) similis curvis *ST* & *PQV,*

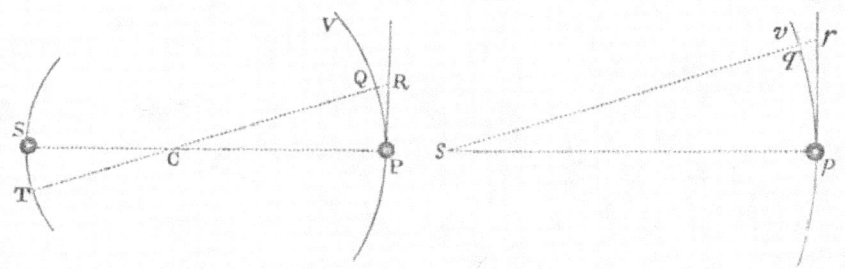

quas eadem corpora describunt circum commune gravitatis centrum *C:* idque quia proportiones linearum *SC. CP,* & *SP* vel *sp* ad invicem dantur.

Cas. 1. Commune illud gravitatis centrum *C,* per legum corollarium quartum, vel quiescit, vel movetur uniformiter in directum. Ponamus primo, quod id quiescit, inque *s* & *p* locentur corpora

L

duo, immobile in *s*, mobile in *p*, corporibus *S* & *P* similia & æqualia. Dein tangant rectæ *P R* & *p r* curvas *P Q* & *p q* in *P* & *p*, & producantur *C Q* & *s q* ad *R* & *r*. Et ob similitudinem figurarum *C P R Q*, *s p r q* erit *R Q* ad *r q* ut *C P* ad *s p*, ideoque in data ratione. Proinde si vis, qua corpus *P* versus corpus *S*, atque ideo versus centrum intermedium *C* attrahitur, esset ad vim, qua corpus *p* versus centrum *s* attrahitur, in eadem illa ratione data; hæ vires æqualibus temporibus attraherent semper corpora de tangentibus *P R*, *p r* ad arcus *P Q*, *p q* per intervalla ipsis proportionalia *R Q*, *r q*, ideoque vis posterior efficeret, ut corpus *p* gyraretur in curva *p q v*, quæ similis esset curvæ *P Q V*, in qua vis prior efficit, ut corpus *P* gyretur; & revolutiones iisdem temporibus complerentur. At quoniam vires illæ non sunt ad invicem in ratione *C P* ad *s p*, sed (ob similitudinem & æqualitatem corporum *S* & *s*, *P* & *p*, & æqualitatem distantiarum *S P*, *s p*) sibi mutuo æquales; corpora æqualibus temporibus æqualiter trahentur de tangentibus: & propterea,

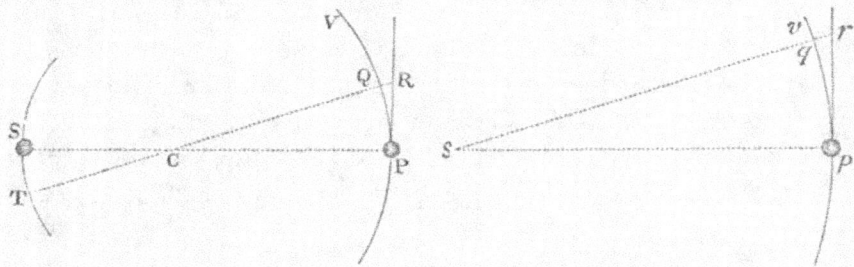

ut corpus posterius *p* trahatur per intervallum majus *r q*, requiritur tempus majus, idque in subduplicata ratione intervallorum; propterea quod (per lemma decimum) spatia ipso motus initio descripta sunt in duplicata ratione temporum. Ponatur igitur velocitas corporis *p* esse ad velocitatem corporis *P* in subduplicata ratione distantiæ *s p* ad distantiam *C P*, eo ut temporibus, quæ sint in eadem subduplicata ratione, describantur arcus *p q*, *P Q*, qui sunt in ratione integra : Et corpora *P*, *p* viribus æqualibus semper attracta describent circum centra quiescentia *C* & *s* figuras similes *P Q V*, *p q v*, quarum posterior *p q v* similis est & æqualis figuræ, quam corpus *P* circum corpus mobile *S* describit. *Q. E. D.*

Cas. 2. Ponamus jam quod commune gravitatis centrum, una cum spatio in quo corpora moventur inter se, progreditur uniformiter in directum ; & (per legum corolarium sextum) motus omnes in hoc spatio peragentur ut prius, ideoque corpora describent circum se mutuo figuras easdem ac prius, & propterea figuræ $p\,q\,v$ similes & æquales. *Q. E. D.*

Corol. 1. Hinc corpora duo viribus distantiæ suæ proportionalibus se mutuo trahentia, describunt (per prop. x) & circum commune gravitatis centrum, & circum se mutuo, ellipses concentricas ; & vice versa, si tales figuræ describuntur, sunt vires distantiæ proportionales.

Corol. 2. Et corpora duo, viribus quadrato distantiæ suæ reciproce proportionalibus, describunt (per prop. XI, XII, XIII) & circum commune gravitatis centrum, & circum se mutuo, sectiones conicas umbilicum habentes in centro, circum quod figuræ describuntur. Et vice versa, si tales figuræ describuntur, vires centripetæ sunt quadrato distantiæ reciproce proportionales.

Corol. 3. Corpora duo quævis circum gravitatis centrum commune gyrantia, radiis & ad centrum illud & ad se mutuo ductis, describunt areas temporibus proportionales.

PROPOSITIO LIX. THEOREMA XXII.

Corporum duorum S & P, *circa commune gravitatis centrum* C *revolventium, tempus periodicum esse ad tempus periodicum corporis alterutrius* P, *circa alterum immotum* S *gyrantis, & figuris, quæ corpora circum se mutuo describunt, figuram similem & æqualem describentis, in subduplicata ratione corporis alterius* S, *ad summam corporum* S + P.

Namque, ex demonstratione superioris propositionis, tempora, quibus arcus cuivis similes $P\,Q$ & $p\,q$ describuntur, sunt in subduplicata ratione distantiarum $C\,P$ & $S\,P$ vel $s\,p$, hoc est, in subduplicata ratione corporis S ad summam corporum $S + P$. Et componendo, summæ temporum quibus arcus omnes similes $P\,Q$ & $p\,q$ describuntur, hoc est, tempora tota, quibus figuræ totæ similes describuntur, sunt in eadem subduplicata ratione. *Q. E. D.*

PROPOSITIO LX. THEOREMA XXIII.

Si corpora duo S & P, *viribus quadrato distantiæ suæ reciproce proportionalibus, se mutuo trahentia, revolvuntur circa gravitatis centrum commune : dico quod ellipseos, quam corpus alterutrum* P *hoc motu circa alterum* S *describit, axis principalis erit ad axem principalem ellipseos, quam corpus idem* P *circa alterum quiescens* S *eodem tempore periodico describere posset, ut summa corporum duorum* S + P *ad primum duorum medie proportionalium inter hanc summam & corpus illud alterum* S.

Nam si descriptæ ellipses essent sibi invicem æquales, tempora periodica (per theorema superius) forent in subduplicata ratione corporis S ad summam corporum $S + P$. Minuatur in hac ratione tempus periodicum in ellipsi posteriore, & tempora periodica evadent æqualia ; ellipseos autem axis principalis (per prop. xv) minuetur in ratione, cujus hæc est sesquiplicata, id est in ratione, cujus ratio S ad $S + P$ est triplicata ; ideoque erit ad axem principalem ellipseos alterius, ut primum duorum medie proportionalium inter $S + P$ & S ad $S + P$. Et inverse, axis principalis ellipseos circa corpus mobile descriptæ erit ad axem principalem descriptæ circa immobile, ut $S + P$ ad primum duorum medie proportionalium inter $S + P$ & S. Q. E. D.

PROPOSITIO LXI. THEOREMA XXIV.

Si corpora duo viribus quibusvis se mutuo trahentia, neque alias agitata vel impedita, quomodocunque moveantur ; motus eorum perinde se habebunt, ac si non traherent se mutuo, sed utrumque a corpore tertio in communi gravitatis centro constituto viribus iisdem traheretur. Et virium trahentium eadem erit lex respectu distantiæ corporum a centro illo communi atque respectu distantiæ totius inter corpora.

Nam vires illæ, quibus corpora se mutuo trahunt, tendendo ad corpora, tendunt ad commune gravitatis centrum intermedium; ideoque eædem sunt, ac si a corpore intermedio manarent. *Q. E. D.*

Et quoniam datur ratio distantiæ corporis utriusvis a centro illo communi ad distantiam inter corpora, dabitur ratio cujusvis potestatis distantiæ unius ad eandem potestatem distantiæ alterius; ut & ratio quantitatis cujusvis, quæ ex una distantia & quantitatibus datis utcunque derivatur, ad quantitatem aliam, quæ ex altera distantia, & quantitatibus totidem datis, datamque illam distantiarum rationem ad priores habentibus similiter derivatur. Proinde si vis, qua corpus unum ab altero trahitur, sit directe vel inverse ut distantia corporum ab invicem; vel ut quælibet hujus distantiæ potestas; vel denique ut quantitas quævis ex hac distantia & quantitatibus datis quomodocunque derivata: erit eadem vis qua corpus idem ad commune gravitatis centrum trahitur, directe itidem vel inverse ut corporis attracti distantia a centro illo communi, vel ut eadem distantiæ hujus potestas, vel denique ut quantitas ex hac distantia & analogis quantitatibus datis similiter derivata. Hoc est vis trahentis eadem erit lex respectu distantiæ utriusque. *Q. E. D.*

PROPOSITIO LXII. PROBLEMA XXXVIII.

Corporum duorum, quæ viribus quadrato distantiæ suæ reciproce proportionalibus se mutuo trahunt, ac de locis datis demittuntur, determinare motus.

Corpora (per theorema novissimum) perinde movebuntur, ac si a corpore tertio in communi gravitatis centro constituto traherentur; & centrum illud ipso motus initio quiescet per hypothesin; & propterea (per legum corol. 4) semper quiescet. Determinandi sunt igitur motus corporum (per prob. xxv) perinde ac si a viribus ad centrum illud tendentibus urgerentur, & habebuntur motus corporum se mutuo trahentium. *Q. E. I.*

PROPOSITIO LXIII. PROBLEMA XXXIX.

Corporum duorum, quæ viribus quadrato distantiæ suæ reciproce proportionalibus se mutuo trahunt, deque locis datis, secundum datas rectas, datis cum velocitatibus exeunt, determinare motus.

Ex datis corporum motibus sub initio, datur uniformis motus centri communis gravitatis, ut & motus spatii, quod una cum hoc centro movetur uniformiter in directum, nec non corporum motus initiales respectu hujus spatii. Motus autem subsequentes (per legum corollarium quintum, & theorema novissimum) perinde fiunt in hoc spatio, ac si spatium ipsum una cum communi illo gravitatis centro quiesceret, & corpora non traherent se mutuo, sed a corpore tertio sito in centro illo traherentur. Corporis igitur alterutrius in hoc spatio mobili, de loco dato, secundum datam rectam, data cum velocitate exeuntis, & vi centripeta ad centrum illud tendente correpti, determinandus est motus per problema nonum & vicesimum sextum: & habebitur simul motus corporis alterius circum idem centrum. Cum hoc motu componendus est uniformis ille systematis spatii & corporum in eo gyrantium motus progressivus supra inventus, & habebitur motus absolutus corporum in spatio immobili. *Q. E. I.*

PROPOSITIO LXIV. PROBLEMA XL.

Viribus quibus corpora se mutuo trahunt crescentibus in simplici ratione distantiarum a centris: requiruntur motus plurium corporum inter se.

Ponantur primo corpora duo T & L commune habentia gravitatis centrum D. Describent hæc (per corollarium primum theorematis XXI) ellipses centra habentes in D, quarum magnitudo ex problemate V innotescit.

Trahat jam corpus tertium S priora duo T & L viribus acceleratricibus ST, SL, & ab ipsis vicissim trahatur. Vis ST (per legum corol. 2) resolvitur in vires SD, DT; & vis SL in vires SD, DL. Vires autem DT, DL, quæ sunt ut ipsarum summa TL, atque ideo ut vires acceleratrices quibus corpora T & L se mutuo trahunt, additæ his viribus corporum T & L, prior priori & posterior posteriori, componunt vires dis-

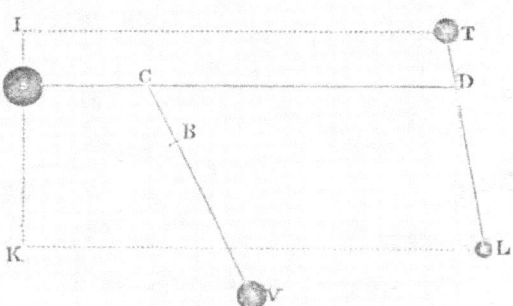

tantiis DT ac DL proportionales, ut prius, sed viribus prioribus majores; ideoque (per corol. 1 prop. x, & corol. 1 & 8 prop. IV) efficiunt ut corpora illa describant ellipses ut prius, sed motu celeriore. Vires reliquæ acceleratrices SD & SD, actionibus motricibus $SD \times T$ & $SD \times L$, quæ sunt ut corpora, trahendo corpora illa æqualiter & secundum lineas TI, LK, ipsi DS parallelas, nil mutant situs eorum ad invicem, sed faciunt ut ipsa æqualiter accedant ad lineam IK; quam ductam concipe per medium corporis S, & lineæ DS perpendicularem. Impedietur autem iste ad lineam IK accessus faciendo ut systema corporum T & L ex una parte, & corpus S ex altera, justis cum velocitatibus, gyrentur circa commune gravitatis centrum C. Tali motu corpus S, eo quod summa virium motricium $SD \times T$ & $SD \times L$, distantiæ CS proportionalium, tendit versus centrum C, describit ellipsin circa idem C; & punctum D, ob proportionales CS, CD, describet ellipsin consimilem e regione. Corpora autem T & L, viribus motricibus $SD \times T$ & $SD \times L$, prius priore, posterius posteriore, æqualiter & secundum lineas parallelas TI & LK, ut dictum est, attracta, pergent (per legum corollarium quintum & sextum) circa centrum mobile D ellipses suas describere, ut prius. *Q. E. I.*

Addatur jam corpus quartum V, & simili argumento concluduetur hoc & punctum C ellipses circa omnium commune centrum gravitatis B describere; manentibus motibus priorum corporum T, L & S circa centra D & C, sed acceleratis. Et eadem methodo corpora plura adjungere licebit. *Q. E. I.*

Hæc ita se habent, etsi corpora T & L trahunt se mutuo viribus acceleratricibus majoribus vel minoribus quam quibus trahunt corpora reliqua pro ratione distantiarum. Sunto mutuæ omnium attractiones acceleratrices ad invicem ut distantiæ ductæ in corpora trahentia, & ex præcedentibus facile deducetur quod corpora omnia æqualibus temporibus periodicis ellipses varias, circa omnium commune gravitatis centrum *B*, in plano immobili describunt. *Q. E. I.*

PROPOSITIO LXV. THEOREMA XXV.

Corpora plura, quorum vires decrescunt in duplicata ratione distantiarum ab corundem centris, moveri posse inter se in ellipsibus ; & radiis ad umbilicos ductis areas describere temporibus proportionales quam proxime.

In propositione superiore demonstratus est casus ubi motus plures peraguntur in ellipsibus accurate. Quo magis recedit lex virium a lege ibi posita, eo magis corpora perturbabunt mutuos motus ; neque fieri potest, ut corpora, secundum legem hic positam se mutuo trahentia, moveantur in ellipsibus accurate, nisi servando certam proportionem distantiarum ab invicem. In sequentibus autem casibus non multum ab ellipsibus errabitur.

Cas. 1. Pone corpora plura minora circa maximum aliquod ad varias ab eo distantias revolvi, tendantque ad singula vires absolutæ proportionales iisdem corporibus. Et quoniam omnium commune gravitatis centrum (per legum corol. quartum) vel quiescit vel movetur uniformiter in directum, fingamus corpora minora tam parva esse, ut corpus maximum nunquam distet sensibiliter ab hoc centro : & maximum illud vel quiescet, vel movebitur uniformiter in directum, sine errore sensibili ; minora autem revolventur circa hoc maximum in ellipsibus, atque radiis ad idem ductis describent areas temporibus proportionales ; nisi quatenus errores inducuntur, vel per errorem maximi a communi illo gravitatis centro, vel per actiones minorum corporum in se mutuo. Diminui autem possunt corpora minora, usque donec error iste, & actiones mutuæ sint datis quibusvis minores ; atque ideo donec orbes cum ellipsibus quadrent, & areæ respondeant temporibus, sine errore, qui non sit minor quovis dato. *Q. E. O.*

Cas. 2. Fingamus jam systema corporum minorum modo jam descripto circa maximum revolventium, aliudve quodvis duorum circum se mutuo revolventium corporum systema progredi uniformiter in directum, & interea vi corporis alterius longe maximi & ad magnam distantiam siti urgeri ad latus. Et quoniam æquales vires acceleratrices, quibus corpora secundum lineas parallelas urgentur, non mutant situs corporum ad invicem, sed ut systema totum, servatis partium motibus inter se, simul transferatur, efficiunt : manifestum est, quod ex attractionibus in corpus maximum nulla prorsus orietur mutatio motus attractorum inter se, nisi vel ex attractionum acceleratricum inæqualitate, vel ex inclinatione linearum ad invicem, secundum quas attractiones fiunt. Pone ergo attractiones omnes acceleratrices in corpus maximum esse inter se reciproce ut quadrata distantiarum ; & augendo corporis maximi distantiam, donec rectarum ab hoc ad reliqua ductarum differentiæ respectu earum longitudinis & inclinationes ad invicem minores sint, cuam datæ quævis ; perseverabunt motus partium systematis inter se sine erroribus, qui non sint quibusvis datis minores. Et quoniam, ob exiguam partium illarum ab invicem distantiam, systema totum ad modum corporis unius attrahitur ; movebitur idem hac attractione ad modum corporis unius ; hoc est, centro suo gravitatis describet circa corpus maximum sectionem aliquam conicam (*viz.* hyperbolam vel parabolam attractione languida, ellipsin fortiore) & radio ad maximum ducto describet areas temporibus proportionales, sine ullis erroribus, nisi quas partium distantiæ, perexiguæ sane & pro lubitu minuendæ, valeant efficere. *Q. E. O.*

Simili argumento pergere licet ad casus magis compositos in infinitum.

Corol. 1. In casu secundo, quo propius accedit corpus omnium maximum ad systema duorum vel plurium, eo magis turbabuntur motus partium systematis inter se ; propterea quod linearum a corpore maximo ad has ductarum jam major est inclinatio ad invicem, majorque proportionis inæqualitas.

Corol. 2. Maxime autem turbabuntur, ponendo quod attractiones acceleratrices partium systematis versus corpus omnium maximum non sint ad invicem reciproce ut quadrata distantiarum a corpore illo maximo ; præsertim si proportionis hujus inæqualitas major sit quam inæqualitas proportionis distantiarum a corpore maximo. Nam si vis acceleratrix, æqualiter & secundum lineas parallelas agendo, nil perturbat motus inter se, necesse est, ut ex actionis inæqualitate perturbatio oriatur, majorque sit, vel minor pro majore, vel minore inæqualitate. Excessus impulsuum majorum, agendo in aliqua corpora & non agendo in alia, necessario mutabunt situm eorum inter se. Et hæc perturbatio addita perturbationi, quæ ex linearum inclinatione & inæqualitate oritur, majorem reddet perturbationem totam.

Corol. 3. Unde si systematis hujus partes in ellipsibus, vel circulis sine perturbatione insigni moveantur; manifestum est, quod eædem a viribus acceleratricibus, ad alia corpora tendentibus, aut non urgentur nisi levissime, aut urgentur æqualiter & secundum lineas parallelas quamproxime.

PROPOSITIO LXVI. THEOREMA XXVI.

Si corpora tria, quorum vires decrescunt in duplicata ratione distantiarum, se mutuo trahant; & attractiones acceleratrices binorum quorumcunque in tertium sint inter se reciproce ut quadrata distantiarum; minora autem circa maximum revolvantur: dico quod interius circa intimum & maximum, radiis ad ipsum ductis, describet areas temporibus magis proportionales, & figuram ad formam ellipseos umbilicum in concursu radiorum habentis magis accedentem, si corpus maximum his attractionibus agitetur, quam si maximum illud vel a minoribus non attractum quiescat, vel multo minus vel multo magis attractum, aut multo minus aut multo magis agitetur.

Liquet fere ex demonstratione corollarii secundi propositionis præcedentis; sed argumento magis distincto & latius cogente sic evincitur.

Cas. 1. Revolvantur corpora minora P & S in eodem plano circa maximum T, quorum P describat orbem interiorem PAB, & S exteriorem $E S E$. Sit $S K$ mediocris distantia corporum P & S; & corporis P versus S attractio acceleratrix, in mediocri illa distantia, exponatur per eandem. In duplicata ratione $S K$ ad $S P$ capiatur $S L$ ad $S K$, & erit $S L$ attractio acceleratrix corporis P versus S in distantia quavis $S P$. Junge $P T$, eique parallelam age $L M$ occurrentem $S T$ in M; & attractio $S L$ resolvetur (per legum corol. 2) in attractiones $S M$, $L M$. Et sic urgebitur corpus P vi acceleratrice triplici. Vis una tendit ad T, & oritur a mutua attractione corporum T & P. Hac vi sola corpus P circum corpus T, sive immotum, sive hac attractione agitatum,. describere deberet & areas, radio $P T$, temporibus proportionales, & ellipsin cui umbilicus est in centro corporis T. Patet hoc per prop. xi, & corollaria 2 & 3 theor. xxi. Vis altera est attractionis $L M$, quæ quoniam tendit a P ad T,

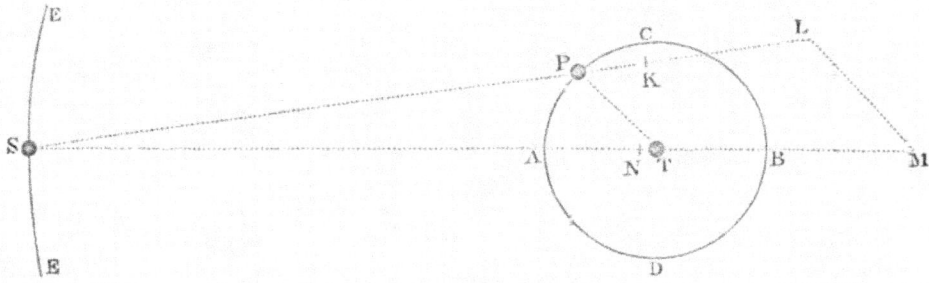

superaddita vi priori coincidet cum ipsa, & sic faciet ut areæ etiamnum temporibus proportionales describantur per corol. 3 theor. xxi. At quoniam non est quadrato distantiæ $P T$ reciproce proportionalis, componet ea cum vi priore vim ab hac proportione aberrantem, idque eo magis, quo major est proportio hujus vis ad vim priorem, cæteris paribus. Proinde cum (per prop. xi, & per corol. 2 theor. xxi) vis, qua ellipsis circa umbilicum T describitur, tendere debeat ad umbilicum illum, & esse quadrato distantiæ $P T$ reciproce proportionalis; vis illa composita, aberrando ab hac proportione, faciet ut orbis $P A B$ aberret a forma ellipseos umbilicum habentis in T; idque eo magis, quo major est aberratio ab hac proportione; atque ideo etiam quo major est proportio vis secundæ $L M$ ad vim primam, cæteris paribus. Jam vero vis tertia $S M$, trahendo corpus P secundum lineam ipsi $S T$ parallelam, componet cum viribus prioribus vim, quæ non amplius dirigitur a P in T; quæque

ab hac determinatione tanto magis aberrat, quanto major est
proportio hujus tertiæ vis ad vires priores, cæteris paribus : atque
ideo quæ faciet ut corpus *P*, radio *TP*, areas non amplius
temporibus proportionales describat; atque ut aberratio ab hac
proportionalitate tanto major sit, quanto major est proportio vis
hujus tertiæ ad vires cæteras.   Orbis vero *P A B* aberrationem a
forma elliptica præfata hæc vis tertia duplici de causa adaugebit,
tum quod non dirigatur a *P* ad *T*, tum etiam quod non sit reciproce
proportionalis quadrato distantiæ *P T*. Quibus intellectis, manifestum
est, quod areæ temporibus tum maxime fiunt proportionales, ubi vis
tertia, manentibus viribus cæteris, fit minima ; & quod orbis *P A B*
tum maxime accedit ad præfatam formam ellipticam, ubi vis tam
secunda quam tertia, sed præcipue vis tertia fit minima, vi prima
manente.

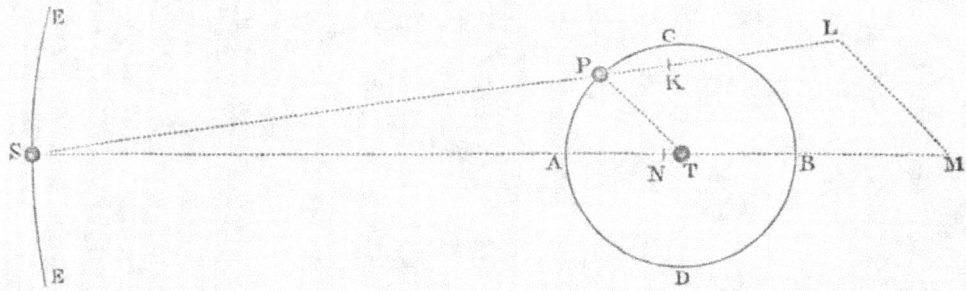

Exponatur corporis *T* attractio acceleratrix versus *S* per lineam
S N ; & si attractiones acceleratrices *S M, S N* æquales essent ; hæ,
trahendo corpora *T* & *P* æqualiter & secundum lineas parallelas, nil
mutarent situm eorum ad invicem. Iidem jam forent corporum
illorum motus inter se (per legum corol. VI) ac si hæ attractiones
tollerentur.   Et pari ratione si attractio *S N* minor esset attractione
S M, tolleret ipsa attractionis *S M* partem *S N*, & maneret pars sola
M N, qua temporum & arearum proportionalitas & orbitæ forma
illa elliptica perturbaretur.   Et similiter si attractio *S N* major esset
attractione *S M*, oriretur ex differentia sola *M N* perturbatio propor-
tionalitatis & orbitæ. Sic per attractionem *S N* reducitur semper
attractio tertia superior *S M* ad attractionem *M N*, attractione
prima & secunda manentibus prorsus immutatis : & propterea areæ
ac tempora ad proportionalitatem, & orbita *P A B* ad formam præ-

fatam ellipticam tum maxime accedunt, ubi attractio *MN* vel nulla est, vel quam fieri possit minima; hoc est, ubi corporum *P* & *T* attractiones acceleratrices, factæ versus corpus *S*, accedunt quantum fieri potest ad æqualitatem; id est, ubi attractio *SN* non est nulla, neque minor minima attractionum omnium *SM*, sed inter attractionum omnium *SM* maximam & minimam quasi mediocris, hoc est, non multo major neque multo minor attractione *SK*. *Q. E. D.*

Cas. 2. Revolvantur jam corpora minora *P, S* circa maximum *T* in planis diversis; & vis *LM*, agendo secundum lineam *PT* in plano orbitæ *PAB* sitam, eundem habebit effectum ac prius, neque corpus *P* de plano orbitæ suæ deturbabit. At vis altera *NM*, agendo secundum lineam quæ ipsi *ST* parallela est (atque ideo, quando corpus *S* versatur extra lineam nodorum, inclinatur ad planum orbitæ *PAB*) præter perturbationem motus in longitudinem jam ante expositam, inducet perturbationem motus in latitudinem, trahendo corpus *P* de plano suæ orbitæ. Et hæc perturbatio, in dato quovis corporum *P* & *T* ad invicem situ, erit ut vis illa generans *MN*, ideoque minima evadet ubi *MN* est minima, hoc est (ut jam exposui) ubi attractio *SN* non est multo major, neque multo minor attractione *SK*. *Q. E. D.*

Corol. 1. Ex his facile colligitur, quod, si corpora plura minora *P, S, R,* &c. revolvantur circa maximum *T*, motus corporis intimi *P* minime perturbabitur attractionibus exteriorum, ubi corpus maximum *T* pariter a cæteris, pro ratione virium acceleratricum, attrahitur & agitatur, atque cætera a se mutuo.

Corol. 2. In systemate vero trium corporum *T, P, S,* si attractiones acceleratrices binorum quorumcunque in tertium sint ad invicem reciproce ut quadrata distantiarum; corpus *P*, radio *PT*, aream circa corpus *T* velocius describet prope conjunctionem *A* & oppositionem *B*, quam prope quadraturas *C, D*. Namque vis omnis qua corpus *P* urgetur & corpus *T* non urgetur, quæque non agit secundum lineam *PT* accelerat vel retardat descriptionem areæ, perinde ut ipsa in consequentia vel in antecedentia dirigitur. Talis est vis *NM*. Hæc in transitu corporis *P* a *C* ad *A* tendit in consequentia, motumque accelerat; dein usque ad *D* in antecedentia, & motum retardat; tum in consequentia usque ad *B*, & ultimo in antecedentia transeundo a *B* ad *C*.

Corol. 3. Et eodem argumento patet quod corpus P, cæteris paribus, velocius movetur in conjunctione & oppositione quam in quadraturis.

Corol. 4. Orbita corporis P, cæteris paribus, curvior est in quadraturis quam in conjunctione & oppositione. Nam corpora velociora minus deflectunt a recto tramite. Et præterea vis KL, vel NM, in conjunctione & oppositione contraria est vi, qua corpus T trahit corpus P; ideoque vim illam minuit; corpus autem P minus deflectet a recto tramite, ubi minus urgetur in corpus T.

Corol. 5. Unde corpus P, cæteris paribus, longius recedet a corpore T in quadraturis, quam in conjunctione & oppositione. Hæc ita se habent excluso motu excentricitatis. Nam si orbita corporis P excentrica sit, excentricitas ejus (ut mox in hujus corol. 9 ostendetur) evadet maxima ubi apsides sunt in syzygiis; indeque fieri potest ut corpus P, ad apsidem summam appellans, absit longius a corpore T in syzygiis quam in quadraturis.

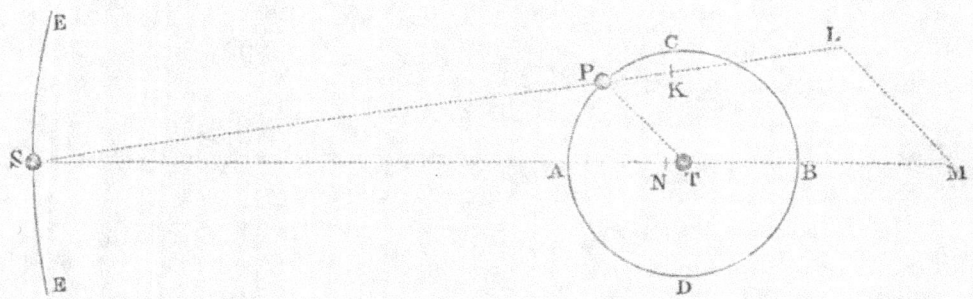

Corol. 6. Quoniam vis centripeta corporis centralis T, qua corpus P retinetur in orbe suo, augetur in quadraturis per additionem vis LM, ac diminuitur in syzygiis per ablationem vis KL, & ob magnitudinem vis KL, magis diminuitur quam augetur; est autem vis illa centripeta (per corol. 2 prop. IV) in ratione composita ex ratione simplici radii TP directe & ratione duplicata temporis periodici inverse; patet hanc rationem compositam diminui per actionem vis KL; ideoque tempus periodicum, si maneat orbis radius TP, augeri, idque in subduplicata ratione, qua vis illa centripeta diminuitur: auctoque ideo vel diminuto hoc radio, tempus periodicum augeri magis, vel diminui minus quam in radii hujus ratione sesquiplicata (per corol. 6 prop. IV). Si vis illa corporis centralis paulatim languesceret, corpus P minus semper & minus attractum perpetuo recederet longius a centro T; & contra, si vis illa augeretur, accederet propius. Ergo si actio corporis longinqui S, qua vis illa diminuitur, augeatur ac diminuatur per vices: augebitur simul ac diminuetur radius TP per vices; & tempus periodicum augebitur ac diminuetur in ratione composita ex ratione sesquiplicata radii, & ratione subduplicata, qua vis illa centripeta corporis centralis T, per incrementum vel decrementum actionis corporis longinqui S, diminuitur vel augetur.

Corol. 7. Ex præmissis consequitur etiam, quod ellipseos a corpore P descriptæ axis, seu apsidum linea, quoad motum angularem, progreditur & regreditur per vices, sed magis tamen progreditur, & per excessum progressionis fertur in consequentia. Nam vis qua corpus P urgetur in corpus T in quadraturis, ubi vis MN evanuit, componitur ex vi LM & vi centripeta, qua corpus T trahit corpus P. Vis prior LM, si augeatur distantia PT, augetur in eadem fere ratione cum hac distantia, & vis posterior decrescit in duplicata illa ratione, ideoque summa harum virium decrescit in minore quam duplicata ratione distantiæ PT, & propterea (per corol. 1 prop. XLV) efficit ut aux seu apsis summa, regrediatur. In conjunctione vero & oppositione vis, qua corpus P urgetur in corpus T, differentia est inter vim, qua corpus T trahit corpus P, & vim KL; & differentia illa, propterea quod vis KL augetur quamproxime in ratione distantiæ PT, decrescit in majore quam duplicata ratione distantiæ PT, ideoque (per corol. 1 prop. XLV) efficit ut aux progrediatur. In locis inter syzygias & quadraturas pendet motus augis ex causa utraque conjunctim, adeo ut pro hujus vel alterius excessu progrediatur ipsa vel regrediatur. Unde cum vis KL in syzygiis sit quasi duplo major quam vis LM in quadraturis, excessus erit penes vim KL, transferetque augem in consequentia. Veritas autem hujus & præcedentis corollarii facilius intelligetur concipiendo systema corporum duorum T, P corporibus pluribus S, S, S, &c. in orbe ESE consistentibus, undique cingi. Namque horum actionibus actio ipsius T minuetur undique, decrescetque in ratione plusquam duplicata distantiæ.

Corol. 8. Cum autem pendeat apsidum progressus vel regressus a decremento vis centripetæ facto in majori vel minori quam duplicata ratione distantiæ TP, in transitu corporis ab apside ima ad apsidem summam; ut & a simili incremento in reditu ad apsidem imam; atque ideo maximus sit ubi proportio vis in apside summa ad vim in apside ima maxime recedit a duplicata ratione distantiarum inversa : manifestum est quod apsides in syzygiis suis, per vim ablatitiam KL seu $NM-LM$, progredientur velocius, inque quadraturis suis tardius recedent per vim addititiam LM. Ob diuturnitatem vero temporis, quo velocitas progressus vel tarditas regressus continuatur, fit hæc inæqualitas longe maxima.

Corol. 9. Si corpus aliquod, vi reciproce proportionali quadrato distantiæ suæ a centro, revolveretur circa hoc centrum in ellipsi; & mox, in descensu ab apside summa seu auge ad apsidem imam, vis illa per accessum perpetuum vis novæ augeretur in ratione plus-

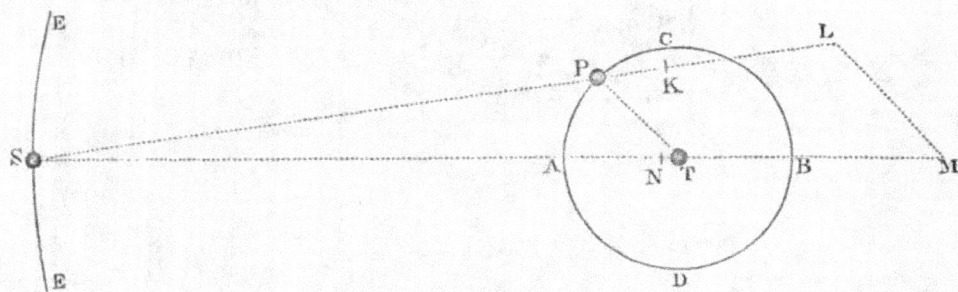

quam duplicata distantiæ diminutæ : manifestum est quod corpus, perpetuo accessu vis illius novæ impulsum semper in centrum, magis vergeret in hoc centrum, quam si urgeretur vi sola crescente in duplicata ratione distantiæ diminutæ; ideoque orbem describeret orbe elliptico interiorem, & in apside ima propius accederet ad centrum quam prius. Orbis igitur, accessu hujus vis novæ, fiet magis excentricus. Si jam vis, in recessu corporis ab apside ima ad apsidem summam, decresceret iisdem gradibus quibus ante creverat, rediret corpus ad distantiam priorem, ideoque si vis decrescat in majori ratione, corpus jam minus attractum ascendet ad distantiam majorem & sic orbis excentricitas adhuc magis augebitur. Quare si ratio incrementi & decrementi vis centripetæ singulis revolutionibus augeatur, augebitur semper excentricitas; & contra, diminuetur eadem, si ratio illa decrescat. Jam vero in systemate corporum *T, P, S,* ubi apsides orbis *P A B* sunt in quadraturis, ratio illa incrementi ac decrementi minima est, & maxima fit ubi apsides sunt in syzygiis. Si apsides constituantur in quadraturis, ratio prope apsides minor est & prope syzygias major quam duplicata distantiarum, & ex ratione illa majori oritur augis motus directus, uti jam dictum est. At si consideretur ratio incrementi vel decrementi totius in progressu inter apsides, hæc minor est quam duplicata distantiarum. Vis in apside ima est ad vim in apside summa in minore quam duplicata ratione distantiæ apsidis summæ ab umbilico ellipseos ad distantiam apsidis imæ ab eodem umbilico: & contra, ubi apsides constituuntur in syzygiis, vis in apside ima est ad vim in apside summa in majore quam duplicata ratione distantiarum. Nam vires *L M* in quadraturis additæ viribus corporis *T* componunt vires in ratione minore, & vires *K L* in syzygiis subductæ a viribus corporis *T* relinquunt vires in ratione majore. Est igitur ratio decrementi & incrementi totius, in transitu inter apsides, minima in quadraturis, maxima in syzygiis : & propterea in transitu apsidum a quadraturis ad syzygias perpetuo augetur, augetque excentricitatem ellipseos ; inque transitu a syzygiis ad quadraturas perpetuo diminuitur, & excentricitatem diminuit.

Corol. 10. Ut rationem ineamus errorum in latitudinem, fingamus planum orbis *E S T* immobile manere ; & ex errorum exposita causa manifestum est, quod ex viribus *N M, M L,* quæ sunt causa illa tota, vis *M L* agendo semper secundum planum orbis *P A B,* nunquam perturbat motus in latitudinem ; quodque vis *N M,* ubi nodi sunt in syzygiis, agendo etiam secundum idem orbis planum, non perturbat hos motus ; ubi vero sunt in quadraturis, eos maxime perturbat, corpusque *P* de plano orbis sui perpetuo trahendo, minuit inclinationem plani in transitu corporis a quadraturis ad syzygias, augetque vicissim eandem in transitu a syzygiis ad quadraturas. Unde fit ut corpore in syzygiis existente inclinatio evadat omnium minima, redeatque ad priorem magnitudinem circiter, ubi corpus ad nodum proximum accedit. At si nodi constituantur in octantibus post quadraturas, id est, inter *C & A, D & B,* intelligetur ex modo expositis, quod, in transitu corporis *P* a nodo alterutro ad gradum inde nonagesimum, inclinatio plani perpetuo minuitur ; deinde in transitu per proximos 45 gradus, usque ad quadraturam proximam, inclinatio augetur, & postea denuo in transitu per alios 45 gradus, usque ad nodum proximum, diminuitur. Magis itaque diminuitur inclinatio quam augetur, & propterea minor est semper in nodo subsequente quam inpræcedente. Et simili ratiocinio, inclinatio magis augetur, quam diminuitur, ubi nodi sunt in octantibus alteris inter *A* & *D*, *B* & *C*. Inclinatio igitur ubi nodi sunt in syzygiis est omnium maxima. In transitu eorum a syzygiis ad quadraturas, in singulis corporis ad nodos appulsibus, diminuitur; fitque omnium minima, ubi nodi sunt in quadraturis, & corpus in syzygiis: dein crescit iisdem gradibus, quibus antea decreverat; nodisque ad syzygias proximas appulsis, ad magnitudinem primam revertitur.

Corol. 11. Quoniam corpus *P*, ubi nodi sunt in quadraturis, perpetuo trahitur de plano orbis sui, idque in partem versus *S* in transitu suo a nodo *C* per conjunctionem *A* ad nodum *D;* & in

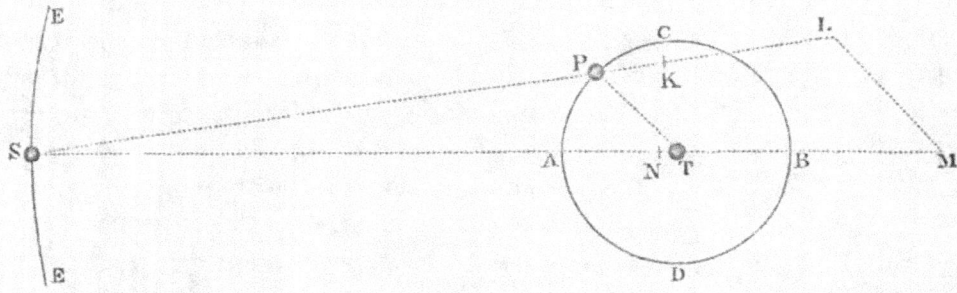

contrariam partem in transitu a nodo *D* per oppositionem *B* ad nodum *C:* manifestum est, quod in motu suo a nodo *C* corpus perpetuo recedit ab orbis sui plano primo *CD*, usque dum perventum est ad nodum proximum; ideoque in hoc nodo, longissime distans a plano illo primo *CD*, transit per planum orbis *EST* non in plani illius nodo altero *D*, sed in puncto quod inde vergit ad partes corporis *S*, quodque proinde novus est nodi locus in anteriora vergens. Et simili argumento pergent nodi recedere in transitu corporis de hoc nodo in nodum proximum. Nodi igitur in quadraturis constituti perpetuo recedunt; in syzygiis, ubi motus in latitudinem nil perturbatur, quiescunt; in locis intermediis, conditionis utriusque parti-

cipes, recedunt tardius : ideoque, semper vel retrogradi, vel stationarii singulis revolutionibus feruntur in antecedentia.

Corol. 12. Omnes illi in his corollariis descripti errores sunt paulo
majores in conjunctione corporum P, S, quam in eorum oppositione ;
idque ob majores vires generantes $N M$ & $M L$.

Corol. 13. Cumque rationes horum corollariorum non pendeant
a magnitudine corporis S, obtinent præcedentia omnia, ubi corporis
S tanta statuitur magnitudo, ut circa ipsum revolvatur corporum
duorum T & P systema. Et ex aucto corpore S, auctaque ideo
ipsius vi centripeta, a qua errores corporis P oriuntur, evadent
errores illi omnes, paribus distantiis, majores in hoc casu quam in
altero, ubi corpus S circum systema corporum P & T revolvitur.

Corol. 14. Cum autem vires $N M$, $M L$, ubi corpus S longinquum
est, sint quamproxime ut vis $S K$ & ratio $P T$ ad $S T$ conjunctim,
hoc est, si detur tum distantia $P T$, tum corporis S vis absoluta, ut
$S T$ *cub.* reciproce ; sint autem vires illæ $N M$, $M L$ causæ errorum
& effectuum omnium, de quibus actum est in præcedentibus corollariis : manifestum est, quod effectus illi omnes, stante corporum
T & P systemate, & mutatis tantum distantia $S T$ & vi absoluta
corporis S, sint quamproxime in ratione composita ex ratione directa
vis absolutæ corporis S, & ratione triplicata inversa distantiæ $S T$.
Unde si systema corporum T & P revolvatur circa corpus longinquum S ; vires illæ $N M$, $M L$, & earum effectus erunt (per
corol. 2 & 6, prop. IV) reciproce in duplicata ratione temporis
periodici. Et inde etiam, si magnitudo corporis S proportionalis sit
ipsius vi absolutæ, erunt vires illæ $N M$, $M L$, & earum effectus
directe ut cubus diametri apparentis longinqui corporis S e corpore
T spectati, & vice versa. Namque hæ rationes eædem sunt, atque
ratio superior composita.

Corol. 15. Et quoniam si, manentibus orbium $E S E$ & $P A B$
forma proportionibus & inclinatione ad invicem, mutetur eorum
magnitudo & si corporum S & T vel maneant vel mutentur vires
in data quavis ratione, hæ vires (hoc est, vis corporis T, qua
corpus P de recto tramite in orbitam $P A B$ deflectere, & vis corporis
S, qua corpus idem P de orbita illa deviare cogitur) agunt semper
eodem modo, & eadem proportione : necesse est ut similes & proportionales sint effectus omnes, & proportionalia effectuum tempora ;

hoc est, ut errores omnes lineares sint ut orbium diametri, angulares
vero iidem, qui prius, & errorum linearium similium vel angularium
æqualium tempora ut orbium tempora periodica.

Corol. 16. Unde, si dentur orbium formæ & inclinatio ad invicem,
& mutentur utcunque corporum magnitudines, vires & distantiæ;
ex datis erroribus & errorum temporibus in uno casu, colligi possunt
errores & errorum tempora in alio quovis, quam proxime: sed
brevius hac methodo. Vires NM, ML, cæteris stantibus, sunt ut
radius TP, & harum effectus periodici (per corol. 2 lem. x) ut
vires, & quadratum temporis periodici corporis P conjunctim. Hi
sunt errores lineares corporis P, & hinc errores angulares e centro
T spectati (id est, tam motus augis & nodorum, quam omnes in
longitudinem & latitudinem errores apparentes) sunt, in qualibet
revolutione corporis P, ut quadratum temporis revolutionis quam
proxime. Conjungantur hæ rationes cum rationibus corollarii 14,

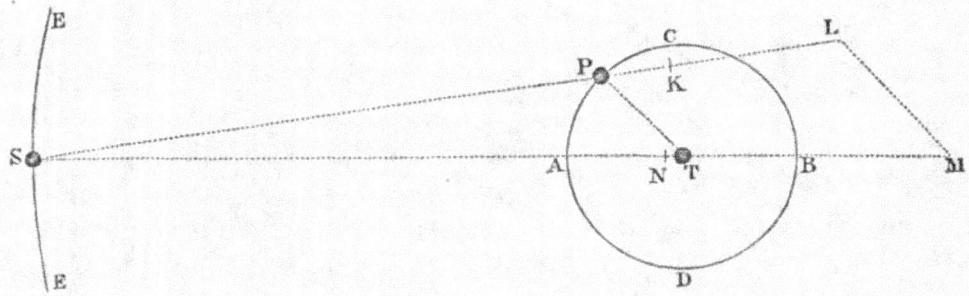

& in quolibet corporum T, P, S systemate, ubi P circum T sibi
propinquum, & T circum S longinquum revolvitur, errores angulares corporis P, de centro T apparentes, erunt, in singulis revolutionibus corporis illius P, ut quadratum temporis periodici corporis
P directe & quadratum temporis periodici corporis T inverse.
Et inde motus medius augis erit in data ratione ad motum medium
nodorum; & motus uterque erit ut tempus periodicum corporis P
directe & quadratum temporis periodici corporis T inverse. Augendo vel minuendo excentricitatem & inclinationem orbis PAB
non mutantur motus augis & nodorum sensibiliter, nisi ubi eædem
sunt nimis magnæ.

Corol. 17. Cum autem linea *LM* nunc major sit nunc minor quam radius *PT*, exponatur vis mediocris *LM* per radium illum *PT;* & erit hæc ad vim mediocrem *SK* vel *SN* (quam exponere licet per *ST*) ut longitudo *PT* ad longitudinem *ST.* Est autem vis mediocris *SN* vel *ST*, qua corpus *T* retinetur in orbe suo circum *S*, ad vim, qua corpus *P* retinetur in orbe suo circum *T*, in ratione composita ex ratione radii *ST* ad radium *PT*, & ratione duplicata temporis periodici corporis *P* circum *T* ad tempus periodicum corporis *T* circum *S.* Et ex æquo, vis mediocris *LM* ad vim, qua corpus *P* retinetur in orbe suo circum *T* (quave corpus idem *P*, eodem tempore periodico, circum punctum quodvis immobile *T* ad distantiam *PT* revolvi posset) est in ratione illa duplicata periodicorum temporum. Datis igitur temporibus periodicis una cum distantia *PT*, datur vis mediocris *LM;* & ea data, datur etiam vis *MN* quamproxime per analogiam linearum *PT*, *MN*.

Corol. 18. Iisdem legibus, quibus corpus *P* circum corpus *T* revolvitur, fingamus corpora plura fluida circum idem *T* ad æquales ab ipso distantias moveri; deinde ex his contiguis factis conflari annulum fluidum, rotundum ac corpori *T* concentricum; & singulæ annuli partes, motus suos omnes ad legem corporis *P* peragendo, propius accedent ad corpus *T*, & celerius movebuntur in conjunctione & oppositione ipsarum & corporis *S*, quam in quadraturis. Et nodi annuli hujus, seu intersectiones ejus cum plano orbitæ corporis *S* vel *T*, quiescent in syzygiis; extra syzygias vero movebuntur in antecedentia, & velocissime quidem in quadraturis, tardius aliis in locis. Annuli quoque inclinatio variabitur, & axis ejus singulis revolutionibus oscillabitur, completaque revolutione ad pristinum situm redibit, nisi quatenus per præcessionem nodorum circumfertur.

Corol. 19. Fingas jam globum corporis *T*, ex materia non fluida constantem, ampliari & extendi usque ad hunc annulum, & alveo per circuitum excavato continere aquam, motuque eodem periodico circa axem suum uniformiter revolvi. Hic liquor per vices acceleratus & retardatus (ut in superiore corollario) in syzygiis velocior erit, in quadraturis tardior quam superficies globi, & sic fluet in alveo refluetque ad modum maris. Aqua, revolvendo circa globi centrum quiescens, si tollatur attractio corporis *S*, nullum acquiret

motum fluxus & refluxus. Par est ratio globi uniformiter progredientis in directum, & interea revolventis circa centrum suum (per
legum corol. v) ut & globi de cursu rectilineo uniformiter tracti
(per legum corol. vi). Accedat autem corpus *S*, & ab ipsius inæquabili attractione mox turbabitur aqua. Etenim major erit attractio
aquæ propioris, minor ea remotioris. Vis autem *L M* trahet aquam
deorsum in quadraturis, facietque ipsam descendere usque ad syzygias; & vis *KL* trahet eandem sursum in syzygiis, sistetque descensum
ejus, & faciet ipsam ascendere usque ad quadraturas : nisi quatenus
motus fluendi & refluendi ab alveo aquæ dirigatur, & per frictionem
aliquatenus retardetur.

Corol. 20. Si annulus jam rigeat, & minuatur globus, cessabit
motus fluendi & refluendi ; sed oscillatorius ille inclinationis motus &
præcessio nodorum manebunt. Habeat globus eundem axem cum
annulo, gyrosque compleat iisdem temporibus, & superficie sua contingat ipsum interius, eique inhæreat ; & participando motum ejus,

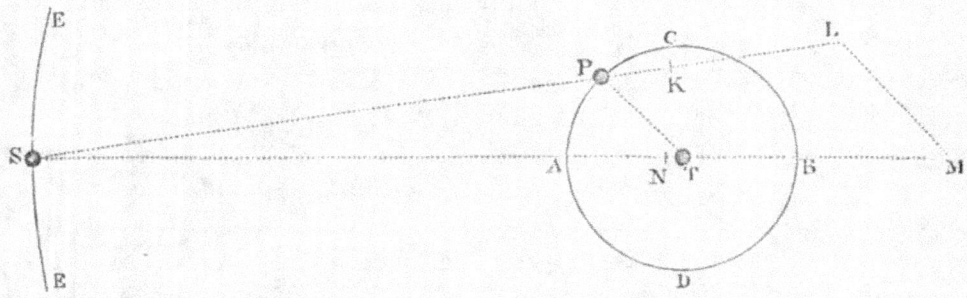

compages utriusque oscillabitur, & nodi regredientur. Nam globus,
ut mox dicetur, ad suscipiendas impressiones omnes indifferens est.
Annuli globo orbati maximus inclinationis angulus est, ubi nodi sunt
in syzygiis. Inde in progressu nodorum ad quadraturas conatur is
inclinationem suam minuere, & isto conatu motum imprimit globo
toti. Retinet globus motum impressum, usque dum annulus conatu
contrario motum hunc tollat, imprimatque motum novum in contrariam partem : Atque hac ratione maximus decrescentis inclinationis motus fit in quadraturis nodorum, & minimus inclinationis
angulus in octantibus post quadraturas ; dein maximus reclinationis
motus in syzygiis, & maximus angulus in octantibus proximis. Et

eadem est ratio globi annulo nudati, qui in regionibus æquatoris vel altior est paulo quam juxta polos, vel constat ex materia paulo densiore. Supplet enim vicem annuli iste materiæ in æquatoris regionibus excessus. Et quanquam, aucta utcunque globi hujus vi centripeta, tendere supponantur omnes ejus partes deorsum, ad modum gravitantium partium telluris, tamen phænomena hujus & præcedentis corollarii vix inde mutabuntur; nisi quod loca maximarum & minimarum altitudinum aquæ diversa erunt. Aqua enim jam in orbe suo sustinetur & permanet, non per vim suam centrifugam, sed per alveum in quo fluit. Et præterea vis LM trahit aquam deorsum maxime in quadraturis, & vis KL seu $NM - LM$ trahit eandem sursum maxime in syzygiis. Et hæ vires conjunctæ desinunt trahere aquam deorsum & incipiunt trahere aquam sursum in octantibus ante syzygias, ac desinunt trahere aquam sursum incipiuntque trahere aquam deorsum in octantibus post syzygias. Et inde maxima aquæ altitudo evenire potest in octantibus post syzygias, & minima in octantibus post quadraturas circiter; nisi quatenus motus ascendendi vel descendendi ab his viribus impressus vel per vim insitam aquæ paulo diutius perseveret, vel per impedimenta alvei paulo citius sistatur.

Corol. 21. Eadem ratione, qua materia globi juxta æquatorem redundans efficit ut nodi regrediantur, atque ideo per hujus incrementum augetur iste regressus, per diminutionem vero diminuitur, & per ablationem tollitur; si materia plusquam redundans tollatur, hoc est, si globus juxta æquatorem vel depressior reddatur, vel rarior quam juxta polos, orietur motus nodorum in consequentia.

Corol. 22. Et inde vicissim, ex motu nodorum innotescit constitutio globi. Nimirum si globus polos eosdem constanter servat, & motus fit in antecedentia, materia juxta æquatorem redundat; si in consequentia, deficit. Pone globum uniformem & perfecte circinatum in spatiis liberis primo quiescere; dein impetu quocunque oblique in superficiem suam facto propelli, & motum inde concipere partim circularem, partim in directum. Quoniam globus iste ad axes omnes per centrum suum transeuntes indifferenter se habet, neque propensior est in unum axem, unumve axis situm, quam in alium quemvis; perspicuum est, quod is axem suum, axisque inclinationem vi propria nunquam mutabit. Impellatur jam globus oblique, in eadem illa superficiei parte, qua prius, impulsu quocunque novo; & cum citior vel serior impulsus effectum nil mutet, manifestum est, quod hi duo impulsus successive impressi eundem producent motum, ac si simul impressi fuissent, hoc est, eundem, ac si globus vi simplici ex utroque (per legum corol. ii) composita impulsus fuisset, atque ideo simplicem, circa axem inclinatione datum. Et par est ratio impulsus secundi facti in locum alium quemvis in æquatore motus primi; ut & impulsus primi facti in locum quemvis in æquatore motus, quem impulsus secundus sine primo generaret; atque ideo impulsuum amborum factorum in loca quæcunque: generabunt hi eundem motum circularem ac si simul & semel in locum intersectionis æquatorum motuum illorum, quos seorsim generarent, fuissent impressi. Globus igitur homogeneus & perfectus non retinet motus plures distinctos, sed impressos omnes componit & ad unum reducit, & quatenus in se est, gyratur semper motu simplici & uniformi circa axem unicum, inclinatione semper invariabili datum. Sed nec vis centripeta inclinationem axis, aut rotationis velocitatem mutare potest. Si globus plano quocunque, per centrum suum & centrum in quod vis dirigitur transeunte, dividi intelligatur in duo hemisphæria; urgebit semper vis illa utrumque hemisphærium æqualiter, & propterea globum, quoad motum rotationis, nullam in partem inclinabit. Addatur vero alicubi inter polum & æquatorem materia nova in formam montis cumulata, & hæc, perpetuo conatu recedendi a centro sui motus, turbabit motum globi, facietque ut poli ejus errent per ipsius superficiem, & circulos circum se punctumque sibi oppositum perpetuo describant. Neque corrigetur ista vagationis enormitas, nisi locando montem illum vel in polo alterutro, quo in casu (per corol. 21) nodi æquatoris progredientur; vel in æquatore, qua ratione (per corol. 20) nodi regredientur; vel denique ex altera axis parte addendo materiam novam, qua mons inter movendum libretur, & hoc pacto nodi vel progredientur, vel recedent, perinde ut mons & hæcce nova materia sunt vel polo vel æquatori propiores.

PROPOSITIO LXVII. THEOREMA XXVII.

Positis iisdem attractionum legibus, dico quod corpus exterius S, circa interiorum P, T commune gravitatis centrum O, radiis ad centrum illud ductis, describit areas temporibus magis proportionales & orbem ad formam ellipseos umbilicum in centro eodem habentis magis cccedentem, quam circa corpus intimum & maximum T, *radiis ad ipsum ductis, describere potest.*

Nam corporis *S* attractiones versus *T* & *P* componunt ipsius attractionem absolutam, quæ magis dirigitur in corporum *T* & *P* commune gravitatis centrum *O,* quam in corpus maximum *T,* quæque quadrato distantiæ *S O* magis est proportionalis

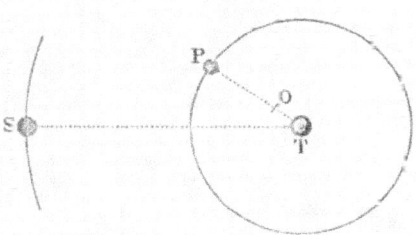

reciproce, quam quadrato distantiæ *S T:* ut rem perpendenti facile constabit.

PROPOSITIO LXVIII. THEOREMA XXVIII.

Positis iisdem attractionum legibus, dico quod corpus exterius S, circa interiorum P *&* T *commune gravitatis centrum O, radiis ad centrum illud ductis, describit areas temporibus magis proportionales, & orbem ad formam ellipseos umbilicum in centro eodem habentis magis accedentem, si corpus intimum & maximum his attractionibus perinde atque cætera agitetur, quam si id vel non attractum quiescat, vel multo magis aut multo minus attractum aut multo magis aut multo minus agitetur.*

Demonstratur eodem fere modo cum prop. LXVI sed argumento prolixiore, quod ideo prætereo. Sufficeret rem sic æstimare. Ex demonstratione propositionis novissimæ liquet centrum, in quod corpus *S* conjunctis viribus urgetur, proximum esse communi centro gravitatis duorum illorum. Si coincideret hoc centrum cum centro illo communi, & quiesceret commune centrum gravitatis corporum trium; describerent corpus *S* ex una parte, & commune centrum aliorum duorum ex altera parte, circa commune omnium centrum quiescens, ellipses accuratas. Liquet hoc per corollarium secundum propositionis LVIII collatum cum demonstratis in prop. LXIV & LXV.

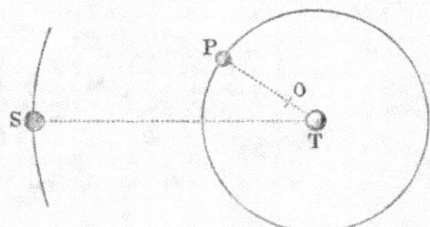

Perturbatur iste motus ellipticus aliquantulum per distantiam centri duorum a centro, in quod tertium *S* attrahitur. Detur præterea motus communi trium centro, & augebitur perturbatio. Proinde minima est perturbatio, ubi commune trium centrum quiescit; hoc est, ubi corpus intimum & maximum *T* lege cæterorum attrahitur: fitque major semper, ubi trium commune illud centrum, minuendo motum corporis *T*, moveri incipit, & magis deinceps magisque agitatur.

Corol. Et hinc, si corpora plura minora revolvantur circa maximum, colligere licet quod orbitæ descriptæ propius accedent ad ellipticas, & arearum descriptiones fient magis æquabiles, si corpora omnia viribus acceleratricibus, quæ sunt ut eorum vires absolutæ directe & quadrata distantiarum inverse, se mutuo trahant agitentque, & orbitæ cujusque umbilicus collocetur in communi centro gravitatis corporum omnium interiorum (nimirum umbilicus orbitæ primæ & intimæ in centro gravitatis corporis maximi & intimi; ille orbitæ secundæ, in communi centro gravitatis corporum duorum intimorum; iste tertiæ, in communi centro gravitatis trium interiorum; & sic deinceps) quam si corpus intimum quiescat & statuatur communis umbilicus orbitarum omnium.

PROPOSITIO LXIX. THEOREMA XXIX.

In systemate corporum plurium A, B, C, D, *&c. si corpus aliquod* A *trahit cætera omnia* B, C, D, *&c. viribus acceleratricibus quæ sunt reciproce ut quadrata distantiarum a trahente; & corpus aliud*

B *trahit etiam cætera* A, C, D, *&c. viribus quæ sunt reciproce ut quadrata distantiarum a trahente : erunt absolutæ corporum trahentium* A, B *vires ad invicem, ut sunt ipsa corpora* A, B, *quorum sunt vires.*

Nam attractiones acceleratrices corporum omnium *B, C, D* versus *A*, paribus distantiis, sibi invicem æquantur ex hypothesi ; & similiter attractiones acceleratrices corporum omnium versus *B*, paribus distantiis, sibi invicem æquantur. Est autem absoluta vis attractiva corporis *A* ad vim absolutam attractivam corporis *B*, ut attractio acceleratrix corporum omnium versus *A* ad attractionem acceleratricem corporum omnium versus *B*, paribus distantiis ; & ita est attractio acceleratrix corporis *B* versus *A*, ad attractionem acceleratricem corporis *A* versus *B*. Sed attractio acceleratrix corporis *B* versus *A* est ad attractionem acceleratricem corporis *A* versus *B*, ut massa corporis *A* ad massam corporis *B* ; propterea quod vires motrices, quæ (per definitionem secundam, septimam & octavam) sunt ut vires acceleratrices & corpora attracta conjunctim, hic sunt (per motus legem tertiam) sibi invicem æquales. Ergo absoluta vis attractiva corporis *A* est ad absolutam vim attractivam corporis *B*, ut massa corporis *A* ad massam corporis *B*. *Q. E. D.*

Corol. 1. Hinc si singula systematis corpora *A, B, C, D,* &c. seorsim spectata trahant cætera omnia viribus acceleratricibus, quæ sunt reciproce ut quadrata distantiarum a trahente ; erunt corporum illorum omnium vires absolutæ ad invicem ut sunt ipsa corpora.

Corol. 2. Eodem argumento, si singula systematis corpora *A, B, C, D,* &c. seorsim spectata trahant cætera omnia viribus acceleratricibus, quæ sunt vel reciproce, vel directe in ratione dignitatis cujuscunque distantiarum a trahente, quæve secundum legem quamcunque communem ex distantiis ab unoquoque trahente definiuntur ; constat quod corporum illorum vires absolutæ sunt ut corpora.

Corol. 3. In systemate corporum, quorum vires decrescunt in ratione duplicata distantiarum, si minora circa maximum in ellipsibus, umbilicum communem in maximi illius centro habentibus, quam fieri potest accuratissimis revolvantur ; & radiis ad maximum illud ductis describant areas temporibus quam maxime proportionales : erunt corporum illorum vires absolutæ ad invicem, aut accurate aut quamproxime, in ratione corporum ; & contra.   Patet per corol. prop. LXVIII collatum cum hujus corol. 1.

Scholium.

His propositionibus manuducimur ad analogiam inter vires centripetas, & corpora centralia, ad quæ vires illæ dirigi solent.   Rationi enim consentaneum est, ut vires, quæ ad corpora diriguntur, pendeant ab eorundem natura & quantitate, ut fit in magneticis. Et quoties hujusmodi casus incidunt, æstimandæ erunt corporum attractiones, assignando singulis eorum particulis vires proprias, & colligendo summas virium.   Vocem attractionis hic generaliter usurpo pro corporum conatu quocunque accedendi ad invicem : sive conatus iste fiat ab actione corporum, vel se mutuo petentium, vel per spiritus emissos se invicem agitantium ; sive is ab actione ætheris, aut aëris, mediive cujuscunque seu corporei seu incorporei oriatur corpora innatantia in se invicem utcunque impellentis, Eodem sensu generali usurpo vocem impulsus, non species virium & qualitates physicas, sed quantitates & proportiones mathematicas in hoc tractatu expendens, ut in definitionibus explicui.   In mathesi investigandæ sunt virium quantitates & rationes illæ, quæ ex conditionibus quibuscunque positis consequentur : deinde, ubi in physicam descenditur, conferendæ sunt hæ rationes cum phænomenis ; ut innotescat quænam virium conditiones singulis corporum attractivorum generibus competant.   Et tum demum de virium speciebus, causis & rationibus physicis tutius disputare licebit.   Videamus igitur quibus viribus corpora sphærica, ex particulis modo jam exposito attractivis constantia, debeant in se mutuo agere ; & quales motus inde consequantur.

SECTIO XII.

De corporum sphæricorum viribus attractivis.

PROPOSITIO LXX. THEOREMA XXX.

Si ad sphæricæ superficiei puncta singula tendant vires æquales centripetæ decrescentes in duplicata ratione distantiarum a punctis: dico quod corpusculum intra superficiem constitutum his viribus nullam in partem attrahitur.

Sit $HIKL$ superficies illa sphærica, & P corpusculum intus con-stitutum. Per P agantur ad hanc superficiem lineæ duæ HK, IL, arcus quam minimos HI, KL intercipientes; &, ob triangula HPI, LPK (per corol. 3 lem. VII) similia, arcus illi erunt distantiis HP, LP pro-portionales; & superficiei sphæricæ par-ticulæ quævis ad HI & KL, rectis per punctum P transeuntibus undique ter-minatæ, erunt in duplicata illa ratione. Ergo vires harum particularum in corpus P exercitæ sunt inter se æquales. Sunt enim ut particulæ directe, & quadrata distantiarum inverse. Et hæ duæ rationes

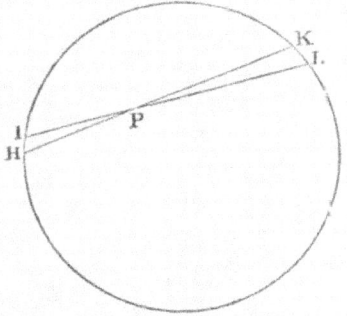

componunt rationem æqualitatis. Attractiones igitur, in contrarias partes æqualiter factæ, se mutuo destruunt. Et simili argumento, attractiones omnes per totam sphæricam superficiem a contrariis attractionibus destruuntur. Proinde corpus P nullam in partem his attractionibus impellitur. *Q. E. D.*

PROPOSITIO LXXI. THEOREMA XXXI.

Iisdem positis, dico quod corpusculum extra sphæricam superficiem constitutum attrahitur ad centrum sphæræ, vi reciproce proportionali quadrato distantiæ suæ ab eodem centro.

Sint $AHKB$, $ahkb$ æquales duæ superficies sphæricæ, centris S, s, diametris AB, ab descriptæ, & P, p corpuscula sita extrinsecus in diametris illis productis. Agantur a corpusculis lineæ PHK, PIL, phk, pil, auferentes a circulis maximis AHB, ahb, æquales arcus HK, hk & IL, il: et ad eas demittantur perpendicula SD, sd; SE, se; IR, ir; quorum SD, sd secent PL, pl in F & f. Demittantur etiam ad diametros perpendicula IQ, iq. Evanescant anguli DPE, dpe: & ob æquales DS & ds, ES & es, lineæ PE, PF & pe, pf & lineola DF, df pro æqualibus habeantur; quippe quarum ratio ultima, angulis illis DPE, dpe simul

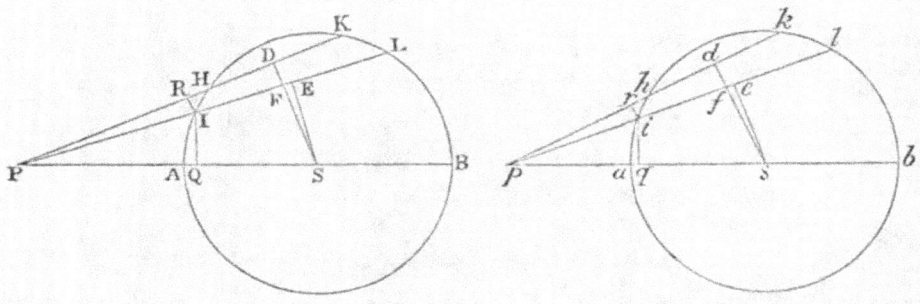

evanescentibus, est æqualitatis. His itaque constitutis, erit PI ad PF ut RI ad DF, & pf ad pi ut df vel DF ad ri; & ex æquo $PI \times pf$ ad $PF \times pi$ ut RI ad ri, hoc est (per corol. 3 lem. VII) ut arcus IH ad arcum ih. Rursus PI ad PS ut IQ ad SE, & ps ad pi ut se vel SE ad iq; & ex æquo $PI \times ps$ ad $PS \times pi$ ut IQ ad iq. Et conjunctis rationibus PI quad. $\times pf \times ps$ ad pi quad. $\times PF \times PS$, ut $IH \times IQ$ ad $ih \times iq$; hoc est, ut superficies circularis, quam arcus IH convolutione semicirculi AKB circa diametrum AB describet, ad superficiem circularem, quam arcus ih convolutione semicirculi akb circa diametrum ab describet. Et vires, quibus hæ superficies secundum lineas ad se tendentes attrahunt corpuscula P & p, sunt (per hypothesin) ut ipsæ superficies directe, & quadrata distantiarum superficierum a corporibus inverse, hoc est, ut $pf \times ps$ ad $PF \times PS$. Suntque hæ vires ad ipsarum partes obliquas, quæ (facta per legum corol. II resolutione virium) secundum lineas PS, ps ad centra tendunt, ut PI ad PQ, & pi ad pq; id est (ob similia triangula PIQ & PSF, piq & psf) ut PS ad PF

& ps ad pf.   Unde, ex æquo, fit attractio corpusculi hujus P versus S ad attractionem corpusculi p versus s, ut $\dfrac{PF \times pf \times ps}{PS}$ ad $\dfrac{pf \times PF \times PS}{ps}$, hoc est, ut ps *quad.* ad PS *quad.*   Et simili argumento vires, quibus superficies convolutione arcuum KL, kl descriptæ trahunt corpuscula, erunt ut ps *quad.* ad PS *quad.* inque eadem ratione erunt vires superficierum omnium circularium in quas utraque superficies sphærica, capiendo semper sd æqualem SD & $s\epsilon$ æqualem SE, distingui potest.   Et, per compositionem, vires totarum superficierum sphæricarum in corpuscula exercitæ erunt in eadem ratione.   *Q.E.D.*

PROPOSITIO LXXII. THEOREMA XXXII.

Si ad sphæræ cujusvis puncta singula tendant vires æquales centripetæ decrescentes in duplicata ratione distantiarum a punctis; ac detur tum sphæræ densitas, tum ratio diametri sphæræ ad distantiam corpusculi a centro ejus : dico quod vis, qua corpusculum attrahitur, proportionalis erit semidiametro sphæræ.

Nam concipe corpuscula duo seorsim a sphæris duabus attrahi, unum ab una & alterum ab altera, & distantias eorum a sphærarum centris proportionales esse diametris sphærarum respective, sphæras autem resolvi in particulas similes & similiter positas ad corpuscula Et attractiones corpusculi unius, factæ versus singulas particulas sphæræ unius, erunt ad attractiones alterius versus analogas totidem particulas sphæræ alterius, in ratione composita ex ratione particularum directe & ratione duplicata distantiarum inverse.   Sed particulæ sunt ut sphæræ, hoc est, in ratione triplicata diametrorum, & distantiæ sunt ut diametri; & ratio prior directe una cum ratione posteriore bis inverse est ratio diametri ad diametrum. *Q.E.D.*

Corol. 1. Hinc si corpuscula in circulis, circa sphæras ex materia æqualiter attractiva constantes, revolvantur ; sintque distantiæ a centris sphærarum proportionales earundem diametris : tempora periodica erunt æqualia.

Corol. 2. Et vice versa, si tempora periodica sunt æqualia ; distantiæ erunt proportionales diametris.   Constant hæc duo per corol. 3 prop. IV.

Corol. 3. Si ad solidorum duorum quorumvis, similium & æqualiter densorum, puncta singula tendant vires æquales centripetæ, decrescentes in duplicata ratione distantiarum a punctis ; vires, quibus corpuscula, ad solida illa duo similiter sita, attrehentur ab iisdem, erunt ad invicem ut diametri solidorum.

PROPOSITIO LXXIII.   THEOREMA XXXIII.

Si ad sphæræ alicujus datæ puncta singula tendant æquales vires centripetæ decrescentes in duplicata ratione distantiarum a punctis : dico quod corpusculum intra sphæram constitutum attrahitur vi proportionali distantiæ suæ ab ipsius centro.

In sphæra $ABCD$, centro S descripta, locetur corpusculum P; & centro eodem S, intervallo SP, concipe sphæram interiorem $PEQF$ describi. Manifestum est, (per prop. LXX) quod sphæricæ superficies concentricæ, ex quibus sphærarum differentia $AEBF$ componitur, attractionibus suis per attractiones contrarias destructis, nil agunt in corpus P. Restat sola attractio sphæræ interioris $PEQF$. Et (per prop. LXXII) hæc est ut distantia PS. *Q. E. D.*

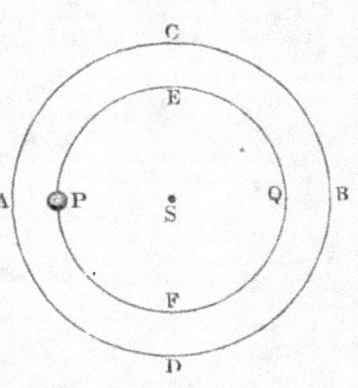

Scholium.

Superficies, ex quibus solida componuntur, hic non sunt pure mathematicæ, sed orbes adeo tenues, ut eorum crassitudo instar nihili sit; nimirum orbes evanescentes, ex quibus sphæra ultimo constat, ubi orbium illorum numerus augetur & crassitudo minuitur in infinitum. Similiter per puncta, ex quibus lineæ, superficies, & solida componi dicuntur, intelligendæ sunt particulæ æquales magnitudinis contemnendæ.

PROPOSITIO LXXIV. THEOREMA XXXIV.

Iisdem positis, dico quod corpusculum extra sphæram constitutum attrahitur vi reciproce proportionali quadrato distantiæ suæ ab ipsius centro.

Nam distinguatur sphæra in superficies sphæricas innumeras concentricas, & attractiones corpusculi a singulis superficiebus oriundæ erunt reciproce proportionales quadrato distantiæ corpusculi a centro (per prop. LXXI). Et componendo fiet summa attractionum, hoc est attractio corpusculi in sphæram totam, in eadem ratione. *Q.E.D.*

Corol. 1. Hinc in æqualibus distantiis a centris homogenearum sphærarum attractiones sunt ut sphæræ. Nam (per prop. LXXII) si distantiæ sunt proportionales diametris sphærarum, vires erunt ut diametri. Minuatur distantia major in illa ratione; &, distantiis jam factis æqualibus, augebitur attractio in duplicata illa ratione; ideoque erit ad attractionem alteram in triplicata illa ratione, hoc est, in ratione sphærarum.

Corol. 2. In distantiis quibusvis attractiones sunt ut sphæræ applicatæ ad quadrata distantiarum.

Corol. 3. Si corpusculum, extra sphæram homogeneam positum, trahitur vi reciproce proportionali quadrato distantiæ suæ ab ipsius centro, constet autem sphæra ex particulis attractivis; decrescet vis particulæ cujusque in duplicata ratione distantiæ a particula.

PROPOSITIO LXXV. THEOREMA XXXV.

Si ad sphæræ datæ puncta singula tendant vires æquales centripetæ, decrescentes in duplicata ratione distantiarum a punctis; dico quod

N

sphæra quævis alia similaris ab eadem attrahitur vi reciproce proportionali quadrato distantiæ centrorum.

Nam particulæ cujusvis attractio est reciproce ut quadratum distantiæ suæ a centro sphæræ trahentis (per prop. LXXIV), & propterea eadem est, ac si vis tota attrahens manaret de corpusculo unico sito in centro hujus sphæræ.   Hæc autem attractio tanta est, quanta foret vicissim attractio corpusculi ejusdem, si modo illud a singulis sphæræ attractæ particulis eadem vi traheretur, qua ipsas attrahit.   Foret autem illa corpusculi attractio (per prop. LXXIV) reciproce proportionalis quadrato distantiæ suæ a centro sphæræ; ideoque huic æqualis attractio sphæræ est in eadem ratione.   *Q.E.D.*

Corol. 1. Attractiones sphærarum, versus alias sphæras homogeneas, sunt ut sphæræ trahentes applicatæ ad quadrata distantiarum centrorum suorum a centris earum, quas attrahunt.

Corol. 2. Idem valet, ubi sphæra attracta etiam attrahit.   Namque hujus puncta singula trahent singula alterius eadem vi, qua ab ipsis vicissim trahuntur; ideoque cum in omni attractione urgeatur (per legem III) tam punctum attrahens, quam punctum attractum, geminabitur vis attractionis mutuæ, conservatis proportionibus.

Corol. 3. Eadem omnia, quæ superius de motu corporum circa umbilicum conicarum sectionum demonstrata sunt, obtinent, ubi sphæra attrahens locatur in umbilico, & corpora moventur extra sphæram.

Corol. 4. Ea vero, quæ de motu corporum circa centrum conicarum sectionum demonstrantur, obtinent ubi motus peraguntur intra sphæram.

PROPOSITIO LXXVI.   THEOREMA XXXVI.

Si sphæræ in progressu a centro ad circumferentiam (quoad materiæ densitatem & vim attractivam) utcunque dissimilares, in progressu vero per circuitum ad datam omnem a centro distantiam sunt undique similares; & vis attractiva puncti cujusque decrescit in duplicata ratione distantiæ corporis attracti: dico quod vis tota, qua hujusmodi sphæra una attrahit aliam, sit reciproce proportionalis quadrato distantiæ centrorum.

Sunto sphæræ quotcunque concentricæ similares *A B, C D, E F* &c. quarum interiores additæ exterioribus componant materiam densiorem versus centrum, vel subductæ relinquant tenuiorem; & hæ (per prop. LXXV) trahent sphæras alias quotcunque concentricas similares *G H, I K, L M,* &c. singulæ singulas, viribus reciproce proportionalibus quadrato distantiæ *S P.* Et componendo vel dividendo, summa virium illarum omnium, vel excessus aliquarum supra alias; hoc est, vis, qua sphæra tota, ex concentricis quibuscunque

vel concentricarum differentiis composita *A B,* trahit totam ex concentricis quibuscunque vel concentricarum differentiis compositam *G H;* erit in eadem ratione. Augeatur numerus sphærarum concentricarum in infinitum

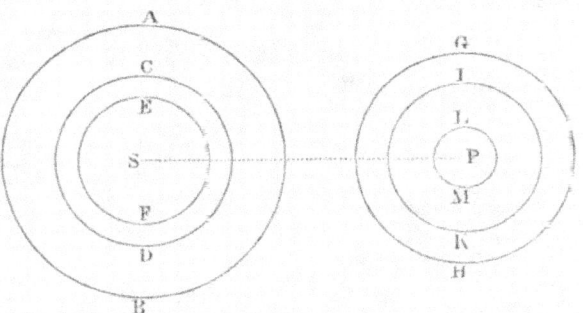

sic, ut materiæ densitas una cum vi attractiva, in progressu a circumferentia ad centrum, secundum legem quamcunque crescat vel decrescat; &, addita materia non attractiva, compleatur ubivis densitas deficiens, eo ut sphæræ acquirant formam quamvis optatam; & vis, qua harum una attrahet alteram, erit etiamnum, per argumentum superius, in eadem illa distantiæ quadratæ ratione inversa. *Q. E. D.*

Corol. 1. Hinc si ejusmodi sphæræ complures, sibi invicem per omnia similes, se mutuo trahant; attractiones acceleratrices singularum in singulas erunt, in æqualibus quibusvis centrorum distantiis, ut sphæræ attrahentes.

Corol. 2. Inque distantiis quibusvis inæqualibus, ut sphæræ attrahentes applicatæ ad quadrata distantiarum inter centra.

Corol. 3. Attractiones vero motrices, seu pondera sphærarum in sphæras erunt, in æqualibus centrorum distantiis, ut sphæræ attrahentes & attractæ conjunctim, id est, ut contenta sub sphæris per multiplicationem producta.

Corol. 4. Inque distantiis inæqualibus, ut contenta illa directè & quadrata distantiarum inter centra inverse.

Corol. 5. Eadem valent, ubi attractio oritur a sphæræ utriusque virtute attractiva mutuo exercita in sphæram alteram.   Nam viribus ambabus geminatur attractio, proportione servata.

Corol. 6. Si hujusmodi sphæræ aliquæ circa alias quiescentes revolvantur, singulæ circa singulas; sintque distantiæ inter centra revolventium & quiescentium proportionales quiescentium diametris; æqualia erunt tempora periodica.

Corol. 7. Et vicissim, si tempora periodica sunt æqualia; distantiæ erunt proportionales diametris.

Corol. 8. Eadem omnia, quæ superius de motu corporum circa umbilicos conicarum sectionum demonstrata sunt, obtinent; ubi sphæra attrahens, formæ & conditionis cujusvis jam descriptæ, locatur in umbilico.

Corol. 9. Ut & ubi gyrantia sunt etiam sphæræ attrahentes, conditionis cujusvis jam descriptæ.

PROPOSITIO LXXVII. THEOREMA XXXVII.

Si ad singula sphærarum puncta tendant vires centripetæ proportionales distantiis punctorum a corporibus attractis : dico quod vis composita, qua sphæræ duæ se mutuo trahent, est ut distantia inter centra sphærarum.

Cas. 1. Sit *A E B F* sphæra; *S* centrum ejus; *P* corpusculum attractum, *P A S B* axis sphæræ per centrum corpusculi transiens; *E F*, *e f* plana duo, quibus sphæra secatur, huic axi perpendicularia, & hinc inde æqualiter distantia a centro sphæræ; *G*, *g* intersec-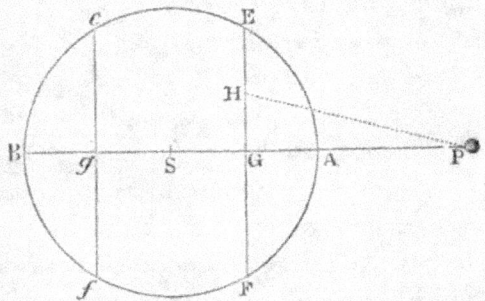
tiones planorum & axis; & *H* punctum quodvis in plano *E F.* Puncti *H* vis centripeta in corpusculum *P*, secundum lineam *P H* exercita,

est ut distantia PH; & (per legum corol. II) secundum lineam PG, seu versus centrum S, ut longitudo PG. Igitur punctorum omnium in plano EF, hoc est plani totius vis, qua corpusculum P trahitur versus centrum S, est ut distantia PG multiplicata per numerum punctorum, id est, ut solidum quod continetur sub plano ipso EF & distantia illa PG. Et similiter vis plani ef, qua corpusculum P trahitur versus centrum S, est ut planum illud ductum in distantiam suam Pg, sive ut huic æquale planum EF ductum in distantiam illam Pg; & summa virium plani utriusque ut planum EF ductum in summam distantiarum $PG + Pg$, id est, ut planum illud ductum in duplam centri & corpusculi distantiam PS, hoc est, ut duplum planum EF ductum in distantiam PS, vel ut summa æqualium planorum $EF + ef$ ducta in distantiam eandem. Et simili argumento, vires omnium planorum in sphæra tota, hinc inde æqualiter a centro sphæræ distantium, sunt ut summa planorum ducta in distantiam PS, hoc est, ut sphæra tota & ut distantia PS conjunctim. Q. E. D.

Cas. 2. Trahat jam corpusculum P sphæram $AEBF$. Et eodem argumento probabitur quod vis, qua sphæra illa trahitur, erit ut distantia PS. Q. E. D.

Cas. 3. Componatur jam sphæra altera ex corpusculis innumeris P; & quoniam vis, qua corpusculum unumquodque trahitur, est ut distantia corpusculi a centro sphæræ primæ & ut sphæra eadem conjunctim, atque ideo eadem est, ac si prodiret tota de corpusculo unico in centro sphæræ; vis tota, qua corpuscula omnia in sphæra secunda trahuntur, hoc est, qua sphæra illa tota trahitur, eadem erit, ac si sphæra illa traheretur vi prodeunte de corpusculo unico in centro sphæræ primæ, & propterea proportionalis est distantiæ inter centra sphærarum. Q. E. D.

Cas. 4. Trahant sphæræ se mutuo, & vis geminata proportionem priorem servabit. Q. E. D.

Cas. 5. Locetur jam corpusculum p intra sphæram $AEBF$; & quoniam vis plani ef in corpusculum est ut solidum contentum sub plano illo & distantia pg; & vis contraria plani EF ut solidum contentum sub plano illo & distantia pG; erit vis ex utraque composita ut differentia solidorum, hoc est, ut summa æqualium planorum ducta in semissem differentiæ distantiarum, id est, ut

summa illa ducta in pS distantiam corpusculi a centro sphæræ.
Et simili argumento, attractio planorum
omnium EF, ef in sphæra tota, hoc est,
attractio sphæræ totius, est conjunctim ut
summa planorum omnium, seu sphæra tota,
& ut pS distantia corpusculi a centro
sphæræ. *Q. E. D.*

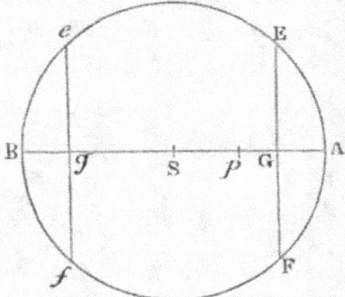

 Cas. 6. Et si ex corpusculis innumeris
p componatur sphæra nova, intra sphæram
priorem $AEBF$ sita; probabitur ut prius
quod attractio, sive simplex sphæræ unius in alteram, sive mutua
utriusque in se invicem, erit ut distantia centrorum pS. *Q. E. D.*

PROPOSITIO LXXVIII. THEOREMA XXXVIII.

*Si sphæræ in progressu a centro ad circumferentiam sint utcunque
dissimilares & inæquabiles, in progressu vero per circuitum ad datam
omnem a centro distantiam sint undique similares: & vis attractiva
puncti cujusque sit ut distantia corporis attracti; dico quod vis tota
qua hujusmodi sphæræ duæ se mutuo trahunt sit proportionalis
distantiæ inter centra sphærarum.*

 Demonstratur ex propositione præcedente eodem modo, quo
propositio LXXVI ex propositione LXXV demonstrata fuit.

 Corol. Quæ superius in propositionibus X & LXIV de motu corporum circa centra conicarum sectionum demonstrata sunt, valent ubi
attractiones omnes fiunt vi corporum sphæricorum conditionis
jam descriptæ, & attracta corpora sunt sphæræ conditionis ejusdem.

Scholium.

 Attractionum casus duos insigniores jam dedi expositos; nimirum
ubi vires centripetæ decrescunt in duplicata distantiarum ratione,
vel crescunt in distantiarum ratione simplici; efficientes in utroque
casu ut corpora gyrentur in conicis sectionibus, & componentes corporum sphæricorum vires centripetas eadem lege, in

recessu a centro, decrescentes vel crescentes cum seipsis : Quod est notatu dignum. Casus cæteros, qui conclusiones minus elegantes exhibent, sigillatim percurrere longum esset. Malim cunctos methodo generali simul comprehendere ac determinare, ut sequitur.

LEMMA XXIX.

Si describantur centro S *circulus quilibet* A E B, *& centro* P *circuli duo* E F, e f, *secantes priorem in* E, e, *lineamque* P S *in* F, f; *& ad* P S *demittantur perpendicula* E D, e d: *dico quod, si distantia arcuum* E F, e f *in infinitum minui intelligatur, ratio ultima lineæ evanescentis* D d *ad lineam evanescentem* F f *ea sit, quæ lineæ* P E *ad lineam* P S.

Nam si linea *P e* secet arcum *E F* in *q;* & recta *E e*, quæ cum arcu evanescente *E e* coincidit, producta occurrat rectæ *P S* in *T;* & ab *S* demittatur in *P E* normalis *S G :* ob similia triangula *D T E*, *d T e*, *D E S ;* erit *D d* ad *E e*, ut *D T* ad *T E*, seu *D E* ad *E S ;*

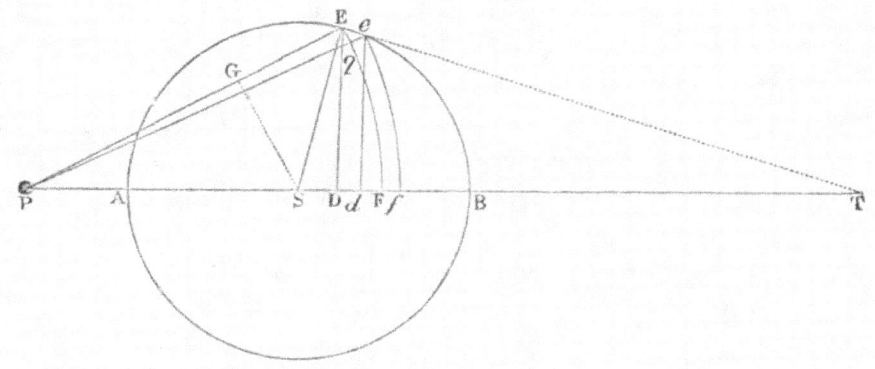

& ob triangula *E e q*, *E S G* (per lem. VIII & corol 3 lem. VII) similia, erit *E e* ad *e q*, seu *F f*, ut *E S* ad *S G ;* &, ex æquo, *D d* ad *F f* ut *D E* ad *S G ;* hoc est (ob similia triangula *P D E*, *P G S)* ut *P E* ad *P S. Q. E. D.*

PROPOSITIO LXXIX. THEOREMA XXXIX.

Si superficies ob latitudinem infinite diminutam jamjam evanescens
E F fe, *convolutione sui circa axem* P S, *describat solidum sphæricum*
concavo-convexum, ad cujus particulas singulas æquales tendant
æquales vires centripetæ: dico quod vis, qua solidum illud trahit
corpusculum situm in P, *est in ratione composita ex ratione solidi*
D E *q* × F f, & *ratione vis qua particula data in loco* F f *traheret*
idem corpusculum.

Nam si primo consideremus vim superficiei sphæricæ *F E*, quæ
convolutione arcus *F E* generatur, & a linea *d e* ubivis secatur in *r* ;
erit superficiei pars annularis, convolutione arcus *r E* genita, ut
lineola *D d*, manente sphæræ radio *P E* (uti demonstravit *Archi-*
medes in lib. de *Sphæra* & *Cylindro*).   Et hujus vis, secundum lineas *P E* vel *P r* undique in super-
ficie conica sitas exercita, ut hæc
ipsa superficiei pars annularis ;
hoc est, ut lineola *D d*, vel, quod
perinde est, ut rectangulum sub
dato sphæræ radio *P E* & lineola
illa *D d:* at secundum lineam
P S ad centrum *S* tendentem
minor in ratione *P D* ad *P E*,
ideoque ut *P D* × *D d*.   Dividi
jam intelligatur linea *D F* in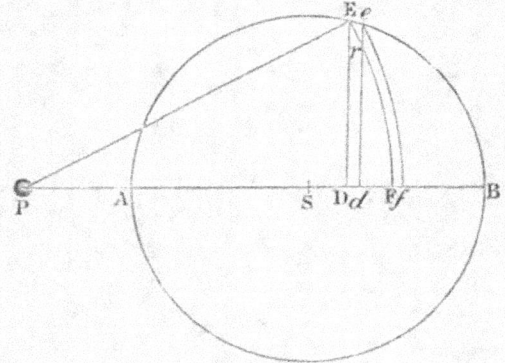
particulas innumeras æquales, quæ singulæ nominentur *D d;* &
superficies *F E* dividetur in totidem æquales annulos, quorum vires
erunt ut summa omnium *P D* × *D d*, hoc est, ut ½ *P F q* − ½ *P D q*,
ideoque ut *D E quad.*   Ducatur jam superficies *F E* in altitudinem
F f; & fiet solidi *E F fe* vis exercita in corpusculum *P* ut *D E q* × *F f:*
puta si detur vis quam particula aliqua data *F f* in distantia *P F* exercet in corpusculum *P*.   At si vis illa non detur, fiet vis solidi *E F fe*
ut solidum *D E q* × *F f* & vis illa non data conjunctim. *Q. E. D.*

PROPOSITIO LXXX. THEOREMA XL.

Si ad sphæræ alicujus A B E, *centro S descriptæ, particulas singulas æquales tendant æquales vires centripetæ, & ad sphæræ axem* A B, *in quo corpusculum aliquod* P *locatur, erigantur de punctis singulis* D *perpendicula* D E, *sphæræ occurrentia in* E, *& in ipsis capiantur longitudines* D N, *quæ sint ut quantitas* $\frac{DE\, q \times PS}{PE}$ *& vis, quam sphæræ particula sita in axe ad distantiam* P E *exercet in corpusculum* P, *conjunctim: dico quod vis tota, qua corpusculum* P *trahitur versus sphæram, est ut area* A N B *comprehensa sub axe sphæræ* A B, *& linea curva* A N B, *quam punctum* N *perpetuo tangit.*

Etenim stantibus quæ in lemmate & theoremate novissimo constructa sunt, concipe axem sphæræ *A B* dividi in particulas innu-

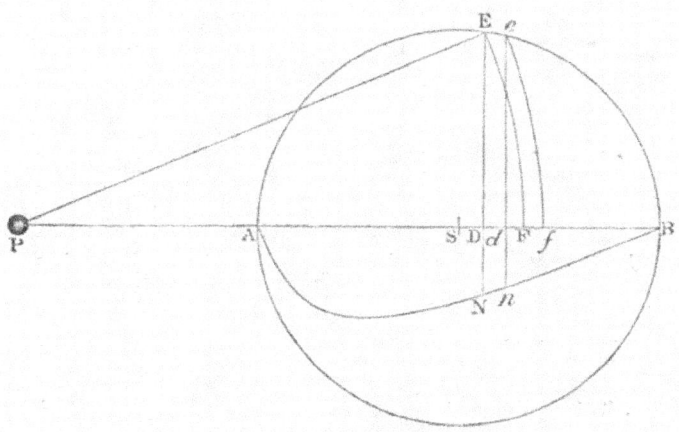

meras æquales *D d*, & sphæram totam dividi in totidem laminas sphæricas concavo-convexas *E F f e*; & erigatur perpendiculum *d n*. Per theorema superius vis, qua lamina *E F f e* trahit corpusculum *P*, est ut *D E q × F f* & vis particulæ unius ad distantiam *P E* vel *P F* exercita conjunctim.   Est autem (per lemma novissimum) Dd ad Ff ut PE ad PS, & inde Ff æqualis $\dfrac{PS \times Dd}{PE}$; & $DEq \times Ff$ æquale Dd in $\dfrac{DEq \times PS}{PE}$, & propterea vis laminæ $EFfe$ est ut Dd in $\dfrac{DEq \times PS}{PE}$ & vis particulæ ad distantiam PF exercita conjunctim, hoc est (ex hypothesi) ut $DN \times Dd$, seu area evanescens $DNnd$.   Sunt igitur laminarum omnium vires, in corpus P exercitæ, ut areæ omnes $DNnd$, hoc est, sphæræ vis tota ut area tota ANB.   Q.E.D.

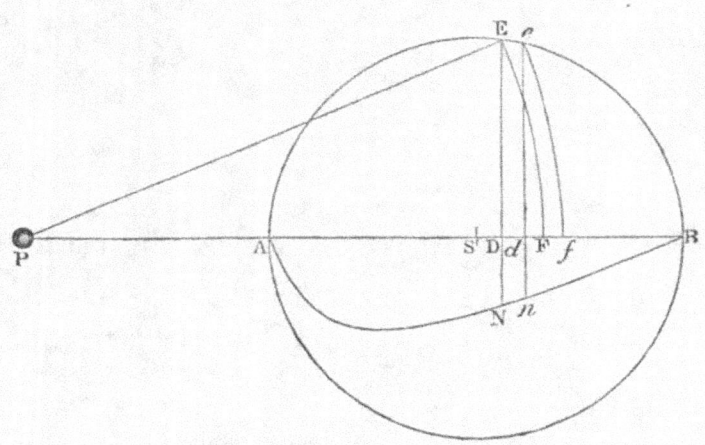

Corol. 1. Hinc si vis centripeta, ad particulas singulas tendens, eadem semper maneat in omnibus distantiis, & fiat DN ut $\dfrac{DEq \times PS}{PE}$; erit vis tota, qua corpusculum a sphæra attrahitur, ut area ANB.

Corol. 2. Si particularum vis centripeta sit reciproce ut distantia corpusculi a se attracti, & fiat DN ut $\dfrac{DEq \times PS}{PEq}$; erit vis, qua corpusculum P a sphæra tota attrahitur, ut area ANB.

Corol. 3. Si particularum vis centripeta sit reciproce ut cubus distantiæ corpusculi a se attracti, & fiat DN ut $\dfrac{DEq \times PS}{PEqq}$; erit vis, qua corpusculum a tota sphæra attrahitur, ut area ANB.

Corol. 4. Et universaliter si vis centripeta ad singulas sphæræ particulas tendens ponatur esse reciproce ut quantitas V, fiat autem DN ut $\dfrac{DEq \times PS}{PE \times V}$; erit vis, qua corpusculum a sphæra tota attrahitur, ut area ANB.

PROPOSITIO LXXXI. PROBLEMA XLI.

Stantibus jam positis, mensuranda est area ANB.

A puncto P ducatur recta PH sphæram tangens in H, & ad axem PAB demissa normali HI, bisecetur PI in L; & erit (per prop. XII lib. 2 elem.) PEq æquale $PSq + SEq + 2PSD$. Est autem SEq seu SHq (ob similitudinem triangulorum SPH, SHI) æquale rectangulo PSI. Ergo PEq æquale est contento sub PS & $PS + SI + 2SD$, hoc est, sub PS & $2LS + 2SD$, id est, sub PS & $2LD$. Porro DE quad. æquale est $SEq - SDq$, seu $SEq -$

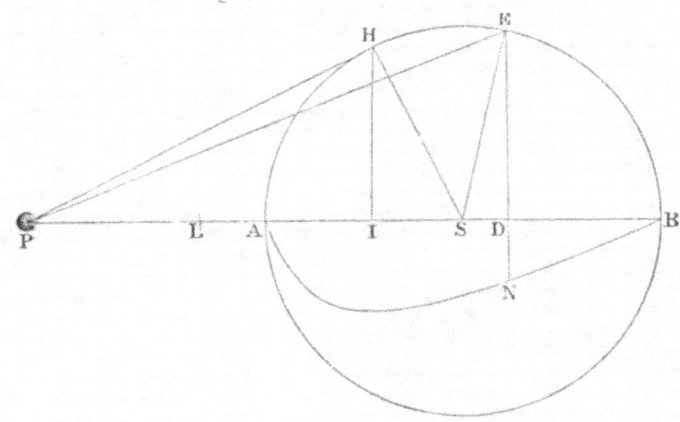

$LSq + 2SLD - LDq$, id est, $2SLD - LDq - ALB$. Nam $LSq - SEq$ seu $LSq - SAq$ (per prop. VI lib. 2 elem.) æquatur rectangulo ALB. Scribatur itaque $2SLD - LDq - ALB$ pro DEq; & quantitas $\dfrac{DEq \times PS}{PE \times V}$, quæ secundum corollarium quartum propositionis præcedentis est ut longitudo ordinatim applicatæ DN, resolvet sese in tres partes $\dfrac{2SLD \times PS}{PE \times V} -$

$$\frac{LDq \times PS}{PE \times V} - \frac{ALB \times PS}{PE \times V}$$: ubi si pro V scribatur ratio inversa vis centripetæ, & pro PE medium proportionale inter PS & $2\,LD$; tres illæ partes evadent ordinatim applicatæ linearum totidem curvarum, quarum areæ per methodos vulgatas innotescunt. *Q. E. F.*

Exempl. 1. Si vis centripeta ad singulas sphæræ particulas tendens sit reciproce ut distantia; pro V scribe distantiam PE; dein $2\,PS \times LD$ pro PEq, & fiet DN ut $SL - \frac{1}{2}LD - \frac{ALB}{2\,LD}$.

Pone DN æqualem ejus duplo $2\,SL - LD - \frac{ALB}{LD}$: & ordinatæ pars data $2\,SL$ ducta in longitudinem AB describet aream rectangulam $2\,SL \times AB$; & pars indefinita LD ducta normaliter in eandem longitudinem per motum continuum, ea lege ut inter movendum crescendo vel decrescendo æquetur semper longitudini LD, describet aream $\frac{LBq - LAq}{2}$, id est, aream $SL \times AB$; quæ subducta de area priore $2\,SL \times AB$ relinquit aream $SL \times AB$.

Pars autem tertia $\frac{ALB}{LD}$, ducta itidem per motum localem normaliter in eandem longitudinem, describet aream hyperbolicam; quæ subducta de area $SL \times AB$ relinquet aream quæsitam ANB. Unde talis emergit problematis constructio. Ad puncta L, A, B erige perpendicula Ll, Aa, Bb, quorum Aa ipsi LB, & Bb ipsi LA æquetur. Asymptotis Ll, LB, per puncta $a\,b$ describatur hyperbola $a\,b$. Et acta

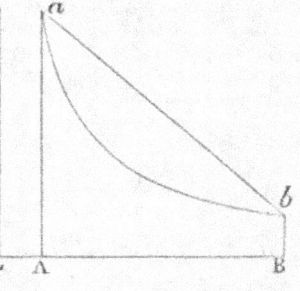

chorda $b\,a$ claudet aream $a\,b\,a$ areæ quæsitæ ANB æqualem.

Exempl. 2. Si vis centripeta ad singulas sphæræ particulas tendens sit reciproce ut cubus distantiæ, vel (quod perinde est) ut cubus ille applicatus ad planum quodvis datum; scribe $\frac{PE\ cub.}{2\,ASq}$ pro V, dein $2\,PS \times LD$ pro PEq; & fiet DN ut $\frac{SL \times ASq}{PS \times LD} - \frac{ASq}{2\,PS}$

$-\dfrac{ALB \times ASq}{2\,PS \times LDq}$, id est (ob continue proportionales $PS,\ AS,\ SI$)

ut $\dfrac{LSI}{LD} - \tfrac{1}{2}SI - \dfrac{ALB \times SI}{2\,LDq}$. Si ducantur hujus partes tres

in longitudinem AB, prima $\dfrac{LSI}{LD}$ generabit aream hyperboli-

cam; secunda $\tfrac{1}{2}SI$ aream $\tfrac{1}{2}AB \times SI$; tertia $\dfrac{ALB \times SI}{2\,LDq}$ aream

$\dfrac{ALB \times SI}{2\,LA} - \dfrac{ALB \times SI}{2\,LB}$, id est $\tfrac{1}{2}AB \times SI$. De prima subdu-

catur summa secundæ & tertiæ, & manebit
area quæsita ANB. Unde talis emergit problematis constructio. Ad puncta
L, A, S, B erige perpendicula $L\,l,\ A\,a,\ S\,s,$
$B\,b$, quorum Ss ipsi SI æquetur, perque
punctum s asymptotis $L\,l,\ LB$ describatur
hyperbola $a\,s\,b$ occurrens perpendiculis $A\,a,$
$B\,b$ in a & b; & rectangulum $2\,ASI$ sub-
ductum de area hyperbolica $A\,a\,s\,b\,B$ relinquet aream quæsitam ANB.

Exempl. 3. Si vis centripeta, ad singulas sphæræ particulas tendens, decrescit in quadruplicata ratione distantiæ a particulis;
scribe $\dfrac{PEqq}{2\,AScub.}$ pro V, dein $\sqrt{2\,PS \times LD}$ pro PE, & fiet DN ut

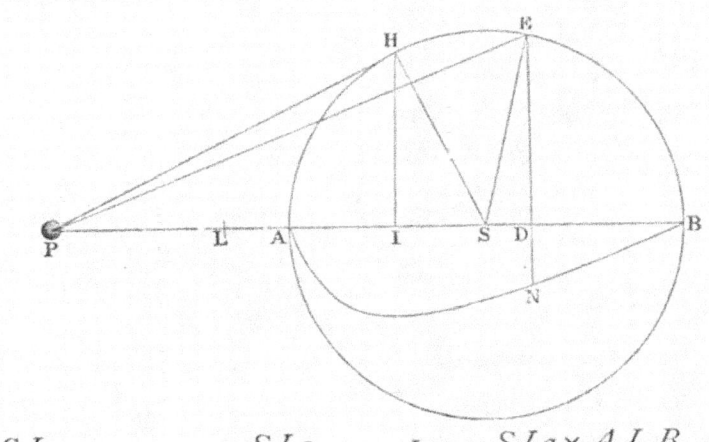

$$\dfrac{ISq \times SL}{\sqrt{2\,SI}} \times \dfrac{1}{\sqrt{LDc}} - \dfrac{SIq}{2\sqrt{2\,SI}} \times \dfrac{1}{\sqrt{LD}} - \dfrac{SIq \times ALB}{2\sqrt{2\,SI}} \times \dfrac{1}{\sqrt{LDqc}}$$

Cujus tres partes ductæ in longitudinem AB, producunt areas totidem, *viz.* $\dfrac{2\,SIq \times SL}{\sqrt{2\,SI}}$ in $\overline{\dfrac{1}{\sqrt{LA}} - \dfrac{1}{\sqrt{LB}}}$; $\dfrac{SIq}{\sqrt{2\,SI}}$ in $\overline{\sqrt{LB} - \sqrt{LA}}$; & $\dfrac{SIq \times ALB}{3\sqrt{2\,SI}}$ in $\overline{\dfrac{1}{\sqrt{LA\ cub.}} - \dfrac{1}{\sqrt{LB\ cub.}}}$. Et hæ post debitam reductionem fiunt $\dfrac{2\,SIq \times SL}{LI}$, SIq, & $SIq + \dfrac{2\,SI\ cub.}{3\,LI}$. Hæ vero,

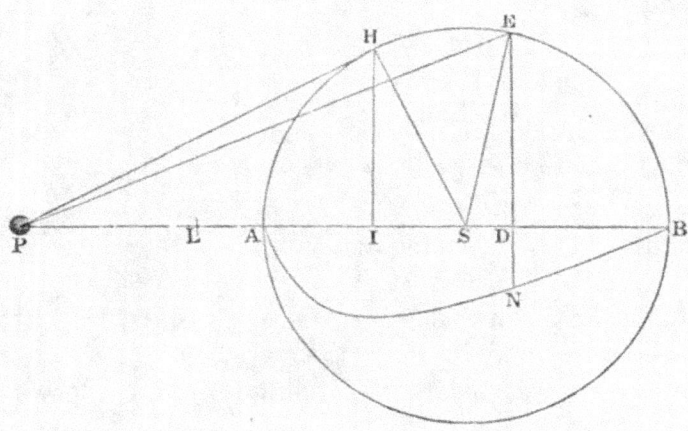

subductis posterioribus de priore, evadunt $\dfrac{4\,SI\ cub.}{3\,LI}$. Proinde vis tota, qua corpusculum P in sphæræ centrum trahitur, est ut $\dfrac{SI\ cub.}{PI}$, id est, reciproce ut $PS\ cub. \times PI$. Q. E. I.

Eadem methodo determinari potest attractio corpusculi siti intra sphæram, sed expeditius per theorema sequens.

PROPOSITIO LXXXII. THEOREMA XLI.

In sphæra centro S *intervallo* SA *descripta, si capiantur* SI, SA, SP *continue proportionales: dico quod corpusculi intra sphæram, in loco quovis* I, *attractio est ad attractionem ipsius extra sphæram, in loco* P, *in ratione composita ex subduplicata ratione distantiarum a centro* IS, PS, & *subduplicata ratione virium centripetarum, in locis illis* P & I, *ad centrum tendentium.*

Ut, si vires centripetæ particularum sphæræ sint reciproce ut distantiæ corpusculi a se attracti; vis, qua corpusculum situm in *I* trahitur a sphæra tota, erit ad vim, qua trahitur in *P*, in ratione composita ex subduplicata ratione distantiæ *S I* ad distantiam *S P*, & ratione subduplicata vis centripetæ in loco *I*, a particula aliqua in centro oriundæ, ad vim centripetam in loco *P* ab eadem in centro particula oriundam, id est, ratione subduplicata distantiarum *S I*, *S P* ad invicem reciproce. Hæ duæ rationes subduplicatæ componunt rationem æqualitatis, & propterea attractiones in *I* & *P* a sphæra tota factæ æquantur. Simili computo, si vires particularum sphæræ sunt reciproce in duplicata ratione distantiarum, colligetur quod attractio in *I* sit ad attractionem in *P*, ut distantia *S P* ad sphæræ semidiametrum *S A* : Si vires illæ sunt reciproce in tripli-

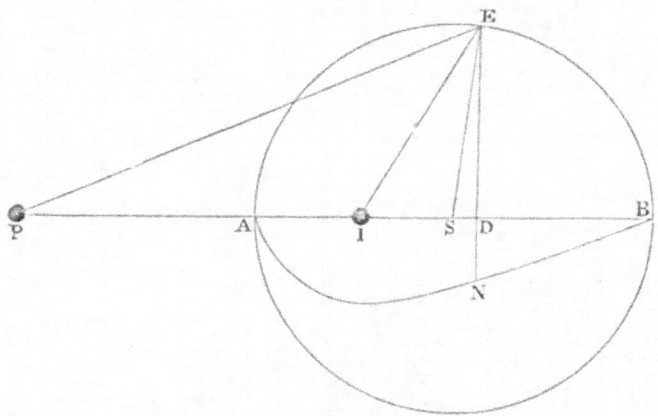

cata ratione distantiarum, attractiones in *I* & *P* erunt ad invicem ut *S P quad.* ad *S A quad.* : Si in quadruplicata, ut *S P cub.* ad *S A cub.* Unde cum attractio in *P*, in hoc ultimo casu, inventa fuit reciproce ut *P S cub.* × *P I*, attractio in *I* erit reciproce ut *S A cub.* × *P I*, id est (ob datum *S A cub.*) reciproce ut *P I*. Et similis est progressus in infinitum. Theorema vero sic demonstratur.

Stantibus jam ante constructis, & existente corpusculo in loco quovis *P*, ordinatim applicata *D N* inventa fuit ut $\dfrac{DEq \times PS}{PE \times V}$.

Ergo si agatur *I E*, ordinata illa pro alio quovis corpusculi loco *I*, mutatis mutandis, evadet ut $\dfrac{DEq \times IS}{IE \times V}$. Pone vires centripetas, e sphæræ puncto quovis E manantes, esse ad invicem in distantiis IE, PE, ut PE^n ad IE^n (ubi numerus n designet indicem potestatum PE & IE) & ordinatæ illæ fient ut $\dfrac{DEq \times PS}{PE \times PE^n}$ & $\dfrac{DEq \times IS}{IE \times IE^n}$, quarum ratio ad invicem est ut $PS \times IE \times IE^n$ ad $IS \times PE \times PE^n$. Quoniam ob continue proportionales SI, SE, SP, similia sunt triangula SPE, SEI, & inde fit IE ad PE ut

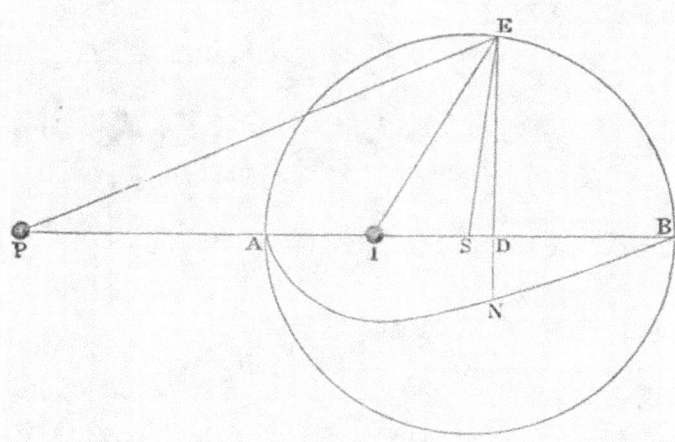

IS ad SE vel SA; pro ratione IE ad PE scribe rationem IS ad SA; & ordinatarum ratio evadet $PS \times IE^n$ ad $SA \times PE^n$. Sed PS ad SA subduplicata est ratio distantiarum PS, SI; & IE^n ad PE^n (ob proportionales IE ad PE ut IS ad SA) subduplicata est ratio virium in distantiis PS, IS. Ergo ordinatæ, & propterea areæ quas ordinatæ describunt, hisque proportionales attractiones, sunt in ratione composita ex subduplicatis illis rationibus. *Q. E. D.*

PROPOSITIO LXXXIII. PROBLEMA XLII.

Invenire vim qua corpusculum in centro sphæræ locatum ad ejus segmentum quodcunque attrahitur.

Sit P corpus in centro sphæræ, & $RBSD$ segmentum ejus plano RDS & superficie sphærica RBS contentum. Superficie sphærica EFG centro P descripta secetur DB in F, ac distin-

guatur segmentum in partes $BREFGS$,
$FEDG$.   Sit autem superficies illa non
pure mathematica, sed physica, profunditatem habens quam minimam.   Nominetur
ista profunditas O, & erit hæc superficies
(per demonstrata *Archimedis*) ut $PF\times$
$DF\times O$. Ponamus præterea vires attractivas particularum sphæræ esse reciproce ut
distantiarum dignitas illa, cujus index est
n; & vis, qua superficies EFG trahit
corpus P, erit (per prop. LXXIX) ut
$\dfrac{DEq\times O}{PF^n}$, id est, ut $\dfrac{2\,DF\times O}{PF^{n-1}}-\dfrac{DFq\times O}{PF^n}$.

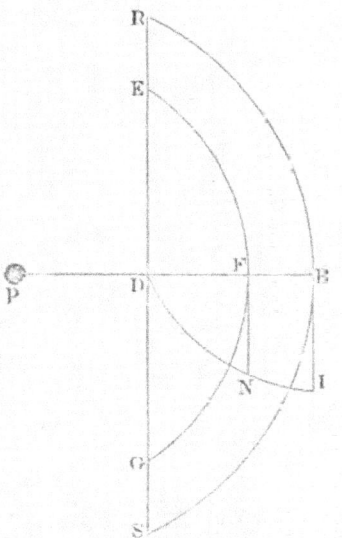

Huic proportionale sit perpendiculum FN
ductum in O; & area curvilinea BDI,
quam ordinatim applicata FN in longitudinem DB per motum
continuum ducta describit, erit ut vis tota qua segmentum totum
$RBSD$ trahit corpus P.   Q. E. I.

PROPOSITIO LXXXIV. PROBLEMA XLIII.

Invenire vim, qua corpusculum, extra centrum sphæræ in axe segmenti
cujusvis locatum, attrahitur ab eodem segmento.

A segmento EBK trahatur
corpus P in ejus axe ADB
locatum.   Centro P intervallo PE describatur superficies
sphærica EFK, qua distinguatur segmentum in partes duas
$EBKFE$ & $EFKDE$.
Quæratur vis partis prioris per
prop. LXXXI & vis partis posterioris per prop. LXXXIII; &
summa virium erit vis segmenti totius $EBKDE$.   Q. E. I.

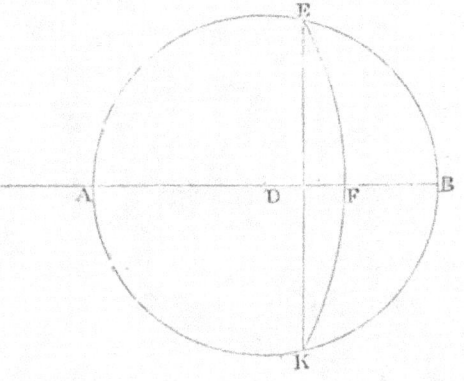

O

Scholium.

Explicatis attractionibus corporum sphæricorum, jam pergere liceret ad leges attractionum aliorum quorundam ex particulis attractivis similiter constantium corporum; sed ista particulatim tractare minus ad institutum spectat. Suffecerit propositiones quasdam generaliores de viribus hujusmodi corporum, deque motibus inde oriundis, ob earum in rebus philosophicis aliqualem usum, subjungere.

SECTIO XIII.

De corporum non sphæricorum viribus attractivis.

PROPOSITIO LXXXV.   THEOREMA XLII.

Si corporis attracti, ubi attrahenti contiguum est, attractio longe fortior sit, quam cum vel minimo intervallo separantur ab invicem: vires particularum trahentis, in recessu corporis attracti, decrescunt in ratione plusquam duplicata distantiarum a particulis.

Nam si vires decrescunt in ratione duplicata distantiarum a particulis; attractio versus corpus sphæricum, propterea quod (per prop. LXXIV) sit reciproce ut qudratum distantiæ attracti corporis a centro sphæræ, haud sensibiliter augebitur ex contactu; atque adhuc minus augebitur ex contactu, si attractio in recessu corporis attracti decrescat in ratione minore.   Patet igitur propositio de sphæris attractivis. Et par est ratio orbium spharicorum concavorum corpora externa trahentium.   Et multo magis res constat in orbibus corpora interius constituta trahentibus, cum attractiones passim per orbium cavitates ab attractionibus contrariis (per prop. LXX) tollantur, ideoque vel in ipso contactu nullæ sunt.   Quod si sphæris hisce orbibusque sphæricis partes quælibet a loco contactus remotæ auferantur, & partes novæ ubivis addantur: mutari possunt figuræ horum corporum attractivorum pro lubitu, nec tamen partes additæ vel subductæ, cum sint a loco contactus remotæ, augebunt notabiliter attractionis excessum, qui ex contactu oritur.   Constat igitur propositio de corporibus figurarum omnium.   *Q. E. D.*

PROPOSITIO LXXXVI. THEOREMA XLIII.

Si particularum, ex quibus corpus attractivum componitur, vires in recessu corporis attracti decrescunt in triplicata vel plusquam triplicata ratione distantiarum a particulis: attractio longe fortior erit in contactu, quam cum attrahens & attractum intervallo vel minimo separantur ab invicem.

Nam attractionem in accessu attracti corpusculi ad hujusmodi sphæram trahentem augeri in infinitum, constat per solutionem problematis XLI in exemplo secundo ac tertio exhibitam. Idem, per exempla illa & theorema XLI inter se collata, facile colligitur de attractionibus corporum versus orbes concavo-convexos, sive corpora attracta collocentur extra orbes, sive intra in eorum cavitatibus. Sed & addendo vel auferendo his sphæris & orbibus ubivis extra locum contactus materiam quamlibet attractivam, eo ut corpora attractiva induant figuram quamvis assignatam, constabit propositio de corporibus universis. *Q.E.D.*

PROPOSITIO LXXXVII. THEOREMA XLIV.

Si corpora duo sibi invicem similia, & ex materia æqualiter attractiva constantia, seorsim attrahant corpuscula sibi ipsis proportionalia & ad se similiter posita: attractiones acceleratrices corpusculorum in corpora tota erunt ut attractiones acceleratrices corpusculorum in eorum particulas totis proportionales, & in totis similiter positas.

Nam si corpora distinguantur in particulas, quæ sint totis proportionales, & in totis similiter sitæ; erit, ut attractio in particulam quamlibet unius corporis ad attractionem in particulam correspondentem in corpore altero, ita attractiones in particulas singulas primi corporis ad attractiones in alterius particulas singulas correspondentes; & componendo, ita attractio in totum primum corpus ad attractionem in totum secundum. *Q.E.D.*

Corol. 1. Ergo si vires attractivæ particularum, augendo distantias corpusculorum attractorum, decrescant in ratione dignitatis cujusvis distantiarum; attractiones acceleratrices in corpora tota erunt ut corpora directe, & distantiarum dignitates illæ inverse. Ut si vires particularum decrescant in ratione duplicata distantiarum a corpusculis attractis, corpora autem sint ut *A cub.* & *B cub.* ideoque tum corporum latera cubica, tum corpusculorum attractorum distantiæ a corporibus, ut *A* & *B :* attractiones acceleratrices in corpora erunt ut $\dfrac{A \; cub.}{A \; quad.}$ & $\dfrac{B \; cub.}{B \; quad.}$, id est, ut corporum latera illa cubica *A* & *B.* Si vires particularum decrescant in ratione triplicata distantiarum a corpusculis attractis; attractiones acceleratrices in corpora tota erunt ut $\dfrac{A \; cub.}{A \; cub.}$ & $\dfrac{B \; cub.}{B \; cub.}$, id est, æquales. Si vires decrescant in ratione quadruplicata; attractiones in corpora erunt ut $\dfrac{A \; cub.}{A \; qq.}$ & $\dfrac{B \; cub.}{B \; qq.}$, id est, reciproce ut latera cubica *A* & *B.* Et sic in cæteris.

Corol. 2. Unde vicissim, ex viribus, quibus corpora similia trahunt corpuscula ad se similiter posita, colligi potest ratio decrementi virium particularum attractivarum in recessu corpusculi attracti; si modo decrementum illud sit directe vel inverse in ratione aliqua distantiarum.

PROPOSITIO LXXXVIII. THEOREMA XLV.

Si particularum æqualium corporis cujuscunque vires attractivæ sint ut distantiæ locorum a particulis: vis corporis totius tendet ad ipsius centrum gravitatis; & eadem erit cum vi globi ex materia consimili & æquali constantis, & centrum habentis in ejus centro gravitatis.

Corporis *R S T V* particulæ *A*, *B* trahant corpusculum aliquod *Z* viribus, quæ, si particulæ æquantur inter se, sint ut distantiæ *A Z*, *B Z ;* sin particulæ statuantur inæquales, sint ut hæ particulæ & ipsarum distantiæ *A Z*, *B Z* conjunctim, sive (si ita loquar) ut hæ particulæ in distantias suas *A Z*, *B Z* respective ductæ. Et exponantur hæ vires per contenta illa $A \times AZ$ & $B \times BZ$. Jungatur AB, & secetur ea in G ut sit AG ad BG ut particula B ad particulam A; & erit G commune centrum gravitatis particularum A & B. Vis $A \times AZ$ (per legum corol. II) resolvitur in vires $A \times GZ$ & $A \times AG$ & vis $B \times BZ$ in vires $B \times GZ$ & $B \times BG$. Vires autem $A \times AG$

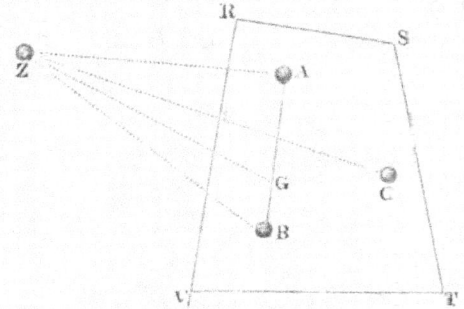

& $B \times BG$, ob proportionales A ad B & BG ad AG, æquantur; ideoque cum dirigantur in partes contrarias, se mutuo destruunt. Restant vires $A \times GZ$ & $B \times GZ$. Tendunt hæ ab Z versus centrum G, & vim $\overline{A+B} \times GZ$ componunt; hoc est, vim eandem ac si particulæ attractivæ A & B consisterent in eorum communi gravitatis centro G, globum ibi componentes.

Eodem argumento, si adjungatur particula tertia C, & componatur hujus vis cum vi $\overline{A+B} \times GZ$ tendente ad centrum G; vis inde oriunda tendet ad commune centrum gravitatis globi illius in G & particulæ C; hoc est, ad commune centrum gravitatis trium particularum A, B, C; & eadem erit, ac si globus & particula C consisterent in centro illo communi, globum majorem ibi componentes. Et sic pergitur in infinitum. Eadem est igitur vis tota particularum omnium corporis cujuscunque $RSTV$, ac si corpus illud, servato gravitatis centro, figuram globi indueret. *Q. E. D.*

Corol. Hinc motus corporis attracti Z idem erit, ac si corpus attrahens $RSTV$ esset sphæricum: & propterea si corpus illud attrahens vel quiescat, vel progrediatur uniformiter in directum; corpus attractum movebitur in ellipsi centrum habente in attrahentis centro gravitatis.

PROPOSITIO LXXXIX. THEOREMA XLVI.

Si corpora sint plura ex particulis æqualibus constantia, quarum vires sunt ut distantiæ locorum a singulis: vis ex omnium viribus composita, qua corpusculum quodcunque trahitur, tendet ad trahentium commune centrum gravitatis; & eadem erit, ac si trahentia illa

servato gravitatis centro communi, coirent & in globum for-
marentur.

Demonstratur eodem modo, atque propositio superior.

Corol. Ergo motus corporis attracti idem erit, ac si corpora trahentia, servato communi gravitatis centro, coirent & in globum
formarentur. Ideoque si corporum trahentium commune gravitatis
centrum vel quiescit, vel progreditur uniformiter in linea recta; corpus
attractum movebitur in ellipsi, centrum habente in communi illo trahentium centro gravitatis.

PROPOSITIO XC. PROBLEMA XLIV.

Si ad singula circuli cujuscunque puncta tendant vires æquales
centripetæ, crescentes vel decrescentes in quacunque distantiarum
ratione: invenire vim, qua corpusculum attrahitur ubivis positum
in recta, quæ plano circuli ad centrum ejus perpendiculariter
insistit.

Centro *A* intervallo quovis *A D*, in plano, cui recta *A P* perpendicularis est, describi intelligatur circulus; & invenienda sit vis, qua
corpusculum quodvis *P* in eundem attrahitur. A circuli puncto
quovis *E* ad corpusculum attractum
P agatur recta *P E*. In recta *P A* capiatur *P F* ipsi *P E* æqualis, & erigatur normalis *F K,* quæ sit ut vis qua
punctum *E* trahit corpusculum *P*.
Sitque *I K L* curva linea quam punctum *K* perpetuo tangit. Occurrat
eadem circuli plano in *L*. In *P A*
capiatur *P H* æqualis *P D*, & erigatur perpendiculum *H I* curvæ præ-
dictae occurrens in *I;* & erit corpus-

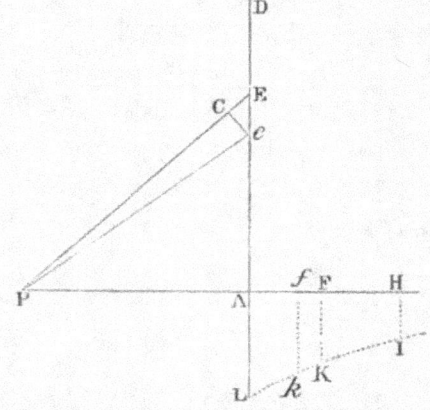

culi *P* attractio in circulum ut area *A H I L* ducta in altitudinem
A P. *Q. E. I.*

Etenim in *A E* capiatur linea quam minima *E e.* Jungatur *P e,*
& in *P E, P A* capiantur *P C, P f* ipsi *P e* æquales. Et quoniam

vis, qua annuli centro A intervallo AE in plano prædicto descripti punctum quodvis E trahit ad se corpus P, ponitur esse ut FK, & inde vis, qua punctum illud trahit corpus P versus A, est ut $\dfrac{AP \times FK}{PE}$, & vis, qua annulus totus trahit corpus P versus A, ut annulus & $\dfrac{AP \times FK}{PE}$ conjunctim; annulus autem iste est ut rectangulum sub radio AE & latitudine Ee, & hoc rectangulum (ob proportionales PE & AE, Ee & CE) æquatur rectangulo $PE \times CE$ seu $PE \times Ff$; erit vis, qua annulus iste trahit corpus P versus A, ut $PE \times Ff$ & $\dfrac{AP \times FK}{PE}$ conjunctim, id est, ut contentum $Ff \times FK \times AP$ sive ut area $FKkf$ ducta in AP. Et propterea summa virium, quibus annuli omnes in circulo, qui centro A & intervallo AD describitur, trahunt corpus P versus A, est ut area tota $AHIKL$ ducta in AP. Q. E. D.

Corol. 1. Hinc si vires punctorum decrescunt in duplicata distantiarum ratione, hoc est, si sit FK ut $\dfrac{1}{PF\ quad.}$, atque ideo area $AHIKL$ ut $\dfrac{1}{PA} - \dfrac{1}{PH}$; erit attractio corpusculi P in circulum ut $1 - \dfrac{PA}{PH}$, id est, ut $\dfrac{AH}{PH}$.

Corol. 2. Et universaliter, si vires punctorum ad distantias D sint reciproce ut distantiarum dignitas quælibet D^n, hoc est, si sit FK ut $\dfrac{1}{D^n}$, ideoque area $AHIKL$ ut $\dfrac{1}{PA^{n-1}} - \dfrac{1}{PH^{n-1}}$; erit attractio corpusculi P in circulum ut $\dfrac{1}{PA^{n-2}} - \dfrac{PA}{PH^{n-1}}$.

Corol. 3. Et si diameter circuli augeatur in infinitum, & numerus n sit unitate major; attractio corpusculi P in planum totum infinitum erit reciproce ut PA^{n-2}, propterea quod terminus alter $\dfrac{PA}{PH^{n-1}}$ evanescet.

PROPOSITIO XCI. PROBLEMA XLV.

Invenire attractionem corpusculi siti in axe solidi rotundi, ad cujus puncta singula tendunt vires æquales centripetæ in quacunque distantiarum ratione decrescentes.

In solidum $DECG$ trahatur corpusculum P, situm in ejus axe AB. Circulo quolibet RFS ad hunc axem perpendiculari secetur hoc solidum, & in ejus semidiametro FS, in plano aliquo $PALKB$ per axem transeunte, capiatur (per prop. xc) longitudo FK vi, qua corpusculum P in circulum illum attrahitur, proportionalis. Tangat autem punctum K curvam lineam LKI, planis extimorum circulorum

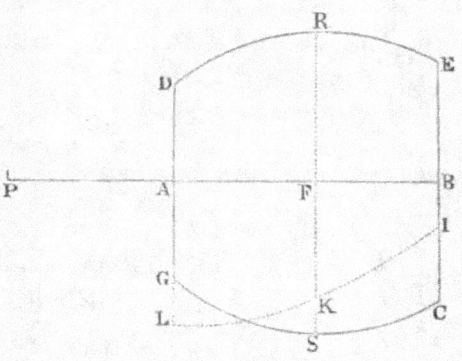

AL & BI occurrentem in L & I; & erit attractio corpusculi P in solidum ut area $LABI$. Q. E. I.

Corol. 1. Unde si solidum cylindrus sit, parallelogrammo $ADEB$ circa axem AB revoluto descriptus, & vires centripetæ in singula ejus puncta tendentes sint reciproce ut quadrata distantiarum a punctis : erit attractio corpusculi P in hunc cylindrum ut $AB - PE + PD$. Nam ordi-

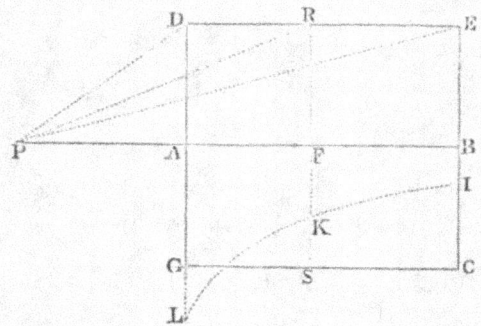

natim applicata FK (per corol. 1 prop. xc) erit ut $1 - \dfrac{PF}{PR}$. Hujus pars 1 ducta in longitudinem AB, describit aream $1 \times AB$: & pars altera $\dfrac{PF}{PR}$ ducta in longitudinem PB, describit aream 1 in $\overline{PE - DA}$ (id quod ex curvæ LKI quadratura facile ostendi potest); & similiter pars eadem ducta in longitudinem PA describit aream 1 in $\overline{PD - AD}$, ductaque in ipsarum PB, PA differentiam AB describit arearum differentiam 1 in $\overline{PE - PD}$. De contento primo $1 \times AB$ auferatur con-

tentum postremum ı in $\overline{PE-PD}$, & restabit area $LABI$ æqualis
ı in $\overline{AB-PE+PD}$.   Ergo vis, huic areæ proportional:s, est
ùt $AB-PE+PD$.

Corol. 2. Hinc etiam vis innotescit, qua sphærois $AGBC$ attrahit
corpus quodvis P, exterius in axe suo AB situm.   Sit $NKRM$ sectio
conica cujus ordinatim applicata ER, ipsi PE perpendicularis,
æquetur semper longitudini PD, quæ ducitur ad punctum illud
D, in quo applicata ista sphæroidem secat.   A sphæroidis verticibus
A, B ad ejus axem AB erigantur perpendicula AK, BM ipsis AP,
BP æqualia respective, & propterea sectioni conicæ occurrentia in
K & M; & jungatur KM auferens ab eadem segmentum $KMRK$.

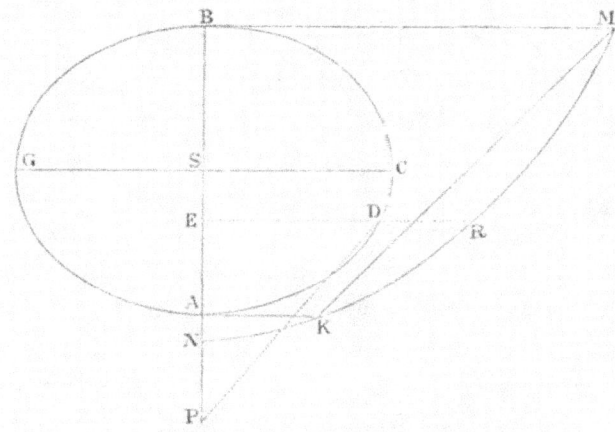

Sit autem sphæroidis centrum S & semidiameter maxima SC; &
vis, qua sphærois trahit corpus P, erit ad vim, qua sphæra diametro
AB descripta trahit idem corpus, ut $\dfrac{AS \times CSq - PS \times KMRK}{PSq + CSq - ASq}$

ad $\dfrac{AS\ cub.}{3\ PS\ quad.}$.   Et eodem computandi fundamento invenire licet
vires segmentorum sphæroidis.

Corol. 3. Quod si corpusculum intra sphæroidem in axe collocetur; attractio erit ut ipsius distantia a centro.   Id quod facilius hoc
argumento colligitur, sive particula in axe sit, sive in alia quavis
diametro data.   Sit $AGOF$ sphærois attrahens, S centrum ejus, &
P corpus attractum.   Per corpus illud P agantur tum semidiameter
SPA, tum rectæ duæ quævis DE, FG sphæroidi hinc inde occur-

rentes in D & E, F & G; sintque PCM, HLN superficies sphæroidum duarum interiorum, exteriori similium & concentricarum, quarum prior transeat per corpus P, & secet rectas DE & FG in B & C, posterior secet easdem rectas in H, I & K, L. Habeant autem sphæroides omnes axem communem, & erunt rectarum partes hinc inde interceptæ DP & BE, FP & CG, DH & IE, FK & LG sibi mutuo æquales; propterea quod rectæ DE, PB & HI bisecantur in eodem puncto, ut & rectæ FG, PC & KL. Concipe jam DPF, EPG designare conos oppositos, angulis verticalibus DPF, EPG infinite parvis descriptos, & lineas etiam DH, EI infinite

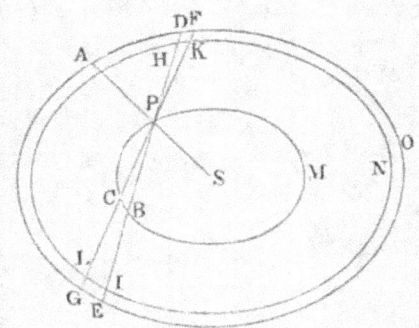

parvas esse; & conorum particulæ sphæroidum superficiebus abscissæ $DHKF$, $GLIE$, ob æqualitatem linearum DH, EI, erunt ad invicem ut quadrata distantiarum suarum a corpusculo P, & propterea corpusculum illud æqualiter trahent. Et pari ratione, si superficiebus sphæroidum innumerarum similium concentricarum & axem communem habentium dividantur spatia DPF, $EGCB$ in particulas, hæ omnes utrinque æqualiter trahent corpus P in partes contrarias. Æquales igitur sunt vires coni DPF & segmenti conici $EGCB$, & per contrarietatem se mutuo destruunt. Et par est ratio virium materiæ omnis extra sphæroidem intimam $PCBM$. Trahitur igitur corpus P a sola sphæroide intima $PCBM$, & propterea (per corol. 3 prop. LXXII) attractio ejus est ad vim, qua corpus A trahitur a sphæroide tota $AGOD$, ut distantia PS ad distantiam AS. Q.E.D.

PROPOSITIO XCII. PROBLEMA XLVI.

Dato corpore attractivo, invenire rationem decrementi virium centripetarum in ejus puncta singula tendentium.

E corpore dato formanda est sphæra vel cylindrus aliave figura regularis, cujus lex attractionis, cuivis decrementi rationi congruens, (per prop. LXXX, LXXXI & XCI) inveniri potest. Dein factis experimentis invenienda est vis attractionis in diversis distantiis, & lex attractionis in totum inde patefacta dabit rationem decrementi virium partium singularum, quam invenire oportuit.

PROPOSITIO XCIII. THEOREMA XLVII.

Si solidum ex una parte planum, ex reliquis autem partibus infini-
tum, constet ex particulis æqualibus æqualiter attractivis, quarum
vires in recessu a solido decrescunt in ratione potestatis cujus-
vis distantiarum plusquam quadraticæ, & vi solidi totius corpus-
culum ad utramvis plani partem constitutum trahatur: dico
quod solidi vis illa attractiva, in recessu ab ejus superficie
plana, decrescet in ratione potestatis, cujus latus est distantia
corpusculi a plano, & index ternario minor quam index potestatis
distantiarum.

Cas. 1. Sit LGl planum quo solidum terminatur. Jaceat solidum autem ex parte plani hujus versus I, incue plana innumera mHM,

nIN, oKO, &c. ipsi GL
parallela resolvatur. Et
primo collocetur corpus attractum C extra solidum.
Agatur autem $CGHI$
planis illis innumeris perpendicularis, & decrescant
vires attractivæ punctorum
solidi in ratione potestatis
distantiarum, cujus index sit
numerus n ternario non

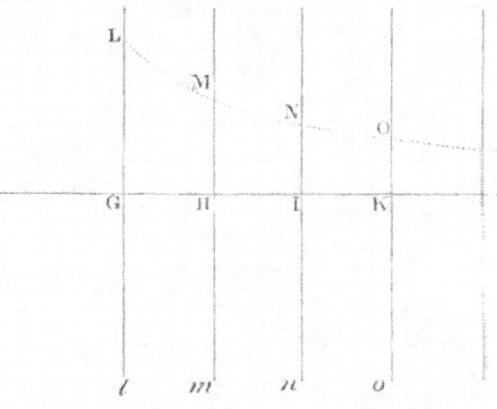

minor. Ergo (per corol. 3 prop. xc) vis, qua planum quodvis mHM trahit punctum C, est reciproce ut CH^{n-2}. In plano mHM ca-piatur longitudo HM ipsi CH^{n-2} reciproce proportionalis, & erit vis illa ut HM. Similiter in planis singulis lGL, nIN, oKO, &c. capiantur longitudines GL, IN, KO, &c. ipsis CG^{n-2}, CI^{n-2}, CK^{n-2}, &c. reciproce proportionales; & vires plan-orum eorundem erunt ut longitudines captæ, ideoque summa virium ut summa longitudinum, hoc est, vis solidi totius ut area

$GLOK$ in infinitum versus OK producta. Sed area illa (per notas quadraturarum methodos) est reciproce ut CG^{n-3}, & propterea vis solidi totius est reciproce ut CG^{n-3}. *Q. E. D.*

Cas. 2. Collocetur jam corpusculum C ex parte plani lGL intra solidum, & capiatur distantia CK æqualis distantiæ CG. Et solidi pars $LGloKO$, planis parallelis lGL, oKO terminata, cor- pusculum C in medio situm nullam in partem trahet, contrariis oppositorum punctorum actionibus se mutuo per æqualitatem tollentibus. Proinde cor- pusculum C sola vi solidi ultra planum OK siti trahitur. Hæc autem vis (per casum primum) est reciproce ut CK^{n-3}, hoc est (ob æquales CG, CK) reciproce ut CG^{n-3}. *Q. E. D.*

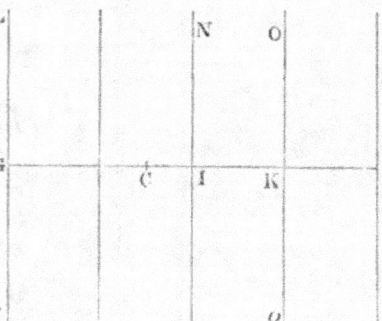

Corol. 1. Hinc si solidum $LGIN$ planis duobus infinitis parallelis LG, IN utrinque terminetur; innotescit ejus vis attractiva, subducendo de vi attractiva solidi totius infiniti $LGKO$ vim attractivam partis ulterioris $NIKO$, in infinitum versus KO productæ.

Corol. 2. Si solidi hujus infiniti pars ulterior, quando attractio ejus collata cum attractione partis citerioris nullius pene est momenti, rejiciatur : attractio partis illius citerioris augendo distantiam decrescet quam proxime in ratione potestatis CG^{n-3}.

Corol. 3. Et hinc si corpus quodvis finitum & ex una parte planum trahat corpusculum e regione medii illius plani, & distantia inter corpusculum & planum collata cum dimensionibus corporis attrahentis perexigua sit, constet autem corpus attrahens ex particulis homogeneis, quarum vires attractivæ decrescunt in ratione potestatis cujusvis plusquam quadruplicatæ distantiarum ; vis attractiva corporis totius decrescet quamproxime in ratione potestatis, cujus latus sit distantia illa perexigua, & index ternario minor quam index potestatis prioris. De corpore ex particulis constante, quarum vires attractivæ decrescunt in ratione potestatis triplicatæ distantiarum, assertio non valet ; propterea quod, in hoc casu, attractio partis illius ulterioris corporis infiniti in corollario secundo, semper est infinite major quam attractio partis citerioris.

Scholium.

Si corpus aliquod perpendiculariter versus planum datum trahatur, & ex data lege attractionis quæratur motus corporis: solvetur problema quærendo (per prop. XXXIX) motum corporis recta descendentis ad hoc planum, & (per legum corol. II) componendo motum istum cum uniformi motu, secundum lineas eidem plano parallelas facto. Et contra, si quæratur lex attractionis in planum secundum lineas perpendiculares factæ, ea conditione ut corpus attractum in data quacunque curva linea moveatur, solvetur problema operando ad exemplum problematis tertii.

Operationes autem contrahi solent resolvendo ordinatim applicatas in series convergentes. Ut si ad basem A in angulo quovis dato ordinatim applicetur longitudo B, quæ sit ut basis dignitas quælibet $A^{\frac{m}{n}}$; & quæratur vis qua corpus, secundum positionem ordinatim applicatæ, vel in basem attractum vel a basi fugatum, moveri possit in curva linea, quam ordinatim applicata termino suo superiore semper attingit: Suppono basem augeri parte quam minima O, & ordinatim applicatam $\overline{A+O}^{\frac{m}{n}}$ resolvo in seriem infinitam $A^{\frac{m}{n}} + \frac{m}{n} OA^{\frac{m-n}{n}} + \frac{mm-mn}{2nn} OOA^{\frac{m-2n}{n}}$ &c. atque hujus termino in quo O duarum est dimensionum, id est, termino $\frac{mm-mn}{2nn} OOA^{\frac{m-2n}{n}}$ vim proportionalem esse suppono. Est igitur vis quæsita ut $\frac{mm-mn}{nn} A^{\frac{m-2n}{n}}$, vel quod perinde est, ut $\frac{mm-mn}{nn} B^{\frac{m-2n}{m}}$. Ut si ordinatim applicata parabolam attingat, existente $m=2$, & $n=1$: fiet vis ut data $2 B^0$, ideoque dabitur. Data igitur vi corpus movebitur in parabola, quemadmodum *Galilæus* demonstravit. Quod si ordinatim applicata hyperbolam attingat, existente $m=0-1$, & $n=1$; fiet vis ut $2 A^{-3}$ seu $2 B^3$: ideoque vi. quæ sit ut cubus ordinatim applicatæ, corpus movebitur in hyperbola,

Sed missis hujusmodi propositionibus, pergo ad alias quasdam de motu, quas nondum attigi.

SECTIO XIV.

De motu corporum minimorum, quæ viribus centripetis ad singulas magni alicujus corporis partes tendentibus agitantur.

PROPOSITIO XCIV. THEOREMA XLVIII.

Si media duo similaria, spatio planis parallelis utrinque terminato, distinguantur ab invicem, & corpus in transitu per hoc spatium attrahatur vel impellatur perpendiculariter versus medium alterutrum, neque ulla alia vi agitetur vel impediatur; sit autem attractio, in æqualibus ab utroque plano distantiis ad eandem ipsius partem captis, ubique eadem: dico quod sinus incidentiæ in planum alterutrum erit ad sinum emergentiæ ex plano altero in ratione data.

Cas. 1. Sunto *A a*, *B b* plana duo parallela. Incidat corpus in planum prius *A a* secundum lineam *G H*, ac toto suo per spatium

intermedium transitu attrahatur vel impellatur versus medium incidentiæ, eaque actione describat lineam curvam *H I*, & emergat secundum lineam *I K*. Ad planum emergentiæ *B b* erigatur perpendiculum *I M*, occurrens tum lineæ incidentiæ *G H* productæ in *M*, tum plano incidentiæ *A a* in *R* ; & linea emergentiæ *K I* producta occurrat *H M* in *L*. Centro *L* intervallo *L I* describatur circulus, secans tam *H M* in *P* & *Q*, quam *M I* productam in *N*, & primo

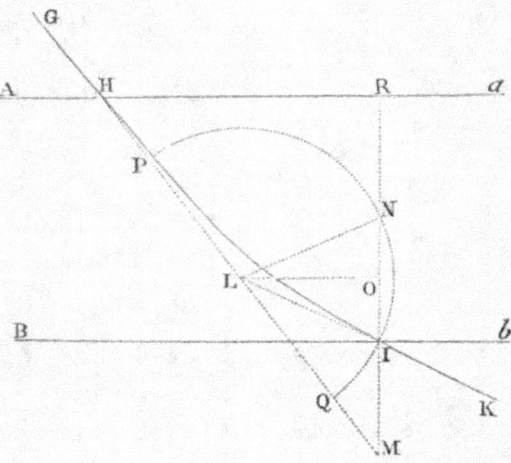

si attractio vel impulsus ponatur uniformis, erit (ex demonstratis *Galilæi*) curva *H I* parabola, cujus hæc est proprietas, ut rectangulum sub dato latere recto & linea *I M* æquale sit *H M* quadrato; sed & linea *H M* bisecabitur in *L*. Unde si ad *M I* demittatur perpendiculum *L O*, æquales erunt *M O, O R;* & additis æqualibus *O N, O I,* fient totæ æquales *M N, I R.* Proinde cum *i R* detur, datur etiam *M N;* estque rectangulum *N M I* ad rectangulum sub latere recto & *I M,* hoc est, ad *H M q,* in data ratione. Sed rectangulum *N M I* æquale est rectangulo *P M Q,* id est, differentiæ quadratorum *M L q,* & *P L q* seu *L I q;* & *H M q* datam rationem habet ad sui ipsius quartam partem *M L q:* ergo datur ratio *M L q—L I q* ad *M L q,* & convertendo ratio *L I q* ad *M L q,* & ratio dimidiata *L I* ad *M L.* Sed in omni triangulo *L M I,* sinus angulorum sunt proportionales lateribus oppositis. Ergo datur ratio sinus anguli incidentiæ *L M R* ad sinum anguli emergentiæ *L I R. Q. E. D.*

Cas. 2. Transeat jam corpus successive per spatia plura parallelis planis terminata, *A a b B, B b c C,* &c. & agitetur vi quæ sit in singulis separatim uniformis, at in diversis diversa; & per jam demonstrata, sinus incidentiæ in planum primum *A a* erit ad sinum emergentiæ ex plano secundo *B b,* in data ratione; & hic sinus, qui est sinus incidentiæ in planum secundum *B b,* erit ad sinum 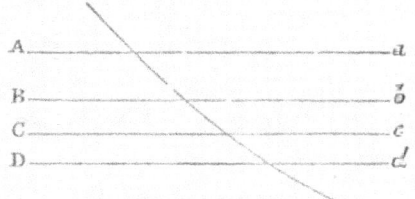 emergentiæ ex plano tertio *C c,* in data ratione; & hic sinus ad sinum emergentiæ ex plano quarto *D d,* in data ratione; & sic in infinitum : & ex æquo, sinus incidentiæ in planum primum ad sinum emergentiæ ex plano ultimo in data ratione. Minuantur jam planorum intervalla & augeatur numerus in infinitum, eo ut attractionis vel impulsus actio, secundum legem quamcunque assignatam, continua reddatur; & ratio sinus incidentiæ in planum primum ad sinum emergentiæ ex plano ultimo, semper data existens, etiamnum dabitur. *Q. E. D.*

PROPOSITIO XCV. THEOREMA XLIX.

Iisdem positis; dico quod velocitas corporis ante incidentiam est ad ejus velocitatem post emergentiam, ut sinus emergentiæ ad sinum incidentiæ.

Capiantur *A H, I d* æquales, & erigantur perpendicula *A G, d K* occurrentia lineis incidentiæ & emergentiæ *G H, I K,* in *G* & *K*. In *G H* capiatur *T H* æqualis *I K,* & ad planum *A a* demittatur normaliter *T v*. Et (per legum corol. II) distinguatur motus corporis in duos, unum planis *A a, B b, C c,* &c. perpendicularem, alterum iisdem parallelum. Vis attractionis vel impulsus, agendo secundum lineas perpendiculares, nil mutat motum secundum parallelas, & propterea corpus hoc motu conficiet æqualibus temporibus æqualia illa secundum parallelas intervalla, quæ sunt inter lineam *A G* & punctum

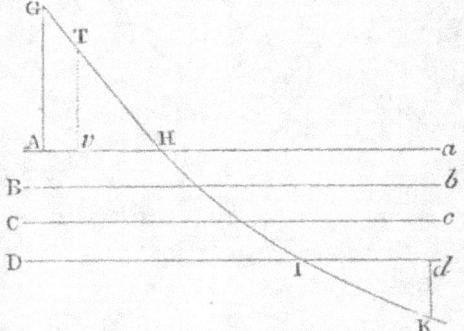

H, interque punctum *I* & lineam *d K;* hoc est, æqualibus temporibus describet lineas *G H, I K*. Proinde velocitas ante incidentiam est ad velocitatem post emergentiam, ut *G H* ad *I K* vel *T H,* id est, ut *A H* vel *I d* ad *v H,* hoc est (respectu radii *T H* vel *I K*) ut sinus emergentiæ ad sinum incidentiæ. *Q. E. D.*

PROPOSITIO XCVI. THEOREMA L.

Iisdem positis, & quod motus ante incidentiam velocior sit quam postea: dico quod corpus, inclinando lineam incidentiæ, reflectetur tandem, & angulus reflexionis fiet æqualis angulo incidentiæ.

Nam concipe corpus inter parallela plana *A a, B b, C c,* &c. describere arcus parabolicos, ut supra; sintque arcus illi *H P, P Q, Q R,* &c. Et sit ea lineæ incidentiæ *G H* obliquitas ad planum primum *A e*, ut sinus incidentiæ sit ad radium circuli, cujus est sinus, in ea ratione quam habet idem sinus incidentiæ ad sinum emergentiæ ex plano *D d*, in spatium *D d e E*: & ob sinum emergentiæ jam factum æqualem radio, angulus emergentiæ erit rectus, ideoque linea emergentiæ coincidet cum plano *D d*. Perveniat corpus ad hoc planum in puncto *R*; &

quoniam linea emergentiæ coincidit cum eodem plano, perspicuum est quod corpus non potest ultra pergere versus planum *E e*. Sed

nec potest idem pergere in linea emergentiæ *R d*, propterea quod perpetuo attrahitur vel impellitur versus medium incidentiæ. Revertetur itaque inter plana *C c*, *D d*, describendo arcum parabolæ *Q R q*, cujus vertex principalis (juxta demonstrata *Galilæi*) est in *R*; secabit planum *C c* in eodem angulo in *q*, ac prius in *Q*; dein pergendo in arcubus parabolicis *q p*, *p h*, &c. arcubus prioribus *Q P*, *P H* similibus & æqualibus, secabit reliqua plana in iisdem angulis in *p*, *h*, &c. ac prius in *P*, *H*, &c. emergetque tandem eadem obliquitate in *h*, qua incidit in *H*. Concipe jam planorum *A a*, *B b*, *C c*, *D d*, *E e*, &c. intervalla in infinitum minui & numerum augeri, eo ut actio attractionis vel impulsus secundum legem quamcunque assignatam continua reddatur; & angulus emergentiæ semper angulo incidentiæ æqualis existens, eidem etiamnum manebit æqualis. *Q. E. D.*

Scholium.

Harum attractionum haud multum dissimiles sunt lucis reflexiones & refractiones, factæ secundum datam secantium rationem, ut invenit *Snellius*, & per consequens secundum datam sinuum rationem, ut exposuit *Cartesius*. Namque lucem successive propagari & spatio quasi septem vel octo minutorum primorum a sole ad terram venire, jam constat per phænomena satellitum *Jovis*, observationibus diversorum astronomorum confirmata. Radii autem in aëre existentes (uti dudum *Grimaldus*, luce per foramen in tenebrosum cubiculum admissa, invenit, & ipse quoque expertus sum) in transitu suo prope corporum vel opacorum vel perspicuorum angulos (quales sunt nummorum ex auro, argento & ære cusorum termini rectanguli circulares, & cultrorum, lapidum aut fractorum vitrorum acies) incurvantur circum corpora, quasi attracti in eadem; & ex his radiis, qui in transitu illo propius accedunt ad corpora incurvantur magis, quasi magis attracti, ut ipse etiam diligenter observavi. Et qui transeunt ad majores distantias minus incurvantur; & ad distantias adhuc majores incurvantur aliquantulum ad partes contrarias, & tres colorum fascias efformant. In figura designat *s*

aciem cultri vel cunei cujusvis *A s B;* & *gowog, fnunf, emtme, dlsld* sunt radii, arcubus *o w o, n u n, m t m, l s l* versus cultrum incurvati; idque magis vel minus pro distantia eorum a cultro. Cum autem talis incurvatio radiorum fiat in aere extra cultrum, debebunt etiam radii, qui

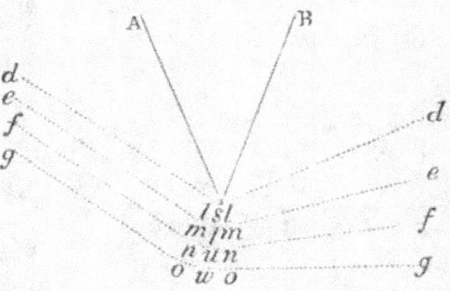

incidunt in cultrum, prius incurvari in aere quam cultrum attingunt. Et par est ratio incidentium in vitrum. Fit igitur refractio, non in puncto incidentiæ, sed paulatim per continuam incurvationem radiorum, factam partim in aere antequam attingunt vitrum, partim (ni fallor) in vitro, postquam illud ingressi sunt: uti in radiis *c k z c, b i y b, a h x a* incidentibus ad *r, q, p,* & inter *k* & *z, i* & *y, h* & *x* incurvatis, delineatum est. Igitur ob analogiam quæ est inter propagationem radiorum lucis & progressum corporum, visum est propositiones sequentes in usus opticos subjungere; interea de natura radiorum

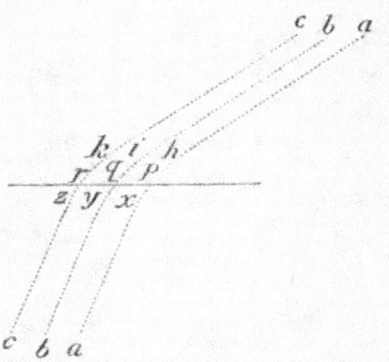

(utrum sint corpora necne) nihil omnino disputans, sed trajectorias corporum trajectoriis radiorum persimiles solummodo determinans.

PROPOSITIO XCVII. PROBLEMA XLVII.

Posito quod sinus incidentiæ in superficiem aliquam sit ad sinum emergentiæ in data ratione; quodque incurvatio viæ corporum juxta superficiem illam fiat in spatio brevissimo, quod ut punctum considerari possit: determinare superficiem, quæ corpuscula omnia de loco dato successive manantia convergere faciat ad alium locum datum.

Sit A locus a quo corpuscula divergunt; B locus in quem convergere debent; CDE curva linea quæ circa axem AB revoluta describat superficiem quæsitam; D, E curvæ illius puncta duo quævis; & EF, EG perpendicula in corporis vias AD, DB demissa. Accedat punctum D ad punctum E; & lineæ DF, qua AD augetur, ad lineam DG, qua DB diminuitur, ratio ultima erit eadem quæ sinus incidentiæ ad sinum emergentiæ. Datur ergo ratio incrementi lineæ AD ad decrementum lineæ DB; & propterea si in axe

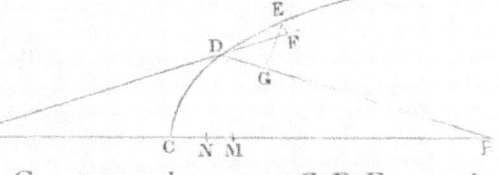

AB sumatur ubivis punctum C, per quod curva CDE transire debet, & capiatur ipsius AC incrementum CM ad ipsius BC decrementum CN in data illa ratione, centrisque A, B, & intervallis AM, BN describantur circuli duo se mutuo secantes in D; punctum illud D tanget curvam quæsitam CDE, eandemque ubivis tangendo determinabit. *Q. E. I.*

Corol. 1. Faciendo autem ut punctum A vel B nunc abeat in infinitum, nunc migret ad alteras partes puncti C, habebuntur figuræ illæ omnes, quas *Cartesius* in optica & geometria ad refractiones exposuit. Quarum inventionem cum *Cartesius* celaverit, visum fuit hac propositione exponere.

Corol. 2. Si corpus in superficiem quamvis CD, secundum lineam rectam AD, lege quavis ductam incidens, emergat secundum aliam quamvis rectam DK, & a puncto C duci intelligantur lineæ

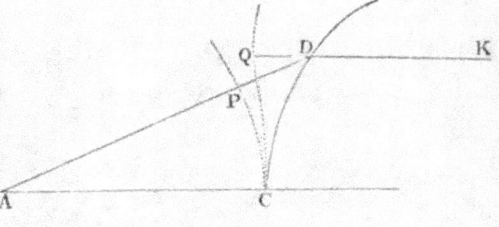

curvæ CP, CQ ipsis AD, DK
semper perpendiculares : erunt
incrementa linearum PD, QD,
atque ideo lineæ ipsæ PD, QD,
incrementis istis genitæ, ut sinus
incidentiæ & emergentiæ ad invicem : & contra.

PROPOSITIO XCVIII. PROBLEMA XLVIII.

Iisdem positis, & circa axem A B *descripta superficie quacunque
attractiva* C D, *regulari vel irregulari, per quam corpora de loco
dato* A *exeuntia transire debent: invenire superficiem secundam
attractivam* E F, *quæ corpora illa ad locum datum* B *convergere
faciat.*

Juncta $A B$ secet superficiem primam in C & secundam in E,
puncto D utcunque assumpto. Et posito sinu incidentiæ in superficiem primam ad sinum emergentiæ ex eadem, & sinu emergentiæ
e superficie secunda ad sinum incidentiæ in eandem, ut quantitas
aliqua data M ad aliam datam N : produc tum $A B$ ad G, ut sit $B G$

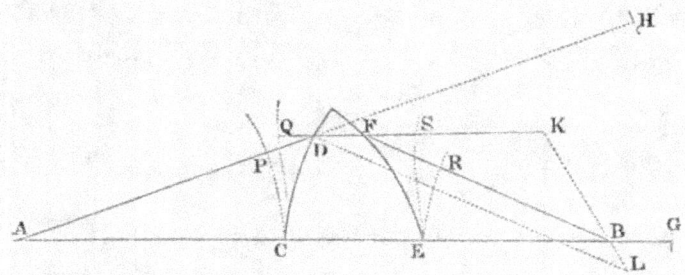

ad $C E$ ut M — N ad N ; tum $A D$ ad H, ut sit $A H$ æqualis $A G$;
tum etiam $D F$ ad K, ut sit $D K$ ad $D H$ ut N ad M. Junge $K B$,
& centro D intervallo $D H$ describe circulum occurrentem $K B$
productæ in L, ipsique $D L$ parallelam age $B F$: & punctum F
tanget lineam $E F$, quæ circa axem $A B$ revoluta describet superficiem quæsitam. *Q.E.F.*

Nam concipe lineas CP, CQ ipsis AD, DF respective, & lineas ER, ES ipsis FB, FD ubique perpendiculares esse, ideoque QS ipsi CE semper æqualem; & erit (per corol. 2 prop. xcvii) PD ad QD ut M ad N, ideoque ut DL ad DK vel FB ad FK; & divisim ut $DL-FB$ seu $PH-PD-FB$ ad FD seu $FQ-QD$; & composite ut $PH-FB$ ad FQ, id est (ob æquales PH & CG, QS & CE) $CE+BG-FR$ ad $CE-FS$. Verum (ob proportionales BG ad CE & M$-$N ad N) est etiam $CE+BG$ ad CE ut M ad N; ideoque divisim FR ad FS ut M ad N; & propterea (per corol. 2 prop. xcvii) superficies EF cogit corpus, in ipsam secundum lineam DF incidens, pergere in linea FR ad locum B. Q. E. D.

Scholium.

Eadem methodo pergere liceret ad superficies tres vel plures. Ad usus autem opticos maxime accommodatæ sunt figuræ sphæricæ. Si perspicillorum vitra objectiva ex vitris duobus sphærice figuratis & aquam inter se claudentibus conflentur; fieri potest ut a refractionibus aquæ errores refractionum, quæ fiunt in vitrorum superficiebus extremis, satis accurate corrigantur. Talia autem vitra objectiva vitris ellipticis & hyperbolicis præferenda sunt, non solum quod facilius & accuratius formari possint, sed etiam quod penicillos radiorum extra axem vitri sitos accuratius refringant. Veruntamen diversa diversorum radiorum refrangibilitas impedimento est, quo minus optica per figuras vel sphæricas vel alias quascunque perfici possit. Nisi corrigi possint errores illinc oriundi, labor omnis in cæteris corrigendis imperite collocabitur.

MOTU CORPORUM

LIBER SECUNDUS.

SECTIO I.

De motu corporum quibus resistitur in ratione velocitatis.

PROPOSITIO I. THEOREMA I.

Corporis, cui resistitur in ratione velocitatis, motus ex resistentia amissus est ut spatium movendo confectum.

NAM cum motus singulis temporis particulis æqualibus amissus sit ut velocitas, hoc est, ut itineris confecti particula : erit, componendo, motus toto tempore amissus ut iter totum. *Q. E. D.*

Corol. Quare si corpus, gravitate omni destitutum, in spatiis liberis sola vi insita moveatur; ac detur tum motus totus sub initio, tum etiam motus reliquus post spatium aliquod confectum : dabitur spatium totum quod corpus infinito tempore describere potest. Erit enim spatium illud ad spatium jam descriptum, ut motus totus sub initio ad motus illius partem amissam.

LEMMA I.

Quantitates differentiis suis proportionales sunt continue proportionales.

Sit A ad A−B ut B ad B−C & C ad C−D &c., & convertendo fiet A ad B ut B ad C & C ad D &c. *Q. E. D.*

PROPOSITIO II. THEOREMA II.

Si corpori resistitur in ratione velocitatis, & idem sola vi insita per medium similare moveatur, sumantur autem tempora æqualia: velocitates in principiis singulorum temporum sunt in progressione geometrica, & spatia singulis temporibus descripta sunt ut velocitates.

Cas. 1. Dividatur tempus in particulas æquales; & si ipsis particularum initiis agat vis resistentiæ impulsu unico, quæ sit ut velocitas: erit decrementum velocitatis singulis temporis particulis ut eadem velocitas. Sunt ergo velocitates differentiis suis proportiona es, & propterea (per lem. 1 lib. II) continue proportionales. Proinde si ex æquali particularum numero componantur tempora quælibet æqualia, erunt velocitates ipsis temporum initiis, ut termini in progressione continua, qui per saltum capiuntur, omisso passim æquali terminorum intermediorum numero. Componuntur autem horum terminorum rationes ex rationibus inter se iisdem terminorum intermediorum æqualiter repetitis, & propterea eæ quoque rationes compositæ inter se eædem sunt. Igitur velocitates, his terminis proportionales, sunt in progressione geometrica. Minuantur jam æquales illæ temporum particulæ, & augeatur earum numerus in infinitum, eo ut resistentiæ impulsus reddatur continuus; & velocitates in principiis æqualium temporum, semper continue proportionales, erunt in hoc etiam casu continue proportionales. *Q. E. D.*

Cas. 2. Et divisim velocitatum differentiæ, hoc est, earum partes singulis temporibus amissæ, sunt ut totæ: spatia autem singulis temporibus descripta sunt ut velocitatum partes amissæ (per prop. 1 lib II) & propterea etiam ut totæ. *Q. E. D.*

Corol. Hinc si asymptotis rectangulis *A C*, *C H* describatur hyperbola *B G*, sintque *A B*, *D G* ad asymptoton *A C* perpendiculares, & exponatur tum corporis velocitas tum resistentia medii, ipso motus initio, per lineam quamvis datam *A C*, elapso autem tempore aliquo per lineam indefinitam *D C*: exponi potest tempus per aream *A B G D*, & spatium eo tempore descriptum per lineam *A D*. Nam si area illa per motum

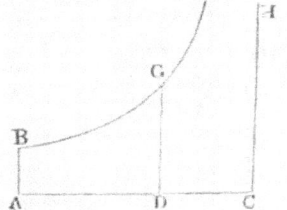

puncti *D* augeatur uniformiter ad modum temporis, decrescet recta *D C* in ratione geometrica ad modum velocitatis, & partes rectæ *A C* æqualibus temporibus descriptæ decrescent in eadem ratione.

PROPOSITIO III. PROBLEMA I.

Corporis, cui, dum in medio similari recta ascendit vel descendit, resistitur in ratione velocitatis, quodque ab uniformi gravitate urgetur, definire motum.

Corpore ascendente, exponatur gravitas per datum quodvis rectangulum *B A C H*, & resistentia medii initio ascensus per rectan-

gulum *B A D E* sumptum ad contrarias partes rectæ *A B*. Asymptotis rectangulis *A C*, *C H*, per punctum *B* describatur hyperbola secans perpendicula *D E*, *de* in *G, g;* & corpus ascendendo tempore *D G g d* describet spatium *E G g e*, tempore *D G B A* spatium ascensus totius *E G B;* tempore *A B K I* spatium de-

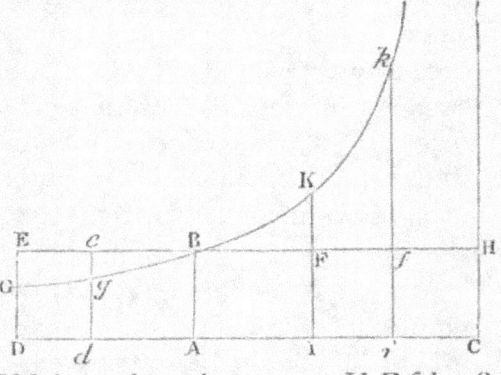

scensus *B F K*, atque tempore *I K k i* spatium descensus *K F f k ;* & velocitates corporis (resistentiæ medii proportionales) in horum temporum periodis erunt *A B E D*, *A B e d*, nulla, *A B F I*, *A B f i* respective; atque maxima velocitas, quam corpus descendendo potest acquirere, erit *B A C H*.

Resolvatur enim rectangulum *B A C H* in rectangula innumera *A k, K l, L m, M n*, &c. quæ sint ut incrementa velocitatum æquali-bus totidem temporibus facta ; & erunt nihil, *A k, A l, A m, A n*, &c. ut velocitates totæ, atque ideo (per hypothesin) ut resistentiæ medii principio singulorum tempo-

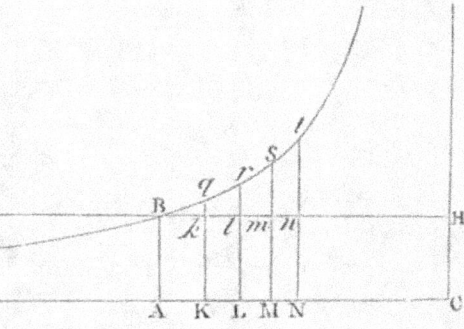

rum æqualium. Fiat AC ad AK vel $ABHC$ ad $ABkK$ ut vis gravitatis ad resistentiam in principio temporis secundi, deque vi gravitatis subducantur resistentiæ, & manebunt $ABHC$, $KkHC$, $LlHC$, $MmHC$, &c. ut vires absolutæ quibus corpus in principio singulorum temporum urgetur, atque ideo (per motus legem II) ut incrementa velocitatum, id est, ut rectangula Ak, Kl, Lm, Mn, &c. & propterea (per lem. 1 lib. II) in progressione geometrica. Quare si rectæ Kk, Ll, Mm, Nn, &c. productæ occurrant hyperbolæ in q, r, s, t, &c. erunt areæ $ABqK$, $KqrL$, $LrsM$, $MstN$, &c. æquales, ideoque tum temporibus tum viribus gravitatis semper æqualibus analogæ. Est autem area $ABqK$ (per corol. 3 lem. VII & lem. VIII lib. 1) ad aream Bkq ut Kq ad $\frac{1}{2}kq$ seu AC ad $\frac{1}{2}AK$, hoc est, ut vis gravitatis ad resistentiam in medio temporis primi. Et simili argumento areæ $qKLr$, $rLMs$, $sMNt$, &c. sunt ad areas $qklr$, $rlms$, $smnt$, &c. ut vires gravitatis ad resistentias in medio temporis secundi, tertii, quarti, &c. Proinde cum areæ æquales $BAKq$, $qKLr$, $rLMs$, $sMNt$, &c. sint viribus gravitatis analogæ, erunt areæ Bkq, $qklr$, $rlms$, $smnt$, &c. resistentiis in mediis singulorum temporum, hoc est (per hypothesin) velocitatibus, atque ideo descriptis spatiis analogæ. Sumantur analogarum summæ, & erunt areæ Bkq, Blr, Bms, Bnt, &c. spatiis totis descriptis analogæ; necnon areæ $ABqK$, $ABrL$, $ABsM$, $ABtN$, &c. temporibus. Corpus igitur inter descendendum, tempore quovis $ABrL$, describit spatium Blr, & tempore $LrtN$ spatium $rlnt$. Q. E. D. Et similis est demonstratio motus expositi in ascensu. Q. E. D.

Corol. 1. Igitur velocitas maxima, quam corpus cadendo potest acquirere, est ad velocitatem dato quovis tempore acquisitam, ut vis data gravitatis, qua corpus illud perpetuo urgetur, ad vim resistentiæ, qua in fine temporis illius impeditur.

Corol. 2. Tempore autem aucto in progressione arithmetica, summa velocitatis illius maximæ ac velocitatis in ascensu, atque etiam earundem differentia in descensu decrescit in progressione geometrica.

Corol. 3. Sed & differentiæ spatiorum, quæ in æqualibus temporum differentiis describuntur, decrescunt in eadem progressione geometrica.

Corol. 4. Spatium vero a corpore descriptum differentia est duo-rum spatiorum, quorum alterum est ut tempus sumptum ab initio descensus, & alterum ut velocitas, quæ etiam ipso descensus initio æquantur inter se.

PROPOSITIO IV.　PROBLEMA II.

Posito quod vis gravitatis in medio aliquo similari uniformis sit, ac tendat perpendiculariter ad planum horizontis; definire motum pro-jectilis in eodem, resistentiam velocitati proportionalem patientis.

E loco quovis *D* egredia-tur projectile secundum lineam quamvis rectam *D P*, & per longitudinem *D P* exponatur ejusdem velocitas sub initio mo-tus. A puncto *P* ad lineam horizontalem *D C* demittatur perpendiculum *P C*, & secetur *D C* in *A*, ut sit *D A* ad *A C* ut resistentia medii, ex motu in altitudinem sub initio orta, ad vim gravitatis; vel (quod pe-rinde est) ut sit rectangulum sub *D A* & *D P* ad rectangu-lum sub *A C* & *C P* ut resisten-tia tota sub initio motus ad vim gravitatis. Asymptotis *D C*, *C P* describatur hyperbola quæ-vis *G T B S* secans perpendi-cula *D G*, *A B* in *G* & *B*; & compleatur parallelogrammum *D G K C*, cujus latus *G K* secet *A B* in *Q*. Capiatur linea N in

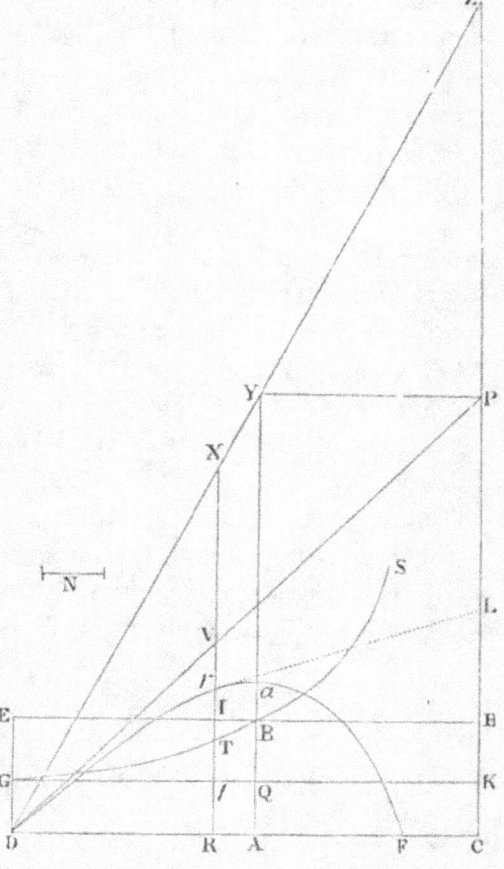

ratione ad *Q B* qua *D C* sit ad *C P*; & ad rectæ *D C* punctum quodvis *R* erecto perpendiculo *R T*, quod hyperbolæ in *T*, & rec-tis *E H*, *G K*, *D P* in *I*, *t* & *V* occurrat; in eo cape *V r* æqualem

$\dfrac{tGT}{N}$, vel, quod perinde est, cape Rr æqualem $\dfrac{GTIE}{N}$; & projectile tempore $DRTG$ perveniet ad punctum r, describens curvam lineam $DraF$, quam punctum r semper tangit, perveniens autem ad maximam altitudinem a in perpendiculo AB, & postea semper appropinquans ad asymptoton PC. Estque velocitas ejus in puncto quovis r ut curvæ tangens rL. *Q.E.I.*

Est enim N ad QB ut DC ad CP seu DR ad RV, ideoque RV æqualis $\dfrac{DR \times QB}{N}$, & Rr (id est $RV - Vr$ seu $\dfrac{DR \times QB - tGT}{N}$) æqualis $\dfrac{DR \times AB - RDGT}{N}$. Exponatur jam tempus per aream $RDGT$, & (per legum corol. II) distinguatur motus corporis in duos, unum ascensus, alterum ad latus. Et cum resistentia sit ut motus, distinguetur etiam hæc in partes duas partibus motus proportionales & contrarias: ideoque longitudo, a motu ad latus descripta, erit (per prop. II hujus) ut linea DR, altitudo vero (per prop. III hujus) ut area $DR \times AB - RDGT$, hoc est, ut linea Rr. Ipso autem motus initio area $RDGT$ æqualis est rectangulo $DR \times AQ$, ideoque linea illa Rr (seu $\dfrac{DR \times AB - DR \times AQ}{N}$) tunc est ad DR ut $AB - AQ$ seu QB ad N, id est, ut CP ad DC; atque ideo ut motus in altitudinem ad motum in longitudinem sub initio. Cum igitur Rr semper sit ut altitudo, ac DR semper ut longitudo, atque Rr ad DR sub initio ut altitudo ad longitudinem: necesse est ut Rr semper sit ad DR ut altitudo ad longitudinem, & propterea ut corpus moveatur in linea $DraF$, quam punctum r perpetuo tangit. *Q.E.D.*

Corol. 1. Est igitur Rr æqualis $\dfrac{DR \times AB}{N} - \dfrac{RDGT}{N}$: ideoque si producatur RT ad X ut sit RX æqualis $\dfrac{DR \times AB}{N}$; id est, si compleatur parallelogrammum $ACPY$, jungatur DY secans CP in Z, & producatur RT donec occurrat DY in X; erit Xr æqualis $\dfrac{RDGT}{N}$, & propterea tempori proportionalis.

Corol. 2. Unde si capiantur innumeræ CR, vel, quod perinde est, innumeræ ZX in progressione geometrica; erunt totidem Xr in

progressione arithmetica.　　Et hinc curva $D\,r\,a\,F$ per tabulam logarithmorum facile delineatur.

Corol. 3. Si vertice D, diametro $D\,G$ deorsum producta, & latere recto quod sit ad 2 $D\,P$ ut
resistentia tota ipso motus initio ad vim gravitatis, parabola
construatur : velocitas quacum
corpus exire debet de loco D
secundum rectam DP, ut in medio uniformi resistente describat
curvam $D\,r\,a\,F$, ea ipsa erit quacum exire debet de eodem loco
D, secundum eandem rectam
DP, ut in spatio non resistente
describat parabolam. Nam latus
rectum parabolæ hujus, ipso mo-

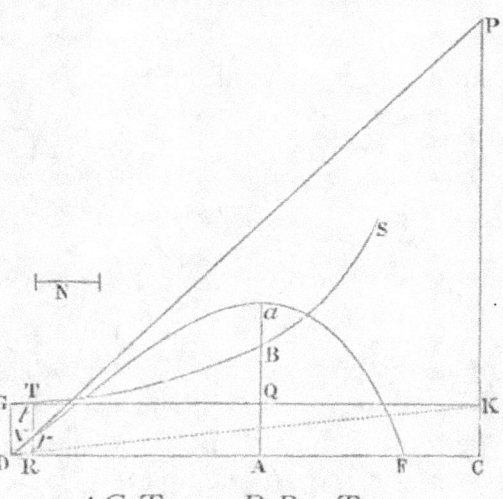

tus initio, est $\dfrac{D\,V\,quad.}{V\,r}$; & $V\,r$ est $\dfrac{t\,G\,T}{N}$ seu $\dfrac{D\,R \times T\,t}{2\,N}$.　Recta

autem quæ, si duceretur, hyperbolam $G\,T\,S$ tangeret in G, parallela

est ipsi $D\,K$, ideoque $T\,t$ est $\dfrac{C\,K \times D\,R}{D\,C}$, & N erat $\dfrac{Q\,B \times D\,C}{C\,P}$.　Et

propterea $V\,r$ est $\dfrac{D\,Rq \times C\,K \times C\,P}{2\,D\,Cq \times Q\,B}$, id est (ob proportionales $D\,R$

& $D\,C$, $D\,V$ & $D\,P$) $\dfrac{D\,Vq \times C\,K \times C\,P}{2\,D\,P_{.}q \times Q\,B}$, & latus rectum $\dfrac{D\,V\,quad.}{V\,r}$

prodit $\dfrac{2\,D\,Pq \times Q\,B}{C\,K \times C\,P}$, id est (ob proportionales $Q\,B$ & $C\,K$, $D\,A$ &

$A\,C$) $\dfrac{2\,D\,Pq \times D\,A}{A\,C \times C\,P}$, ideoque ad 2 $D\,P$, ut $D\,P \times D\,A$ ad $C\,P \times A\,C$;

hoc est, ut resistentia ad gravitatem.　*Q.E.D.*

Corol. 4. Unde si corpus de loco quovis D, data cum velocitate,
secundum rectam quamvis positione datam $D\,P$ projiciatur; & resistentia medii ipso motus initio detur : inveniri potest curva $D\,r\,a\,F$,
quam corpus idem describet. Nam ex data velocitate datur latus
rectum parabolæ, ut notum est. Et sumendo 2 $D\,P$ ad latus illud
rectum, ut est vis gravitatis ad vim resistentiæ, datur $D\,P$.　Dein

secando DC in A, ut sit $CP \times AC$ ad $DP \times DA$ in eadem illa ratione gravitatis ad resistentiam, dabitur punctum A. Et inde datur curva $D r a F$.

Corol. 5. Et contra, si datur curva $D r a F$, dabitur & velocitas corporis & resistentia medii in locis singulis r. Nam ex data ratione $CP \times AC$ ad $DP \times DA$, datur tum resistentia medii sub initio motus, tum latus rectum parabolæ : & inde datur etiam velocitas sub initio motus. Deinde ex longitudine tangentis $r L$, datur & huic proportionalis velocitas, & velocitati proportionalis resistentia in loco quovis r.

Corol. 6. Cum autem longitudo $2 DP$ sit ad latus rectum parabolæ ut gravitas ad resistentiam in D; & ex aucta velocitate augeatur resistentia in eadem ratione, at latus rectum parabolæ augeatur in ratione illa duplicata: patet longitudinem $2 DP$ augeri in ratione illa simplici, ideoque velocitati semper proportionalem esse, neque ex angulo CDP mutato augeri vel minui, nisi mutetur quoque velocitas.

Corol. 7. Unde liquet methodus determinandi curvam $D r a F$ ex phænomenis quamproxime, & inde colligendi resistentiam & velocitatem quacum corpus projicitur. Projiciantur corpora duo similia & æqualia eadem cum velocitate, de loco D, secundum angulos diversos CDP, CDp & cognoscantur loca F, f, ubi incidunt in horizontale planum DC. Tum, assumpta quacunque longitudine pro DP vel Dp, fingatur quod resistentia in D sit ad gravitatem in ratione qualibet, & exponatur ratio illa per longitudinem quamvis SM.

Deinde per computationem, ex longitudine illa assumpta DP, inveniantur longitudines DF, Df, ac de ratione $\dfrac{Ff}{DF}$, per calculum inventa, auferatur ratio eadem per experimentum inventa, & exponatur differentia per perpendiculum MN. Idem fac iterum ac tertio, assumendo semper novam resistentiæ ad gravitatem rationem SM, & colligendo novam differentiam MN. Ducantur autem differentiæ affirmativæ ad unam partem rectæ SM, & negativæ ad

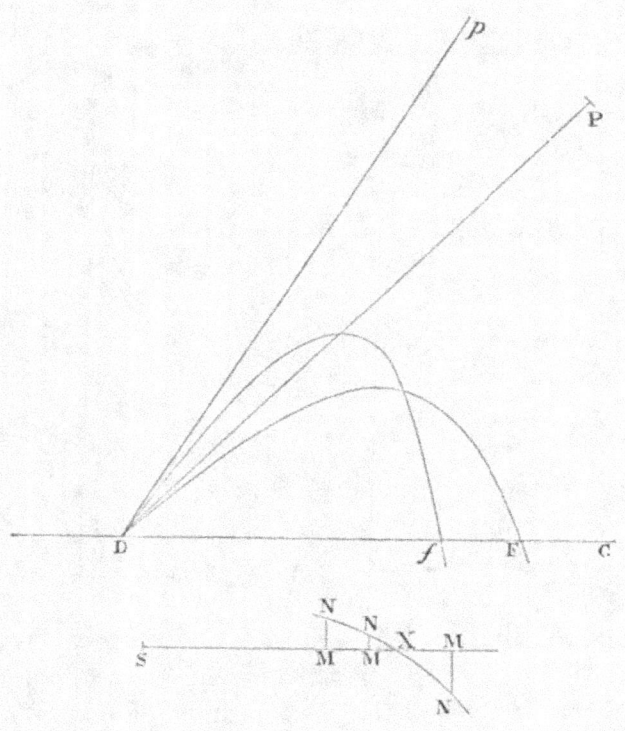

alteram; & per puncta N, N, N agatur curva regularis NNN secans rectam $SMMM$ in X, & erit SX vera ratio resistentiæ ad gravitatem, quam invenire oportuit. Ex hac ratione colligenda est longitudo DF per calculum; & longitudo, quæ sit ad assumptam longitudinem DP, ut longitudo DF per experimentum cognita ad longitudinem DF modo inventam, erit vera longitudo DP. Qua inventa, habetur tum curva linea $DraF$ quam corpus describit, tum corporis velocitas & resistentia in locis singulis.

Scholium.

Cæterum, resistentiam corporum esse in ratione velocitatis, hypothesis est magis mathematica quam naturalis. In mediis, quæ rigore omni vacant, resistentiæ corporum sunt in duplicata ratione velocitatum. Etenim actione corporis velocioris communicatur eidem medii quantitati, tempore minore, motus major in ratione majoris velocitatis; ideoque tempore æquali, ob majorem medii quantitatem perturbatam, communicatur motus in duplicata ratione major; estque resistentia (per motus leg. ii & iii) ut motus communicatus. Videamus igitur quales oriantur motus ex hac lege resistentiæ.

SECTIO II.

De motu corporum quibus resistitur in duplicata ratione velocitatum.

PROPOSITIO V. THEOREMA III.

Si corpori resistitur in velocitatis ratione duplicata, & idem sola vi insita per medium similare movetur; tempora vero sumantur in progressione geometrica a minoribus terminis ad majores pergente: dico quod velocitates initio singulorum temporum sunt in eadem progressione geometrica inverse; & quod spatia sunt æqualia, quæ singulis temporibus describuntur.

Nam quoniam quadrato velocitatis proportionalis est resistentia medii, & resistentiæ proportionale est decrementum velocitatis; si tempus in particulas innumeras æquales dividatur, quadrata velocitatum singulis temporum initiis erunt velocitatum earundem differentiis proportionalia. Sunto temporis particulæ illæ $A K$, $K L$, $L M$, &c. in recta $C D$ sumptæ, & erigantur perpendicula $A B$, $K k$, $L l$, $M m$, &c. hyperbolæ $B k l m G$, centro C asymptotis rectangulis CD, CH descriptæ, occurrentia in B, k, l, m, &c. & erit AB ad Kk ut CK ad CA, & divisim $AB-Kk$ ad Kk ut AK ad CA, & vicissim $AB-Kk$ ad AK ut Kk ad CA, ideoque ut $AB \times Kk$ ad $AB \times CA$. Unde, cum AK & $AB \times CA$ dentur, erit $AB -Kk$ ut $AB \times Kk$; & ultimo, ubi coeunt AB & Kk, ut ABq. Et simili argumento erunt $Kk-Ll$, $Ll-Mm$, &c. ut Kk *quad.* Ll *quad.* &c. Linearum igitur AB, Kk, Ll, Mm quadrata sunt ut earundem differentiæ; & idcirco, cum quadrata velocitatum fuerint etiam ut ipsarum differentiæ, similis erit ambarum progressio. Quo demonstrato, consequens est etiam ut areæ his lineis descriptæ sint in progressione consimili cum spatiis quæ velocitatibus describuntur. Ergo si velocitas initio primi temporis AK exponatur per lineam AB, & velocitas initio secundi KL per lineam Kk, & longitudo primo tempore descripta per aream $AKkB$; velocitates omnes subsequentes exponentur per lineas subsequentes Ll, Mm, &c. & longitudines descriptæ per areas Kl, Lm, &c. Et composite, si tempus totum exponatur per summam partium suarum AM, longitudo tota descripta exponetur per summam partium suarum $AMmB$. Concipe jam tempus AM ita dividi in partes AK, KL, LM, &c. ut sint CA, CK, CL, CM, &c. in progressione geometrica; & erunt partes illæ in eadem progressione, & velocitates AB, Kk, Ll, Mm, &c. in progressione eadem inversa, atque spatia descripta Ak, Kl, Lm, &c. æqualia. *Q.E.D.*

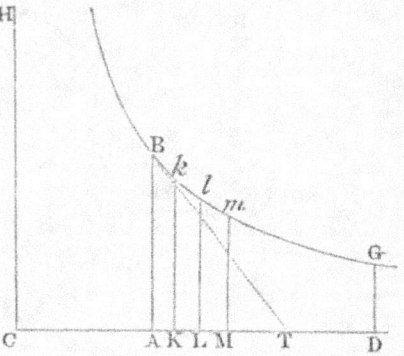

Corol. 1. Patet ergo quod, si tempus exponatur per asymptoti partem quamvis AD, & velocitas in principio temporis per ordinatim applicatam AB; velocitas in fine temporis exponetur per ordinatam DG, & spatium totum descriptum per aream hyperbolicam adjacentem $ABGD$; necnon spatium, quod corpus aliquod eodem tempore AD, velocitate prima AB, in medio non resistente describere posset, per rectangulum $AB \times AD$.

Corol. 2. Unde datur spatium in medio resistente descriptum, capiendo illud ad spatium quod velocitate uniformi AB in medio non resistente simul describi posset, ut est area hyperbolica $A\,B\,G\,D$ ad rectangulum $A\,B \times A\,D$..

Corol. 3. Datur etiam resistentia medii, statuendo eam ipso motus initio æqualem esse vi uniformi centripetæ, quæ in cadente corpore, tempore $A\,C$, in medio non resistente, generare posset velocitatem $A\,B$. Nam si ducatur $B\,T$ quæ tangat hyperbolam in B, & occurrat asymptoto in T; recta $A\,T$ æqualis erit ipsi $A\,C$, & tempus exponet, quo resistentia prima uniformiter continuata tollere posset velocitatem totam $A\,B$.

Corol. 4. Et inde datur etiam proportio hujus resistentiæ ad vim gravitatis, aliamve quamvis datam vim centripetam.

Corol. 5. Et vice versa, si datur proportio resistentiæ ad datam quamvis vim centripetam; datur tempus $A\,C$, quo vis centripeta resistentiæ æqualis generare possit velocitatem quamvis $A\,B$: & inde datur punctum B per quod hyperbola, asymptotis $C\,H$, $C\,D$, describi debet; ut & spatium $A\,B\,G\,D$, quod corpus incipiendo motum suum cum velocitate illa $A\,B$, tempore quovis $A\,D$, in medio similari resistente describere potest.

PROPOSITIO VI. THEOREMA IV.

Corpora sphærica homogenea & æqualia, resistentiis in duplicata ratione velocitatum impedita, & solis viribus insitis incitata, temporibus, quæ sunt reciproce ut velocitates sub initio, describunt semper æqualia spatia, & amittunt partes velocitatum proportionales totis.

Asymptotis rectangulis $C\,D$, $C\,H$ descripta hyperbola quavis $B\,b\,E\,e$ secante perpendicula $A\,B$, $a\,b$, $D\,E$, $d\,e$, in B, b, E, e, exponantur velocitates initiales per perpendicula $A\,B$, $D\,E$, & tempora per lineas $A\,a$, $D\,d$. Est ergo ut $A\,a$ ad $D\,d$ ita (per hypothesin) $D\,E$ ad $A\,B$, & ita (ex natura hyperbolæ) $C\,A$ ad $C\,D$: & componendo, ita $C\,a$ ad $C\,d$. Ergo areæ $A\,B\,b\,a$, $D\,E\,e\,d$, hoc est, spatia descripta

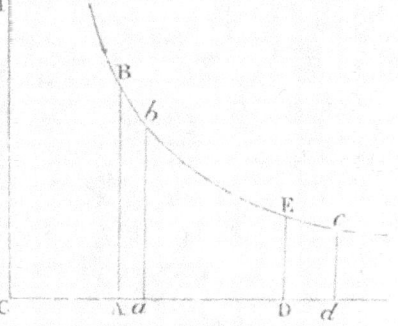

Q

æquantur inter se, & velocitates primæ AB, DE sunt ultimis ab, de, & propterea dividendo partibus etiam suis amissis $AB - ab$, $DE - de$ proportionales.   *Q. E. D.*

PROPOSITIO VII.   THEOREMA V.

Corpora sphærica quibus resistitur in duplicata ratione velocitatum, temporibus, quæ sunt ut motus primi directe & resistentiæ primæ inverse, amittent partes motuum proportionales totis, & spatia describent temporibus istis & velocitatibus primis conjunctim proportionalia.

Namque motuum partes amissæ sunt ut resistentiæ & tempora conjunctim. Igitur ut partes illæ sint totis proportionales, debebit resistentia & tempus conjunctim esse ut motus. Proinde tempus erit ut motus directe & resistentia inverse. Quare temporum particulis in ea ratione sumptis, corpora amittent semper particulas motuum proportionales totis, ideoque retinebunt velocitates velocitatibus suis primis semper proportionales. Et ob datam velocitatum rationem, describent semper spatia, quæ sunt ut velocitates primæ & tempora conjunctim. *Q. E. D.*

Corol. 1. Igitur si æquivelocibus corporibus resistitur in duplicata ratione diametrorum : globi homogenei quibuscunque cum velocitatibus moti, describendo spatia diametris suis proportionalia, amittent partes motuum proportionales totis. Motus enim globi cujusque erit ut ejus velocitas & massa conjunctim, id est, ut velocitas & cubus diametri; resistentia (per hypothesin) erit ut quadratum diametri & quadratum velocitatis conjunctim; & tempus (per hanc propositionem) est in ratione priore directe & ratione posteriore inverse, id est, ut diameter directe & velocitas inverse; ideoque spatium, tempori & velocitati proportionale, est ut diameter.

Corol. 2. Si æquivelocibus corporibus resistitur in ratione sesquiplicata diametrorum : globi homogenei quibuscunque cum velocitatibus moti, describendo spatia in sesquiplicata ratione diametrorum, amittent partes motuum proportionales totis.

Corol. 3. Et universaliter, si æquivelocibus corporibus resistitur in ratione dignitatis cujuscunque diametrorum : spatia quibus globi homogenei, quibuscunque cum velocitatibus moti, amittent partes motuum proportionales totis, erunt ut cubi diametrorum ad dignitatem illam applicati. Sunto diametri D & E ; & si resistentiæ, ubi velocitates æquales ponuntur, sint ut D^n & E^n : spatia quibus g obi, quibuscunque cum velocitatibus moti, amittent partes motuum proportionales totis, erunt ut D^{3-n} & E^{3-n}. Et propterea globi homogenei describendo spatia ipsis D^{3-n} & E^{3-n} proportionalia, retinebunt velocitates in eadem ratione ad invicem ac sub initio.

Corol. 4. Quod si globi non sint homogenei, spatium a globo densiore descriptum augeri debet in ratione densitatis. Motus enim, sub pari velocitate, major est in ratione densitatis, & tempus (per hanc propositionem) augetur in ratione motus directe, ac spatium descriptum in ratione temporis.

Corol. 5. Et si globi moveantur in mediis diversis ; spatium in medio, quod cæteris paribus magis resistit, diminuendum erit in ratione majoris resistentiæ. Tempus enim (per hanc propositionem) diminuetur in ratione resistentiæ auctæ, & spatium in ratione temporis.

LEMMA II.

Momentum genitæ æquatur momentis laterum singulorum generantium in eorundem laterum indices dignitatum & coefficientia continue ductis.

Genitam voco quantitatem omnem, quæ ex lateribus vel terminis quibuscunque in arithmetica per multiplicationem, divisionem, & extractionem radicum ; in geometria per inventionem vel contentorum & laterum, vel extremarum & mediarum proportionalium, sine additione & subductione generatur. Ejusmodi quantitates sunt facti, quoti, radices, rectangula, quadrata, cubi, latera quadrata, latera cubica, & similes. Has quantitates, ut indeterminatas & instabiles, & quasi motu fluxuve perpetuo crescentes vel decrescentes, hic considero ; & earum incrementa vel decrementa momentanea sub nomine momentorum intelligo : ita ut incrementa pro momentis addititiis seu affirmativis, ac decrementa pro subductitiis seu negativis habeantur. Cave tamen intellexeris particulas finitas. Particulæ finitæ non sunt momenta, sed quantitates ipsæ ex momentis genitæ. Intelligenda sunt principia jamjam nascentia finitarum magnitudinum. Neque enim spectatur in hoc lemmate magnitudo momentorum, sed prima nascentium proportio. Eodem recidit si loco momentorum usurpentur vel velocitates incrementorum ac decrementorum (quas etiam motus, mutationes & fluxiones quantitatum nominare licet) vel finitæ quævis quantitates velocitatibus hisce proportionales. Lateris autem cujusque generantis coefficiens est quantitas, quæ oritur applicando genitam ad hoc latus.

Igitur sensus lemmatis est, ut, si quantitatum quarumcunque perpetuo motu crescentium vel decrescentium A, B, C, &c. momenta, vel his proportionales mutationum velocitates dicantur a, b, c, &c. momentum vel mutatio geniti rectanguli A B fuerit a B $+ b$ A, & geniti contenti A B C momentum fuerit a B C $+ b$ A C $+ c$ A B : & genitarum dignitatum A^2, A^3, A^4, $A^{\frac{1}{2}}$, $A^{\frac{3}{2}}$, $A^{\frac{1}{3}}$, $A^{\frac{2}{3}}$, A^{-1}, A^{-2}, & $A^{-\frac{1}{2}}$ momenta $2\, a$ A, $3\, a A^2$, $4\, a A^3$, $\frac{1}{2} a A^{-\frac{1}{2}}$, $\frac{3}{2} a A^{\frac{1}{2}}$, $\frac{1}{3} a A^{-\frac{2}{3}}$, $\frac{2}{3} a A^{-\frac{1}{3}}$, $-a A^{-2}$, $-2\, a A^{-3}$, & $-\frac{1}{3} a A^{-\frac{3}{2}}$ respective. Et generaliter, ut dignitatis cujuscunque $A^{\frac{n}{m}}$ momentum fuerit $\frac{n}{m} a A^{\frac{n-m}{m}}$. Item ut genitæ A^2 B momentum fuerit $2\, a$A B$+ b A^2$; & genitæ A^3 B^4 C^2 momentum $3\, a$ A^2 B^4 $C^2 + 4\, b A^3$ B^3 $C^2 + 2\, c A^3$ B^4 C ; & genitæ $\frac{A^3}{B^2}$ sive A^3 B^{-2} momentum $3\, a A^2$ $B^{-2} - 2\, b A^3$ B^{-3} : & sic in cæteris. Demonstratur vero lemma in hunc modum.

Cas. 1. Rectangulum quodvis motu perpetuo auctum A B, ubi de lateribus A & B deerant momentorum dimidia $\frac{1}{2}\, a$ & $\frac{1}{2}\, b$, fuit A $-\frac{1}{2}\, a$ in B $-\frac{1}{2}\, b$, seu A B $-\frac{1}{2}\, a$ B $-\frac{1}{2}\, b$ A $+\frac{1}{4}\, a b$; & quam primum latera A & B alteris momentorum dimidiis aucta sunt, evadit A $+\frac{1}{2}\, a$ in B $+\frac{1}{2}\, b$ seu A B $+\frac{1}{2}\, a$ B $+\frac{1}{2}\, b$ A $+\frac{1}{4}\, a b$. De hoc rectangulo subducatur rectangulum prius, & manebit excessus a B $+ b$ A. Igitur laterum incrementis totis a & b generatur rectanguli incrementum a B $+ b$ A. *Q. E. D.*

Cas. 2. Ponatur A B semper æquale G, & contenti A B C seu G C momentum (per cas. 1) erit g C $+ c$ G, id est (si pro G & g scribantur A B & a B $+ b$ A) a B C $+ b$ A C $+ c$ A B. Et par est ratio contenti sub lateribus quotcunque. *Q. E. D.*

Cas. 3. Ponantur latera A, B, C sibi mutuo semper æqualia; & ipsius A^2, id est rectanguli A B, momentum a B $+ b$ A erit $2 a$ A, ipsius autem A^3, id est contenti A B C, momentum a B C $+ b$ A C $+ c$ A B erit $3 a$ A^2. Et eodem argumento momentum dignitatis cujuscunque A^n est $n a$ A^{n-1}. *Q.E.D.*

Cas. 4 Unde cum $\frac{1}{A}$ in A sit 1, momentum ipsius $\frac{1}{A}$ ductum in A, una cum $\frac{1}{A}$ ducto in a erit momentum ipsius 1, id est, nihil. Proinde momentum ipsius $\frac{1}{A}$ seu ipsius A^{-1} est $\frac{-a}{A^2}$. Et generaliter cum $\frac{1}{A^n}$ in A^n sit 1, momentum ipsius $\frac{1}{A^n}$ ductum in A^n una cum $\frac{1}{A^n}$ in $n a$ A^{n-1} erit nihil. Et propterea momentum ipsius $\frac{1}{A}$ seu A^{-n} erit $- \frac{n a}{A^{n+1}}$. *Q.E.D.*

Cas. 5. Et cum A$^{\frac{1}{2}}$ in A$^{\frac{1}{2}}$ sit A, momentum ipsius A$^{\frac{1}{2}}$ ductum in 2 A$^{\frac{1}{2}}$ erit a, per cas. 3: ideoque momentum ipsius A$^{\frac{1}{2}}$ erit $\frac{a}{2 A^{\frac{1}{2}}}$ sive $\frac{1}{2} a$ A$^{-\frac{1}{2}}$. Et generaliter si ponatur A$^{\frac{m}{n}}$ æquale B, erit A^m æquale B^n, ideoque $m a$ A^{m-1} æquale $n b$ B^{n-1}, & $m a$ A^{-1} æquale $n b$ B^{-1} seu $n b$ A$^{-\frac{m}{n}}$, ideoque $\frac{m}{n} a$ A$^{\frac{m-n}{n}}$ æquale b, id est, æquale momento ipsius A$^{\frac{m}{n}}$. *Q.E.D.*

Cas. 6. Igitur genitæ cujuscunque A^m B^n momentum est momentum ipsius A^m ductum in B^n, una cum momento ipsius B^n ducto in A^m, id est $m a$ A^{m-1} B^n $+ n b$ B^{n-1} A^m; idque sive dignitatum indices m & n sint integri numeri vel fracti, sive affirmativi vel negativi. Et par est ratio contenti sub pluribus dignitatibus. *Q.E.D.*

Corol. 1. Hinc in continue proportionalibus, si terminus unus datur, momenta terminorum reliquorum erunt ut iidem termini multiplcati per numerum intervallorum inter ipsos & terminum datum. Sunto A, B, C, D, E, F continue proportionales ; & si detur terminus C, momenta reliquorum terminorum erunt inter se ut — 2 A, — B, D, 2 E, 3 F.

Corol. 2. Et si in quatuor proportionalibus duæ mediæ dentur, momenta extremarum erunt ut eædem extremæ. Idem intelligendum est de lateribus rectanguli cujuscunque dati.

Corol. 3. Et si summa vel differentia duorum quadratorum detur, momenta laterum erunt reciproce ut latera.

Scholium.

In epistola quadam ad *D. J. Collinium* nostratem 10 Decem. 1672 data, cum descripsissem methodum tangentium quam suspicabar eandem esse cum methodo *Slusii* tum nondum communicata; subjunxi : *Hoc est unum particulare vel corollarium potius methodi generalis, quæ extendit se citra molestum ullum calculum, non modo ad ducendum tangentes ad quasvis curvas sive geometricas sive mechanicas vel quomodocunque rectas lineas aliasve curvas respicientes, verum etiam ad resolvendum alia abstrusiora problematum genera de curvitatibus, areis, longitudinibus, centris gravitatis curvarum &c. neque (quemadmodum Huddenii methodus de maximis & minimis) ad solas restringitur æquationes illas quæ quantitatibus surdis sunt immunes. Hanc methodum intertexui alteri isti qua æquationum exegesin instituo reducendo eas ad series infinitas.* Hactenus epistola. Et hæc ultima verba spectant ad tractatum quem anno 1671 de his rebus scripseram. Methodi vero hujus generalis fundamentum continetur in lemmate præcedente.

PROPOSITIO VIII. THEOREMA VI.

Si corpus in medio uniformi, gravitate uniformiter agente, recta ascendat vel descendat, & spatium totum descriptum distinguatur in partes æquales, inque principiis singularum partium (addendo resistentiam medii ad vim gravitatis, quando corpus ascendit, vel subducendo ipsam quando corpus descendit) investigentur vires absolutæ ; dico quod vires illæ absolutæ sunt in progressione geometrica.

Exponatur enim vis gravitatis per datam lineam *A C;* resistentia per lineam indefinitam *A K;* vis absoluta in descensu corporis per differentiam *K C;* velocitas corporis per lineam *A P,* quæ sit media proportionalis inter *A K* & *A C,* ideoque in subduplicata ratione resistentiæ ; incrementum resistentiæ data temporis particula factum per lineolam *K L,* & contemporaneum velocitatis incrementum per lineolam *P Q;* & centro *C* asymptotis rectangulis *C A, C H* describatur hyperbola quævis *B N S,* erectis perpendiculis *A B, K N, L O* occurrens in *B, N, O.* Quoniam *A K* est ut *A P q,* erit hujus mo-

mentum *K L* ut illius momentum 2 *A P Q:* id est, ut *A P* in
K C; nam velocitatis incrementum *P Q* (per motus leg. ɪɪ)
proportionale est vi generanti
K C. Componatur ratio ipsius
K L cum ratione ipsius *K N,*
& fiet rectangulum *K L* × *K N*
ut *A P* × *K C* × *K N;* hoc est,

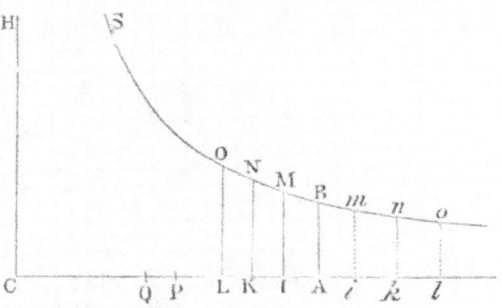

ob datum rectangulum *K C* × *K N,* ut *A P.* Atqui areæ hyperbolicæ *K N O L* ad rectangulum *K L* × *K N* ratio ultima, ubi coeunt puncta *K* & *L,* est æqualitatis. Ergo area illa hyperbolica evanescens est ut *A P.* Componitur igitur area tota hyperbolica *A B O L* ex particulis *K N O L* velocitati *A P* semper proportionalibus, & propterea spatio velocitate ista descripto proportionalis est. Dividatur jam area illa in partes æquales *A B M I, I M N K, K N O L,* &c. & vires absolutæ *A C, I C, K C, L C,* &c. erunt in progressione geometrica. *Q. E. D.* Et simili argumento, in ascensu corporis, sumendo, ad contrariam partem puncti *A,* æquales areas *A B m i, i m n k, k n o l,* &c. constabit quod vires absolutæ *A C, i C, k C, l C,* &c. sunt continue proportionales. Ideoque si spatia omnia in ascensu & descensu capiantur æqualia ; omnes vires absolutæ *l C, k C, i C, A C, I C, K C, L C,* &c. erunt continue proportionales. *Q. E. D.*

Corol. ɪ. Hinc si spatium descriptum exponatur per aream hyperbolicam *A B N K;* exponi possunt vis gravitatis, velocitas corporis

& resistentia medii per lineas $A\,C$, $A\,P$ & $A\,K$ respective; & vice versa.

Corol. 2. Et velocitatis maximæ, quam corpus in infinitum descendendo potest unquam acquirere, exponens est linea $A\,C$.

Corol. 3. Igitur si in data aliqua velocitate cognoscatur resistentia medii, invenietur velocitas maxima, sumendo ipsam ad velocitatem illam datam in subduplicata ratione, quam habet vis gravitatis ad medii resistentiam illam cognitam.

PROPOSITIO IX. THEOREMA VII.

Positis jam demonstratis, dico quod, si tangentes angulorum sectoris circularis & sectoris hyperbolici sumantur velocitatibus proportionales, existente radio justæ magnitudinis : erit tempus omne ascendendi ad locum summum ut sector circuli, & tempus omne descendendi a loco summo ut sector hyperbolæ.

Rectæ $A\,C$, qua vis gravitatis exponitur, perpendicularis & æqualis ducatur $A\,D$. Centro D semidiametro $A\,D$ describatur tum circuli quadrans $A\,t\,E$; tum hyperbola rectangula $A\,V\,Z$ axem habens $A\,X$, verticem principalem A, & asymptoton $D\,C$. Ducantur $D\,p$, $D\,P$, & erit sector circularis $A\,t\,D$ ut tempus omne ascendendi ad locum summum; & sector hyperbolicus $A\,T\,D$ ut tempus omne descendendi a loco summo: Si modo sectorum tangentes $A\,p$, $A\,P$ sint ut velocitates.

Cas. 1. Agatur enim $D\,v\,q$ abscindens sectoris $A\,D\,t$ & trianguli $A\,D\,p$ momenta, seu particulas quam minimas simul descriptas $t\,D\,v$ & $q\,D\,p$. Cum particulæ illæ, ob angulum communem D, sunt in duplicata ratione laterum, erit particula $t\,D\,v$ ut $\dfrac{q\,D\,p \times t\,D\ quad.}{p\,D\ quad.}$,

id est, ob datam $t\,D$, ut $\dfrac{q\,D\,p}{p\,D\ quad.}$. Sed $p\,D\ quad.$ est $A\,D\ quad.$ + $A\,p\ quad.$ id est, $A\,D\ quad.$ + $A\,D \times A\,k$, seu $A\,D \times C\,k$; & $q\,D\,p$ est $\frac{1}{2}\,A\,D \times p\,q$. Ergo sectoris particula $t\,D\,v$ est ut $\dfrac{p\,q}{C\,k}$; id est, ut velocitatis decrementum quam minimum pq directe, & vis illa Ck quæ velocitatem diminuit inverse; atque ideo ut particula temporis decremento velocitatis respondens. Et componendo fit summa particularum omnium tDv in sectore ADt, ut summa particularum temporis singulis velocitatis decrescentis Ap particulis amissis pq respondentium, usque dum velocitas illa in nihilum diminuta evanuerit; hoc est, sector totus ADt est ut tempus totum ascendendi ad locum summum. *Q.E.D.*

Cas. 2. Agatur DQV abscindens tum sectoris DAV, tum trianguli DAQ particulas quam minimas TDV & PDQ; & erunt hæ particulæ ad invicem ut DTq ad DPq, id est (si TX & AP parallelæ sint) ut DXq ad DAq vel TXq ad APq, & divisim ut $DXq - TXq$ ad $DAq - APq$. Sed ex natura hyperbolæ DXq

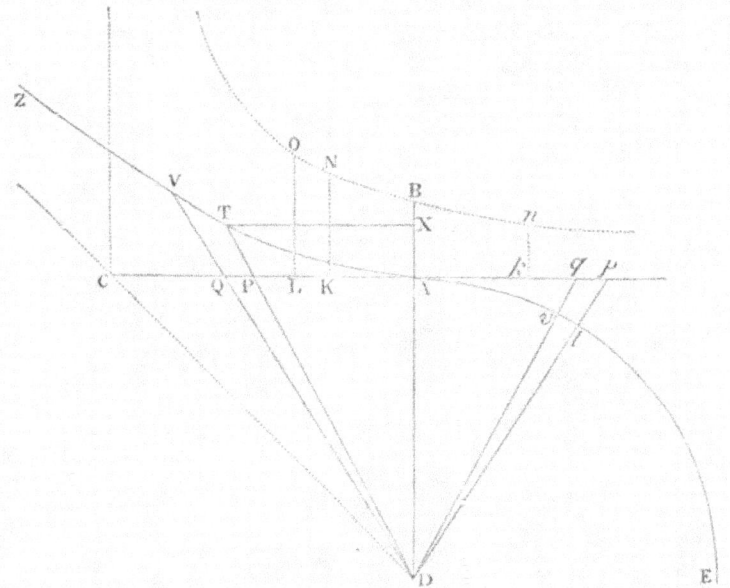

$-TXq$ est ADq, & per hypothesin APq est $AD \times AK$. Ergo particulæ sunt ad invicem ut ADq ad $ADq - AD \times AK$; id est, ut AD ad $AD - AK$ seu AC ad CK: ideoque sectoris particula TDV est $\dfrac{PDQ \times AC}{CK}$; atque ideo ob datas AC & AD, ut $\dfrac{PQ}{CK}$, id est, ut incrementum velocitatis directe, utque vis generans incrementum inverse; atque ideo ut particula temporis incremento respondens. Et componendo fit summa particularum temporis, quibus omnes velocitatis AP particulæ PQ generantur, ut summa particularum sectoris ATD, id est, tempus totum ut sector totus. *Q.E.D.*

Corol. 1. Hinc si AB æquetur quartæ parti ipsius AC, spatium quod corpus tempore quovis cadendo describit, erit ad spatium, quod corpus velocitate maxima AC, eodem tempore uniformiter progrediendo describere potest, ut area $ABNK$, qua spatium cadendo descriptum exponitur, ad aream ATD, qua tempus exponitur. Nam cum sit AC ad AP ut AP ad AK, erit (per corol. 1

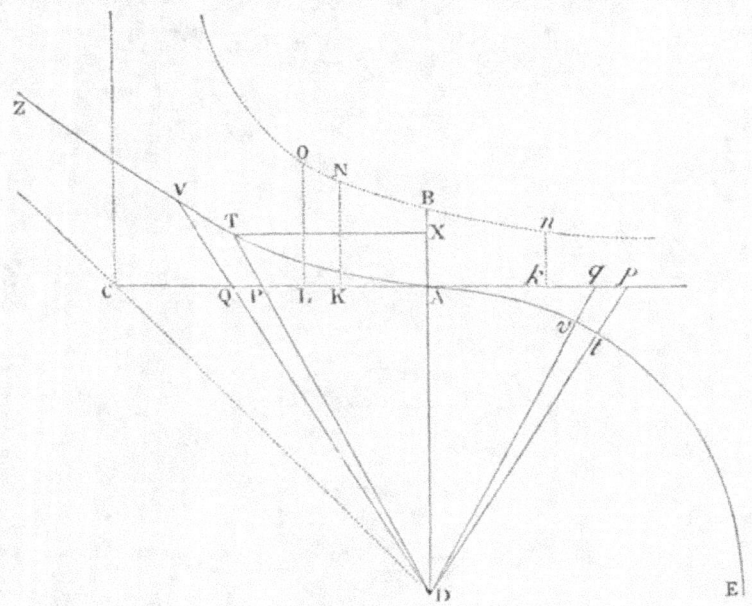

lem. 11 hujus) LK ad PQ ut $2\,AK$ ad AP, hoc est, ut $2\,AP$ ad AC, & inde LK ad $\frac{1}{2}PQ$ ut AP ad $\frac{1}{4}AC$ vel AB; est & KN ad AC vel AD ut AB ad CK; itaque ex æquo $LKNO$ ad DPQ ut AP ad CK. Sed erat DPQ ad DTV ut CK ad AC. Ergo rursus ex æquo $LKNO$ est ad DTV ut AP ad AC; hoc est, ut velocitas corporis cadentis ad velocitatem maximam quam corpus cadendo potest acquirere. Cum igitur arearum $ABNK$ & ATD momenta $LKNO$ & DTV sunt ut velocitates, erunt arearum illarum partes omnes simul genitæ ut spatia simul descripta, ideoque areæ totæ ab initio genitæ $A B N K$ & $A T D$ ut spatia tota ab initio descensus descripta. *Q. E. D.*

Corol. 2. Idem consequitur etiam de spatio quod in ascensu describitur. Nimirum quod spatium illud omne sit ad spatium, uniformi cum velocitate $A C$ eodem tempore descriptum, ut est area $A B n k$ ad sectorem $A D t$.

Corol. 3. Velocitas corporis tempore $A T D$ cadentis est ad velocitatem, quam eodem tempore in spatio non resistente acquireret, ut triangulum $A P D$ ad sectorem hyperbolicum $A T D$. Nam velocitas in medio non resistente foret ut tempus $A T D$, & in medio resistente est ut $A P$, id est, ut triangulum $A P D$. Et velocitates illæ initio descensus æquantur inter se, perinde ut areæ illæ $A T D$, $A P D$.

Corol. 4. Eodem argumento velocitas in ascensu est ad velocitatem, qua corpus eodem tempore in spatio non resistente omnem suum ascendendi motum amittere posset, ut triangulum $A p D$ ad sectorem circularem $A t D$; sive ut recta $A p$ ad arcum $A t$.

Corol. 5. Est igitur tempus, quo corpus in medio resistente cadendo velocitatem $A P$ acquirit, ad tempus, quo velocitatem maximam $A C$ in spatio non resistente cadendo acquirere posset, ut sector $A D T$ ad triangulum $A D C$: & tempus, quo velocitatem $A p$ in medio resistente ascendendo possit amittere, ad tempus quo velocitatem eandem in spatio non resistente ascendendo posset amittere, ut arcus $A t$ ad ejus tangentem $A p$.

Corol. 6. Hinc ex dato tempore datur spatium ascensu vel descensu descriptum. Nam corporis in infinitum descendentis datur velocitas maxima (per corol. 2 & 3 theor. vi lib. ii) indeque datur tempus quo corpus velocitatem illam in spatio non resistente cadendo posset acquirere. Et sumendo sectorem $A D T$ vel $A D t$ ad triangulum $A D C$ in ratione temporis dati ad tempus modo inventum; dabitur tum velocitas $A P$ vel $A p$, tum area $A B N K$ vel $A B n k$, quæ est ad sectorem $A D T$ vel $A D t$ ut spatium quæsitum ad spatium, quod tempore dato, cum velocitate illa maxima jam ante inventa, uniformiter describi potest.

Corol. 7. Et regrediendo, ex dato ascensus vel descensus spatio $A B n k$ vel $A B N K$, dabitur tempus $A D t$ vel $A D T$.

PROPOSITIO X. PROBLEMA III.

Tendat uniformis vis gravitatis directe ad planum horizontis, sitque resistentia ut medii densitas & quadratum velocitatis conjunctim: requiritur tum medii densitas in locis singulis, quæ faciat ut corpus in data quavis linea curva moveatur; tum corporis velocitas & medii resistentia in locis singulis.

Sit PQ planum illud plano schematis perpendiculare; $PFHQ$ linea curva plano huic occurrens in punctis P & Q; G, H, I, K loca quatuor corporis in hac curva ab F ad Q pergentis; & GB, HC, ID, KE ordinatæ quatuor parallelæ ab his punctis ad horizontem demissæ, & lineæ horizontali PQ ad puncta B, C, D, E insistentes; & sint BC, CD, DE distantiæ ordinatarum inter se æquales. A punctis G & H du-cantur rectæ GL, HN curvam tangentes in G & H, & ordina-tis CH, DI sursum productis occurrentes in L & N, & com-pleatur parallelogrammum HC DM. Et tempora, quibus cor-

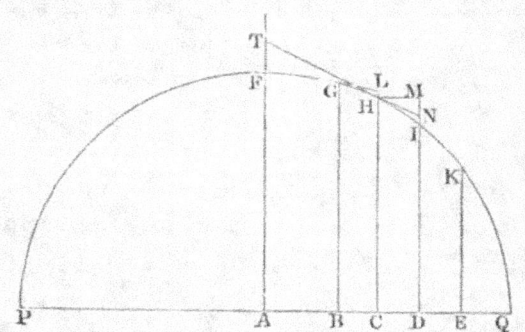

pus describit arcus GH, HI, erunt in subduplicata ratione altitu-dinum LH, NI, quas corpus temporibus illis describere posset, a tangentibus cadendo; & velocitates erunt ut longitudines descriptæ GH, HI directe & tempora inverse. Exponantur tempora per T & t, & velocitates per $\frac{GH}{T}$ & $\frac{HI}{t}$; & decrementum velocitatis tempore t factum exponetur per $\frac{GH}{T} - \frac{HI}{t}$. Hoc decrementum oritur a resistentia corpus retardante, & gravitate corpus acceler-ante. Gravitas, in corpore cadente & spatium NI cadendo descri-bente, generat velocitatem, qua duplum illud spatium eodem tem-pore describi potuisset, ut *Galilæus* demonstravit; id est, velocita-tem $\frac{2NI}{t}$: at in corpore arcum HI describente, auget arcum illum sola longitudine $HI - HN$ seu $\dfrac{MI \times NI}{HI}$; ideoque generat tantum velocitatem $\dfrac{2\,MI \times NI}{t \times HI}$. Addatur hæc velocitas ad decrementum prædictum, & habebitur decrementum velocitatis ex resistentia sola oriundum, nempe $\dfrac{GH}{T} - \dfrac{HI}{t} + \dfrac{2\,MI \times NI}{t \times HI}$. Proindeque cum gravitas eodem tempore in corpore cadente generet velocitatem $\dfrac{2\,NI}{t}$; resistentia erit ad gravitatem ut $\dfrac{GH}{T} - \dfrac{HI}{t} + \dfrac{2\,MI \times NI}{t \times HI}$ ad $\dfrac{2\,NI}{t}$, sive ut $\dfrac{t \times GH}{T} - HI + \dfrac{2\,MI \times NI}{HI}$ ad $2\,NI$.

Jam pro abscissis CB, CD, CE scribantur—o, o, $2\,o$. Pro ordinata CH scribatur P, & pro MI scribatur series quælibet $Q\,o + R\,oo + S\,o^3 + $ &c. Et seriei termini omnes post primum nempe $R\,oo + S\,o^3 + $ &c. erunt NI, & ordinatæ DI, EK, & BG erunt $P - Q\,o - R\,oo - S\,o^3 - $ &c. $P - 2\,Q\,o - 4\,R\,oo - 8\,S\,o^3 - $ &c. & $P + Q\,o - R\,oo + S\,o^3 - $ &c. respective. Et quadrando differentias ordinatarum $BG - CH$ & $CH - DI$, & ad quadrata prodeuntia addendo quadrata ipsarum BC, CD, habebuntur arcuum GH, HI quadrata $oo + QQ\,oo - 2\,QR\,o^3 + $ &c. & $oo + QQ\,oo + 2\,QR\,o^3 + $ &c. Quorum radices $o\,\sqrt{1 + QQ} - \dfrac{Q\,R\,oo}{\sqrt{1 + QQ}}$, & $o\,\sqrt{1 + QQ} + \dfrac{Q\,R\,oo}{\sqrt{1 + QQ}}$ sunt arcus GH & HI. Præterea si ab ordinata CH subducatur semisumma ordinatarum BG ac DI, & ab ordinata DI subducatur semisumma ordinatarum CH & EK, manebunt arcuum GI & HK sagittæ $R\,oo$ & $R\,oo + 3\,S\,o^3$. Et hæ sunt lineolis LH & NI proportionales, ideoque in duplicata ratione temporum infinite parvorum T & t: & inde ratio $\dfrac{t}{T}$ est $\sqrt{\dfrac{R + 3\,S\,o}{R}}$ seu $\dfrac{R + \frac{3}{2}\,S\,o}{R}$; & $\dfrac{t \times GH}{T} - HI + \dfrac{2\,MI \times NI}{HI}$, substituendo ipsorum $\dfrac{t}{T}$, GH, HI, MI & NI valores jam inventos, evadit $\dfrac{3\,S\,oo}{2\,R}\,\sqrt{1 + QQ}$. Et cum $2\,NI$ sit $2\,R\,oo$, resistentia jam erit ad gravitatem ut $\dfrac{3\,S\,oo}{2\,R}\,\sqrt{1+QQ}$ ad $2\,R\,oo$, id est,

ut $3\,S\,\sqrt{1+QQ}$ ad $4\,R\,R$.

Velocitas autem ea est, quacum corpus de loco quovis H, secundum tangentem HN egrediens, in parabola diametrum HC & latus rectum $\dfrac{HNq}{NI}$ seu $\dfrac{1+QQ}{R}$ habente, deinceps in vacuo moveri potest.

Et resistentia est ut medii densitas & quadratum velocitatis conjunctim, & proptereа medii densitas est ut resistentia directe & quadratum velocitatis inverse, id est, ut $\dfrac{3\,S\,\sqrt{1+QQ}}{4\,R\,R}$ directe & $\dfrac{1+QQ}{R}$ inverse, hoc est, ut $\dfrac{S}{R\,\sqrt{1+QQ}}$.　Q.E.I.

Corol. 1. Si tangens HN producatur utrinque donec occurrat, ordinatæ cuilibet AF in T: erit $\dfrac{HT}{AC}$ æqualis $\sqrt{1+QQ}$, ideoque in superioribus pro $\sqrt{1+QQ}$ scribi potest.　Qua ratione resistentia erit ad gravitatem ut $3\,S \times HT$ ad $4\,R\,R \times AC$, velocitas erit ut $\dfrac{HT}{AC\sqrt{R}}$, & medii densitas erit ut $\dfrac{S \times AC}{R \times HT}$.

Corol. 2. Et hinc, si curva linea $PFHQ$ definiatur per relationem inter basem seu abscissam AC & ordinatim applicatam CH, ut moris est; & valor ordinatim applicatæ resolvatur in seriem convergentem: Problema per primos seriei terminos expedite solvetur, ut in exemplis sequentibus.

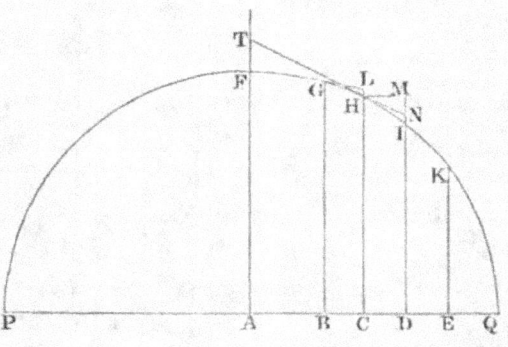

Exempl. 1. Sit linea $PFHQ$ semicirculus super diametro PQ descriptus, & requiratur medii densitas quæ faciat ut projectile in hac linea moveatur.

Bisecetur diameter PQ in A; dic AQ, n; AC, a; CH, e; & CD, o: & erit DIq seu $AQq - ADq = nn - aa - 2\,ao - oo$, seu

$ee - 2\,ao - oo$, & radice per methodum nostram extracta, fiet $DI=$

$e - \dfrac{ao}{e} - \dfrac{oo}{2\,e} - \dfrac{aaoo}{2\,e^3} - \dfrac{a\,o^3}{2\,e^3} - \dfrac{a^3\,o^3}{2\,e^5} - $ &c. Hic scribatur nn pro

$ee + aa$, & evadet $\dot{D}I = e - \dfrac{ao}{e} - \dfrac{nnoo}{2\,e^3} - \dfrac{ann\,o^3}{2\,e^5} - $ &c.

Hujusmodi series distinguo in terminos successivos in hunc modum. Terminum primum appello, in quo quantitas infinite parva o non extat; secundum, in quo quantitas illa est unius dimensionis; tertium, in quo extat duarum; quartum, in quo trium est; & sic in infinitum. Et primus terminus, qui hic est e, denotabit semper longitudinem ordinatæ CH insistentis ad initium indefinitæ quantitatis o.

Secundus terminus, qui hic est $\dfrac{ao}{e}$, denotabit differentiam inter CH & DN, id est, lineolam MN, quæ abscinditur complendo parallelogrammum $HCDM$, atque ideo positionem tangentis HN semper determinat; ut in hoc casu capiendo MN ad HM ut est $\dfrac{ao}{e}$ ad o, seu a ad e. Terminus tertius, qui hic est $\dfrac{nnoo}{2\,e^3}$, designabit lineolam IN, quæ jacet inter tangentem & curvam, ideoque determinat angulum contactus IHN seu curvaturam quam curva linea habet in H. Si lineola illa IN finitæ est magnitudinis, designabitur per terminum tertium una cum sequentibus in infinitum. At si lineola illa minuatur in infinitum, termini subsequentes evadent infinite minores tertio, ideoque negligi possunt. Terminus quartus determinat variationem curvaturæ, quintus variationem variationis, & sic deinceps. Unde obiter patet usus non contemnendus harum serierum in solutione problematum, quæ pendent a tangentibus & curvatura curvarum.

Conferatur jam series $e - \dfrac{ao}{e} - \dfrac{nnoo}{2\,e^3} - \dfrac{ann\,o^3}{2\,e^5} - $ &c. cum serie $P - Qo - Roo - So^3 - $ &c. & perinde pro P, Q, R & S scribatur e, $\dfrac{a}{e}$, $\dfrac{nn}{2\,e^3}$, & $\dfrac{ann}{2\,e^5}$, & pro $\sqrt{1 + QQ}$ scribatur $\sqrt{1 + \dfrac{aa}{ee}}$ seu $\dfrac{n}{e}$, & prodibit medii densitas ut $\dfrac{a}{ne}$ hoc est (ob datam n) ut $\dfrac{a}{e}$, seu $\dfrac{AC}{CH}$, id est, ut tangentis longitudo illa HT, quæ ad semidiametrum

$A F$ ipsi $P Q$ normaliter insistentem terminatur : & resistentia erit
ad gravitatem ut $3\,a$ ad $2\,n$, id est, ut $3\,A C$ ad circuli diametrum
$P Q$: velocitas autem erit ut $\sqrt{C H}$.   Quare si corpus justa cum

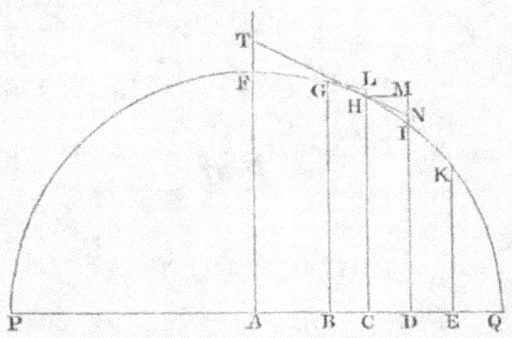

velocitate secundum lineam ipsi
$P Q$ parallelam exeat de loco
F, & medii densitas in singulis
locis H sit ut longitudo tangentis $H T$, & resistentia etiam in
loco aliquo H sit ad vim gravitatis ut $3\,A C$ ad $P Q$, corpus
illud describet circuli quadrantem $F H Q$. $Q.E.I.$

At si corpus idem de loco P, secundum lineam ipsi $P Q$ perpendicularem egrederetur, & in arcu semicirculi $P F Q$ moveri inciperet,
sumenda esset $A C$ seu a ad contrarias partes centri A, & propterea
signum ejus mutandum esset & scribendum $- a$ pro $+ a$.   Quo
pacto prodiret medii densitas ut $-\dfrac{a}{e}$.   Negativam autem densitatem,
hoc est, quæ motus corporum accelerat, natura non admittit : &
propterea naturaliter fieri non potest, ut corpus ascendendo a P describat circuli quadrantem $P F$.   Ad hunc effectum deberet corpus a
medio impellente accelerari, non a resistente impediri.

Exempl. 2. Sit linea $P F Q$ parabola, axem habens $A F$ horizonti
$P Q$ perpendicularem, & requiratur medii densitas, quæ faciat ut
projectile in ipsa moveatur.

Ex natura parabolæ, rectangulum $P D Q$
æquale est rectangulo sub ordinata $D I$ &
recta aliqua data : hoc est, si dicantur recta
illa b ; $P C$, a ; $P Q$, c ; $C H$, e ; & $C D$,

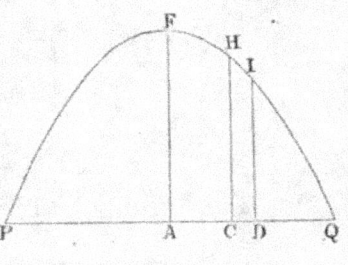

o ; rectangulum $a + o$ in $c - a - o$ seu $a c -$
$a a - 2\,a o + c o - o o$ æquale est rectangulo
b in $D I$, ideoque $D I$ æquale $\dfrac{a c - a a}{b} +$
$\dfrac{c - 2\,a}{b}\,o - \dfrac{o o}{b}$.   Jam scribendus esset hujus seriei secundus
terminus $\dfrac{c - 2\,a}{b}\,o$ pro $Q o$, tertius item terminus $\dfrac{o o}{b}$ pro $R o o$.

Cum vero plures non sint termini, debebit quarti coefficiens S evanescere, & propterea quantitas $\dfrac{S}{R\sqrt{1+QQ}}$, cui medii densitas proportionalis est, nihil erit. Nulla igitur medii densitate movebitur projectile in parabola, uti olim demonstravit *Galilæus.* Q. E. I.

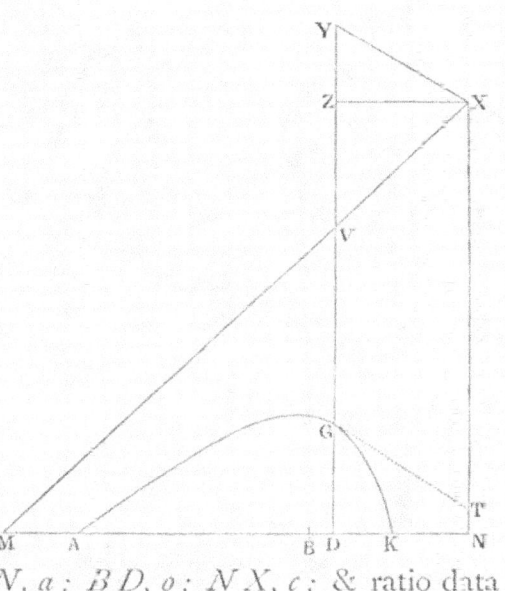

Exempl. 3. Sit linea *A G K* hyperbola, asymptoton habens *N X* plano horizontali *A K* perpendicularem ; & quæratur medii densitas, quæ faciat ut projectile moveatur in hac linea.

Sit *M X* asymptotos altera, ordinatim applicatæ *D G* productæ occurrens in *V;* & ex natura hyperbolæ, rectangulum *X V* in *V G* dabitur. Datur autem ratio *D N* ad *V X,* & propterea datur etiam rectangulum *D N* in *V G*. Sit illud *b b:* & completo parallelogrammo *D N X Z;* dicatur *B N, a; B D, o; N X, c;* & ratio data *V Z* ad *Z X* vel *D N* ponatur esse $\dfrac{m}{n}$. Et erit *D N* æqualis $a-o$,

V G æqualis $\dfrac{bb}{a-o}$, *V Z* æqualis $\dfrac{m}{n}\overline{a-o}$, & *G D* seu *N X — V Z — V G* æqualis $c-\dfrac{m}{n}a+\dfrac{m}{n}o-\dfrac{bb}{a-o}$. Resolvatur terminus $\dfrac{bb}{a-o}$ in seriem

convergentem $\dfrac{bb}{a}+\dfrac{bb}{aa}o+\dfrac{bb}{a^3}oo+\dfrac{bb}{a^4}o^3$ &c. & fiet *G D* æqualis

$c-\dfrac{m}{n}a-\dfrac{bb}{a}+\dfrac{m}{n}o-\dfrac{bb}{aa}o-\dfrac{bb}{a^3}o^2-\dfrac{bb}{a^4}o^3$ &c. Hujus seriei ter-

minus secundus $\dfrac{m}{n}o-\dfrac{bb}{aa}o$ usurpandus est pro $Q o$, tertius cum signo

mutato $\dfrac{bb}{a^3}o^2$ pro $R o^2$, & quartus cum signo etiam mutato $\dfrac{bb}{a^4}o^3$

pro $S o^3$, eorumque coefficientes $\dfrac{m}{n} - \dfrac{bb}{aa}$, $\dfrac{bb}{a^3}$ & $\dfrac{bb}{a^4}$ scribendæ sunt in regula superiore pro Q, R & S. Quo facto prodit medii densitas

ut $\dfrac{\dfrac{bb}{a^4}}{\dfrac{bb}{a^3}\sqrt{1 + \dfrac{mm}{nn} - \dfrac{2mbb}{naa} + \dfrac{b^4}{a^4}}}$ seu $\dfrac{1}{\sqrt{aa + \dfrac{mm}{nn}aa - \dfrac{2mbb}{n} + \dfrac{b^4}{aa}}}$ id

est, si in VZ sumatur VY æqualis VG, ut $\dfrac{1}{XY}$. Namque aa &

$\dfrac{mm}{nn}aa - \dfrac{2mbb}{n} + \dfrac{b^4}{aa}$ sunt ipsarum XZ & ZY quadrata. Resi-

stentia autem invenitur in ratione ad gravitatem quam habet
$3XY$ ad $2YG$; & velocitas
ea est, quacum corpus in parabola pergeret verticem G, diametrum DG, & latus rectum
$\dfrac{XY\ quad.}{VG}$ habente. Ponatur
itaque quod medii densitates in
locis singulis G sint reciproce
ut distantiæ XY, quodque resi-
tentia in loco aliquo G sit ad
gravitatem ut $3XY$ ad $2YG$;
& corpus de loco A, justa cum
velocitate emissum, describet
hyperbolam illam AGK. Q. E. I.

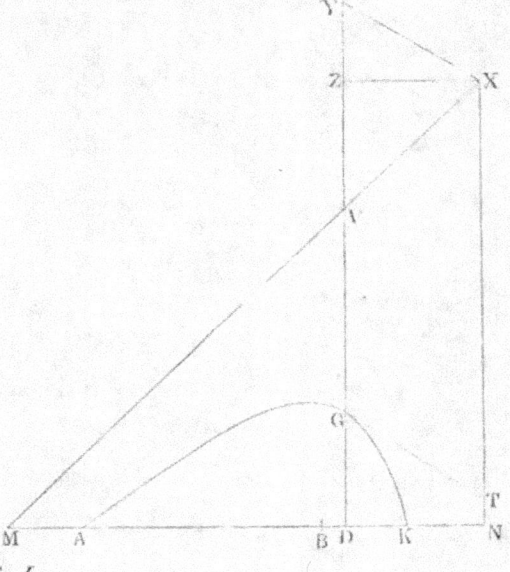

Exempl. 4. Ponatur indefinite, quod linea AGK hyperbola sit, centro X, asymptotis MX, NX ea lege descripta, ut constructo rectangulo $XZDN$ cujus latus ZD secet hyperbolam in G & asymptoton ejus in V, fuerit VG reciproce ut ipsius ZX vel DN dignitas aliqua DN^n, cujus index est numerus n: & quæratur medii densitas, qua projectile progrediatur in hac curva.

Pro BN, BD, NX scribantur A, O, C respective, sitque VZ ad XZ vel DN ut d ad c, & VG æqualis $\dfrac{bb}{DN^n}$, & erit DN æqualis $A - O$, $VG = \dfrac{bb}{\overline{A - O}|^n}$, $VZ = \dfrac{d}{e}\overline{A - O}$, & GD seu $NX - VZ$

$- VG$ æqualis $C - \dfrac{d}{e}A + \dfrac{d}{c}O - \dfrac{b\dot{b}}{\overline{A - O}|^n}$. Resolvatur terminus ille

$\dfrac{bb}{\overline{A - O}|^n}$ in seriem infinitam $\dfrac{bb}{A^n} + \dfrac{nbb}{A^{n+1}}O + \dfrac{nn + n}{2A^{n+2}}bbO^2 +$

$\dfrac{n^3 + 3nn + 2n}{6A^{n+3}}bbO^3$ &c. ac fiet GD æqualis $C - \dfrac{d}{e}A - \dfrac{bb}{A^n} +$

$\dfrac{d}{c}O - \dfrac{nbb}{A^{n+1}}O - \dfrac{+nn + n}{2A^{n+2}}bbO^2 - \dfrac{+n^3 + 3nn + 2n}{6A^{n+3}}bbO^3$ &c. Hu-

jus seriei terminus secundus $\dfrac{d}{c}O - \dfrac{nbb}{A^{n+1}}O$ usurpandus est pro $Q\, \varrho$,

tertius $\dfrac{nn + n}{2A^{n+2}}bbO^2$ pro $R\, o^2$, quartus $\dfrac{n^3 + 3nn + 2n}{6A^{n+3}}bbO^3$ pro

So^3. Et inde medii densitas $\dfrac{S}{R\sqrt{1 + QQ}}$, in loco quovis G, fit

$\dfrac{n + 2}{3\sqrt{A^2 + \dfrac{dd}{ec}A^2 - \dfrac{2dnbb}{cA^n}A + \dfrac{nnb^4}{A^{2n}}}}$, ideoque si in VZ capiatur VY

æqualis $n \times VG$, densitas illa est reciproce ut XY. Sunt enim A^2

& $\dfrac{dd}{ec}A^2 - \dfrac{2dnbb}{cA^n}A + \dfrac{nnb^4}{A^{2n}}$ ipsarum XZ & ZY quadrata. Resisten-

tia autem in eodem loco G fit ad gravitatem ut $3S$ in $\dfrac{XY}{A}$ ad $4RR$,

id est, ut XY ad $\dfrac{2nn + 2n}{n + 2}VG$. Et velocitas ibidem ea ipsa est, quacum

corpus projectum in parabola pergeret, verticem G, diametrum

GD & latus rectum $\dfrac{1 + QQ}{R}$ seu $\dfrac{2XY\; quad.}{nn + n \text{ in } VG}$ habente. $Q.\, E.\, I.$

Scholium.

Eadem ratione qua prodiit densitas medii ut $\dfrac{S \times AC}{R \times HT}$ in corol-

lario primo, si resistentia ponatur ut velocitatis V dignitas quali-

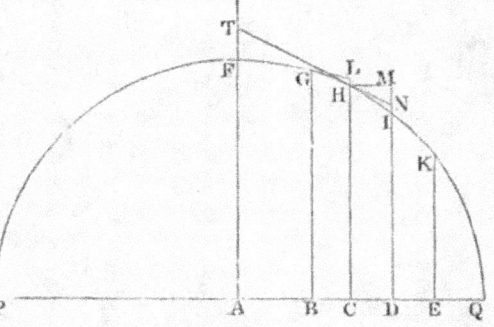

bet V^n, prodibit densitas medii

ut $\dfrac{S}{R^{\frac{4-n}{2}}} \times \overline{\dfrac{AC}{HT}}\Big|^{n-1}$. Et propterea

si curva inveniri potest ea lege,

ut data fuerit ratio $\dfrac{S}{R^{\frac{4-n}{2}}}$ ad

$\overline{\dfrac{HT}{AC}}\Big|^{n-1}$, vel $\dfrac{S^2}{R^{4-n}}$ ad $\overline{1+QQ}\Big|^{n-1}$: corpus movebitur in hac curva in uniformi medio cum resistentia quæ sit ut velocitatis dignitas V^n. Sed redeamus ad curvas simpliciores.

Quoniam motus non fit in parabola nisi in medio non resistente, in hyperbolis vero hic descriptis fit per resistentiam perpetuam ; perspicuum est quod linea, quam projectile in medio uniformiter resistente describit, propius accedit ad hyperbolas hasce quam ad parabolam. Est utique linea illa hyperbolici generis, sed quæ circa verticem magis distat ab asymptotis; in partibus a vertice remotioribus propius ad ipsas accedit quam pro ratione hyperbolarum quas hic descripsi. Tanta vero non est inter has & illam differentia, quin illius loco possint hæ in rebus practicis non incommode adhiberi. Et utiliores forsan futuræ sunt hæ, quam hyperbola magis accurata & simul magis composita. Ipsæ vero in usum sic deducentur.

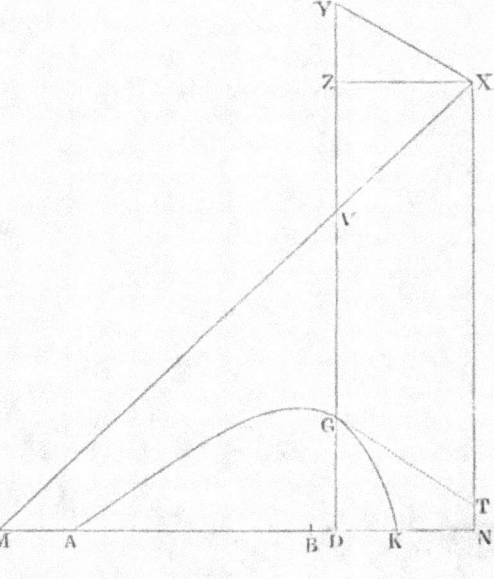

Compleatur parallelogrammum $XYGT$, & recta GT tanget hyperbolam in G, ideoque densitas medii in G est reciproce ut tangens GT, & velocitas ibidem ut $\sqrt{\dfrac{GTq}{GV}}$, resistentia autem ad vim gravitatis ut GT ad $\dfrac{2nn+2n}{n+2}$ in GV.

Proinde si corpus de loco A secundum rectam $A H$ projectum describat hyperbolam $A G K$, & $A H$ producta occurrat asymptoto $N X$ in H, actaque $A I$ eidem parallela occurrat alteri asymptoto $M X$ in I: erit medii densitas in A reciproce ut $A H$, & corporis velocitas ut $\sqrt{\dfrac{A H q}{A I}}$, ac resistentia ibidem ad gravitatem ut $A H$ ad $\dfrac{2\,n\,n + 2\,n}{n + 2}$ in $A I$. Unde prodeunt sequentes regulæ.

Reg. 1. Si servetur tum medii densitas in A, tum velocitas quacum corpus projicitur, & mutetur angulus $N A H$; manebunt longitudines $A H$, $A I$, $H X$. Ideoque si longitudines illæ in aliquo casu inveniantur, hyperbola deinceps ex dato quovis angulo $N A H$ expedite determinari potest.

Reg. 2. Si servetur tum angulus $N A H$, tum medii densitas in A, & mutetur velocitas quacum corpus projicitur; servabitur longitudo $A H$, & mutabitur $A I$ in duplicata ratione velocitatis reciproce.

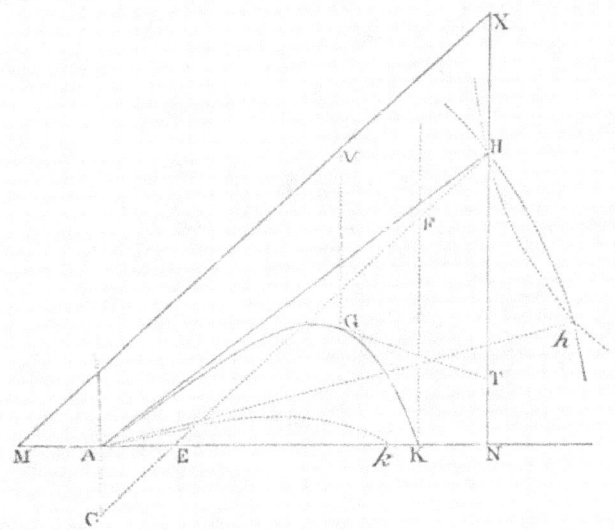

Reg. 3. Si tam angulus $N A H$, quam corporis velocitas in A, gravitasque acceleratrix servetur, & proportio resistentiæ in A ad gravitatem motricem augeatur in ratione quacunque; augebitur proportio $A H$ ad $A I$ in eadem ratione, manente parabolæ prædictæ latere recto, eique proportionali longitudine $\dfrac{A H q}{A I}$: & propterea

minuetur *A H* in eadem ratione, & *A I* minuetur in ratione illa
duplicata.   Augetur vero proportio resistentiæ ad pondus, ubi vel
gravitas specifica sub æquali magnitudine fit minor, vel medii
densitas major, vel resistentia, ex magnitudine diminuta, diminuitur
in minore ratione quam pondus.

Reg. 4. Quoniam densitas medii prope verticem hyperbolæ major
est quam in loco *A ;* ut habeatur densitas mediocris, debet ratio
minimæ tangentium *G T* ad tangentem *A H* inveniri, & densitas in
A augeri in ratione paulo majore quam semisummæ harum tangentium
ad minimam tangentium *G T.*

Reg. 5. Si dantur longitudines *A H, A I,* & describenda sit
figura *A G K :* produc *H N* ad *X,* ut sit *H X* ad *A I* ut $n + 1$ ad 1,
centroque *X* & asymptotis *M X, N X* per punctum *A* describatur
hyperbola, ea lege, ut sit *A I* ad quamvis *V G* ut $X V^n$ ad $X I^n$.

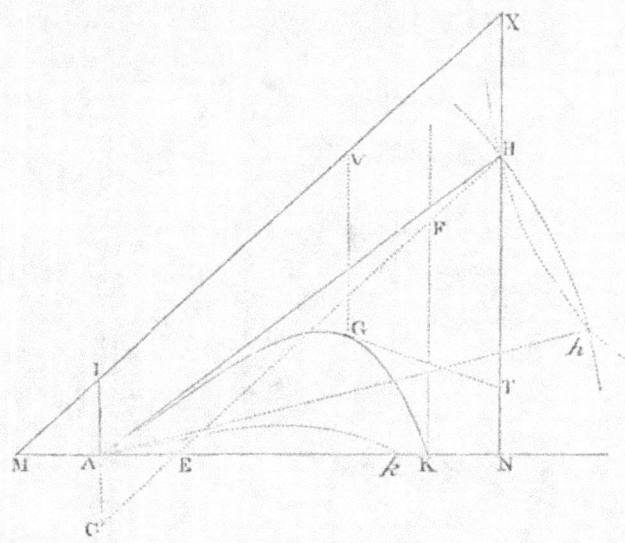

Reg. 6. Quo major est numerus *n,* eo magis accuratæ sunt hæ
hyperbolæ in ascensu corporis ab *A,* & minus accuratæ in ejus
descensu ad *K ;* & contra.   Hyperbola conica mediocrem rationem
tenet, estque cæteris simplicior.   Igitur si hyperbola sit hujus generis,
& punctum *K,* ubi corpus projectum incidet in rectam quamvis *A N*
per punctum *A* transeuntem, quæratur : occurrat producta *A N*
asymptotis *M X, N X* in *M* & *N,* & sumatur *N K* ipsi *A M* æqualis.

Reg. 7. Et hinc liquet methodus expedita determinandi hanc

hyperbolam ex phænomenis. Projiciantur corpora duo similia &
æqualia, eadem velocitate, in angulis diversis HAK, hAk inci-
dantque in planum horizontis in K & k; & notetur proportio AK
ad Ak. Sit ea d ad e. Tum erecto cujusvis longitudinis perpendiculo
AI, assume utcunque longitudinem AH vel Ah, & inde collige
graphice longitudines AK, Ak, per reg. 6. Si ratio AK ad Ak
sit eadem cum ratione d ad e, longitudo AH recte assumpta fuit.
Sin minus cape in recta infinita SM longitudinem SM æqualem
assumptæ AH, & erige perpendiculum MN æquale rationum
differentiæ $\dfrac{AK}{Ak} - \dfrac{d}{e}$ ductæ in rectam quamvis datam. Simili methodo

ex assumptis pluribus longitudinibus
AH invenienda sunt plura puncta
N, & per omnia agenda curva linea
regularis $NNXN$, secans rectam
$SMMM$ in X. Assumatur demum
AH æqualis abscissæ SX, & inde

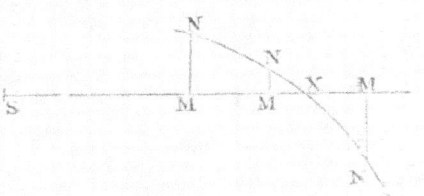

denuo inveniatur longitudo AK; & longitudines, quæ sint ad
assumptam longitudinem AI & hanc ultimam AH, ut longitudo AK
per experimentum cognita ad ultimo inventam longitudinem AK,
erunt veræ illæ longitudines AI & AH, quas invenire oportuit.
Hisce vero datis dabitur & resistentia medii in loco A, quippe quæ
sit ad vim gravitatis ut AH ad $2AI$. Augenda est autem densitas
medii per reg. 4 & resistentia modo inventa, si in eadem ratione
augeatur, fiet accuratior.

Reg. 8. Inventis longitudinibus AH, HX; si jam desideretur
positio rectæ AH, secundum quam projectile, data illa cum velocitate
emissum, incidit in punctum quodvis K; ad puncta A & K
erigantur rectæ AC, KF horizonti perpendiculares, quarum AC
deorsum tendat, & æquetur ipsi AI seu $\frac{1}{2}HX$. Asymptotis AK,
KF describatur hyperbola, cujus conjugata transeat per punctum
C, centroque A & intervallo AH describatur circulus secans
hyperbolam illam in puncto H; & projectile secundum rectam AH
emissum incidet in punctum K. *Q.E.I.* Nam punctum H, ob
datam longitudinem AH, locatur alicubi in circulo descripto. Agatur
CH occurrens ipsis AK & KF, illi in E, huic in F; & ob
parallelas CH, MX & æquales AC, AI, erit AE æqualis AM,

& propterea etiam æqualis KN. Sed CE est ad AE ut FH ad
KN, & propterea CE & FH æquantur. Incidit ergo punctum H
in hyperbolam asymptotis AK, KF descriptam, cujus conjugata
transit per punctum C, atque ideo reperitur in communi intersectione
hyperbolæ hujus & circuli descripti. Q. E. D. Notandum est
autem quod hæc operatio perinde se habet, sive recta AKN horizonti
parallela sit, sive ad horizontem in angulo quovis inclinata : quodque
ex duabus intersectionibus H, h duo prodeunt anguli NAH,
NAh; & quod in praxi mechanica sufficit circulum semel
describere, deinde regulam interminatam CH ita applicare ad punctum
C, ut ejus pars FH, circulo & rectæ FK interjecta, æqualis sit ejus
parti CE inter punctum C & rectam AK sitæ.

Quæ de hyperbolis dicta sunt facile applicantur ad parabolas.
Nam si $XAGK$ parabolam designet quam recta XV tangat in
vertice X, sintque ordinatim applicatæ IA,
VG ut quælibet abscissarum XI, XV
dignitates XI^n, XV^n; agantur XT, GT,
AH, quarum XT parallela sit VG, &
GT, AH parabolam tangant in G & A :
& corpus de loco quovis A, secundum
rectam AH productam, justa cum velocitate projectum, describet hanc parabolam, si
modo densitas medii, in locis singulis G,
sit reciproce ut tangens GT. Velocitas
autem in G ea erit quacum projectile
pergeret, in spatio non resistente, in
parabola conica verticem G, diametrum VG deorsum productam,
& latus rectum $\dfrac{2\,GTq}{nn-n\times VG}$ habente. Et resistentia in G erit ad

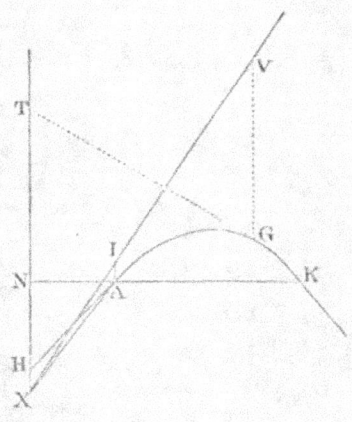

vim gravitatis ut GT ad $\dfrac{2\,nn-2\,n}{n-2}\,VG$. Unde si NAK lineam

horizontalem designet, & manente tum densitate medii in A, tum
velocitate quacum corpus projicitur, mutetur utcunque angulus
NAH; manebunt longitudines AH, AI, HX, & inde datur
parabolæ vertex X, & positio rectæ XI, & sumendo VG ad IA ut
XV^n ad XI^n, dantur omnia parabolæ puncta G, per quæ projectile
transibit.

SECTIO III.

De motu corporum quibus resistitur partim in ratione velocitatis, partim in ejusdem ratione duplicata.

PROPOSITIO XI. THEOREMA VIII.

Si corpori resistitur partim in ratione velocitatis, partim in veloci-tatis ratione duplicata, & idem sola vi insita in medio similari movetur: sumantur autem tempora in progressione arithmetica; quantitates velocitatibus reciproce proportionales data quadam quan-titate auctæ, erunt in progressione geometrica.

Centro C, asymptotis rectangulis $CADd$ & CH, describatur hyperbola BEe, & asymptoto CH parallelæ sint AB, DE, de. In asymptoto CD dentur puncta A, G: Et si tempus exponatur per aream hyperbo-licam $ABED$ uniformiter crescentem; dico quod velocitas exponi potest per longitudinem DF, cujus reciproca GD una cum data CG componat longitudi-nem CD in progressione geometrica cre-scentem.

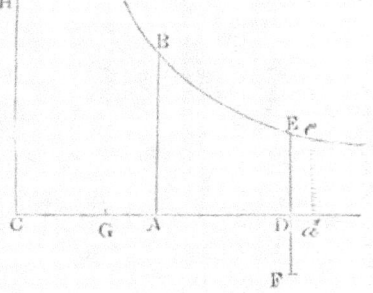

Sit enim areola $DEed$ datum temporis incrementum quam minimum, & erit Dd reciproce ut DE, ideoque directe ut CD. Ipsius autem $\frac{1}{GD}$ decrementum, quod (per hujus lem. II) est $\frac{Dd}{GDq}$, erit ut $\frac{CD}{GDq}$ seu $\frac{CG+GD}{GDq}$, id est, ut $\frac{1}{GD} +$ $\frac{CG}{GDq}$. Igitur tempore $ABED$ per additionem datarum particu-larum $EDde$ uniformiter crescente, decrescit $\frac{1}{GD}$ in eadem ratione cum velocitate. Nam decrementum velocitatis est ut resistentia, hoc est (per hypothesin) ut summa duarum quantitatum, quarum una est ut velocitas, altera ut quadratum velocitatis; & ipsius $\frac{1}{GD}$ decrementum est ut summa quantitatum $\frac{1}{GD}$ & $\frac{CG}{GDq}$, quarum prior est ipsa $\frac{1}{GD}$, & posterior $\frac{CG}{GDq}$ est ut $\frac{1}{GDq}$: proinde $\frac{1}{GD}$, ob analogum decrementum, est ut velocitas. Et si quantitas GD, ipsi $\frac{1}{GD}$ reciproce proportionalis, quantitate data CG augeatur; summa CD, tempore $ABED$ uniformiter crescente, crescet in progressione geometrica. *Q. E. D.*

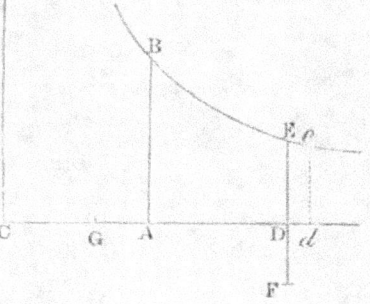

Corol. 1. Igitur si, datis punctis A, G, exponatur tempus per aream hyperbolicam $ABED$, exponi potest velocitas per ipsius GD reciprocam $\frac{1}{GD}$.

Corol. 2. Sumendo autem GA ad GD ut velocitatis reciproca sub initio ad velocitatis reciprocam in fine temporis cujusvis $ABED$, invenietur punctum G. Eo autem invento, velocitas ex dato quovis alio tempore inveniri potest.

PROPOSITIO XII.   THEOREMA IX.

Iisdem positis, dico quod, si spatia descripta sumantur in progressione arithmetica, velocitates data quadam quantitate auctæ erunt in progressione geometrica.

In asymptoto CD detur punctum R, & erecto perpendiculo RS, quod occurrat hyperbolæ in S, exponatur descriptum spatium per aream hyperbolicam $RSED$; & velocitas erit ut longitudo GD, quæ cum data CG componit longitudinem CD in progressione geometrica decrescentem, interea dum spatium $RSED$ augetur in arithmetica.

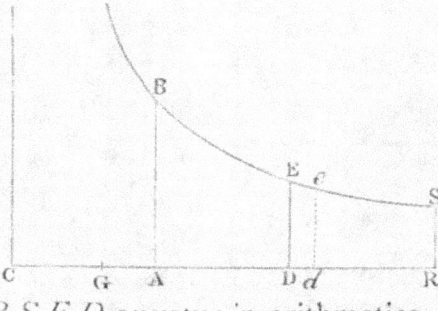

Etenim ob datum spatii incrementum $EDde$, lineola Dd, cuæ decrementum est ipsius GD, erit reciproce ut ED, ideoque directe ut CD, hoc est, ut summa ejusdem GD & longitudinis datæ CG. Sed velocitatis decrementum, tempore sibi reciproce proportionali, quo data spatii particula $DdeE$ describitur, est ut resistentia & tempus conjunctim, id est, directe ut summa duarum quantitatum, quarum una est ut velocitas, altera ut velocitatis quadratum, & inverse ut velocitas; ideoque directe ut summa duarum quantitatum, quarum una datur, altera est ut velocitas. Decrementum igitur tam velocitatis quam lineæ GD, est ut quantitas data & quantitas decrescens conjunctim, & propter analoga decrementa, analogæ semper erunt quantitates decrescentes; nimirum velocitas & linea GD. Q. E. D.

Corol. 1. Si velocitas exponatur per longitudinem GD, spatium descriptum erit ut area hyperbolica $DESR$.

Corol. 2. Et si utcunque assumatur punctum R, invenietur punctum G capiendo GR ad GD, ut est velocitas sub initio ad velocitatem post spatium quodvis $RSED$ descriptum. Invento autem puncto G, datur spatium ex data velocitate, & contra.

Corol. 3. Unde cum (per prop. xi) detur velocitas ex dato tempore, & per hanc propositionem detur spatium ex data velocitate; dabitur spatium ex dato tempore: & contra.

PROPOSITIO XIII. THEOREMA X.

Posito quod corpus ab uniformi gravitate deorsum attractum recta ascendit vel descendit; & quod eidem resistitur partim in ratione velocitatis, partim in ejusdem ratione duplicata: dico quod, si circuli & hyperbolæ diametris parallelæ rectæ per conjugatarum diametrorum terminos ducantur, & velocitates sint ut segmenta quædam parallelarum a dato puncto ducta; tempora erunt ut arearum sectores, rectis a centro ad segmentorum terminos ductis abscissi: & contra.

Cas. 1. Ponamus primo quod corpus ascendit, centroque D & semidiametro quovis DB describatur circuli quadrans $BETF$, &

per semidiametri DB terminum B agatur infinita BAP, semidiametro DF parallela. In ea detur punctum A, & capiatur segmentum AP velocitati proportionale. Et cum resistentiæ pars altera
sit ut velocitas & pars altera ut velocitatis quadratum; sit resistentia
tota ut $AP\ quad. + 2BAP$. Jungantur DA, DP circulum secantes
in E ac T, & exponatur gravitas per DA
quad. ita ut sit gravitas ad resistentiam ut
DAq ad $APq + 2BAP$: & tempus ascensus
totius erit ut circuli sector EDT.

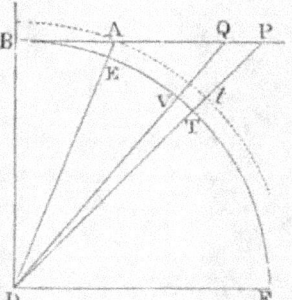

Agatur enim DVQ, abscindens & velocitatis AP momentum PQ, & sectoris DET
momentum DTV dato temporis momento
respondens; & velocitatis decrementum illud
PQ erit ut summa virium gravitatis DAq &
resistentiæ $APq + 2BAP$, id est (per prop. 12 lib. 2 elem.) ut DP
quad. Proinde area DPQ, ipsi PQ proportionalis, est ut $DP\ quad.$
& area DTV, quæ est ad aream DPQ ut DTq ad DPq, est ut
datum DTq. Decrescit igitur area EDT uniformiter ad modum
temporis futuri, per subductionem datarum particularum DTV, &
propterea tempori ascensus totius proportionalis est. *Q.E.D.*

Cas. 2. Si velocitas in ascensu corporis exponatur per longitudinem
AP ut prius, & resistentia ponatur esse ut $APq + 2BAP$, and si
vis gravitatis minor sit quam quæ per DAq exponi possit; capiatur
BD ejus longitudinis, ut sit $ABq - BDq$ gravitati proportionale,
sitque DF ipsi DB perpendicu-
laris & æqualis, & per verticem
F describatur hyperbola $FTVE$,
cujus semidiametri conjugatæ
sint DB & DF, quæque secet
DA in E, & DP, DQ in T & V;
& erit tempus ascensus totius ut
hyperbolæ sector TDE.

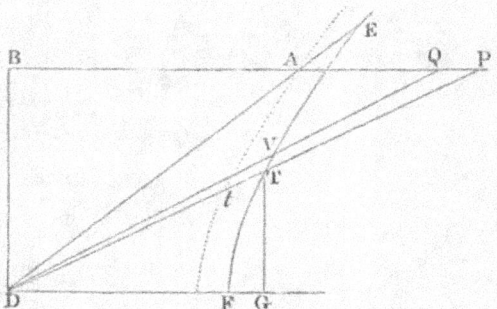

Nam velocitatis decrementum
PQ, in data temporis particula factum, est ut summa resistentiæ
$APq + 2BAP$ & gravitatis $ABq - BDq$, id est, ut $BPq - BDq$.
Est autem area DTV ad aream DPQ, ut DTq ad DPq; ideoque,
si ad DF demittatur perpendiculum GT, ut GTq seu $GDq - DFq$

ad BDq, utque GDq ad BPq, & divisim ut DFq ad $BPq-$
BDq. Quare cum area DPQ sit ut PQ, id est, ut $BPq-BDq$;
erit area DTV ut datum DFq. Decrescit igitur area EDT
uniformiter singulis temporis particulis æqualibus, per subductionem
particularem totidem datarum DTV, & propterea tempori
proportionalis est. *Q. E. D.*

Cas. 3. Sit AP velocitas in descensu corporis, & $APq + 2BAP$
resistentia, & $BDq - ABq$ vis gravitatis, existente angulo DBA
recto. Et si centro D, vertice principali B, describatur hyperbola
rectangula $BETV$ secans productas DA, DP & DQ in E,
T & V; erit hyperbolæ hujus sector DET ut tempus totum descensus.

Nam velocitatis incrementum PQ, eique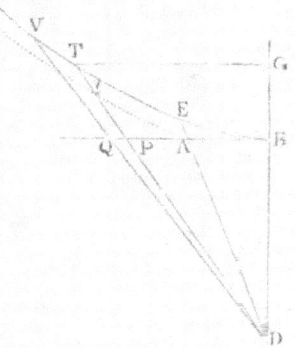
proportionalis area DPQ, est ut excessus
gravitatis supra resistentiam, id est, ut BDq
$-ABq-2BAP-APq$ seu $BDq-$
BPq. Et area DTV est ad aream DPQ
ut DTq ad DPq, ideoque ut GTq seu
$GDq-BDq$ ad BPq, utque GDq ad
BDq, & divisim ut BDq ad $BDq-BPq$.
Quare cum area DPQ sit ut $BDq-BPq$,
erit area DTV ut datum BDq. Crescit
igitur area EDT uniformiter singulis temporis particulis æqualibus,
per additionem totidem datarum particularum DTV, & propterea
tempori descensus proportionalis est. *Q. E. D.*

Corol. Si centro D semidiametro DA per verticem A ducatur
arcus At similis arcui ET, & similiter subtendens angulum ADT:
velocitas AP erit ad velocitatem, quam corpus tempore EDT, in
spatio non resistente, ascendendo amittere vel descendendo acquirere
posset, ut area trianguli DAP ad aream sectoris DAt; ideoque
ex dato tempore datur. Nam velocitas, in medio non resistente,
tempori, atque ideo sectori huic proportionalis est; in medio resistente
est ut triangulum; & in medio utroque, ubi quam minima est, accedit
ad rationem æqualitatis, pro more sectoris & trianguli.

Scholium.

Demonstrari etiam posset casus in ascensu corporis, ubi vis
gravitatis minor est quam quæ exponi possit per DAq seu $ABq+$

$B\,D\,q$, & major quam quæ exponi possit per $A\,B\,q - B\,D\,q$, & exponi debet per $A\,B\,q$. Sed propero ad alia.

PROPOSITIO XIV. THEOREMA XI.

Iisdem positis, dico quod spatium ascensu vel descensu descriptum, est ut differentia areæ per quam tempus exponitur, & areæ cujusdam alterius quæ augetur vel diminuitur in progressione arithmetica; si vires ex resistentia & gravitate compositæ sumantur in progressione geometrica.

Capiatur $A\,C$ (in fig. tribus ultimis) gravitati, & $A\,K$ resistentiæ

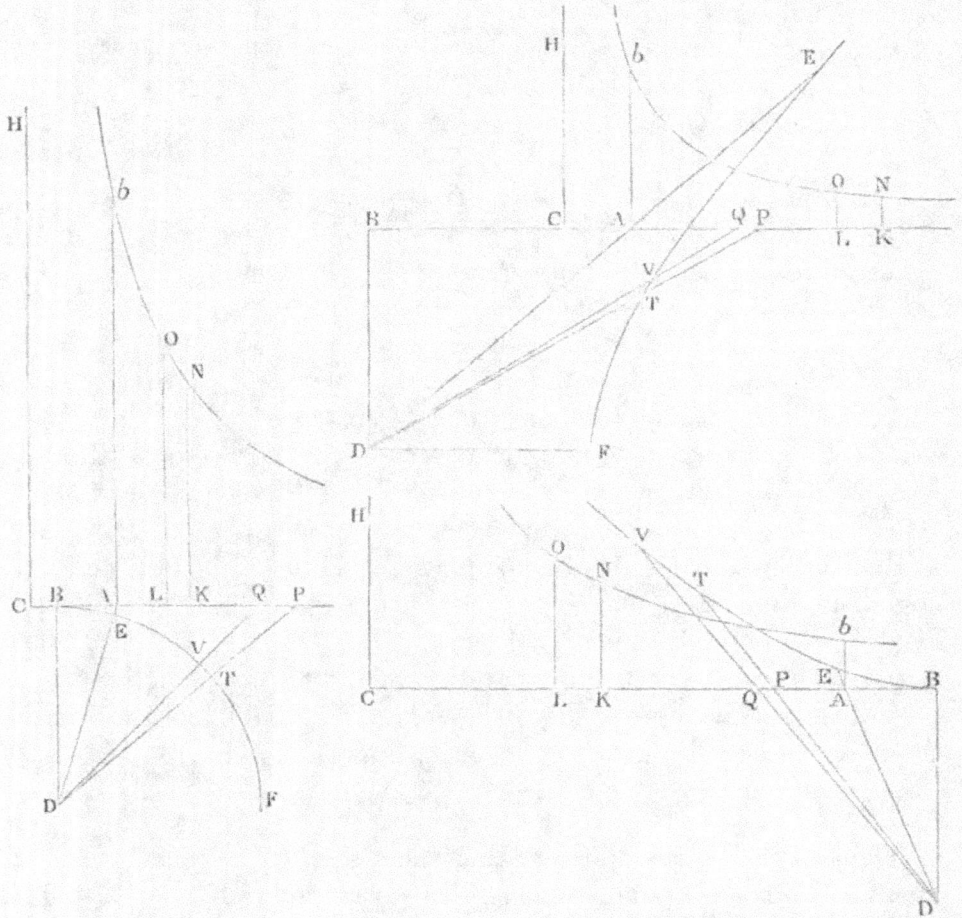

proportionalis. Capiantur autem ad easdem partes puncti A si corpus descendit, aliter ad contrarias. Erigatur $A\,b$, quæ sit ad DB ut DBq ad $4\,BAC$: & descripta ad asymptotos rectangulas CK, CH hyperbola $b\,N$, erectaque KN ad CK perpendiculari, area $Ab\,NK$ augebitur vel diminuetur in progressione arithmetica, dum vires CK in progressione geometrica sumuntur. Dico igitur quod distantia corporis ab ejus altitudine maxima sit ut excessus areæ $Ab\text{-}NK$ supra aream DET.

Nam cum AK sit ut resistentia, id est, ut $APq + 2\,BAP$: assumatur data quævis quantitas Z, & ponatur AK æqualis $\dfrac{APq + 2\,BAP}{Z}$; & (per hujus lemma II) erit ipsius AK momentum

KL æquale $\dfrac{2\,APQ + 2\,BA \times PQ}{Z}$ seu $\dfrac{2\,BPQ}{Z}$, & areæ $Ab\,NK$

momentum $KLON$ æquale $\dfrac{2\,BPQ \times LO}{Z}$ seu $\dfrac{BPQ \times BD\ cub.}{2\,Z \times CK \times AB}$

Cas. 1. Jam si corpus ascendit, sitque gravitas ut $ABq + BDq$ existente BET circulo (in figura prima) linea AC, quæ gravitati proportionalis est, erit $\dfrac{ABq + BDq}{Z}$, & DPq seu $APq + 2\,BAP$ $+ ABq + BDq$ erit $AK \times Z + AC \times Z$ seu $CK \times Z$; ideoque area DTV erit ad aream DPQ ut DTq vel DBq ad $CK \times Z$.

Cas. 2. Sin corpus ascendit, & gravitas sit ut $ABq - BDq$, linea AC (in figura secunda) erit $\dfrac{ABq - BDq}{Z}$, & DTq erit ad DPq ut DPq seu DBq ad $BPq - BDq$ seu $APq + 2\,BAP +$ $ABq - BDq$, id est, ad $AK \times Z + AC \times Z$ seu $CK \times Z$. Ideoque area DTV erit ad aream DPQ ut DBq ad $CK \times Z$.

Cas. 3. Et eodem argumento, si corpus descendit, & propterea gravitas sit ut $BDq - ABq$, & linea AC (in figura tertia) æquetur $\dfrac{BDq - ABq}{Z}$ erit area DTV ad aream DPQ ut DBq ad CK $\times Z$: ut supra.

Cum igitur areæ illæ semper sint in hac ratione; si pro area DTV, qua momentum temporis sibimet ipsi semper æquale exponitur, scribatur determinatum quodvis rectangulum, puta $BD \times m$.

erit area DPQ, id est, $\frac{1}{2} BD \times PQ$ ad $BD \times m$ ut $CK \times Z$ ad BDq. Atque inde fit $PQ \times BD$ *cub.* æquale $2 BD \times m \times CK \times Z$, & areæ $AbNK$ momentum $KLON$ superius inventum fit $\frac{PB \times BD \times m}{AB}$. Auferatur areæ DET momentum DTV seu $BD \times m$, & restabit $\frac{AP \times BD \times m}{AB}$. Est igitur differentia momentorum, id est, momentum differentiæ arearum, æqualis $\frac{AP \times BD \times m}{AB}$; &

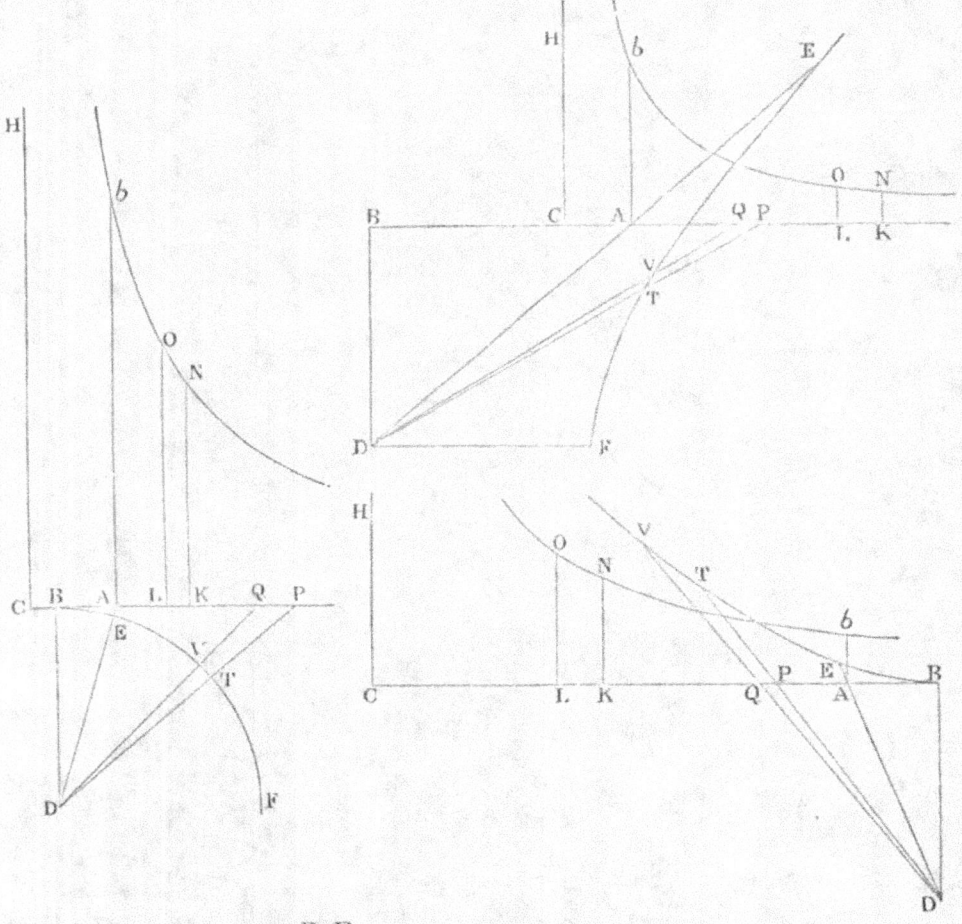

propterea ob datum $\frac{BD \times m}{AB}$ ut velocitas AP, id est, ut momentum spatii quod corpus ascendendo vel descendendo describit. Ideoque differentia arearum & spatium illud, proportionalibus momentis crescentia vel decrescentia & simul incipientia vel simul evanescentia, sunt proportionalia. *Q. E. D.*

Corol. Si longitudo, quæ oritur applicando aream DET ad lineam BD, dicatur M; & longitudo alia V sumatur in ea ratione ad longitudinem M, quam habet linea DA ad lineam DE: spatium, quod corpus ascensu vel descensu toto in medio resistente describit, erit ad spatium, quod corpus in medio non resistente e quiete cadendo eodem tempore describere potest, ut arearum prædictarum differentia ad $\dfrac{BD \times V^2}{AB}$: ideoque ex dato tempore datur. Nam spatium in medio non resistente est in duplicata ratione temporis, sive ut V^2; & ob datas BD & AB ut $\dfrac{BD \times V^2}{AB}$. Hæc area æqualis est areæ $\dfrac{DAq \times BD \times M^2}{DEq \times AB}$, & ipsius M momentum est m; & propterea hujus areæ momentum est $\dfrac{DAq \times BD \times 2M \times m}{DEq \times AB}$. Hoc autem momentum est ad momentum differentiæ arearum prædictarum DET & $AbNK$, viz. ad $\dfrac{AP \times BD \times m}{AB}$, ut $\dfrac{DAq \times BD \times M}{DEq}$ ad $\frac{1}{2}BD \times AP$, sive ut $\dfrac{DAq}{DEq}$ in DET ad DAP; ideoque, ubi areæ DET & DAP quam minimæ sunt, in ratione æqualitatis. Area igitur $\dfrac{BD \times V^2}{AB}$, & differentia arearum DET & $AbNK$, quando omnes hæ areæ quam minimæ sunt, æqualia habent momenta; ideoque sunt æquales. Unde cum velocitates, & propterea etiam spatia in medio utroque in principio descensus vel fine ascensus simul descripta accedant ad æqualitatem; ideoque tunc sint ad invicem ut area $\dfrac{BD \times V^2}{AB}$, & arearum DET & $AbNK$ differentia; & præterea cum spatium in medio non resistente sit perpetuo ut $\dfrac{BD \times V^2}{AB}$ & spatium in medio resistente sit perpetuo ut arearum DET & $AbNK$ differentia : necesse est, ut spatia in medio utroque, in æqualibus quibuscunque temporibus descripta, sint ad invicem ut area illa $\dfrac{BD \times V^2}{AB}$, & arearum DET & $AbNK$ differentia.   Q.E.D.

Scholium.

Resistentia corporum sphæricorum in fluidis oritur partim ex tenacitate, partim ex frictione, & partim ex densitate medii. Et resistentiæ partem illam, quæ oritur ex densitate fluidi diximus esse in duplicata ratione velocitatis; pars altera, quæ oritur ex tenacitate fluidi, est uniformis, sive ut momentum temporis: ideoque jam pergere liceret ad motum corporum, quibus resistitur partim vi uniformi seu in ratione momentorum temporis, & partim in ratione duplicata velocitatis. Sed sufficit aditum patefecisse ad hanc speculationem in propositionibus VIII & IX, quæ præcedunt, & eorum corollariis. In iisdem utique pro corporis ascendentis resistentia uniformi, quæ ex ejus gravitate oritur, substitui potest resistentia uniformis, quæ oritur ex tenacitate medii, quando corpus sola vi insita movetur; & corpore recta ascendente addere licet hanc uniformem resistentiam vi gravitatis; eandemque subducere, quando corpus recta descendit. Pergere etiam liceret ad motum corporum, quibus resistitur partim uniformiter, partim in ratione velocitatis, & partim in ratione duplicata velocitatis. Et viam aperui in propositionibus præcedentibus XIII & XIV, in quibus etiam resistentia uniformis, quæ oritur ex tenacitate medii pro vi gravitatis substitui potest, vel cum eadem, ut prius, componi. Sed propero ad alia.

SECTIO IV.

De corporum circulari motu in mediis resistentibus.

LEMMA III.

Sit P Q R *spiralis quæ secet radios omnes* S P, S Q, S R, &c. *in æqualibus angulis. Agatur recta PT quæ tangat eandem in puncto quovis* P, *secetque radium* S Q *in* T; & *ad spiralem erectis perpen-*

diculis P O, Q O *concurrentibus in* O, *jungatur* S O.   *Dico quod si puncta* P *&* Q *accedant ad invicem & coeant, angulus* P S O *evadet rectus, & ultima ratio rectanguli* T Q × 2 P S *ad* P Q *quad. erit ratio æqualitatis.*

Etenim de angulis rectis OPQ, OQR subducantur anguli æquales SPQ, SQR, & manebunt anguli æquales OPS, OQS. Ergo circulus qui transit per puncta O, S, P transibit etiam per punctum Q.   Coeant puncta P & Q, & hic circulus in loco coitus PQ tanget spiralem, ideoque perpendiculariter secabit rectam OP.   Fiet igitur OP diameter circuli hujus, & angulus OSP in semicirculo rectus.   *Q. E. D.*

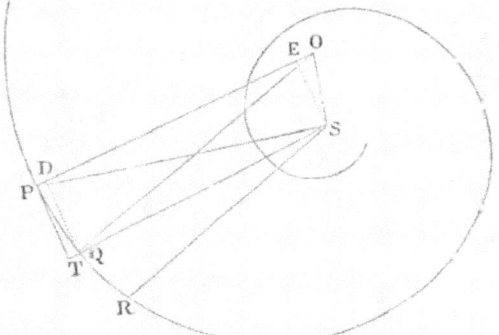

Ad OP demittantur perpendicula QD, SE, & linearum rationes ultimæ erunt hujusmodi : TQ ad PD ut TS vel PS ad PE, seu 2 PO ad 2 PS; item PD ad PQ ut PQ ad 2 PO; & ex æquo perturbate TQ ad PQ ut PQ ad 2 PS.   Unde fit PQq æquale TQ × 2 PS.   *Q. E. D.*

PROPOSITIO XV.   THEOREMA XII.

Si medii densitas in locis singulis sit reciproce ut distantia locorum a centro immobili, sitque vis centripeta in duplicata ratione densitatis : dico quod corpus gyrari potest in spirali, quæ radios omnes a centro illo ductos intersecat in angulo dato.

Ponantur quæ in superiore lemmate, & producatur SQ ad V, ut sit SV æqualis SP.   Tempore quovis, in medio resistente, describat corpus arcum quam minimum PQ, & tempore duplo arcum quam minimum PR; & decrementa horum arcuum ex resistentia oriunda, sive defectus ab arcubus, qui in medio non resistente iisdem temporibus describerentur, erunt ad invicem ut quadrata temporum in quibus generantur : Est itaque decrementum arcus PQ pars quarta decrementi arcus PR. Unde etiam. si areæ PSQ æqualis capiatur area QSr, erit decrementum arcus PQ æquale dimidio lineolæ Rr; ideoque vis resistentiæ & vis centripeta sunt ad invicem ut lineolæ $\frac{1}{2}Rr$ & TQ quas simul generant. Quoniam vis centripeta, qua corpus urgetur in P, est reciproce ut SPq, & (per lem. x lib. 1) lineola TQ, quæ vi illa generatur, est in ratione com-

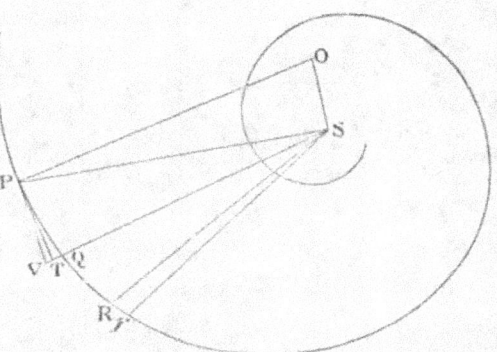

posita ex ratione hujus vis & ratione duplicata temporis quo arcus PQ describitur (nam resistentiam in hoc casu, ut infinite minorem quam vis centripeta, negligo) erit $TQ \times SPq$, id est (per lemma novissimum) $\frac{1}{2}PQq \times SP$, in ratione duplicata temporis, ideoque tempus est ut $PQ \times \sqrt{SP}$; & corporis velocitas, qua arcus PQ illo tempore describitur, ut $\dfrac{PQ}{PQ \times \sqrt{SP}}$ seu $\dfrac{1}{\sqrt{SP}}$, hoc est, in subduplicata ratione ipsius SP reciproce. Et simili argumento, velocitas qua arcus QR describitur, est in subduplicata ratione ipsius SQ reciproce. Sunt autem arcus illi PQ & QR ut velocitates descriptrices ad invicem, id est, in subduplicata ratione SQ ad SP, sive ut SQ ad $\sqrt{SP \times SQ}$; & ob æquales angulos SPQ, SQr & æquales areas PSQ, QSr, est arcus PQ ad arcum Qr ut SQ ad SP. Sumantur proportionalium consequentium differentiæ, & fiet arcus PQ ad arcum Rr ut SQ ad $SP - \sqrt{SP \times SQ}$, seu $\frac{1}{2}VQ$. Nam punctis P & Q coeuntibus, ratio ultima $SP - \sqrt{SP \times SQ}$ ad $\frac{1}{2}VQ$ est æqualitatis. Quoniam decrementum arcus PQ, ex resistentia oriundum, sive hujus duplum Rr, est ut resistentia & quadratum temporis conjunctim; erit resistentia ut $\dfrac{Rr}{PQq \times SP}$. Erat autem PQ ad Rr, ut SQ ad $\frac{1}{2}VQ$, & inde $\dfrac{Rr}{PQq \times SP}$ fit ut $\dfrac{\frac{1}{2}VQ}{PQ \times SP \times SQ}$ sive ut $\dfrac{\frac{1}{2}OS}{OP \times SPq}$; Namque punctis P & Q coeuntibus, SP & SQ coincidunt, & angulus PVQ fit rectus; & ob similia triangula PVQ, PSO, fit PQ

ad $\frac{1}{2}VQ$ ut OP ad $\frac{1}{2}OS$. Est igitur $\dfrac{OS}{OP \times SPq}$ ut resistentia, id est, in ratione densitatis medii in P & ratione duplicata velocitatis conjunctim. Auferatur duplicata ratio velocitatis, nempe ratio $\dfrac{1}{SP}$, & manebit medii densitas in P ut $\dfrac{OS}{OP \times SP}$. Detur spiralis, & ob datam rationem OS ad OP, densitas medii in P erit ut $\dfrac{1}{SP}$. In medio igitur cujus densitas est reciproce ut distantia a centro SP, corpus gyrari potest in hac spirali. *Q. E. D.*

Corol. 1. Velocitas in loco quovis P ea semper est, quacum corpus in medio non resistente eadem vi centripeta gyrari potest in circulo, ad eandem a centro distantiam SP.

Corol. 2. Medii densitas, si datur distantia SP, est ut $\dfrac{OS}{OP}$, sin distantia illa non datur, ut $\dfrac{OS}{OP \times SP}$. Et inde spiralis ad quamlibet medii densitatem aptari potest.

Corol. 3. Vis resistentiæ in loco quovis P, est ad vim centripetam in eodem loco ut $\frac{1}{2}OS$ ad OP. Nam vires illæ sunt ad invicem ut $\frac{1}{2}Rr$ & TQ sive ut $\dfrac{\frac{1}{2}VQ \times PQ}{SQ}$ & $\dfrac{\frac{1}{2}PQq}{SP}$, hoc est, ut $\frac{1}{2}VQ$ & PQ, seu $\frac{1}{2}OS$ & OP. Data igitur spirali datur proportio resistentiæ ad vim centripetam, & vice versa ex data illa proportione datur spiralis.

Corol. 4. Corpus itaque gyrari nequit in hac spirali, nisi ubi vis resistentiæ minor est quam dimidium vis centripetæ. Fiat resistentia æqualis dimidio vis centripetæ, & spiralis conveniet cum linea recta PS, inque hac recta corpus descendet ad centrum ea cum velocitate, quæ sit ad velocitatem, qua probavimus in superioribus in casu parabolæ (theor. x lib. 1) descensum in medio non resistente fieri, in subduplicata ratione unitatis ad numerum binarium. Et tempora descensus hic erunt reciproce ut velocitates, atque ideo dantur.

Corol. 5. Et quoniam in æqualibus a centro distantiis velocitas eadem est in spirali PQR atque in recta SP, & longitudo spiralis ad longitudinem rectæ PS est in data ratione, nempe in ratione OP ad

OS; tempus descensus in spirali erit ad tempus descensus in recta SP in eadem illa data ratione, proindeque datur.

Corol. 6. Si centro S intervallis duobus quibuscunque datis descri- bantur duo circuli; & manentibus hisce circulis, mutetur utcunque angulus quem spiralis continet cum radio PS: numerus revolutio- num quas corpus intra circulorum circumferentias, pergendo in spi- rali a circumferentia ad circumferentiam, complere potest, est ut $\dfrac{PS}{OS}$, sive ut tangens anguli illius quem spiralis continet cum radio PS; tempus vero revolutionum earundem ut $\dfrac{OP}{OS}$, id est, ut secans anguli ejusdem, vel etiam reciproce ut medii densitas.

Corol. 7. Si corpus in medio, cujus densitas est reciproce ut distan- tia locorum a centro, revolutionem in curva quacunque AEB circa centrum illud fecerit, & radium primum AS in eodem angulo secu- erit in B quo prius in A, idque cum velocitate quæ fuerit ad velo- citatem suam primam in A reciproce in subduplicata ratione distan- tiarum a centro (id est, ut AS ad mediam proportionalem inter AS

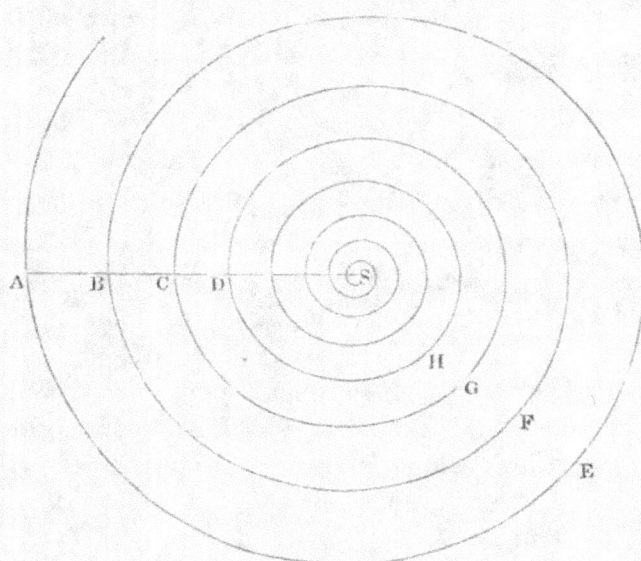

& BS) corpus illud perget innumeras consimiles revolutiones BFC, CGD, &c. facere, & intersectionibus distinguet radium AS in par- tes AS, BS, CS, DS, &c. continue proportionales.   Revolutionum vero tempora erunt ut perimetri orbitarum AEB, BFC, CGD, &c. directe, & velocitates in principiis A, B, C, inverse; id est, ut $A\,S^{\frac{3}{2}}$, $B\,S^{\frac{3}{2}}$, $C\,S^{\frac{3}{2}}$. Atque tempus totum, quo corpus perveniet ad centrum, erit ad tempus revolutionis primæ, ut summa omnium continue proportionalium $A\,S^{\frac{3}{2}}$, $B\,S^{\frac{3}{2}}$, $C\,S^{\frac{3}{2}}$, pergentium in infinitum, ad terminum primum $A\,S^{\frac{3}{2}}$; id est, ut terminus ille primus $A\,S^{\frac{3}{2}}$ ad differentiam duorum primorum $A\,S^{\frac{3}{2}} - B\,S^{\frac{3}{2}}$, sive ut $\frac{3}{2}A\,S$ ad AB quam proxime. Unde tempus illud totum expedite invenitur.

Corol. 8. Ex his etiam præter propter colligere licet motus corporum in mediis, quorum densitas aut uniformis est, aut aliam quamcunque legem assignatam observat. Centro S, intervallis continue proportionalibus SA, SB, SC, &c. describe circulos quotcunque, & statue tempus revolutionum inter perimetros duorum quorumvis ex his circulis, in medio de quo egimus, esse ad tempus revolutionum inter eosdem in medio proposito, ut medii proposti densitas mediocris inter hos circulos ad medii, de quo egimus, densitatem mediocrem inter eosdem quam proxime: Sed & in eadem quoque ratione esse secantem anguli quo spiralis præfinita, in medio de quo egimus, secat radium $A\,S$, ad secantem anguli quo spiralis nova secat radium eundem in medio proposito: Atque etiam ut sunt eorundem angulorum tangentes ita esse numeros revolutionum omnium inter circulos eosdem duos quam proxime. Si hæc fiant passim inter circulos binos, continuabitur motus per circulos omnes. Atque hoc pacto haud difficulter imaginari possimus quibus modis ac temporibus corpora in medio quocunque regulari gyrari debebunt.

Corol. 9. Et quamvis motus excentrici in spiralibus ad formam ovalium accedentibus peragantur; tamen concipiendo spiralium illarum singulas revolutiones iisdem ab invicem intervallis distare, iisdemque gradibus ad centrum accedere cum spirali superius descripta, intelligemus etiam quomodo motus corporum in hujusmodi spiralibus peragantur.

PROPOSITIO XVI. THEOREMA XIII.

Si medii densitas in locis singulis sit reciproce ut distantia locorum a centro immobili, sitque vis centripeta reciproce ut dignitas quælibet ejusdem distantiæ: dico quod corpus gyrari potest in spirali quæ radios omnes a centro illo ductos intersecat in angulo dato.

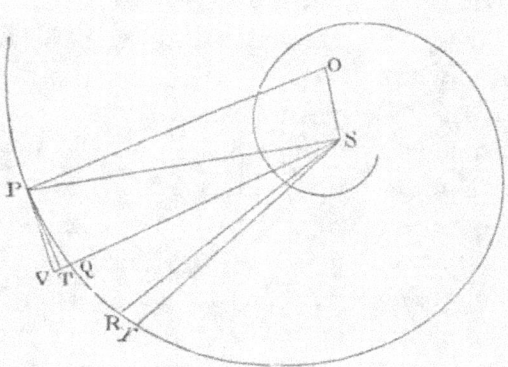

Demonstratur eadem methodo cum propositione superiore. Nam si vis centripeta in P sit reciproce ut distantiæ SP dignitas quælibet SP^{n+1} cujus index est $n+1$: colligetur ut supra, quod tempus, quo corpus describit arcum quemvis PQ, erit ut $PQ \times PS^{\frac{1}{2}n}$; & resistentia in P

ut $\dfrac{Rr}{PQq \times SP^n}$, sive ut $\dfrac{\overline{1-\frac{1}{2}n} \times VQ}{PQ \times SP^n \times SQ}$, ideoque ut $\dfrac{\overline{1-\frac{1}{3}n} \times OS}{OP \times SP^{n+1}}$,

hoc est, ob datum $\dfrac{\overline{1-\frac{1}{2}n} \times OS}{OP}$, reciproce ut SP^{n+1}. Et propterea, cum velocitas sit reciproce ut $SP^{\frac{1}{2}n}$, densitas in P erit reciproce ut SP.

Corol. 1. Resistentia est ad vim centripetam ut $\overline{1-\frac{1}{2}n} \times OS$ ad OP.

Corol. 2. Si vis centripeta sit reciproce ut SP *cub.* erit $1-\frac{1}{2}n = 0$: ideoque resistentia & densitas medii nulla erit, ut in propositione nona libri primi.

Corol. 3. Si vis centripeta sit reciproce ut dignitas aliqua radii SP cujus index est major numero 3, resistentia affirmativa in negativam mutabitur.

Scholium.

Cæterum hæc propositio & superiores, quæ ad media inæqualiter densa spectant, intelligendæ sunt de motu corporum adeo parvorum, ut medii ex uno corporis latere major densitas quam ex altero non consideranda veniat. Resistentiam quoque cæteris paribus densitati proportionalem esse suppono. Unde in mediis, quorum vis resistendi non est ut densitas, debet densitas eo usque augeri vel diminui, ut resistentiæ vel tollatur excessus vel defectus suppleatur.

PROPOSITIO XVII. PROBLEMA IV.

Invenire & vim centripetam & medii resistentiam, qua corpus in data spirali, data velocitatis lege, revolvi potest.

Sit spiralis illa PQR. Ex velocitate, qua corpus percurrit arcum quam minimum PQ, dabitur tempus, & ex altitudine TQ, quæ est ut vis centripeta & quadratum temporis, dabitur vis. Deinde ex

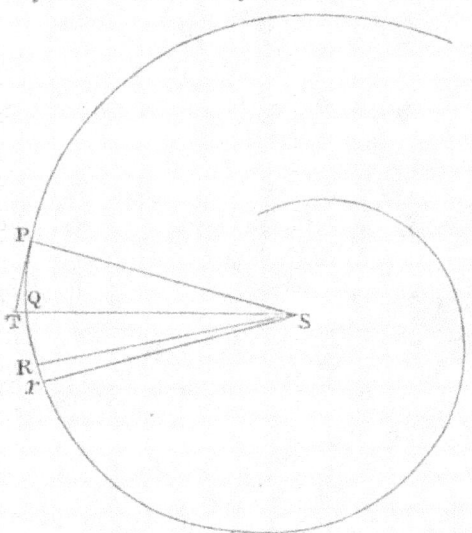

arearum, æqualibus temporum particulis confectarum PSQ & QSR, differentia RSr, dabitur corporis retardatio, & ex retardatione invenietur resistentia ac densitas medii.

PROPOSITIO XVIII. PROBLEMA V.

Data lege vis centripetæ, invenire medii densitatem in locis singulis, qua corpus datam spiralem describet.

Ex vi centripeta invenienda est velocitas in locis singulis, deinde ex velocitatis retardatione quærenda medii densitas; ut in propositione superiore.

Methodum vero tractandi hæc problemata aperui in hujus propositione decima, & lemmate secundo; & lectorem in hujusmodi perplexis disquisitionibus diutius detinere nolo. Addenda jam sunt aliqua de viribus corporum ad progrediendum, deque densitate & resistentia mediorum, in quibus motus hactenus expositi & his affines peraguntur.

SECTIO V.

De densitate & compressione fluidorum, deque hydrostatica.

Definitio Fluidi.

Fluidum est corpus omne, cujus partes cedunt vi cuicunque illatæ, & cedendo facile moventur inter se.

PROPOSITIO XIX. THEOREMA XIV.

Fluidi homogenei & immoti, quod in vase quocunque immoto clauditur & undique comprimitur, partes omnes (seposita condensationis, gravitatis, & virium omnium centripetarum consideratione) æqualiter premuntur undique, & sine omni motu a pressione illa orto permanent in locis suis.

Cas. 1. In vase sphærico *A B C* claudatur & uniformiter comprimatur fluidum undique : dico quod ejusdem pars nulla ex illa pressione movebitur. Nam si pars aliqua *D* moveatur, necesse est ut omnes hujusmodi partes, ad eandem a centro distantiam undique consistentes, simili motu simul moveantur; atque hoc ideo quia similis & æqualis est omnium pressio, & motus omnis exclusus supponitur, nisi qui a pressione illa oriatur. Atqui non possunt omnes ad centrum propius accedere, nisi fluidum ad centrum con-

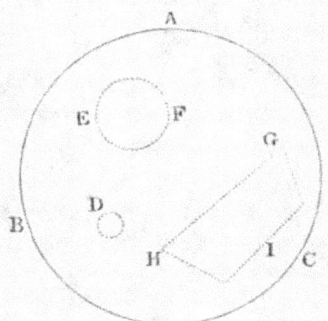

densetur; contra hypothesin. Non possunt longius ab eo recedere, nisi fluidum ad circumferentiam condensetur; etiam contra hypothesin. Non possunt servata sua a centro distantia moveri in plagam quamcunque, quia pari ratione movebuntur in plagam contrariam; in plagas autem contrarias non potest pars eadem, eodem tempore, moveri. Ergo fluidi pars nulla de loco suo movebitur. *Q. E. D.*

Cas. 2. Dico jam, quod fluidi hujus partes omnes sphæricæ æqualiter premuntur undique. Sit enim EF pars sphærica fluidi, & si hæc undique non premitur æqualiter, augeatur pressio minor, usque dum ipsa undique prematur æqualiter; & partes ejus, per casum primum, permanebunt in locis suis. Sed ante auctam pressionem permanebunt in locis suis, per casum eundem primum, & additione pressionis novæ movebuntur de locis suis, per definitionem fluidi. Quæ duo repugnant. Ergo falso dicebatur quod sphæra EF non undique premebatur æqualiter. *Q. E. D.*

Cas. 3. Dico præterea quod diversarum partium sphæricarum æqualis sit pressio. Nam partes sphæricæ contiguæ se mutuo premunt æqualiter in puncto contactus, per motus legem III. Sed & per casum secundum, undique premuntur eadem vi. Partes igitur duæ quævis sphæricæ non contiguæ, quia pars sphærica intermedia tangere potest utramque, prementur eadem vi. *Q. E. D.*

Cas. 4. Dico jam quod fluidi partes omnes ubique premuntur æqualiter. Nam partes duæ quævis tangi possunt a partibus sphæricis in punctis quibuscunque, & ibi partes illas sphæricas æqualiter premunt, per casum 3, & vicissim ab illis æqualiter premuntur, per motus legem tertiam. *Q. E. D.*

Cas. 5. Cum igitur fluidi pars quælibit GHI in fluido reliquo tanquam in vase claudatur, & undique prematur æqualiter, partes autem ejus se mutuo æqualiter premant & quiescant inter se; manifestum est quod fluidi cujuscunque GHI, quod undique premitur æqualiter, partes omnes se mutuo premunt æqualiter, & quiescunt inter se. *Q. E. D.*

Cas. 6. Igitur si fluidum illud in vase non rigido claudatur, & undique non prematur æqualiter; cedet idem pressioni fortiori, per definitionem fluiditatis.

Cas. 7. Ideoque in vase rigido fluidum non sustinebit pressionem fortiorem ex uno latere quam ex alio, sed eidem cedet, idque in momento temporis, quia latus vasis rigidum non persequitur liquorem cedentem. Cedendo autem urgebit latus oppositum, & sic pressio undique ad æqualitatem verget. Et quoniam fluidum, quam primum a parte magis pressa recedere conatur, inhibetur per resistentiam vasis ad latus oppositum; reducetur pressio undique ad æqualitatem, in momento temporis, sine motu locali: & subinde partes fluidi, per casum quintum, se mutuo prement æqualiter, & quiescent inter se. *Q. E. D.*

Corol. Unde nec motus partium fluidi inter se, per pressionem fluido ubivis in externa superficie illatam, mutari possunt, nisi quatenus aut figura superficiei alicubi mutatur, aut omnes fluidi partes intensius vel remissius sese premendo difficilius vel facilius labuntur inter se.

PROPOSITIO XX. THEOREMA XV.

Si fluidi sphærici, & in æqualibus a centro distantiis homogenei, fundo sphærico concentrico incumbentis partes singulæ versus centrum totius gravitent; sustinet fundum pondus cylindri, cujus basis æqualis est superficiei fundi, & altitudo eadem quæ fluidi incumbentis.

Sit DHM superficies fundi, & AEI superficies superior fluidi. Superficiebus sphæricis innumeris BFK, CGL distinguatur fluidum in orbes concentricos æqualiter crassos; & concipe vim gravitatis agere solummodo in superficiem superiorem orbis cujusque, & æquales esse actiones in æquales partes superficierum omnium. Premitur ergo superficies suprema AE vi simplici gravitatis propriæ, qua & omnes orbis supremi partes & superficies secunda

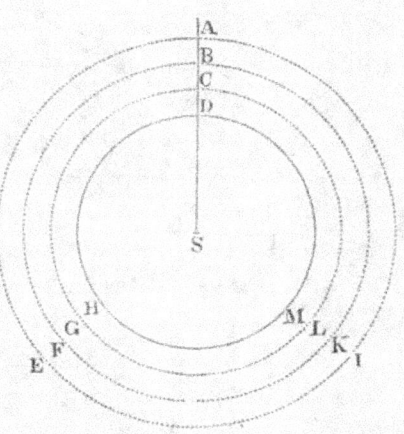

BFK (per prop. XIX) pro mensura sua æqualiter premuntur. Premitur præterea superficies secunda BFK vi propriæ gravitatis, quæ

addita vi priori facit pressionem duplam. Hac pressione, pro mensura sua, & insuper vi propriæ gravitatis, id est, pressione tripla, urgetur superficies tertia *C G L*. Et similiter pressione quadrupla urgetur superficies quarta, quintupla quinta, & sic deinceps. Pressio igitur qua superficies unaquæque urgetur, non est ut quantitas solida fluidi incumbentis, sed ut numerus orbium ad usque summitatem fluidi; & æquatur gravitati orbis infimi multiplicatæ per numerum orbium : hoc est, gravitati solidi cujus ultima ratio ad cylindrum præfinitum (si modo orbium augeatur numerus & minuatur crassitudo in infinitum, sic ut actio gravitatis a superficie infima ad supremam continua reddatur) fiet ratio æqualitatis. Sustinet ergo superficies infima pondus cylindri præfiniti. *Q. E. D.* Et simili argumentatione patet propositio, ubi gravitas decrescit in ratione quavis assignata distantiæ a centro, ut & ubi fluidum sursum rarius est, deorsum densius. *Q. E. D.*

Corol. 1. Igitur fundum non urgetur a toto fluidi incumbentis pondere, sed eam solummodo ponderis partem sustinet quæ in propositione describitur; pondere reliquo a fluidi figura fornicata sustentato.

Corol. 2. In æqualibus autem a centro distantiis eadem semper est pressionis quantitas, sive superficies pressa sit horizonti parallela vel perpendicularis vel obliqua; sive fluidum, a superficie pressa sursum continuatum, surgat perpendiculariter secundum lineam rectam, vel serpit oblique per tortas cavitates & canales, easque regulares vel maxime irregulares, amplas vel angustissimas. Hisce circumstantiis pressionem nil mutari colligitur, applicando demonstrationem theorematis hujus ad casus singulos fluidorum.

Corol. 3. Eadem demonstratione colligitur etiam (per prop. xix) quod fluidi gravis partes nullum, ex pressione ponderis incumbentis, acquirunt motum inter se; si modo excludatur motus qui ex condensatione oriatur.

Corol. 4. Et propterea si aliud ejusdem gravitatis specificæ corpus, quod sit condensationis expers, submergatur in hoc fluido, id ex pressione ponderis incumbentis nullum acquiret motum : non descendet, non ascendet, non cogetur figuram suam mutare. Si sphæricum est manebit sphæricum, non obstante pressione; si quadratum est manebit quadratum : idque sive molle sit, sive fluidissimum;

sive fluido libere innatet, sive fundo incumbat. Habet enim fluidi pars quælibet interna rationem corporis submersi, & par est ratio omnium ejusdem magnitudinis, figuræ & gravitatis specificæ submersorum corporum. Si corpus submersum servato pondere liquesceret & indueret formam fluidi ; hoc, si prius ascenderet vel descenderet vel ex pressione figuram novam indueret, etiam nunc ascenderet vel descenderet vel figuram novam induere cogeretur : id adeo quia gravitas ejus cæteræque motuumc ausæ permanent. Atqui (per cas. 5 prop. XIX) jam quiesceret & figuram retineret. Ergo & prius.

Corol. 5. Proinde corpus quod specifice gravius est quam fluidum sibi contiguum subsidebit, & quod specifice levius est ascendet, motumque & figuræ mutationem consequetur, quantum excessus ille vel defectus gravitatis efficere possit. Namque excessus ille vel defectus rationem habet impulsus, quo corpus, alias in æquilibrio cum fluidi partibus constitutum, urgetur ; & comparari potest cum excessu vel defectu ponderis in lance alterutra libræ.

Corol. 6. Corporum igitur in fluidis constitutorum duplex est gravitas : altera vera & absoluta, altera apparens, vulgaris & comparativa. Gravitas absoluta est vis tota qua corpus deorsum tendit : relativa & vulgaris est excessus gravitatis quo corpus magis tendit deorsum quam fluidum ambiens. Prioris generis gravitate partes fluidorum & corporum omnium gravitant in locis suis : ideoque conjunctis ponderibus componunt pondus totius. Nam totum omne grave est, ut in vasis liquorum plenis experiri licet ; & pondus totius æquale est ponderibus omnium partium, ideoque ex iisdem componitur. Alterius generis gravitate corpora non gravitant in locis suis, id est, inter se collata non prægravant, sed mutuos ad descendendum conatus impedientia permanent in locis suis, perinde ac si gravia non essent. Quæ in aëre sunt & non prægravant, vulgus gravia non judicat. Quæ prægravant vulgus gravia judicat, quatenus ab aëris pondere non sustinentur. Pondera vulgi nihil aliud sunt quam excessus verorum ponderum supra pondus aëris. Unde & vulgo dicuntur levia, quæ sunt minus gravia, aërique prægravanti cedendo superiora petunt. Comparative levia sunt, non vere, quia descendunt in vacuo. Sic & in aqua corpora, quæ ob majorem vel minorem gravitatem descendunt vel ascendunt, sunt comparative &

apparenter gravia vel levia, & eorum gravitas vel levitas comparativa & apparens est excessus vel defectus quo vera eorum gravitas vel superat gravitatem aquæ vel ab ea superatur. Quæ vero nec prægravando descendunt, nec prægravanti cedendo ascendunt, etiamsi veris suis ponderibus adaugeant pondus totius, comparative tamen & in sensu vulgi non gravitant in aqua. Nam similis est horum casuum demonstratio.

Corol. 7. Quæ de gravitate demonstrantur, obtinent in aliis quibuscunque viribus centripetis.

Corol. 8. Proinde si medium, in quo corpus aliquod movetur, urgeatur vel a gravitate propria, vel ab alia quacunque vi centripeta, & corpus ab eadem vi urgeatur fortius; differentia virium est vis illa motrix, quam in præcedentibus propositionibus ut vim centripetam consideravimus. Sin corpus a vi illa urgeatur levius, differentia virium pro vi centrifuga haberi debet.

Corol. 9. Cum autem fluida premendo corpora inclusa non mutent eorum figuras externas, patet insuper (per corollarium prop. xix) quod non mutabunt situm partium internarum inter se: proindeque, si animalia immergantur, & sensatio omnis a motu partium oriatur; nec lædent corpora immersa, nec sensationem ullam excitabunt, nisi quatenus hæc corpora a compressione condensari possunt. Et par est ratio cujuscunque corporum systematis fluido comprimente circundati. Systematis partes omnes iisdem agitabuntur motibus, ac si in vacuo constituerentur, ac solam retinerent gravitatem suam comparativam, nisi quatenus fluidum vel motibus earum nonnihil resistat, vel ad easdem compressione conglutinandas requiratur.

PROPOSITIO XXI. THEOREMA XVI.

Sit fluidi cujusdam densitas compressioni proportionalis, & partes ejus a vi centripeta distantiis suis a centro reciproce proportionali deorsum trahantur: dico quod, si distantiæ illæ sumantur continue proportionales, densitates fluidi in iisdem distantiis erunt etiam continue proportionales.

Designet *A T V* fundum sphæricum cui fluidum incumbit, *S* centrum, *S A, S B, S C, S D, S E, S F,* &c. distantias continue proportionales. Erigantur perpendicula AH, BI, CK, DL, EM, FN, &c. quæ sint ut densitates medii in locis A, B, C, D, E, F; & specificæ gravitates in iisdem locis erunt ut $\dfrac{AH}{AS}$, $\dfrac{BI}{BS}$, $\dfrac{CK}{CS}$, &c. vel, quod perinde est, ut $\dfrac{AH}{AB}$, $\dfrac{BI}{BC}$, $\dfrac{CK}{CD}$, &c. Finge primum has gravitates uniformiter continuari ab A ad B, a B ad C, a C ad D, &c. factis per gradus decrementis in punctis B, C, D, &c. Et hæ gravitates ductæ in altitudines AB, BC. CD, &c. conficient pressiones AH, BI, CK, &c. quibus fundum ATV (juxta theorema xv) urgetur. Sustinet ergo particula A pressiones omnes AH, BI, CK, DL, pergendo in infinitum; & particula B pressiones omnes præter primam AH; & particula C omnes præter duas primas AH, BI; & sic deinceps: ideoque particulæ primæ A densitas AH est ad particulæ secundæ B densitatem BI ut summa omnium $AH + BI + CK + DL$, in infinitum, ad summam omnium $BI + CK + DL$, &c.

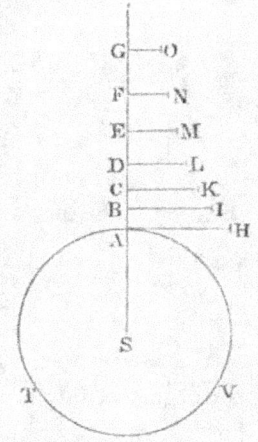

Et BI densitas secundæ B est ad CK densitatem tertiæ C, ut summa omnium $BI + CK + DL$, &c. ad summam omnium $CK + DL$, &c. Sunt igitur summæ illæ differentiis suis AH, BI, CK, &c. proportionales, atque ideo continue proportionales (per hujus lem. 1) proindeque differentiæ AH, BI, CK, &c. summis proportionales, sunt etiam continue proportionales. Quare cum densitates in locis A, B, C, &c. sint ut AH, BI, CK, &c. erunt etiam hæ continue proportionales. Pergatur per saltum, & ex æquo in distantiis SA, SC, SE continue proportionalibus, erunt densitates AH, CK, EM continue proportionales. Et eodem argumento, in distantiis quibusvis continue proportionalibus SA, SD, SG, densitates AH, DL, GO erunt continue proportionales. Coeant jam puncta A, B, C, D, E, &c. eo ut progressio gravitatum specificarum a fundo A ad summitatem fluidi continua reddatur, & in distantiis quibusvis continue proportionalibus SA, SD, SG, densitates AH, DL, GO, semper existentes continue proportionales, manebunt etiamnum continue proportionales. *Q. E. D.*

Corol. Hinc si detur densitas fluidi in duobus locis, puta A &

E, colligi potest ejus densitas in alio quovis loco *Q*. Centro *S*, asymptotis rectangulis *SQ*, *SX* describatur hyperbola secans perpendicula *A H*, *E M*, *Q T* in *a*, *e*, *q*, ut & perpendicula *H X*, *M Y*, *T Z*,

ad asymptoton *SX* demissa, in *h*, *m*, & *t*. Fiat area *Y m t Z* ad aream datam *Y m h X* ut area data *E e q Q* ad aream datam *E e a A ;* & linea *Z t* producta abscindet lineam *Q T* densitati proportionalem. Namque si lineæ *S A*, *S E*, *SQ* sunt continue proportionales, erunt areæ *E e q Q*, *E e a A* æquales, & inde areæ his proportionales *Y m t Z*, *X h m Y* etiam æquales, & lineæ *S X*, *S Y*, *S Z*, id est, *A H*, *E M*, *Q T* continue proportionales, ut oportet.

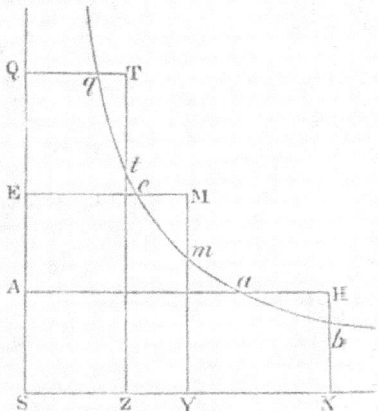

Et si lineæ *S A*, *S E*, *S Q* obtinent alium quemvis ordinem in serie continue proportionalium, lineæ *A H*, *E M*, *Q T*, ob proportionales areas hyperbolicas, obtinebunt eundem ordinem in alia ferie quantitatum continue proportionalium.

PROPOSITIO XXII. THEOREMA XVII.

Sit fluidi cujusdam densitas compressioni proportionalis, & partes ejus a gravitate quadratis distantiarum suarum a centro reciproce proportionali deorsum trahantur : dico quod, si distantiæ sumantur in progressione musica, densitates fluidi in his distantiis erunt in progressione geometrica.

Designet *S* centrum, & *S A*, *S B*, *S C*, *S D*, *S E* distantias in progressione geometrica. Erigantur perpendicula *A H*, *B I*, *C K*, &c. quæ sint ut fluidi densitates in locis *A*, *B*, *C*, *D*, *E*, &c. & ipsius gravitates specificæ in iisdem locis erunt $\dfrac{AH}{SAq}$, $\dfrac{BI}{SBq}$, $\dfrac{CK}{SCq}$, &c. Finge has gravitates uniformiter continuari, primam ab *A* ad *B*, secundam a *B* ad *C*, tertiam a *C* ad *D*, &c. Et hæ ductæ in altitudines *A B*, *B C*, *C D*, *D E*, &c. vel, quod perinde est, in distantias *S A*, *S B*, *S C*. &c. altitudinibus illis proportionales, conficient exponentes pressionum

T

$\dfrac{AH}{SA}, \dfrac{BI}{SB}, \dfrac{CK}{SC}$, &c. Quare cum densitates sint ut harum pressionum

summæ, differentiæ densitatum $AH-BI$, $BI-CK$, &c. erunt

ut summarum differentiæ $\dfrac{AH}{SA}, \dfrac{BI}{SB}, \dfrac{CK}{SC}$, &c. Centro S, asymp-

totis SA, Sx describatur hyperbola quævis, quæ secet perpendicula

AH, BI, CK, &c. in a, b, c, &c. ut & perpendicula ad asymptoton

Sx demissa Ht, Iu, Kw in h, i, k; & densitatum differentiæ tu,

uw, &c. erunt ut $\dfrac{AH}{SA}, \dfrac{BI}{SB}$, &c. Et rectangula $tu \times th$, $uw \times ui$,

&c. seu tp, uq, &c. ut $\dfrac{AH \times th}{SA}, \dfrac{BI \times ui}{SB}$, &c. id est, ut Aa, Bb,

&c. Est enim, ex natura hyperbolæ, SA ad AH vel St, ut th ad

Aa, ideoque $\dfrac{AH \times th}{SA}$ æquale Aa. Et simili argumento est $\dfrac{BI \times ui}{SB}$

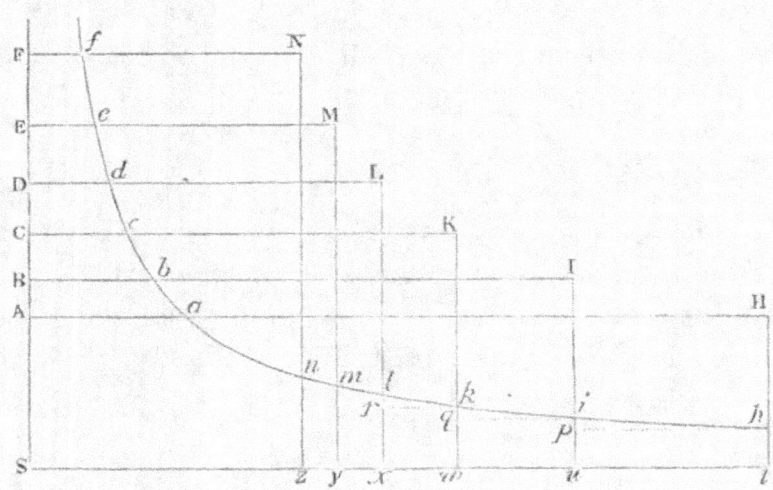

æquale Bb, &c. Sunt autem Aa, Bb, Cc, &c. continue proportionales, & propterea differentiis suis $Aa-Bb$, $Bb-Cc$, &c. proportionales; ideoque differentiis hisce proportionalia sunt rectangula tp,
uq, &c. ut & summis differentiarum $Aa-Cc$ vel $Aa-Dd$ summæ
rectangulorum $tp+uq$ vel $tp+uq+wr$. Sunto ejusmodi termini
quam plurimi, & summa omnium differentiarum, puta $Aa-Ff$, erit
summæ omnium rectangulorum, puta $zthn$, proportionalis. Augeatur
numerus terminorum & minuantur distantiæ punctorum A, B, C,

&c. in infinitum, & rectangula illa evadent æqualia areæ hyperbolicæ $z\,t\,h\,u$, ideoque huic areæ proportionalis est differentia $A\,a - F\,f$. Sumantur jam distantiæ quælibet, puta $S\,A$, $S\,D$, $S\,F$ in progressione musica, & differentiæ $A\,a - D\,d$, $D\,d - F\,f$ erunt æquales; & propterea differentiis hisce proportionales areæ $t\,h\,l\,x$, $x\,l\,u\,z$ æquales erunt inter se, & densitates $S\,t$, $S\,x$, $S\,z$, id est, $A\,H$, $D\,L$, $F\,N$, continue proportionales. *Q.E.D.*

Corol. Hinc si dentur fluidi densitates duæ quævis, puta $A\,H$ & $B\,I$, dabitur area $t\,h\,i\,u$, harum differentiæ $t\,u$ respondens; & inde invenietur densitas $F\,N$ in altitudine quacunque $S\,F$, sumendo aream $t\,h\,n\,z$ ad aream illam datam $t\,h\,i\,u$ ut est differentia $A\,a - F\,f$ ad differentiam $A\,a - B\,b$.

Scholium.

Simili argumentatione probari potest, quod si gravitas particularum fluidi diminuatur in triplicata ratione distantiarum a centro, & quadratorum distantiarum $S\,A$, $S\,B$, $S\,C$, &c. reciproca (nempe $\dfrac{S\,A\ cub.}{S\,Aq}$, $\dfrac{S\,A\ cub.}{S\,Bq}$, $\dfrac{S\,A\ cub.}{S\,Cq}$) sumantur in progressione arithmetica; densitates $A\,H$, $B\,I$, $C\,K$, &c. erunt in progressione geometrica. Et si gravitas diminuatur in quadruplicata ratione distantiarum, & cuborum distantiarum reciproca (puta $\dfrac{S\,A\,qq}{S\,A\ cub.}$, $\dfrac{S\,A\,qq}{S\,B\ cub.}$, $\dfrac{S\,A\,qq}{S\,C\ cub.}$, &c.) sumantur in progressione arithmetica; densitates $A\,H$, $B\,I$, $C\,K$, &c. erunt in progressione geometrica. Et sic in infinitum. Rursus si gravitas particularum fluidi in omnibus distantiis eadem sit, & distantiæ sint in progressione arithmetica, densitates erunt in progressione geometrica, uti Vir Cl. *Edmundus Halleius* invenit. Si gravitas sit ut distantia, & quadrata distantiarum sint in progressione arithmetica, densitates erunt in progressione geometrica. Et sic in infinitum. Hæc ita se habent ubi fluidi compressione condensati densitas est ut vis compressionis, vel, quod perinde est, spatium a fluido occupatum reciproce ut hæc vis. Fingi possunt aliæ condensationis leges, ut quod cubus vis comprimentis sit ut quadrato-quadratum densitatis, seu triplicata ratio vis eadem cum quadruplicata ratione densitatis. Quo in casu, si gravitas est reciproce ut quadratum distantiæ a centro, densitas erit reciproce ut cubus distantiæ. Fingatur quod cubus vis comprimentis sit ut quadrato-cubus densitatis, & si gravitas est reciproce ut quadratum distantiæ, densitas erit reciproce in sesquiplicata ratione distantiæ. Fingatur quod vis comprimens sit in duplicata ratione densitatis, & gravitas reciproce in ratione duplicata distantiæ, & densitas erit reciproce ut distantia. Casus omnes percurrere longum esset. Cæterum per experimenta constat quod densitas aëris sit ut vis comprimens vel accurate vel saltem quam proxime : & propterea densitas aëris in atmosphæra terræ est ut pondus aëris totius incumbentis, id est, ut altitudo mercurii in barometro.

PROPOSITIO XXIII. THEOREMA XVIII.

Si fluidi ex particulis se mutuo fugientibus compositi densitas sit ut compressio, vires centrifugæ particularum sunt reciproce proportionales distantiis centrorum suorum. Et vice versa, particulæ viribus quæ sunt reciproce proportionales distantiis centrorum suorum se mutuo fugientes componunt fluidum elasticum, cujus densitas est compressioni proportionalis.

Includi intelligatur fluidum in spatio cubico $A\,C\,E$, dein compressione redigi in spatium cubicum minus $a\,c\,e$; & particularum, similem situm inter se in utroque spatio obtinentium, distantiæ erunt ut cuborum latera $A\,B$, $a\,b$; & mediorum densitates reciproce ut spatia continentia $A\,B$ *cub*. & $a\,b$ *cub*. In cubi majoris latere plano $ABCD$ capiatur quadratum $D\,P$ æquale lateri plano cubi minoris $d\,b$; & ex hypothesi, pressio, qua quadratum $D\,P$ urget fluidum inclusum, erit ad pressionem, qua illud quadratum *db* urget fluidum inclusum, ut medii densitates ad invicem, hoc est, ut $a\,b$ *cub*. ad

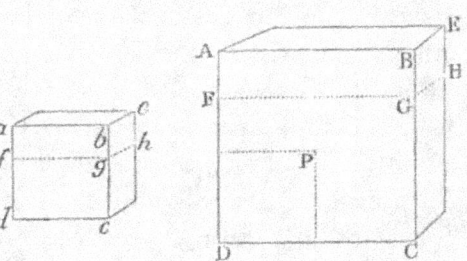

$A\,B$ *cub*. Sed pressio, qua quadratum $D\,B$ urget fluidum inclusum, est ad pressionem, qua quadratum DP urget idem fluidum, ut quadratum DB ad quadratum DP, hoc est, ut $A\,B$ *quad*. ad ab *quad*. Ergo, ex æquo, pressio qua quadratum DB urget fluidum, est ad pressionem qua quadratum db urget fluidum, ut ab ad AB. Planis FGH, fgh, per media cuborum ductis, distinguatur fluidum in duas partes, & hæ se mutuo prement iisdem viribus, quibus premuntur a planis AC, ac, hoc est, in proportione ab ad AB: ideoque vires centrifugæ, quibus hæ pressiones sustinentur, sunt in eadem ratione. Ob eundem particularum numerum similemque situm in utroque cubo, vires quas particulæ omnes secundum plana FGH, fgh exercent in omnes, sunt ut vires quas singulæ exercent in singulas. Ergo vires, quas singulæ exercent in singulas secundum planum FGH in cubo majore, sunt ad vires, quas singulæ exercent in singulas secundum planum fgh in cubo minore, ut ab ad AB, hoc est, reciproce ut distantiæ particularum ad invicem. *Q. E. D.*

Et vice versa, si vires particularum singularum sunt reciproce ut distantiæ, id est, reciproce ut cuborum latera AB, ab; summæ virium erunt in eadem ratione, & pressiones laterum DB, db ut summæ virium; & pressio quadrati DP ad pressionem lateris DB ut ab *quad.* ad AB *quad.* Et, ex æquo, pressio quadrati DP ad pressionem lateris db ut ab *cub.* ad AB *cub.* id est, vis compressionis ad vim compressionis ut densitas ad densitatem. *Q. E. D.*

Scholium.

Simili argumento, si particularum vires centrifugæ sint reciproce in duplicata ratione distantiarum inter centra, cubi virium comprimentium erunt ut quadrato-quadrata densitatum. Si vires centrifugæ sint reciproce in triplicata vel quadruplicata ratione distantiarum, cubi virium comprementium erunt ut quadrato-cubi vel cubo-cubi densitatum. Et universaliter, si D ponatur pro distantia, & E pro densitate fluidi compressi, & vires centrifugæ sint reciproce ut distantiæ dignitas quælibet D^n, cujus index est numerus n; vires comprimentes erunt ut latera cubica dignitatis E^{n+2}, cujus index est numerus $n + 2$: & contra. Intelligenda vero sunt hæc omnia de particularum viribus centrifugis quæ terminantur in particulis proximis, aut non longe ultra diffunduntur. Exemplum habemus in corporibus magneticis. Horum virtus attractiva terminatur fere in sui generis corporibus sibi proximis. Magnetis virtus per interpositam laminam ferri contrahitur, & in lamina fere terminatur.   Nam corpora ulteriora non tam a magnete quam a lamina trahuntur.   Ad eundem modum si particulæ fugant alias sui generis particulas sibi proximas, in particulas autem remotiores virtutem nullam exerceant, ex hujusmodi particulis componentur fluida de quibus actum est in hac propositione.   Quod si particulæ cujusque virtus in infinitum propagetur, opus erit vi majori ad æqualem condensationem majoris quantitatis fluidi.   An vero fluida elastica ex particulis se mutuo fugantibus constent, quæstio physica est.   Nos proprietatem fluidorum ex ejusmodi particulis constantium mathematice demonstravimus, ut philosophis ansam præbeamus quæstionem illam tractandi.

SECTIO VI.

De motu & resistentia corporum funependulorum.

PROPOSITIO XXIV.   THEOREMA XIX.

Quantitates materiæ in corporibus funependulis, quorum centra oscillationum a centro suspensionis æqualiter distant, sunt in ratione composita ex ratione ponderum & ratione duplicata temporum oscillationum in vacuo.

Nam velocitas, quam data vis in data materia dato tempore generare potest, est ut vis & tempus directe, & materia inverse. Quo major est vis vel majus tempus vel minor materia, eo major generabitur velocitas. Id quod per motus legem secundam manifestum est. Jam vero si pendula ejusdem sint longitudinis, vires motrices in locis a perpendiculo æqualiter distantibus sunt ut pondera : ideoque si corpora duo oscillando describant arcus æquales, & arcus illi dividantur in partes æquales ; cum tempora quibus corpora describant singulas arcuum partes correspondentes sint ut tempora oscillationum totarum, erunt velocitates ad invicem in correspondentibus oscillationum partibus, ut vires motrices & tota oscillationum tempora directe & quantitates materiæ reciproce : ideoque quantitates materiæ ut vires & oscillationum tempora directe & velocitates reciproce. Sed velocitates reciproce sunt ut tempora, atque ideo tempora directe & velocitates reciproce sunt ut quadrata temporum, & propterea quantitates materiæ sunt ut vires motrices & quadrata temporum, id est, ut pondera & quadrata temporum. *Q. E. D.*

Corol. 1. Ideoque si tempora sunt æqualia, quantitates materiæ in singulis corporibus erunt ut pondera.

Corol. 2. Si pondera sunt æqualia, quantitates materiæ erunt ut quadrata temporum.

Corol. 3. Si quantitates materiæ æquantur, pondera erunt reciproce ut quadrata temporum.

Corol. 4. Unde cum quadrata temporum, cæteris paribus, sint ut longitudines pendulorum; si & tempora & quantitates materiæ æqualia sunt, pondera erunt ut longitudines pendulorum.

Corol. 5. Et universaliter, quantitas materiæ pendulæ est ut pondus & quadratum temporis directe, & longitudo penduli inverse.

Corol. 6. Sed & in medio non resistente quantitas materiæ pendulæ est ut pondus comparativum & quadratum temporis directe & longitudo penduli inverse. Nam pondus comparativum est vis motrix corporis in medio quovis gravi, ut supra explicui; ideoque idem præstat in tali medio non resistente atque pondus absolutum in vacuo.

Corol. 7. Et hinc liquet ratio tum comparandi corpora inter se, quoad quantitatem materiæ in singulis; tum comparandi pondera ejusdem corporis in diversis locis, ad cognoscendam variationem gravitatis. Factis autem experimentis quam accuratissimis inveni semper quantitatem materiæ in corporibus singulis eorum ponderi proportionalem esse.

PROPOSITIO XXV. THEOREMA XX.

Corpora Funependula quibus, in medio quovis, resistitur in ratione momentorum temporis, & corpora funependula quæ in ejusdem gravitatis specificæ medio non resistente moventur, oscillationes in cycloïde eodem tempore peragunt, & arcuum partes proportionales simul describunt.

Sit *A B* cycloidis arcus, quem corpus *D* tempore quovis in medio non resistente oscillando describit. Bisecetur idem in *C*, ita ut *C* sit infimum ejus punctum; & erit vis acceleratrix qua corpus urgetur in loco quovis D vel d vel E ut longitudo arcus CD vel Cd vel CE. Exponatur vis illa per eundem arcum; & cum resistentia sit ut momentum temporis, ideoque detur, exponatur eadem per datam arcus cycloidis partem CO, & sumatur arcus Od in ratione ad arcum CD quam habet arcus OB ad arcum CB: & vis qua corpus in d urgetur in medio resistente, cum sit excessus vis Cd supra resistentiam CO, exponetur per arcum Od, ideoque erit ad vim, qua corpus D urgetur in medio non resistente in loco D, ut arcus Od ad arcum CD; & propterea etiam in loco B ut arcus OB ad arcum CB. Proinde si corpora duo, D, d exeant de loco B, & his viribus urgeantur: cum vires sub initio sint ut arcus CB & OB, erunt velocitates primæ & arcus primo descripti in eadem ratione. Sunto arcus illi BD & Bd, & arcus reliqui CD, Od erunt in eadem ratione. Proinde vires ipsis CD, Od proportionales manebunt

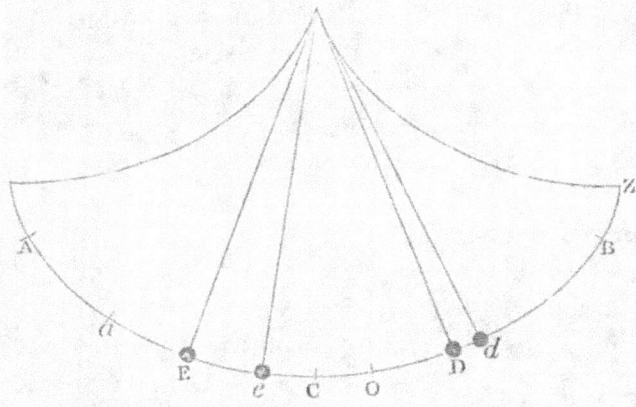

in eadem ratione ac sub initio, & propterea corpora pergent arcus in eadem ratione simul describere. Igitur vires & velocitates & arcus reliqui CD, Od semper erunt ut arcus toti CB, OB, & propterea arcus illi reliqui simul describentur. Quare corpora duo D, d simul pervenient ad loca C & O, alterum quidem in medio non resistente ad locum C, & alterum in medio resistente ad locum O. Cum autem velocitates in C & O sint ut arcus CB, OB; erunt arcus, quos corpora ulterius pergendo simul describunt, in eadem ratione. Sunto illi CE & Oe. Vis qua corpus d in medio non resistente retardatur in E est ut CE, & vis qua corpus d in medio resistente retardatur in *e* est ut summa vis Ce & resistentiæ CC, id est ut Oe; ideoque vires, quibus corpora retardantur, sunt ut arcubus CE, Oe proportionales arcus CB, OB; proindeque velocitates, in data illa ratione retardatæ, manent in eadem illa data ratione. Velocitates igitur & arcus iisdem descripti semper sunt ad invicem in data illa ratione arcuum CB & OB; & propterea si sumantur arcus toti AB, aB in eadem ratione, corpora D, d simul describent hos arcus, & in locis A & a motum omnem simul amittent. Isochronæ sunt igitur oscillationes totæ, & arcubus totis BA, Ba proportionales sunt arcuum partes quælibet BD, Bd vel BE, Be quæ simul describuntur. *Q. E. D.*

Corol. Igitur motus velocissimus in medio resistente non incidit in punctum infimum C, sed reperitur in puncto illo O, quo arcus totus descriptus aB bisecatur. Et corpus subinde pergendo ad *a*, iisdem gradibus retardatur quibus antea accelerabatur in descensu suo a B ad O.

PROPOSITIO XXVI. THEOREMA XXI.

Corporum funependulorum, quibus resistitur in ratione velocitatum, oscillationes in cycloide sunt Isochronæ.

Nam si corpora duo, a centris suspensionum æqualiter distantia, oscillando describant arcus inæquales, & velocitates in arcuum partibus correspondentibus sint ad invicem ut arcus toti ; resistentiæ velocitatibus proportionales, erunt etiam ad invicem ut iidem arcus. Proinde si viribus motricibus a gravitate oriundis, quæ sint ut iidem arcus, auferantur vel addantur hæ resistentiæ, erunt differentiæ vel summæ ad invicem in eadem arcuum ratione : cumque velocitatum incrementa vel decrementa sint ut hæ differentiæ vel summæ velocitates semper erunt ut arcus toti : Igitur velocitates, si sint in aliquo casu ut arcus toti, manebunt semper in eadem ratione. Sed in principio motus, ubi corpora incipiunt descendere & arcus illos describere, vires, cum sint arcubus proportionales, generabunt velocitates arcubus proportionales. Ergo velocitates semper erunt ut arcus toti describendi, & propterea arcus illi simul describentur. *Q.E.D.*

PROPOSITIO XXVII. THEOREMA XXII.

Si corporibus funependulis resistitur in duplicata ratione velocitatum, differentiæ inter tempora oscillationum in medio resistente ac tempora oscillationum in ejusdem gravitatis specificæ medio non resistente, erunt arcubus oscillando descriptis proportionales quam proxime.

Nam pendulis æqualibus in medio resistente describantur arcus inæquales A, B; & resistentia corporis in arcu A, erit ad resistentiam corporis in parte correspondente arcus B, in duplicata ratione velocitatum, id est, ut A A ad B B, quam proxime. Si resistentia in arcu B esset ad resistentiam in arcu A ut A B ad A A; tempora in arcubus A & B forent æqualia, per propositionem superiorem. Ideoque resistentia AA in arcu A, vel AB in arcu B, efficit excessum temporis in arcu A supra tempus in medio non resistente; & resistentia BB efficit excessum temporis in arcu B supra tempus in medio non resistente. Sunt autem excessus illi ut vires efficientes AB & BB quam proxime, id est, ut arcus A & B. *Q.E.D.*

Corol. 1. Hinc ex oscillationum temporibus, in medio resistente, in arcubus inæqualibus factarum, cognosci possunt tempora oscillationum in ejusdem gravitatis specificæ medio non resistente. Nam differentia temporum erit ad excessum temporis in arcu minore supra tempus in medio non resistente, ut differentia arcuum ad arcum minorem.

Corol. 2. Oscillationes breviores sunt magis isochronæ, & brevissimæ iisdem temporibus peraguntur ac in medio non resistente, quam proxime. Earum vero, quæ in majoribus arcubus fiunt, tempora sunt paulo majora, propterea quod resistentia in descensu corporis qua tempus producitur major sit pro ratione longitudinis in descensu descriptæ, quam resistentia in ascensu subsequente qua tempus contrahitur. Sed & tempus oscillationum tam brevium quam longarum nonnihil produci videtur per motum medii. Nam corporibus tardescentibus paulo minus resistitur, pro ratione velocitatis, & corporibus acceleratis paulo magis quam iis quæ uniformiter progrediuntur: idque quia medium, eo quem a corporibus accepit motu, in eandem plagam pergendo, in priore casu magis agitatur, in posteriore minus; ac proinde magis vel minus cum corporibus motis conspirat. Pendulis igitur in descensu magis resistit, in ascensu minus quam pro ratione velocitatis, & ex utraque causa tempus producitur.

PROPOSITIO XXVIII. THEOREMA XXIII.

Si corpori funependulo in cycloide oscillanti resistitur in ratione mo-mentorum temporis, erit ejus resistentia ad vim gravitatis ut excessus arcus descensu toto descripti supra arcum ascensu subsequente descrip-tum, ad penduli longitudinem duplicatam.

Designet *B C* arcum descensu descriptum, *C a* arcum ascensu descriptum, & *A a* differentiam arcuum: & stantibus quæ in proposi-tione XXV constructa & demonstrata sunt, erit vis, qua corpus os-cillans urgetur in loco quovis *D*, ad vim resistentiæ ut arcus *C D* ad arcum *C O*, qui semissis est differentiæ illius *A a*. Ideoque vis,

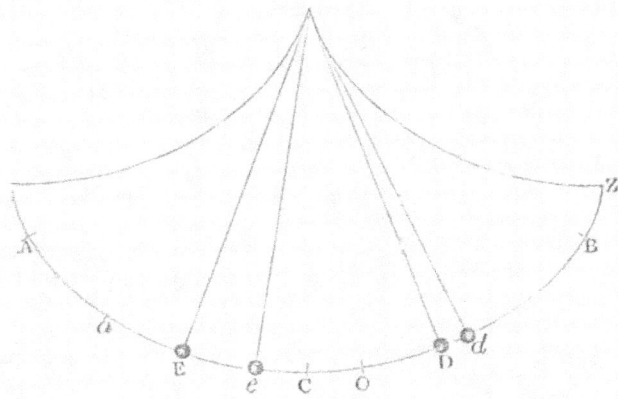

qua corpus oscillans urgetur in cycloidis principio seu puncto altis-simo, id est, vis gravitatis, erit ad resistentiam ut arcus cycloidis inter punctum illud supremum & punctum infimum *C* ad arcum *C O;* id est (si arcus duplicentur) ut cycloidis totius arcus, seu dupla penduli longitudo, ad arcum *A a*. Q. E. D.

PROPOSITIO XXIX. PROBLEMA VI.

Posito quod corpori in cycloide oscillanti resistitur in duplicata ratione velocitatis : invenire resistentiam in locis singulis.

Sit $B\,a$ arcus oscillatione integra descriptus, sitque C infimum cycloidis punctum, & CZ semissis arcus cycloidis totius, longitudini penduli æqualis; & quæratur resistentia corporis in loco quovis D. Secetur recta infinita OQ in punctis O, S, P, Q, ea lege, ut (si erigantur perpendicula OK, ST, PI, QE, centroque O & asymptotis OK, OQ describatur hyperbola $TIGE$ secans perpendicula ST, PI, QE in T, I & E, & per punctum I agatur KF parallela asymptoto OQ occurrens asymptoto OK in K, & perpendiculis ST & QE in L & F) fuerit area hyperbolica $PIEQ$ ad aream hyperbolicam $PITS$ ut arcus BC descensu corporis descriptus ad arcum

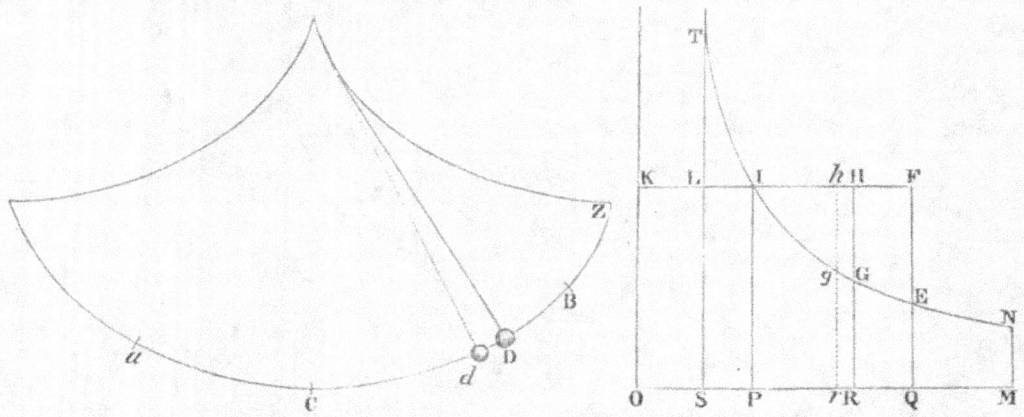

Ca ascensu descriptum, & area IEF ad aream ILT ut OQ ad OS. Dein perpendiculo MN abscindatur area hyperbolica $PINM$ quæ sit ad aream hyperbolicam $PIEQ$ ut arcus CZ ad arcum BC descensu descriptum. Et si perpendiculo RG abscindatur area hyperbolica $PIGR$, quæ sit ad aream $PIEQ$ ut arcus quilibet CD ad arcum BC descensu toto descriptum; erit resistentia in loco D ad vim gravitatis, ut area $\frac{OR}{OQ} IEF - IGH$ ad aream $PINM$.

Nam cum vires a gravitate oriundæ quibus corpus in locis Z, B, D, a urgetur, sint ut arcus CZ, CB, CD, Ca, & arcus illi sint ut areæ

PINM, PIEQ, PIGR, PITS; exponantur tum arcus tum vires per has areas respective. Sit insuper Dd spatium quam minimum a corpore descendente descriptum, & exponatur idem per aream quam minimam $RGgr$ parallelis RG, rg comprehensam; & producatur rg ad h, ut sint $GHhg$, & $RGgr$ contemporanea arearum $IGH, PIGR$ decrementa. Et areæ $\frac{OR}{OQ} IEF - IGH$ incrementum $GHhg - \frac{Rr}{OQ} IEF$, seu $Rr \times HG - \frac{Rr}{OQ} IEF$, erit ad areæ $PIGR$ decrementum $RGgr$, seu $Rr \times RG$, ut $HG - \frac{IEF}{OQ}$ ad RG; ideoque ut $OR \times HG - \frac{OR}{OQ} IEF$ ad $OR \times GR$ seu $OP \times PI$, hoc est (ob æqualia $OR \times HG$, $OR \times HR - OR \times GR$, $ORHK - OPIK$, $PIHR$ & $PIGR + IGH$) ut $PIGR + IGH - \frac{OR}{OQ} IEF$ ad $OPIK$. Igitur si area $\frac{OR}{OQ} IEF - IGH$ dicatur Y, atque areæ $PIGR$ decrementum $RGgr$ detur, erit incrementum areæ Y ut $PIGR - Y$.

Quod si V designet vim a gravitate oriundam, arcui describendo CD proportionalem qua corpus urgetur in D, & R pro resistentia ponatur; erit $V - R$ vis tota qua corpus urgetur in D. Est itaque incrementum velocitatis ut $V - R$ & particula illa temporis in qua factum est conjunctim: Sed & velocitas ipsa est ut incrementum contemporaneum spatii descripti directe & particula eadem temporis inverse. Unde, cum resistentia per hypothesin sit ut quadratum velocitatis, incrementum resistentiæ (per lem. 11) erit ut velocitas & incrementum velocitatis conjunctim, id est, ut momentum spatii & $V - R$ conjunctim; atque ideo, si momentum spatii detur, ut $V - R$; id est, si pro vi V scribatur ejus exponens $PIGR$, & resistentia R exponatur per aliam aliquam aream Z, ut $PIGR - Z$.

Igitur area $PIGR$ per datorum momentorum subductionem uniformiter decrescente, crescunt area Y in ratione $PIGR - Y$, & area Z in ratione $PIGR - Z$. Et propterea si areæ Y & Z simul incipiant & sub initio æquales sint, hæ per additionem æqualium momentorum pergent esse æquales, & æqualibus itidem momentis

subinde decrescentes simul evanescent.   Et vicissim, si simul incipiunt & simul evanescunt, æqualia habebunt momenta & semper erunt
æquales : id adeo quia si resistentia Z augeatur, velocitas una cum
arcu illo Ca, qui in ascensu corporis describitur, diminuetur ; &
puncto in quo motus omnis una cum resistentia cessat propius
accedente ad punctum C, resistentia citius evanescet quam area Y.
Et contrarium eveniet ubi resistentia diminuitur.

Jam vero area Z incipit desinitque ubi resistentia nulla est, hoc
est, in principio motus ubi arcus CD arcui CB æquatur & recta
RG incidit in rectam QE, & in fine motus ubi arcus CD arcui
Ca æquatur & RG incidit in rectam ST.   Et area Y seu $\dfrac{OR}{OQ}$

$IEF-IGH$ incipit desinitque ubi nulla est, ideoque ubi $\dfrac{OR}{OQ}$

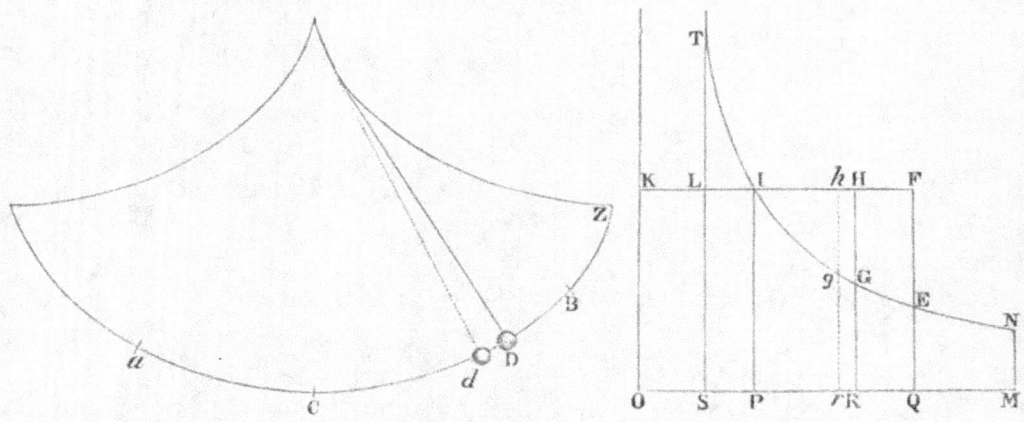

IEF & IGH æqualia sunt : hoc est (per constructionem) ubi
recta RG incidit successive in rectas QE & ST.   Proindeque areæ
illæ simul incipiunt & simul evanescunt, & propterea semper sunt
æquales.   Igitur area $\dfrac{OR}{OQ}$ $IEF-IGH$ æqualis est areæ Z, per
quam resistentia exponitur, & propterea est ad aream $PINM$ per
quam gravitas exponitur, ut resistentia ad gravitatem.   *Q. E. D.*

Corol. 1. Est igitur resistentia in loco infimo C ad vim gravitatis,
ut area $\dfrac{OP}{OQ}$ IEF ad aream $PINM$.

Corol. 2. Fit autem maxima, ubi area $PIHR$ est ad aream IEF
ut OR ad OQ.   Eo enim in casu momentum ejus (nimirum $PIGR$
$-$Y) evadit nullum.

Corol. 3. Hinc etiam innotescit velocitas in locis singulis : quippe quæ est in subduplicata ratione resistentiæ, & ipso motus initic æquatur velocitati corporis in eadem cycloide sine omni resistentia oscillantis.

Cæterum ob difficilem calculum quo resistentia & velocitas per hanc propositionem inveniendæ sunt, visum est propositionem sequentem subjungere.

PROPOSITIO XXX.   THEOREMA XXIV.

Si recta a B *æqualis sit cycloidis arcui quem corpus oscillando describit,*
& ad singula ejus puncta D *erigantur perpendicula* D K, *quæ sint*
ad longitudinem penduli ut resistentia corporis in arcus punctis cor-
respondentibus ad vim gravitatis : dico quod differentia inter arcum
descensu toto descriptum & arcum ascensu toto subsequente descriptum,
ducta in arcuum eorundem semisummam, æqualis erit areæ B K a x
perpendiculis omnibus D K *occupatæ.*

Exponatur enim tum cycloidis arcus, oscillatione integra descriptus, per rectam illam sibi æqualem *a B*, tum arcus qui describeretur in vacuo per longitudinem *A B*. Bisecetur *A B* in *C*, & punctum *C* repræsentabit infimum cycloidis punctum, & erit *C D* ut

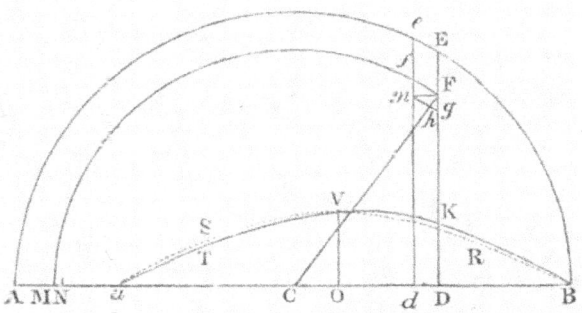

vis a gravitate oriunda, qua corpus in *D* secundum tangentem cycloidis urgetur, eamque habebit rationem ad longitudinem penduli quam habet vis in *D* ad vim gravitatis. Exponatur igitur vis

illa per longitudinem CD, & vis gravitatis per longitudinem penduli, & si in DE capiatur DK in ea ratione ad longitudinem penduli quam habet resistentia ad gravitatem, erit DK exponens
resistentiæ.   Centro C & intervallo CA vel CB construatur semicirculus $BE\,e\,A$.   Describat autem corpus tempore quam minimo
spatium Dd, & erectis perpendiculis DE, de circumferentiæ occurrentibus in E & e, erunt hæc ut velocitates quas corpus in vacuo,
descendendo a puncto B, acquireret in locis D & d. (Patet hoc
per prop. LII lib. I.)   Exponantur itaque hæ velocitates per perpendicula illa DE, de; sitque DF velocitas quam acquirit in D
cadendo de B in medio resistente.   Et si centro C & intervallo
CF describatur circulus $Ff M$ occurrens rectis de & AB in f & M,
erit M locus ad quem deinceps sine ulteriore resistentia ascenderet, & df velocitas quam acquireret in d.   Unde etiam si Fg
designet velocitatis momentum quod corpus D, describendo spa-

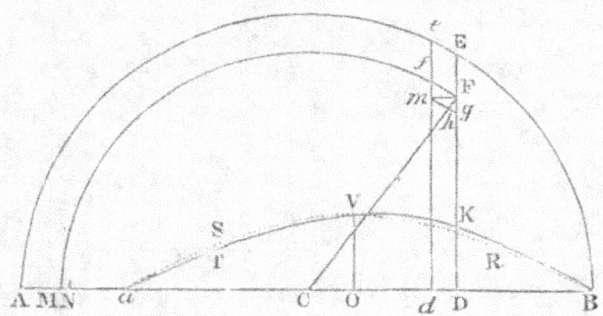

tium quam minimum Dd, ex resistentia medii amittit; & sumatur CN æqualis Cg: erit N locus ad quem corpus deinceps sine
ulteriore resistentia ascenderet, & MN erit decrementum ascensus
ex velocitatis illius amissione oriundum.   Ad df demittatur perpendiculum Fm, & velocitatis DF decrementum Fg, a resistentia DK
genitum, erit ad velocitatis ejusdem incrementum fm a vi CD genitum, ut vis generans DK ad vim generantem CD.   Sed & ob
similia triangula Fmf, Fhg, FDC, est fm ad Fm seu Dd ut CD
ad DF; & ex æquo Fg ad Dd ut DK ad DF.   Item Fh ad Fg
ut DF ad CF; & ex æquo perturbate, Fh seu MN ad Dd ut DK
ad CF seu CM; ideoque summa omnium $MN \times CM$ æqualis erit
summæ omnium $Dd \times DK$.   Ad punctum mobile M erigi semper
intelligatur ordinata rectangula æqualis indeterminatæ CM, quæ

motu continuo ducatur in totam longitudinem $A\,a$; & trapezium ex illo motu descriptum sive huic æquale rectangulum $A\,a \times \frac{1}{2}\,cB$ æquabitur summæ omnium $MN \times CM$, ideoque summæ omnium $Dd \times DK$, id est, areæ $BKVTa$, *Q. E. D.*

Corol. Hinc ex lege resistentiæ & arcuum Ca, CB differentia $A\,a$ colligi potest proportio resistentiæ ad gravitatem quam proxime.

Nam si uniformis sit resistentia DK, figura $BKTa$ rectangulum erit sub Ba & DK ; & inde rectangulum sub $\frac{1}{2}\,Ba$ & $A\,a$ erit æquale rectangulo sub Ba & DK, & DK æqualis erit $\frac{1}{2}\,A\,a$. Quare cum DK sit exponens resistentiæ, & longitudo penduli exponens gravitatis, erit resistentia ad gravitatem ut $\frac{1}{2}\,A\,a$ ad longitudinem penduli ; omnino ut in prop. XXVIII demonstratum est.

Si resistentia sit ut velocitas, figura $BKTa$ ellipsis erit quam proxime. Nam si corpus, in medio non resistente, oscillatione integra describeret longitudinem BA, velocitas in loco quovis D foret ut circuli diametro AB descripti ordinatim applicata DE. Proinde cum Ba in medio resistente, & BA in medio non resistente æqualibus circiter temporibus describantur ; ideoque velocitates in singulis ipsius Ba punctis, sint quam proxime ad velocitates in punctis correspondentibus longitudinis BA, ut est Ba ad BA ; erit velocitas in puncto D in medio resistente ut circuli vel ellipseos super diametro Ba descripti ordinatim applicata ; ideoque figura $BKVTa$ ellipsis erit quam proxime. Cum resistentia velocitati proportionalis supponatur, sit OV exponens resistentiæ in puncto medio O ; & ellipsis $BRVSa$, centro O, semiaxibus OB, OV descripta, figuram $BKVTa$, eique æquale rectangulum $A\,a \times BO$, æquabit quamproxime. Est igitur $A\,a \times BO$ ad $OV \times BO$ ut area ellipseos hujus ad $OV \times BO$: id est, $A\,a$ ad OV ut area semicirculi ad quadratum radii, sive ut 11 ad 7 circiter : Et propterea $\frac{7}{11}\,A\,a$ ad longitudinem penduli ut corporis oscillantis resistentia in O ad ejusdem gravitatem.

Quod si resistentia DK sit in duplicata ratione velocitatis, figura $BKVTa$ fere parabola erit verticem habens V & axem OV, ideoque æqualis erit rectangulo sub $\frac{2}{3}\,Ba$ & OV quam proxime. Est igitur rectangulum sub $\frac{1}{2}\,Ba$ & $A\,a$ æquale rectangulo sub $\frac{2}{3}\,Ba$ & OV, ideoque OV æqualis $\frac{3}{4}\,A\,a$: & propterea corporis oscillantis resistentia in O ad ipsius gravitatem ut $\frac{3}{4}\,A\,a$ ad longitudinem penduli

Atque has conclusiones in rebus practicis abunde satis accuratas esse censeo. Nam cum ellipsis vel parabola $B R V S a$ congruat cum figura $B K V T a$ in puncto medio V, hæc si ad partem alterutram $B R V$ vel $V S a$ excedit figuram illam, deficiet ab eadem ad partem alteram, & sic eidem æquabitur quam proxime.

PROPOSITIO XXXI. THEOREMA XXV.

Si corporis oscillantis resistentia in singulis arcuum descriptorum partibus proportionalibus augeatur vel minuatur in data ratione; differentia inter arcum descensu descriptum & arcum subsequente ascensu descriptum, augebitur vel diminuetur in eadem ratione.

Oritur enim differentia illa ex retardatione penduli per resistentiam medii, ideoque est ut retardatio tota eique proportionalis resistentia retardans. In superiore propositione rectangulum sub recta $\frac{1}{2} a B$ & arcuum illorum $C B$, $C a$ differentia $A a$ æqualis erat areæ $B K T a$.

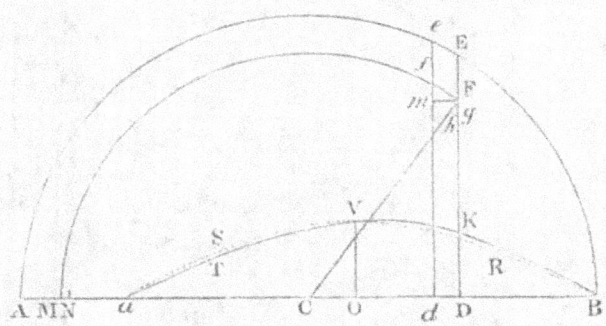

Et area illa, si maneat longitudo $a B$, augetur vel diminuetur in ratione ordinatim applicatarum $D K$; hoc est, in ratione resistentiæ, ideoque est ut longitudo $a B$ & resistentia conjunctim. Proindeque rectangulum sub $A a$ & $\frac{1}{2} a B$ est ut $a B$ & resistentia conjunctim, & propterea $A a$ ut resistentia. *Q. E. D.*

Corol. 1. Unde si resistentia sit ut velocitas, differentia arcuum in eodem medio erit ut arcus totus descriptus : & contra.

Corol. 2. Si resistentia sit in duplicata ratione velocitatis, differentia illa erit in duplicata ratione arcus totius : & contra.

Corol. 3. Et universaliter, si resistentia sit in triplicata vel alia quavis ratione velocitatis, differentia erit in eadem ratione arcus totius: & contra.

Corol. 4. Et si resistentia sit partim in ratione simplici velocitatis, partim in ejusdem ratione duplicata, differentia erit partim in ratione arcus totius & partim in ejus ratione duplicata : & contra. Eadem erit lex & ratio resistentiæ pro velocitate, quæ est differentiæ illius pro longitudine arcus.

Corol. 5. Ideoque si, pendulo inæquales arcus successive describente, inveniri potest ratio incrementi ac decrementi differentiæ hujus pro longitudine arcus descripti ; habebitur etiam ratio incrementi ac decrementi resistentiæ pro velocitate majore vel minore.

Scholium Generale.

Ex his propositionibus, per oscillationes pendulorum in mediis quibuscunque, invenire licet resistentiam mediorum. Aeris vero resistentiam investigavi per experimenta sequentia. Globum ligneum pondere unciarum *Romanarum* 57$\frac{7}{2}$, diametro digitorum *Londinensium* 6$\frac{7}{8}$ fabricatum, filo tenui ab unco satis firmo suspendi, ita ut inter uncum & centrum oscillationis globi distantia esset pedum 10$\frac{1}{2}$. In filo punctum notavi pedibus decem & uncia una a centro suspensionis distans ; & e regione puncti illius collocavi regulam in digitos distinctam, quorum ope notarem longitudines arcuum a pendulo descriptas. Deinde numeravi oscillationes quibus globus octavam motus sui partem amitteret. Si pendulum deducebatur a perpendiculo ad distantiam duorum digitorum, & inde demittebatur ; ita ut toto suo descensu describeret arcum duorum digitorum, totaque oscillatione prima, ex descensu & ascensu subsequente composita, arcum digitorum fere quatuor : idem oscillationibus 164 amisit octavam motus sui partem, sic ut ultimo suo ascensu describeret arcum digiti unius cum tribus partibus quartis digiti. Si primo descensu descripsit arcum digitorum quatuor ; amisit octavam motus partem oscillationibus 121, ita ut ascensu ultimo describeret arcum digitorum 3$\frac{1}{2}$. Si primo descensu descripsit arcum digitorum octo, sexdecim, triginta duorum vel sexaginta quatuor ; amisit octavam motus partem oscillationibus 69, 35$\frac{1}{2}$, 18$\frac{1}{2}$, 9$\frac{2}{3}$, respective. Igitur differentia inter arcus descensu primo & ascensu ultimo descriptos, erat in casu primo, secundo, tertio, quarto, quinto, sexto, digitorum $\frac{1}{4}$, $\frac{1}{2}$, 1, 2, 4, 8 respective. Dividantur eæ differentiæ per numerum oscillationum in casu unoquoque, & in oscillatione una mediocri, qua arcus digitorum $3\frac{3}{4}$, $7\frac{1}{2}$, 15, 30, 60, 120 descriptus fuit, differentia arcuum descensu & subsequente ascensu descriptorum, erit $\frac{1}{656}$, $\frac{1}{242}$, $\frac{1}{69}$, $\frac{4}{71}$, $\frac{8}{37}$, $\frac{24}{29}$ partes digiti respective. Hæ autem in majoribus oscillationibus sunt in duplicata ratione arcuum descriptorum quam proxime, in minoribus vero paulo majores quam in ea ratione; & propterea (per corol. 2 prop. xxxi libri hujus) resistentia globi, ubi celerius movetur, est in duplicata ratione velocitatis quam proxime; ubi tardius, paulo major quam in ea ratione.

Designet jam V velocitatem maximam in oscillatione quavis, sintque A, B, C quantitates datæ, & fingamus quod differentia arcuum sit $AV + BV^{\frac{3}{2}} + CV^{2}$. Cum velocitates maximæ sint in cycloide ut semisses arcuum oscillando descriptorum, in circulo vero ut semissium arcuum illorum chordæ; ideoque paribus arcubus majores sint in cycloide quam in circulo, in ratione semissium arcuum ad eorundem chordas; tempora autem in circulo sint majora quam in cycloide in velocitatis ratione reciproca; patet arcuum differentias (quæ sunt ut resistentia & quadratum temporis conjunctim) easdem fore, quamproxime, in utraque curva: deberent enim differentiæ illæ in cycloide augeri, una cum resistentia, in duplicata circiter ratione arcus ad chordam, ob velocitatem in ratione illa simplici auctam; & diminui, una cum quadrato temporis, in eadem duplicata ratione. Itaque ut reductio fiat ad cycloidem, eædem sumendæ sunt arcuum differentiæ quæ fuerunt in circulo observatæ, velocitates vero maximæ ponendæ sunt arcubus vel dimidiatis vel integris, hoc est, numeris $\frac{1}{2}$, 1, 2, 4, 8, 16 analogæ. Scribamus ergo in casu secundo, quarto & sexto numeros 1, 4 & 16 pro V; & prodibit arcuum differentia $\frac{\frac{1}{2}}{121} = A + B + C$ in casu secundo; $\frac{2}{35\frac{1}{2}} = 4A + 8B + 16C$ in casu quarto; & $\frac{8}{9\frac{2}{3}} = 16A + 64B + 256C$ in casu sexto. Et ex his æquationibus, per debitam collationem & reductionem analyticam, fit $A = 0,0000916$, $B = 0,0010847$, & $C = 0,0029558$. Est igitur differentia arcuum ut $0,0000916\,V + 0,0010847\,V^{\frac{3}{2}} + 0,0029558\cdot V^{2}$:

& propterea cum (per corollarium propositionis xxx applicatum ad hunc casum) resistentia globi in medio arcus oscillando descripti, ubi velocitas est V, sit ad ipsius pondus ut $\frac{1}{11}$ A V $+ \frac{7}{10}$ B V$^{\frac{3}{2}}$ $+ \frac{3}{4}$ C V^2 ad longitudinem penduli ; si pro A, B & C scribantur numeri inventi, fiet resistentia globi ad ejus pondus, ut 0,0000583 V $+$ 0,0007593 V$^{\frac{3}{2}}$ $+$ 0,0022169 V^2 ad longitudinem penduli inter centrum suspensionis & regulam, id est, ad 121 digitos. Unde cum V in casu secundo designet 1, in quarto 4, in sexto 16 : erit resistentia ad pondus globi in casu secundo ut 0,0030345 ad 121, in quarto ut 0,041748 ad 121, in sexto ut 0,61705 ad 121.

Arcus quem punctum in filo notatum in casu sexto descripsit, erat $120 - \frac{8}{9\frac{3}{5}}$ seu 119$\frac{7}{10}$ digitorum. Et propterea cum radius esset 121 digitorum, & longitudo penduli inter punctum suspensionis & centrum globi esset 126 digitorum, arcus quem centrum globi descripsit erat 124$\frac{3}{31}$ digitorum. Quoniam corporis oscillantis velocitas maxima, ob resistentiam aeris, non incidit in punctum infimum arcus descripti, sed in medio fere loco arcus totius versatur : hæc eadem erit circiter ac si globus descensu suo toto in medio non resistente describeret arcus illius partem dimidiam digitorum 62$\frac{3}{62}$, idque in cycloide, ad quam motum penduli supra reduximus : & propterea velocitas illa æqualis erit velocitati quam globus, perpendiculariter cadendo & casu suo describendo altitudinem arcus illius sinui verso æqualem, acquirere posset. Est autem sinus ille versus in cycloide ad arcum istum 62$\frac{3}{62}$ ut arcus idem ad penduli longitudinem duplam 252, & propterea æqualis digitis 15,278. Quare velocitas ea ipsa est quam corpus cadendo & casu suo spatium 15,278 digitorum describendo acquirere posset. Tali igitur cum velocitate globus resistentiam patitur, quæ sit ad ejus pondus ut 0,61705 ad 121, vel (si resistentiæ pars illa sola spectetur quæ est in velocitatis ratione duplicata) ut 0,56752 ad 121.

Experimento autem hydrostatico inveri quod pondus globi hujus lignei esset ad pondus globi aquei magnitudinis ejusdem ut 55 ad 97 : & propterea cum 121 sit ad 213,4 in eadem ratione, erit resistentia globi aquei præfata cum velocitate progredientis ad ipsius pondus ut 0,56752 ad 213,4, id est, ut 1 ad 376$\frac{1}{10}$. Unde cum pon-

dus globi aquei, quo tempore globus cum velocitate uniformiter
continuata describat longitudinem digitorum 30,556, velocitatem
illam omnem in globo cadente generare posset ; manifestum est
quod vis resistentiæ eodem tempore uniformiter continuata tollere
posset velocitatem minorem in ratione 1 ad 376$\frac{4}{10}$, hoc est, velocitatis
totius partem $\dfrac{1}{376\frac{4}{10}}$. Et propterea quo tempore globus, ea cum
velocitate uniformiter continuata, longitudinem semidiametri suæ,
seu digitorum 3$\frac{1}{10}$, describere posset, eodem amitteret motus sui
partem $\frac{1}{3342}$.

Numerabam etiam oscillationes quibus pendulum quartam motus
sui partem amisit. In sequente tabula numeri supremi denotant
longitudinem arcus descensu primo descripti, in digitis & partibus
digiti expressam : numeri medii significant longitudinem arcus
ascensu ultimo descripti ; & loco infimo stant numeri oscillationum.
Experimentum descripsi tanquam magis accuratum quam cum motus
pars tantum octava amitteretur. Calculum tentet qui volet.

Descensus primus	2	4	8	16	32	64
Ascensus ultimus	1$\frac{1}{2}$	3	6	12	24	48
Numerus Oscillat.	374	272	162$\frac{1}{2}$	83$\frac{1}{3}$	41$\frac{2}{3}$	22$\frac{2}{3}$

Postea globum plumbeum diametro digitorum 2, & pondere unciarum *Romanarum* 26$\frac{1}{4}$ suspendi filo eodem, sic ut inter centrum
globi & punctum suspensionis intervallum esset pedum 10$\frac{1}{2}$, &
numerabam oscillationes quibus data motus pars amitteretur. Tabu-
larum subsequentium prior exhibet numerum oscillationum quibus
pars octava motus totius cessavit ; secunda numerum oscillationum
quibus ejusdem pars quarta amissa fuit.

Descensus primus	1	2	4	8	16	32	64
Ascensus ultimus	$\frac{1}{2}$	$\frac{1}{2}$	3$\frac{1}{2}$	7	14	28	56
Numerus Oscillat.	226	228	193	140	90$\frac{1}{2}$	53	30

Descensus primus	1	2	4	8	16	32	64
Ascensus ultimus	$\frac{3}{4}$	1$\frac{1}{2}$	3	6	12	24	48
Numerous Oscillat.	510	518	420	318	204	121	70

In tabula priore seligendo ex observationibus tertiam, quintam &

septimam, & expenendo velocitates maximas in his observationibus particulatim per numeros 1, 4, 16 respective, & generaliter per quantitatem V ut supra: emerget in observatione tertia $\frac{\frac{1}{2}}{193} = A + B + C$, in quinta $\frac{2}{90\frac{1}{2}} = 4 A + 8 B + 16 C$, in septima $\frac{8}{30} = 16 A + 64 B + 256 C$. Hæ vero æquationes reductæ dant $A = 0,001414$, $B = 0,000297$, $C = 0,000879$. Et inde prodit resistentia globi cum velocitate V moti in ea ratione ad pondus suum unciarum $26\frac{1}{4}$, quam habet $0,0009 V + 0,000208 V^{\frac{3}{2}} + 0,000659 V^2$ ad penduli longitudinem 121 digitorum. Et si spectemus eam solummodo resistentiæ partem quæ est in duplicata ratione velocitatis, hæc erit ad pondus globi ut $0,000659 V^2$ ad 121 digitos. Erat autem hæc pars resistentiæ in experimento primo ad pondus globi lignei unciarum $57\frac{2}{22}$ ut $0,002217 V^2$ ad 121: & inde fit resistentia globi lignei ad resistentiam globi plumbei (paribus eorum velocitatibus) ut $57\frac{1}{4}$ in $0,002217$ ad $26\frac{1}{4}$ in $0,000659$, id est, ut $7\frac{1}{3}$ ad 1. Diametri globorum duorum erant $6\frac{7}{8}$ & 2 digitorum, & harum quadrata sunt ad invicem ut $47\frac{1}{4}$ & 4. seu $11\frac{13}{16}$ & 1 quamproxime. Ergo resistentiæ globorum æquivelocium erant in minore ratione quam duplicata diametrorum. At nondum consideravimus resistentiam fili, quæ certe permagna erat, ac de pendulorum inventa resistentia subduci debet. Hanc accurate definire non potui, sed majorem tamen inveni quam partem tertiam resistentiæ totius minoris penduli; & inde didici quod resistentiæ globorum, dempta fili resistentia, sunt quam proxime in duplicata ratione diametrorum. Nam ratio $7\frac{1}{3} - \frac{1}{2}$ ad $1 - \frac{1}{6}$, seu $10\frac{1}{2}$ ad 1 non longe abest a diametrorum ratione duplicata $11\frac{13}{16}$ ad 1.

Cum resistentia fili in globis majoribus minoris sit momenti, tentavi etiam experimentum in globo cujus diameter erat $18\frac{3}{4}$ digitorum. Longitudo penduli inter punctum suspensionis & centrum oscillationis erat digitorum $122\frac{1}{2}$, inter punctum suspensionis & nodum in filo $109\frac{1}{2}$ dig. Arcus primo penduli descensu a nodo descriptus 32 dig. Arcus ascensu ultimo post oscillationes quinque ab eodem nodo descriptus 28 dig. Summa arcuum seu arcus totus oscillatione mediocri descriptus 60 dig. Differentia arcuum 4 dig. Ejus pars decima seu differentia inter descensum & ascensum in oscillatione mediocri $\frac{2}{5}$ dig.   Ut radius $109\frac{1}{2}$ ad radium $122\frac{1}{2}$ ita arcus totus 60 dig. oscillatione mediocri a nodo descriptus ad arcum totum $67\frac{1}{8}$ dig. oscillatione mediocri a centro globi descriptum ; & ita differentia $\frac{2}{5}$ ad differentiam novam 0,4475.   Si longitudo penduli, manente longitudine arcus descripti, augeretur in ratione 126 ad $122\frac{1}{2}$; tempus oscillationis augeretur & velocitas penduli diminueretur in ratione illa subduplicata, maneret vero arcuum descensu & subsequente ascensu descriptorum differentia 0,4475.   Deinde si arcus descriptus augeretur in ratione $124\frac{3}{31}$ ad $67\frac{1}{8}$, differentia ista 0,4475 augeretur in duplicata illa ratione, ideoque evaderet 1,5295.   Hæc ita se haberent, ex hypothesi quod resistentia penduli esset in duplicata ratione velocitatis.   Ergo si pendulum describeret arcum totum $124\frac{3}{31}$ digitorum, & longitudo ejus inter punctum suspensionis & centrum oscillationis esset 126 digitorum, differentia arcuum descensu & subsequente ascensu descriptorum foret 1,5295 digitorum.   Et hæc differentia ducta in pondus globi penduli, quod erat unciarum 208, producit 318,136.   Rursus ubi pendulum superius ex globo ligneo constructum centro oscillationis, quod a puncto suspensionis digitos 126 distabat, describebat arcum totum $124\frac{3}{31}$ digitorum, differentia arcuum descensu & ascensu descriptum fuit $\dfrac{126}{121}$ in $\dfrac{8}{9\frac{3}{5}}$, quæ ducta in pondus globi, quod erat unciarum $57\frac{1}{22}$ producit 49,396.   Duxi autem differentias hasce in pondera globorum, ut invenirem eorum resistentias.   Nam differentiæ oriuntur ex resistentiis, suntque ut resistentiæ directe & pondera inverse.   Sunt igitur resistentiæ ut numeri 318,136 & 49,396.   Pars autem resistentiæ globi minoris, quæ est in duplicata ratione velocitatis, erat ad resistentiam totam ut 0,56752 ad 0,61675, id est, ut 45,453 ad 49,396 ; & pars resistentiæ globi majoris propemodum æquatur ipsius resistentiæ toti ; ideoque partes illæ sunt ut 318,136 & 45,453 quamproxime, id est, ut 7 & 1.   Sunt autem globorum diametri $18\frac{3}{4}$ & $6\frac{7}{8}$; & harum quadrata $351\frac{9}{16}$ & $47\frac{17}{64}$ sunt ut 7,438 & 1, id est, ut globorum resistentiæ 7 & 1 quamproxime.   Differentia rationum haud major est, quam quæ ex fili resistentia oriri potuit.   Igitur resistentiarum partes illæ quæ sunt, paribus globis, ut quadrata velocitatum ; sunt etiam, paribus velocitatibus, ut quadrata diametrorum globorum.

Cæterum globorum, quibus usus sum in his experimentis, maximus non erat perfecte sphæricus, & propterea in calculo hic allato minutias quasdam brevitatis gratia neglexi; de calculo accurato in experimento non satis accurato minime sollicitus. Optarim itaque, cum demonstratio vacui ex his dependeat, ut experimenta cum globis & pluribus & majoribus & magis accuratis tentarentur. Si globi sumantur in proportione geometrica, puta quorum diametri sint digitorum 4, 8, 16, 32; ex progressione experimentorum colligetur quid in globis adhuc majoribus evenire debeat.

Jam vero conferendo resistentias diversorum fluidorum inter se tentavi sequentia. Arcam ligneam paravi longitudine pedum quatuor, latitudine & altitudine pedis unius. Hanc operculo nudatam implevi aqua fontana, fecique ut immersa pendula in medio aquæ oscillando moverentur. Globus autem plumbeus pondere $166\frac{1}{6}$ unciarum, diametro $3\frac{5}{8}$ digitorum movebatur ut in tabula sequente descripsimus, existente videlicet longitudine penduli a puncto supensionis ad punctum quoddam in filo notato 126 digitorum, ad oscillationis autem centrum $134\frac{3}{8}$ digitorum.

Arcus descensu primo a puncto in filo notato descriptus, digitorum	64	32	16	8	4	2	1	$\frac{1}{2}$	$\frac{1}{4}$
Arcus ascensu ultimo descriptus, digitorum	48	24	12	6	3	$1\frac{1}{2}$	$\frac{3}{4}$	$\frac{3}{8}$	$\frac{3}{16}$
Arcuum differentia motui amisso proportionalis, digitorum	16	8	4	2	1	$\frac{1}{2}$	$\frac{1}{4}$	$\frac{1}{8}$	$\frac{1}{16}$
Numerus Oscillationum in aqua			$\frac{29}{60}$	$1\frac{1}{5}$	3	7	$11\frac{1}{4}$	$12\frac{2}{3}$	$13\frac{1}{3}$
Numerus Oscillationum in aere	$85\frac{1}{2}$		287	535					

In experimento columnæ quartæ, motus æquales oscillationibus 535 in aere, & $1\frac{1}{5}$ in aqua amissi sunt. Erant quidem oscillationes in aere paulo celeriores quam in aqua. At si oscillationes in aqua in ea ratione accelerarentur ut motus pendulorum in medio utroque fierent æquiveloces, maneret numerus idem oscillationum $1\frac{1}{5}$ in aqua, quibus motus idem ac prius amitteretur; ob resistentiam auctam & simul quadratum temporis diminutum in eadem ratione illa duplicata. Paribus igitur pendulorum velocitatibus motus æquales in aere oscillationibus 535 & in aqua oscillationibus $1\frac{1}{5}$ amissi sunt; ideoque resistentia penduli in aqua est ad ejus resistentiam in aere ut 535 ad $1\frac{1}{2}$. Hæc est proportio resistentiarum totarum in casu columnæ quartæ.

Designet jam $AV + CV^2$ differentiam arcuum in descensu & subsequente ascensu descriptorum a globo in aere cum velocitate maxima V moto ; & cum velocitas maxima in casu columnæ quartæ sit ad velocitatem maximam in casu columnæ primæ, ut 1 ad 8 ; & differentia illa arcuum in casu columnæ quartæ ad differentiam in casu columnæ primæ ut $\frac{2}{535}$ ad $\frac{16}{85\frac{1}{2}}$, seu ut $85\frac{1}{2}$ ad 4280 ; scribamus in his casibus 1 & 8 pro velocitatibus, atque $85\frac{1}{2}$ & 4280 pro differentiis arcuum, & fiet $A + C = 85\frac{1}{2}$ & $8A + 64C = 4280$ seu $A + 8C = 535$; indeque per reductionem æquationum proveniet $7C = 449\frac{1}{2}$ & $C = 64\frac{3}{14}$ & $A = 21\frac{2}{7}$: atque ideo resistentia, cum sit ut $\frac{3}{14}AV + \frac{3}{4}CV^2$, erit ut $13\frac{1}{14}V + 48\frac{9}{56}V^2$. Quare in casu columnæ quartæ, ubi velocitas erat 1, resistentia tota est ad partem suam quadrato velocitatis proportionalem, ut $13\frac{1}{14} + 48\frac{9}{56}$ seu $61\frac{1}{7}$ ad $48\frac{9}{56}$; & idcirco resistentia penduli in aqua est ad resistentiæ partem illam in aere, quæ quadrato velocitatis proportionalis est, quæque sola in motibus velocioribus consideranda venit, ut $61\frac{1}{7}$ ad $48\frac{9}{56}$ & 535 ad $1\frac{1}{2}$ conjunctim, id est, ut 571 ad 1. Si penduli in aqua oscillantis filum totum fuisset immersum, resistentia ejus fuisset adhuc major ; adeo ut penduli in aqua oscillantis resistentia illa, quæ velocitatis quadrato proportionalis est, quæque sola in corporibus velocioribus consideranda venit, sit ad resistentiam ejusdem penduli totius, eadem cum velocitate in aere oscillantis, ut 850 ad 1 circiter, hoc est, ut densitas aquæ ad densitatem aeris quamproxime.

In hoc calculo sumi quoque deberet pars illa resistentiæ penduli in aqua, quæ esset ut quadratum velocitatis, sed (quod mirum forte videatur) resistentia in aqua augebatur in ratione velocitatis plusquam duplicata. Ejus rei causam investigando, in hanc incidi, quod area nimis angusta esset pro magnitudine globi penduli, & motum aquæ cedentis præ angustia sua nimis impediebat. Nam si globus pendulus, cujus diameter erat digiti unius, immergeretur ; resistentia augebatur in duplicata ratione velocitatis quam proxime. Id tentabam construendo pendulum ex globis duobus, quorum inferior & minor oscillaretur in aqua, superior & major proxime supra aquam filo affixus esset, & in aere oscillando, adjuvaret motum penduli eumque diuturniorem redderet. Experimenta autem hoc modo instituta se habebant ut in tabula sequente describitur.

Arcus descensu primo descriptus	16	8	4	2	1	$\frac{1}{2}$	$\frac{1}{4}$
Arcus ascensu ultimo descriptus	12	6	3	$1\frac{1}{2}$	$\frac{3}{4}$	$\frac{3}{8}$	$\frac{3}{16}$
Arcuum diff. motui amisso proport.	4	2	1	$\frac{1}{2}$	$\frac{1}{4}$	$\frac{1}{8}$	$\frac{1}{16}$
Numerus Oscillationum	$3\frac{3}{8}$	$6\frac{1}{2}$	$12\frac{1}{2}$	$21\frac{1}{3}$	34	53	$62\frac{1}{2}$

Conferendo resistentias mediorum inter se, effeci etiam ut pendula ferrea oscillarentur in argento vivo. Longitudo fili ferrei erat pedum quasi trium, & diameter globi penduli quasi tertia pars digiti. Ad filum autem proxime supra mercurium affixus erat globus alius plumbeus satis magnus ad motum penduli diutius continuandum. Tum vasculum, quod capiebat quasi libras tres argenti vivi, implebam vicibus alternis argento vivo & aqua communi, ut pendulo in fluido utroque successive oscillante, invenirem proportionem resistentiarum : & prodiit resistentia argenti vivi ad resistentiam aquæ ut 13 vel 14 ad 1 circiter : id est, ut densitas argenti vivi ad densitatem aquæ. Ubi globum pendulum paulo majorem adhibebam, puta cujus diameter esset quasi $\frac{1}{2}$ vel $\frac{2}{3}$ partes digiti, prodibat resistentia argenti vivi in ea ratione ad resistentiam aquæ, quam habet numerus 12 vel 10 ad 1 circiter. Sed experimento priori magis fidendum est, propterea quod in his ultimis vas nimis angustum fuit pro magnitudine globi immersi. Ampliato globo, deberet etiam vas ampliari. Constitueram quidem hujusmodi experimenta in vasis majoribus & in liquoribus tum metallorum fusorum, tum aliis quibusdam tam calidis quam frigidis repetere : sed omnia experiri non vacat, & ex jam descriptis satis liquet resistentiam corporum celeriter motorum densitati fluidorum in quibus moventur proportionalem esse quam proxime. Non dico accurate. Nam fluida tenaciora, pari densitate, proculdubio magis resistunt quam liquidiora, ut oleum frigidum quam calidum, calidum quam aqua pluvialis, aqua quam spiritus vini. Verum in liquoribus, qui ad sensum satis fluidi sunt, ut in aere, in aqua seu dulci seu salsa, in spiritibus vini, terebinthi & salium in oleo a fæcibus per destillationem liberato & calefacto, oleoque vitrioli & mercurio, ac metallis liquefactis, & siqui sint alii, qui tam fluidi sunt ut in vasis agitati motum impressum diutius conservent, effusique liberrime in guttas decurrendo resolvantur, nullus dubito quin regula allata satis accurate obtineat : præsertim si experimenta in corporibus pendulis & majoribus & velocius motis instituantur.

Denique cum nonnullorum opinio sit, medium quoddam æthereum & longe subtilissimum extare, quod omnes omnium corporum poros & meatus liberrime permeet ; a tali autem medio per corporum poros fluente resistentia oriri debeat : ut tentarem an resistentia, quam in motis corporibus experimur, tota sit in eorum externa superficie, an vero partes etiam internæ in superficiebus propriis resistentiam notabilem sentiant, excogitavi experimentum tale. Filo pedum undecim longitudinis ab unco chalybeo satis firmo, mediante annulo chalybeo, suspendebam pyxidem abiegnam rotundam, ad constituendum pendulum longitudinis prædictæ. Uncus sursum præacutus erat acie concava, ut annulus arcu suo superiore aciei innixus liberrime moveretur. Arcui autem inferiori annectebatur filum. Pendulum ita constitutum deducebam a perpendiculo ad distantiam quasi pedum sex, idque secundum planum aciei unci perpendiculare, ne annulus, oscillante pendulo, supra aciem unci ultro citroque laberetur. Nam punctum suspensionis, in quo annulus uncum tangit, immotum manere debet. Locum igitur accurate notabam, ad quem deduxeram pendulum, dein pendulo demisso notabam alia tria loca ad quæ redibat in fine oscillationis primæ, secundæ ac tertiæ. Hoc repetebam sæpius, ut loca illa quam potui accuratissime invenirem. Tum pyxidem plumbo & gravioribus, quæ ad manus erant, metallis implebam. Sed prius ponderabam pyxidem vacuam, una cum parte fili quæ circum pyxidem volvebatur ac dimidio partis reliquæ quæ inter uncum & pyxidem pendulam tendebatur. Nam filum tensum dimidio ponderis sui pendulum a perpendiculo digressum semper urget. Huic ponderi addebam pondus aeris quem pyxis capiebat. Et pondus totum erat quasi pars septuagesima octava pyxidis metallorum plenæ. Tum quoniam pyxis metallorum plena, pondere suo tendendo filum, augebat longitudinem penduli, contrahebam filum ut penduli jam oscillantis eadem esset longitudo ac prius. Dein pendulo ad locum primo notatum retracto ac dimisso, numerabam oscillationes quasi septuaginta & septem, donec pyxis ad locum secundo notatum rediret, totidemque subinde donec pyxis ad locum tertio notatum rediret, atque rursus totidem donec pyxis reditu suo attingeret locum quartum. Unde concludo quod resistentia tota pyxidis plenæ non majorem habebat proportionem ad resistentiam pyxidis vacuæ quam 78 ad 77. Nam si æquales essent ambarum resistentiæ, pyxis plena, ob vim suam insitam septuagies & octies majorem vi insita pyxidis vacuæ, motum suum oscillatorium tanto diutius conservare deberet, atque ideo completis semper oscillationibus 78 ad loca illa notata redire. Rediit autem ad eadem completis oscillationibus 77.

Designet igitur A resistentiam pyxidis in ipsius superficie externa, & B resistentiam pyxidis vacuæ in partibus internis; & si resistentiæ corporum æquivelocium in partibus internis sint ut materia, seu numerus particularum quibus resistitur: erit 78 B resistentia pyxidis plenæ in ipsius partibus internis: ideoque pyxidis vacuæ resistentia tota A + B erit ad pyxidis plenæ resistentiam totam A + 78 B ut 77 ad 78, & divisim A + B ad 77 B, ut 77 ad 1, indeque A + B ad B ut 77×77 ad 1, & divisim A ad B ut 5928 ad 1. Est igitur resistentia pyxidis vacuæ in partibus internis quinquies millies minor quam ejusdem resistentia in externa superficie, & amplius. Sic vero disputamus ex hypothesi quod major illa resistentia pyxidis plenæ, non ab alia aliqua causa latente oriatur, sed ab actione sola fluidi alicujus subtilis in metallum inclusum.

Hoc experimentum recitavi memoriter. Nam charta, in qua illud aliquando descripseram, intercidit. Unde fractas quasdam numerorum partes, quæ memoria exciderunt, omittere compulsus sum.

Nam omnia denuo tentare non vacat. Prima vice, cum unco infirmo usus essem, pyxis plena citius retardabatur. Causam quærendo, reperi quod uncus infirmus cedebat ponderi pyxidis & ejus oscillationibus obsequendo in partes omnes flectebatur. Parabam igitur uncum firmum, ut punctum suspensionis immotum maneret, & tunc omnia ita evenerunt uti supra descripsimus.

SECTIO VII.

De motu fluidorum & resistentia projectilium.

PROPOSITIO XXXII. THEOREMA XXVI.

*Si corporum systemata duo similia ex æquali particularum numero
constent, & particulæ correspondentes similes sint & proportionales,
singulæ in uno systemate singulis in altero, & similiter sitæ inter
se, ac datam habeant rationem densitatis ad invicem, & inter se
temporibus proportionalibus similiter moveri incipiant (eæ inter se
quæ in uno sunt systemate & eæ inter se quæ sunt in altero) & si
non tangant se mutuo quæ in eodem sunt systemate, nisi in momentis
reflexionum, neque attrahant, vel fugent se mutuo, nisi viribus
acceleratricibus quæ sint ut particularum correspondentium diametri
inverse & quadrata velocitatum directe: dico quod systematum
particulæ illæ pergent inter se temporibus proportionalibus similiter
moveri.*

Corpora similia & similiter sita temporibus proportionalibus inter
se similiter moveri dico, quorum situs ad invicem in fine temporum
illorum semper sunt similes : puta si particulæ unius systematis cum
alterius particulis correspondentibus conferantur.   Unde tempora
erunt proportionalia, in quibus similes & proportionales figurarum
similium partes a particulis correspondentibus describuntur.   Igitur
si duo sint ejusmodi systemata, particulæ correspondentes, ob similitudinem inceptorum motuum, pergent similiter moveri, usque
donec sibi mutuo occurrant.   Nam si nullis agitantur viribus, progredientur uniformiter in lineis rectis per motus leg. 1. Si viribus
aliquibus se mutuo agitant, & vires illæ sint ut particularum correspondentium diametri inverse & quadrata velocitatum directe ; quoniam
particularum situs sunt similes & vires proportionales, vires totæ
quibus particulæ correspondentes agitantur, ex viribus singulis

agitantibus (per legum corollarium secundum) compositæ, similes habebunt determinationes, perinde ac si centra inter particulas similiter sita respicerent; & erunt vires illæ totæ ad invicem ut vires singulæ componentes, hoc est, ut correspondentium particularum diametri inverse, & quadrata velocitatum directe : & propterea efficient ut correspondentes particulæ figuras similes describere pergant. Hæc ita se habebunt (per corol. 1 & 8 prop. IV lib. 1) si modo centra illa quiescant. Sin moveantur, quoniam ob translationum similitudinem, similes manent eorum situs inter systematum particulas; similes inducentur mutationes in figuris quas particulæ describunt. Similes igitur erunt correspondentium & similium particularum motus usque ad occursus suos primos, & propterea similes occursus, & similes reflexiones, & subinde (per jam ostensa) similes motus inter se donec iterum in se mutuo inciderint, & sic deinceps in infinitum. *Q. E. D.*

Corol. 1. Hinc si corpora duo quævis, quæ similia sint & ad systematum particulas correspondentes similiter sita, inter ipsas temporibus proportionalibus similiter moveri incipiant, sintque eorum magnitudines ac densitates ad invicem ut magnitudines ac densitates correspondentium particularum : hæc pergent temporibus proportionalibus similiter moveri. Est enim eadem ratio partium majorum systematis utriusque atque particularum.

Corol. 2. Et si similes & similiter positæ systematum partes omnes quiescant inter se : & earum duæ, quæ cæteris majores sint, & sibi mutuo in utroque systemate correspondeant, secundum lineas similiter sitas simili cum motu utcunque moveri incipiant : hæ similes in reliquis systematum partibus excitabunt motus, & pergent inter ipsas temporibus proportionalibus similiter moveri ; atque ideo spatia diametris suis proportionalia describere.

PROPOSITIO XXXIII. THEOREMA XXVII.

Iisdem positis, dico quod systematum partes majores resistuntur in ratione composita ex duplicata ratione velocitatum suarum & duplicata ratione diametrorum & ratione densitatis partium systematum.

Nam resistentia oritur partim ex viribus centripetis vel centri-

fugis quibus particulæ systematum se mutuo agitant, partim ex occur-
sibus & reflexionibus particularum & partium majorum. Prioris
autem generis resistentiæ sunt ad invicem ut vires totæ motrices a
quibus oriuntur, id est, ut vires totæ acceleratrices & quantitates
materiæ in partibus correspondentibus ; hoc est (per hypothesin) ut
quadrata velocitatum directe & distantiæ particularum correspondentium inverse & quantitates materiæ in partibus correspondentibus
directe : ideoque cum distantiæ particularum systematis unius sint
ad distantias correspondentes particularum alterius, ut diameter particulæ vel partis in systemate priore ad diametrum particulæ vel
partis correspondentis in altero, & quantitates materiæ sint ut densitates partium & cubi diametrorum ; resistentiæ sunt ad invicem ut
quadrata velocitatum & quadrata diametrorum & densitates partium
systematum. *Q. E. D.* Posterioris generis resistentiæ sunt ut reflexionum correspondentium numeri & vires conjunctim. Numeri
autem reflexionum sunt ad invicem ut velocitates partium correspondentium directe, & spatia inter earum reflexiones inverse. Et
vires reflexionum sunt ut velocitates & magnitudines & densitates
partium correspondentium conjunctim ; id est, ut velocitates & diametrorum cubi & densitates partium. Et conjunctis his omnibus
rationibus, resistentiæ partium correspondentium sunt ad invicem ut
quadrata velocitatum & quadrata diametrorum & densitates partium
conjunctim. *Q. E. D.*

Corol. 1. Igitur si systemata illa sint fluida duo elastica ad modum
aeris, & partes eorum quiescant inter se : corpora autem duo similia
& partibus fluidorum quoad magnitudinem & densitatem proportionalia, & inter partes illas similiter posita, secundum lineas similiter
positas utcunque projiciantur ; vires autem acceleratrices, quibus particulæ fluidorum se mutuo agitant, sint ut corporum projectorum
diametri inverse, & quadrata velocitatum directe : corpora illa temporibus proportionalibus similes excitabunt motus in fluidis, & spatia
similia ac diametris suis proportionalia describent.

Corol. 2. Proinde in eodem fluido projectile velox resistentiam
patitur, quæ est in duplicata ratione velocitatis quam proxime. Nam
si vires, quibus particulæ distantes se mutuo agitant, augerentur in
duplicata ratione velocitatis, resistentia foret in eadem ratione duplicata accurate ; ideoque in medio, cujus partes ab invicem distan-

tes sese viribus nullis agitant, resistentia est in duplicata ratione velocitatis accurate. Sunto igitur media tria A, B, C, ex partibus similibus & æqualibus & secundum distantias æquales regulariter dispositis constantia. Partes mediorum A & B fugiant se mutuo viribus quæ sint ad invicem ut T & V illæ medii C ejusmodi viribus omnino destituantur. Et si corpora quatuor æqualia D, E, F, G in his mediis moveantur, priora duo D & E in prioribus duobus A & B, & altera duo F & G in tertio C; sitque velocitas corporis D ad velocitatem corporis E, & velocitas corporis F ad velocitatem corporis G in subduplicata ratione virium T ad vires V: resistentia corporis D erit ad resistentiam corporis E, & resistentia corporis F ad resistentiam corporis G, in velocitatum ratione duplicata; & propterea resistentia corporis D erit ad resistentiam corporis F ut resistentia corporis E ad resistentiam corporis G. Sunto corpora D & F æquivelocia ut & corpora E & G; & augendo velocitates corporum D & F in ratione quacunque, ac diminuendo vires particularum medii B in eadem ratione duplicata, accedet medium B ad formam & conditionem medii C pro libitu, & idcirco resistentiæ corporum æqualium & æquivelocium E & G in his mediis, perpetuo accedent ad æqualitatem, ita ut earum differentia evadat tandem minor quam data quævis. Proinde cum resistentiæ corporum D & F sint ad invicem ut resistentiæ corporum E & G, accedent etiam hæ similiter ad rationem æqualitatis. Corporum igitur D & F, ubi velocissime moventur, resistentiæ sunt æquales quam proxime: & propterea cum resistentia corporis F sit in duplicata ratione velocitatis, erit resistentia corporis D in eadem ratione quam proxime.

Corol. 3. Corporis in fluido quovis elastico velocissime moti eadem fere est resistentia ac si partes fluidi viribus suis centrifugis destituerentur, seque mutuo non fugerent: si modo fluidi vis elastica ex particularum viribus centrifugis oriatur, & velocitas adeo magna sit ut vires non habeant satis temporis ad agendum.

Corol. 4. Proinde cum resistentiæ similium & æquivelocium corporum, in medio cujus partes distantes se mutuo non fugiunt, sint ut quadrata diametrorum; sunt etiam æquivelocium & celerrime motorum corporum resistentiæ in fluido elastico ut quadrata diametrorum quam proxime.

X

Corol. 5. Et cum corpora similia, æqualia & æquivelocia, in mediis ejusdem densitatis, quorum particulæ se mutuo non fugiunt, sive particulæ illæ sint plures & minores, sive pauciores & majores, in æqualem materiæ quantitatem temporibus æqualibus impingant, eique æqualem motus quantitatem imprimant, & vicissim (per motus legem tertiam) æqualem ab eadem reactionem patiantur, hoc est, æqualiter resistantur : manifestum est etiam quod in ejusdem densitatis fluidis elasticis, ubi velocissime moventur, æquales sint eorum resistentiæ quam proxime ; sive fluida illa ex particulis crassioribus constent, sive ex omnium subtilissimis constituantur. Ex medii subtilitate resistentia projectilium celerrime motorum non multum diminuitur.

Corol. 6. Hæc omnia ita se habent in fluidis, quorum vis elastica ex particularum viribus centrifugis originem ducit. Quod si vis illa aliunde oriatur, veluti ex particularum expansione ad instar lanæ vel ramorum arborum, aut ex alia quavis causa, qua motus particularum inter se redduntur minus liberi : resistentia, ob minorem medii fluiditatem, erit major quam in superioribus corollariis.

PROPOSITIO XXXIV.   THEOREMA XXVIII.

Si globus & cylindrus æqualibus diametris descripti, in medio raro ex
particulis æqualibus & ad æquales ab invicem distantias libere dis-
positis constante, secundum plagam axis cylindri, æquali cum velocitate moveantur : erit resistentia globi duplo minor quam resistentia
cylindri.

Nam quoniam actio medii in corpus eadem est (per legum corol. 5) sive corpus in medio quiescente moveatur, sive medii particulæ eadem cum velocitate impingant in corpus quiescens : consideremus corpus tanquam quiescens, & videamus quo impetu urgebitur a medio movente. Designet igitur $A B K I$ corpus sphæricum centro C semidiametro $C A$ descriptum, & incidant particulæ medii data cum velocitate in corpus illud sphæricum, secundum rectas ipsi $A C$ parallelas : sitque $F B$ ejusmodi recta. In ea capiatur $L B$ semidiametro $C B$ æqualis, & ducatur $B D$ quæ sphæram tangat in B. In $K C$ & $B D$ demittantur perpendiculares $B E$, $L D$, & vis qua particula medii, secundum rectam FB oblique incidendo, globum ferit in B, erit ad vim qua particula eadem cylindrum $ONGQ$ axe ACI circa globum descriptum perpendiculariter feriret in b, ut LD ad LB vel BE ad BC. Rursus efficacia huius vis ad movendum globum secundum incidentiæ suæ plagam FB vel AC, est ad ejusdem effi-

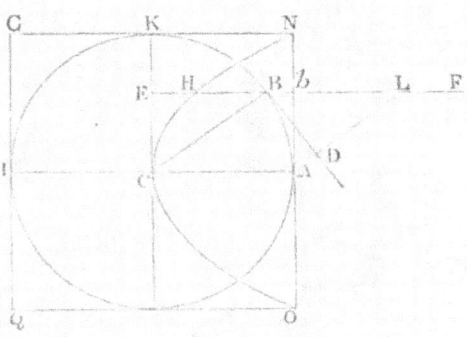

caciam ad movendum globum secundum plagam determinationis suæ, id est, secundum plagam rectæ BC qua globum directe urget ut BE ad BC. Et conjunctis rationibus, efficacia particulæ in globum secundum rectam FB oblique incidentis, ad movendum eundem secundum plagam incidentiæ suæ, est ad efficaciam par-

ticulæ ejusdem secundum eandem rectam in cylindrum perpendiculariter incidentis, ad ipsum movendum in plagam eandem, ut BE quadratum ad BC quadratum. Quare si in bE, quæ perpendicularis est ad cylindri basem circularem NAO & æqualis radio AC, sumatur bH æqualis $\dfrac{BE\ quad.}{CB}$: erit bH ad bE ut effectus particulæ in globum ad effectum particulæ in cylindrum. Et propterea solidum quod a rectis omnibus bH occupatur erit ad solidum quod a rectis omnibus bE occupatur, ut effectus particularum omnium in globum ad effectum particularum omnium in cylindrum. Sed solidum prius est parabolois vertice C, axe CA & latere recto CA descriptum, & solidum posterius est cylindrus paraboloidi circumscriptus: & notum est quod parabolois sit semissis cylindri circumscripti. Ergo vis tota medii in globum est duplo minor quam ejusdem vis tota in cylindrum. Et propterea si particulæ medii quiescerent, & cylindrus ac globus æquali cum velocitate moverentur, foret resistentia globi duplo minor quam resistentia cylindri. *Q.E.D.*

Scholium.

Eadem methodo figuræ aliæ inter se quoad resistentiam comparari possunt, eæque inveniri quæ ad motus suos in mediis resistentibus continuandos aptiores sunt. Ut si base circulari $CEBH$, quæ centro

O, radio *O C* describitur, & altitudine *O D*,
construendum sit frustum coni *C B G F*,
quod omnium eadem basi & altitudine
constructorum & secundum plagam axis
sui versus *D* progredientium frustorum
minime resistatur : biseca altitudinem *O D*
in *Q* & produc *O Q* ad *S* ut sit *Q S*
æqualis *Q C*, & erit *S* vertex coni cujus
frustum quæritur.

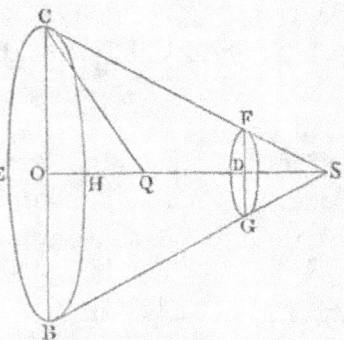

Unde obiter, cum angulus *C S B* semper sit acutus, consequens
est, quod si solidum *A D B E* convolutione figuræ ellipticæ vel ovalis
A D B E circa axem *A B* facta generetur, & tangatur figura generans
a rectis tribus *F G*, *G H*, *H I* in punctis *F*, *B* & *I*, ea lege ut *G H*
sit perpendicularis ad axem in puncto contactus *B*, & *F G*, *H I* cum
eadem *G H* contineant angulos *F G B*, *B H I* graduum 135, solidum,
quod convolutione figuræ *A D F G H I E* circa axem eundem *A B*
generatur, minus resistitur quam solidum prius; si modo utrumque
secundum plagam axis sui *A B* progrediatur, & utriusque terminus *B*
præcedat.   Quam quidem propositionem in construendis navibus non
inutilem futuram esse censeo.

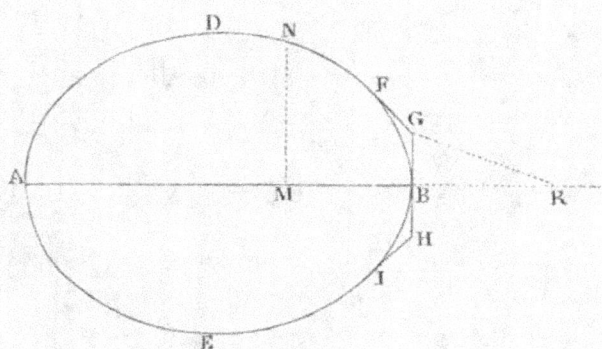

. Quod si figura *D N F G* ejusmodi sit curva, ut, si ab ejus puncto
quovis *N* ad axem *A B* demittatur perpendiculum *N M*, & a puncto
dato *G* ducatur recta *G R* quæ parallela sit rectæ figuram tangenti in
N, & axem productum secet in *R*, fuerit *M N* ad *G R* ut *G R*
cub. ad 4 *B R* × *G B q*; solidum quod figuræ hujus revolutione
circa axem *A B* facta describitur, in medio raro prædicto ab *A* ver-

sus *B* movendo, minus resistetur quam aliud quodvis eadem longitudine & latitudine descriptum solidum circulare.

PROPOSITIO XXXV.   PROBLEMA VII.

Si medium rarum ex particulis quam minimis quiescentibus æqualibus
& ad æquales ab invicem distantias libere dispositis constet: invenire
resistentiam globi in hoc medio uniformiter progredientis.

Cas. 1. Cylindrus eadem diametro & altitudine descriptus progredi intelligatur eadem velocitate secundum longitudinem axis sui in eodem medio. Et ponamus quod particulæ medii, in quas globus vel cylindrus incidit, vi reflexionis quam maxima resiliant. Et cum resistentia globi (per propositionem novissimam) sit duplo minor quam resistentia cylindri, & globus sit ad cylindrum ut duo ad tria, & cylindrus incidendo perpendiculariter in particulas, ipsasque quam maxime reflectendo, duplam sui ipsius velocitatem ipsis communicet: cylindrus, quo tempore dimidiam longitudinem axis sui uniformiter progrediendo describit, communicabit motum particulis, qui sit ad totum cylindri motum ut densitas medii ad densitatem cylindri; & globus, quo tempore totam longitudinem diametri suæ uniformiter progrediendo describit, communicabit motum eundem particulis; & quo tempore duas tertias partes diametri suæ describit, communicabit motum particulis, qui sit ad totum globi motum ut densitas medii ad densitatem globi. Et propterea globus resistentiam patitur, quæ sit ad vim qua totus ejus motus vel auferri possit vel generari quo tempore duas tertias partes diametri suæ uniformiter progrediendo describit, ut densitas medii ad densitatem globi.

Cas. 2. Ponamus quod particulæ medii in globum vel cylindrum incidentes non reflectantur; & cylindrus incidendo perpendiculariter in particulas simplicem suam velocitatem ipsis communicabit. ideoque resistentiam patitur duplo minorem quam in priore casu, & resistentia globi erit etiam duplo minor quam prius.

Cas. 3. Ponamus quod particulæ medii vi reflexionis neque maxima neque nulla, sed mediocri aliqua resiliant a globo; & resistentia globi

erit in eadem ratione mediocri inter resistentiam in primo casu &
resistentiam in secundo.   *Q. E. I.*

Corol. 1. Hinc si globus & particulæ sint infinite dura, & vi omni
elastica & propterea etiam vi omni reflexionis destituta : resistentia
globi erit ad vim qua totus ejus motus vel auferri possit vel generari,
quo tempore globus quatuor tertias partes diametri suæ describit, ut
densitas medii ad densitatem globi.

Corol. 2. Resistentia globi, cæteris paribus, est in duplicata ratione
velocitatis.

Corol. 3. Resistentia globi, cæteris paribus, est in duplicata ratione
diametri.

Corol. 4. Resistentia globi, cæteris paribus, est ut densitas medii.

Corol. 5. Resistentia globi est in ratione quæ componitur ex
duplicata ratione velocitatis & duplicata ratione diametri & ratione
densitatis medii.

Corol. 6. Et motus globi cum ejus resistentia sic exponi potest.
Sit *A B* tempus quo globus per resistentiam suam uniformiter continuatam totum suum motum amittere potest.   Ad *A B* erigantur
perpendicula *A D, B C.* Sitque *B C* motus ille totus, & per punctum
C asymptotis *A D, A B* describatur hyperbola *C F.*   Producatur *A B*
ad punctum quodvis *E.*   Erigatur per-
pendiculum *E F* hyperbolæ occurrens in *F.*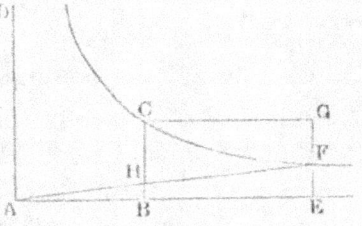
Compleatur parallelogrammum *C B E G,*
& agatur *A F* ipsi *B C* occurrens in *H.*
Et si globus tempore quovis *B E,* motu
suo primo *B C* uniformiter continuato, in
medio non resistente describat spatium
C B E G per aream parallelogrammi expositum, idem in medio
resistente describet spatium *C B E F* per aream hyperbolæ expositum,
& motus ejus in fine temporis illius exponetur per hyperbolæ ordinatam *E F,* amissa motus ejus parte *F G.* Et resistentia ejus in fine
temporis ejusdem exponetur per longitudinem *B H,* amissa resistentiæ
parte *C H.* Patent hæc omnia per corol. 1 & 3 prop. v lib. II.

Corol. 7. Hinc si globus tempore T per resistentiam R uniformiter
continuatam amittat motum suum totum M : idem globus tempore
t in medio resistente, per resistentiam R in duplicata velocitatis
ratione decrescentem, amittet motus sui M partem $\dfrac{t\,M}{T+t}$, ma-

nente parte $\dfrac{TM}{T+t}$; & describet spatium quod sit ad spatium motu uniformi M eodem tempore t descriptum, ut logarithmus numeri $\dfrac{T+t}{T}$ multiplicatus per numerum 2,302585092994 est ad numerum $\dfrac{t}{T}$, propterea quod area hyperbolica $BCFE$ est ad rectangulum $BCGE$ in hac proportione.

Scholium.

In hac propositione exposui resistentiam & retardationem projectilium sphæricorum in mediis non continuis, & ostendi quod hæc resistentia sit ad vim qua totus globi motus vel tolli possit vel generari quo tempore globus duas tertias diametri suæ partes velocitate uniformiter continuata describat, ut densitas medii ad densitatem globi, si modo globus & particulæ medii sint summe elastica & vi maxima reflectendi polleant: quodque hæc vis sit duplo minor ubi globus & particulæ medii sunt infinite dura & vi reflectendi prorsus destituta. In mediis autem continuis qualia sunt aqua, oleum calidum, & argentum vivum, in quibus globus non incidit immediate in omnes fluidi particulas resistentiam generantes, sed premit tantum proximas particulas & hæ premunt alias & hæ alias, resistentia est adhuc duplo minor. Globus utique in hujusmodi mediis fluidissimis resistentiam patitur quæ est ad vim qua totus ejus motus vel tolli possit vel generari quo tempore, motu illo uniformiter continuato, partes octo tertias diametri suæ describat, ut densitas medii ad densitatem globi. Id quod in sequentibus conabimur ostendere.

PROPOSITIO XXXVI. PROBLEMA VIII.

Aquæ de vase cylindrico per foramen in fundo factum effluentis definire motum.

Sit $ACDB$ vas cylindricum, AB ejus orificium superius, CD fundum horizonti parallelum, EF foramen circulare in medio fundi, G centrum foraminis, & GH axis cylindri horizonti perpendicularis. Et finge cylindrum glaciei $APQB$ ejusdem esse latitudinis cum

cavitate vasis, & axem eundem habere, & uniformi cum motu perpetuo descendere, & partes ejus quam primum attingunt superficiem
A B liquescere, & in aquam conversas gravitate sua defluere in vas,
& cataractam vel columnam aquæ *A B N F E M* cadendo formare,
& per foramen *E F* transire, idemque adæquate implere. Ea vero
sit uniformis velocitas glaciei descendentis
ut & aquæ contiguæ in circulo *A B*, quam
aqua cadendo & casu suo describendo altitudinem *I H* acquirere potest; & jaceant
I H & *H G* in directum, & per punctum *I*
ducatur recta *K L* horizonti parallela &
lateribus glaciei occurrens in *K* & *L*. Et
velocitas aquæ effluentis per foramen *E F*
ea erit quam aqua cadendo ab *I* & casu suo
describendo altitudinem *I G* acquirere potest. Ideoque per theoremata *Galilæi* erit
I G ad *I H* in duplicata ratione velocitatis
aquæ per foramen effluentis ad velocitatem

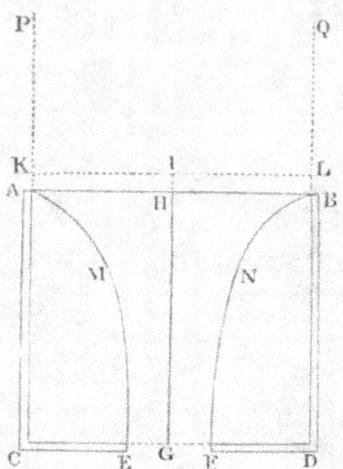

aquæ in circulo *A B*, hoc est, in duplicata ratione circuli *A B* ad
circulum *E F*; nam hi circuli sunt reciproce ut velocitates aquarum
quæ per ipsos, eodem tempore & æquali quantitate, adæquate transeunt. De velocitate aquæ horizontem versus hic agitur. Et motus
horizonti parallelus quo partes aquæ cadentis ad invicem accedunt,
cum non oriatur a gravitate, nec motum horizonti perpendicularem a
gravitate oriundum mutet, hic non consideratur. Supponimus quidem
quod partes aquæ aliquantulum cohærent, & per cohæsionem suam
inter cadendum accedant ad invicem per motus horizonti parallelos,
ut unicam tantum efforment cataractam & non in plures cataractas
dividantur: sed motum horizonti parallelum, a cohæsione illa oriundum, hic non consideramus.

Cas. 1. Concipe jam cavitatem totam in vase, in circuitu aquæ
cadentis *A B N F E M*, glacie plenam esse, ut aqua per glaciem tanquam per infundibulum transeat. Et si aqua glaciem tantum non
tangat, vel, quod perinde est, si tangat & per glaciem propter summam ejus polituram quam liberrime & sine omni resistentia labatur;
hæc defluet per foramen *E F* eadem velocitate ac prius, & pondus
totum columnæ aquæ *A B N F E M* impendetur in defluxum ejus

generandum uti prius, & fundum vasis sustinebit pondus glaciei columnam ambientis.

Liquescat jam glacies in vase; & effluxus aquæ, quoad velocitatem, idem manebit ac prius. Non minor erit, quia glacies in aquam resoluta conabitur descendere : non major, quia glacies in aquam resoluta non potest descendere nisi impediendo descensum aquæ alterius descensui suo æqualem. Eadem vis eandem aquæ effluentis velocitatem generare debet.

Sed foramen in fundo vasis, propter obliquos motus particularum aquæ effluentis, paulo majus esse debet quam prius. Nam particulæ aquæ jam non transeunt omnes per foramen perpendiculariter; sed a lateribus vasis undique confluentes & in foramen convergentes, obliquis transeunt motibus; & cursum suum deorsum flectentes in venam aquæ exilientis conspirant, quæ exilior est paulo infra foramen quam in ipso foramine, existente ejus diametro ad diametrum foraminis ut 5 ad 6, vel $5\frac{1}{2}$ ad $6\frac{1}{2}$ quam proxime, si modo diametros recte dimensus sum. Parabam utique laminam planam pertenuem in medio perforatam, existente circularis foraminis diametro partium quinque octavarum digiti. Et ne vena aquæ exilientis cadendo acceleraretur & acceleratione redderetur angustior, hanc laminam non fundo sed lateri vasis affixi sic, ut vena illa egrederetur secundum lineam horizonti parallelam. Dein ubi vas aqua plenum esset, aperui foramen ut aqua efflueret; & venæ diameter, ad distantiam quasi dimidii digiti a foramine quam accuratissime mensurata, prodiit partium viginti & unius quadragesimarum digiti. Erat igitur diameter foraminis hujus circularis ad diametrum venæ ut 25 ad 21 quamproxime. Aqua igitur transuendo per foramen, convergit undique, & postquam effluxit ex vase, tenuior redditur convergendo, & per attenuationem acceleratur donec ad distantiam semissis digiti a foramine pervenerit, & ad distantiam illam tenuior & celerior fit quam in ipso foramine in ratione 25×25 ad 21×21 seu 17 ad 12 quamproxime, id est in subduplicata ratione binarii ad unitatem circiter. Per experimenta vero constat quod quantitas aquæ, quæ per foramen circulare in fundo vasis factum, dato tempore effluit, ea sit quæ cum velocitate prædicta, non per foramen illud, sed per foramen circulare, cujus diameter est ad diametrum foraminis illius ut 21 ad 25, eodem tempore effluere debet. Ideoque aqua illa effluens velocitatem habet deorsum in ipso foramine quam grave cadendo & casu suo describendo dimidiam altitudinem aquæ in vase stagnantis acquirere potest quamproxime. Sed postquam exivit ex vase, acceleratur convergendo donec ad distantiam a foramine diametro foraminis prope æqualem pervenerit, & velocitatem acquisiverit majorem in ratione subduplicata binarii ad unitatem circiter; quam utique grave cadendo, & casu suo describendo totam altitudinem aquæ in vase stagnantis, acquirere potest quamproxime.

In sequentibus igitur diameter venæ designetur per foramen illud minus quod vocavimus E F. Et plano foraminis E F parallelum duci intelligatur planum aliud superius V W ad distantiam diametro foraminis æqualem circiter & foramine majore S T pertusum; per quod utique vena cadat, quæ adæquate impleat foramen inferius E F, atque ideo cujus diameter sit ad diametrum foraminis inferioris ut 25 ad 21 circiter. Sic enim vena per foramen inferius perpendiculariter transibit; & quantitas aquæ effluentis, pro magnitudine foraminis hujus, ea erit quam solutio problematis postulat quamproxime. Spatium vero, quod planis duobus & vena cadente clauditur, pro fundo vasis haberi potest. Sed ut solutio problematis simplicior sit & magis mathematica, præstat adhibere planum solum inferius pro fundo vasis, & fingere quod aqua quæ per glaciem ceu per infundibulum defluebat, & e vase per foramen E F in plano inferiore factum egrediebatur, motum suum perpetuo servet, & glacies quietem suam. In sequentibus igitur sit S T diameter foraminis circularis centro Z descripti per quod cataracta effluit ex vase ubi aqua tota in vase fluida est. Et sit E F diameter foraminis per quod cataracta

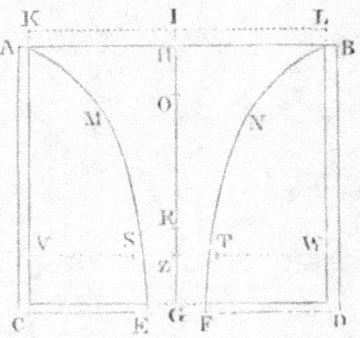

cadendo adæquate transit, sive aqua exeat ex vase per foramen illud superius S T, sive cadat per medium glaciei in vase tanquam per infundibulum. Et sit diameter foraminis superioris S T ad diametrum inferioris E F ut 25 ad 21 circiter, & distantia perpendicularis inter plana foraminum æqualis sit diametro foraminis minoris E F. Et velocitas aquæ e vase per foramen S T exeuntis ea erit in ipso foramine deorsum quam corpus cadendo a dimidio altitudinis IZ acquirere potest : velocitas autem cataractæ utriusque cadentis ea erit in foramine EF, quam corpus cadendo ab altitudine tota IG acquiret.

Cas. 2. Si foramen EF non sit in medio fundi vasis, sed fundum alibi perforetur : aqua effluet eadem cum velocitate ac prius, si modo eadem sit foraminis magnitudo. Nam grave majori quidem tempore descendit ad eandem profunditatem per lineam obliquam quam per lineam perpendicularem, sed descendendo eandem velocitatem acquirit in utroque casu, ut *Galilæus* demonstravit.

Cas. 3. Eadem est aquæ velocitas effluentis per foramen in latere vasis. Nam si foramen parvum sit, ut intervallum inter superficies AB & KL quoad sensum evanescat, & vena aquæ horizontaliter exilientis figuram parabolicam efformet : ex latere recto hujus parabolæ colligetur, quod velocitas aquæ effluentis ea sit quam corpus ab aquæ in vase stagnantis altitudine HG vel IG cadendo acquirere potuisset. Facto utique experimento inveni quod, si altitudo aquæ stagnantis supra foramen esset viginti digitorum & altitudo foraminis supra planum horizonti parallelum esset quoque viginti digitorum, vena aquæ prosilientis incideret in planum illud ad distantiam digitorum 37 circiter a perpendiculo quod in planum illud a foramine demittebatur captam. Nam sine resistentia, vena incidere debuisset in planum illud ad distantiam digitorum 40, existente venæ parabolicæ latere recto digitorum 80.

Cas. 4. Quinetiam aqua effluens, si sursum feratur, eadem egreditur cum velocitate. Ascendit enim aquæ exilientis vena parva metu perpendiculari ad aquæ in vase stagnantis altitudinem GH vel GI, nisi quatenus ascensus ejus ab aeris resistentia aliquantulum impediatur ; ac proinde ea effluit cum velocitate quam ab altitudine illa cadendo acquirere potuisset. Aquæ stagnantis particula unaquæque undique premitur æqualiter (per prop. XIX lib. 2) & pressioni cedendo æquali impetu in omnes partes fertur, sive descendat per foramen in fundo vasis, sive horizontaliter effluat per foramen in ejus latere, sive egrediatur in canalem & inde ascendat per foramen parvum in superiore canalis parte factum. Et velocitatem qua aqua effluit eam esse, quam in hac propositione assignavimus, non solum ratione colligitur, sed etiam per experimenta notissima jam descripta manifestum est.

Cas. 5. Eadem est aquæ effluentis velocitas sive figura foraminis sit circularis sive quadrata vel triangularis aut alia quæcunque circulari æqualis. Nam velocitas aquæ effluentis non pendet a figura foraminis sed oritur ab ejus altitudine infra planum KL.

Cas. 6. Si vasis $ABDC$ pars inferior in aquam stagnantem immergatur, & altitudo aquæ stagnantis supra fundum vasis sit GR: velocitas quacum aqua quæ in vase est, effluet per foramen EF in aquam stagnantem, ea erit quam aqua cadendo & casu suo describendo altitudinem IR acquirere potest. Nam pondus aquæ omnis in vase quæ inferior est superficie aquæ stagnantis, sustinebitur in æquilibrio per pondus aquæ stagnantis, ideoque motum aquæ descendentis in vase minime accelerabit. Patebit etiam & hic casus per experimenta, mensurando scilicet tempora quibus aqua effluit.

Corol. 1. Hinc si aquæ altitudo CA producatur ad K, ut sit AK ad CK in duplicata ratione areæ foraminis in quavis fundi parte facti, ad aream circuli AB: velocitas aquæ effluentis æqualis erit velocitati quam aqua cadendo & casu suo describendo altitudinem KC acquirere potest.

Corol. 2. Et vis, qua totus aquæ exilientis motus generari potest, æqualis est ponderi cylindricæ columnæ aquæ, cujus basis est foramen EF, & altitudo $2GI$ vel $2CK$. Nam aqua exiliens, quo tempore hanc columnam æquat, pondere suo ab altitudine GI cadendo velocitatem suam, qua exilit, acquirere potest.

Corol. 3. Pondus aquæ totius in vase $ABDC$ est ad ponderis partem, quæ in defluxum aquæ impenditur, ut summa circulorum AB & EF ad duplum circulum EF.

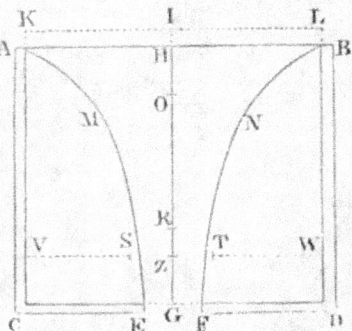

Sit enim IO media proportionalis inter IH & IG; & aqua per foramen EF egrediens, quo tempore gutta cadendo ab I describere posset altitudinem IG, æqualis erit cylindro cujus basis est circulus EF & altitudo est $2IG$, id est, cylindro cujus basis est circulus AB & altitudo est $2IO$, nam circulus EF est ad circulum AB in subduplicata ratione altitudinis IH ad altitudinem IG, hoc est, in simplici ratione mediæ proportionalis IO ad altitudinem IG: & quo tempore gutta cadendo ab I describere potest altitudinem IH, aqua egrediens æqualis erit cylindro cujus basis est circulus AB & altitudo est $2\,IH$: & quo tempore gutta cadendo ab I per H ad G describit altitudinum differentiam HG, aqua egrediens, id est, aqua tota in solido $ABNFEM$ æqualis erit differentiæ cylindrorum, id est, cylindro cujus basis est AB & altitudo $2\,HO$. Et propterea aqua tota in vase $ABDC$ est ad aquam totam cadentem in solido $ABNFEM$ ut HG ad $2\,HO$, id est, ut $HO+OG$ ad $2\,HO$, seu $IH+IO$ ad $2\,IH$. Sed pondus aquæ totius in solido $ABNFEM$ in aquæ defluxum impenditur: ac proinde pondus aquæ totius in vase est ad ponderis partem quæ in defluxum aquæ impenditur, ut $IH+IO$ ad $2\,IH$, atque ideo ut summa circulorum EF & AB ad duplum circulum EF.

Corol. 4. Et hinc pondus aquæ totius in vase $ABDC$ est ad ponderis partem alteram quam fundum vasis sustinet, ut summa circulorum AB & EF ad differentiam eorundem circulorum.

Corol. 5. Et ponderis pars, quam fundum vasis sustinet, est ad ponderis partem alteram, quæ in defluxum aquæ impenditur, ut differentia circulorum AB & EF ad duplum circulum minorem EF, sive ut area fundi ad duplum foramen.

Corol. 6. Ponderis autem pars, qua sola fundum urgetur, est ad pondus aquæ totius, quæ fundo perpendiculariter incumbit, ut circulus AB ad summam circulorum AB & EF, sive ut circulus AB ad excessum dupli circuli AB supra fundum. Nam ponderis pars, qua sola fundum urgetur, est ad pondus aquæ totius in vase, ut differentia circulorum AB & EF ad summam eorundem circulorum, per cor. 4: & pondus aquæ totius in vase est ad pondus aquæ totius quæ fundo perpendiculariter incumbit, ut circulus AB ad differentiam circulorum AB & EF. Itaque ex æquo perturbate, ponderis pars, qua sola fundum urgetur, est ad pondus aquæ totius, quæ fundo perpendiculariter incumbit, ut circulus AB ad summam circulorum AB & EF vel excessum dupli circuli AB supra fundum.

Corol. 7. Si in medio foraminis EF locetur circellus PQ centro G descriptus & horizonti parallelus: pondus aquæ quam circellus ille sustinet, majus est pondere tertiæ partis cylindri aquæ cujus basis

est circellus ille & altitudo est GH.   Sit enim $ABNFEM$ cataracta
vel columna aquæ cadentis axem habens GH ut supra, & congelari
intelligatur aqua omnis in vase, tam in
circuitu cataractæ quam supra circellum,
cujus fluiditas ad promptissimum &
celerrimum aquæ descensum non requiritur.   Et sit PHQ columna aquæ supra
circellum congelata, verticem habens H
& altitudinem GH.   Et finge cataractam
hancce pondere suo toto cadere, & non
incumbere in PHQ nec eandem premere,
sed libere & sine frictione præterlabi, nisi
forte in ipso glaciei vertice quo cataracta
ipso cadendi initio incipiat esse cava.

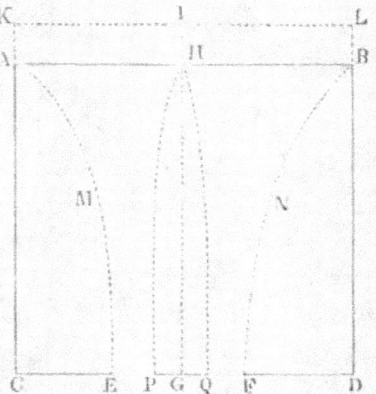

Et quemadmodum aqua in circuitu cataractæ congelata $AMEC$,
$BNFD$ convexa est in superficie interna AME, BNF versus
cataractam cadentem, sic etiam hæc columna PHQ convexa erit
versus cataractem, & propterea major cono cujus basis est circellus ille
PQ & altitudo GH, id est, major tertia parte cylindri eadem base
& altitudine descripti.   Sustinet autem circellus ille pondus hujus
columnæ, id est, pondus quod pondere coni seu tertiæ partis cylindri
illius majus est.

Corol. 8. Pondus aquæ quam circellus valde parvus PQ sustinet,
minor esse videtur pondere duarum tertiarum partium cylindri aquæ
cujus basis est circellus ille & altitudo est HG.   Nam stantibus
jam positis, describi intelligatur dimidium sphæroidis cujus basis est
circellus ille & semiaxis sive altitudo est HG.   Et hæc figura æqualis erit duabus tertiis partibus cylindri illius & comprehendet columnam
aquæ congelatæ PHQ cujus pondus circellus ille sustinet.   Nam
ut motus aquæ sit maxime directus, columnæ illius superficies
externa concurret cum basi PQ in angulo nonnihil acuto, propterea
quod aqua cadendo perpetuo acceleratur & propter accelerationem
fit tenuior; & cum angulus ille sit recto minor hæc columna
ad inferiores ejus partes jacebit intra dimidium sphæroidis.   Eadem
vero sursum acuta erit seu cuspidata, ne horizontalis motus
aquæ ad verticem sphæroidis sit infinite velocior quam ejus
motus horizontem versus.   Et quo minor est circellus PQ eo

acutior erit vertex columnæ; & circello in infinitum diminute,
angulus *PHQ* in infinitum diminuetur, and propterea columna
jacebit intra dimidium sphæroidis. Est igitur columna illa minor
dimidio sphæroidis, seu duabus tertiis partibus cylindri cujus basis
est circellus ille & altitudo *GH*. Sustinet autem circellus vim
aquæ ponderi hujus columnæ æqualem, cum pondus aquæ ambientis
in defluxum ejus impendatur.

Corol. 9. Pondus aquæ quam circellus valde parvus *PQ* sustinet,
æquale est ponderi cylindri aquæ cujus basis est circellus ille & altitudo est $\frac{1}{2} GH$ quamproxime. Nam pondus hocce est medium
arithmeticum inter pondera coni & hemisphæroidis prædictæ. At si
circellus ille non sit valde parvus, sed augeatur donec æquet foramen
E F; hic sustinebit pondus aquæ totius sibi perpendiculariter
imminentis, id est, pondus cylindri aquæ cujus basis est circellus
ille & altitudo est *G H*.

Corol 10. Et (quantum sentio) pondus quod circellus sustinet, est
semper ad pondus cylindri aquæ, cujus basis est circellus ille &
altitudo est $\frac{1}{2} GH$, ut EFq ad $EFq - \frac{1}{2} PQq$, sive ut circulus *E F*
ad excessum circuli hujus supra semissem circelli *PQ* quamproxime.

LEMMA IV.

*Cylindri, qui secundum longitudinem suam uniformiter progreditur,
resistentia ex aucta vel diminuta ejus longitudine non mutatur;
ideoque eadem est cum resistentia circuli eadem diametro descripti &
eadem velocitate secundum lineam rectam plano ipsius perpendicularem
progredientis.*

Nam latera cylindri motui ejus minime opponuntur: &
cylindrus, longitudine ejus in infinitum diminuta, in circulum
vertitur.

PROPOSITIO XXXVII. THEOREMA XXIX.

Cylindri, qui in fluido compresso infinito & non elastico secundum longitudinem suam uniformiter progreditur, resistentia, quæ oritur a magnitudine sectionis tranversæ, est ad vim qua totus ejus motus, interea dum quadruplum longitudinis suæ describit, vel tolli possit vel generari, ut densitas medii ad densitatem cylindri quamproxime.

Nam si vas $ABDC$ fundo suo CD superficiem aquæ stagnantis tangat, & aqua ex hoc vase per canalem cylindricum $EFTS$ horizonti perpendicularem in aquam stagnantem effluat, locetur autem circellus PQ horizonti parallelus ubivis in medio canalis, & producatur CA ad K, ut sit AK ad CK in duplicata ratione quam habet excessus orificii canalis EF supra circellum PQ ad circulum AB: manifestum est (per cas. 5 cas. 6 & cor. 1 prop. xxxvi) quod velocitas aquæ,

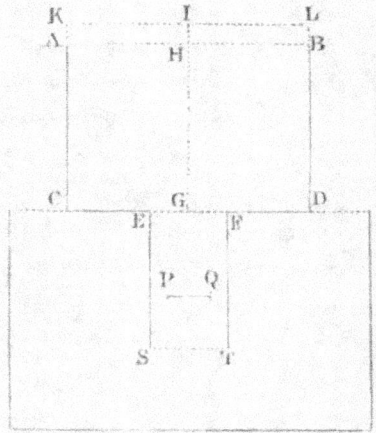

transeuntis per spatium annulare inter circellum & latera vasis, ea erit quam aqua cadendo & casu suo describendo altitudinem KC vel IG acquirere potest.

Et (per corol. x prop. xxxvi) si vasis latitudo sit infinita, ut lineola HI evanescat & altitudines IG, HG æquentur: vis aquæ defluentis in circellum erit ad pondus cylindri cujus basis est circellus ille & altitudo est $\frac{1}{2}IG$, ut EFq ad $EFq-\frac{1}{2}PQq$, quam proxime. Nam vis aquæ, uniformi motu defluentis per totum canalem, eadem erit in circellum PQ, in quacunque canalis parte locatum.

Claudantur jam canalis orificia EF, ST, & ascendat circellus in fluido undique compresso & ascensu suo cogat aquam superiorem descendere per spatium annulare inter circellum & latera canalis: & velocitas circelli ascendentis erit ad velocitatem aquæ descendentis ut differentia circulorum EF & PQ ad circulum PQ, & velocitas circelli ascendentis ad summam velocitatum, hoc est, ad velocitatem relativam aquæ descendentis qua præterfluit circellum ascendentem, ut differentia circulorum EF & PQ ad circulum EF, sive ut $EFq - PQq$ ad EFq. Sit illa velocitas relativa æqualis velocitati, qua supra ostensum est aquam transire per idem spatium annulare dum circellus interea immotus manet, id est, velocitati quam aqua cadendo & casu suo describendo altitudinem IG acquirere potest : & vis aquæ in circellum ascendentem eadem erit ac prius (per legum corol. v) id est, resistentia circelli ascendentis erit ad pondus cylindri aquæ cujus basis est circellus ille & altitudo est $\frac{1}{2} IG$, ut EFq ad $EFq - \frac{1}{2} PQq$ quamproxime. Velocitas autem circelli erit ad velocitatem, quam aqua cadendo & casu suo describendo altitudinem IG acquirit, ut $EFq - PQq$ ad EFq.

Augeatur amplitudo canalis in infinitum : & rationes illæ inter $EFq - PQq$ & EFq, interque EFq & $EFq - \frac{1}{2} PQq$ accedent ultimo ad rationes æqualitatis. Et propterea velocitas circelli ea nunc erit quam aqua cadendo & casu suo describendo altitudinem IG acquirere potest, resistentia vero ejus æqualis evadet ponderi cylindri cujus basis est circellus ille & altitudo dimidium est altitudinis IG, a qua cylindrus cadere debet ut velocitatem circelli ascendentis acquirat ; & hac velocitate cylindrus, tempore cadendi, quadruplum longitudinis suæ describet. Resistentia autem cylindri, hac velocitate secundum longitudinem suam progredientis, eadem est cum resistentia circelli (per lemma IV) ideoque æqualis est vi qua motus ejus, interea dum quadruplum longitudinis suæ describit, generari potest quamproxime.

Si longitudo cylindri augeatur vel minuatur : motus ejus ut & tempus, quo quadruplum longitudinis suæ describit, augebitur vel minuetur in eadem ratione ; ideoque vis illa, qua motus auctus vel diminutus, tempore pariter aucto vel diminuto, generari vel tolli possit, non mutabitur ; ac proinde etiamnum æqualis est resistentiæ cylindri, nam & hæc quoque immutata manet per lemma IV.

Si densitas cylindri augeatur vel minuatur : motus ejus ut & vis qua motus eodem tempore generari vel tolli potest, in eadem ratione augebitur vel minuetur. Resistentia itaque cylindri cujuscunque erit ad vim qua totus ejus motus, interea dum quadruplum longitudinis suæ describit, vel generari possit vel tolli, ut densitas medii ad densitatem cylindri quamproxime. *Q. E. D.*

Fluidum autem comprimi debet ut sit continuum; continuum vero esse debet & non elasticum ut pressio omnis, quæ ab ejus compressione oritur, propagetur in instanti, & in omnes moti corporis partes æqualiter agendo resistentiam non mutet. Pressio utique, quæ a motu corporis oritur, impenditur in motum partium fluidi generandum & resistentiam creat. Pressio autem quæ oritur a compressione fluidi, utcunque fortis sit, si propagetur in instanti, nullum generat motum in partibus fluidi continui, nullam omnino inducit motus mutationem; ideoque resistentiam nec auget nec minuit. Certe actio fluidi, quæ ab ejus compressione oritur, fortior esse non potest in partes posticas corporis moti quam in ejus partes anticas, ideoque resistentiam in hac propositione descriptam minuere non potest : & fortior non erit in partes anticas quam in posticas, si modo propagatio ejus infinite velocior sit quam motus corporis pressi. Infinite autem velocior erit & propagabitur in instanti, si modo fluidum sit continuum & non elasticum.

Corol. 1. Cylindrorum, qui secundum longitudines suas in mediis continuis infinitis uniformiter progrediuntur, resistentiæ sunt in ratione quæ componitur ex duplicata ratione velocitatum & duplicata ratione diametrorum & ratione densitatis mediorum.

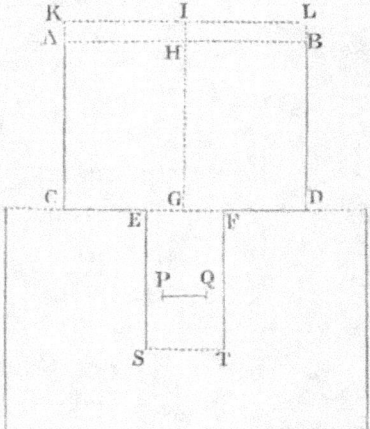

Corol. 2. Si amplitudo canalis non augeatur in infinitum, sed cylindrus in medio quiescente incluso secundum longitudinem suam progrediatur, & interea axis ejus cum axe canalis coincidat : resistentia ejus erit ad vim qua totus ejus motus, quo tempore quadruplum longitudinis suæ describit, vel generari possit vel tolli, in ratione quæ componitur ex ratione EFq ad $EFq - \frac{1}{2}PQq$ semel, & ratione EFq ad $EFq - PQq$ bis, & ratione densitatis medii ad densitatem cylindri.

Corol. 3. Iisdem positis, & quod longitudo L sit ad quadruplum longitudinis cylindri in ratione quæ componitur ex ratione EFq —

$\frac{1}{2} PQq$ ad EFq semel, & ratione $EFq - PQq$ ad EFq bis : resistentia cylindri erit ad vim qua totus ejus motus, interea dum longitudinem L describit, vel tolli possit vel generari, ut densitas medii ad densitatem cylindri.

Scholium.

In hac propositione resistentiam investigavimus quæ oritur a sola magnitudine transversæ sectionis cylindri, neglecta resistentiæ parte quæ ab obliquitate motuum oriri possit. Nam quemadmodum in casu primo propositionis XXXVI obliquitas motuum, quibus partes aquæ in vase undique convergebant in foramen EF, impedivit effluxum aquæ illius per foramen : sic in hac propositione, obliquitas motuum, quibus partes aquæ ab anteriore cylindri termino pressæ, cedunt pressioni & undique divergunt, retardat eorum transitum per loca in circuitu termini illius antecedentis versus posteriores partes cylindri, efficitque ut fluidum ad majorem distantiam commoveatur & resistentiam auget, idque in ea fere ratione qua effluxum aquæ e vase diminuit, id est, in ratione duplicata 25 ad 21 circiter. Et quemadmodum, in propositionis illius casu primo, effecimus ut partes aquæ perpendiculariter & maxima copia transirent per foramen EF, ponendo quod aqua omnis in vase quæ in circuitu cataractæ congelata fuerat, & cujus motus obliquus erat & inutilis, maneret sine motu : sic in hac propositione, ut obliquitas motuum tollatur, & partes aquæ motu maxime directo & brevissimo cedentes facillimum præbeant transitum cylindro, & sola maneat resistentia, quæ oritur a magnitudine sectionis transversæ, quæque diminui non potest nisi diminuendo diametrum cylindri, concipiendum est quod partes fluidi, quarum motus sunt obliqui & inutiles & resistentiam creant, quiescant inter se ad utrumque cylindri terminum, & cohæreant & cylindro jungantur. Sit $ABCD$ rectangulum, & sint AE & BE arcus duo parabolici axe AB descripti, latere autem recto quod sit ad spatium HG, describendum

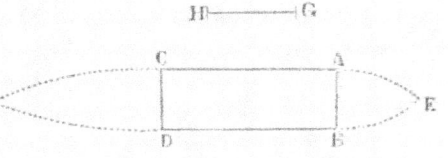

a cylindro cadente dum velocitatem suam acquirit, ut HG ad $\frac{1}{2} AB$. Sint etiam CF & DF arcus alii duo parabolici, axe CD & latere recto quod sit prioris lateris. recti quadruplum descripti; & convolutione figuræ circum axem EF generetur solidum cujus media pars $ABDC$ sit cylindrus de quo agimus, & partes extremæ ABE & CDF contineant partes fluidi inter se quiescentes & in corpora duo rigida concretas, quæ cylindro´utrinque tanquam caput & cauda adhæreant. Et solidi $EACFDB$, secundum longitudinem axis sui FE in partes versus E progredientis, resistentia ea erit quamproxime quam in hac propositione

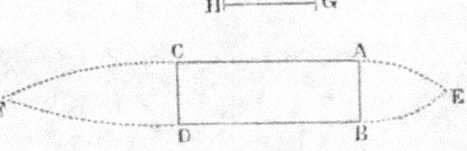

descripsimus, id est, quæ rationem illam habet ad vim qua totus cylindri motus, interea dum longitudo $4AC$ motu illo uniformiter continuato describatur, vel tolli possit vel generari, quam densitas fluidi habet ad densitatem cylindri quamproxime. Et hac vi resistentia minor esse non potest quam in ratione 2 ad 3, per corol. 7 prop. XXXVI.

LEMMA V.

Si cylindrus, sphæra & sphærois, quorum latitudines sunt æquales, in medio canalis cylindrici ita locentur successive ut eorum axes cum axe canalis coincidant: hæc corpora fluxum aquæ per canalem æqualiter impedient.

Nam spatia inter canalem & cylindrum, sphæram & sphæroidem per quæ aqua transit, sunt æqualia : & aqua per æqualia spatia æqualiter transit.

Hæc ita se habent ex hypothesi, quod aqua omnis supra cylindrum sphæram vel sphæroidem congelatur, cujus fluiditas ad celerrimum aquæ transitum non requiritur, ut in corol. 7 prop. XXXVI explicui.

LEMMA VI.

Iisdem positis, corpora prædicta æqualiter urgentur ab aqua per canalem fluente.

Patet per lemma v & motus legem tertiam. Aqua utique & corpora se mutuo æqualiter agunt.

LEMMA VII.

Si aqua quiescat in canali, & hæc corpora in partes contrarias æquali velocitate per canalem ferantur: æquales erunt eorum resistentiæ inter se.

Constat ex lemmate superiore, nam motus relativi iidem inter se manent.

Scholium.

Eadem est ratio corporum omnium convexorum & rotundorum, quorum axes cum axe canalis coincidunt. Differentia aliqua ex majore vel minore frictione oriri potest; sed in his lemmatis corpora esse politissima supponimus, & medii tenacitatem & frictionem esse nullam, & quod partes fluidi, quæ motibus suis obliquis & superfluis fluxum aquæ per canalem perturbare, impedire & retardare possunt, quiescant inter se tanquam gelu constrictæ, & corporibus ad ipsorum partes anticas & posticas adhæreant, perinde ut in scholio propositionis præcedentis exposui. Agitur enim in sequentibus de resistentia omnium minima quam corpora rotunda, datis maximis sectionibus transversis descripta, habere possunt.

Corpora fluidis innatantia, ubi moventur in directum, efficiunt ut fluidum ad partem anticam ascendat, ad posticam subsidat, præsertim si figura sint obtusa; & inde resistentiam paulo majorem sentiunt quam si capite & cauda sint acutis. Et corpora in fluidis elasticis mota, si ante & post obtusa sint, fluidum paulo magis condensant ad anticam partem & paulo magis relaxant ad posticam; & inde resistentiam paulo majorem sentiunt quam si capite & cauda sint acutis. Sed nos in his lemmatis & propositionibus non agimus

de fluidis elasticis, sed de non elasticis; non de insidentibus
fluido, sed de alte immersis.   Et ubi resistentia corporum in fluidis
non elasticis innotescit, augenda erit hæc resistentia aliquantulum
tam in fluidis elasticis, qualis est aer, quam in superficiebus fluidorum
stagnantium, qualia sunt maria & paludes.

PROPOSITIO XXXVIII.   THEOREMA XXX.

Globi, in fluido compresso infinito & non elastico uniformiter.
progredientis, resistentia est ad vim qua totus ejus motus, quo tempore
octo tertias partes diametri suæ describit, vel tolli possit vel generari,
ut densitas fluidi ad densitatem globi quamproxime.

Nam globus est ad cylindrum circumscriptum ut duo ad tria;
& propterea vis illa, quæ tollere possit motum omnem cylindri interea
dum cylindrus describat longitudinem quatuor diametrorum, globi
motum omnem tollet interea dum globus describat duas tertias
partes hujus longitudinis, id est, octo tertias partes diametri propriæ.
Resistentia autem cylindri est ad hanc vim quamproxime ut
densitas fluidi ad densitatem cylindri vel globi per prop. XXXVII &
resistentia globi æqualis est resistentiæ cylindri per lem. V, VI, VII.
Q.E.D.

Corol. 1. Globorum, in mediis compressis infinitis, resistentiæ
sunt in ratione quæ componitur ex duplicata ratione velocitatis &
duplicata ratione diametri & ratione densitatis mediorum.

Corol. 2. Velocitas maxima quacum globus, vi ponderis sui
comparativi, in fluido resistente potest descendere, ea est quam
acquirere potest globus idem, eodem pondere, sine resistentia cadendo
& casu suo describendo spatium quod sit ad quatuor tertias partes
diametri suæ ut densitas globi ad densitatem fluidi.   Nam globus
tempore casus sui, cum velocitate cadendo acquisita, describet spatium
quod erit ad octo tertias diametri suæ, ut densitas globi ad
densitatem fluidi: & vis ponderis motum hunc generans erit ad
vim quæ motum eundem generare possit, quo tempore globus
octo tertias diametri suæ eadem velocitate describit, ut densitas

fluidi ad densitatem globi; ideoque per hanc propositionem, vis ponderis æqualis erit vi resistentiæ, & propterea globum accelerare non potest.

Corol. 3. Data & densitate globi & velocitate ejus sub initio motus, ut & densitate fluidi compressi quiescentis in qua globus movetur; datur ad omne tempus & velocitas globi & ejus resistentia & spatium ab eo descriptum, per corol. 7 prop. XXXV.

Corol. 4. Globus in fluido compresso quiescente ejusdem secum densitatis movendo dimidiam motus sui partem prius amittet quam longitudinem duarum ipsius diametrorum descripserit, per idem corol. 7.

PROPOSITIO XXXIX. THEOREMA XXXI.

Globi, per fluidum in canali cylindrico clausum & compressum uniformiter progredientis, resistentia est ad vim, qua totus ejus motus, interea dum octo tertias partes diametri suæ describit, vel generari possit vel tolli, in ratione quæ componitur ex ratione orificii canalis ad excessum hujus orificii supra dimidium circuli maximi globi, & ratione duplicata orificii canalis ad excessum hujus orificii supra circulum maximum globi, & ratione densitatis fluidi ad densitatem globi quam proxime.

Patet per corol. 2 prop. XXXVII: procedit vero demonstratio quemadmodum in propositione præcedente.

Scholium.

In propositionibus duabus novissimis (perinde ut in lem. vi) suppono quod aqua omnis congelatur quæ globum præcedit, & cujus fluiditas auget resistentiam globi. Si aqua illa omnis liquescat augebitur resistentia aliquantulum. Sed augmentum illud in his propositionibus parvum erit & negligi potest, propterea quod convexa superficies globi totum fere officium glaciei faciat.

PROPOSITIO XL.   PROBLEMA IX.

Globi, in medio fluidissimo compresso progredientis, invenire resistentiam
per phænomena.

Sit A pondus globi in vacuo, B pondus ejus· in medio resistente,
D diameter globi, F spatium quod sit ad $\frac{2}{3}$ D ut densitas globi ad
densitatem medii, id est, ut A ad A—B, G tempus quo globus pondere
B sine resistentia cadendo describit spatium F, & H velocitas quam
globus hocce casu suo acquirit. Et erit H velocitas maxima quacum
globus, pondere suo B, in medio resistente potest descendere,
per corol. 2 prop. XXXVIII : & resistentia, quam globus ea cum
velocitate descendens patitur, æqualis erit ejus ponderi B : resistentia
vero, quam patitur in alia quacunque velocitate, erit ad pondus B in
duplicata ratione velocitatis hujus ad velocitatem illam maximam H,
per corol. 1 prop. XXXVIII.

Hæc est resistentia quæ oritur ab inertia materiæ fluidi. Ea vero
quæ oritur ab elasticitate, tenacitate, & frictione partium ejus, sic
investigabitur.

Demittatur globus ut pondere suo B in fluido descendat ; & sit
P tempus cadendi, idque in minutis secundis si tempus G in minutis
secundis habeatur. Inveniatur numerus absolutus N qui congruit logarithmo $0,4342944819 \frac{2\,P}{G}$, sitque L logarithmus numeri
$\frac{N+1}{N}$:· & velocitas cadendo acquisita erit $\frac{N-1}{N+1}$ H, altitudo autem
descripta erit $\frac{2\,PF}{G}$ —1,3862943611 F + 4,605170186 L F. Si fluidum
satis profundum sit, negligi potest terminus 4,605170186 L F ;
& erit $\frac{2\,PF}{G}$ —1,3862943611 F altitudo descripta quamproxime. Patent hæc per libri secundi propositionem nonam & ejus corollaria,
ex hypothesi quod globus nullam aliam patiatur resistentiam nisi quæ
oritur ab inertia materiæ. Si vero aliam insuper resistentiam patiatur,
descensus erit tardior, & ex retardatione innotescet quantitas hujus
resistentiæ.

Ut corporis in fluido cadentis velocitas & descensus facilius innotescant, composui tabulam sequentem, cujus columna prima denotat tempora descensus, secunda exhibet velocitates cadendo acquisitas existente velocitate maxima 100000000, tertia exhibet spatia temporibus illis cadendo descripta, existente 2 F spatio quod corpus tempore G cum velocitate maxima describit, & quarta exhibet spatia iisdem temporibus cum velocitate maxima descripta. Numeri in quarta columna sunt $\dfrac{2\,P}{G}$, & subducendo numerum 1,3862944 — 4,6051702 L, inveniuntur numeri in tertia columna, & multiplicandi sunt hi numeri per spatium F ut habeantur spatia cadendo descripta. Quinta his insuper adjecta est columna, quæ continet spatia descripta iisdem temporibus a corpore, vi ponderis sui comparativi B, in vacuo cadente.

Tempora P	Velocitates cadentis in fluido.	Spatia cadendo descripta in fluido.	Spatia motu maximo descripta.	Spatia cadendo descripta in vacuo.
0,001 G	99999$\frac{23}{30}$	0,0000001 F	0,002 F	0,0000001 F
0,01 G	999967	0,0001 F	0,02 F	0,0001 F
0,1 G	9966799	0,0099834 F	0,2 F	0,01 F
0,2 G	19737532	0,0397361 F	0,4 F	0,04 F
0,3 G	29131261	0,0886815 F	0,6 F	0,09 F
0,4 G	37994896	0,1559070 F	0,8 F	0,16 F
0,5 G	46211716	0,2402290 F	1,0 F	0,25 F
0,6 G	53704957	0,3402706 F	1,2 F	0,36 F
0,7 G	60436778	0,4545405 F	1,4 F	0,49 F
0,8 G	66403977	0,5815071 F	1,6 F	0,64 F
0,9 G	71629787	0,7196609 F	1,8 F	0,81 F
1 G	76159416	0,8675617 F	2 F	1 F
2 G	96402758	2,6500055 F	4 F	4 F
3 G	99505475	4,6186570 F	6 F	9 F
4 G	99932930	6,6143765 F	8 F	16 F
5 G	99990920	8,6137964 F	10 F	25 F
6 G	99998771	10,6137179 F	12 F	36 F
7 G	99999834	12,6137073 F	14 F	49 F
8 G	99999980	14,6137059 F	16 F	64 F
9 G	99999997	16,6137057 F	18 F	81 F
10 G	999999993$\frac{3}{}$	18,6137056 F	20 F	100 F

Scholium.

Ut resistentias fluidorum investigarem per experimenta, paravi vas ligneum quadratum, longitudine & latitudine interna digitorum novem pedis *Londinensis*, profunditate pedum novem cum semisse, idemque implevi aqua pluviali; & globis ex cera & plumbo incluso formatis, notavi tempora descensus globorum, existente descensus altitudine 112 digitorum pedis. Pes solidus cubicus *Londinensis* continet 76 libras *Romanas* aquæ pluvialis, & pedis hujus digitus solidus continet $\frac{19}{36}$ uncias libræ hujus seu grana 253$\frac{1}{3}$; & globus aqueus diametro digiti unius descriptus continet grana 132,645 in medio aeris, vel grana 132,8 in vacuo; & globus quilibet alius est ut excessus ponderis ejus in vacuo supra pondus ejus in aqua.

Exper. 1. Globus, cujus pondus erat 156$\frac{1}{4}$ granorum in aere & 77 granorum in aqua, altitudinem totam digitorum 112 tempore minutorum quatuor secundorum descripsit. Et experimento repetito, globus iterum cecidit eodem tempore minutorum quatuor secundorum.

Pondus globi in vacuo est 156$\frac{13}{38}$ *gran.* & excessus hujus ponderis supra pondus globi in aqua est 79$\frac{13}{38}$ *gran.* Unde prodit globi diameter 0,84224 partium digiti. Est autem ut excessus ille ad pondus globi in vacuo, ita densitas aquæ ad densitatem globi, & ita partes octo tertiæ diametri globi (*viz.* 2,24597 *dig.*) ad spatium 2 F, quod proinde erit 4,4256 *dig.* Globus tempore minuti unius secundi, toto suo pondere granorum 156$\frac{13}{38}$, cadendo in vacuo describet digitos 193$\frac{1}{3}$; & pondere granorum 77, eodem tempore, sine resistentia cadendo in aqua describit digitos 95,219; & tempore G, quod sit ad minutum unum secundum in subduplicata ratione spatii F seu 2,2128 *dig.* ad 95,219 *dig.* describet 2,2128 *dig.* & velocitatem maximam H acquiret quacum potest in aqua descendere. Est igitur tempus G 0″,15244. Et hoc tempore G, cum velocitate illa maxima H, globus describet spatium 2 F digitorum 4,4256; ideoque tempore minutorum quatuor secundorum describet spatium digitorum 116,1245. Subducatur spatium 1,3862944 F seu 3,0676 *dig.* & manebit spatium 113,0569 digitorum quod globus cadendo in aqua, in vase amplissimo, tempore minutorum quatuor secundorum describet. Hoc spatium, ob angustiam vasis lignei prædicti, minui debet in ratione quæ componitur ex subduplicata ratione orificii vasis ad excessum orificii hujus supra semicirculum maximum globi & ex simplici ratione orificii ejusdem ad excessum ejus supra circulum maximum globi, id est, in ratione 1 ad 0,9914. Quo facto, habebitur spatium 112,08 digitorum, quod globus cadendo in aqua in hoc vase ligneo tempore minutorum quatuor secundorum per theoriam describere debuit quamproxime. Descripsit vero digitos 112 per experimentum.

Exper. 2. Tres globi æquales, quorum pondera seorsim erant 76⅓ granorum in aere & 5$\frac{1}{16}$ granorum in aqua, successive demittebantur; unusquisque cecidit in aqua tempore minutorum secundorum quindecim, casu suo describens altitudinem digitorum 112.

Computum ineundo prodeunt pondus globi in vacuo 76$\frac{4}{12}$ *gran.* excessus hujus ponderis supra pondus in aqua 71$\frac{11}{12}$ *gran.* diameter globi 0,81296 *dig.* octo tertiæ partes hujus diametri 2,16789 *dig.* spatium 2 F 2,3217 *dig.* spatium quod globus pondere 5$\frac{1}{16}$ *gran.* tempore 1″ sine resistentia cadendo describat 12,808 *dig.* & tempus G 0″,301056. Globus igitur, velocitate maxima quacum potest in aqua vi ponderis 5$\frac{1}{16}$ *gran.* descendere, tempore 0″,301056 describet spatium 2,3217 *dig.* & tempore 15″ spatium 115,678 *dig.* Subducatur spatium 1,3862944 F seu 1,609 *dig.* & manebit spatium 114,069 *dig.* quod proinde globus eodem tempore in vase latissimo cadendo describere debet. Propter angustiam vasis nostri detrahi debet spatium 0,895 *dig.* circiter. Et sic manebit spatium 113,174 *dig.* quod globus cadendo in hoc vase, tempore 15″ describere debuit per theoriam quamproxime. Descripsit vero digitos 112 per experimentum. Differentia est insensibilis.

Exper. 3. Globi tres æquales, quorum pondera seorsim erant 121 *gran.* in aere & 1 *gran.* in aqua, successive demittebantur; & cadebant in aqua temporibus 46″, 47″, & 50″, describentes altitudinem digitorum 112.

Per theoriam hi globi cadere debuerunt tempore 40″ circiter. Quod tardius ceciderunt, utrum minori proportioni resistentiæ, quæ a vi inertiæ in tardis motibus oritur, ad resistentiam quæ oritur ab aliis causis tribuendum sit; an potius bullulis nonnullis globo adhærentibus, vel rarefactioni ceræ ad calorem vel tempestatis vel manus globum demittentis, vel etiam erroribus insensibilibus in ponderandis globis in aqua, incertum esse puto. Ideoque pondus globi in aqua debet esse plurium granorum, ut experimentum certum & fide dignum reddatur.

Exper. 4. Experimenta hactenus descripta cœpi, ut investigarem resistentias fluidorum, antequam theoria in propositionibus proxime præcedentibus exposita mihi innotesceret. Postea, ut theoriam inventam examinarem, paravi vas ligneum latitudine interna digitorum $8\frac{2}{3}$, profunditate pedum quindecim cum triente. Deinde ex cera & plumbo incluso globos quatuor formavi, singulos pondere $139\frac{1}{4}$ granorum in aere & $7\frac{1}{8}$ granorum in aqua. Et hos demisi ut tempora cadendi in aqua per pendulum, ad semi-minuta secunda oscillans, mensurarem. Globi, ubi ponderabantur & postea cadebant, frigidi erant & aliquamdiu frigidi manserant ; quia calor ceram rarefacit, & per rarefactionem diminuit pondus globi in aqua, & cera rarefacta non statim ad densitatem pristinam per frigus reducitur. Antequam caderent, immergebantur penitus in aquam ; ne pondere partis alicujus ex aqua extantis descensus eorum sub initio acceleraretur. Et ubi penitus immersi quiescebant, demittebantur quam cautissime, ne impulsum aliquem a manu demittente acciperent. Ceciderunt autem successive temporibus oscillationum $47\frac{1}{2}$, $48\frac{1}{2}$, 50 & 51, describentes altitudinem pedum quindecim & digitorum duorum. Sed tempestas jam paulo frigidior erat quam cum globi ponderabantur, ideoque iteravi experimentum alio die, & globi ceciderunt temporibus oscillationum 49, $49\frac{1}{2}$, 50 & 53, ac tertio temporibus oscillationum $49\frac{1}{2}$, 50, 51 & 53. Et experimento sæpius capto, globi ceciderunt maxima ex parte temporibus oscillationum $49\frac{1}{2}$ & 50. Ubi tardius cecidere, suspicor eosdem retardatos fuisse impingendo in latera vasis.

Jam computum per theoriam ineundo, prodeunt pondus globi in vacuo $139\frac{2}{5}$ granorum. Excessus hujus ponderis supra pondus globi in aqua $132\frac{11}{16}$ *gran.* Diameter globi 0,99868 *dig.* Octo tertiæ partes diametri 2,66315 *dig.* Spatium 2 F 2,8066 *dig.* Spatium quod globus pondere $7\frac{1}{8}$ granorum, tempore minuti unius secundi, sine resistentia cadendo describit 9,88164 *dig.* Et tempus G 0″,376843. Globus igitur, velocitate maxima, quacum potest in aqua vi ponderis $7\frac{1}{8}$ granorum descendere, tempore 0″,376843 describit spatium 2,8066 digitorum, & tempore 1″ spatium 7,44766 digitorum, & tempore 25″ seu oscillationum 50 spatium 186,1915 *dig.* Subducatur spatium 1,386294 F, seu 1,9454 *dig.* & manebit spatium 184,2461 *dig.* quod globus eodem tempore in vase latissimo describet. Ob angustiam vasis nostri, minuatur hoc spatium in ratione quæ componitur ex subduplicata ratione orificii vasis ad excessum hujus orificii supra semicirculum maximum globi, & simplici ratione ejusdem orificii ad excessum ejus supra circulum maximum globi; & habebitur spatium 181,86 digitorum, quod globus in hoc vase tempore oscillationum 50 describere debuit per theoriam quamproxime. Descripsit vero spatium 182 digitorum tempore oscillationum 49½ vel 50 per experimentum.

Exper. 5. Globi quatuor pondere 154¾ *gran.* in aere & 21½ *gran.* in aqua sæpe demissi cadebant tempore oscillationum 28½, 29, 29½ & 30, & nonnunquam 31, 32 & 33, describentes altitudinem pedum quindecim & digitorum duorum.

Per theoriam cadere debuerunt tempore oscillationum 29 quamproxime.

Exper. 6. Globi quinque pondere 212¾ *gran.* in aere & 79½ in aqua sæpe demissi cadebant tempore oscillationum 15, 15½, 16, 17 & 18, describentes altitudinem pedum quindecim & digitorum duorum.

Per theoriam cadere debuerunt tempore oscillationum 15 quamproxime.

Exper. 7. Globi quatuor pondere 293⅜ *gran.* in aere & 35⅞ *gran.* in aqua sæpe demissi cadebant tempore oscillationum 29½, 30, 30½, 31, 32 & 33, describentes altitudinem pedum quindecim & digiti unius cum semisse.

Per theoriam cadere debuerunt tempore oscillationum 28 quamproxime.

Causam investigando cur globorum, ejusdem ponderis & magnitudinis, aliqui citius alii tardius caderent, in hanc incidi; quod globi, ubi primum demittebantur & cadere incipiebant, oscillarent circum centra, latere illo quod forte gravius esset primum descendente, & motum oscillatorium generante. Nam per oscillationes suas globus majorem motum communicat aquæ, quam si sine oscillationibus descenderet; & communicando amittit partem motus proprii quo descendere deberet : & pro majore vel minore oscillatione, magis vel minus retardatur. Quinetiam globus recedit semper a latere suo quod per oscillationem descendit, & recedendo appropinquat lateribus vasis & in latera nonnunquam impingitur. Et hæc oscillatio in globis gravioribus fortior est, & in majoribus aquam magis agitat. Quapropter, ut oscillatio globorum minor redderetur, globos novos ex cera & plumbo construxi, infigendo plumbum in latus aliquod globi prope superficiem ejus; & globum ita demisi, ut latus gravius, quoad fieri potuit, esset infimum ab initio descensus. Sic oscillationes factæ sunt multo minores quam prius, & globi temporibus minus inæqualibus ceciderunt, ut in experimentis sequentibus.

Exper. 8. Globi quatuor, pondere granorum 139 in aere & $6\frac{1}{2}$ in aqua, sæpe demissi, ceciderunt temporibus oscillationum non plurium quam 52, non pauciorum quam 50, & maxima ex parte tempore oscillationum 51 circiter, describentes altitudinem digitorum 182.

Per theoriam cadere debuerunt tempore oscillationum 52 circiter.

Exper. 9. Globi quatuor, pondere granorum $273\frac{1}{4}$ in aere & $140\frac{3}{4}$ in aqua, sæpius demissi, ceciderunt temporibus oscillationum non pauciorum quam 12, non plurium quam 13, describentes altitudinem digitorum 182.

Per theoriam vero hi globi cadere debuerunt tempore oscillationum $11\frac{1}{3}$ quamproxime.

Exper. 10. Globi quatuor, pondere granorum 384 in aere & $119\frac{1}{2}$ in aqua, sæpe demissi, cadebant temporibus oscillationum $17\frac{3}{4}$, 18, $18\frac{1}{2}$ & 19, describentes altitudinem digitorum $181\frac{1}{2}$. Et ubi ceciderunt tempore oscillationum 19, nonnunquam audivi impulsum eorum in latera vasis antequam ad fundum pervenerunt.

Per theoriam vero cadere debuerunt tempore oscillationum $15\frac{5}{9}$ quamproxime.

Exper. 11. Globi tres æquales, pondere granorum 48 in aere & $3\frac{29}{32}$ in aqua, sæpe demissi, ceciderunt temporibus oscillationum $43\frac{1}{2}$, 44, $44\frac{1}{2}$, 45 & 46, & maxima ex parte 44 & 45, describentes altitudinem digitorum $182\frac{1}{2}$ quamproxime.

Per theoriam cadere debuerunt tempore oscillationum 46$\frac{5}{9}$ circiter.

Exper. 12. Globi tres æquales, pondere granorum 141 in aere & 4$\frac{3}{8}$ in aqua, aliquoties demissi, ceciderunt temporibus oscillationum 61, 62, 63, 64, & 65, describentes altitudinem digitorum 182.

Et per theoriam cadere debuerunt tempore oscillationum 54$\frac{1}{2}$ quamproxime.

Per hæc experimenta manifestum est quod, ubi globi tarde ceciderunt, ut in experimentis secundis, quartis, quintis, octavis, undecimis ac duodecimis, tempora cadendi recte exhibentur per theoriam : at ubi globi velocius ceciderunt, ut in experimentis sextis, nonis ac decimis, resistentia paulo major extitit quam in duplicata ratione velocitatis. Nam globi inter cadendum oscillant aliquantulum; & hæc oscillatio in globis levioribus & tardius cadentibus, ob motus languorem cito cessat; in gravioribus autem & majoribus, ob motus fortitudinem diutius durat, & non nisi post plures oscillationes ab aqua ambienti cohiberi potest. Quinetiam globi, quo velociores sunt, eo minus premuntur a fluido ad posticas suas partes; & si velocitas perpetuo augeatur, spatium vacuum tandem a tergo relinquent, nisi compressio fluidi simul augeatur. Debet autem compressio fluidi (per prop. XXXII & XXXIII) augeri in duplicata ratione velocitatis, ut resistentia sit in eadem duplicata ratione. Quoniam hoc non fit, globi velociores paulo minus premuntur a tergo, & defectu pressionis hujus, resistentia eorum fit paulo major quam in duplicata ratione velocitatis.

Congruit igitur theoria cum phænomenis corporum cadentium in aqua, reliquum est ut examinemus phænomena cadentium in aere.

Exper. 13. A culmine ecclesiæ Sancti *Pauli*, in urbe *Londini*, mense Junio 1710, globi duo vitrei simul demittebantur, unus argenti vivi plenus, alter aeris; & cadendo describebant altitudinem pedum *Londinensium* 220. Tabula lignea ad unum ejus terminum polis ferreis suspendebatur, ad alterum pessulo ligneo incumbebat; & globi duo huic tabulæ impositi simul demittebantur, subtrahendo pessulum ope fili ferrei ad terram usque demissi ut tabula polis ferreis solummodo innixa super iisdem devolveretur, & eodem temporis momento pendulum ad minuta secunda oscillans, per filum illud ferreum tractum demitteretur & oscillare inciperet.   Diametri & pondera globorum ac tempora cadendi exhibentur in tabula sequente.

GLOBORUM MERCURIO PLENORUM.			GLOBORUM AERE PLENORUM.		
Pondera.	*Diametri.*	*Tempora cadendi.*	*Pondera.*	*Diametri.*	*Tempora cadendi.*
908 *gran.*	0,8 *digit.*	4″	510 *gran.*	5,1 *digit.*	8″½
983	0,8	4 —	642	5,2	8
866	0,8	4	599	5,1	8
747	0,75	4+	515	5,0	8¼
808	0,75	4	483	5,0	8½
784	0,75	4+	641	5,2	8

Cæterum tempora observata corrigi debent.   Nam globi mercuriales (per theoriam *Galilæi*) minutis quatuor secundis describent pedes *Londinenses* 257, & pedes 220 minutis tantum 3″ 42‴.   Tabula lignea utique, detracto pessulo, tardius devolvebatur quam par erat, & tarda sua devolutione impediebat descensum globorum sub initio.   Nam globi incumbebant tabulæ prope medium ejus, & paulo quidem propiores erant axi ejus quam pessulo.   Et hinc tempora cadendi prorogata fuerunt minutis tertiis octodecim circiter, & jam corrigi debent detrahendo illa minuta, præsertim in globis majoribus qui tabulæ devolventi paulo diutius incumbebant propter magnitudinem diametrorum.   Quo facto tempora, quibus globi sex majores cecidere, evadent 8″ 12‴, 7″ 42‴, 7″ 42‴, 7″ 57‴, 8″ 12‴, & 7″ 42‴.

Globorum igitur aere plenorum quintus, diametro digitorum quinque pondere granorum 483 constructus, cecidit tempore 8″ 12‴, describendo altitudinem pedum 220.   Pondus aquæ huic globo æqualis est 16600 granorum; & pondus aeris eidem æqualis est $\frac{16600}{860}$ *gran.* seu $19\frac{3}{10}$ *gran.* ideoque pondus globi in vacuo est $502\frac{3}{10}$ *gran.* & hoc pondus est ad pondus aeris globo æqualis, ut $502\frac{3}{10}$ ad $19\frac{3}{10}$, & ita sunt 2 F ad octo tertias partes diametri globi, id est, ad $13\frac{1}{3}$ digitos.   Unde 2 F prodeunt 28 *ped.* 11 *dig.*   Globus cadendo in vacuo, toto suo pondere $502\frac{3}{10}$ granorum, tempore minuti unius secundi describit digitos $193\frac{1}{3}$ ut supra, & pondere 483 *gran.* describit digitos 185,905, & eodem pondere 483 *gran.* etiam in vacuo describit spatium F seu 14 *ped.* 5½ *dig.* tempore 57''' 58'''', & velocitatem maximam acquirit quacum possit in aere descendere. Hac velocitate globus, tempore 8'' 12''', describet spatium pedum 245 & digitorum 5⅓. Aufer 1,3863 F seu 20 *ped.* 0⅓ *dig.* & manebunt 225 *ped.* 5 *dig.* Hoc spatium igitur globus, tempore 8'' 12''', cadendo describere debuit per theoriam. Descripsit vero spatium 220 pedum per experimentum. Differentia insensibilis est.

Similibus computis ad reliquos etiam globos aere plenos applicatis, confeci tabulam sequentem.

Globorum pondera.	*Diametri.*	*Tempora cadendi ab altitudine pedum 220*	*Spatia describenda per theoriam.*		*Excessus.*	
510 *gran.*	5,1 *dig.*	8'' 12''	226 *ped.*	11 *dig.*	6 *ped.*	11 *dig.*
642	5,2	7 42	230	9	10	9
599	5,1	7 42	237	10	7	10
515	5	7 57	224	5	4	5
483	5	8 12	225	5	5	5
641	5,2	7 42	230	7	10	7

Exper. 14. Anno 1719. mense Julio D. Desaguliers hujusmodi experimenta iterum cepit, formando vesicas porcorum in orbem sphæricum ope sphæræ ligneæ concavæ ambientis, quam madefactæ implere cogebantur inflando aerem; & hasce arefactas & exemptas demittendo ab altiore loco in templi ejusdem turri rotunda fornicata, nempe ab altitudine pedum 272; & eodem temporis momento demittendo etiam globum plumbeum cujus pondus erat duarum librarum Romanarum circiter. Et interea aliqui stantes in suprema parte templi, ubi globi demittebantur, notabant tempora tota cadendi, & alii stantes in terra notabant differentiam temporum inter casum globi plumbei & casum vesicæ. Tempora autem mensurabantur pendulis ad dimidia minuta secunda oscillantibus. Et eorum qui in terra stabant unus habebat horologium cum elatere ad singula minuta secunda quater vibrante; alius habebat machinam aliam affabre constructam cum pendulo etiam ad singula minuta secunda quater vibrante. Et similem machinam habebat unus eorum qui stabant in summitate templi. Et hæc instrumenta ita formabantur,

z

ut motus eorum pro lubitu vel inciperent vel sisterentur. Globus autem plumbeus cadebat tempore minutorum secundorum quatuor cum quadrante circiter. Et addendo hoc tempus ad prædictam temporis differentiam, colligebatur tempus totum quo vesica cecidit. Tempora, quibus vesicæ quinque post casum globi plumbei prima vice ceciderunt, erant $14\frac{3}{4}''$, $12\frac{3}{4}''$, $14\frac{5}{8}''$, $17\frac{3}{4}''$, & $16\frac{7}{8}''$, & secunda vice $14\frac{1}{2}''$, $14\frac{1}{4}''$, $14''$, $19''$, & $16\frac{3}{4}''$. Addantur $4\frac{1}{4}''$, tempus utique quo globus plumbeus cecidit, & tempora tota, quibus vesicæ quinque ceciderunt, erant prima vice $19''$, $17''$, $18\frac{7}{8}''$, $22''$, & $21\frac{1}{8}''$; & secunda vice, $18\frac{3}{4}''$, $18\frac{1}{2}''$, $18\frac{1}{4}''$, $23\frac{1}{4}''$, & $21''$. Tempora autem in summitate templi notata erant prima vice $19\frac{3}{8}''$, $17\frac{1}{4}''$, $18\frac{3}{4}''$, $22\frac{1}{8}''$, & $21\frac{5}{8}''$; & secunda vice $19''$, $18\frac{5}{8}''$, $18\frac{3}{8}''$, $24''$, & $21\frac{1}{4}''$. Cæterum vesicæ non semper recta cadebant, sed nonnunquam volitabant, & hinc inde oscillabantur inter cadendum. Et his motibus tempora cadendi prorogata sunt & aucta nonnunquam dimidio minuti unius secundi, nonnunquam minuto secundo toto. Cadebant autem rectius vesica secunda & quarta prima vice; & prima ac tertia secunda vice. Vesica quinta rugosa erat & per rugas suas nonnihil retardabatur. Diametros vesicarum deducebam ex earum circumferentiis filo tenuissimo bis circundato mensuratis. Et theoriam contuli cum experimentis in tabula sequente, assumendo densitatem aëris esse ad densitatem aquæ pluvialis ut 1 ad 860, & computando spatia quæ globi per theoriam describere debuerunt cadendo.

Vesicarum pondera.	Diametri.	Tempora cadendi ab altitudine pedum 272.	Spatia iisdem temporibus describenda per theoriam.		Differentia inter theor. & exper.	
128 gran.	5,28 dig.	19″	271 ped.	11 dig.	—0 ped.	1 dig.
156	5,19	17	272	0½	+0	0½
137½	5,3	18½	272	7	+0	7
97½	5,26	22	277	4	+5	4
99⅓	5	21⅛	282	0	+10	0

Globorum igitur tam in aëre quam in aqua motorum resistentia prope omnis per theoriam nostram recte exhibetur, ac densitati fluidorum, paribus globorum velocitatibus ac magnitudinibus, proportionalis est.

In scholio, quod sectioni sextæ subjunctum est, ostendimus per experimenta pendulorum quod globorum æqualium & æquivelocium in aëre, aqua, & argento vivo motorum resistentiæ sunt ut fluidorum densitates. Idem hic ostendimus magis accurate per experimenta corporum cadentium in aëre & aqua. Nam pendula singulis oscillationibus motum cient in fluido motui penduli redeuntis semper contrarium, & resistentia ab hoc motu oriunda, ut & resistentia fili quo pendulum suspendebatur, totam penduli resistentiam majorem reddiderunt quam resistentia quæ per experimenta corporum cadentium prodiit. Etenim per experimenta pendulorum in scholio illo exposita, globus ejusdem densitatis cum aqua, describendo longitudinem semidiametri suæ in aëre, amittere deberet motus sui partem $\frac{1}{3342}$. At per theoriam in hac septima sectione expositam & experimentis cadentium confirmatam globus idem describendo longitudinem eandem amittere deberet motus sui partem tantum $\frac{1}{4586}$, posito quod densitas aquæ sit ad densitatem aëris ut 860 ad 1. Resistentiæ igitur per experimenta pendulorum majores prodiere (ob causas jam descriptas) quam per experimenta globorum cadentium, idque in ratione 4 ad 3 circiter. Attamen cum pendulorum in aëre, aqua & argento vivo oscillantium resistentiæ a causis similibus similiter augeantur, proportio resistentiarum in his mediis, tam per experimenta pendulorum, quam per experimenta corporum cadentium, satis recte exhibebitur. Et inde concludi potest quod corporum in fluidis quibuscunque fluidissimis motorum resistentiæ, cæteris paribus, sunt ut densitates fluidorum.

His ita stabilitis, dicere jam licet quamnam motus sui partem globus quilibet, in fluido quocunque projectus, dato tempore amittet quamproxime. Sit D diameter globi, & V velocitas ejus sub initio motus, & T tempus, quo globus velocitate V in vacuo describet spatium, quod sit ad spatium $\frac{8}{3}$ D ut densitas globi ad densitatem fluidi & globus in fluido illo projectus, tempore quovis alio t, amittet velocitatis suæ partem $\dfrac{t\,V}{T+t}$, manente parte $\dfrac{T\,V}{T+t}$, & describet spatium, quod sit ad spatium uniformi velocitate V eodem tempore descriptum in vacuo, ut logarithmus numeri $\dfrac{T+t}{T}$ multiplicatus per

numerum 2,302585093 est ad numerum $\frac{t}{T}$, per corol. 7 prop.
xxxv.   In motibus tardis resistentia potest esse paulo minor propterea
quod figura globi paulo aptior sit ad motum quam figura cylindri
eadem diametro descripti.   In motibus velocibus resistentia potest esse
paulo major, propterea quod elasticitas & compressio fluidi non
augeantur in duplicata ratione velocitatis.   Sed hujusmodi minutias
hic non expendo.

Et quamvis aër, aqua, argentum vivum & similia fluida, per divisionem partium in infinitum, subtiliarentur & fierent media infinite
fluida; tamen globis projectis haud minus resisterent.   Nam
resistentia, de qua agitur in propositionibus præcedentibus, oritur
ab inertia materiæ & inertiæ materiæ corporibus essentialis est &
quantitati materiæ semper proportionalis.   Per divisionem partium
fluidi, resistentia quæ oritur a tenacitate & frictione partium diminui
quidem potest : sed quantitas materiæ per divisionem partium ejus
non diminuitur ; & manente quantitate materiæ, manet ejus vis
inertiæ, cui resistentia, de qua hic agitur, semper proportionalis est.
Ut hæc resistentia diminuatur, diminui debet quantitas materiæ in
spatiis per quæ corpora moventur.   Et propterea spatia cœlestia,
per quæ globi planetarum & cometarum in omnes partes liberrime
& sine omni motus diminutione sensibili perpetuo moventur, fluido
omni corporeo destituuntur, si forte vapores longe tenuissimos &
trajectos lucis radios excipias.

Projectilia utique motum cient in fluidis progrediendo, & hic
motus oritur ab excessu pressionis fluidi ad projectilis partes anticas
supra pressionem ad ejus partes posticas, & non minor esse potest
in mediis infinite fluidis quam in aere, aqua & argento vivo pro
densitate materiæ in singulis.   Hic autem pressionis excessus, pro
quantitate sua, non tantum motum ciet in fluido, sed etiam agit
in projectile ad motum ejus retardandum : & propterea resistentia
in omni fluido est ut motus in fluido a projectili excitatus, nec minor
esse potest in æthere subtilissimo pro densitate ætheris, quam in aëre,
aqua & argento vivo pro densitatibus horum fluidorum.

SECTIO VIII.

De motu per fluida propagato.

PROPOSITIO XLI. THEOREMA XXXII.

Pressio non propagatur per fluidum secundum lineas rectas, nisi ubi particulæ fluidi in directum jacent.

Si jaceant particulæ a, b, c, d, e in linea recta, potest quidem pressio directe propagari ab a ad e; at particula e urgebit particulas oblique positas f & g oblique, & particulæ illæ f & g non sustinebunt pressionem illatam, nisi fulciantur a particulis ulterioribus h & k; quatenus autem fulciuntur, premunt particulas fulcientes; & hæ non sustinebunt pressionem nisi fulciantur ab ulterioribus l & m easque premant, & sic deinceps in infinitum. Pressio igitur, quum primum propagatur ad particulas quæ non in directum jacent, divaricare incipiet & oblique propagabitur in infinitum; & postquam incipit oblique propagari, si inciderit in particulas ulteriores,

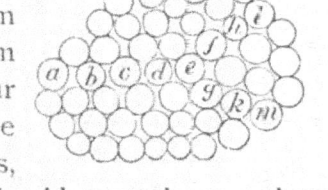

quæ non in directum jacent, iterum divaricabit; idque toties, quoties in particulas non accurate in directum jacentes inciderit. *Q. E. D.*

Corol. Si pressionis, a dato puncto per fluidum propagatæ, pars aliqua obstaculo intercipiatur; pars reliqua, quæ non intercipitur, divaricabit in spatia pone obstaculum. Id quod sic etiam demonstrari potest. A puncto A propagetur pressio quaquaversum, idque si fieri potest secundum lineas rectas, & obstaculo $NBCK$ perforato in BC intercipiatur ea omnis, præter partem conformem APQ, quæ per foramen circulare BC transit. Planis transversis de, fg, hi distinguatur conus APQ in frusta; & interea dum conus ABC, pressionem propagando, urget frustum conicum ulterius $degf$ in superficie de, & hoc frustum urget frustum proximum $fgih$ in superficie fg, & frustum illud urget frustum tertium, & sic deinceps in infinitum; manifestum est (per motus legem tertiam) quod fru-

stum primum *de fg*, reactione frusti secundi *fg h i*, tantum urgebitur
& premetur in superficie *fg*, quantum urget & premit frustum
illud secundum.   Frustum igitur *d e g f* inter conum *A de* & frustum
f h i g comprimitur utrinque, & propterea (per corol. 6 prop. xix)
figuram suam servare nequit, nisi vi eadem comprimatur undique.
Eodem igitur impetu quo premitur in superficiebus *de, fg*, cona-

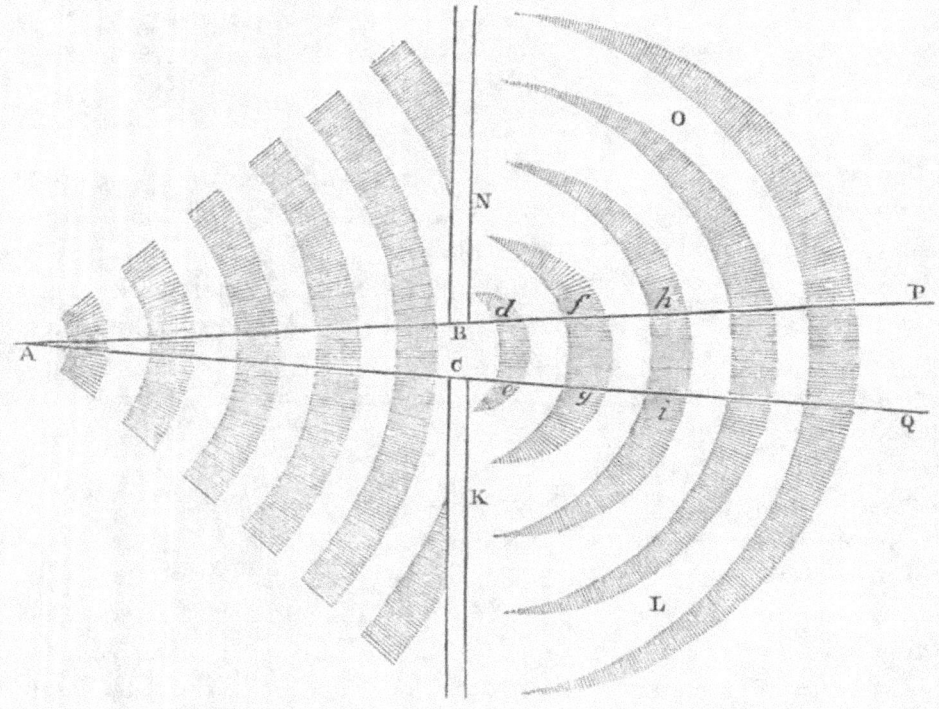

bitur cedere ad latera *d f, e g;* ibique (cum rigidum non sit, sed
omnimodo fluidum) excurret ac dilatabitur, nisi fluidum ambiens
adsit quo conatus iste cohibeatur.   Proinde conatu excurrendi,
premet tam fluidum ambiens ad latera *d f, e g* quam frustum *f g h i*
eodem impetu; & propterea pressio non minus propagabitur a
lateribus *d f, e g* in spatia *N O, K L* hinc inde, quam propagatur a
superficie *f g* versus *P Q. Q.E.D.*

PROPOSITIO XLII. THEOREMA XXXIII.

Motus omnis per fluidum propagatus divergit a recto tramite in spatia immota.

Cas. I. Propagetur motus a puncto *A* per foramen *B C*, pergatque, si fieri potest, in spatio conico *B C Q P* secundum lineas rectas divergentes a puncto *A*. Et ponamus primo quod motus iste sit undarum in superficie stagnantis aquæ. Sintque *d e*, *f g*, *h i*, *k l*, &c. undarum singularum partes altissimæ, vallibus totidem inter-

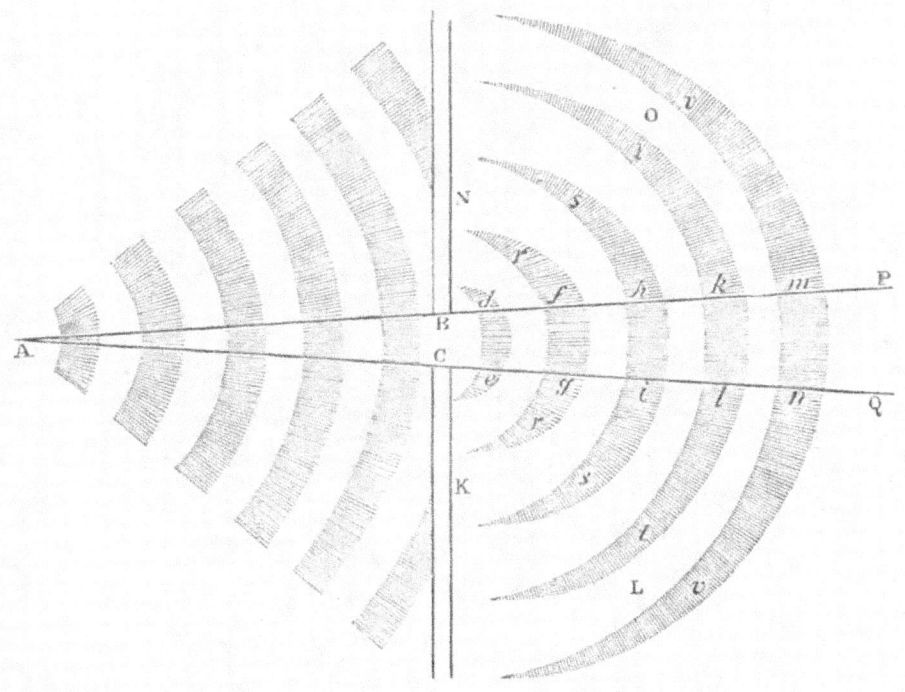

mediis ab invicem distinctæ. Igitur quoniam aqua in undarum jugis altior est quam in fluidi partibus immotis *L K*, *N O*, defluet eadem de jugorum terminis *e*, *g*, *i*, *l*, &c. *d*, *f*, *h*, *k*, &c. hinc inde versus *K L* & *N O*: & quoniam in undarum vallibus depressior est quam in fluidi partibus immotis *K L*, *N O*; defluet eadem de partibus illis immotis in undarum valles. Defluxu priore undarum juga, posteriore valles hinc inde dilatantur & propagantur versus *K L* &

N O. Et quoniam motus undarum ab *A* versus *P Q* fit per continuum defluxum jugorum in valles proximos, ideoque celerior non
est quam pro celeritate descensus; & descensus aquæ hinc inde
versus *K L* & *N O* eadem velocitate peragi debet; propagabitur
dilatatio undarum hinc inde versus *K L* & *N O* eadem velocitate
qua undæ ipsæ ab *A* versus *P Q* recta progrediuntur. Proindeque
spatium totum hinc inde versus *K L* & *N O* ab undis dilatatis *r f g r*,
s h i s, *t k l t*, *v m n v*, &c. occupabitur. *Q.E.D.* Hæc ita se habere
quilibet in aqua stagnante experiri potest.

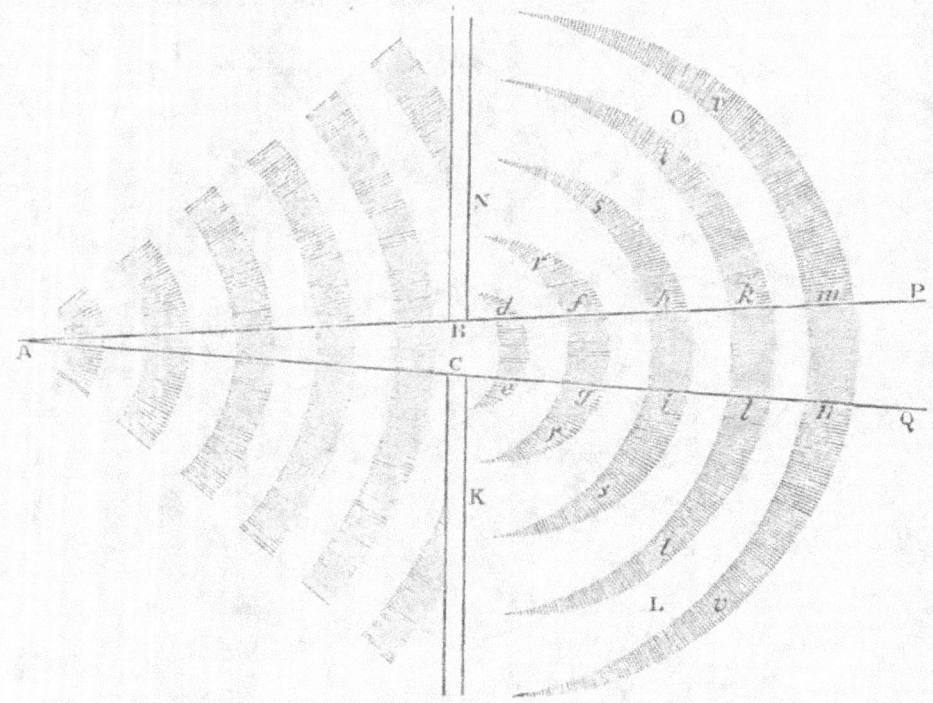

Cas. 2. Ponamus jam quod *d e*, *f g*, *h i*, *k l*, *m n* designent pulsus a
puncto *A* per medium elasticum successive propagatos. Pulsus
propagari concipe per successivas condensationes & rarefactiones
medii, sic ut pulsus cujusque pars densissima sphæricam occupet
superficiem circa centrum *A* descriptam, & inter pulsus successivos
æqualia intercedant intervalla. Designent autem lineæ *d e*, *f g*, *h i*,
k l, &c. densissimas pulsuum partes, per foramen *B C* propagatas.
Et quoniam medium ibi densius est quam in spatiis hinc inde versus
K L & *N O*, dilatabit sese tam versus spatia illa *K L*, *N O* utrinque

sita, quam versus pulsuum rariora intervalla; eoque pacto rarius semper evadens e regione intervallorum ac densius e regione pulsuum, participabit eorundem motum.   Et quoniam pulsuum progressivus motus oritur a perpetua relaxatione partium densiorum versus antecedentia intervalla rariora; & pulsus eadem fere celeritate sese in medii partes quiescentes KL, NO hinc inde relaxare debent; pulsus illi eadem fere celeritate sese dilatabunt undique in spatia immota KL, NO, qua propagantur directe a centro A; ideoque spatium totum $KLON$ occupabunt.   *Q.E.D.*   Hoc experimur in sonis, qui vel monte interposito audiuntur, vel in cubiculum per fenestram admissi sese in omnes cubiculi partes dilatant, inque angulis omnibus audiuntur non tam reflexi a parietibus oppositis, quam a fenestra directe propagati, quantum ex sensu judicare licet.

Cas. 3. Ponamus denique quod motus cujuscunque generis propagetur ab A per foramen BC: & quoniam propagatio ista non fit, nisi quatenus partes medii centro A propiores urgent commoventque partes ulteriores; & partes quæ urgentur fluidæ sunt, ideoque recedunt quaquaversum in regiones ubi minus premuntur: recedent eædem versus medii partes omnes quiescentes, tam laterales KL & NO, quam anteriores PQ, eoque pacto motus omnis, quumprimum per foramen BC transiit, dilatari incipiet & inde tanquam a principio & centro in partes omnes directe propagari.   *Q.E.D.*

PROPOSITIO XLIII. THEOREMA XXXIV.

Corpus omne tremulum in medio elastico propagabit motum pulsuum undique in directum; in medio vero non elastico motum circularem excitabit.

Cas. 1. Nam partes corporis tremuli vicibus alternis eundo & redeundo itu suo urgebunt & propellent partes medii sibi proximas, & urgendo compriment easdem & condensabunt; dein reditu suo sinent partes compressas recedere & sese expandere.   Igitur partes medii corpori tremulo proximæ ibunt & redibunt per vices, ad instar partium corporis illius tremuli: & qua ratione partes corporis hujus agitabant hasce medii partes, hæ similibus tremoribus agitatæ agitabunt partes sibi proximas, eæque similiter agitatæ agitabunt ulteriores, & sic deinceps in infinitum. Et quemadmodum medii partes primæ eundo condensantur & redeundo relaxantur, sic partes reliquæ quoties eunt condensabuntur, & quoties redeunt sese expandent. Et propterea non omnes ibunt & simul redibunt (sic enim determinatas ab invicem distantias servando, non rarefierent & condensarentur per vices) sed accedendo ad invicem ubi condensantur, & recedendo ubi rarefiunt, aliquæ earum ibunt dum aliæ redeunt; idque vicibus alternis in infinitum. Partes autem euntes & eundo condensatæ, ob motum suum progressivum, quo feriunt obstacula, sunt pulsus; & propterea pulsus successivi a corpore omni tremulo in directum propagabuntur; idque æqualibus circiter ab invicem distantiis, ob æqualia temporis intervalla, quibus corpus tremoribus suis singulis singulos pulsus excitat. Et quanquam corporis tremuli partes eant & redeant secundum plagam aliquam certam & determinatam, tamen pulsus inde per medium propagati sese dilatabunt ad latera, per propositionem præcedentem; & a corpore illo tremulo tanquam centro communi, secundum superficies propemodum sphæricas & concentricas, undique propagabuntur. Cujus rei exemplum aliquod habemus in undis, quæ si digito tremulo excitentur, non solum pergent hinc inde secundum plagam motus digiti, sed, in modum circulorum concentricorum, digitum statim cingent & undique propagabuntur. Nam gravitas undarum supplet locum vis elasticæ.

Cas. 2. Quod si medium non sit elasticum: quoniam ejus partes a corporis tremuli partibus vibratis pressæ condensari nequeunt, propagabitur motus in instanti ad partes ubi medium facillime cedit, hoc est, ad partes quas corpus tremulum alioqui vacuas a tergo relinqueret. Idem est casus cum casu corporis in medio quocunque projecti. Medium cedendo projectilibus non recedit in infinitum; sed in circulum eundo pergit ad spatia quæ corpus relinquit a tergo. Igitur quoties corpus tremulum pergit in partem quamcunque, medium cedendo perget per circulum ad partes quas corpus relinquit; & quoties corpus regreditur ad locum priorem, medium inde repelletur & ad locum suum priorem redibit. Et quamvis corpus tremulum non sit firmum, sed modis omnibus flexile, si tamen magnitudine datum maneat, qnoniam tremoribus suis nequit medium ubivis urgere, quin alibi eidem simul cedat, efficiet ut medium, recedendo a partibus ubi premitur, pergat semper in orbem ad partes quæ eidem cedunt. *Q. E. D.*

Corol. Hallucinantur igitur qui credunt agitationem partium flammæ ad pressionem, per medium ambiens, secundum lineas rectas propagandum conducere. Debebit ejusmodi pressio non ab agitatione sola partium flammæ, sed a totius dilatatione derivari.

PROPOSITIO XLIV. THEOREMA XXXV.

Si aqua in canalis cruribus erectis K L, M N *vicibus alternis ascendat & descendat ; construatur autem pendulum cujus longitudo inter punctum suspensionis & centrum oscillationis æquetur semissi longitudinis aquæ in canali : dico quod aqua ascendet & descendet iisdem temporibus quibus pendulum oscillatur.*

Longitudinem aquæ mensuro secundum axes canalis & crurum, eandem summæ horum axium æquando; & resistentiam aquæ, quæ oritur ab attritu canalis, hic non considero. Designent igitur *A B*, *C D* mediocrem altitudinem aquæ in crure utroque; & ubi aqua

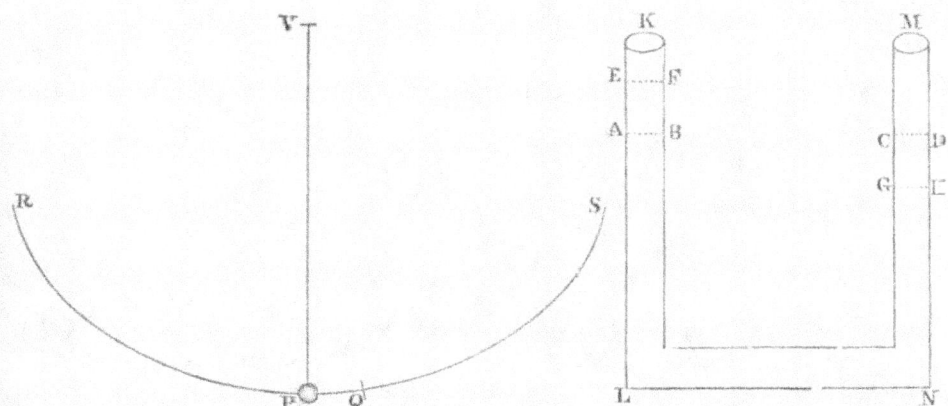

in crure *K L* ascendit ad altitudinem *E F*, descenderit aqua in crure *M N* ad altitudinem *G H*. Sit autem *P* corpus pendulum *V P* filum, *V* punctum suspensionis, *R P Q S* cyclois quam pendulum describat, *P* ejus punctum infimum, *P Q* arcus altitudini *A E* æqualis.

Vis, qua motus aquæ alternis vicibus acceleratur & retardatur, est excessus ponderis aquæ in alterutro crure supra pondus in altero, ideoque, ubi aqua in crure KL ascendit ad EF, & in crure altero descendit ad GH, vis illa est pondus duplicatum aquæ $EABF$, & propterea est ad pondus aquæ totius ut AE seu PQ ad VP seu

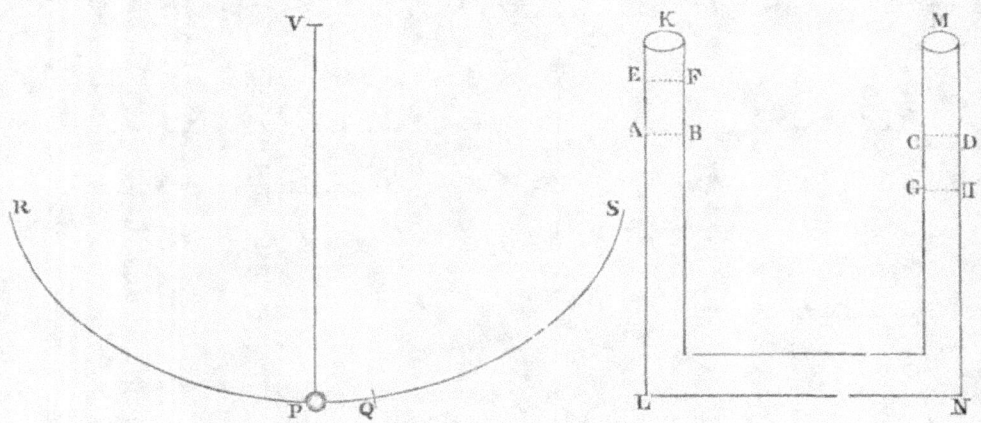

PR. Vis etiam, qua pondus P in loco quovis Q acceleratur & retardatur in cycloide (per corol. prop. LI) est ad ejus pondus totum, ut ejus distantia PQ a loco infimo P ad cycloidis longitudinem PR. Quare aquæ & penduli, æqualia spatia AE, PQ describentium, vires motrices sunt ut pondera movenda; ideoque, si aqua & pendulum in principio quiescunt, vires illæ movebunt eadem æqualiter temporibus æqualibus, efficientque ut motu reciproco simul eant & redeant. *Q.E.D.*

Corol. 1. Igitur aquæ ascendentis & descendentis, sive motus intensior sit sive remissior, vices omnes sunt isochronæ.

Corol. 2. Si longitudo aquæ totius in canali sit pedum *Parisiensium* $6\frac{1}{9}$: aqua tempore minuti unius secundi descendet, & tempore minuti alterius secundi ascendet; & sic deinceps vicibus alternis in infinitum. Nam pendulum pedum $3\frac{1}{18}$ longitudinis tempore minuti unius secundi oscillatur.

Corol. 3. Aucta autem vel diminuta longitudine aquæ, augetur vel diminuitur tempus reciprocationis in longitudinis ratione subduplicata.

PROPOSITIO XLV. THEOREMA XXXVI.

Undarum velocitas est in subduplicata ratione latitudinum.

Consequitur ex constructione propositionis sequentis.

PROPOSITIO XLVI. PROBLEMA X.

Invenire velocitatem undarum.

Constituatur pendulum cujus longitudo, inter punctum suspensionis & centrum oscillationis, æquetur latitudini undarum : & quo tempore pendulum illud oscillationes singulas peragit, eodem undæ progrediendo latitudinem suam propemodum conficient.

Undarum latitudinem voco mensuram transversam, quæ vel vallibus imis, vel summis culminibus interjacet. Designet *ABCDEF* superficiem aquæ stagnantis, undis successivis ascendentem ac descendentem ; sintque *A, C, E,* &c. undarum culmina, & *B, D, F,* &c. vales intermedii. Et quoniam motus undarum fit per aquæ successivum ascensum & descensum, sic ut ejus partes *A, C, E,* &c.

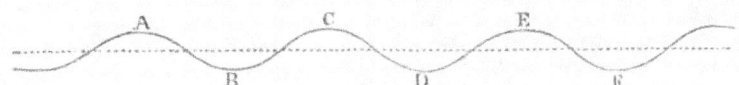

quæ nunc altissimæ sunt, mox fiant infimæ ; & vis motrix, qua partes altissimæ descendunt & infimæ ascendunt, est pondus aquæ elevatæ ; alternus ille ascensus & descensus analogus erit motui reciproco aquæ in canali, easdemque temporis leges observabit : & propterea (per prop. XLIV) si distantiæ inter undarum loca altissima *A, C, E* & infima *B, D, F* æquentur duplæ penduli longitudini ; partes altissimæ *A, C, E,* tempore oscillationis unius evadent infimæ, & tempore oscillationis alterius denuo ascendent. Igitur inter transitum undarum singularum tempus erit oscillationum duarum ; hoc est, unda describet latitudinem suam, quo tempore pendulum illud bis oscillatur ; sed eodem tempore pendulum, cujus longitudo quadrupla est, ideoque æquat undarum latitudinem, oscillabitur semel. *Q. E. I.*

Corol. 1. Igitur undæ, quæ pedes *Parisienses* 3½ latæ sunt, tempore minuti unius secundi progrediendo latitudinem suam conficient ;

ideoque tempore minuti unius primi percurrent pedes
183⅓, & horæ spatio pedes 11000 quamproxime.

Corol. 2. Et undarum majorum vel minorum
velocitas augebitur vel diminuetur in subduplicata
ratione latitudinis.

Hæc ita se habent ex hypothesi quod partes aquæ
recta ascendunt vel recta descendunt; sed ascensus
& descensus ille verius fit per circulum, ideoque
tempus hac propositione non nisi quamproxime
definitum esse affirmo.

PROP. XLVII.   THEOR. XXXVII.

Pulsibus per fluidum propagatis,
singulæ fluidi particulæ, motu
reciproco brevissimo euntes &
redeuntes, accelerantur semper
& retardantur pro lege oscillan-
tis penduli.

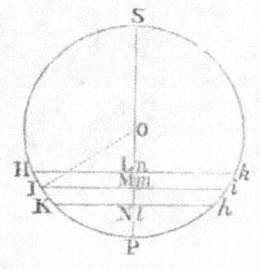

Designent *AB, BC, CD*, &c. pulsuum successivo-
rum æquales distantias; *ABC* plagam motus pulsuum
ab *A* versus *B* propagati; *E, F, G* puncta tria
physica medii quiescentis in recta *AC* ad æquales
ab invicem distantias sita; *Ee, Ff, Gg* spatia æqualia
perbrevia per quæ puncta illa motu reciproco singulis
vibrationibus eunt & redeunt; ε, φ, γ, loca quævis
intermedia eorundem punctorum; & *EF, FG* lineolas physicas seu medii partes lineares punctis illis
interjectas, & successive translatas in loca εφ, φγ &
ef, fg.   Rectæ *Ee* æqualis ducatur recta *PS*.
Bisecetur eadem in *O*, centroque *O* & intervallo *OP*
describatur circulus *SIPi*. Per hujus circumferentiam
totam cum partibus suis exponatur tempus totum
vibrationis unius cum ipsius partibus proportionalibus; sic ut completo
tempore quovis *PH* vel *PHSh*, si demittatur ad *PS* perpendiculum

$H\,L$ vel $h\,l$, & capiatur $E\epsilon$ æqualis $P\,L$ vel $P\,l$, punctum physicum E reperiatur in ϵ. Hac lege punctum quodvis E, eundo ab E per ϵ ad e, & inde redeundo per ϵ ad E, iisdem accelerationis ac retardationis gradibus vibrationes singulas peraget cum oscillante pendulo. Probandum est quod singula medii puncta physica tali motu agitari debeant. Fingamus igitur medium tali motu a causa quacunque cieri, & videamus quid inde sequatur.

In circumferentia $PHSh$ capiantur æquales arcus HI, IK vel hi ik, eam habentes rationem ad circumferentiam totam quam habent æquales rectæ EF, FG ad pulsuum intervallum totum BC. Et demissis perpendiculis IM, KN vel im, kn; quoniam puncta E, F, G motibus similibus successive agitantur, & vibrationes suas integras ex itu & reditu compositas interea peragunt dum pulsus transfertur a B ad C: si PH vel $PHSh$ sit tempus ab initio motus puncti E, erit PI vel $PHSi$ tempus ab initio motus puncti F, & PK vel $PHSk$ tempus ab initio motus puncti G; & propterea $E\epsilon$, $F\phi$, $G\gamma$ erunt ipsis PL, PM, PN in itu punctorum, vel ipsis Pl, Pm, Pn in punctorum reditu, æquales respective. Unde $\epsilon\gamma$ seu $EG+G\gamma-E\epsilon$ in itu punctorum æqualis erit $EG-LN$, in reditu autem æqualis $EG+ln$. Sed $\epsilon\gamma$ latitudo est seu expansio partis medii EG in loco $\epsilon\gamma$; & propterea expansio partis illius in itu est ad ejus expansionem mediocrem, ut $EG-LN$ ad EG; in reditu autem ut $EG+ln$ seu $EG+LN$ ad EG. Quare cum sit LN ad KH ut IM ad radium OP, & KH ad EG ut circumferentia $PHShP$ ad BC, id est si ponatur V pro radio circuli circumferentiam habentis æqualem intervallo pulsuum BC, ut OP ad V; & ex æquo LN ad EG ut IM ad V : erit expansio partis EG punctive physici F in loco $\epsilon\gamma$ ad expansionem mediocrem, quam pars illa habet in loco suo primo EG, ut $V-IM$ ad V in itu, utque $V+im$ ad V in reditu. Unde vis elastica puncti F in loco $\epsilon\gamma$ est ad vim ejus elasticam

mediocrem in loco EG, ut $\dfrac{1}{V-IM}$ ad $\dfrac{1}{V}$ in itu, in reditu vero ut

$\dfrac{1}{V+im}$ ad $\dfrac{1}{V}$. Et eodem argumento vires elasticæ punctorum

physicorum E & G in itu, sunt ut $\dfrac{1}{V-HL}$ & $\dfrac{1}{V-KN}$ ad

$\dfrac{\text{I}}{\text{V}}$; & virium differentia ad medii vim elasticam mediocrem, ut

$$\dfrac{HL - KN}{VV - V \times HL - V \times KN + HL \times KN} \quad \text{ad} \quad \dfrac{\text{I}}{\text{V}}. \quad \text{Hoc est, ut}$$

$\dfrac{HL - KN}{VV}$ ad $\dfrac{\text{I}}{\text{V}}$, sive ut $HL - KN$ ad V, si modo (ob angustos limites vibrationum) supponamus HL & KN indefinite minores esse quantitate V. Quare cum quantitas V detur, differentia virium est ut $HL - KN$, hoc est (ob proportionales $HL - KN$ ad HK, & OM ad OI vel OP, datasque HK & OP) ut OM; id est, si Ff bisecetur in Ω, ut $\Omega\phi$. Et eodem argumento differentia virium elasticarum punctorum physicorum ϵ & γ, in reditu lineolæ physicæ $\epsilon\gamma$ est ut $\Omega\phi$. Sed differentia illa (id est, excessus vis elasticæ puncti ϵ supra vim elasticam puncti γ) est vis qua interjecta medii lineola physica $\epsilon\gamma$ acceleratur in itu & retardatur in reditu; & propterea vis acceleratrix lineolæ physicæ $\epsilon\gamma$, est ut ipsius distantia a medio vibrationis loco Ω. Proinde tempus (per prop. XXXVIII lib. 1) recte exponitur per arcum PI; & medii pars linearis $\epsilon\gamma$ lege præscripta movetur, id est, lege oscillantis penduli: estque par ratio partium omnium linearium ex quibus medium totum componitur. *Q.E.D.*

Corol. Hinc patet quod numerus pulsuum propagatorum idem sit cum numero vibrationum corporis tremuli, neque multiplicatur in eorum progressu. Nam lineola physica $\epsilon\gamma$, quumprimum ad locum suum primum redierit, quiescet; neque deinceps movebitur, nisi vel ab impetu corporis tremuli, vel ab impetu pulsuum qui a corpore tremulo propagantur, motu novo cieatur. Quiescet igitur quum primum pulsus a corpore tremulo propagari desinunt.

PROPOSITIO XLVIII. THEOREMA XXXVIII.

Pulsuum in fluido elastico propagatorum velocitates sunt in ratione composita ex subduplicata ratione vis elasticæ directe & subduplicata ratione densitatis inverse; si modo fluidi vis elastica ejusdem condensationi proportionalis esse supponatur.

Cas. 1. Si media sint homogenea, & pulsuum distantiæ in his mediis æquentur inter se, sed motus in uno medio intensior sit: contractiones & dilatationes partium analogarum erunt ut iidem motus. Accurata quidem non est hæc proportio. Veruntamen nisi contractiones & dilatationes sint valde intensæ, non errabit sensibiliter, ideoque pro physice accurata haberi potest. Sunt autem vires elasticæ motrices ut contractiones & dilatationes; & velocitates partium æqualium simul genitæ sunt ut vires. Ideoque æquales & correspondentes pulsuum correspondentium partes itus & reditus suos per spatia contractionibus & dilatationibus proportionalia, cum velocitatibus quæ sunt ut spatia, simul peragent : & propterea pulsus, qui tempore itus & reditus unius latitudinem suam progrediendo conficiunt, & in loca pulsuum proxime præcedentium semper succedunt, ob æqualitatem distantiarum, æquali cum velocitate in medio utroque progredientur.

Cas. 2. Sin pulsuum distantiæ seu longitudines sint majores in uno medio quam in altero; ponamus quod partes correspondentes spatia latitudinibus pulsuum proportionalia singulis vicibus eundo & redeundo describant : & æquales erunt earum contractiones & dilatationes. Ideoque si media sint homogenea, æquales erunt etiam vires illæ elasticæ motrices quibus reciproco motu agitantur. Materia autem his viribus movenda est ut pulsuum latitudo; & in eadem ratione est spatium per quod singulis vicibus eundo & redeundo moveri debent. Estque tempus itus & reditus unius in ratione composita ex ratione subduplicata materiæ & ratione subduplicata spatii, atque ideo ut spatium. Pulsus autem temporibus itus & reditus unius eundo latitudines suas conficiunt, hoc est, spatia temporibus proportionalia percurrunt; & propterea sunt æquiveloces.

Cas. 3. In mediis igitur densitate & vi elastica paribus pulsus omnes sunt æquiveloces. Quod si medii vel densitas vel vis elastica intendatur, quoniam vis motrix in ratione vis elasticæ, & materia movenda in ratione densitatis augetur; tempus, quo motus iidem peragantur ac prius, augebitur in subduplicata ratione densitatis, ac diminuetur in subduplicata ratione vis elasticæ. Et propterea velocitas pulsuum erit in ratione composita ex ratione subduplicata densitatis medii inverse & ratione subduplicata vis elasticæ directe. *Q. E. D.*

Hæc propositio ulterius patebit ex constructione sequentis.

2 A

PROPOSITIO XLIX. PROBLEMA XI.

Datis medii densitate & vi elastica, invenire velocitatem pulsuum.

Fingamus medium ab incumbente pondere pro more aëris nostri comprimi; sitque A altitudo medii homogenei, cujus pondus adæquet pondus incumbens, & cujus densitas eadem sit cum densitate medii compressi, in quo pulsus propagantur. Constitui autem intelligatur pendulum, cujus longitudo inter punctum suspensionis & centrum oscillationis sit A : & quo tempore pendulum illud oscillationem integram ex itu & reditu compositam peragit, eodem pulsus eundo conficiet spatium circumferentiæ circuli radio A descripti æquale.

Nam stantibus quæ in propositione XLVII constructa sunt, si linea quævis physica *EF*, singulis vibrationibus describendo spatium *P S*, urgeatur in extremis itus & reditus cujusque locis *P* & *S*, a vi elastica quæ ipsius ponderi æquetur; peraget hæc vibrationes singulas quo 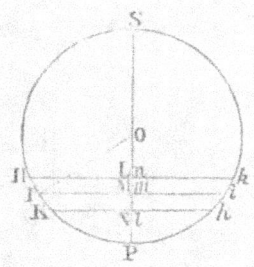 tempore eadem in cycloide, cujus perimeter tota longitudini *P S* æqualis est, oscillari posset: id adeo quia vires æquales æqualia corpuscula per æqualia spatia simul impellent. Quare cum oscillationum tempora sint in subduplicata ratione longitudinis pendulorum, & longitudo penduli æquetur dimidio arcui cycloidis totius; foret tempus vibrationis unius ad tempus oscillationis penduli, cujus longitudo est A, in subduplicata ratione longitudinis ½ *P S* seu *P O* ad longitudinem A. Sed vis elastica, qua lineola physica *E G*, in locis suis extremis *P, S* existens, urgetur, erat (in demonstratione propositionis XLVII) ad ejus vim totam elasticam ut *H L—K N* ad V, hoc est (cum punctum

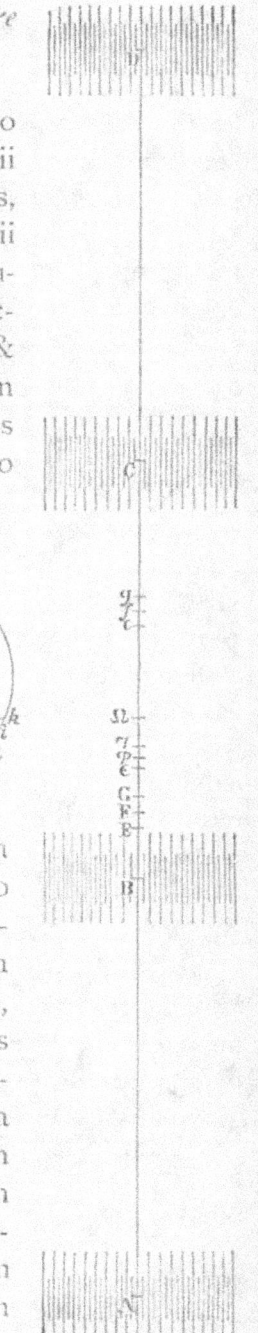

K jam incidat in P) ut HK ad V : & vis illa tota, hoc est pondus incumbens quo lineola EG comprimitur, est ad pondus lineolæ ut ponderis incumbentis altitudo A ad lineolæ longitudinem EG; ideoque ex æquo, vis qua lineola EG in locis suis P & S urgetur est ad lineolæ illius pondus ut $HK \times$ A ad V $\times EG$, sive ut $PO \times$ A ad VV, nam HK erat ad EG ut PO ad V. Quare cum tempora, quibus æqualia corpora per æqualia spatia impelluntur, sint reciproce in subduplicata ratione virium, erit tempus vibrationis unius, urgente vi illa elastica, ad tempus vibrationis, urgente vi ponderis, in subduplicata ratione VV ad $PO \times$ A, atque ideo ad tempus oscillationis penduli cujus longitudo est A in subduplicata ratione VV ad $PO \times$ A, & subduplicata ratione PO ad A conjunctim ; id est, in ratione integra V ad A. Sed tempore vibrationis unius ex itu & reditu compositæ, pulsus progrediendo conficit latitudinem suam BC. Ergo tempus, quo pulsus percurrit spatium BC, est ad tempus oscillationis unius ex itu & reditu compositæ, ut V ad A, id est, ut BC ad circumferentiam circuli cujus radius est A. Tempus autem, quo pulsus percurret spatium BC, est ad tempus quo percurret longitudinem huic circumferentiæ æqualem, in eadem ratione ; ideoque tempore talis oscillationis pulsus percurret longitudinem huic circumferentiæ æqualem. *Q. E. D.*

Corol. 1. Velocitas pulsuum ea est, quam acquirunt gravia æqualiter accelerato motu cadendo, & casu suo describendo dimidium altitudinis A. Nam tempore casus hujus, cum velocitate cadendo acquisita, pulsus percurret spatium quod erit æquale toti altitudini A ; ideoque tempore oscillationis unius ex itu & reditu compositæ percurret spatium æquale circumferentiæ circuli radio A descripti : est enim tempus casus ad tempus oscillationis ut radius circuli ad ejusdem circumferentiam.

Corol. 2. Unde cum altitudo illa A sit ut fluidi vis elastica directe & densitas ejusdem inverse ; velocitas pulsuum erit in ratione composita ex subduplicata ratione densitatis inverse & subduplicata ratione vis elasticæ directe.

PROPOSITIO L. PROBLEMA XII.

Invenire pulsuum distantias.

Corporis, cujus tremore pulsus excitantur, inveniatur numerus vibrationum dato tempore. Per numerum illum dividatur spatium quod pulsus eodem tempore percurrere possit, & pars inventa erit pulsus unius latitudo. *Q.E.I.*

Scholium.

Spectant propositiones novissimæ ad motum lucis & sonorum. Lux enim cum propagetur secundum lineas rectas, in actione sola (per prop. XLI & XLII) consistere nequit. Soni vero propterea quod a corporibus tremulis oriantur, nihil aliud sunt quam aëris pulsus propagati, per prop. XLIII. Confirmatur id ex tremoribus quos excitant in corporibus objectis, si modo vehementes sint & graves, quales sunt soni tympanorum. Nam tremores celeriores & breviores difficilius excitantur. Sed & sonos quosvis, in chordas corporibus sonoris unisonas impactos, excitare tremores notissimum est. Confirmatur etiam ex velocitate sonorum. Nam cum pondera specifica aquæ pluvialis & argenti vivi sint ad invicem ut 1 ad 13¾ circiter, & ubi mercurius in *Barometro* altitudinem attingit digitorum *Anglicorum* 30, pondus specificum aëris & aquæ pluvialis sint ad invicem ut 1 ad 870 circiter : erunt pondera specifica aëris & argenti vivi ut 1 ad 11890. Proinde cum altitudo argenti vivi sit 30 digitorum, altitudo aëris uniformis, cujus pondus aërem nostrum subjectum comprimere posset, erit 356700 digitorum, seu pedum *Anglicorum* 29725. Estque hæc altitudo illa ipsa quam in constructione superioris problematis nominavimus A. Circuli radio 29725 pedum descripti circumferentia est pedum 186768. Et cum pendulum digitos 39⅕ longum oscillationem ex itu & reditu compositam tempore minutorum duorum secundorum, uti notum est, absolvat; pendulum pedes 29725 seu digitos 356700 longum oscillationem consimilem tempore minutorum secundorum 190¾ absolvere debebit. Eo igitur tempore sonus progrediendo conficiet pedes 186768, ideoque tempore minuti unius secundi pedes 979.

Cæterum in hoc computo nulla habetur ratio crassitudinis solidarum particularum aëris, per quam sonus utique propagatur in instanti. Cum pondus aëris sit ad pondus aquæ ut 1 ad 870, & sales sint fere duplo densiores quam aqua; si particulæ aëris ponantur esse ejusdem circiter densitatis cum particulis vel aquæ vel salium, & raritas aëris oriatur ab intervallis particularum : diameter particulæ aëris erit ad intervallum inter centra particularum, ut 1 ad 9 vel 10 circiter, & ad intervallum inter particulas ut 1 ad 8 vel 9. Proinde ad pedes 979, quos sonus tempore minuti unius secundi juxta calculum superiorem conficiet, addere licet pedes $\frac{979}{9}$ seu 109 circiter, ob crassitudinem particularum aëris : & sic sonus tempore minuti unius secundi conficiet pedes 1088 circiter.

His adde quod vapores in aëre latentes, cum sint alterius elateris & alterius toni, vix aut ne vix quidem participant motum aëris veri quo soni propagantur. His autem quiescentibus, motus ille celerius propagabitur per solum aërem verum, idque in subduplicata ratione minoris materiæ. Ut si atmosphæra constet ex decem partibus aëris veri & una parte vaporum, motus sonorum celerior erit in subduplicata ratione 11 ad 10, vel in integra circiter ratione 21 ad 20, quam si propagaretur per undecim partes aëris veri : ideoque motus sonorum supra inventus, augendus erit in hac ratione. Quo pacto sonus, tempore minuti unius secundi, conficiet pedes 1142.

Hæc ita se habere debent tempore verno & autumnali, ubi aër per calorem temperatum rarescit & ejus vis elastica nonnihil intenditur. At hyberno tempore, ubi aër per frigus condensatur, & ejus vis elastica remittitur, motus sonorum tardior esse debet in subduplicata ratione densitatis ; & vicissim æstivo tempore debet esse velocior.

Constat autem per experimenta quod soni tempore minuti unius secundi eundo conficiunt pedes *Londinenses* plus minus 1142, *Parisienses* vero 1070.

Cognita sonorum velocitate innotescunt etiam intervalla pulsuum. Invenit utique *D. Sauveur*, factis a se experimentis, quod fistula aperta, cujus longitudo est pedum *Parisiensium* plus minus quinque, sonum edit ejusdem toni cum sono chordæ quæ tempore minuti unius secundi centies recurrit. Sunt igitur pulsus plus minus centum in spatio pedum *Parisiensium* 1070, quos sonus tempore

minuti unius secundi percurrit ; ideoque pulsus unus occupat spatium
pedum *Parisiensium* quasi 10⅟₁₀, id est, duplam circiter longitudinem
fistulæ. Unde versimile est quod latitudines pulsuum, in omnium
apertarum fistularum sonis, æquentur duplis longitudinibus fistularum.

Porro cur soni cessante motu corporis sonori statim cessant, neque
diutius audiuntur ubi longissime distamus a corporibus sonoris, quam
cum proxime absumus, patet ex corollario propositionis XLVII libri
hujus. Sed & cur soni in tubis stentorophonicis valde augentur ex
allatis principiis manifestum est. Motus enim omnis reciprocus
singulis recursibus a causa generante augeri solet. Motus autem
in tubis dilatationem sonorum impedientibus, tardius amittitur &
fortius recurrit, & propterea a motu novo singulis recursibus impresso
magis augetur. Et hæc sunt præcipua phænomena sonorum.

SECTIO IX.

De motu circulari fluidorum.

HYPOTHESIS.

Resistentiam, quæ oritur ex defectu lubricitatis partium fluidi, cæteris
paribus, proportionalem esse velocitati, qua partes fluidi separantur
ab invicem.

PROPOSITIO LI.   THEOREMA XXXIX.

Si cylindrus solidus infinite longus in fluido uniformi & infinito
circa axem positione datum uniformi cum motu revolvatur, &
ab hujus impulsu solo agatur fluidum in orbem, perseveret autem
fluidi pars unaquæque uniformiter in motu suo; dico quod
tempora periodica partium fluidi sunt ut ipsarum distantiæ ab
axe cylindri.

Sit *AFL* cylindrus uniformiter circa axem *S* in orbem actus, &
circulis concentricis *BGM, CHN, DIO, EKP,* &c. distinguatur
fluidum in orbes cylindricos innumeros concentricos solidos ejusdem

crassitudinis. Et quoniam homogeneum est fluidum, impressiones contiguorum orbium in se mutuo factæ erunt (per hypothes n) ut eorum translationes ab invicem, & superficies contiguæ in quibus impressiones fiunt. Si impressio in orbem aliquem major est vel minor ex parte concava quam ex parte convexa; prævalebit impressio fortior, & motum orbis vel accelerabit vel retardabit, prout in eandem regionem cum ipsius motu vel in contrariam dirigitur. Proinde ut orbis unusquisque in motu suo uniformiter perseveret, debent impressiones ex parte utraque sibi invicem æquari & fieri in regiones contrarias. Unde cum impressiones sunt ut contiguæ superficies & harum translationes ab invicem, erunt translationes inverse ut superficies, hoc est, inverse ut superficierum distantiæ ab axe. Sunt autem differentiæ motuum angularium circa axen ut hæ translationes applicatæ ad distantias, sive ut translationes directe & distantiæ inverse; hoc est,

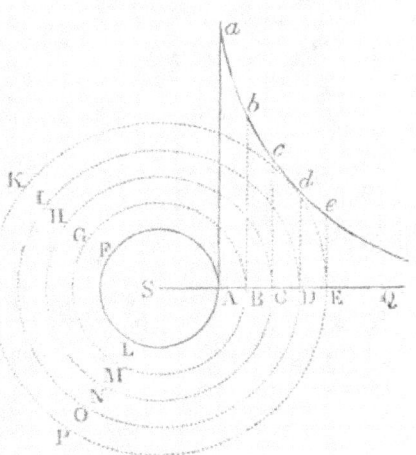

conjunctis rationibus, ut quadrata distantiarum inverse. Quare si ad infinitæ rectæ $S\,A\,BC\,D\,E\,Q$ partes singulas erigantur perpendicula $A\,a$, $B\,b$, $C\,c$, $D\,d$, $E\,e$, &c. ipsarum $S\,A$, $S\,B$, $S\,C$, $S\,D$, $S\,E$, &c. quadratis reciproce proportionalia, & per terminos perpendicularium duci intelligatur linea curva hyperbolica; erunt summæ differentiarum, hoc est, motus toti angulares, ut respondentes summæ linearum $A\,a$, $B\,b$, $C\,c$, $D\,d$, $E\,e$, id est, si ad constituendum medium uniformiter fluidum, orbium numerus augeatur & latitudo minuatur in infinitum, ut areæ hyperbolicæ his summis analogæ $A\,a\,Q$, $B\,b\,Q$, $C\,c\,Q$, $D\,d\,Q$, $E\,e\,Q$, &c. Et tempora motibus angularibus reciproce proportionalia, erunt etiam his areis reciproce proportionalia. Est igitur tempus periodicum particulæ cujusvis D reciproce ut area $D\,d\,Q$, hoc est (per notas curvarum quadraturas) directe ut distantia $S\,D$. Q.E.D.

Corol. 1. Hinc motus angulares particularum fluidi sunt reciproce ut ipsarum distantiæ ab axe cylindri, & velocitates absolutæ sunt æquales.

Corol. 2. Si fluidum in vase cylindrico longitudinis infinitæ contineatur, & cylindrum alium interiorem contineat, revolvatur autem cylindrus uterque circa axem communem, sintque revolutionum tempora ut ipsorum semidiametri, & perseveret fluidi pars unaquæque in motu suo : erunt partium singularum tempora periodica ut ipsarum distantiæ ab axe cylindrorum.

Corol. 3. Si cylindro & fluido ad hunc modum motis addatur vel auferatur communis quilibet motus angularis ; quoniam hoc novo motu non mutatur attritus mutuus partium fluidi, non mutabuntur motus partium inter se. Nam translationes partium ab invicem pendent ab attritu. Pars quælibet in eo perseverabit motu, qui, attritu utrinque in contrarias partes facto, non magis acceleratur quam retardatur.

Corol. 4. Unde si toti cylindrorum & fluidi systemati auferatur motus omnis angularis cylindri exterioris, habebitur motus fluidi in cylindro quiescente.

Corol. 5. Igitur si fluido & cylindro exteriore quiescentibus, revolvatur cylindrus interior uniformiter ; communicabitur motus circularis fluido, & paulatim per totum fluidum propagabitur ; nec prius desinet augeri quam fluidi partes singulæ motum corollario quarto definitum acquirant.

Corol. 6. Et quoniam fluidum conatur motum suum adhuc latius propagare, hujus impetu circumagetur etiam cylindrus exterior nisi violenter detentus ; & accelerabitur ejus motus quoad usque tempora periodica cylindri utriusque æquentur inter se. Quod si cylindrus exterior violenter detineatur, conabitur is motum fluidi retardare ; & nisi cylindrus interior vi aliqua extrinsecus impressa motum illum conservet, efficiet ut idem paulatim cesset.

Quæ omnia in aqua profunda stagnante experiri licet.

PROPOSITIO LII. THEOREMA XL.

Si sphæra solida, in fluido uniformi & infinito, circa axem positione datum uniformi cum motu revolvatur, & ab hujus impulsu solo agatur fluidum in orbem; perseveret autem fluidi pars unaquæque uniformiter in motu suo: dico quod tempora periodica partium fluidi erunt ut quadrata distantiarum a centro sphæræ.

Cas. 1. Sit AFL sphæra uniformiter circa axem S in orbem acta, & circulis concentricis BGM, CHN, DIO, EKP, &c. distinguatur fluidum in orbes innumeros concentricos ejusdem crassitudinis. Finge autem orbes illos esse solidos; & quoniam homogeneum est fluidum, impressiones contiguorum orbium in se mutuo factæ erunt (per hypothesin) ut eorum translationes ab invicem & superficies contiguæ in quibus impressiones fiunt. Si impressio in orbem aliquem major est vel minor ex parte concava quam ex parte convexa; prævalebit impressio fortior, & velocitatem orbis vel accelerabit vel retardabit, prout in eandem regionem cum ipsius motu vel in contrariam dirigitur. Proinde ut orbis unusquisque in motu suo perseveret uniformiter, debebunt impressiones ex parte utraque sibi

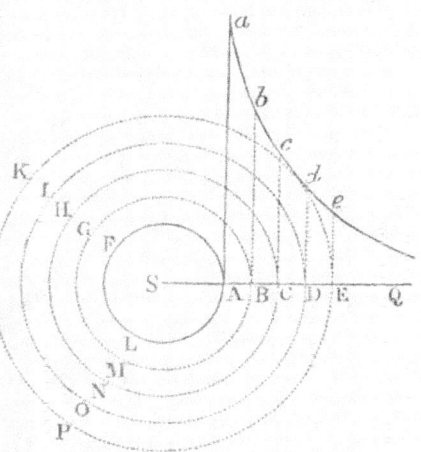

invicem æquari, & fieri in regiones contrarias. Unde cum impressiones sint ut continguæ superficies & harum translationes ab invicem : erunt translationes inverse ut superficies, hoc est, inverse ut quadrata distantiarum superficierum a centro. Sunt autem differentiæ motuum angularium circa axem ut hæ translationes applicatæ ad distantias, sive ut translationes directe & distantiæ inverse; hoc est, conjunctis rationibus, ut cubi distantiarum inverse. Quare si ad rectæ infinitæ $SABCDEQ$ partes singulas erigantur perpendicula Aa, Bb, Cc, Dd, Ee, &c. ipsarum SA, SB, SC, SD, SE, &c. cubis reciproce proportionalia, erunt summæ differentiarum, hoc est, motus toti angulares, ut respondentes summæ linearum *A a, B b, C c, D d, E e*: id est (si ad consituendum medium uniformiter fluidum, numerus orbium augeatur & latitudo minuatur in infinitum) ut areæ hyperbolicæ his summis analogæ *A aQ, B bQ, C cQ, D dQ, E eQ,* &c. Et tempora periodica motibus angularibus reciproce proportionalia erunt etiam his arcis reciproce proportionalia. Est igitur tempus periodicum orbis cujusvis *D I O* reciproce ut area *D dQ*,

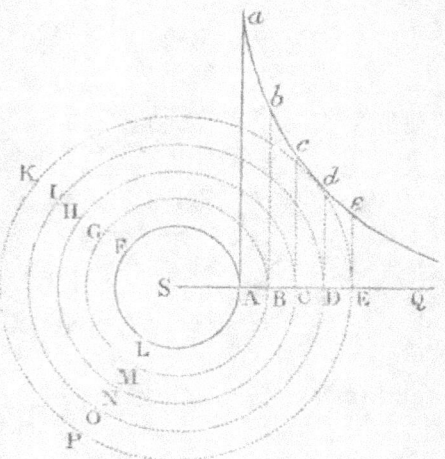

hoc est, per notas curvarum quadraturas, directe ut quadratum distantiæ *S D*. Id quod volui primo demonstrare.

Cas. 2. A centro sphæræ ducantur infinitæ rectæ quam plurimæ, quæ cum axe datos contineant angulos, æqualibus differentiis se mutuo superantes; & his rectis circa axem revolutis concipe orbes in annulos innumeros secari; & annulus unusquisque habebit annulos quatuor sibi contiguos, unum interiorem, alterum exteriorem & duos laterales. Attritu interioris & exterioris non potest annulus unusquisque, nisi in motu juxta legem casus primi facto, æqualiter & in partes contrarias urgeri. Patet hoc ex demonstratione casus primi. Et propterea annulorum series quælibet a globo in infinitum recta pergens, movebitur pro lege casus primi, nisi quatenus impeditur ab attritu annulorum ad latera. At in motu hac lege facto attritus annulorum ad latera nullus est; neque ideo motum, quo minus hac lege fiat, impediet. Si annuli, qui a centro æqualiter distant, vel citius revolverentur vel tardius juxta polos quam juxta eclipticam; tardiores accelerarentur, & velociores retardarentur ab attritu mutuo, & sic vergerent semper tempora periodica ad æqualitatem, pro lege casus primi. Non impedit igitur hic attritus quo minus motus fiat secundum legem casus primi, & propterea lex illa obtinebit: hoc est, annulorum singulorum tempora periodica erunt ut quadrata distantiarum ipsorum a centro globi. Quod volui secundo demonstrare.

Cas. 3. Dividatur jam annulus unusquisque sectionibus transversis in particulas innumeras constituentes substantiam absolute & uniformiter fluidam ; & quoniam hæ sectiones non spectant ad legen motus circularis, sed ad constitutionem fluidi solummodo conducunt, perseverabit motus circularis ut prius. His sectionibus annuli omnes quam minimi asperitatem & vim attritus mutui aut non mutabunt, aut mutabunt æqualiter. Et manente causarum proportione manebit effectuum proportio, hoc est, proportio motuum & periodicorum temporum. *Q. E. D.* Cæterum cum motus circularis, & inde orta vis centrifuga, major sit ad eclipticam quam ad polos; debebit causa aliqua adesse qua particulæ singulæ in circulis suis retineantur ; ne materia, quæ ad eclipticam est, recedat semper a centro & per exteriora vorticis migret ad polos, indeque per axem ad eclipticam circulatione perpetua revertatur.

Corol. 1. Hinc motus angulares partium fluidi circa axem globi, sunt reciproce ut quadrata distantiarum a centro globi, & velocitates absolutæ reciproce ut eadem quadrata applicata ad distantias ab axe.

Corol. 2. Si globus in fluido quiescente similari & infinito circa axem positione datum uniformi cum motu revolvatur, communicabitur motus fluido in morem vorticis, & motus iste paulatim propagabitur in infinitum ; neque prius cessabit in singulis fluidi partibus accelerari, quam tempora periodica singularum partium sint ut quadrata distantiarum a centro globi.

Corol. 3. Quoniam vorticis partes interiores ob majorem suam velocitatem atterunt & urgent exteriores, motumque ipsis ea actione perpetuo communicant, & exteriores illi eandem motus quantitatem in alios adhuc exteriores simul transferunt, eaque actione servant quantitatem motus sui plane invariatam ; patet quod motus perpetuo transfertur a centro ad circumferentiam vorticis, & per infinitatem circumferentiæ absorbetur. Materia inter sphæricas duas quasvis superficies vortici concentricas nunquam accelerabitur, eo quod motum omnem a materia interiore acceptum transfert semper in exteriorem.

Corol. 4. Proinde ad conservationem vorticis constanter in eodem movendi statu, requiritur principium aliquod activum, a quo globus eandem semper quantitatem motus accipiat, quam imprimit in

materiam vorticis. Sine tali principio necesse est ut globus &
vorticis partes interiores, propagantes semper motum suum in exteriores, neque novum aliquem motum recipientes, tardescant paulatim
& in orbem agi desinant.

Corol. 5. Si globus alter huic vortici ad certam ab ipsius centro
distantiam innataret, & interea circa axem inclinatione datum vi
aliqua constanter revolveretur; hujus motu raperetur fluidum in
vorticem : & primo revolveretur hic vortex novus & exiguus una
cum globo circa centrum alterius, & interea latius serperet ipsius
motus, & paulatim propagaretur in infinitum, ad modum vorticis
primi. Et eadem ratione, qua hujus globus raperetur motu vorticis
alterius, raperetur etiam globus alterius motu hujus, sic ut globi duo
circa intermedium aliquod punctum revolverentur, seque mutuo ob
motum illum circularem fugerent, nisi per vim aliquam cohibiti.
Postea si vires constanter impressæ, quibus globi in motibus suis
perseverant, cessarent, & omnia legibus mechanicis permitterentur,
lang. esceret paulatim motus globorum (ob rationem in corol. 3 & 4
assignatam) & vortices tandem conquiescerent.

Corol. 6. Si globi plures datis in locis circum axes positione datos
certis cum velocitatibus constanter revolverentur, fierent vortices
totidem in infinitum pergentes. Nam globi singuli eadem ratione,
qua unus aliquis motum suum propagat in infinitum, propagabunt
etiam motus suos in infinitum, adeo ut fluidi infiniti pars unaquæque eo agitetur motu qui ex omnium globorum actionibus resultat.
Unde vortices non definientur certis limitibus, sed in se mutuo
paulatim excurrent; globique per actiones vorticum in se mutuo
perpetuo movebuntur de locis suis, uti in corollario superiore expositum est; neque certam quamvis inter se positionem servabunt, nisi
per vim aliquam retenti. Cessantibus autem viribus illis quæ in
globos constanter impressæ conservant hosce motus, materia ob
rationem in corollario tertio & quarto assignatam, paulatim requiescet
& in vortices agi desinet.

Corol. 7. Si fluidum similare claudatur in vase sphærico ac globi
in centro consistentis uniformi rotatione agatur in vorticem, globus
autem & vas in eandem partem circa axem eundem revolvantur,
sintque eorum tempora periodica ut quadrata semidiametrorum :
partes fluidi non prius perseverabunt in motibus suis sine accelera-

tione & retardatione, quam sint eorum tempora periodica ut quadrata distantiarum a centro vorticis. Alia nulla vorticis constitutio potest esse permanens.

Corol. 8. Si vas, fluidum inclusum, & globus servent hunc motum, & motu praeterea communi angulari circa axem quemvis datum revolvantur; quoniam hoc motu novo non mutatur attritus partium fluidi in se invicem, non mutabuntur motus partium inter se. Nam translationes partium inter se pendent ab attritu. Pars quaelibet in eo perseverabit motu, quo fit ut attritu ex uno latere non magis tardetur quam acceleretur attritu ex altero.

Corol. 9. Unde si vas quiescat ac detur motus globi, dabitur motus fluidi. Nam concipe planum transire per axem globi & motu contrario revolvi; & pone summam temporis revolutionis hujus & revolutionis globi esse ad tempus revolutionis globi, ut quadratum semidiametri vasis ad quadratum semidiametri globi: & tempora periodica partium fluidi respectu plani hujus erunt ut quadrata distantiarum suarum a centro globi.

Corol. 10. Proinde si vas vel circa axem eundem cum globo, vel circa diversum aliquem data cum velocitate quacunque moveatur, dabitur motus fluidi. Nam si systemati toti auferatur vasis motus angularis, manebunt motus omnes iidem inter se qui prius, per corol. 8. Et motus isti per corol. 9 dabuntur.

Corol. 11. Si vas & fluidum quiescant & globus uniformi cum motu revolvatur, propagabitur motus paulatim per fluidum totum in vas, & circumagetur vas nisi violenter detentum, neque prius desinent fluidum & vas accelerari, quam sint eorum tempora periodica aequalia temporibus periodicis globi. Quod si vas vi aliqua detineatur vel revolvatur motu quovis constanti & uniformi, deveniet medium paulatim ad statum motus in corolariis 8, 9 & 10 definiti, nec in alio unquam statu quocunque perseverabit. Deinde vero si, viribus illis cessantibus quibus vas & globus certis motibus revolvebantur, permittatur systema totum legibus mechanicis; vas & globus in se invicem agent mediante fluido, neque motus suos in se mutuo per fluidum propagare prius cessabunt, quam eorum tempora periodica aequentur inter se, & systema totum ad instar corporis unius solidi simul revolvatur.

Scholium.

In his omnibus suppono fluidum ex materia quoad densitatem &
fluiditatem uniformi constare.   Tale est in quo globus idem eodem
cum motu, in eodem temporis intervallo, motus similes & æquales,
ad æquales semper a se distantias, ubivis in fluido constitutus, propagare possit.   Conatur quidem materia per motum suum circularem
recedere ab axe vorticis, & propterea premit materiam omnem
ulteriorem.   Ex hac pressione fit attritus partium fortior & separatio
ab invicem difficilior ; & per consequens diminuitur materiæ fluiditas.
Rursus si partes fluidi sunt alicubi crassiores seu majores, fluiditas
ibi minor erit, ob pauciores superficies in quibus partes separentur
ab invicem.   In hujusmodi casibus deficientem fluiditatem vel
lubricitate partium vel lentore aliave aliqua conditione restitui suppono.   Hoc nisi fiat, materia ubi minus fluida est magis cohærebit
& segnior erit, ideoque motum tardius recipiet & longius propagabit
quam pro ratione superius assignata.   Si figura vasis non sit sphærica, movebuntur particulæ in lineis non circularibus sed conformibus
eidem vasis figuræ, & tempora periodica erunt ut quadrata
mediocrium distantiarum a centro quamproxime.   In partibus inter
centrum & circumferentiam, ubi latiora sunt spatia, tardiores erunt
motus, ubi angustiora velociores, neque tamen particulæ velociores
petent circumferentiam.   Arcus enim describent minus curvos, &
conatus recedendi a centro non minus diminuetur per decrementum
hujus curvaturæ, quam augebitur per incrementum velocitatis.   Pergendo a spatiis angustioribus in latiora recedent paulo longius a
centro, sed isto recessu tardescent ; & accedendo postea de latioribus
ad angustiora accelerabuntur, & sic per vices tardescent & accelerabuntur particulæ singulæ in perpetuum.   Hæc ita se habebunt
in vase rigido.   Nam in fluido infinito constitutio vorticum innotescit
per propositionis hujus corollarium sextum.

     Proprietates autem vorticum hac propositione investigare conatus
sum, ut pertentarem siqua ratione phænomena cœlestia per vortices
explicari possint.   Nam phænomenon est, quod planetarum circa
jovem revolventium tempora periodica sunt in ratione sesquiplicata
distantiarum a centro jovis ; & eadem regula obtinet in planetis
qui circa solem revolvuntur.   Obtinent autem hæ regulæ in plane-

tis utrisque quam accuratissime, quatenus observationes astronom.cæ hactenus prodidere. Ideoque si planetæ illi a vorticibus circa jovem & solem revolventibus deferantur, debebunt etiam hi vortices eadem lege revolvi. Verum tempora periodica partium vorticis prodierunt in ratione duplicata distantiarum a centro motus: neque potest ratio illa diminui & ad rationem sesquiplicatam reduci, nisi vel materia vortcis eo fluidior sit quo longius distat a centro, vel resistentia, quæ oritur ex defectu lubricitatis partium fluidi, ex aucta velocitate qua partes fluidi separantur ab invicem, augeatur in majori ratione quam ea est in qua velocitas augetur. Quorum tamen neutrum rationi consentaneum videtur. Partes crassiores & minus fluidæ, nisi graves sint in centrum, circumferentiam petent; & verisimile est quod, etiamsi demonstrationum gratia hypothesin talem initio sectionis hujus proposuerim, ut resistentia velocitati proportionalis esset, tamen resistentia in minori sit ratione quam ea velocitatis est Quo concesso, tempora periodica partium vorticis erunt in majori quam duplicata ratione distantiarum ab ipsius centro. Quod si vortices (uti aliquorum est opinio) celerius moveantur prope centrum, dein tardius usque ad certum limitem, tum denuo celerius juxta circumferentiam; certe nec ratio sesquiplicata neque alia quævis certa ac determinata obtinere potest. Viderint itaque philosophi quo pacto phænomenon illud rationis sesquiplicatæ per vortices explicari possit.

PROPOSITIO LIII. THEOREMA XLI.

Corpora, quæ in vortice delata in orbem redeunt, ejusdem sunt densitatis cum vortice, & eadem lege cum ipsius partibus quoad velocitatem & cursus determinationem moventur.

Nam si vorticis pars aliqua exigua, cujus particulæ seu puncta physica datum servant situm inter se, congelari supponatur; hæc, quoniam neque quoad densitatem suam, neque quoad vim insitam aut figuram suam mutatur, movebitur eadem lege ac prius: & contra, si vorticis pars congelata & solida ejusdem sit densitatis cum reliquo vortice, & resolvatur in fluidum; movebitur hæc eadem lege ac prius, nisi quatenus ipsius particulæ jam fluidæ factæ moveantur inter se. Negligatur igitur motus particularum inter se, tanquam ad totius motum progressivum nil spectans, & motus totius idem erit ac prius. Motus autem idem erit cum motu aliarum vorticis partium a centro æqualiter distantium, propterea quod solidum in fluidum resolutum fit pars vorticis cæteris partibus consimilis. Ergo solidum, si sit ejusdem densitatis cum materia vorticis, eodem motu cum ipsius partibus movebitur, in materia proxime ambiente relative quiescens. Sin densius sit, jam magis conabitur recedere a centro vorticis quam prius; ideoque vorticis vim illam, qua prius in orbita sua tanquam in æquilibrio constitutum retinebatur, jam superans, recedet a centro & revolvendo describet spiralem, non amplius in eundem orbem rediens. Et eodem argumento si rarius sit, accedet ad centrum. Igitur non redibit in eundem orbem nisi sit ejusdem densitatis cum fluido. Eo autem in casu ostensum est, quod revolveretur eadem lege cum partibus fluidi a centro vorticis æqualiter distantibus. *Q. E. D.*

Corol. 1. Ergo solidum quod in vortice revolvitur & in eundem orbem semper redit, relative quiescit in fluido cui innatat.

Corol. 2. Et si vortex sit quoad densitatem uniformis, corpus idem ad quamlibet a centro vorticis distantiam revolvi potest.

Scholium.

Hinc liquet planetas a vorticibus corporeis non deferri. Nam planetæ secundum hypothesin *Co-pernicæam* circa solem delati re-volvuntur in ellipsibus umbilicum habentibus in sole, & radiis ad so-lem ductis areas describunt tem-poribus proportionales. At partes vorticis tali motu revolvi neque-unt. Designent *A D, B E, C F,* orbes tres circa solem *S* descrip-tos, quorum extimus *C F* circulus sit soli concentricus, & interiorum duorum aphelia sint *A, B* & peri-helia *D, E.* Ergo corpus quod

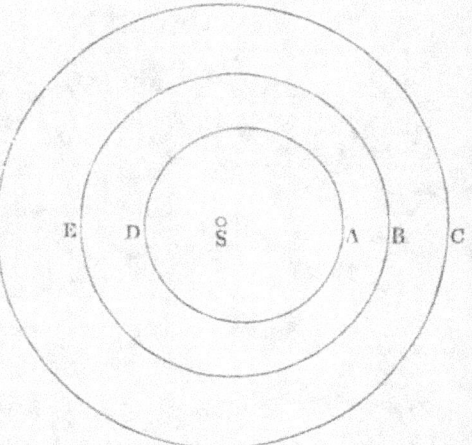

revolvitur in orbe *C F,* radio ad solem ducto areas temporibus pro portionales describendo, movebitur uniformi cum motu. Corpus autem, quod revolvitur in orbe BE, tardius movebitur in aphelio B & velocius in perihelio E, secundum leges astronomicas; cum tamen secundum leges mechanicas materia vorticis in spatio angustiore inter A & C velocius moveri debeat quam in spatio latiore inter D & F; id est, in aphelio velocius quam in perihelio. Quæ duo repugnant inter se. Sic in principio signi virginis, ubi aphelium martis jam versatur, distantia inter orbes martis & veneris est ad distantiam eorundem orbium in principio signi piscium ut ternarius ad binarium circiter, & propterea materia vorticis inter orbes illos in principio piscium debet esse velocior quam in principio virginis in ratione ternarii ad binarium. Nam quo angustius est spatium per quod eadem materiæ quantitas eodem revolutionis unius tempore transit, eo majori cum velocitate transire debet. Igitur si terra in hac materia cœlesti relative quiescens ab ea deferretur, & una circa solem revolveretur, foret hujus velocitas in principio piscium ad ejusdem velocitatem in principio virginis in ratione sesquialtera. Unde solis motus diurnus apparens in principio virginis major esset quam minutorum primorum septuaginta, & in principio piscium minor quam minutorum quadraginta & octo : cum tamen (experientia teste) apparens iste solis motus major sit in principio piscium quam in principio virginis, & propterea terra velocior in principio virginis quam in principio piscium. Itaque hypothesis vorticum cum phænomenis astronomicis omnino pugnat, & non tam ad explicandos quam ad perturbandos motus cœlestes conducit. Quomodo vero motus isti in spatiis liberis sine vorticibus peraguntur intelligi potest ex libro primo, & in mundi systemate jam plenius docebitur.

MUNDI SYSTEMATE.

LIBER TERTIUS.

IN libris præcedentibus principia philosophiæ tradidi, non tamen philosophica sed mathematica tantum, ex quibus videlicet in rebus philosophicis disputari possit. Hæc sunt motuum & virium leges & conditiones, quæ ad philosophiam maxime spectant. Eadem tamen, ne sterilia videantur, illustravi scholiis quibusdam philosophicis, ea tractans quæ generalia sunt, & in quibus philosophia maxime fundari videtur, uti corporum densitatem & resistentiam, spatia corporibus vacua, motumque lucis & sonorum. Superest ut ex iisdem principiis doceamus constitutionem systematis mundani. De hoc argumento composueram librum tertium methodo populari, ut a pluribus legeretur. Sed quibus principia posita satis intellecta non fuerint, ii vim consequentiarum minime percipient, neque præjudicia deponent, quibus a multis retro annis insueverunt: & propterea ne res in disputationes trahatur, summam libri illius transtuli in propositiones, more mathematico, ut ab iis solis legantur qui principia prius evolverint. Veruntamen quoniam propositiones ibi quam plurimæ occurrant, quæ lectoribus etiam mathematice doctis moram nimiam injicere possint, auctor esse nolo ut quisquam eas omnes evolvat; suffecerit siquis definitiones, leges motuum & sectiones tres priores libri primi sedulo legat, dein transeat ad hunc librum de mundi systemate, & reliquas librorum priorum propositiones hic citatas pro lubitu consulat.

REGULÆ PHILOSOPHANDI.

REGULA I.

Causas rerum naturalium non plures admitti debere, quam quæ & veræ sint & earum phænomenis explicandis sufficiant.

Dicunt utique philosophi : Natura nihil agit frustra, & frustra fit per plura quod fieri potest per pauciora. Natura enim simplex est & rerum causis superfluis non luxuriat.

REGULA II.

Ideoque effectuum naturalium ejusdem generis eædem assignandæ sunt causæ, quatenus fieri potest.

Uti respirationis in homine & in bestia; descensus lapidum in *Europa* and in *America ;* lucis in igne culinari & in sole; reflexionis lucis in terra & in planetis.

REGULA III.

Qualitates corporum quæ intendi & remitti nequeunt, quæque corporibus omnibus competunt in quibus experimenta instituere licet, pro qualitatibus corporum universorum habendæ sunt.

Nam qualitates corporum non nisi per experimenta innotescunt, ideoque generales statuendæ sunt quotquot cum experimentis generaliter quadrant; & quæ minui non possunt, non possunt auferri

Certe contra experimentorum tenorem somnia temere confingenda non sunt, nec a naturæ analogia recedendum est, cum ea simplex esse soleat & sibi semper consona. Extensio corporum non nisi per sensus innotescit nec in omnibus sentitur : sed quia sensibilibus omnibus competit de universis affirmatur. Corpora plura dura esse experimur. Oritur autem durities totius a duritie partium, & inde non horum tantum corporum quæ sentiuntur sed aliorum etiam omnium particulas indivisas esse duras merito concludimus. Corpora omnia impenetrabilia esse non ratione sed sensu colligimus. Quæ tractamus impenetrabilia inveniuntur, & inde concludimus impenetrabilitatem esse proprietatem corporum universorum. Corpora omnia mobilia esse, & viribus quibusdam (quas vires inertiæ vocamus) perseverare in motu vel quiete, ex hisce corporum visorum proprietatibus colligimus. Extensio, durities, impenetrabilitas, mobilitas & vis inertiæ totius oritur ab extensione, duritie, impenetrabilitate, mobilitate & viribus inertiæ partium : & inde concludimus omnes omnium corporum partes minimas extendi & duras esse & impenetrabiles & mobiles & viribus inertiæ præditas. Et hoc est fundamentum philosophiæ totius. Porro corporum partes divisas & sibi mutuo contiguas ab invicem separari posse ex phænomenis novimus, & partes indivisas in partes minores ratione distingui posse ex mathematica certum est. Utrum vero partes illæ distinctæ & nondum divisæ per vires naturæ dividi & ab invicem separari possint, incertum est. At si vel unico constaret experimento quod particula aliqua indivisa, frangendo corpus durum & solidum, divisionem pateretur : concluderemus vi hujus regulæ, quod non solum partes divisæ separabiles essent, sed etiam quod indivisæ in infinitum dividi possent.

Denique si corpora omnia in circuitu terræ gravia esse in terram, idque pro quantitate materiæ in singulis, & lunam gravem esse in terram pro quantitate materiæ suæ, & vicissim mare nostrum grave esse in lunam, & planetas omnes graves esse in se mutuo, & cometarum similem esse gravitatem in solem, per experimenta & observationes astronomicas universaliter constet : dicendum erit per hanc regulam quod corpora omnia in se mutuo gravitant. Nam & fortius erit argumentum ex phænomenis de gravitate universali, quam de corporum impenetrabilitate : de qua utique in corporibus cœlestibus nullum experimentum, nullam prorsus observationem habemus. Attamen gravitatem corporibus essentialem esse minime affirmo. Per vim insitam intelligo solam vim inertiæ. Hæc immutabilis est. Gravitas recedendo a terra diminuitur.

REGULA IV.

In philosophia experimentali, propositiones ex phænomenis per inductionem collectæ, non obstantibus contrariis hypothesibus, pro veris aut accurate aut quamproxime haberi debent, donec alia occurrerint phænomena, per quæ aut accuratiores reddantur aut exceptionibus obnoxiæ.

Hoc fieri debet ne argumentum inductionis tollatur per hypotheses.

PHÆNOMENA.

PHÆNOMENON I.

Planetas circumjoviales, radiis ad centrum jovis ductis, areas describere temporibus proportionales, eorumque tempora periodica, stellis fixis quiescentibus, esse in ratione sesquiplicata distantiarum ab ipsius centro.

Constat ex observationibus astronomicis. Orbes horum planetarum non differunt sensibiliter a circulis jovi concentricis, & motus eorum in his circulis uniformes deprehenduntur. Tempora vero periodica esse in sesquiplicata ratione semidiametrorum orbium consentiunt astronomi; & idem ex tabula sequente manifestum est.

Satellitum jovialium tempora periodica.

$1^{d.}$ $18^{h.}$ $27'$ $34''$; $3^{d.}$ $13^{h.}$ $13'$ $42''$; $7^{d.}$ $3^{h.}$ $42'$ $36''$; $16^{d.}$ $16^{h.}$ $32'$ $9''$.

Distantiæ satellitum a centro jovis.

Ex observationibus	I	2	3	4	
Borelli	$5\frac{2}{3}$	$8\frac{2}{3}$	14	$24\frac{2}{3}$	
Townlei *per microm.* .	5,52	8,78	13,47	24,72	
Cassini *per telescop.* . .	5	8	13	23	Semidiam.
Cassini *per eclips. satell.*	$5\frac{2}{3}$	9	$14\frac{23}{60}$	$25\frac{3}{10}$	Jovis.
Ex temporibus periodicis .	5,667	9,017	14,384	25,299	

Elongationes satellitum jovis & diametrum ejus D. *Pound* micrometris optimis determinavit ut sequitur. Elongatio maxima heliocentrica satellitis quarti a centro jovis micrometro in tubo quindecim pedes longo capta fuit, & prodiit in mediocri jovis a terra distantia $8'$ $16''$ circiter. Ea satellitis tertii micrometro in telescopio pedes 123 longo capta fuit, & prodiit in eadem jovis a terra distantia 4′ 42″. Elongationes maximæ reliquorum satellitum in eadem jovis a terra distantia ex temporibus periodicis prodeunt 2′ 56″ 47‴ & 1′ 51″ 6‴.

Diameter jovis micrometro in telescopio pedes 123 longo sæpius capta fuit, & ad mediocrem jovis a sole vel terra distantiam reducta, semper minor prodiit quam 40″, nunquam minor quam 38″, sæpius 39″. In telescopiis brevioribus hæc diameter est 40″ vel 41″. Nam lux jovis per inæqualem refrangibilitatem nonnihil dilatatur, & hæc dilatatio minorem habet rationem ad diametrum jovis in longioribus & perfectioribus telescopiis quam in brevioribus & minus perfectis. Tempora quibus satellites duo, primus ac tertius, transibant per corpus jovis, ab initio ingressus ad initium exitus, & ab ingressu completo ad exitum completum, observata sunt ope telescopii ejusdem longioris. Et diameter jovis in mediocri ejus a terra distantia prodiit per transitum primi satellitis $37\frac{1}{2}''$, & per transitum tertii $37\frac{3}{8}''$. Tempus etiam quo umbra primi satellitis transit per corpus jovis observatum fuit, & inde diameter jovis in mediocri ejus a terra distantia prodiit 37″ circiter. Assumamus diametrum ejus esse $37\frac{1}{4}''$ quamproxime; & elongationes maximæ satellitis primi, secundi, tertii, & quarti æquales erunt semidiametris jovis 5,965; 9,494; 15,141 & 26,63 respective.

PHÆNOMENON II.

Planetas circumsaturnios, radiis ad saturnum ductis, areas describere temporibus proportionales, & eorum tempora periodica, stellis fixis quiescentibus, esse in ratione sesquiplicata distantiarum ab ipsius centro.

Cassinus utique ex observationibus suis distantias eorum a centro saturni & periodica tempora hujusmodi esse statuit.

Satellitum saturniorum tempora periodica.

1^{d} 21^{h} 18′ 27″; 2^{d} 17^{h} 41′ 22″; 4^{d} 12^{h} 25′ 12″; 15^{d} 22^{h} 41′ 14″; 79^{d} 7^{h} 48′ 00″.

Distantiæ satellitum a centro saturni in semidiametris annuli.

Ex observationibus	$1\frac{19}{20}$	$2\frac{1}{2}$	$3\frac{1}{2}$	8	24
Ex temporibus periodicis.	1,93	2,47	3,45	8	23,35

Quarti satellitis elongatio maxima a centro saturni ex observationibus colligi solet esse semidiametrorum octo quamproxime. At elongatio maxima satellitis hujus a centro saturni, micrometro optimo in telescopio Hugeniano pedes 123 longo capta, prodiit semidiametrorum octo cum septem decimis partibus semidiametri. Et ex hac observatione & temporibus periodicis, distantiæ satellitum a centro saturni in semidiametris annuli sunt 2,1; 2,69; 3,75; 8,7 & 25,35. Saturni diameter in eodem telescopio erat ad diametrum annuli ut 3 ad 7, & diameter annuli diebus Maii 28 & 29 anni 1719 prodiit 43″. Et inde diameter annuli in mediocri saturni a terra distantia est 42″ & diameter saturni 18″. Hæc ita sunt in telescopiis longissimis & optimis, propterea quod magnitudines apparentes corporum cœlestium in longioribus telescopiis majorem habeant proportionem ad dilatationem lucis in terminis illorum corporum quam in brevioribus. Si rejiciatur lux omnis erratica, manebit diameter saturni haud major quam 16″.

PHÆNOMENON III.

Planetas quinque primarios mercurium, venerem, martem, jovem & saturnum orbibus suis solem cingere.

Mercurium & venerem circa solem revolvi ex eorum phasibus lunaribus demonstratur. Plena facie lucentes ultra solem siti sunt; dimidiata e regione solis; falcata cis solem, per discum ejus ad modum macularum nonnunquam transeuntes. Ex martis quoque plena facie prope solis conjunctionem, & gibbosa in quadraturis, certum est, quod is solem ambit. De jove etiam & saturno idem ex eorum phasibus semper plenis demonstratur: hos enim luce a sole mutuata splendere ex umbris satellitum in ipsos projectis manifestum est.

PHÆNOMENON IV.

Planetarum quinque primariorum, & vel solis circa terram vel terræ circa solem tempora periodica, stellis fixis quiescentibus, esse in ratione sesquiplicata mediocrium distantiarum a sole.

Hæc a *Keplero* inventa ratio in confesso est apud omnes. Eadem utique sunt tempora periodica, eædemque orbium dimensiones, sive sol circa terram sive terra circa solem revolvatur. Ac de mensura quidem temporum periodicorum convenit inter astronomos universos. Magnitudines autem orbium *Keplerus & Bullialdus* omnium diligentissime ex observationibus determinaverunt : & distantiæ mediocres quæ temporibus periodicis respondent, non differunt sensibiliter a distantiis quas illi invenerunt, suntque inter ipsas ut plurimum intermediæ ; uti in tabula sequente videre licet.

Planetarum ac telluris tempora periodica circa solem respectu fixarum,
in diebus & partibus decimalibus diei.

♄	♃	♂	⊕	♀	☿
10759,275.	4332,514.	686,9785.	365,2565.	224,6176.	87,9692.

Planetarum ac telluris distantiæ mediocres a sole.

	♄	♃	♂	⊕	♀	☿
Secundum *Keplerum*	951000.	519650.	152350.	100000.	72400.	38806.
Secundum *Bullialdum*	954198.	522520.	152350.	100000.	72398.	38585.
Secundum tempora periodica	954006.	520096.	152369.	100000.	72333.	38710.

De distantiis mercurii & veneris a sole disputandi non est locus, cum hæ per eorum elongationes a sole determinentur. De distantiis etiam superiorum planetarum a sole tollitur omnis disputatio per eclipses satellitum jovis. Etenim per eclipses illas determinatur positio umbræ quam jupiter projicit, & eo nomine habetur jovis longitudo heliocentrica. Ex longitudinibus autem heliocentrica & geocentrica inter se collatis determinatur distantia jovis.

PHÆNOMENON V.

Planetas primarios radiis ad terram ductis areas describere temporibus minime proportionales ; at radiis ad solem ductis areas temporibus proportionales percurrere.

Nam respectu terræ nunc progrediuntur, nunc stationarii sunt, nunc etiam regrediuntur : At solis respectu semper progrediuntur, idque propemodum uniformi cum motu, sed paulo celerius tamen in periheliis ac tardius in apheliis, sic ut arearum æquabilis sit descriptio. Propositio est astronomis notissima, & in jove apprime demonstratur per eclipses satellitum, quibus eclipsibus heliocentricas planetæ hujus longitudines & distantias a sole determinari diximus.

PHÆNOMENON VI.

Lunam radio ad centrum terræ ducto aream tempori proportionalem describere.

Patet ex lunæ motu apparente cum ipsius diametro apparente collato. Perturbatur autem motus lunaris aliquantulum a vi solis, sed errorum insensibiles minutias in hisce phænomenis negligo.

PROPOSITIONES.

PROPOSITIO I. THEOREMA I.

Vires, quibus planetæ circumjoviales perpetuo retrahuntur a motibus rectilineis & in orbibus suis retinentur, respicere centrum jovis & esse reciproce ut quadrata distantiarum locorum ab eodem centro.

Patet pars prior propositionis per phænomenon primum & propositionem secundam vel tertiam libri primi : & pars posterior per phænomenon primum & corollarium sextum propositionis quartæ ejusdem libri.

Idem intellige de planetis qui saturnum comitantur, per phænomenon secundum.

PROPOSITIO II. THEOREMA II.

Vires, quibus planetæ primarii perpetuo retrahuntur a motibus rectilineis & in orbibus suis retinentur, respicere solem & esse reciproce ut quadrata distantiarum ab ipsius centro.

Patet pars prior propositionis per phænomenon quintum & propositionem secundam libri primi : & pars posterior per phænomenon quartum & propositionem quartam ejusdem libri. Accuratissime autem demonstratur hæc pars propositionis per quietem apheliorum.

Nam aberratio quam minima a ratione duplicata (per corol. 1 prop. XLV lib. 1) motum apsidum in singulis revolutionibus notabilem, in pluribus enormem, efficere deberet.

PROPOSITIO III. THEOREMA III.

Vim, qua luna retinetur in orbe suo, respicere terram & esse reciproce ut quadratum distantiæ locorum ab ipsius centro.

Patet assertionis pars prior per phænomenon sextum & propositionem secundam vel tertiam libri primi: & pars posterior per motum tardissimum lunaris apogæi. Nam motus ille, qui singulis revolutionibus est graduum tantum trium & minutorum trium in consequentia, contemni potest. Patet enim (per corol. 1 prop. XLV lib. 1) quod si distantia lunæ a centro terræ sit ad semidiametrum terræ ut D ad 1, vis a qua motus talis oriatur sit reciproce ut $D^{2\frac{4}{243}}$, id est, reciproce ut ea ipsius D dignitas cujus index est $2\frac{4}{243}$, hoc est, in ratione distantiæ paulo majore quam duplicata inverse, sed quæ partibus $59\frac{3}{4}$ propius ad duplicatam quam ad triplicatam accedit. Oritur vero ab actione solis (uti posthac dicetur) & propterea hic negligendus est. Actio solis, quatenus lunam distrahit a terra, est ut distantia lunæ a terra quamproxime; ideoque (per ea quæ dicuntur in corol. 2 prop. XLV lib. 1) est ad lunæ vim centripetam ut 2 ad 357,45 circiter, seu 1 ad $178\frac{29}{40}$. Et neglecta solis vi tantilla vis reliqua qua luna retinetur in orbe erit reciproce ut D^2. Id quod etiam plenius constabit conferendo hanc vim cum vi gravitatis, ut fit in propositione sequente.

Corol. Si vis centripeta mediocris qua luna retinetur in orbe augeatur primo in ratione $177\frac{29}{40}$ ad $178\frac{29}{40}$, deinde etiam in ratione duplicata semidiametri terræ ad mediocrem distantiam centri lunæ a centro terræ: habebitur vis centripeta lunaris ad superficiem terræ, posito quod vis illa descendendo ad superficiem terræ perpetuo augeatur in reciproca altitudinis ratione duplicata.

PROPOSITIO IV. THEOREMA IV.

Lunam gravitare in terram, & vi gravitatis retrahi semper a motu rectilineo & in orbe suo retineri.

Lunæ distantia mediocris a terra in syzygiis est semidiametrorum terrestrium secundum *Ptolemæum* & plerosque astronomorum 59, secundum *Vendelinum* & *Hugenium* 60, secundum *Copernicum* 60⅓, secundum *Streetum* 60⅔, & secundum *Tychonem* 56½. Ast *Tycho*, & quotquot ejus tabulas refractionum sequuntur, constituendo refractiones solis & lunæ (omnino contra naturam lucis) majores quam fixarum, idque scrupulis quasi quatuor vel quinque, auxerunt parallaxin lunæ scrupulis totidem, hoc est, quasi duodecima vel decima quinta parte totius parallaxeos. Corrigatur iste error, & distantia evadet quasi 60½ semidiametrorum terrestrium, fere ut ab aliis assignatum est. Assumamus distantiam mediocrem sexaginta semidiametrorum in syzygiis; & lunarem periodum respectu fixarum compleri diebus 27, horis 7, minutis primis 43, ut ab astronomis statuitur; atque ambitum terræ esse pedum Parisiensium 123249600, uti a *Gallis* mensurantibus definitum est: & si luna motu omni privari fingatur ac dimitti, ut urgente vi illa omni, qua (per corol. prop. III) in orbe suo retinetur, descendat in terram; hæc spatio minuti unius primi cadendo describet pedes Parisienses 15$\frac{1}{12}$. Colligitur hoc ex calculo vel per propositionem XXXVI libri primi, vel (quod eodem recidit) per corollarium nonum propositionis quartæ ejusdem libri, confecto. Nam arcus illius quem luna tempore minuti unius primi medio suo motu, ad distantiam sexaginta semidiametrorum terrestrium describat, sinus versus est pedum Parisiensium 15$\frac{1}{12}$ circiter, vel magis accurate pedum 15 dig. 1 & lin. 1$\frac{4}{9}$. Unde, cum vis illa accedendo ad terram augeatur in duplicata distantiæ ratione inversa ideoque ad superficiem terræ major sit partibus 60 × 60 quam ad lunam, corpus vi illa in regionibus nostris cadendo describere deberet spatio minuti unius primi pedes Parisienses 60 × 60 × 15$\frac{1}{12}$, & spatio minuti unius secundi pedes 15$\frac{1}{12}$, vel magis accurate pedes 15 dig. 1 & lin. 1$\frac{4}{9}$. Et eadem vi gravia revera descendunt in terram. Nam penduli, in latitudine Lutetiæ Parisiorum ad singula minuta secunda oscillantis, longitudo est pedum trium Parisiensium & linearum 8½, ut observavit *Hugenius*. Et altitudo quam grave tempore minuti unius secundi cadendo describit, est ad dimidiam longitudinem penduli hujus in duplicata ratione circumferentiæ circuli ad diametrum ejus (ut indicavit etiam *Hugenius*) ideoque est pedum Parisiensium 15 dig. 1 lin. 1$\frac{4}{9}$. Et propterea vis qua luna in orbe suo retinetur, si descendatur in superficiem terræ, æqualis evadit vi gravitatis apud nos, ideoque (per reg. 1

& 11) est illa ipsa vis quam nos gravitatem dicere solemus.   Nam
si gravitas ab ea diversa esset, corpora viribus utrisque conjunctis
terram petendo duplo velocius descenderent, & spatio minuti unius
secundi cadendo describerent pedes Parisienses 30½ : omnino contra
experientiam.

Calculus hic fundatur in hypothesi quod terra quiescit.   Nam si
terra & luna moveantur circum solem, & interea quoque circum
commune gravitatis centrum revolvantur : manente lege gravitatis
distantia centrorum lunæ ac terræ ab invicem erit 60½ semidiametrorum terrestrium circiter ; uti computationem ineunti patebit.   Computatio autem iniri potest per prop. LX lib. 1.

Scholium.

Demonstratio propositionis sic fusius explicari potest.   Si lunæ
plures circum terram revolverentur, perinde ut fit in systemate
saturni vel jovis : harum tempora periodica (per argumentum inductionis) observarent legem planetarum a *Keplero* detectam, &
propterea harum vires centripetæ forent reciproce ut quadrata distantiarum a centro terræ, per prop. 1 hujus.   Et si earum infima
esset parva, & vertices altissimorum montium prope tangeret :
hujus vis centripeta, qua retineretur in orbe, gravitates corporum
in verticibus illorum montium (per computationem præcedentem)
æquaret quamproxime, efficeretque ut eadem lunula, si motu omni
quo pergit in orbe suo privaretur, defectu vis centrifugæ, qua in
orbe permanserat, descenderet in terram, idque eadem cum velocitate qua gravia cadunt in illorum montium verticibus, propter
æqualitatem virium quibus descendunt.   Et si vis illa, qua lunula
illa infima descendit, diversa esset a gravitate, & lunula illa etiam
gravis esset in terram more corporum in verticibus montium : eadem
lunula vi utraque conjuncta duplo velocius descenderet.   Quare
cum vires utræque, & hæ corporum gravium, & illæ lunarum,
centrum terræ respiciant, & sint inter se similes & æquales, eædem
(per reg. 1 & 11) eandem habebunt causam.   Et propterea vis illa,
qua luna retinetur in orbe suo, ea ipsa erit quam nos gravitatem
dicere solemus : idque maxime ne lunula in vertice montis vel
gravitate careat, vel duplo velocius cadat quam corpora gravia solent
cadere.

PROPOSITIO V. THEOREMA V.

Planetas circumjoviales gravitare in jovem, circumsaturnios in satur-
num, & circumsolares in solem, & vi gravitatis suæ retrahi
semper a motibus rectilineis, & in orbibus curvilineis retineri.

Nam revolutiones planetarum circumjovialium circa jovem, cir-
cumsaturniorum circa saturnum, & mercurii ac veneris reliquorum-
que circumsolarium circa solem sunt phænomena ejusdem generis
cum revolutione lunæ circa terram; & propterea (per reg. 11) a
causis ejusdem generis dependent: præsertim cum demonstratum sit
quod vires, a quibus revolutiones illæ dependent, respiciant centra
jovis, saturni ac solis, & recedendo a jove, saturno & sole decrescant
eadem ratione ac lege, qua vis gravitatis decrescit in recessu a
terra.

Corol. 1. Gravitas igitur datur in planetas universos. Nam venerem, mercurium, cæterosque esse corpora ejusdem generis cum
jove & saturno nemo dubitat. Et cum attractio omnis per motus
legem tertiam mutua sit, jupiter in satellites suos omnes, saturnus
in suos, terraque in lunam, & sol in planetas omnes primarios gravitabit.

Corol. 2. Gravitatem, quæ planetam unumquemque respicit, esse
reciproce ut quadratum distantiæ locorum ab ipsius centro.

Corol. 3. Graves sunt planetæ omnes in se mutuo per corol. 1
& 2. Et hinc jupiter & saturnus prope conjunctionem se invicem
attrahendo sensibiliter perturbant motus mutuos, sol perturbat motus
lunares, sol & luna perturbant mare nostrum, ut in sequentibus
explicabitur.

Scholium.

Hactenus vim illam qua corpora cœlestia in orbibus suis retinentur
centripetam appellavimus. Eandem jam gravitatem esse constat, &
propterea gravitatem in posterum vocabimus. Nam causa vis illius
centripetæ, qua luna retinetur in orbe, extendi debet ad omnes
planetas per reg. 1, 11, & 1v.

PROPOSITIO VI.　THEOREMA VI.

Corpora omnia in planetas singulos gravitare, & pondera eorum in eundem quemvis planetam, paribus distantiis a centro planetæ, proportionalia esse quantitati materiæ in singulis.

Descensus gravium omnium in terram (dempta saltem inæquali retardatione quæ ex aëris perexigua resistentia oritur) æqualibus temporibus fieri, jamdudum observarunt alii; & accuratissime quidem notare licet æqualitatem temporum in pendulis.　Rem tentavi in auro, argento, plumbo, vitro, arena, sale communi, ligno, aqua, tritico.　Comparabam pyxides duas ligneas rotundas & æquales. Unam implebam ligno, & idem auri pondus suspendebam (quam potui exacte) in alterius centro oscillationis.　Pyxides ab æqualibus pedum undecim filis pendentes constituebant pendula, quoad pondus, figuram, & aëris resistentiam omnino paria : & paribus oscillationibus, juxta positæ, ibant una & redibant diutissime. Proinde copia materiæ in auro (per corol. 1 & 6 prop. xxiv lib. 11.) erat ad copiam materiæ in ligno, ut vis motricis actio in totum aurum ad ejusdem actionem in totum lignum; hoc est, ut pondus ad pondus.　Et sic in cæteris.　In corporibus ejusdem ponderis differentia materiæ, quæ vel minor esset quam pars millesima materiæ totius, his experimentis manifesto deprehendi potuit.　Jam vero naturam gravitatis in planetas eandem esse atque in terram non est dubium.　Elevari enim fingantur corpora hæc terrestria ad usque orbem lunæ & una cum luna motu omni privata demitti, ut in terram simul cadant; & per jam ante ostensa certum est quod temporibus æqualibus describent æqualia spatia cum luna, ideoque quod sunt ad quantitatem materiæ in luna, ut pondera sua ad ipsius pondus. Porro quoniam satellites jovis temporibus revolvuntur quæ sunt in ratione sesquiplicata distantiarum a centro jovis, erunt eorum gravitates acceleratrices in jovem reciproce ut quadrata distantiarum a centro jovis; & propterea in æqualibus a jove distantiis, eorum gravitates acceleratrices evaderent æquales.　Proinde temporibus æqualibus ab æqualibus altitudinibus cadendo, describerent æqualia spatia; perinde ut fit in gravibus in hac terra nostra. Et eodem argumento planetæ circumsolares, ab æqualibus a sole distantiis demissi, descensu suo in solem æqualibus temporibus æqualia spatia describerent. Vires autem, quibus corpora inæqualia æqualiter accelerantur, sunt ut corpora; hoc est, pondera ut quantitates materiæ in planetis. Porro jovis & ejus satellitum pondera in solem proportionalia esse quantitatibus materiæ eorum patet ex motu satellitum quam maxime regulari; per corol. 3 prop. LXV lib. 1. Nam si horum aliqui magis traherentur in solem, pro quantitate materiæ suæ, quam cæteri: motus satellitum (per corol. 2 prop. LXV lib. 1) ex inæqualitate attractionis perturbarentur. Si, paribus a sole distantiis, satelles aliquis gravior esset in solem pro quantitate materiæ suæ, quam jupiter pro quantitate materiæ suæ, in ratione quacunque data, puta *d* ad *e*: distantia inter centrum solis & centrum orbis satellitis major semper foret quam distantia inter centrum solis & centrum jovis in ratione subduplicata quam proxime; uti calculo quodam inito inveni. Et si satelles minus gravis esset in solem in ratione illa *d* ad *e*, distantia centri orbis satellitis a sole minor foret quam distantia centri jovis a sole in ratione illa subduplicata. Ideoque si, in æqualibus a sole distantiis, gravitas acceleratrix satellitis cujusvis in solem major esset vel minor quam gravitas acceleratrix jovis in solem, parte tantum millesima gravitatis totius; foret distantia centri orbis satellitis a sole major vel minor quam distantia jovis a sole parte $\frac{1}{2000}$ distantiæ totius, id est, parte quinta distantiæ satellitis extimi a centro jovis: quæ quidem orbis eccentricitas foret valde sensibilis. Sed orbes satellitum sunt jovi concentrici & propterea gravitates acceleratrices jovis & satellitum in solem æquantur inter se. Et eodem argumento pondera saturni & comitum ejus in solem, in æqualibus a sole distantiis, sunt ut quantitates materiæ in ipsis: & pondera lunæ ac terræ in solem vel nulla sunt, vel earum massis accurate proportionalia. Aliqua autem sunt per corol. 1 & 3 prop. V.

Quinetiam pondera partium singularum planetæ cujusque in alium quemcunque sunt inter se ut materia in partibus singulis. Nam si partes aliquæ plus gravitarent, aliæ minus, quam pro quantitate materiæ: planeta totus, pro genere partium quibus maxime abundet, gravitaret magis vel minus quam pro quantitate materiæ totius. Sed

2 C

nec refert utrum partes illæ externæ sint vel internæ. Nam si verbi gratia corpora terrestria, quæ apud nos sunt, in orbem lunæ elevari fingantur, & conferantur cum corpore lunæ : si horum pondera essent ad pondera partium externarum lunæ ut quantitates materiæ in iisdem, ad pondera vero partium internarum in majori vel minori ratione, forent eadem ad pondus lunæ totius in majori vel minori ratione : contra quam supra ostensum est.

Corol. 1. Hinc pondera corporum non pendent ab eorum formis & texturis. Nam si cum formis variari possent ; forent majora vel minora, pro varietate formarum, in æquali materia : omnino contra experientiam.

Corol. 2. Corpora universa, quæ circa terram sunt, gravia sunt in terram ; & pondera omnium, quæ æqualiter a centro terræ distant, sunt ut quantitates materiæ in iisdem. Hæc est qualitas omnium in quibus experimenta instituere licet, & propterea per reg. III de universis affirmanda est. Si æther aut corpus aliud quodcunque vel gravitate omnino destitueretur, vel pro quantitate materiæ suæ minus gravitaret : quoniam id (ex mente *Aristotelis, Cartesii* & aliorum) non differt ab aliis corporibus nisi in forma materiæ, posset idem per mutationem formæ gradatim transmutari in corpus ejusdem conditionis cum iis, quæ pro quantitate materiæ quam maxime gravitant, & vicissim corpora maxime gravia, formam illius gradatim induendo, possent gravitatem suam gradatim amittere. Ac proinde pondera penderent a formis corporum, possentque cum formis variari, contra quam probatum est in corollario superiore.

Corol. 3. Spatia omnia non sunt æqualiter plena. Nam si spatia omnia æqualiter plena essent, gravitas specifica fluidi quo regio aëris impleretur, ob summam densitatem materiæ, nil cederet gravitati specificæ argenti vivi, vel auri, vel corporis alterius cujuscunque densissimi ; & propterea nec aurum neque aliud quodcunque corpus in aëre descendere posset. Nam corpora in fluidis, nisi specifice graviora sint, minime descendunt. Quod si quantitas materiæ in spatio dato per rarefactionem quamcunque diminui possit, quidni diminui possit in infinitum ?

Corol. 4. Si omnes omnium corporum particulæ solidæ sint ejusdem densitatis, neque sine poris rarefieri possint, vacuum datur.

Ejusdem densitatis esse dico, quarum vires inertiæ sunt ut magnitudines.

Corol. 5. Vis gravitatis diversi est generis a vi magnetica. Nam attractio magnetica non est ut materia attracta. Corpora aliqua magis trahuntur, alia minus, plurima non trahuntur. Et vis magnetica in uno & eodem corpore intendi potest & remitti, estque nonnunquam longe major pro quantitate materiæ quam vis gravitatis, & in recessu a magnete decrescit in ratione distantiæ non duplicata, sed fere triplicata, quantum ex crassis quibusdam observationibus animadvertere potui.

PROPOSITIO VII. THEOREMA VII.

Gravitatem in corpora universa fieri, eamque proportionalem esse quantitati materiæ in singulis.

Planetas omnes in se mutuo graves esse jam ante probavimus, ut & gravitatem in unumquemque seorsim spectatum esse reciproce ut quadratum distantiæ locorum a centro planetæ. Et inde consequers est (per prop. LXIX lib. 1 & ejus corollaria) gravitatem in omnes proportionalem esse materiæ in iisdem.

Porro cum planetæ cujusvis *A* partes omnes graves sint in planetam quemvis *B*, & gravitas partis cujusque sit ad gravitatem totius, ut materia partis ad materiam totius, & actioni omni reactio (per motus legem tertiam) æqualis sit ; planeta *B* in partes omnes planetæ *A* vicissim gravitabit, & erit gravitas sua in partem unamquamque ad gravitatem suam in totum, ut materia partis ad materiam totius. *Q. E. D.*

Corol. 1. Oritur igitur & componitur gravitas in planetam totum ex gravitate in partes singulas. Cujus rei exempla habemus in attractionibus magneticis & electricis. Oritur enim attractio omnis in totum ex attractionibus in partes singulas. Res intelligetur in gravitate, concipiendo planetas plures minores in unum globum coire & planetam majorem componere. Nam vis totius ex viribus partium componentium oriri debebit. Siquis objiciat quod corpora omnia, quæ apud nos sunt, hac lege gravitare deberent in se mutuo, cum tamen ejusmodi gravitas neutiquam sentiatur : respondeo quod gravitas in hæc corpora, cum sit ad gravitatem in terram totam ut sunt hæc corpora ad terram totam, longe minor est quam quæ sentiri possit.

Corol. 2. Gravitatio in singulas corporis particulas æquales est reciproce ut quadratum distantiæ locorum a particulis. Patet per corol. 3 prop. LXXIV lib. 1.

PROPOSITIO VIII. THEOREMA VIII.

Si globorum duorum in se mutuo gravitantium materia undique in regionibus, quæ a centris æqualiter distant, homogenea sit: erit pondus globi alterutrius in alterum reciproce ut quadratum distantiæ inter centra.

Postquam invenissem gravitatem in planetam totum oriri & componi ex gravitatibus in partes; & esse in partes singulas reciproce proportionalem quadratis distantiarum a partibus: dubitabam an reciproca illa proportio duplicata obtineret accurate in vi tota ex viribus pluribus composita, an vero quam proxime. Nam fieri posset ut proportio, quæ in majoribus distantiis satis accurate obtineret, prope superficiem planetæ ob inæquales particularum distantias & situs dissimiles, notabiliter erraret. Tandem vero, per prop. LXXV & LXXVI libri primi & ipsarum corollaria, intellexi veritatem propositionis de qua hic agitur.

Corol. 1. Hinc inveniri & inter se comparari possunt pondera corporum in diversos planetas. Nam pondera corporum æqualium circum planetas in circulis revolventium sunt (per corol. 2 prop. IV lib. 1) ut diametri circulorum directe & quadrata temporum periodicorum inverse; & pondera ad superficies planetarum, aliasve quasvis a centro distantias, majora sunt vel minora (per hanc propositionem) in duplicata ratione distantiarum inversa. Sic ex temporibus periodicis veneris circum solem dierum 224 & horarum $16\frac{3}{4}$, satellitis extimi circumjovialis circum jovem dierum 16 & horarum $16\frac{8}{15}$, satellitis Hugeniani circum saturnum dierum 15 & horarum $22\frac{2}{3}$, & lunæ circum terram dierum 27 hor. 7 min. 43, collatis cum distantia mediocri veneris a sole & cum elongationibus maximis heliocentricis satellitis extimi circumjovialis a centro jovis 8' 16", satellitis

Hugeniani a centro saturni 3′ 4″, & lunæ a centro terræ 10′ 33″, computum ineundo inveni quod corporum æqualium & a centro solis, jovis, saturni ac terræ æqualiter distantium pondera sint in solem, jovem, saturnum ac terram ut 1, $\frac{1}{1067}$, $\frac{1}{3021}$, & $\frac{1}{169282}$ respective, & auctis vel diminutis distantiis, pondera diminuuntur vel augentur in duplicata ratione : pondera æqualium corporum in solem, jovem, saturnum ac terram in distantiis 10000, 997, 791, & 109 ab eorum centris, atque ideo in eorum superficiebus, erunt ut 10000, 943, 529 & 435 respective. Quanta sint pondera corporum in superficie lunæ dicetur in sequentibus.

Corol. 2. Innotescit etiam quantitas materiæ in planetis singulis. Nam quantitates materiæ in planetis sunt ut eorum vires in æqualibus distantiis ab eorum centris, id est, in sole, jove, saturno ac terra sunt ut 1, $\frac{1}{1067}$, $\frac{1}{3021}$, & $\frac{1}{169282}$ respective. Si parallaxis solis statuatur major vel minor quam 10″ 30‴, debebit quantitas materiæ in terra augeri vel diminui in triplicata ratione.

Corol. 3. Innotescunt etiam densitates planetarum. Nam pondera corporum æqualium & homogeneorum in sphæras homogeneas sunt in superficiebus sphærarum ut sphærarum diametri, per prop. LXXII lib. 1, ideoque sphærarum heterogenearum densitates sunt ut pondera illa applicata ad sphærarum diametros. Erant autem veræ solis, jovis, saturni ac terræ diametri ad invicem ut 10000, 997, 791, & 109, & pondera in eosdem ut 10000, 943, 529 & 435 respective, & propterea densitates sunt ut 100, $94\frac{1}{2}$, 67 & 400. Densitas terræ quæ prodit ex hoc computo non pendet a parallaxi solis, sed determinatur per parallaxin lunæ, & propterea hic recte definitur. Est igitur sol paulo densior quam jupiter, & jupiter quam saturnus, & terra quadruplo densior quam sol. Nam per ingentem suum calorem sol rarescit. Luna vero densior est quam terra, ut in sequentibus patebit.

Corol. 4. Densiores igitur sunt planetæ qui sunt minores cæteris paribus. Sic enim vis gravitatis in eorum superficiebus ad æqualitatem magis accedit. Sed & densiores sunt planetæ, cæteris paribus, qui sunt soli propiores ; ut jupiter saturno, & terra jove. In diversis utique distantiis a sole collocandi erant planetæ ut quilibet pro gradu densitatis calore solis majore vel minore frueretur. Aqua nostra, si terra locaretur in orbe saturni, rigesceret, si in orbe

mercurii in vapores statim abiret. Nam lux solis, cui calor proportionalis est, septuplo densior est in orbe mercurii quam apud nos : &
thermometro expertus sum quod septuplo solis æstivi calore aqua
ebullit. Dubium vero non est quin materia mercurii ad calorem
accommodetur, & propterea densior sit hac nostra; cum materia
omnis densior ad operationes naturales obeundas majorem calorem
requirat.

PROPOSITIO IX. THEOREMA IX.

Gravitatem pergendo a superficiebus planetarum deorsum decrescere in
ratione distantiarum a centro quam proxime.

Si materia planetæ quoad densitatem uniformis esset, obtineret
hæc propositio accurate : per prop. LXXIII lib. 1. Error igitur tantus
est, quantus ab inæquabili densitate oriri possit.

PROPOSITIO X. THEOREMA X.

Motus planetarum in cœlis diutissime conservari posse.

In scholio propositionis XL lib. 11 ostensum est quod globus
aquæ congelatæ, in aëre nostro libere movendo & longitudinem
semidiametri suæ describendo, ex resistentia aëris amitteret motus
sui partem $\frac{1}{4586}$. Obtinet autem eadem proportio quam proxime
in globis utcunque magnis & velocibus. Jam vero globum terræ
nostræ densiorem esse, quam si totus ex aqua constaret, sic colligo.
Si globus hicce totus esset aqueus, quæcunque rariora essent quam
aqua, ob minorem specificam gravitatem emergerent & supernata-
rent. Eaque de causa globus terreus aquis undique coopertus, si
rarior esset quam aqua, emergeret alicubi, & aqua omnis inde
defluens congregaretur in regione opposita. Et par est ratio terræ
nostræ maribus magna ex parte circumdatæ. Hæc si densior non
esset, emergeret ex maribus, & parte sui pro gradu levitatis extaret
ex aqua, maribus omnibus in regionem oppositam confluentibus.
Eodem argumento maculæ solares leviores sunt quam materia lucida
solaris cui supernatant. Et in formatione qualicunque planetarum, ex aqua materia omnis gravior, quo tempore massa fluida erat,

centrum petebat. Unde cum terra communis suprema quasi duplo gravior sit quam aqua, & paulo inferius in fodinis quasi triplo vel quadruplo aut etiam quintuplo gravior reperiatur : verisimile est quod copia materiæ totius in terra quasi quintuplo vel sextuplo major sit quam si tota ex aqua constaret ; præsertim cum terram quasi quadruplo densiorem esse quam jovem jam ante ostensum sit. Quare si jupiter paulo densior sit quam aqua, hic spatio dierum triginta, quibus longitudinem 459 semidiametrorum suarum describit, amitteret in medio ejusdem densitatis cum aëre nostro motus sui partem fere decimam. Verum cum resistentia mediorum minuatur in ratione ponderis ac densitatis, sic ut aqua, quæ partibus $13\frac{3}{5}$ levior est quam argentum vivum, minus resistat in eadem ratione ; & aër, qui partibus 860 levior est quam aqua, minus resistat in eadem ratione : si ascendatur in cœlos ubi pondus medii, in quo planetæ moventur, diminuitur in immensum, resistentia prope cessabit. Ostendimus utique in scholio ad prop. XXII lib. II quod si ascenderetur ad altitudinem milliarium ducentorum supra terram, aër ibi rarior foret quam ad superficiem terræ in ratione 30 ad 0,0000000000003998, seu 75000000000000 ad 1 circiter. Et hinc stella jovis in medio ejusdem densitatis cum aëre illo superiore revolvendo, tempore annorum 1000000, ex resistentia medii non amitteret motus sui partem decimam centesimam millesimam. In spatiis utique terræ proximis, nihil invenitur quod resistentiam creet præter aërem exhalationes & vapores. His ex vitro cavo cylindrico diligentissime exhaustis gravia intra vitrum liberrime & sine omni resistentia sensibili cadunt ; ipsum aurum & pluma tenuissima simul demissa æquali cum velocitate cadunt, & casu suo describendo altitudinem pedum quatuor sex vel octo simul incidunt in fundum, ut experientia compertum est. Et propterea si in cœlos ascendatur aëre & exhalationibus vacuos, planetæ & cometæ sine omni resistentia sensibili per spatia illa diutissime movebuntur.

HYPOTHESIS I.

Centrum systematis mundani quiescere.

Hoc ab omnibus concessum est, dum aliqui terram, alii solem in centro systematis quiescere contendant. Videamus quid inde sequatur.

PROPOSITIO XI. THEOREMA XI.

Commune centrum gravitatis terræ, solis & planetarum omnium quiescere.

Nam centrum illud (per legum corol. IV) vel quiescet vel progredietur uniformiter in directum. Sed centro illo semper progrediente centrum mundi quoque movebitur contra hypothesin.

PROPOSITIO XII. THEOREMA XII.

Solem motu perpetuo agitari, sed nunquam longe recedere a communi gravitatis centro planetarum omnium.

Nam cum (per corol. 2 prop. VIII) materia in sole sit ad materiam in jove ut 1067 ad 1, & distantia jovis a sole sit ad semidiametrum solis in ratione paulo majore ; incidet commune centrum gravitatis jovis & solis in punctum paulo supra superficiem solis. Eodem argumento cum materia in sole sit ad materiam in saturno ut 3021 ad 1, & distantia saturni a sole sit ad semidiametrum solis in ratione paulo minore : incidet commune centrum gravitatis saturni & solis in punctum paulo infra superficiem solis. Et ejusdem calculi vestigiis insistendo si terra & planetæ omnes ex una solis parte consisterent, commune omnium centrum gravitatis vix integra solis diametro a centro solis distaret. Aliis in casibus distantia centrorum semper minor est. Et propterea, cum centrum illud gravitatis perpetuo quiescit, sol pro vario planetarum situ in omnes partes movebitur, sed a centro illo nunquam longe recedet.

Corol. Hinc commune gravitatis centrum terræ, solis & planetarum omnium pro centro mundi habendum est. Nam cum terra, sol & planetæ omnes gravitent in se mutuo, & propterea, pro vi gravitatis suæ, secundum leges motus perpetuo agitentur: perspicuum est quod horum centra mobilia pro mundi centro quiescente haberi nequeunt. Si corpus illud in centro locandum esset in quod corpora omnia maxime gravitant (uti vulgi est opinio) privilegium istud concedendum esset soli. Cum autem sol moveatur, eligendum erit punctum quiescens, a quo centrum solis quam minime discedit, & a quo idem adhuc minus discederet, si modo sol densior esset & major, ut minus moveretur.

PROPOSITIO XIII. THEOREMA XIII.

Planetæ moventur in ellipsibus umbilicum habentibus in centro solis, & radiis ad centrum illud ductis areas describunt temporibus proportionales.

Disputavimus supra de his motibus ex phænomenis. Jam cognitis motuum principiis, ex his colligimus motus cœlestes a priori. Quoniam pondera planetarum in solem sunt reciproce ut quadrata distantiarum a centro solis; si sol quiesceret & planetæ reliqui non agerent in se mutuo, forent orbes eorum elliptici, solem in umbilico communi habentes, & areæ describerentur temporibus proportionales (per prop. 1 & xi & corol. 1 prop. xiii lib. 1) actiones autem planetarum in se mutuo perexiguæ sunt (ut possint contemni) & motus planetarum in ellipsibus circa solem mobilem minus perturbant (per prop. lxvi lib. 1) quam si motus isti circa solem quiescentem peragerentur.

Actio quidem jovis in saturnum non est omnino contemnenda. Nam gravitas in jovem est ad gravitatem in solem (paribus distantiis) ut 1 ad 1067; ideoque in conjunctione jovis & saturni, quoniam distantia saturni a jove est ad distantiam saturni a sole fere ut 4 ad 9, erit gravitas saturni in jovem ad gravitatem saturni in solem ut 81 ad 16 × 1067 seu 1 ad 211 circiter. Et hinc oritur perturbatio orbis saturni in singulis planetæ hujus cum jove conjunctionibus adeo sensibilis ut ad eandem astronomi hæreant. Pro vario situ planetæ in his conjunctionibus, eccentricitas ejus nunc augetur nunc diminuitur, aphelium nunc promovetur nunc forte retrahitur, & medius motus per vices acceleratur & retardatur.   Error tamen omnis in motu ejus circum solem a tanta vi oriundus (præterquam in motu medio) evitari fere potest constituendo umbilicum inferiorem orbis ejus in communi centro gravitatis jovis & solis (per prop. LXVII lib. 1) & propterea ubi maximus est vix superat minuta duo prima.   Et error maximus in motu medio vix superat minuta duo prima annuatim.   In conjunctione autem jovis & saturni gravitates acceleratrices solis in saturnum, jovis in saturnum & jovis in solem sunt fere ut 16, 81 &

$$\frac{16 \times 81 \times 3021}{25}$$ seu 156609, ideoque differentia gravitatum solis in

saturnum & jovis in saturnum est ad gravitatem jovis in solem ut 65 ad 156609 seu 1 ad 2409.   Huic autem differentiæ proportionalis est maxima saturni efficacia ad perturbandum motum jovis, & propterea perturbatio orbis jovialis longe minor est quam ea saturnii. Reliquorum orbium perturbationes sunt adhuc longe minores, præterquam quod orbis terræ sensibiliter perturbatur a luna.   Commune centrum gravitatis terræ & lunæ ellipsin circum solem in umbilico positum percurrit, & radio ad solem ducto areas in eadem temporibus proportionales describit, terra vero circum hoc centrum commune motu menstruo revolvitur.

PROPOSITIO XIV.   THEOREMA XIV.

Orbium aphelia & nodi quiescunt.

Aphelia quiescunt, per prop. XI lib. 1 ; ut & orbium plana, per ejusdem libri prop. 1 & quiescentibus planis quiescunt nodi.   Attamen a planetarum revolventium & cometarum actionibus in se invicem orientur inæqualitates aliquæ, sed quæ ob parvitatem hic contemni possunt.

Corol. 1. Quiescunt etiam stellæ fixæ, propterea quod datas ad aphelia nodosque positiones servant.

Corol. 2. Ideoque cum nulla sit earum parallaxis sensibilis ex terræ motu annuo oriunda, vires earum ob immensam corporum distantiam nullos edent sensibiles effectus in regione systematis nostri. Quinimo fixæ in omnes cœli partes æqualiter dispersæ contrariis attractionibus vires mutuas destruunt, per prop. LXX lib. 1.

Scholium.

Cum planetæ soli propiores (nempe mercurius, venus, terra, & mars) ob corporum parvitatem parum agant in se invicem : horum aphelia & nodi quiescent, nisi quatenus a viribus jovis, saturni & corporum superiorum turbentur. Et inde colligi potest per theoriam gravitatis, quod horum aphelia moventur aliquantulum in consequentia respectu fixarum, idque in proportione sesquiplicata distantiarum horum planetarum a sole. Ut si aphelium martis in annis centum conficiat 33′ 20″ in consequentia respectu fixarum; aphelia terræ, veneris, & mercurii in annis centum conficient 17′ 40″, 10′ 53″, & 4′ 16″ respective. Et hi motus, ob parvitatem, negliguntur in hac propositione.

PROPOSITIO XV. PROBLEMA I.

Invenire orbium principales diametros.

Capiendæ sunt hæ in ratione subsesquiplicata temporum periodicorum, per prop. xv lib. 1 ; deinde sigillatim augendæ in ratione summæ massarum solis & planetæ cujusque revolventis ad primam duarum mediæ proportionalium inter summam illam & solem, per prop. LX lib. 1.

PROPOSITIO XVI. PROBLEMA II.

Invenire orbium eccentricitates & aphelia.

Problema confit per prop. XVIII lib. 1.

PROPOSITIO XVII. THEOREMA XV.

Planetarum motus diurnos uniformes esse, & librationem lunæ ex ipsius motu diurno oriri.

Patet per motus legem 1, & corol. 22 prop. LXVI lib. 1. Jupiter utique respectu fixarum revolvitur horis 9 56′, mars horis 24 39′, venus horis 23 circiter, terra horis 23 56′, sol diebus 25½ & luna diebus 27 hor. 7. 43′. Hæc ita se habere ex phænomenis manifestum est. Maculæ in corpore solis ad eundem situm in disco solis redeunt diebus 27½ circiter, respectu terræ; ideoque respectu fixarum sol revolvitur diebus 25½ circiter. Quoniam vero lunæ circa

axem suum uniformiter revolventis dies menstruus est : hujus facies
eadem ulteriorem umbilicum orbis ejus semper respiciet quamproxime, & propterea pro situ umbilici illius deviabit hinc inde a
terra. Hæc est libratio lunæ in longitudinem. Nam libratio in
latitudinem orta est ex latitudine lunæ & inclinatione axis ejus ad
planum eclipticæ. Hanc librationis lunaris theoriam D. *N. Mercator*
in astronomia sua, initio anni 1676 edita, ex literis meis plenius
exposuit. Simili motu extimus saturni satelles circa axem suum
revolvi videtur, eadem sui facie saturnum perpetuo respiciens. Nam
circum saturnum revolvendo, quoties ad orbis sui partem orienta-
lem accedit, ægerrime videtur & plerumque videri cessat : id quod
evenire potest per maculas quasdam in ea corporis parte quæ terræ
tunc obvertitur, ut *Cassinus* notavit. Simili etiam motu satelles
extimus jovialis circa axem suum revolvi videtur, propterea quod in
parte corporis jovi aversa maculam habeat quæ tanquam in corpore
jovis cernitur ubicunque satelles inter jovem & oculos nostros
transit.

PROPOSITIO XVIII. THEOREMA XVI.

Axes planetarum diametris quæ ad eosdem axes normaliter ducuntur
minores esse.

Planetæ sublato omni motu circulari diurno figuram sphæricam,
ob æqualem undique partium gravitatem, affectare deberent. Per
motum illum circularem fit ut partes ab axe recedentes juxta æquatorem ascendere conentur. Ideoque materia si fluida sit ascensu
suo ad æquatorem diametros adaugebit, axem vero descensu suo ad
polos diminuet. Sic jovis diameter (consentientibus astronomorum
observationibus) brevior deprehenditur inter polos quam ab oriente
in occidentem. Eodem argumento, nisi terra nostra paulo altior
esset sub æquatore quam ad polos, maria ad polos subsiderent, &
juxta æquatorem ascendendo ibi omnia inundarent.

PROPOSITIO XIX. PROBLEMA III.

Invenire proportionem axis planetæ ad diametros eidem perpendiculares.

Norwoodus noster circa annum 1635 mensurando distantiam pedum

Londinensium 905751 inter *Londinum* & *Eboracum*, & observanco differentiam latitudinum 2 gr. 28' collegit mensuram gradus unius esse pedum Londinensium 367196, id est, hexapedarum Parisiensium 57300.

Picartus mensurando arcum gradus unius & 22' 55" in meridiano inter *Ambianum* & *Malvoisinam*, invenit arcum gradus unius esse hexapedarum Parisiensium 57060. *Cassinus* senior mensuravit distantiam in meridiano a villa *Collioure* in *Roussilion* ad observatorium Parisiense; & filius ejus addidit distantiam ab observatorio ad turrem urbis *Dunkirk*. Distantia tota erat hexapedarum 486156$\frac{1}{2}$, & differentia latitudinum villæ *Collioure* & urbis *Dunkirk* erat graduum octo & 31' 11$\frac{5}{8}$". Unde arcus gradus unius prodit hexapedarum Parisiensium 57061. Et ex his mensuris colligitur ambitus terræ pedum Parisiensium 123249600, & semidiameter ejus pedum 19615800, ex hypothesi quod terra sit sphærica.

In latitudine *Lutetiæ Parisiorum* corpus grave tempore minuti unius secundi cadendo describit pedes Parisienses 15 dig. 1 lin. 1$\frac{4}{9}$ ut supra, id est, lineas 2173$\frac{7}{9}$. Pondus corporis diminuitur per pondus aëris ambientis. Ponamus pondus amissum esse partem undecimam millesimam ponderis totius, & corpus illud grave cadendo in vacuo describet altitudinem linearum 2174 tempore minuti unius secundi.

Corpus in circulo ad distantiam pedum 19615800 a centro, singulis diebus sidereis horarum 23. 56' 4" uniformiter revolvens, tempore minuti unius secundi describet arcum pedum 1433,46, cujus sinus versus est pedum 0,0523656, seu linearum 7,54064. Ideoque v.s, qua gravia descendunt in latitudine *Lutetiæ*, est ad vim centrifugam corporum in æquatore a terræ motu diurno oriundam, ut 2174 ad 7,54064.

Vis centrifuga corporum in æquatore terræ est ad vim centrifugam, qua corpora directe tendunt a terra in latitudine *Lutetiæ* graduum 48. 50' 10", in duplicata ratione radii ad sinum complementi latitudinis illius, id est, ut 7,54064 ad 3,267. Addatur hæc vis ad vim qua gravia descendunt in latitudine illa *Lutetiæ*, & corpus in latitudine illa, vi tota gravitatis cadendo, tempore minuti unius secundi describet lineas 2177,267 seu pedes Parisienses 15 dig. 1 & lin. 5,267. Et vis tota gravitatis in latitudine illa erit ad vim centrifugam corporum in æquatore terræ ut 2177,267 ad 7,54064 seu 289 ad 1.

Unde si $APBQ$ figuram terræ designet jam non amplius sphæricam sed revolutione ellipseos circum axem minorem PQ genitam, sitque $ACQqca$ canalis aquæ plena, a polo Qq ad centrum Cc & inde ad æquatorem Aa pergens : debebit pondus aquæ in canalis crure $ACca$ esse ad pondus aquæ in crure altero $QCcq$ ut 289 ad 288, eo quod vis centrifuga ex circulari motu orta partem unam e ponderis partibus 289 sustinebit ac detrahet, & pondus 288 in altero crure sustinebit reliquas. Porro (ex propositionis XCI corol. 2 lib. 1) computationem ineundo invenio quod, si terra constaret ex uniformi materia motuque omni privaretur & esset ejus axis PQ ad diametrum AB ut 100 ad 101, gravitas in loco Q in terram foret ad gravitatem in eodem loco Q in sphæram centro C radio PC vel QC descriptam, ut 126 ad 125. Et eodem argumento gravitas in loco A in sphæroidem, convolutione ellipseos 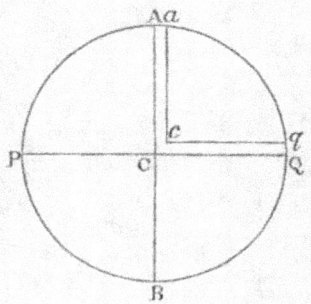 $APBQ$ circa axem AB descriptam, est ad gravitatem in eodem loco A in sphæram centro C radio AC descriptam, ut 125 ad 126. Est autem gravitas in loco A in terram media proportionalis inter gravitates in dictam sphæroidem & sphæram : propterea quod sphæra, diminuendo diametrum PQ in ratione 101 ad 100, vertitur in figuram terræ ; & hæc figura diminuendo in eadem ratione diametrum tertiam, quæ diametris duabus AB, PQ, perpendicularis est, vertitur in dictam sphæroidem ; & gravitas in A, in casu utroque, diminuitur in eadem ratione quam proxime. Est igitur gravitas in A in sphæram centro C radio AC descriptam ad gravitatem in A in terram ut 126 ad $125\frac{1}{2}$, & gravitas in loco Q in sphæram centro C radio QC descriptam est ad gravitatem in loco A in sphæram centro C radio AC descriptam in ratione diametrorum (per prop. LXXII lib. 1); id est, ut 100 ad 101. Conjungantur jam hæ tres rationes, 126 ad 125, 126 ad $125\frac{1}{2}$, & 100 ad 101 : & fiet gravitas in loco Q in terram ad gravitatem in loco A in terram, ut $126 \times 126 \times 100$ ad $125 \times 125\frac{1}{2} \times 101$, seu ut 501 ad 500.

Jam cum (per corol. 3 prop. xci lib. 1) gravitas in canalis crure utrovis $ACca$ vel $QCcq$ sit ut distantia locorum a centro terræ; si crura illa superficiebus transversis & æquidistantibus distinguantur in partes totis proportionales, erunt pondera partium singularum in crure $ACca$ ad pondera partium totidem in crure altero, ut magnitudines & gravitates acceleratrices conjunctim; id est, ut 101 ad 100 & 500 ad 501, hoc est, ut 505 ad 501. Ac proinde si vis centrifuga partis cujusque in crure $ACca$ ex motu diurno oriunda fuisset ad pondus partis ejusdem ut 4 ad 505, eo ut de pondere partis cujusque, in partes 505 diviso, partes quatuor detraheret; manerent pondera in utroque crure æqualia, & propterea fluidum consisteret in æquilibrio. Verum vis centrifuga partis cujusque est ad pondus ejusdem ut 1 ad 289, hoc est, vis centrifuga quæ deberet esse ponderis pars $\frac{4}{505}$ est tantum pars $\frac{1}{289}$. Et propterea dico, secundum regulam auream, quod si vis centrifuga $\frac{4}{505}$ faciat ut altitudo aquæ in crure $ACca$ superet altitudinem aquæ in crure $QCcq$ parte centesima totius altitudinis: vis centrifuga $\frac{1}{289}$ faciet ut excessus altitudinis in crure $ACca$ sit altitudinis in crure altero $QCcq$ pars tantum $\frac{1}{229}$. Est igitur diameter terræ secundum æquatorem ad ipsius diametrum per polos ut 230 ad 229. Ideoque cum terræ semidiameter mediocris, juxta mensuram *Picarti*, sit pedum Parisiensium 19615800, seu milliarium 3923,16 (posito quod milliare sit mensura pedum 5000) terra altior erit ad æquatorem quam ad polos excessu pedum 85472, seu milliarum $17\frac{1}{10}$. Et altitudo ejus ad æquatorem erit 19658600 pedum circiter, & ad polos 19573000 pedum.

Si planeta major sit vel minor quam terra manente ejus densitate ac tempore periodico revolutionis diurnæ, manebit proportio vis centrifugæ ad gravitatem, & propterea manebit etiam proportio diametri inter polos ad diametrum secundum æquatorem. At si motus diurnus in ratione quacunque acceleretur vel retardetur, augebitur vel minuetur vis centrifuga in duplicata illa ratione, & propterea differentia diametrorum augebitur vel minuetur in eadem duplicata ratione quamproxime. Et si densitas planetæ augeatur vel minuatur in ratione quavis, gravitas etiam in ipsum tendens augebitur vel minuetur in eadem ratione, & differentia diametrorum vicissim minuetur in ratione gravitatis auctæ vel augebitur in ratione gravitatis diminutæ. Unde cum terra respectu fixarum revolvatur horis 23. 56′, jupiter autem horis 9. 56′, sintque temporum quadrata ut 29 ad 5, & revolventium densitates ut 400 ad $94\frac{1}{2}$: differentia diametrorum jovis erit ad ipsius diametrum minorem ut $\frac{29}{5} \times \frac{400}{94\frac{1}{2}} \times \frac{1}{229}$ ad 1, seu 1 ad $9\frac{1}{3}$ quamproxime. Est igitur diameter jovis ab oriente in occidentem ducta ad ejus diametrum inter polos ut $10\frac{1}{3}$ ad $9\frac{1}{3}$ quamproximè. Unde cum ejus diameter major sit 37″ ejus diameter minor quæ polis interjacet erit 33″ 25‴. Pro luce erratica addantur 3″ circiter, & hujus planetæ diametri apparentes evadent 40″ & 36″ 25‴: quæ sunt ad invicem ut $11\frac{1}{6}$ ad $10\frac{1}{6}$ quamproxime. Hoc ita se habet ex hypothesi quod corpus jovis sit uniformiter densum. At si corpus ejus sit densius versus planum æquatoris quam versus polos diametri ejus possunt esse ad invicem ut 12 ad 11, vel 13 ad 12, vel forte 14 ad 13. Et *Cassinus* quidem anno 1691 observavit, quod jovis diameter ab oriente in occidentem porrecta diametrum alteram superaret parte sui circiter decima quinta. *Poundus* autem noster telescopio pedum 123 longitudinis & optimo micrometro diametros jovis anno 1719 mensuravit ut sequitur.

Tempora.		*Diam. max.*	*Diam. min.*	*Diametri ad invicem.*	
dies	*hor.*	*part.*	*part.*		
Jan. 28	6	13,40	12,28	*ut* 12	*ad* 11
Mar. 6	7	13,12	12,20	$13\frac{3}{4}$	$12\frac{3}{4}$
Mar. 9	7	13,12	12,08	$12\frac{2}{3}$	$11\frac{2}{3}$
Apr. 9	9	12,32	11,48	$14\frac{1}{2}$	$13\frac{1}{2}$

Congruit igitur theoria cum phænomenis. Nam planetæ magis incalescunt ad lucem solis versus æquatores suos, & propterea paulo magis ibi decoquuntur quam versus polos.

Quinetiam gravitatem per rotationem diurnam terræ nostræ minui sub æquatore atque ideo terram ibi altius surgere quam ad polos (si materia ejus uniformiter densa sit) patebit per experimenta pendulorum quæ recensentur in propositione sequente.

PROPOSITIO XX. PROBLEMA IV.

Invenire & inter se comparare pondera corporum in terræ hujus regionibus diversis.

Quoniam pondera inæqualium crurum canalis aqueæ $A C Q q c a$ æqualia sunt ; & pondera partium, cruribus totis proportionalium & similiter in totis sitarum, sunt ad invicem ut pondera totorum, ideoque etiam æquantur inter se ; erunt pondera æqualium & in cruribus similiter sitarum partium reciproce ut crura, id est, reciproce ut 230 ad 229. Et par est ratio homogeneorum & æqualium quorumvis & in canalis cruribus similiter sitorum corporum. Horum pondera sunt reciproce ut crura, id est, reciproce ut distantiæ corporum a centro terræ. Proinde si corpora in supremis canalium partibus, sive in superficie terræ consistant; erunt pondera eorum ad invicem reciproce ut distantiæ eorum a centro. Et eodem argumento pondera, in aliis quibuscunque per totam terræ superficiem regionibus, sunt reciproce ut distantiæ locorum a centro ; & propterea, ex hypothesi quod terra sphærois sit, dantur proportione.

Unde tale confit theorema, quod incrementum ponderis pergendo ab æquatore ad polos sit quam proxime ut sinus versus latitudinis duplicatæ vel, quod perinde est, ut quadratum sinus recti latitudinis. Et in eadem circiter ratione augentur arcus graduum latitudinis in meridiano. Ideoque cum latitudo *Lutetiæ Parisiorum* sit $48^{gr.}$ 50′, ea locorum sub æquatore $00^{gr.}$ 00′, & ea locorum ad polos $90^{gr.}$ & duplorum sinus versi sint 11334, 00000 & 20000, existente radio 10000, & gravitas ad polum sit ad gravitatem sub æquatore ut 230 ad 229, & excessus gravitatis ad polum ad gravitatem sub æquatore ut 1 ad 229 : erit excessus gravitatis in latitudine *Lutetiæ* ad gravitatem sub æquatore, ut $1 \times \frac{11334}{20000}$ ad 229, seu 5667 ad 2290000. Et propterea gravitates totæ in his locis erunt ad invicem ut 2295667 ad 2290000. Quare cum longitudines pendulorum æqualibus temporibus oscillantium sint ut gravitates, & in latitudine *Lutetiæ Parisiorum* longitudo penduli singulis minutis secundis oscillantis sit pedum trium Parisiensium & linearum $8\frac{1}{2}$, vel potius ob pondus aëris $8\frac{5}{9}$: longitudo penduli sub æquatore superabitur a longitudine syn-

chroni penduli Parisiensis excessu lineæ unius & 87 partium mille-
simarum lineæ.   Et simili computo confit tabula sequens.

Latitudo loci.	Longitudo penduli.		Mensura gradus unius in meridiano.
grad.	ped.	lin.	hexapedæ.
0	3	7,468	56637
5	3	7,482	56642
10	3	7,526	56659
15	3	7,596	56687
20	3	7,692	56724
25	3	7,812	56769
30	3	7,948	56823
35	3	8,099	56882
40	3	8,261	56945
1	3	8,294	56958
2	3	8,327	56971
3	3	8,361	56984
4	3	8,394	56997
45	3	8,428	57010
6	3	8,461	57022
7	3	8,494	57035
8	3	8,528	57048
9	3	8,561	57061
50	3	8,594	57074
55	3	8,756	57137
60	3	8,907	57196
65	3	9,044	57250
70	3	9,162	57295
75	3	9,258	57332
80	3	9,329	57360
85	3	9,372	57377
90	3	9,387	57382

Constat autem per hanc tabulam quod graduum inæqualitas tam
parva sit, ut in rebus geographicis figura terræ pro sphærica haberi
possit : præsertim si terra paulo densior sit versus planum æquatoris
quam versus polos.

Jam vero astronomi aliqui in longinquas regiones ad observationes
astronomicas faciendas missi observarunt quod horologia oscillatoria
tardius moverentur prope æquatorem quam in regionibus nostris.
Et primo quidem D. *Richer* hoc observavit anno 1672 in insula
Cayennæ. Nam dum observaret transitum fixarum per meridianum

mense *Augusto*, reperit horologium suum tardius moveri quam pro medio motu solis, existente differentia 2′ 28″ singulis diebus. Deinde faciendo ut pendulum simplex ad minuta singula secunda per horologium optimum mensurata oscillaret, notavit longitudinem penduli simplicis, & hoc fecit sæpius singulis septimanis per menses decem. Tum in *Galliam* redux contulit longitudinem hujus penduli cum longitudine penduli Parisiensis (quæ erat trium pedum Parisiensium & octo linearum cum tribus quintis partibus lineæ) & reperit breviorem esse, existente differentia lineæ unius cum quadrante.

Postea *Halleius* noster circa annum 1677 ad insulam *Sanctæ Helenæ* navigans reperit horologium suum oscillatorium ibi tardius moveri quam *Londini*, sed differentiam non notavit. Pendulum vero brevius reddidit plusquam octava parte digiti, seu linea una cum semisse. Et ad hoc efficiendum, cum longitudo cochleæ in ima parte penduli non sufficeret, annulum ligneum thecæ cochleæ & ponderi pendulo interposuit.

Deinde anno 1682 D. *Varin* & D. *Des Hayes* invenerunt longitudinem penduli singulis minutis secundis oscillantis in observatorio regio Parisiensi esse ped. 3 lin. 8⅗. Et in insula *Gorea* eadem methodo longitudinem penduli synchroni invenerunt esse ped. 3 lin. 6⅝, existente longitudinum differentia lin. 2. Et eodem anno ad insulas *Guadaloupam* & *Martinicam* navigantes, invenerunt longitudinem penduli synchroni in his insulis esse ped. 3 lin. 6½.

Posthac D. *Coupiet* filius anno 1697 mense *Julio* horologium suum oscillatorium ad motum solis medium in observatorio regio Parisiensi sic aptavit, ut tempore satis longo horologium cum motu solis congrueret. Deinde *Ulyssipponem* navigans invenit quod mense *Novembri* proximo horologium tardius iret quam prius, existente differentia 2′ 13″ in horis 24. Et mense *Martio* sequente *Paraibam* navigans invenit ibi horologium suum tardius ire quam *Parisiis*, existente differentia 4′ 12″ in horis 24. Et affirmat pendulum ad minuta secunda oscillans brevius fuisse *Ulyssipponi* lineis 2½ & *Paraibæ* lineis 3⅔ quam *Parisiis*. Rectius posuisset differentias esse 1⅓ & 2⅔. Nam hæ differentiæ differentiis temporum 2′ 13″, & 4′ 12″ respondent. Crassioribus hujus observationibus minus fidendum est.

Annis proximis (1699 & 1700) D. *Des Hayes* ad *Americam* denuo navigans determinavit quod in insulis *Cayennæ* & *Granadæ* longitudo penduli ad minuta secunda oscillantis esset paulo minor quam ped. 3 lin. $6\frac{1}{2}$, quodque in insula *S. Christophori* longitudo illa esset ped. 3 lin. $6\frac{3}{4}$, & quod in insula *S. Dominici* eadem esset ped. 3 lin. 7.

Annoque 1704. *P. Feuilleus* invenit in *Porto-bello* in *America* longitudinem penduli ad minuta secunda oscillantis esse pedum trium Parisiensium & linearum tantum $5\frac{7}{12}$, id est, tribus fere lineis breviorem quam *Lutetiæ Parisiorum*, sed errante observatione. Nam deinde ad insulam *Martinicam* navigans, invenit longitudinem penduli isochroni esse pedum tantum trium Parisiensium & linearum $5\frac{10}{12}$.

Latitudo autem *Paraibæ* est $6^{gr.}$ 38′ ad austrum, & ea *Porto-belli* $9^{gr.}$ 33′ ad boream, & latitudines insularum *Cayennæ, Gorcæ, Guadaloupæ, Martinicæ, Granadæ, Sancti Christophori*, & *Sancti Dominici* sunt respective $4^{gr.}$ 55′, $14^{gr.}$ 40′, $14^{gr.}$ 00′, $14^{gr.}$ 44′, $12^{gr.}$ 6′, $17^{gr.}$ 19′, & $19^{gr.}$ 48′ ad boream. Et excessus longitudinis penduli Parisiensis supra longitudines pendulorum isochronorum in his latitudinibus observatas sunt paulo majores quam pro tabula longitudinum penduli superius computata. Et propterea terra aliquanto altior est sub æquatore quam pro superiore calculo, & densior ad centrum quam in fodinis prope superficiem, nisi forte calores in zona torrida longitudinem pendulorum aliquantulum auxerint.

Observavit utique D. *Picartus* quod virga ferrea, quæ tempore hyberno ubi gelabant frigora erat pedis unius longitudine, ad ignem calefacta evasit pedis unius cum quarta parte lineæ. Deinde D. *de la Hire* observavit quod virga ferrea quæ tempore consimili hyberno sex erat pedum longitudinis, ubi soli æstivo exponebatur evasit sex pedum longitudinis cum duabus tertiis partibus lineæ. In priore casu calor major fuit quam in posteriore, in hoc vero major fuit quam calor externarum partium corporis humani. Nam metalla ad solem æstivum valde incalescunt. At virga penduli in horologio oscillatorio nunquam exponi solet calori solis æstivi, nunquam calorem concipit calori externæ superficiei corporis humani æqualem. Et propterea virga penduli in horologio tres pedes longa paulo quidem longior erit tempore æstivo quam hyberno, sed excessu quartam partem lineæ unius vix superante. Proinde differentia tota longitudinis pendulorum quæ in diversis regionibus isochrona sunt diverso calori attribui non potest. Sed neque erroribus astronomorum e *Gallia* missorum tribuenda est hæc differentia. Nam quamvis eorum observationes non perfecte congruant inter se, tamen errores sunt adeo parvi ut contemni possint. Et in hoc concordant omnes, quod isochrona pendula sunt breviora sub æquatore quam in observatorio regio Parisiensi, existente differentia non minore quam lineæ unius cum quadrante, non majore quam linearum $2\frac{2}{3}$. Per observationes D. *Richeri* in *Cayenna* factas differentia fuit lineæ unius cum quadrante. Per eas D. *Des Hayes* differentia illa correcta prodiit lineæ unius cum semisse vel unius cum tribus quartis partibus lineæ. Per eas aliorum minus accuratas prodiit eadem quasi duarum linearum. Et hæc discrepantia partim ab erroribus observationum partim a dissimilitudine partium internarum terræ & altitudine montium, & partim a diversis aëris caloribus oriri potuit.

Virga ferrea pedes tres longa tempore hyberno in *Anglia* brevior est quam tempore æstivo, sexta parte lineæ unius, quantum sentio. Ob calores sub æquatore auferatur hæc quantitas de differentia lineæ unius cum quadrante a *Richero* observata, & manebit linea $1\frac{1}{12}$: quæ cum linea $1\frac{87}{1000}$ per theoriam jam ante collecta probe congruit. *Richerus* autem observationes in *Cayenna* factas singulis septimanis per menses decem iteravit, & longitudines penduli in virga ferrea ibi notatas cum longitudinibus ejus in *Gallia* similiter notatis contulit. Quæ diligentia & cautela in aliis observatoribus defuisse videtur. Si hujus observationibus fidendum est, terra altior erit ad æquatorem quam ad polos excessu milliarium septendecim circiter, ut supra per theoriam prodiit.

PROPOSITIO XXI. THEOREMA XVII.

Puncta æquinoctialia regredi, & axem terræ singulis revolutionibus annuis nutando bis inclinari in eclipticam & bis redire ad positionem priorem.

Patet per corol. 20 prop. LXVI lib. 1. Motus tamen iste nutandi perexiguus esse debet, & vix aut ne vix quidem sensibilis.

PROPOSITIO XXII. THEOREMA XVIII.

Motus omnes lunares, omnesque motuum inæqualitates ex allatis principiis consequi.

Planetas majores, interea dum circa solem feruntur, posse alios minores circum se revolventes planetas deferre, & minores illos in ellipsibus, umbilicos in centris majorum habentibus, revolvi debere patet per prop. LXV lib. 1. Actione autem solis perturbabuntur eorum motus multimode, iisque adficientur inæqualitatibus quæ in luna nostra notantur. Hæc utique (per corol. 2, 3, 4, & 5 prop. LXVI) velocius movetur, ac radio ad terram ducto describit aream pro tempore majorem, orbemque habet minus curvum atque ideo propius accedit ad terram in syzygiis quam in quadraturis, nisi quatenus impedit motus eccentricitatis. Eccentricitas enim maxima est (per corol. 9 prop. LXVI) ubi apogæum lunæ in syzygiis versatur, & minima ubi idem in quadraturis consistit ; & inde luna in perigæo velocior est & nobis propior, in apogæo autem tardior & remotior in syzygiis quam in quadraturis. Progreditur insuper apogæum, & regrediuntur nodi, sed motu inæquabili. Et apogæum quidem (per corol. 7 & 8 prop. LXVI) velocius progreditur in syzygiis suis, tardius regreditur in quadraturis, & excessu progressus supra regressum annuatim fertur in consequentia. Nodi autem (per corol. 2 prop. LXVI) quiescunt in syzygiis suis & velocissime regrediuntur in quadraturis. Sed & major est lunæ latitudo maxima in ipsius quadraturis (per corol. 10 prop. LXVI) quam in syzygiis : & motus medius tardior in perihelio terræ (per corol. 6 prop. LXVI) quam in ipsius aphelio. Atque hæ sunt inæqualitates insigniores ab astronomis notatæ.

Sunt etiam aliæ quædam a prioribus astronomis non observatæ inæqualitates, quibus motus lunares adeo perturbantur, ut nulla hactenus lege ad regulam aliquam certam reduci potuerint. Velocitates enim seu motus horarii apogæi & nodorum lunæ & eorundem æquationes, ut & differentia inter eccentricitatem maximam in syzygiis & minimam in quadraturis, & inæqualitas quæ variatio dicitur augentur ac diminuuntur annuatim (per corol. 14 prop. LXVI) in triplicata ratione diametri apparentis solaris. Et variatio præterea augetur vel diminuitur in duplicata ratione temporis inter quadraturas quam proxime (per corol. 1 & 2 lem. x & corol. 16 prop. LXVI lib. 1) sed hæc inæqualitas in calculo astronomico ad prosthaphæresin lunæ referri solet, & cum ea confundi.

PROPOSITIO XXIII. PROBLEMA V.

Motus inæquales satellitum jovis & saturni a motibus lunaribus derivare.

Ex motibus lunæ nostræ motus analogi lunarum seu satellitum jovis sic derivantur. Motus medius nodorum satellitis extimi jovialis, est ad motum medium nodorum lunæ nostræ in ratione composita ex ratione duplicata temporis periodici terræ circa solem ad tempus periodicum jovis circa solem & ratione simplici temporis periodici satellitis circa jovem ad tempus periodicum lunæ circa terram (per corol. 16 prop. LXVI lib. 1) ideoque annis centum conficit nodus iste 8^{gr} 24' in antecedentia. Motus medii nodorum satellitum interiorum sunt ad motum hujus ut illorum tempora periodica ad tempus periodicum hujus (per idem corollarium) & inde dantur. Motus autem augis satellitis cujusque in consequentia est ad motum nodorum ipsius in antecedentia ut motus apogæi lunæ nostræ ad hujus motum nodorum (per idem corol.) & inde datur. Diminui tamen debet motus augis sic inventus in ratione 5 ad 9 vel 1 ad 2 circiter ob causam quam hic exponere non vacat. Æquationes maximæ nodorum & augis satellitis cujusque fere sunt ad æquationes maximas nodorum & augis lunæ respective ut motus nodorum & augis satellitum tempore unius revolutionis æquationum priorum ad motus nodorum & apogæi lunæ tempore unius revolutionis æquationum posteriorum. Variatio satellitis e jove spectati est ad variationem lunæ ut sunt ad invicem toti motus nodorum temporibus quibus satelles & luna ad solem revolvuntur, per idem corollarium; ideoque in satellite extimo non superat 5″ 12‴.

PROPOSITIO XXIV. THEOREMA XIX.

Fluxum & refluxum maris ab actionibus solis ac lunæ oriri.

Mare singulis diebus tam lunaribus quam solaribus bis intumescere debere ac bis defluere patet per corol. 19 & 20 prop. LXVI lib. 1 ut & aquæ maximam altitudinem, in maribus profundis & liberis, appulsum luminarium ad meridianum loci minori quam sex horarum spatio sequi, uti fit in maris *Atlantici* & *Æthiopici* tractu toto orientali inter *Galliam* & promontorium *Bonæ Spei* ut & in maris *Pacifici* littore *Chilensi* & *Peruviano*: in quibus omnibus littoribus æstus in horam circiter secundam tertiam vel quartam incidit, nisi ubi motus ab oceano profundo per loca vadosa propagatus usque ad horam quintam sextam septimam aut ultra retardatur. Horas numero ab appulsu luminaris utriusque ad meridianum loci, tam infra horizontem quam supra, & per horas diei lunaris intelligo vigesimas quartas partes temporis quo luna motu apparente diurno ad meridianum loci revertitur. Vis solis vel lunæ ad mare elevandum maxima est in ipso appulsu luminaris ad meridianum loci. Sed vis eo tempore in mare impressa manet aliquamdiu & per vim novam subinde impressam augetur, donec mare ad altitudinem maximam ascenderit, id quod fiet spatio horæ unius duarumve sed sæpius ad littora spatio horarum trium circiter vel etiam plurium si mare sit vadosum.

Motus autem bini, quos luminaria duo excitant, non cernentur distincte, sed motum quendam mixtum efficient. In luminarium conjunctione vel oppositione conjungentur eorum effectus, & componetur fluxus & refluxus maximus. In quadraturis sol attollet aquam ubi luna deprimit, deprimetque ubi luna attollit; & ex effectuum differentia æstus omnium minimus orietur. Et quoniam, experientia teste, major est effectus lunæ quam solis, incidet aquæ maxima altitudo in horam tertiam lunarem circiter. Extra syzygias & quadraturas, æstus maximus qui sola vi lunari incidere semper deberet in horam tertiam lunarem, & sola solari in tertiam solarem, compositis viribus incidet in tempus aliquod intermedium quod tertiæ lunari propinquius est; ideoque in transitu lunæ a syzygiis ad quadraturas, ubi hora tertia solaris præcedit tertiam lunarem, maxima aquæ altitudo præcedet etiam tertiam lunarem, idque maximo intervallo paulo post octantes lunæ; & paribus intervallis æstus maximus sequetur horam tertiam lunarem in transitu lunæ a quadraturis ad syzygias. Hæc ita sunt in mari aperto. Nam in ostiis fluviorum fluxus majores cæteris paribus tardius ad ἀκμὴν venient.

Pendent autem effectus luminarium ex eorum distantiis a terra. In minoribus enim distantiis majores sunt eorum effectus, in majoribus minores, idque in triplicata ratione diametrorum apparentium. Igitur sol tempore hyberno, in perigæo existens, majores edit effectus, efficitque ut æstus in syzygiis paulo majores sint, & in quadraturis paulo minores (cæteris paribus) quam tempore æstivo; & luna in perigæo singulis mensibus majores ciet æstus quam ante vel post dies quindecim, ubi in apogæo versatur. Unde fit ut æstus duo omnino maximi in syzygiis continuis se mutuo non sequantur.

Pendet etiam effectus utriusque luminaris ex ipsius declinatione seu distantia ab æquatore. Nam si luminare in polo constitueretur, traheret illud singulas aquæ partes constanter sine actionis intensione & remissione, ideoque nullam motus reciprocationem cieret. Igitur luminaria recedendo ab æquatore polum versus effectus suos gradatim amittent, & propterea minores ciebunt æstus in syzygiis solstitialibus quam in æquinoctialibus. In quadaturis autem solstitialibus majores ciebunt æstus quam in quadraturis æquinoctialibus; eo quod lunæ jam in æquatore constitutæ effectus maxime superat effectum solis. Incidunt igitur æstus maximi in syzygias & minimi in quadraturas luminarium, circa tempora æquinoctii utriusque. Et æstum maximum in syzygiis comitatur semper minimus in quadraturis, ut experientia compertum est. Per minorem autem distantiam solis a terra tempore hyberno quam tempore æstivo fit ut æstus maximi & minimi sæpius præcedant æquinoctium vernum quam sequantur, & sæpius sequantur autumnale quam præcedant.

Pendent etiam effectus luminarium ex locorum latitudine. Designet $A\,p\,E\,P$ tellurem aquis profundis undique coopertam; C centrum ejus; P, p polos; $A\,E$ æquatorem; F locum quemvis extra æquatorem; $F\,f$ parallelum loci; $D\,d$ parallelum ei respondentem ex

altera parte æquatoris ; *L* locum quem luna tribus ante horis occupabat ; *H* locum telluris ei perpendiculariter subjectum ; *h* locum
huic oppositum ; *K, k* loca inde gradibus 90 distantia ; *C H, C h* maris
altitudines maximas mensuratas a centro telluris ; & *C K, C k* altitudines minimas : & si axibus *H h, K k* describatur ellipsis, deinde
ellipseos hujus revolutione circa axem majorem *H h* describatur sphærois *H P K h p k ;* designabit

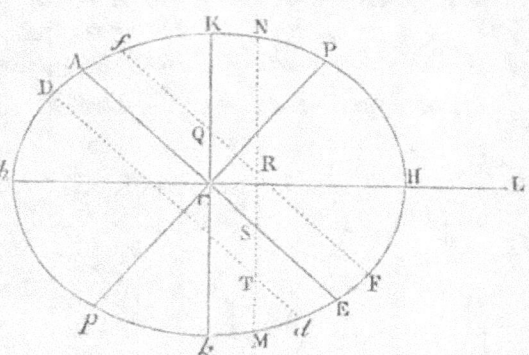

hæc figuram maris quam proxime, & erunt *C F, C f, C D,
C d* altitudines maris in locis
F, f, D, d. Quinetiam si in
præfata ellipseos revolutione
punctum quodvis *N* describat
circulum *N M,* secantem parallelos *F f, D d* in locis quibusvis *R, T,* & æquatorem
A E in *S ;* erit *C N* altitudo maris in locis omnibus, *R, S, T,* sitis in
hoc circulo. Hinc ,in revolutione diurna loci cujusvis *F* affluxus erit
maximus in *F* hora tertia post appulsum lunæ ad meridianum supra
horizontem ; postea defluxus maximus in *Q* hora tertia post occasum
lunæ ; dein affluxus maximus in *f* hora tertia post appulsum lunæ ad
meridianum infra horizontem ; ultimo defluxus maximus in *Q* hora
tertia post ortum lunæ ; & affluxus posterior in *f* erit minor quam
affluxus prior in *F.* Distinguitur enim mare totum in duos omnino
fluctus hemisphæricos, unum in hemisphærio *K H k* ad boream ver-
gentem, alterum in hemisphærio opposito *K h k ;* quos igitur fluctum
borealem & fluctum australem nominare licet. Hi fluctus semper sibi
mutuo oppositi veniunt per vices ad meridianos locorum singulorum,
interposito intervallo horarum lunarium duodecim. Cumque regiones
boreales magis participant fluctum borealem, & australes magis
australem, inde oriuntur æstus alternis vicibus majores & minores
in locis singulis extra æquatorem, in quibus luminaria oriuntur &
occidunt. Æstus autem major, luna in verticem loci declinante, incidet in horam circiter tertiam post appulsum lunæ ad meridianum
supra horizontem, & luna declinationem mutante vertetur in minorem.
Et fluxuum differentia maxima incidet in tempora solstitiorum ;
præsertim si lunæ nodus ascendens versatur in principio arietis.

Sic experientia compertum est, quod æstus matutini tempore hyberno superent vespertinos & verspertini tempore æstivo matutinos ad *Plymuthum* quidem altitudine quasi pedis unius, ad *Bristolium* vero altitudine quindecim digitorum : observantibus *Colepressio* & *Sturmio.*

Motus autem hactenus descripti mutantur aliquantulum per vim illam reciprocationis aquarum, qua maris æstus, etiam cessantibus luminarium actionibus, posset aliquamdiu perseverare. Conservatio hæcce motus impressi minuit differentiam æstum alternorum ; & æstus proxime post syzygias majores reddit, eosque proxime post quadraturas minuit. Unde fit ut æstus alterni ad *Plymuthum* & *Bristolium* non multo magis differant ab invicem quam altitudine pedis unius vel digitorum quindecim ; atque æstus omnium maximi in iisdem portubus, non sint primi a syzygiis, sed tertii. Retardantur etiam motus omnes in transitu per vada, adeo ut æstus omnium maximi in fretis quibusdam & fluviorum ostiis sint quarti vel etiam quinti a syzygiis.

Porro fieri potest ut æstus propagetur ab oceano per freta diversa ad eundem portum, & citius transeat per aliqua freta quam per alia : quo in casu æstus idem, in duos vel plures successive advenientes divisus, componere possit motus novos diversorum generum. Fingamus æstus duos æquales a diversis locis in eundem portum venire, quorum prior præcedat alterum spatio horarum sex, incidatque in horam tertiam ab appulsu lunæ ad meridianum portus. Si luna in hocce suo ad meridianum appulsu versabatur in æquatore, venient singulis horis senis æquales affluxus, qui in mutuos refluxus incidendo eosdem affluxibus æquabunt, & sic spatio diei illius efficient ut aqua tranquille stagnet. Si luna tunc declinabat ab æquatore, fient æstus in oceano vicibus alternis majores & minores, uti dictum est ; & inde propagabuntur in hunc portum affluxus bini majores & bini minores, vicibus alternis. Affluxus autem bini majores component aquam altissimam in medio inter utrumque, affluxus major & minor faciet ut aqua ascendat ad mediocrem altitudinem in medio ipsorum, & inter affluxus binos minores aqua ascendet ad altitudinem minimam. Sic spatio viginti quatuor horarum aqua non bis ut fieri solet sed semel tantum perveniet ad maximam altitudinem & semel ad minimam ; & altitudo maxima, si luna declinat in polum supra horizontem loci, incidet in horam vel sextam vel tricesimam ab appulsu lunæ ad meridianum, atque luna declinationem mutante mutabitur in defluxum. Quorum omnium exemplum in portu regni *Tunquini* ad *Batsham* sub latitudine boreali 20ᵍʳ 50′. *Halleius* ex nautarum observationibus patefecit. Ibi aqua die transitum lunæ per æquatorem sequente stagnat, dein luna ad boream declinante incipit fluere & refluere, non bis, ut in aliis portubus, sed semel singulis diebus; & æstus incidit in occasum lunæ, defluxus maximus in ortum. Cum lunæ declinatione augetur hic æstus usque ad diem septimum vel octavum, dein per alios septem dies iisdem gradibus decrescit, quibus antea creverat; & luna declinationem mutante cessat, ac mox mutatur in defluxum. Incidit enim subinde defluxus in occasum lunæ & affluxus in ortum, donec luna iterum mutet declinationem. Aditus ad hunc portum fretaque vicina duplex patet, alter ab oceano *Sinensi* inter continentem & insulam *Luconiam*, alter a mari *Indico* inter continentem & insulam *Borneo*. An æstus spatio horarum duodecim a mari *Indico* & spatio horarum sex a mari *Sinensi* per freta illa venientes, & sic in horam tertiam & nonam lunarem incidentes, componant hujusmodi motus; sitne alia marium illorum conditio, observationibus vicinorum littorum determinandum relinquo.

Hactenus causas motuum lunæ & marium reddidi. De quantitate motuum jam convenit aliqua subjungere.

PROPOSITIO XXV.   PROBLEMA VI.

Invenire vires solis ad perturbandos motus lunæ.

Designet *S* solem, *T* terram, *P* lunam, *CADB* orbem lunæ. In

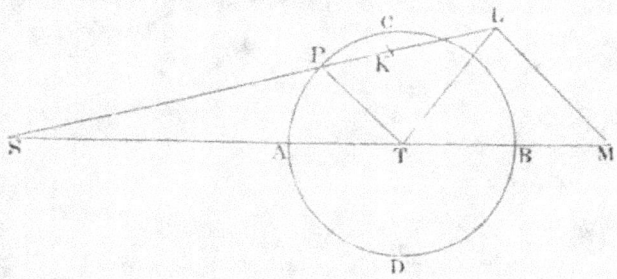

SP capiatur *SK* æqualis *ST;* sitque *SL* ad *SK* in duplicata ratione

SK ad SP, & ipsi PT agatur parallela LM; & si gravitas acceleratrix terræ in solem exponatur per distantiam ST vel SK, erit SL gravitas acceleratrix lunæ in solem. Ea componitur ex partibus SM, LM, quarum LM & ipsius SM pars TM perturbat motum lunæ, ut in libri primi prop. LXVI & ejus corollariis expositum est. Quatenus terra & luna circum commune gravitatis centrum revolvuntur, perturbabitur etiam motus terræ circa centrum illud a viribus consimilibus; sed summas tam virium quam motuum referre licet ad lunam & summas virium per lineas ipsis analogas TM & ML designare. Vis ML in mediocri sua quantitate est ad vim centripetam, qua luna in orbe suo circa terram quiescentem ad distantiam PT revolvi posset, in duplicata ratione temporum periodicorum lunæ circa terram & terræ circa solem (per corol. 17 prop. LXVI lib. 1) hoc est, in duplicata ratione dierum 27 hor. 7 min. 43 ad dies 365 hor. 6 min. 9, id est, ut 1000 ad 178725, seu 1 ad $178\frac{29}{40}$. Invenimus autem in propositione quarta quod, si terra & luna circa commune gravitatis centrum revolvantur, earum distantia mediocris ab invicem erit $60\frac{1}{2}$ semidiametrorum mediocrium terræ quamproxime. Et vis, qua luna in orbe circa terram quiescentem ad distantiam PT semidiametrorum terrestrium $60\frac{1}{2}$ revolvi posset, est ad vim, qua eodem tempore ad distantiam semidiametrorum 60 revolvi posset, ut $60\frac{1}{2}$ ad 60; & hæc vis ad vim gravitatis apud nos ut 1 ad 60×60 quamproxime. Ideoque vis mediocris ML est ad vim gravitatis in superficie terræ ut $1 \times 60\frac{1}{2}$ ad $60 \times 60 \times 60 \times 178\frac{29}{40}$, seu 1 ad 638092,6. Inde vero & ex proportione linearum TM, ML, datur etiam vis TM: & hæ sunt vires solis quibus lunæ motus perturbantur. *Q. E. I.*

PROPOSITIO XXVI. PROBLEMA VII.

Invenire incrementum horarium areæ quam luna, radio ad terram ducto, in orbe circulari describit.

Diximus aream, quam luna radio ad terram ducto describit, esse tempori proportionalem, nisi quatenus motus lunaris ab actione solis turbatur. Inæqualitatem momenti vel incrementi horarii hic investigandam proponimus. Ut computatio facilior reddatur, fingamus orbem lunæ circularem esse, & inæqualitates omnes negligamus, ea sola excepta, de qua hic agitur. Ob ingentem vero solis distantiam ponamus etiam lineas SP, ST sibi invicem parallelas esse. Hoc pacto vis LM reducetur semper ad mediocrem suam quantitatem TP, ut & vis TM ad mediocrem suam quantitatem $3PK$. Hæ vires (per legum corol. 2) componunt vim TL; & hæc vis, si in radium TP demittatur perpendiculum LE, resolvitur in vires TE, EL, quarum TE agendo semper secundum radium TP nec accelerat nec retardat descriptionem areæ TPC radio illo TP factam; & EL agendo secundum perpendiculum accelerat vel retardat ipsam, quantum accelerat vel retardat lunam. Acceleratio illa lunæ, in transitu ipsius a quadratura C ad conjunctionem A, singulis

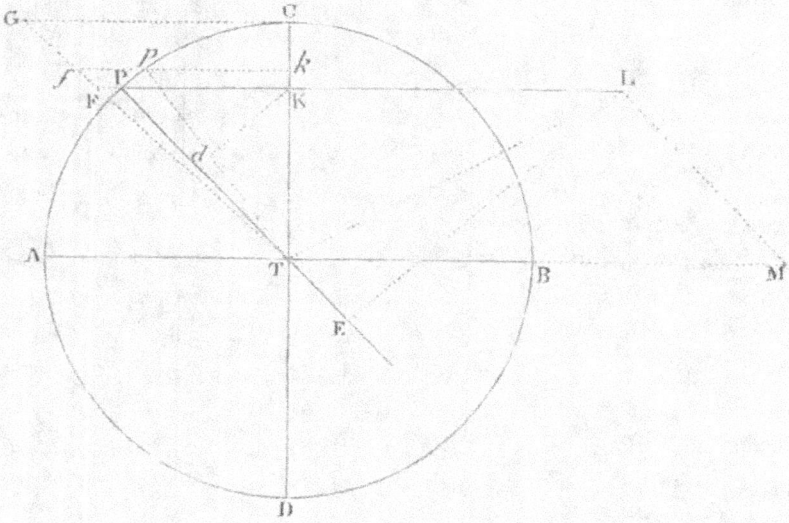

temporis momentis facta, est ut ipsa vis accelerans EL, hoc est, ut $\frac{3PK \times TK}{TP}$. Exponatur tempus per motum medium lunarem, vel (quod eodem fere recidit) per angulum CTP, vel etiam per arcum CP. Ad CT erigatur normalis CG ipsi CT æqualis. Et diviso arcu quadrantali AC in particulas innumeras æquales $P\mathit{p}$, &c. per quas æquales totidem particulæ temporis exponi possint, ductaque $\mathit{p}k$ perpendiculari ad CT jungatur TG ipsis $KP, k\mathit{p}$ productis occurrens in F & f; & erit FK æqualis TK, & Kk erit ad PK ut $P\mathit{p}$ ad $T\mathit{p}$, hoc est in data ratione, ideoque $FK \times Kk$ seu area $FKk\mathit{f}$ erit ut $\dfrac{3\,PK \times TK}{TP}$, id est, ut EL; & composite, area tota $GCKF$ ut summa omnium virium EL tempore toto CP impressarum in lunam, atque ideo etiam ut velocitas hac summa genita, id est, ut acceleratio descriptionis areæ CTP, seu incrementum momenti. Vis, qua luna circa terram quiescentem ad distantiam TP tempore suo periodico $CADB$ dierum 27 hor. 7 min. 43 revolvi posset, efficeret ut corpus tempore CT cadendo describeret longitudinem $\frac{1}{2}CT$ & velocitatem simul acquireret æqualem velocitati, qua luna in orbe suo movetur. Patet hoc per corol. 9 prop. IV lib. 1. Cum autem perpendiculum Kd in TP demissum sit ipsius EL pars tertia & ipsius TP seu ML in octantibus pars dimidia, vis EL in octantibus, ubi maxima est, superabit vim ML in ratione 3 ad 2, ideoque erit ad vim illam, qua luna tempore suo periodico circa terram quiescentem revolvi posset, ut 100 ad $\frac{3}{2} \times 17872\frac{1}{2}$ seu 11915, & tempore CT velocitatem generare deberet quæ esset pars $\frac{100}{11915}$ velocitatis lunaris, tempore autem CPA velocitatem majorem generaret in ratione CA ad CT seu TP. Exponatur vis maxima EL in octantibus per aream $FK \times Kk$ rectangulo $\frac{1}{2}TP \times Pp$ æqualem. Et velocitas, quam vis maxima tempore quovis CP generare posset, erit ad velocitatem quam vis omnis minor EL eodem tempore generat, ut rectangulum $\frac{1}{2}TP \times CP$ ad aream $KCGF$: tempore autem toto CPA velocitates genitæ erunt ad invicem ut rectangulum $\frac{1}{2}TP \times CA$ & triangulum TCG, sive ut arcus quadrantalis CA & radius TP. Ideoque (per prop. IX lib. V elem.) velocitas posterior, toto tempore genita, erit pars $\frac{100}{11915}$ velocitatis lunæ. Huic lunæ velocitati, quæ areæ momento mediocri analoga est, addatur & auferatur dimidium velocitatis alterius: & si momentum mediocre exponatur per numerum 11915, summa $11915 + 50$ seu 11965 exhibebit momentum maximum areæ in syzygia A, ac differentia $11915 - 50$ seu 11865 ejusdem momentum minimum in quadraturis. Igitur areæ temporibus æqualibus in syzygiis & quadraturis descriptæ sunt ad invicem ut 11965 ad 11865. Ad momentum minimum 11865 addatur momentum, quod sit ad momentorum differentiam 100 ut trapezium $FKCG$ ad triangulum TCG (vel quod perinde est, ut quadratum sinus PK ad quadrantum radii TP, id est, ut Pd ad TP) & summa exhibebit momentum areæ, ubi luna est in loco quovis intermedio P.

Hæc omnia ita se habent, ex hypothesi quod sol & terra quiescunt, & luna tempore synodico dierum 27 hor. 7 min. 43 revolvitur. Cum autem periodus synodica lunaris vere sit dierum 29 hor. 12 & min. 44, augeri debent momentorum incrementa in ratione temporis, id est, in ratione 1080853 ad 1000000. Hoc pacto incrementum totum, quod erat pars $\frac{100}{11915}$ momenti mediocris, jam fiet ejusdem pars $\frac{100}{11023}$. Ideoque momentum areæ in quadratura lunæ erit ad ejus momentum in syzygia ut 11023 − 50 ad 11023 + 50, seu 10973 ad 11073; & ad ejus momentum, ubi luna in alio quovis loco intermedio P versatur, ut 10973 ad 10973 + $P\,d$, existente videlicet TP æquali 100.

Area igitur, quam luna radio ad terram ducto singulis temporis particulis æqualibus describit, est quam proxime ut summa numeri 219,46 & sinus versi duplicatæ distantiæ lunæ a quadratura proxima, in circulo cujus radius est unitas. Hæc ita se habent ubi variatio in octantibus est magnitudinis mediocris. Sin variatio ibi major sit vel minor, augeri debet vel minui sinus ille versus in eadem ratione.

PROPOSITIO XXVII. PROBLEMA VIII.

Ex motu horario lunæ invenire ipsius distantiam a terra.

Area, quam luna radio ad terram ducto singulis temporis momentis describit, est ut motus horarius lunæ & quadratum distantiæ lunæ a terra conjunctim; & propterea distantia lunæ a terra est in ratione composita ex subduplicata ratione areæ directe & subduplicata ratione motus horarii inverse. *Q. E. I.*

Corol. 1. Hinc datur lunæ diameter apparens: quippe quæ sit reciproce ut ipsius distantia a terra. Tentent astronomi quam probe hæc regula cum phænomenis congruat.

Corol. 2. Hinc etiam orbis lunaris accuratius ex phænomenis quam antehac definiri potest.

PROPOSITIO XXVIII. PROBLEMA IX.

Invenire diametros orbis in quo luna, sine eccentricitate, moveri deberet.

Curvatura trajectoriæ, quam mobile, si secundum trajectoriæ illius perpendiculum trahatur, describit, est ut attractio directe & quadratum velocitatis inverse. Curvaturas linearum pono esse inter se in ultima proportione sinuum vel tangentium angulorum contactuum ad radios æquales pertinentium, ubi radii illi in infinitum diminuuntur. Attractio autem lunæ in terram in syzygiis est excessus gravitatis ipsius in terram supra vim solarem $2 PK$ (vide *fig. pag.* 428) qua gravitas acceleratrix lunæ in solem superat gravitatem acceleratricem terræ in solem vel ab ea superatur. In quadraturis autem attractio illa est summa gravitatis lunæ in terram & vis solaris KT, qua luna in terram trahitur. Et hæ attractiones, si $\dfrac{AT + CT}{2}$ dicatur N, sunt $\dfrac{178725}{ATq} - \dfrac{2000}{CT \times N}$ & $\dfrac{178725}{CTq} + \dfrac{1000}{AT \times N}$ quam proxime; seu ut $178725\,N \times CTq - 2000\,ATq \times CT$ & $178725\,N \times ATq + 1000\,CTq \times AT$. Nam si gravitas acceleratrix lunæ in terram exponatur per numerum 178725, vis mediocris ML, quæ in quadraturis est PT vel TK & lunam trahit in terram, erit 1000, & vis mediocris TM in syzygiis erit 3000; de qua, si vis mediocris ML subducatur, manebit vis 2000 qua luna in syzygiis distrahitur a terra, quamque jam ante nominavi $2 PK$. Velocitas autem lunæ in syzygiis A & B est ad ipsius velocitatem in quadraturis C & D, ut CT ad AT & momentum areæ quam luna radio ad terram ducto describit in syzygiis ad momentum ejusdem areæ in quadraturis conjunctim, i. e. ut $11073\ CT$ ad $10973\ AT$. Sumatur hæc ratio bis inverse & ratio prior semel directe, & fiet curvatura orbis lunaris in syzygiis ad ejusdem curvaturam in quadraturis ut $120406729 \times 178725\ ATq \times CTq \times N - 120406729 \times 2000\ ATqq \times CT$ ad $122611329 \times 178725\ ATq \times CTq \times N + 122611329 \times 1000\ CTqq \times AT$, i. e. ut $2151969\ AT \times CT \times N - 24081\ AT\,cub.$ ad $2191371\ AT \times CT \times N + 12261\ CT\,cub$

Quoniam figura orbis lunaris ignoratur, hujus vice assumamus ellipsin $DBCA$, in cujus centro T terra collocetur, & cujus axis

2 E

major *D C* quadraturis, minor *A B* syzygiis interjaceat. Cum autem
planum ellipseos hujus motu angulari circa terram revolvatur, & trajectoria cujus curvaturam consideramus describi debet in plano quod
omni motu angulari omnino destitui-
tur : consideranda erit figura, quam
luna in ellipsi illa revolvendo describit in hoc plano, hoc est figura *C p a*,
cujus puncta singula *p* inveniuntur
capiendo punctum quodvis *P* in ellipsi, quod locum lunæ repræsentet,
& ducendo *Tp* æqualem *TP*, ea lege
ut angulus *P T p* æqualis sit motui
apparenti solis a tempore quadraturæ
C confecto ; vel (quod eodem fere
recidit) ut angulus *C T p* sit ad angulum *C T P* ut tempus revolutionis
synodicæ lunaris ad tempus revolutionis periodicæ seu 29$^{d.}$ 12$^{h.}$ 44′ ad
27$^{d.}$ 7$^{h.}$ 43′. Capiatur igitur angulus

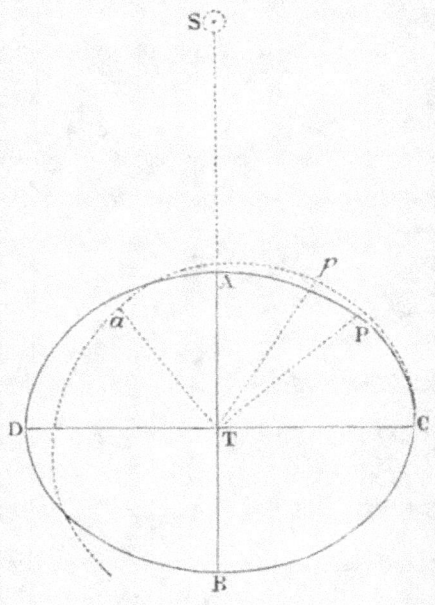

C T a in eadem ratione ad angulum rectum *C T A*, & sit longitudo
T a æqualis longitudini *T A ;* & erit *a* apsis ima & *C* apsis summa
orbis hujus *C p a*. Rationes autem ineundo invenio quod differentia
inter curvaturam orbis *C p a* in vertice *a* & curvaturam circuli centro
T intervallo *T A* descripti sit ad differentiam inter curvaturam ellipseos in vertice *A* & curvaturam ejusdem circuli in duplicata ratione
anguli *C T P* ad angulum *C T p ;* & quod curvatura ellipseos in *A*
sit ad curvaturam circuli illius in duplicata ratione *T A* ad *T C ;* &
curvatura circuli illius ad curvaturam circuli centro *T* intervallo *T C*
descripti ut *T C* ad *T A ;* hujus autem curvatura ad curvaturam
ellipseos in *C* in duplicata ratione *T A* ad *T C ;* & differentia inter
curvaturam ellipseos in vertice *C* & curvaturam circuli novissimi ad
differentiam inter curvaturam figuræ *T p a* in vertice *C* & curvaturam
ejusdem circuli in duplicata ratione anguli *C T p* ad angulum *C T P*.
Quæ quidem rationes ex sinubus angulorum contactus ac differentiarum angulorum facile colliguntur. His autem inter se collatis, prodit curvatura figuræ *C p a* in *a* ad ipsius curvaturam in *C* ut *A T*
cub. + $\frac{16824}{100000}$ *C T q* × *A T* ad *C T cub.* + $\frac{16824}{100000}$ *A T q* × *C T*. Ubi

numerus $\frac{16524}{100900}$ designat differentiam quadratorum angulorum $C T P$ & $C T p$ applicatam ad quadratum anguli minoris $C T P$, seu (quod perinde est) differentiam quadratorum temporum $27^{d.}$ $7^{h.}$ $43'$ & $29^{d.}$ $12^{h.}$ $44'$ applicatam ad quadratum temporis $27^{d.}$ $7^{h.}$ $43'$.

Igitur cum a designet syzygiam lunæ & C ipsius quadraturam, proportio jam inventa eadem esse debet cum proportione curvaturæ orbis lunæ in syzygiis ad ejusdem curvaturam in quadraturis, quam supra invenimus. Proinde ut inveniatur proportio $C T$ ad $A T$, duco extrema & media in se invicem. Et termini prodeuntes ad $A T \times C T$ applicati fiunt $2062,79$ $C T q q - 2151969$ $N \times C T$ *cub.* $+ 368676$ $N \times A T \times C T q + 36342$ $A T q \times C T q - 362047$ $N \times A T q \times C T + 2191371$ $N \times A T$ *cub.* $+ 4051,4$ $A T q q = 0$. Hic pro terminorum $A T$ & $C T$ semisumma N scribo 1, & pro eorundem semidifferentia ponendo x, fit $C T = 1 + x$, & $A T = 1 - x$: quibus in æquatione scriptis, & æquatione prodeunte resoluta, obtinetur x æqualis $0,00719$, & inde semidiameter $C T$ fit $1,00719$, & semidiameter $A T$ $0,99281$, qui numeri sunt ut $70\frac{1}{24}$ & $69\frac{1}{24}$ quam proxime. Est igitur distantia lunæ a terra in syzygiis ad ipsius distantiam in quadraturis (seposita scilicet eccentricitatis consideratione) ut $69\frac{1}{24}$ ad $70\frac{1}{24}$, vel numeris rotundis ut 69 ad 70.

PROPOSITIO XXIX. PROBLEMA X.

Invenire variationem lunæ.

Oritur hæc inæqualitas partim ex forma elliptica orbis lunaris, partim ex inæqualitate momentorum areæ, quam luna radio ad terram ducto describit. Si luna P in ellipsi $D B C A$ circa terram in centro ellipseos quiescentem moveretur, & radio $T P$ ad terram ducto describeret aream $C T P$ tempori proportionalem; esset autem ellipseos semidiameter maxima $C T$ ad semidiametrum minimam $T A$ ut 70 ad 69: foret tangens anguli $C T P$ ad tangentem anguli motus medii a quadratura C computati, ut ellipseos semidiameter $T A$ ad ejusdem semidiametrum $T C$ seu 69 ad 70. Debet autem descriptio areæ $C T P$, in progressu lunæ a quadratura ad syzygiam, ea ratione accelerari, ut ejus momentum in syzygia lunæ sit ad ejus momentum in quadratura ut 11073 ad 10973, utque excessus momenti in loco quovis intermedio P supra momentum in quadratura sit ut quadratum sinus anguli CTP.   Id quod satis accurate fiet, si tangens anguli CTP diminuatur in subduplicata ratione numeri 10973 ad numerum 11073, id est, in ratione numeri 68,6877 ad numerum 69. Quo pacto tangens anguli CTP jam erit ad tangentem motus medii ut 68,6877 ad 70, & angulus CTP in octantibus, ubi motus medius est 45$^{gr.}$ invenietur 44$^{gr.}$ 27′ 28″ qui subductus de angulo motus medii 45$^{gr.}$ relinquit variationem maximam 32′ 32″.   Hæc ita se haberent si luna, pergendo a quadratura ad syzygiam, describeret angulum CTA graduum tantum nonaginta.   Verum ob motum terræ, quo sol in consequentia motu apparente transfertur, luna, priusquam solem assequitur, describit angulum CTa angulo recto majorem in ratione temporis revolutionis lunaris synodicæ ad tempus revolutionis periodicæ, id est, in ratione 29$^{d.}$ 12$^{h.}$ 44′ ad 27$^{d.}$ 7$^{h.}$ 43′. Et hoc pacto anguli omnes circa centrum T

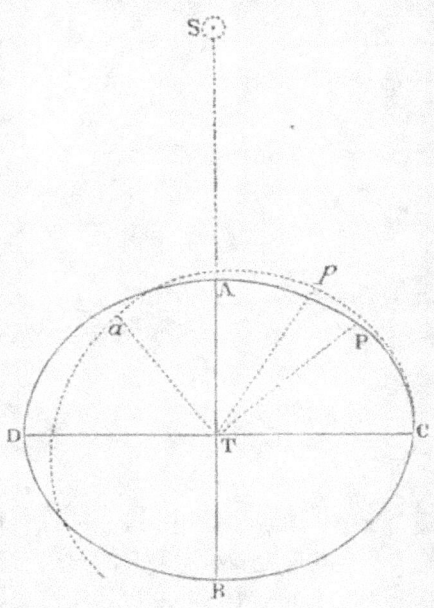

dilatantur in eadem ratione, & variatio maxima, quæ secus esset 32′ 32″, jam aucta in eadem ratione fit 35′ 10″.

Hæc est ejus magnitudo in mediocri distantia solis a terra, neglectis differentiis quæ a curvatura orbis magni majorique solis actione in lunam falcatam & novam quam in gibbosam & plenam oriri possint.   In aliis distantiis solis a terra variatio maxima est in ratione quæ componitur ex duplicata ratione temporis revolutionis synodicæ lunaris (dato anni tempore) directe & triplicata ratione distantiæ solis a terra inverse.   Ideoque in apogæo solis variatio maxima est 33′ 14″, & in ejus perigæo 37′ 11″, si modo eccentricitas solis sit ad orbis magni semidiametrum transversam ut 16$\frac{11}{12}$ ad 1000.

Hactenus variationem investigavimus in orbe non eccentrico, in quo utique luna in octantibus suis semper est in mediocri sua distantia a terra.   Si luna propter eccentricitatem suam magis vel minus distat a terra quam si locaretur in hoc orbe, variatio paulo major esse potest vel paulo minor quam pro regula hic allata : sed excessum vel defectum ab astronomis per phænomena determinandum relinquo.

PROPOSITIO XXX.   PROBLEMA XI.

Invenire motum horarium nodorum lunæ in orbe circulari.

Designet S solem, T terram, P lunam, NPn orbem lunæ, Npn vestigium orbis in plano eclipticæ; N, n nodos, $nTNm$ lineam nodorum infinite productam; PI, PK perpendicula demissa in lineas ST, Qq; Pp perpendiculum demissum in planum eclipticæ; AB syzygias lunæ in plano eclipticæ; AZ perpendiculum in lineam

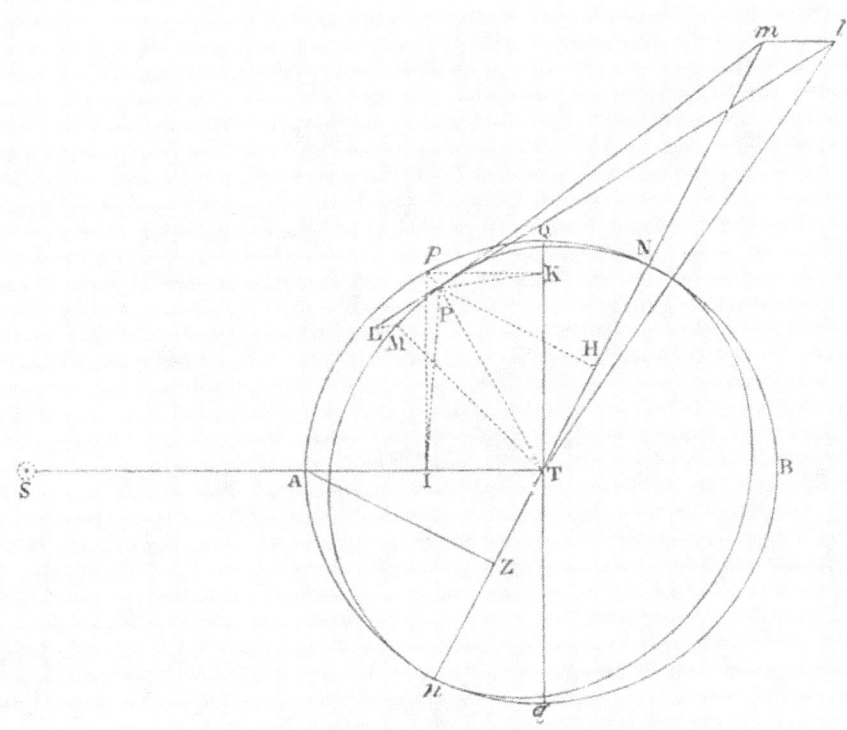

nodorum Nn; Q, q quadraturas lunæ in plano eclipticæ, & pK perpendiculum in lineam Qq quadraturis interjacentem. Vis solis ad perturbandum motum lunæ (per prop. xxv) duplex est, altera lineæ LM in schemate propositionis illius, altera lineæ MT proportionalis. Et luna vi priore in terram, posteriore in solem secundum lineam

rectæ *S T* a terra ad solem ductæ parallelam trahitur. Vis prior *L M*
agit secundum planum orbis lunaris, & propterea situm plani nil
mutat.   Hæc igitur negligenda est.   Vis posterior *M T* qua planum
orbis lunaris perturbatur eadem est cum vi 3 *P K* vel 3 *I T*.   Et hæc
vis (per prop. xxv) est ad vim qua luna in circulo circa terram quiescentem tempore suo periodico uniformiter revolvi posset, ut 3 *I T* ad
radium circuli multiplicatum per numerum 178,725, sive ut *I T* ad
radium multiplicatum per 59,575. Cæterum in hoc calculo, & eo

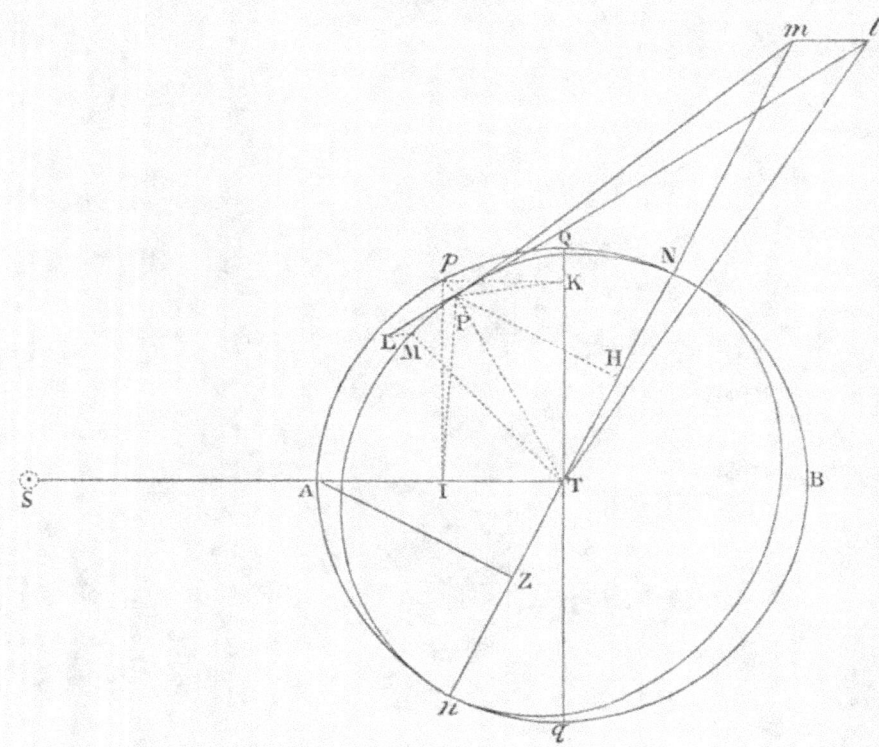

omni qui sequitur, considero lineas omnes a luna ad solem ductas
tanquam parallelas lineæ quæ a terra ad solem ducitur, propterea quod
inclinatio tantum fere minuit effectus omnes in aliquibus casibus,
quantum auget in aliis; & nodorum motus mediocres quærimus,
neglectis istiusmodi minutiis, quæ calculum nimis impeditum red-
derent.

Designet jam *P M* arcum, quem luna dato tempore quam minimo
describit, & *M L* lineolam cujus dimidium luna, impellente vi præfata 3 *I T*, eodem tempore describere posset. Jungantur *P L*, *M P*,

& producantur eæ ad m & l, ubi secent planum eclipticæ ; inque Tm demittatur perpendiculum PH. Et quoniam recta ML parallela est plano eclipticæ, ideoque cum recta ml quæ in plano illo jacet concurrere non potest, & tamen jacent hæ rectæ in plano communi $LMPml$, parallelæ erunt hæ rectæ, & propterea similia erunt triangula LMP, lmP. Jam cum MPm sit in plano orbis, in quo luna in loco P movebatur, incidet punctum m in lineam Nn per orbis illius nodos N, n ductam. Et quoniam vis qua dimidium lineolæ LM generatur, si tota simul & semel in loco P impressa esset, generaret lineam illam totam ; & efficeret ut luna moveretur in arcu, cujus chorda esset LP, atque ideo transferret lunam de plano $MPmT$ in planum $LPlT$; motus angularis nodorum a vi illa genitus æqualis erit angulo mTl. Est autem ml ad mP ut ML ad MP, ideoque, cum MP ob datum tempus data sit, est ml ut rectangulum $ML \times mP$, id est, ut rectangulum $IT \times mP$. Et angulus mTl, si modo angulus Tml rectus sit, est ut $\dfrac{ml}{Tm}$, & propterea ut $\dfrac{IT \times Pm}{Tm}$, id est (ob proportionales Tm & mP, TP & PH) ut $\dfrac{IT \times PH}{TP}$, ideoque ob datam TP, ut $IT \times PH$. Quod si angulus Tml seu STN obliquus sit, erit angulus mTl adhuc minor in ratione sinus anguli STN ad radium, seu AZ ad AT. Est igitur velocitas nodorum ut $IT \times PH \times AZ$, sive ut contentum sub sinubus trium angulorum TPI, PTN & STN.

Si anguli illi, nodis in quadraturis & luna in syzygia existentibus, recti sint, lineola ml abibit in infinitum, & angulus mTl evadet angulo mPl æqualis. Hoc autem in casu angulus mPl est ad angulum PTM, quem luna eodem tempore motu suo apparente circa terram describit, ut 1 ad 59,575. Nam angulus mPl æqualis est angulo LPM, id est, angulo deflexionis lunæ a recto tramite, quem sola vis præfata solaris 3 IT, si tum cessaret lunæ gravitas, dato illo tempore generare posset ; & angulus PTM æqualis est angulo deflexionis lunæ a recto tramite, quem vis illa, qua luna in orbe suo retinetur, si tum cessaret vis solaris 3 IT, eodem tempore generaret. Et hæ vires, ut supra diximus, sunt ad invicem ut 1 ad 59,575. Ergo cum motus medius horarius lunæ respectu fixarum sit $32'\ 56''\ 27'''\ 12\frac{1}{2}^{iv.}$, motus horarius nodi in hoc casu erit $33''\ 10'''\ 33^{iv.}\ 12^{v.}$. Aliis autem in casibus motus iste horarius erit ad $33''\ 10'''\ 33^{iv.}\ 12^{v.}$ ut contentum sub sinubus angulorum trium TPI, PTN & STN (seu distantiarum lunæ a quadratura, lunæ a nodo & nodi a sole) ad cubum radii. Et quoties signum anguli alicujus de affirmativo in negativum deque negativo in affirmativum mutatur, debebit motus regressivus in progressivum & progressivus in regressivum mutari. Unde fit ut nodi progrediantur quoties luna inter quadraturam alterutram & nodum quadraturæ proximum versatur. Aliis in casibus regrediuntur, & per excessum regressus supra progressum singulis mensibus feruntur in antecedentia.

Corol. 1. Hinc si a dati arcus quam minimi $P M$ terminis P & M ad lineam quadraturas jungentem $Q q$ demittantur perpendicula $P K$, $M k$, eademque producantur donec secent lineam nodorum $N n$ in D & d; erit motus horarius nodorum ut area $M P D d$ & quadratum lineæ $A Z$ conjunctim. Sunto enim $P K, P H$ & $A Z$ prædicti tres

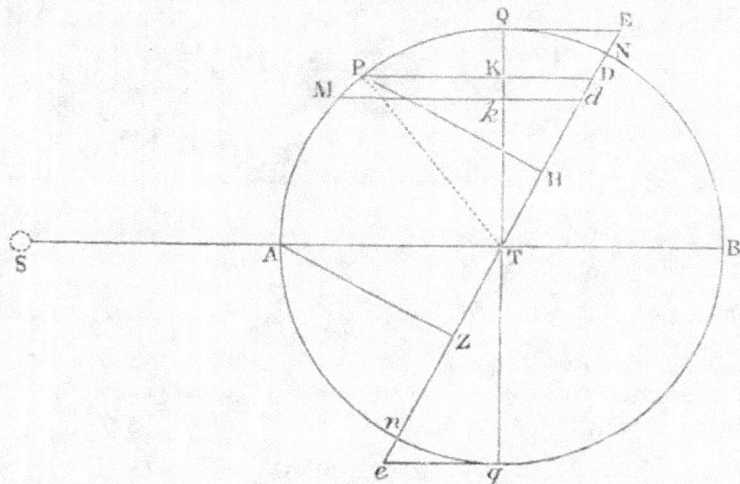

sinus; nempe $P K$ sinus distantiæ lunæ a quadratura, $P H$ sinus distantiæ lunæ a nodo, & $A Z$ sinus distantiæ nodi a sole : & erit velocitas nodi ut contentum $P K \times P H \times A Z$. Est autem $P T$ ad $P K$ ut $P M$ ad $K k$, ideoque ob datas $P T$ & $P M$ est $K k$ ipsi $P K$ proportionalis. Est & $A T$ ad $P D$ ut $A Z$ ad $P H$, & propterea $P H$ rectangulo $P D \times A Z$ proportionalis. Et conjunctis rationibus $P K \times P H$ est ut contentum $K k \times P D \times A Z$, & $P K \times P H \times A Z$ ut $K k \times P D \times A Z\ qu$. id est ut area $P D d M$ & $A Z\ qu$. conjunctim. *Q. E. D.*

Corol. 2. In data quavis nodorum positione, motus horarius mediocris est semissis motus horarii in syzygiis lunæ, ideoque est ad $16'' 35''' 16^{iv} 36^{v}$ ut quadratum sinus distantiæ nodorum a syzygiis ad quadratum radii, sive ut $AZqu.$ ad $ATqu.$ Nam si luna uniformi cum motu perambulet semicirculum QAq summa omnium arearum $PDdM$, quo tempore luna pergit a Q ad M, erit area $QMdE$ quæ ad circuli tangentem QE terminatur; & quo tempore luna attingit punctum n, summa illa erit area tota $EQAn$ quam linea PD describit, dein luna pergente ab n ad q, linea PD cadet extra circulum, & aream nqe ad circuli tangentem qe terminatam describet; quæ, quoniam nodi prius regrediebantur, jam vero progrediuntur, subduci debet de area priore, & cum æqualis sit areæ QEN, relinquet semicirculum $NQAn$. Igitur summa omnium arearum $PDdM$ quo tempore luna semicirculum describit est area semicirculi; & summa omnium quo tempore luna circulum describit est area circuli totius. At area $PDdM$, ubi luna versatur in syzygiis, est rectangulum sub arcu PM & radio PT; & summa omnium huic æqualium arearum, quo tempore luna circulum describit, est rectangulum sub circumferentia tota & radio circuli; & hoc rectangulum, cum sit æquale duobus circulis, duplo majus est quam rectangulum prius. Proinde nodi ea cum velocitate uniformiter continuata quam habent in syzygiis lunaribus spatium duplo majus describerent quam revera describunt; & propterea motus mediocris quocum, si uniformiter continuaretur, spatium a se inæquabili cum motu revera confectum describere possent, est semissis motus quem habent in syzygiis lunæ. Unde cum motus horarius maximus, si nodi in quadraturis versantur, sit $33'' 10''' 33^{iv} 12^{v}$, motus mediocris horarius in hoc casu erit $16'' 35''' 16^{iv} 35^{v}$. Et cum motus horarius nodorum semper sit ut $AZqu.$ & area $PDdM$ conjunctim, & propterea motus horarius nodorum in syzygiis lunæ ut $AZqu.$ & area $PDdM$ conjunctim, id est (ob datam aream $PDdM$ in syzygiis descriptam) ut $AZqu.$ erit etiam motus mediocris ut $AZqu.$ atque ideo hic motus, ubi nodi extra quadraturas versantur, erit ad $16'' 35''' 16^{iv} 36^{v}$ ut $AZqu.$ ad $ATqu.$ *Q. E. D.*

PROPOSITIO XXXI. PROBLEMA XII.

Invenire motum horarium nodorum lunæ in orbe elliptico.

Designet $Q\,p\,m\,a\,q$ ellipsin, axe majore $Q\,q$, minore $a\,b$ descriptam, $Q\,A\,q\,B$ circulum circumscriptum, T terram in utriusque centro communi, S solem, p lunam in ellipsi motam, & $p\,m$ arcum quem data temporis particula quam minima describit, N & n nodos linea

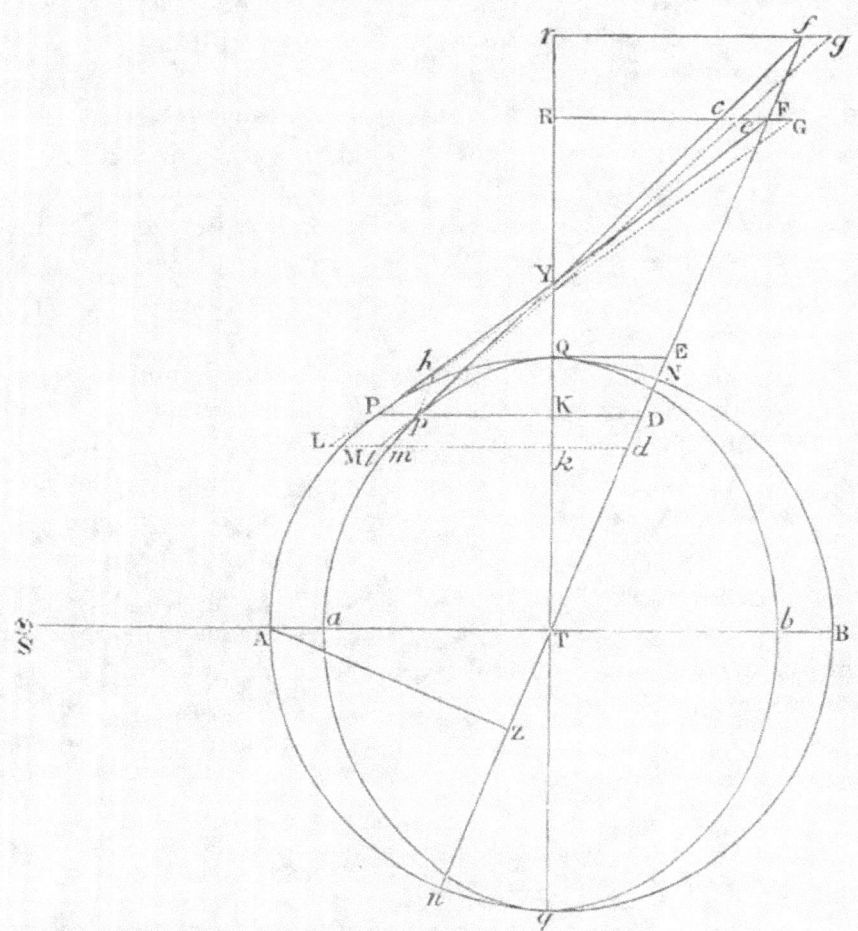

$N\,n$ junctos, $p\,K$ & $m\,k$ perpendicula in axem $Q\,q$ demissa & hinc inde producta, donec occurrant circulo in P & M, & lineæ nodorum in D & d. Et si luna, radio ad terram ducto, aream describat tempori proportionalem, erit motus horarius nodi in ellipsi ut area $p\,D\,d\,m$ & $A\,Z\,q$ conjunctim.

Nam si PF tangat circulum in P & producta occurrat TN in F, & pf tangat ellipsin in p & producta occurrat eidem TN in f, conveniant autem hæ tangentes in axe TQ ad Y; & si ML designet spatium quod luna in circulo revolvens, interea dum describit arcum PM, urgente & impellente vi prædicta $3 IT$ seu $3 PK$, motu transverso describere posset, & ml designet spatium quod luna in ellipsi revolvens eodem tempore, urgente etiam vi $3 IT$ seu $3 PK$, describere posset; & producantur LP & lp donec occurrant plano eclipticæ in G & g; & jungantur FG & fg, quarum FG producta secet pf, pg & TQ in c, e & R respective, & fg producta secet TQ in r. Quoniam vis $3 IT$ seu $3 PK$ in circulo est ad vim $3 IT$ seu $3 pK$ in ellipsi, ut PK ad pK, seu AT ad aT; erit spatium ML vi priore genitum ad spatium ml vi posteriore genitum, ut PK ad pK, id est, ob similes figuras $PYKp$ & $FYRc$, ut FR ad cR. Est autem ML ad FG (ob similia triangula PLM, PGF) ut PL ad PG, hoc est (ob parallelas Lk, PK, GR) ut pl ad pe, id est (ob similia triangula plm, cpe) ut lm ad ce; & inverse ut LM est ad im, seu FR ad cR, ita est FG ad ce. Et propterea si fg esset ad ce ut fY ad cY, id est, ut fr ad cR (hoc est, ut fr ad FR & FR ad cR conjunctim, id est, ut fT ad FT & FG ad ce conjunctim) quoniam ratio FG ad ce utrinque ablata relinquit rationes fg ad FG & fT ad FT, foret fg ad FG ut fT ad FT; atque ideo anguli, quos FG & fg subtenderent ad terram T, æquarentur inter se. Sed anguli illi (per ea quæ in præcedente propositione exposuimus) sunt motus nodorum, quo tempore luna in circulo arcum PM, in ellipsi arcum pm percurrit: & propterea motus nodorum in circulo & ellipsi æquarentur inter se. Hæc ita se haberent, si modo fg esset ad ce ut fY ad cY, id est, si fg æqualis esset $\dfrac{ce \times fY}{cY}$. Verum ob similia triangula fgp, cep, est fg ad ce ut fp ad cp; ideoque fg æqualis est $\dfrac{ce \times fp}{cp}$; & propterea angulus, quem fg revera subtendit, est ad angulum priorem, quem FG subtendit, hoc est, motus nodorum in ellipsi ad motum nodorum in circulo, ut hæc fg seu $\dfrac{ce \times fp}{cp}$ ad priorem fg seu $\dfrac{ce \times fY}{cY}$, id est, ut $fp \times cY$ ad $fY \times cp$, seu fp ad fY &

$c\,Y$ ad $c\,p$, hoc est, si $p\,h$ ipsi TN parallela occurrat FP in h, ut Fh ad FY & FY ad FP; hoc est, ut Fh ad FP seu Db ad DP, ideoque ut area $Dpmd$ ad aream $DPMd$. Et propterea, cum (per corol. 1 prop. xxx) area posterior & AZq conjunctim proportionalia sint motui horario nodorum in circulo, erunt area prior & AZq conjunctim proportionalia motui horario nodorum in ellipsi. *Q. E. D.*

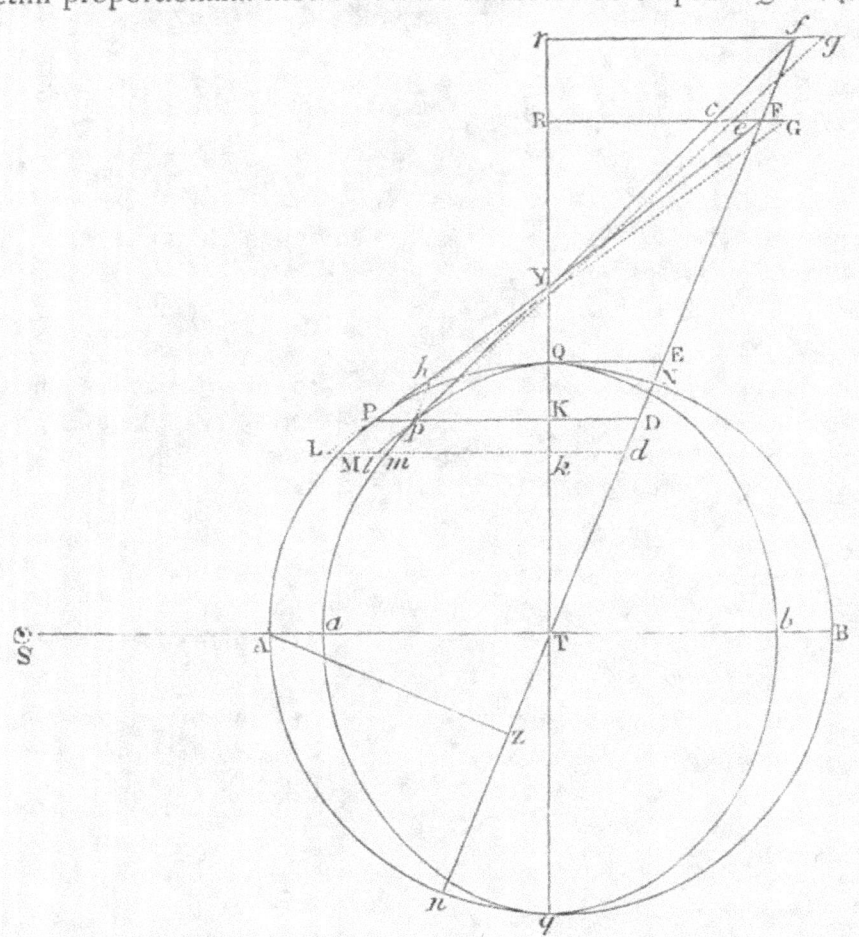

Corol. Quare cum, in data nodorum positione, summa omnium arearum $pDdm$, quo tempore luna pergit a quadratura ad locum quemvis m, sit area $mpQEd$, quæ ad ellipseos tangentem QE terminatur; & summa omnium arearum illarum, in revolutione integra, sit area ellipseos totius: motus mediocris nodorum in ellipsi erit ad motum mediocrem nodorum in circulo, ut ellipsis ad circulum;

id est, ut Ta ad TA, seu 69 ad 70. Et propterea, cum (per corol. 2 prop. XXX) motus mediocris horarius nodorum in circulo sit ad $16'' 35''' 16^{iv.} 36^{v.}$ ut $AZ qu.$ ad $AT qu.$ si capiatur angulus $16'' 21''' 3^{iv.} 30^{v.}$ ad angulum $16'' 35''' 16^{iv.} 36^{v.}$ ut 69 ad 70, erit motus mediocris horarius nodorum in ellipsi ad $16'' 21''' 3^{iv.} 30^{v.}$ ut AZq ad ATq; hoc est, ut quadratum sinus distantiæ nodi a sole ad quadratum radii.

Cæterum luna, radio ad terram ducto, aream velocius describit in syzygiis quam in quadraturis, & eo nomine tempus in syzygiis contrahitur, in quadraturis producitur ; & una cum tempore motus nodorum augetur ac diminuitur. Erat autem momentum areæ n quadraturis lunæ ad ejus momentum in syzygiis ut 10973 ad 11073, & propterea momentum mediocre in octantibus est ad excessum in syzygiis, defectumque in quadraturis, ut numerorum semisumma 11023 ad eorundem semidifferentiam 50. Unde cum tempus lunæ in singulis orbis particulis æqualibus sit reciproce ut ipsius velocitas, erit tempus mediocre in octantibus ad excessum temporis in quadraturis, ac defectum in syzygiis, ab hac causa oriundum, ut 11023 ad 50 quam proxime. Pergendo autem a quadraturis ad syzygiis, invenio quod excessus momentorum areæ in locis singulis, supra momentum minimum in quadraturis, sit ut quadratum sinus distantiæ lunæ a quadraturis quam proxime ; & propterea differentia inter momentum in loco quocunque & momentum mediocre in octantibus est ut differentia inter quadratum sinus distantiæ lunæ a quadraturis & quadratum sinus graduum 45, seu semissem quadrati radii ; & incrementum temporis in locis singulis inter octantes & quadraturas, & decrementum ejus inter octantes & syzygias, est in eadem ratione. Motus autem nodorum, quo tempore luna percurrit singulas orbis particulas æquales, acceleratur vel retardatur in duplicata ratione temporis. Est enim motus iste, dum luna percurrit PM (cæteris paribus) ut ML, & ML est in duplicata ratione temporis. Quare motus nodorum in syzygiis, eo tempore confectus quo luna datas orbis particulas percurrit, diminuitur in duplicata ratione numeri 11073 ad numerum 11023 ; estque decrementum ad motum reliquum ut 100 ad 10973, ad motum vero totum ut 100 ad 11073 quam proxime. Decrementum autem in locis inter octantes & syzygias, & incrementum in locis inter octantes & quadraturas, est quam proxime ad hoc decrementum, ut motus totus in locis illis ad motum totum in syzygiis & differentia inter quadratum sinus distantiæ lunæ a quadratura & semissem quadrati radii ad semissem quadrati radii conjunctim.   Unde si nodi in quadraturis versentur, & capiantur loca duo æqualiter ab octante hinc inde distantia, & alia duo a syzygia & quadratura iisdem intervallis distantia, deque decrementis motuum in locis duobus inter syzygiam & octantem subducantur incrementa motuum in locis reliquis duobus, quæ sunt inter octantem & quadraturam ; decrementum reliquum æquale erit decremento in syzygia : uti rationem ineunti facile constabit.   Proindeque decrementum mediocre, quod de nodorum motu mediocri subduci debet, est pars quarta decrementi in syzygia.   Motus totus horarius nodorum in syzygiis, ubi luna radio ad terram ducto aream tempori proportionalem describere supponebatur, erat $32'' \ 42''' \ 7^{iv}$.   Et decrementum motus nodorum, quo tempore luna jam velocior describit idem spatium, diximus esse ad hunc motum ut 100 ad 11073 ; ideoque decrementum illud est $17''' \ 43^{iv.} \ 11^{v.}$, cujus pars quarta $4''' \ 25^{iv.} \ 48^{v.}$ motui horario mediocri superius invento $16'' \ 21''' \ 3^{iv.} \ 30^{v.}$ subducta relinquit $16'' \ 16''' \ 37^{iv.} \ 42^{v.}$ motum mediocrem horariam correctum.

Si nodi versantur extra quadraturas, & spectentur loca bina a syzygiis hinc inde æqualiter distantia ; summa motuum nodorum, ubi luna versatur in his locis, erit ad summam motuum, ubi luna in iisdem locis & nodi in quadraturis versantur, ut $AZ\ qu.$ ad $AT\ qu.$ Et decrementa motuum, a causis jam expositis oriunda, erunt ad invicem ut ipsi motus, ideoque motus reliqui erunt ad invicem ut $AZ\ qu.$ ad $AT\ qu.$ & motus mediocres ut motus reliqui.   Est itaque motus mediocris horarius correctus, in dato quocunque nodorum situ, ad $16''$ $16''' \ 42^{v}$ ut $AZ\ qu.$ ad $AT\ qu.$; id est, ut quadratum sinus distantiæ nodorum a syzygiis ad quadratum radii.

PROPOSITIO XXXII. PROBLEMA XIII.

Invenire motum medium nodorum lunæ.

Motus medius annuus est summa motuum omnium horariorum mediocrium in anno. Concipe nodum versari in N, & singulis horis completis retrahi in locum suum priorem ut non obstante motu suo proprio datum semper servet situm ad stellas fixas. Interea vero solem S, per motum terræ, progredi a nodo & cursum annuum apparentem uniformiter complere. Sit autem $A\,a$ arcus datus quam minimus, quem recta $T\,S$ ad solem semper ducta, intersectione sui & circuli $N\,A\,n$, dato tempore quam minimo describit : & motus horarius mediocris (per jam ostensa) erit ut $A\,Z\,q$, id est (ob proportionales $A\,Z$, $Z\,Y$) ut rectangulum sub $A\,Z$ & $Z\,Y$, hoc est, ut

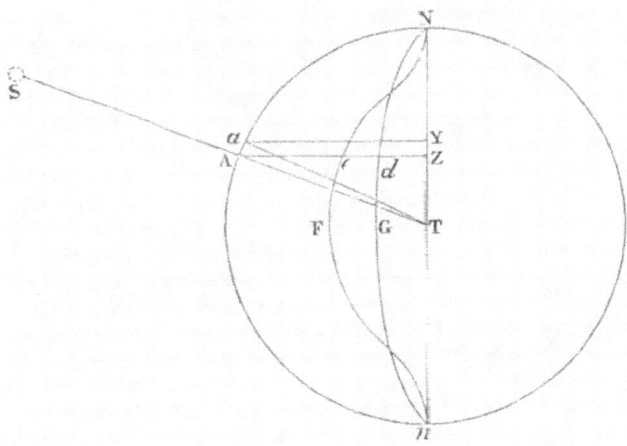

area $A\,Z\,Y\,a$. Et summa omnium horariorum motuum mediocrium ab initio, ut summa omnium arearum $a\,Y\,Z\,A$, id est, ut area $N\,A\,Z$. Est autem maxima $A\,Z\,Y\,a$ æqualis rectangulo sub arcu $A\,a$ & radio circuli ; & propterea summa omnium rectangulorum in circulo toto ad summam totidem maximorum, ut area circuli totius ad rectangulum sub circumferentia tota & radio, id est, ut 1 ad 2. Motus autem horarius rectangulo maximo respondens erat $16'' \; 16''' \; 37^{iv.} \; 42^{v.}$. Et hic motus, anno toto sidereo dierum 365 hor. 6 min. 9 fit $39^{gr.} \; 38' \; 7'' \; 50'''$. Ideoque hujus dimidium $19^{gr.} \; 49' \; 3'' \; 55'''$ est

motus medius nodorum circulo toti respondens. Et motus no-
dorum, quo tempore sol pergit ab N ad A, est ad 19^{gr} $49'$ $3''$ $55'''$
ut area $N A Z$ ad circulum totum.

Hæc ita se habent ex hypothesi, quod nodus horis singulis in
locum priorem retrahitur, sic ut sol anno toto completo ad nodum
eundem redeat a quo sub initio digressus fuerat.   Verum per motum
nodi fit ut sol citius ad nodum revertatur, & computanda jam est
abbreviatio temporis. Cum sol anno toto conficiat 360 gradus, &
nodus motu maximo eodem tempore conficeret $39^{gr.}$ $38'$ $7''$ $50'''$,
seu 39,6355 gradus; & motus mediocris nodi in loco quovis N sit ad
ipsius motum mediocrem in quadraturis suis, ut $A Z q$ ad $A T q$:
erit motus solis ad motum nodi in N, ut 360 $A T q$ ad 39,6355 $A Z q$;
id est, ut 9,0827667 $A T q$ ad $A Z q$. Unde si circuli totius circumfe-

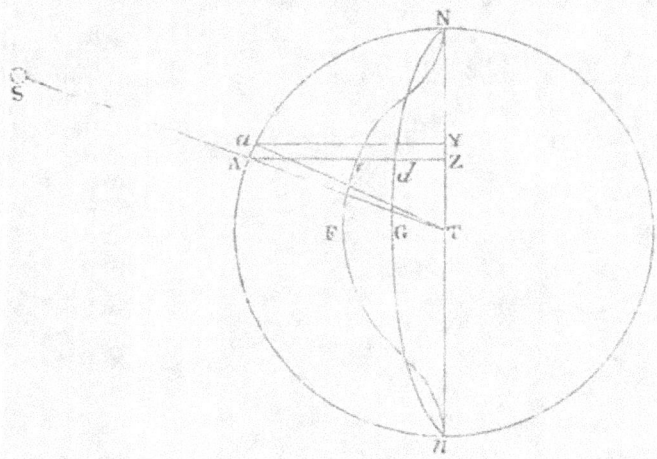

rentia $N A n$ dividatur in particulas æquales $A a$, tempus quo sol
percurrat particulam $A a$, si circulus quiesceret, erit ad tempus quo
percurrit eandem particulam, si circulus una cum nodis circa centrum
T revolvatur, reciproce ut 9,0827667 $A T q$ ad 9,0827667 $A T q$
$+ A Z q$.   Nam tempus est reciproce ut velocitas qua particula percurritur, & hæc velocitas est summa velocitatum solis & nodi.   Igitur
si tempus, quo sol sine motu nodi percurreret arcum $N A$, exponatur
per sectorem $N T A$, & particula temporis quo percurreret arcum
quam minimum $A a$, exponatur per sectoris particulam $A T a$; & (perpendiculo $a Y$ in $N n$ demisso) si in $A Z$ capiatur $d Z$, ejus lon-

gitudinis ut sit rectangulum dZ in ZY ad sectoris particulam ATa ut AZq ad 9,0827646 $ATq + AZq$, id est, ut sit dZ ad $\frac{1}{4} AZ$ ut ATq ad 9,0827646 $ATq + AZq$; rectangulum dZ in ZY designabit decrementum temporis ex motu nodi oriundum, tempore toto quo arcus Aa percurritur. Et si punctum d tangit curvam $NdGa$, area curvilinea NdZ erit decrementum totum, quo tempore arcus totus NA percurritur; & propterea excessus sectoris NAT supra aream NdZ erit tempus illud totum. Et quoniam motus nodi tempore minore minor est in ratione temporis, debebit etiam area $AaYZ$ diminui in eadem ratione. Id quod fiet si capiatur in AZ longitudo eZ, quæ sit ad longitudinem AZ ut AZq ad 9,0827646 $ATq + AZq$. Sic enim rectangulum eZ in ZY erit ad aream $AZYa$ ut decrementum temporis, quo arcus Aa percurritur, ad tempus totum quo percurreretur, si nodus quiesceret: & propterea rectangulum illud respondebit decremento motus nodi. Et si punctum e tangat curvam $NeFn$, area tota NeZ, quæ summa est omnium decrementorum, respondebit decremento toti quo tempore arcus AN percurritur; & area reliqua NAe respondebit motui reliquo, qui verus est noci motus quo tempore arcus totus NA per solis & nodi conjunctos motus percurritur. Jam vero area semicirculi est ad aream figuræ $NeFn$, per methodum serierum infinitarum quæsitam, ut 793 ad 60 quamproxime. Motus autem qui respondet circulo toti erat $19^{gr.}$ 49′ 3″ 55‴ & propterea motus, qui figuræ $NeFn$ duplicatæ respondet, est $1^{gr.}$ 29′ 58″ 2‴. Qui de motu priore subductus relinquit $18^{gr.}$ 19′ 5″ 53‴ motum totum nodi respectu fixarum inter sui ipsius conjunctiones cum sole; & hic motus de solis motu annuo graduum 360 subductus, relinquit $341^{gr.}$ 40′ 54″ 7‴ motum solis inter easdem conjunctiones. Iste autem motus est ad motum annuum $360^{gr.}$ ut nodi motus jam inventus $18^{gr.}$ 19′ 5″ 53‴ ad ipsius motum annuum, qui propterea erit $19^{gr.}$ 18′ 1″ 23‴. Hic est motus medius nodorum in anno sidereo. Idem per tabulas astronomicas est $19^{gr.}$ 21′ 21″ 50‴. Differentia minor est parte trecentesima motus totius & ab orbis lunaris eccentricitate & inclinatione ad planum eclipticæ oriri videtur. Per eccentricitatem orbis motus nodorum nimis acceleratur, & per ejus inclinationem vicissim retardatur aliquantulum & ad justam velocitatem reducitur.

PROPOSITIO XXXIII. PROBLEMA XIV.

Invenire motum verum nodorum lunæ.

In tempore quod est ut area $NTA - NdZ$ *(in fig. præced.)* motus iste est ut area NAc, & inde datur. Verum ob nimiam calculi difficultatem præstat sequentem problematis constructionem adhibere. Centro C, intervallo quovis CD, describatur circulus $BEFD$. Producatur DC ad A, ut sit AB ad AC ut motus medius ad semissem motus veri mediocris, ubi nodi sunt in quadraturis, id est, ut $19^{gr.}$ $18'$ $1''$ $23'''$ ad $19^{gr.}$ $49'$ $3''$ $55'''$, atque ideo BC ad AC ut motuum differentia $0^{gr.}$ $31'$ $2''$ $32'''$, ad motum posteriorem $19^{gr.}$ $49'$ $3''$ $55'''$ hoc est, ut 1 ad $38\frac{3}{10}$; dein per punctum D ducatur infinita Gg, quæ tangat circulum in D; & si capiatur angulus BCE vel BCF æqualis duplæ distantiæ solis a loco nodi, per motum medium invento; & agatur AE vel AF secans perpendiculum DG in G; & capiatur angulus qui sit ad motum totum nodi inter ipsius syzygias (id est, ad $9^{gr.}$ $11'$ $3''$) ut tangens DG ad circuli BED circumferentiam totam; atque angulus iste (pro quo angulus DAG usurpari

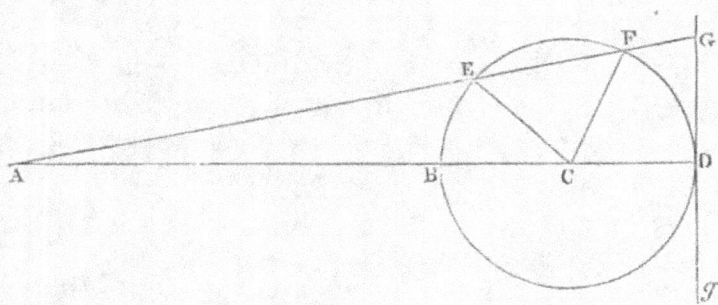

potest) ad motum medium nodorum addatur ubi nodi transeunt a quadraturis ad syzygias, & ab eodem motu medio subducatur ubi transeunt a syzygiis ad quadraturas; habebitur eorum motus verus. Nam motus verus sic inventus congruet quam proxime cum motu vero qui prodit exponendo tempus per aream $NTA - NdZ$ & motum nodi per aream NAc; ut rem perpendenti & computationes instituenti constabit. Hæc est æquatio semestris motus nodorum. Est & æquatio menstrua, sed quæ ad inventionem latitu-dinis lunæ minime necessaria est. Nam cum variatio inclinationis orbis lunaris ad planum eclipticæ duplici inæqualitati obnoxia sit, alteri semestri, alteri autem menstruæ ; hujus menstrua inæqualitas & æquatio menstrua nodorum ita se mutuo contemperant & corrigunt, ut ambæ in determinanda latitudine lunæ negligi possint.

Corol. Ex hac & præcedente propositione liquet quod nodi in syzygiis suis quiescunt, in quadraturis autem regrediuntur motu horario 16″ 19‴ 26^{iv}. Et quod æquatio motus nodorum in octan-tibus sit 1$^{gr.}$ 30′. Quæ omnia cum phænomenis cœlestibus probe quadrant.

Scholium.

Alia ratione motum nodorum *J. Machin Astron. Prof. Gresham.* & *Hen. Pemberton* M.D. seorsum invenerunt. Hujus methodi mentio quædam alibi facta est. Et utriusque chartæ, quas vidi, duas propositiones continebant & inter se in utrisque congruebant. Char-tam vero D. *Machin,* cum prior in manus meas venerit, hic adjungam.

De Motu Nodorum Lunæ.

PROPOSITIO I.

" *Motus solis medius a nodo definitur per medium proportionale* " *geometricum inter motum ipsius solis medium & motum illum medio-* " *crem quo sol celerrimè recedit a nodo in quadraturis.*

"Sit *T* locus ubi terra, *N n* linea nodorum lunæ ad tempus "quodvis datum, *K T M* huic ad rectos angulos ducta, *T A* recta "circum centrum revolvens ea cum velocitate angulari qua sol & nodus "a se invicem recedunt, ita ut angulus inter rectam quiescentem *N n* "& revolventem *T A* semper fiat æqualis distantiæ locorum solis & "nodi. Jam si recta quævis *T K* dividatur in partes *T S* & *S K* quæ "sint ut motus solis horarius medius ad motum horarium mediocrem "nodi in quadraturis, & ponatur recta *T H* media proportionalis inter "partem *T S* & totam *T K,* hæc recta inter reliquas proportionalis erit "motui medio solis a nodo.

"Describatur enim circulus $N K n M$ centro T & radio $T K$,
"eodemque centro & semiaxibus $T H$ & $T N$ describatur ellipsis
"$N H n L$, & in tempore quo sol a nodo recedit per arcum $N a$, si
"ducatur recta $T b a$, area sectoris $N T a$ exponet summam motuum
"nodi & solis in eodem tempore. Sit igitur arcus $a A$ quam minimus
"quem recta $T b a$ præfata lege revolvens in datâ temporis particula
"uniformiter describit, & sector quam minimus $T A a$ erit ut summa
"velocitatum qua sol & nodus tum temporis seorsim feruntur. Solis
"autem velocitas ferè uniformis est, utpote cujus parva inæqualitas

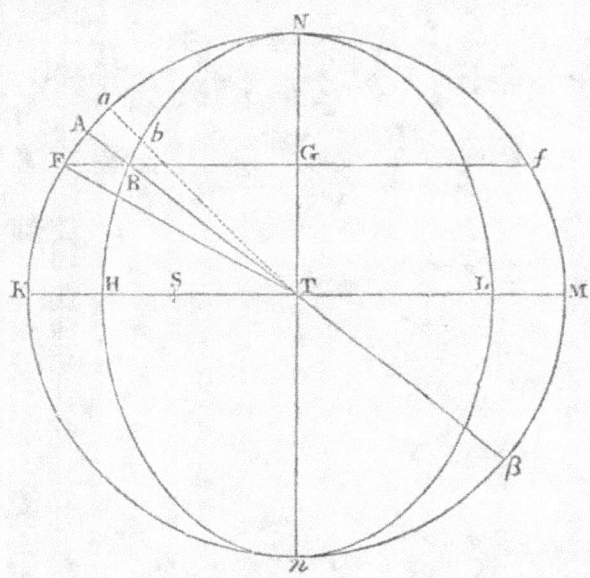

"vix ullam inducit in medio nodorum motu varietatem. Altera
"pars hujus summæ, nempe velocitas nodi in mediocri sua quan-
"titate, augetur in recessu a syzygiis in duplicata ratione sinus
"distantiæ ejus a sole per Corol. Prop. 31 Lib. 3^{tii} Princip. &
"cum maxima est in quadraturis ad solem in K, eandem rationem
"obtinet ad solis velocitatem ac ea quam habet $S K$ ad $T S$ hoc
"est ut (differentia quadratorum ex $T K$ & $T H$ vel) rectangulum
"$K H M$ ad $T H$ quadratum. Sed ellipsis $N B H$ dividit secto-
"rem $A T a$ summæ harum duarum velocitatum exponentem in
"duas partes $A B b a$ & $B T b$ ipsis velocitatibus proportionales.
"Producatur enim $B T$ ad circulum in β, & a puncto B demitta-

"tur ad axem majorem perpendicularis BG, quæ utrinque producta
"occurrat circulo in punctis F & f; & quoniam spatium $ABba$ est
"ad sectorem TBb ut rectangulum $AB\beta$ ad BT quadratum
"(rectangulum enim illud æquatur differentiæ quadratorum ex TA
"& TB ob rectam $A\beta$ æqualiter & iræqualiter sectam in T & B),
"hæc igitur ratio ubi spatium $ABba$ maximum est in K eadem
"erit ac ratio rectanguli KHM ad HT quadratum. Sed maxima
"nodi mediocris velocitas erat ad solis velocitatem in hac ratione.
"Igitur in quadraturis sector ATa dividitur in partes velocitatibus
"proportionales. Et quoniam rectang. KHM est ad HT quadr. ut
"FBf ad BG quad. & rectangulum $AB\beta$ æquatur rectangulo FBf,
"erit igitur areola $ABba$ ubi maxima est ad reliquum sectorem
"TBb, ut rectang. $AB\beta$ ad BG quadr. Sed ratio harum areolarum
"semper erat ut $AB\beta$ rectang. ad BT quadratum; & propterea
"areola $ABba$ in loco A minor est simili areola in quadraturis in
"duplicata ratione BG ad BT, hoc est, in duplicata ratione sinus
"distantiæ solis a nodo. Et proinde summa omnium areolarum
"$ABba$ nempe spatium ABN erit ut motus nodi in tempore quo sol
"digreditur a nodo per arcum NA. Et spatium reliquum nempe
"sector ellipticus NTB erit ut motus solis medius in eodem tempore.
"Et propterea quoniam annuus motus nodi medius is est qui fit in
"tempore quo sol periodum suam absolverit, motus nodi medius a
"sole erit ad motum ipsius solis medium, ut area circuli ad aream
"ellipseos, hoc est, ut recta TK ad rectam TH mediam scilicet
"proportionalem inter TK & TS; vel quod eodem redit ut media
"proportionalis TH ad rectam TS.

PROPOSITIO II.

" Dato motu medio nodorum lunæ invenire motum verum.

"Sit angulus A distantia solis a loco nodi medio, sive motus
"medius solis a nodo. Tum si capiatur angulus B cujus tangens
"sit ad tangentem anguli A ut TH ad TK, hoc est, in subduplicata
"ratione motus mediocris horarii solis ad motum mediocrem hora-
"rium solis a nodo in quadraturis versante; erit idem angulus B
"distantia solis a loco nodi vero. Nam jungatur FT & ex demon-

" stratione propositionis superioris erit angulus FTN distantia solis
" a loco nodi medio, angulus autem ATN distantia a loco vero, &
" tangentes horum angulorum sunt inter se ut TK ad TH.

" *Corol.* Hinc angulus FTA est æquatio nodorum lunæ, sinusque
" hujus anguli ubi maximus est in octantibus est ad radium ut KH
" ad $TK+TH$. Sinus autem hujus æquationis in loco quovis alio
" A est ad sinum maximum, ut sinus summæ angulorum $FTN+ATN$
" ad radium : hoc est fere ut sinus duplæ distantiæ solis a loco nodi
" medio (nempe 2 FTN) ad radium.

Scholium.

" Si motus nodorum mediocris horarius in quadraturis sit 16″
" 16‴ 37^{iv} 42^{v} hoc est in anno toto sidereo 39° 38′ 7″ 50‴ erit
" TH ad TK in subduplicata ratione numeri 9,0827646 ad numerum
" 10,0827646, hoc est ut 18,6524761 ad 19,6524761. Et propterea
" TH ad HK ut 18,6524761 ad 1, hoc est, ut motus solis in anno
" sidereo ad motum nodi medium 19° 18′ 1″ 23‴⅔.

" At si motus medius nodorum Lunæ in 20 annis Julianis sit
" 386° 50′ 15″ sicut ex observationibus in theoria lunæ adhibitis
" deducitur : motus medius nodorum in anno sidereo erit 19° 20′ 31″
" 58‴. Et TH erit ad HK ut 360^{gr} ad 19° 20′ 31″ 58‴ hoc est
" ut 18,61214 ad 1. . Unde motus mediocris horarius nodorum in quad-
" raturis evadet 16″ 18‴ 48^{iv}. Et æquatio nodorum maxima in
" octantibus 1° 29′ 57″. "

PROPOSITIO XXXIV.   PROBLEMA XV.

*Invenire variationem horariam inclinationis orbis lunaris ad planum
eclipticæ.*

Designent A & a syzygias; Q & q quadraturas; N & n nodos;
P locum lunæ in orbe suo; p vestigium loci illius in plano eclipticæ;
& mTl motum momentaneum nodorum ut supra. Et si ad lineam
Tm demittatur perpendiculum PG, jungatur pG, & producatur ea
donec occurrat Tl in g, & jungatur etiam Pg : erit angulus PGp
inclinatio orbis lunaris ad planum eclipticæ, ubi luna versatur in P;
& angulus Pgp inclinatio ejusdem post momentum temporis com-

pletum; ideoque angulus GPg variatio momentanea inclinationis. Est autem hic angulus GPg ad angulum GTg ut TG ad PG & $P\rho$ ad PG conjunctim. Et propterea si pro momento temporis substituatur hora; cum angulus GTg (per prop. xxx) sit ad angulum

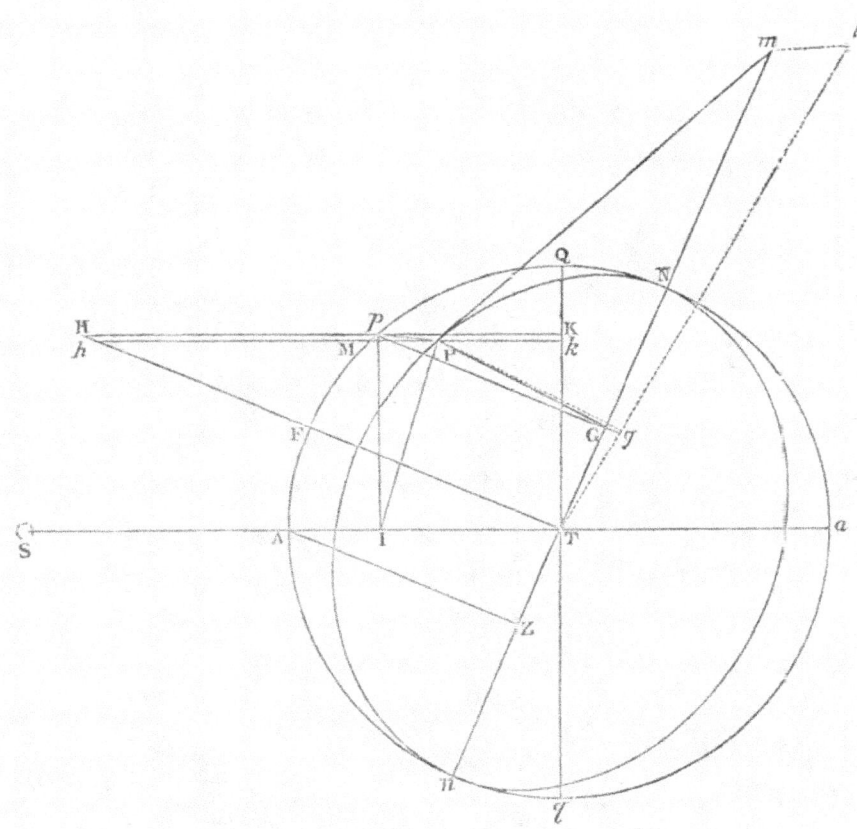

$33''$ $10'''$ 33^{iv} ut $IT \times PG \times AZ$ ad AT *cub.* erit angulus GPg (seu inclinationis horaria variatio) ad angulum $33''$ $10'''$ 33^{iv} ut $IT \times AZ$

$\times TG \times \dfrac{P\rho}{PG}$ ad AT *cub.* Q.E.I.

Hæc ita se habent ex hypothesi quod luna in orbe circulari uniformiter gyratur. Quod si orbis ille ellipticus sit, motus mediocris nodorum minuetur in ratione axis minoris ad axem majorem; uti supra expositum est. Et in eadem ratione minuetur etiam inclinationis variatio.

Corol. 1. Si ad Nn erigatur perpendiculum TF, sitque pM motus horarius lunæ in plano eclipticæ; & perpendicula pK, Mk in QT demissa & utrinque producta occurrant TF in H & h: erit IT ad AT ut Kk ad Mp, & TG ad Hp ut TZ ad AT, ideoque $IT \times TG$ æquale $\dfrac{Kk \times Hp \times TZ}{Mp}$, hoc est, æquale areæ $Hp\,Mh$ ductæ in rationem $\dfrac{TZ}{Mp}$: & propterea inclinationis variatio horaria ad $33''$ $10'''$ 33^{iv} ut $Hp\,Mh$ ducta in $AZ \times \dfrac{TZ}{Mp} \times \dfrac{Pp}{PG}$ ad AT *cub.*

Corol. 2. Ideoque si terra & nodi singulis horis completis retraherentur a locis suis novis, & in loca priora in instanti semper reducerenter, ut situs eorum, per mensem integrum periodicum, datus maneret; tota inclinationis variatio tempore mensis illius foret ad $33''$ $10'''$ 33^{iv}, ut aggregatum omnium arearum $Hp\,Mh$, in revolutione puncti p genitarum, & sub signis propriis $+$ & $-$ conjunctarum, ductum in $AZ \times TZ \times \dfrac{Pp}{PG}$ ad $Mp \times AT$ *cub.* id est, ut circulus totus $QAqa$ ductus in $AZ \times TZ \times \dfrac{Pp}{PG}$ ad $Mp \times AT$ *cub.* hoc est ut circumferentia $QAqa$ ducta in $AZ \times TZ \times \dfrac{Pp}{PG}$ ad $2\,Mp \times AT$ *quad.*

Corol. 3. Proinde in dato nodorum situ variatio mediocris horaria, ex qua per mensem uniformiter continuata variatio illa menstrua generari posset, est ad $33''$ $10'''$ 33^{iv} ut $AZ \times TZ \times \dfrac{Pp}{PG}$ ad $2\,ATq$, sive ut $Pp \times \dfrac{AZ \times TZ}{\frac{1}{2}AT}$ ad $PG \times 4\,AT$, id est (cum Pp sit ad PG ut sinus inclinationis prædictæ ad radium, & $\dfrac{AZ \times TZ}{\frac{1}{2}AT}$ sit ad $4\,AT$ ut sinus duplicati anguli ATn ad radium quadruplicatum) ut inclinationis ejusdem sinus ductus in sinum duplicatæ distantiæ nodorum a sole ad quadruplum quadratum radii.

Corol. 4. Quoniam inclinationis horaria variatio, ubi nodi in quadraturis versantur, est (per hanc propositionem) ad angulum $33''$

$10'''\ 33^{iv}$ ut $IT \times AZ \times TG \times \dfrac{P\wp}{PG}$ ad AT *cub.* id est, ut $\dfrac{IT \times TG}{\frac{1}{2}AT}$

$\times \dfrac{P\wp}{PG}$ ad $2\ AT$; hoc est, ut sinus duplicatæ distantiæ lunæ à qua-

draturis ductus in $\dfrac{P\wp}{PG}$ ad radium duplicatum : summa omnium varia-

tionum horariarum, quo tempore luna in hoc situ nodorum transit a

quadratura ad syzygiam (id est spatio horarum $177\frac{1}{6}$) erit ad sum-

mam totidem angulorum $33''\ 10'''\ 33^{iv}$, seu $5878''$, ut summa omnium

sinuum duplicatæ distantiæ lunæ à quadraturis ducta in $\dfrac{P\wp}{PG}$ ad

summam totidem diametrorum; hoc est, ut diameter ducta in $\dfrac{P\wp}{PG}$ ad

circumferentiam ; id est, si inclinatio sit $5^{gr}\ 1'$, ut $7 \times \tfrac{278\frac{1}{4}}{10000}$ ad 22, seu

278 ad 10000. Proindeque variatio tota, ex summa omnium horar-

arum variationum tempore prædicto conflata, est $163''$, seu $2'\ 43''$.

PROPOSITIO XXXV. PROBLEMA XVI.

Dato tempore invenire inclinationem orbis lunaris ad planum
eclipticæ.

Sit AD sinus inclinationis maximæ, & AB sinus inclinationis
minimæ. Bisecetur BD in C, & centro C intervallo BC describatur
circulus BGD. In AC capiatur CE in ea ratione ad EB quam

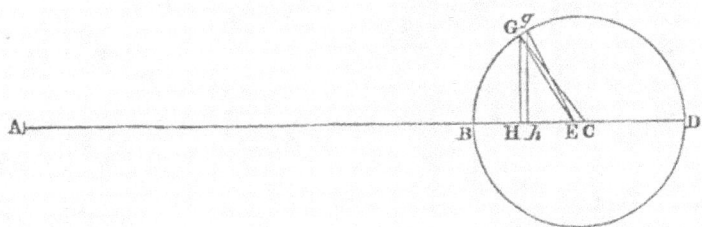

EB habet ad $2\ BA$: et si dato tempore constituatur angulus AEG
æqualis duplicatæ distantiæ nodorum à quadraturis, & ad AD demittatur perpendiculum GH : erit AH sinus inclinationis quæsitæ.

Nam GEq æquale est $GHq + HEq = BHD + HEq = HBD + HEq - BHq = HBD + BEq - 2\,BH \times BE = BEq + 2\,EC \times BH = 2\,EC \times AB + 2\,EC \times BH = 2\,EC \times AH$. Ideoque cum $2\,EC$ detur est GEq ut AH. Designet jam AEg duplicatam distantiam nodorum à quadraturis post datum aliquod momentum temporis completum, & arcus Gg ob datum angulum GEg erit

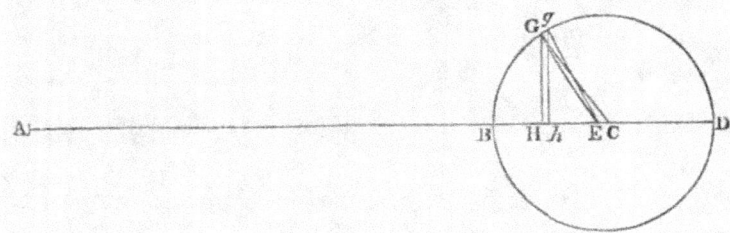

ut distantia GE. Est autem Hh ad Gg ut GH ad GC, & propterea Hh est ut contentum $GH \times Gg$, seu $GH \times GE$; id est, ut $\dfrac{GH}{GE} \times GEq$ seu $\dfrac{GH}{GE} \times AH$, id est, ut AH & sinus anguli AEG conjunctim. Igitur si AH in casu aliquo sit sinus inclinationis, augebitur ea iisdem incrementis cum sinu inclinationis per Corol. 3 Propositionis superioris, & propterea sinui illi æqualis semper manebit. Sed AH, ubi punctum G incidit in punctum alterutrum B vel D, huic sinui æqualis est, & propterea eidem semper æqualis manet. *Q. E. D.*

In hac demonstratione supposui augulum BEG, qui est duplicata distantia nodorum à quadraturis, uniformiter augeri. Nam omnes inæqualitatum minutias expendere non vacat. Concipe jam angulum BEG rectum esse & in hoc casu Gg esse augmentum horarium duplæ distantiæ nodorum & solis ab invicem; & inclinationis variatio horaria in eodem casu (per Corol. 3 Prop. novissimæ) erit ad $33'' 10''' 33^{iv}$ ut contentum sub inclinationis sinu AH & sinu anguli recti BEG, qui est duplicata distantia nodorum a sole, ad quadruplum quadratum radii; id est, ut mediocris inclinationis sinus AH ad radium quadruplicatum; hoc est (cum inclinatio illa mediocris sit quasi $5^{gr.}\ 8\frac{1}{2}'$) ut ejus sinus 896 ad radium quadruplicatum 40000, sive ut 224 ad 10000. Est autem variatio tota, sinuum differentiæ BD respondens, ad variationem illam horariam ut diameter BD ad arcum Gg; id est, ut diameter BD ad semicircumferentiam BGD & tempus horarum $2079\frac{7}{10}$, quo nodus pergit à quadraturis ad syzygias, ad horam unam conjunctim; hoc est, ut 7 ad 11 & $2079\frac{7}{10}$ ad 1. Quare si rationes omnes conjungantur, fiet variatio tota BD ad $33'' 10''' 33^{iv}$ ut $224 \times 7 \times 2079\frac{7}{10}$ ad 110000, id est, ut 29645 ad 1000, & inde variatio illa BD prodibit $16' 23''\frac{1}{2}$.

Hæc est inclinationis variatio maxima quatenus locus lunæ in orbe suo non consideratur. Nam inclinatio, si nodi in syzygiis versantur, nil mutatur ex vario situ lunæ. At si nodi in quadraturis consistunt, inclinatio minor est ubi luna versatur in syzygiis, quam ubi ea versatur in quadraturis, excessu $2' 43''$; uti in propositionis superioris Corollario quarto indicavimus. Et hujus excessus dimidio $1' 21''\frac{1}{2}$ variatio tota mediocris BD in quadraturis lunaribus diminuta fit $15' 2''$, in ipsius autem syzygiis aucta fit $17' 45''$. Si luna igitur in syzygiis constituatur, variatio tota in transitu nodorum a quadraturis ad syzygias erit $17' 45''$: ideoque si inclinatio, ubi nodi in syzygiis versantur, sit $5^{gr} 17' 20''$; eadem, ubi nodi sunt in quadraturis & luna in syzygiis erit $4^{gr} 59' 35''$. Atque hæc ita se habere confirmatur ex observationibus.

Si jam desideretur orbis inclinatio illa, ubi luna in syzygiis & nodi ubivis versantur; fiat AB ad AD ut sinus graduum $4 \ 59' \ 35''$ ad sinum graduum $5 \ 17' \ 20''$, & capiatur angulus AEG æqualis duplicatæ distantiæ nodorum à quadraturis; & erit AH sinus inclinationis quæsitæ. Huic orbis inclinationi æqualis est ejusdem inclinatio, ubi luna distat 90^{gr} à nodis. In aliis lunæ locis inæqualitas menstrua, quam inclinationis variatio admittit, in calculo latitudinis lunæ compensatur, & quodammodo tollitur per inæqualitatem menstruam motus nodorum (ut supra diximus) ideoque in calculo latitudinis illius negligi potest.

Scholium.

Hisce motuum lunarium computationibus ostendere volui, quod motus lunares per theoriam gravitatis a causis suis computari possint. Per eandem theoriam inveni præterea quod æquatio annua medii motus lunæ oriatur a varia dilatatione orbis lunæ per vim solis juxta Corol. 6 Prop. LXVI Lib. I. Hæc vis in perigæo solis major est, & orbem lunæ dilatat; in apogæo ejus minor est, & orbem illum contrahi permittit. In orbe dilatato luna tardius revolvitur, in contracto citius; & æquatio annua, per quam hæc inæqualitas compensatur, in apogæo & perigæo solis nulla est, in mediocri solis a terra distantia ad 11′ 50″ circiter ascendit, in aliis locis æquationi centri solis proportionalis est; & additur medio motui lunæ ubi terra pergit ab aphelio suo ad perihelium, & in opposita orbis parte subducitur. Assumendo radium orbis magni 1000 & eccentricitatem terræ $16\frac{7}{8}$ hæc æquatio, ubi maxima est, per theoriam gravitatis prodiit 11′ 49″. Sed eccentricitas terræ paulo major esse videtur, & aucta eccentricitate hæc æquatio augeri debet in eadem ratione. Sit eccentricitas $16\frac{11}{12}$, & æquatio maxima erit 11′ 51″.

Inveni etiam quod in perihelio terræ, propter majorem vim solis, apogæum & nodi lunæ velocius moventur quam in aphelio ejus, idque in triplicata ratione distantiæ terræ a sole inverse. Et inde oriuntur æquationes annuæ horum motuum æquationi centri solis proportionales. Motus autem solis est in duplicata ratione distantiæ terræ a sole inverse, & maxima centri æquatio, quam hæc inæqualitas generat, est $1^{gr\cdot}$ 56′ 20″ prædictæ solis eccentricitati $16\frac{11}{12}$ congruens. Quod si motus solis esset in triplicata ratione distantiæ inverse, hæc inæqualitas generaret æquationem maximam $2^{gr\cdot}$ 54′ 30″. Et propterea æquationes maximæ, quas inæqualitates motuum apogæi & nodorum lunæ generant, sunt ad $2^{gr\cdot}$ 54′ 30″ ut motus medius diurnus apogæi & motus medius diurnus nodorum lunæ sunt ad motum medium diurnum solis. Unde prodit æquatio maxima medii motus apogæi 19′ 43″, & æquatio maxima medii motus nodorum 9′ 24″. Additur vero æquatio prior & subducitur posterior, ubi terra pergit a perihelio suo ad aphelium: & contrarium fit in opposita orbis parte.

Per theoriam gravitatis constitit etiam quod actio solis in lunam paulo major sit, ubi transversa diameter orbis lunaris transit per solem, quam ubi eadem ad rectos est angulos cum linea terram & solem jungente: & propterea orbis lunaris paulo major est in priore casu quam in posteriore. Et hinc oritur alia æquatio motus medii lunaris, perdens a situ apogæi lunæ ad solem, quæ quidem maxima est cum apogæum lunæ versatur in octante cum sole; & nulla cum illud ad quadraturas vel syzygias pervenit: & motui medio additur in transitu apogæi lunæ a solis quadratura ad syzygiam, & subducitur in transitu apogæi a syzygia ad quadraturam. Hæc æquatio, quam semestrem vocabo, in octantibus apogæi, quando maxima est, ascendit ad 3′ 45″ circiter, quantum ex phænomenis colligere potui. Hæc est ejus quantitas in mediocri solis distantia a terra. Augetur vero ac diminuitur in triplicata ratione distantiæ solis inverse, ideoque in maxima solis distantia est 3′ 34″, & in minima 3′ 56″ quamproxime: ubi vero apogæum lunæ situm est extra octantes, evadit minor; estque ad æquationem maximam, ut sinus duplæ distantiæ apogæi lunæ a proxima syzygia vel quadratura ad radium.

Per eandem gravitatis theoriam actio solis in lunam paulo major est ubi linea recta per nodos lunæ ducta transit per solem, quam ubi linea illa ad rectos est angulos cum recta solem ac terram jungente. Et inde oritur alia medii motus lunaris æquatio, quam semestrem secundam vocabo, quæque maxima est ubi nodi in solis octantibus versantur, & evanescit ubi sunt in syzygiis vel quadraturis, & in aliis nodorum positionibus proportionalis est sinui duplæ distantiæ nodi alterutrius a proxima syzygia aut quadratura: additur vero medio motui lunæ, si sol distat a nodo sibi proximo in antecedentia, subducitur si in consequentia, & in octantibus, ubi maxima est, ascendit ad 47″ in mediocri solis distantia a terra, uti ex theoria gravitatis colligo. In aliis solis distantiis hæc æquatio maxima in octantibus nodorum est reciproce ut cubus distantiæ solis a terra, ideoque in perigæo solis ad 49″ in apogæo ejus ad 45″ circiter ascendit.

Per eandem gravitatis theoriam apogæum lunæ progreditur quam maxime ubi vel cum sole conjungitur vel eidem opponitur, & regreditur ubi cum sole quadraturam facit. Et eccentricitas fit maxima in priore casu & minima in posteriore per Corol. 7, 8 & 9 Prop. LXVI Lib I. Et hæ inæqualitates per eadem Corollaria permagnæ sunt, & æquationem principalem apogæi generant, quam semestrem vocabo. Et æquatio maxima semestris est 12^{gr} 18′ circiter, quantum ex observationibus colligere potui. *Horroxius* noster lunam in ellipsi circum terram, in ejus umbilico inferiore constitutam, revolvi primus statuit.   *Halleius* centrum ellipseos in epicyclo locavit, cujus centrum uniformiter revolvitur circum terram.   Et ex motu in epicyclo oriuntur inæqualitates jam dictæ in progressu & regressu apogæi & quantitate eccentricitatis.   Dividi intelligatur distantia mediocris lunæ a terra in partes 100000, & referat T terram & TC eccentricitatem mediocrem lunæ partium 5505.   Producatur TC ad B, ut sit CB sinus æquationis maximæ semestris 12$^{\text{gr.}}$ 18' ad radium TC, & circulus BDA centro C intervallo CB descriptus erit epicyclus ille in quo centrum orbis lunaris locatur & secundum ordinem literarum BDA revolvitur.   Capiatur angulus BCD æqualis duplo argumento annuo, seu duplæ distantiæ veri loci solis ab apogæo lunæ semel æquato, & erit CTD æquatio semestris apogæi lunæ

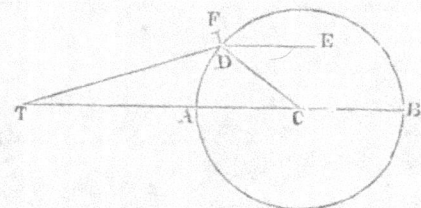

& TD eccentricitas orbis ejus in apogæum secundo æquatum tendens.   Habitis autem lunæ motu medio & apogæo & eccentricitate, ut & orbis axe majore partium 200000; ex his eruetur verus lunæ locus in orbe & distantia ejus a terra, idque per methodos notissimas.

In perihelio terræ, propter majorem vim solis, centrum orbis lunæ velocius movetur circum centrum C quam in aphelio, idque in triplicata ratione distantiæ terræ a sole inverse.   Ob æquationem centri solis in argumento annuo comprehensam, centrum orbis lunæ velocius movetur in epicyclo BDA in duplicata ratione distantiæ terræ a sole inverse.   Ut idem adhuc velocius moveatur in ratione simplici distantiæ inverse; ab orbis centro D agatur recta DE versus apogæum lunæ, seu rectæ TC parallela, & capiatur angulus EDF æqualis excessui argumenti annui prædicti supra distantiam apogæi lunæ a perigæo solis in consequentia; vel quod perinde est capiatur angulus CDF æqualis complemento anomaliæ veræ solis ad gradus 360. Et sit DF ad DC ut dupla eccentricitas orbis magni ad distantiam mediocrem solis a terra & motus medius diurnus solis ab apogæo lunæ ad motum medium diurnum solis ab apogæo proprio conjunctim, id est, ut $33\frac{3}{4}$ ad 1000 & 52′ 27″ 16‴ ad 59′ 8″ 10‴ conjunctim, sive ut 3 ad 100. Et concipe centrum orbis lunæ locari in puncto F, & in epicyclo, cujus centrum est D & radius DF, interea revolvi dum punctum D progreditur in circumferentia circuli $DABD$ Hac enim ratione velocitas, qua centrum orbis lunæ in linea quadam curva circum centrum C descripta movebitur, erit reciproce ut cubus distantiæ solis a terra quamproxime, ut oportet.

Computatio motus hujus difficilis est, sed facilior reddetur per approximationem sequentem. Si distantia mediocris lunæ a terra sit partium 100000, & eccentricitas TC sit partium 5505 ut supra recta CB vel CD invenietur partium $11722\frac{3}{4}$, & recta DF partium $35\frac{1}{2}$. Et hæc recta ad distantiam TC subtendit angulum ad terram quem translatio centri orbis a loco D ad locum F generat in motu centri hujus : & eadem recta duplicata in situ parallelo ad distantiam superioris umbilici orbis lunæ a terra subtendit eundem angulum, quem utique translatio illa generat in motu umbilici, & ad distantiam lunæ a terra subtendit angulum quem eadem translatio generat in motu lunæ, quique propterea æquatio centri secunda dici potest. Et hæc æquatio, in mediocri lunæ distantia a terra, est ut sinus anguli, quem recta illa DF cum recta a puncto F ad lunam ducta continet quamproxime, & ubi maxima est evadit 2′ 25″. Angulus autem quem recta DF & recta a puncto F ad lunam ducta comprehendunt invenitur vel subducendo angulum EDF ab anomalia media lunæ, vel addendo distantiam lunæ a sole ad distantiam apogæi lunæ ab apogæo solis. Et ut radius est ad sinum anguli sic inventi, ita 2′ 25″ sunt ad æquationem centri secundam, addendam si summa illa sit minor semicirculo, subducendam si major. Sic habebitur ejus longitudo in ipsis luminarium syzygiis.

Cum atmosphæra terræ ad usque altitudinem milliarium 35 vel 40 refringat lucem solis, & refringendo spargat eandem in umbram terræ, & spargendo lucem in confinio umbræ dilatet umbram : ad diametrum umbræ, quæ per parallaxim prodit, addo minutum unum primum in eclipsibus lunæ, vel minutum unum cum triente.

Theoria vero lunæ primo in syzygiis, deinde in quadraturis, &
ultimo in octantibus per phænomena examinari & stabiliri debet. Et
opus hocce aggressurus motus medios solis & lunæ ad tempus meridianum in observatorio regio *Grenovicensi*, die ultimo mensis *Decembris*
anni 1700 st. vet. non incommode sequentes adhibebit : nempe
motum medium solis ♊ 20$^{gr.}$ 43′ 40″, & apogæi ejus ♋ 7$^{gr.}$ 44′ 30″, &
motum medium lunæ ♒ 15$^{gr.}$ 21′ 00″, & apogæi ejus ♓ 8$^{gr.}$ 20′ 00″,
& nodi ascendentis ♌ 27$^{gr.}$ 24′ 20″ ; & differentiam meridianorum
observatorii hujus & observatorii regii *Parisiensis* 0$^{hor.}$ 9$^{min.}$ 20$^{sec.}$.
Motus autem medii lunæ & apogæi ejus nondum satis accurate
habentur.

PROPOSITIO XXXVI.   PROBLEMA XVII.

Invenire vim solis ad mare movendum.

Solis vis ML seu PT, in quadraturis lunaribus, ad perturbandos
motus lunares erat (per Prop. xxv hujus) ad vim gravitatis apud
nos, ut 1 ad 638092,6. Et vis $TM—LM$ seu $2PK$ in syzygiis
lunaribus est duplo major.   Hæ autem vires, si descendatur ad superficiem terræ, diminuuntur in ratione distantiarum a centro terræ, id
est, in ratione 60½ ad 1 ; ideoque vis prior in superficie terræ est
ad vim gravitatis ut 1 ad 38604600. Hac vi mare deprimitur in
locis, quæ 90 gradibus distant a sole. Vi altera, quæ duplo major
est, mare elevatur & sub sole & in regione soli opposita. Summa

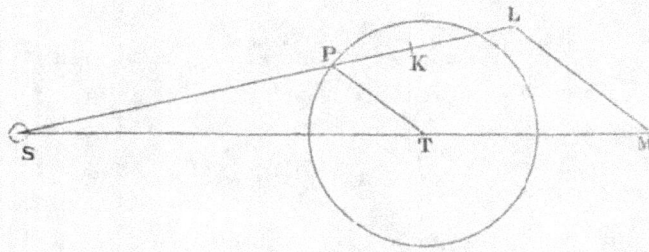

virium est ad vim gravitatis ut 1 ad 12868200. Et quoniam vis eadem eundem ciet motum, sive ea deprimat aquam in regionibus quæ

90 gradibus distant a sole, sive elevet eandem in regionibus sub sole & soli oppositis, hæc summa erit tota solis vis ad mare agitandum; & eundem habebit effectum, ac si tota in regionibus sub sole & soli oppositis mare elevaret, in regionibus autem quæ 90 gradibus distant a sole nil ageret.

Hæc est vis solis ad mare ciendum in loco quovis dato, ubi sol tam in vertice loci versatur quam in mediocri sua distantia a terra. In aliis solis positionibus vis ad mare attollendum est ut sinus versus duplæ altitudinis solis supra horizontem loci directe & cubus distantiæ solis a terra inverse.

Corol. Cum vis centrifuga partium terræ a diurno terræ motu oriunda, quæ est ad vim gravitatis ut 1 ad 289, efficiat ut altitudo aquæ sub æquatore superet ejus altitudinem sub polis mensura pedum *Parisiensium* 85472, ut supra in prop. xix; vis solaris de qua egimus, cum sit ad vim gravitatis ut 1 ad 12868200, atque ideo ad vim illam centrifugam ut 289 ad 12868200 seu 1 ad 44527, efficiet ut altitudo aquæ in regionibus sub sole & soli oppositis superet altitudinem ejus in locis, quæ 90 gradibus distant a sole, mensura tantum pedis unius *Parisiensis* & digitorum undecim cum tricesima parte digiti. Est enim hæc mensura ad mensuram pedum 85472 ut 1 ad 44527.

PROPOSITIO XXXVII. PROBLEMA XVIII.

Invenire vim lunæ ad mare movendum.

Vis lunæ ad mare movendum colligenda est ex ejus proportione ad vim solis, & hæc proportio colligenda est ex proportione motuum maris, qui ab his viribus oriuntur. Ante ostium fluvii *Avonæ* ad lapidem tertium infra *Bristoliam* tempore verno & autumnali totus aquæ ascensus in conjunctione & oppositione luminarium, observante *Samuele Sturmio,* est pedum plus minus 45, in quadraturis autem est pedum tantum 25. Altitudo prior ex summa virium, posterior ex earundem differentia oritur. Solis igitur & lunæ in æquatore versantium & mediocriter a terra distantium sunto vires S & L, & erit L + S ad L − S ut 45 ad 25, seu 9 ad 5.

In portu *Plymuthi* æstus maris ex observatione *Samuelis Colepressi* ad pedes plus minus sexdecim altitudine mediocri attollitur, ac tempore verno & autumnali altitudo æstus in syzygiis superare potest altitudinem ejus in quadraturis pedibus plus septem vel octo. Si maxima harum altitudinum differentia sit pedum novem, erit $L+S$ ad $L-S$ ut $20\frac{1}{2}$ ad $11\frac{1}{2}$ seu 41 ad 23. Quæ proportio satis congruit cum priore. Ob magnitudinem æstus in portu *Bristoliæ* observationibus *Sturmii* magis fidendum esse videtur, ideoque donec aliquid certius constiterit proportionem 9 ad 5 usurpabimus.

Cæterum ob aquarum reciprocos motus æstus maximi non incidunt in ipsas luminarium syzygias, sed sunt tertii a syzygiis ut dictum fuit, seu proxime sequuntur tertium lunæ post syzygias appulsum ad meridianum loci, vel potius (ut a *Sturmio* notatur) sunt tertii post diem novilunii vel plenilunii, seu post horam a novilunio vel plenilunio plus minus duodecimam, ideoque incidunt in horam a novilunio vel plenilunio plus minus quadragesimam tertiam. Incidunt vero in hoc portu in horam septimam circiter ab appulsu lunæ ad meridianum loci; ideoque proxime sequuntur appulsum lunæ ad meridianum, ubi luna distat a sole vel ab oppositione solis gradibus plus minus octodecim vel novemdecim in consequentia. Æstas & hyems maxime vigent, non in ipsis solstitiis, sed ubi sol distat a solstitiis decima circiter parte totius circuitus, seu gradibus plus minus 36 vel 37. Et similiter maximus æstus maris oritur ab appulsu lunæ ad meridianum loci, ubi luna distat a sole decima circiter parte motus totius ab æstu ad æstum. Sit distantia illa graduum plus minus $18\frac{1}{4}$. Et vis solis in hac distantia lunæ a syzygiis & quadraturis minor erit ad augendum & ad minuendum motum maris a vi lunæ oriundum, quam in ipsis syzygiis & quadraturis, in ratione radii ad sinum complementi distantiæ hujus duplicatæ seu anguli graduum 37, hoc est, in ratione 10000000 ad 7986355. Ideoque in analogia superiore pro S scribi debet 0,7986355 S.

Sed & vis lunæ in quadraturis, ob declinationem lunæ ab æquatore, diminui debet. Nam luna in quadraturis, vel potius in gradu $18\frac{1}{4}$ post quadraturas, in declinatione graduum plus minus 22 13' versatur. Et luminaris ab æquatore declinantis vis ad mare movendum diminuitur in duplicata ratione sinus complementi declinationis quamproxime. Et propterea vis lunæ in his quadraturis est tantum 0,8570327 L. Est igitur L + 0,7986355S ad 0,8570327L — 0,7986355S ut 9 ad 5.

Præterea diametri orbis, in quo luna sine eccentricitate moveri deberet, sunt ad invicem ut 69 ad 70; ideoque distantia lunæ a terra in syzygiis est ad distantiam ejus in quadraturis ut 69 ad 70, cæteris paribus. Et distantiæ ejus in gradu $18\frac{1}{2}$ a syzygiis, ubi æstus maximus generatur, & in gradu $18\frac{1}{2}$ a quadraturis, ubi æstus minimus generatur, sunt ad mediocrem ejus distantiam ut 69,098747 & 69,897345 ad $69\frac{1}{2}$. Vires autem lunæ ad mare movendum sunt in triplicata ratione distantiarum inverse, ideoque vires in maxima & minima harum distantiarum sunt ad vim in mediocri distantia ut 0,9830427 & 1,017522 ad 1. Unde fit 1,017522L + 0,7986355 S ad 0,9830427 × 0,8570327 L — 0,7986355 S ut 9 ad 5. Et S ad L ut 1 ad 4,4815. Itaque cum vis solis sit ad vim gravitatis ut 1 ad 12868200, vis lunæ erit ad vim gravitatis ut 1 ad 2871400.

Corol. 1. Cum aqua vi solis agitata ascendat ad altitudinem pedis unius & undecim digitorum cum tricesima parte digiti, eadem vi lunæ ascendet ad altitudinem octo pedum & digitorum $7\frac{5}{11}$, & vi utraque ad altitudinem pedum decem cum semisse, & ubi luna est in perigæo ad altitudinem pedum duodecim cum semisse & ultra, præsertim ubi æstus ventis spirantibus adjuvatur. Tanta autem vis ad omnes maris motus excitandos abunde sufficit, & quantitati motuum probe respondet. Nam in maribus quæ ab oriente in occidentem late patent, uti in mari *Pacifico* & maris *Atlantici* & *Æthiopici* partibus extra tropicos, aqua attolli solet ad altitudinem pedum sex, novem, duodecim vel quindecim. In mari autem *Pacifico*, quod profundius est & latius patet, æstus dicuntur esse majores quam in *Atlantico* & *Æthiopico*. Etenim ut plenus sit æstus latitudo maris ab oriente in occidentem non minor esse debet quam graduum nonaginta. In mari *Æthiopico* ascensus aquæ intra tropicos minor est quam in zonis temperatis propter angustiam maris inter *Africam* & australem partem *Americæ*. In medio mari aqua nequit ascendere nisi ad littus utrumque & orientale & occidentale simul descendat

cum tamen vicibus alternis ad littora illa in maribus nostris angustis
descendere debeat.   Ea de causa fluxus & refluxus in insulis, quæ
a littoribus longissime absunt, perexiguus esset solet.   In portubus
quibusdam, ubi aqua cum impetu magno per loca vadosa ad sinus
alternis vicibus implendos & evacuandos influere & effluere cogitur,
fluxus & refluxus debent esse solito majores, uti ad *Plymuthum*
& pontem *Chepstowæ* in *Anglia ;* ad montes *S. Michælis* & urbem
Abrincatnorum (vulgo *Avranches*) in *Normannia ;* ad *Cambaiam* &
Pegu in *India* orientali.   His in locis mare, magna cum velocitate
accedendo & recedendo, littora nunc inundat nunc arida relinquit
ad multa millaria.   Neque impetus influendi & remeandi prius frangi
potest, quam aqua attollitur vel deprimitur ad pedes 30, 40, vel 50
& amplius.   Et par est ratio fretorum oblongorum & vadosorum,
uti *Magellanici* & ejus quo *Anglia* circundatur.   Æstus in hujusmodi
portubus & fretis per impetum cursus & recursus supra modum
augetur.   Ad littora vero quæ descensu præcipiti ad mare profundum
& apertum spectant, ubi aqua sine impetu effluendi & remeandi
attolli & subsidere potest, magnitudo æstus respondet viribus solis &
lunæ.

Corol. 2. Cum vis lunæ ad mare movendum sit ad vim gravitatis
ut 1 ad 2871400, perspicuum est quod vis illa sit longe minor quam
quæ vel in experimentis pendulorum vel in staticis aut hydrostaticis
quibuscunque sentiri possit.   In æstu solo marino hæc vis sensibilem
edit effectum.

Corol. 3. Quoniam vis lunæ ad mare movendum est ad solis vim
consimilem ut 4,4815 ad 1, & vires illæ (per corol. 14 prop. LXVI
lib. 1) sunt ut densitates corporum lunæ & solis & cubi diametrorum
apparentium conjunctim; densitas lunæ erit ad densitatem solis
ut 4,4815 ad 1 directe & cubus diametri lunæ ad cubum diametri
solis inverse : id est (cum diametri mediocres apparentes lunæ &
solis sint 31′ 16″$\frac{1}{2}$ & 32′ 12″) ut 4891 ad 1000. Densitas autem
solis erat ad densitatem terræ ut 1000 ad 4000 ; & propterea densitas
lunæ est ad densitatem terræ ut 4891 ad 4000 seu 11 ad 9.   Est
igitur corpus lunæ densius & magis terrestre quam terra nostra.

Corol. 4. Et cum vera diameter lunæ ex observationibus astronomicis sit ad veram diametrum terræ ut 100 ad 365 ; erit massa lunæ ad massam terræ ut 1 ad 39,788.

Corol. 5. Et gravitas acceleratrix in superficie lunæ erit quasi triplo minor quam gravitas acceleratrix in superficie terræ.

Corol. 6. Et distantia centri lunæ a centro terræ erit ad distantiam centri lunæ a communi gravitatis centro terræ & lunæ, ut 40,788 ad 39,788.

Corol. 7. Et mediocris distantia centri lunæ a centro terræ in octantibus lunæ erit semidiametrorum maximarum terræ 60⅔ quamproxime. Nam terræ semidiameter maxima fuit pedum *Parisiensium* 19658600 & mediocris distantia centrorum terræ & lunæ, ex hujusmodi semidiametris 60⅔ constans, æqualis est pedibus 1187379440. Et hæc distantia (per corollarium superius) est ad distantiam centri lunæ a communi gravitatis centro terræ & lunæ ut 40,788 ad 39,788 : ideoque distantia posterior est pedum 1158268534. Et cum luna revolvatur, respectu fixarum, diebus 27 horis 7 & minutis primis 43½ ; sinus versus anguli, quem luna tempore minuti unius primi describit, est 12752341, existente radio 1000.000000,000000. Et ut radius est ad hunc sinum versum, ita sunt pedes 1158268534 ad pedes 14,7706353. Luna igitur vi illa, qua retinetur in orbe, cadendo in terram tempore minuti unius primi describet pedes 14,7706353. Et augendo hanc vim in ratione 178⁴⁰⁄₆₀ ad 177⁴⁰⁄₆₀ habebitur vis tota gravitatis in orbe lunæ per Corol. Prop. III. Et hac vi luna cadendo tempore minuti unius primi describet pedes 14,8538067. Et ad sexagesimam partem distantiæ lunæ a centro terræ, id est ad distantiam pedum 197896573 a centro terræ, corpus grave tempore minuti unius secundi cadendo describet etiam pedes 14,8538067. Ideoque ad distantiam pedum 19615800, qui sunt terræ semidiameter mediocris, grave cadendo describet pedes 15,11175, seu pedes 15 dig. 1 & lin. 4¹⁄₁₁. Hic erit descensus corporum in latitudine graduum 45. Et per tabulam præcedentem in prop. xx descriptam descensus erit paulo major in latitudine *Lutetiæ Parisiorum* existente excessu quasi ⅔ partium lineæ. Gravia igitur per hoc computum in latitudine *Lutetiæ* cadendo in vacuo describent tempore unius secundi pedes *Parisienses* 15 dig. 1 & lin. 4⁴⁴⁄₅₉ circiter. Et si gravitas minuatur auferendo vim centrifugam, quæ oritur a motu diurno terræ in illa latitudine, gravia ibi cadendo describent tempore minuti unius secundi pedes 15 dig. 1 & lin. 1½. Et hac velocitate gravia cadere in latitudine *Lutetiæ* supra ostensum est ad prop. IV & XIX.

Corol. 8. Distantia mediocris centrorum terræ & lunæ in syzygiis lunæ est sexaginta semidiametrorum maximarum terræ, dempta tricesima parte semidiametri circiter. Et in quadraturis lunæ distantia mediocris eorundem centrorum est 60⅚ semidiametrorum terræ. Nam hæ duæ distantiæ sunt ad distantiam mediocrem lunæ in octantibus ut 69 & 70 ad 69½ per prop. XXVIII.

Corol. 9. Distantia mediocris centrorum terræ & lunæ in syzygiis lunæ est sexaginta semidiametrorum mediocrium terræ cum decima parte semidiametri. Et in quadraturis lunæ distantia mediocris eorundem centrorum est sexaginta & unius semidiametrorum mediocrium terræ, dempta tricesima parte semidiametri.

Corol. 10. In syzygiis lunæ parallaxis ejus horizontalis mediocris in latitudinibus graduum 0, 30, 38, 45, 52, 60, 90, est 57′ 20″, 57′ 16″, 57′ 14″, 57′ 12″, 57′ 10″, 57′ 8″, 57′ 4″ respective.

In his computationibus attractionem magneticam terræ non consideravi, cujus utique quantitas perparva est & ignoratur. Siquando vero hæc attractio investigari poterit, & mensuræ graduum in meridiano, ac longitudines pendulorum isochronorum in diversis parallelis, legesque motuum maris, & parallaxis lunæ cum diametris apparentibus solis & lunæ ex phænomenis accuratius determinatæ fuerint : licebit calculum hunc omnem accuratius repetere.

PROPOSITIO XXXVIII. PROBLEMA XIX.

Invenire figuram corporis lunæ.

Si corpus lunare fluidum esset ad instar maris nostri, vis terræ ad fluidum illud in partibus & citimis & ultimis elevandum esset ad vim lunæ, qua mare nostrum in partibus & sub luna & lunæ oppositis attollitur, ut gravitas acceleratrix lunæ in terram ad gravitatem acceleratricem terræ in lunam & diameter lunæ ad diametrum terræ conjunctim; id est, ut 39,788 ad 1 & 100 ad 365 conjunctim, seu 1081 ad 100. Unde cum mare nostrum vi lunæ attollatur ad pedes 8⅔, fluidum lunare vi terræ attolli deberet ad pedes 93. Eaque de causa figura lunæ sphærois esset, cujus maxima diameter producta transiret per centrum terræ & superaret diametros perpendiculares excessu pedum 186. Talem igitur figuram luna affectat, eamque sub initio induere debuit. *Q. E. I.*

Corol. Inde vero fit ut eadem semper lunæ facies in terram obvertatur. In alio enim situ corpus lunare quiescere non potest, sed ad hunc situm oscillando semper redibit. Attamen oscillationes, ob parvitatem virium agitantium, essent longe tardissimæ : adeo ut facies illa, quæ terram semper respicere deberet, possit alterum orbis lunaris umbilicum (ob rationem in prop. xvii allatam) respicere, neque statim abinde retrahi & in terram converti.

LEMMA I.

Si A P E p *terram designet uniformiter densam, centroque* C *& polis* P, p *& æquatore* A E *delineatam ; & si centro* C *radio* C P *describi intelligatur sphæra* P a p e ; *sit autem* Q R *planum, cui recta a centro solis ad centrum terræ ducta normaliter insistit ; & terræ totius exterioris* P a p A P e p E, *quæ sphæra modo descripta altior est, particulæ singulæ conentur recedere hinc inde a plano* Q R, *sitque conatus particulæ cujusque ut ejusdem distantia a plano: dico primo, quod tota particularum omnium in æquatoris circulo* A E, *extra globum uniformiter per totum circuitum in morem annuli dispositarum, vis & efficacia ad terram circum centrum ejus rotandam sit ad totam particularum totidem in æquatoris puncto* A, *quod a plano* Q R *maxime distat, consistentium vim & efficaciam ad terram consimili motu circulari circum centrum ejus movendam, ut unum ad duo. Et motus iste circularis circum axem, in communi sectione æquatoris & plani* Q R *jacentem, peragetur.*

Nam centro K diametro $I L$ describatur semicirculus $I N L K$. Dividi intelligatur semicircumferentia $I N L$ in partes innumeras æquales, & a partibus singulis N ad diametrum $I L$ demittantur sinus $N M$. Et summa quadratorum ex sinibus omnibus $N M$ æqualis erit summæ quadratorum ex sinibus $K M$, & summa utraque æqualis erit summæ quadratorum ex totidem semidiametris $K N$; ideoque summa quadratorum ex omnibus $N M$ erit duplo minor quam summa quadratorum ex totidem semidiametris $K N$.

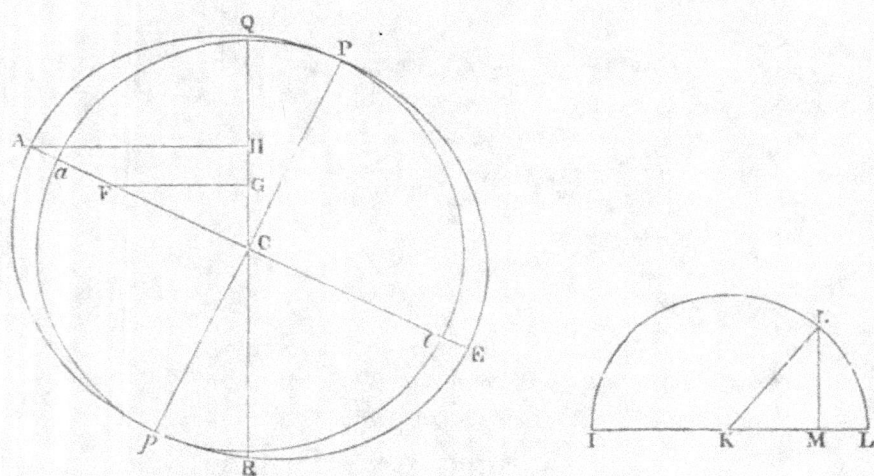

Jam dividatur perimeter circuli $A E$ in particulas totidem æquales, & ab earum unaquaque F ad planum $Q R$ demittatur perpendiculum $F G$, ut & a puncto A perpendiculum $A H$. Et vis, qua particula F recedit a plano $Q R$, erit ut perpendiculum illud $F G$ per hypothesin, & hæc vis ducta in distantiam $C G$ erit efficacia particulæ F ad terram circum centrum ejus convertendam. Ideoque efficacia particulæ in loco F erit ad efficaciam particulæ in loco A ut $F G \times G C$ ad $A H \times H C$, hoc est, ut $F C q$ ad $A C q$; & propterea efficacia tota particularum omnium in locis suis F erit ad efficaciam particularum totidem in loco A ut summa omnium $F C q$ ad summam totidem $A C q$, hoc est (per jam demonstrata) ut unum ad duo. *Q. E. D.*

Et quoniam particulæ agunt recedendo perpendiculariter a plano $Q R$, idque æqualiter ab utraque parte hujus plani: eadem convertent circumferentiam circuli æquatoris, eique inhærentem terram, circum axem tam in plano illo QR quam in plano æquatoris jacentem.

LEMMA II.

Iisdem positis: dico secundo quod vis & efficacia tota particularum omnium extra globum undique sitarum ad terram circum axem eundem rotandam sit ad vim totam particularum totidem, in æquatoris circulo A E uniformiter per totum circuitum in morem annuli dispositarum, ad terram consimili motu circulari movendam, ut duo ad quinque.

Sit enim IK circulus quilibet minor æquatori AE parallelus, sintque L, l particulæ duæ quævis æquales in hoc circulo extra globum $Pape$ sitæ. Et si in planum QR, quod radio in solem ducto perpendiculare est, demittantur perpendicula LM, lm: vires totæ, quibus particulæ illæ fugiunt planum QR, proportionales erunt perpendiculis illis LM, lm. Sit autem recta Ll plano $Pape$ parallela

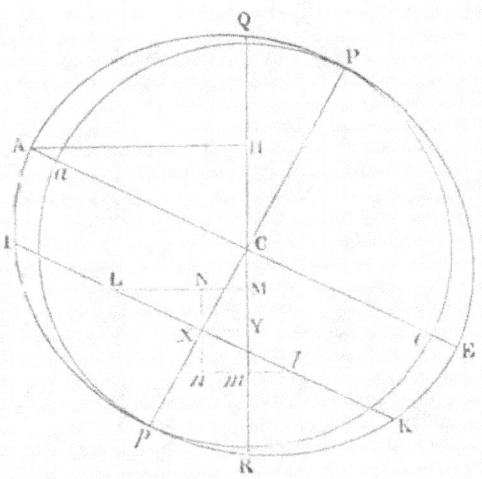

& bisecetur eadem in X, & per punctum X agatur Nn, quæ parallela sit plano QR & perpendiculis LM, lm occurrat in N ac n. & in planum QR demittatur perpendiculum XY. Et particularum L & l vires contrariæ ad terram in contrarias partes rotandam sunt ut $LM \times MC$ & $lm \times mC$, hoc est, ut $LN \times MC + NM \times MC$ & ln

$\times m\,C - n\,m \times m\,C$, seu $L\,N \times M\,C + N\,M \times M\,C$ & $L\,N \times m\,C - N\,M$ $\times m\,C$: & harum differentia $L\,N \times M\,m - N\,M \times \overline{M\,C + m\,C}$ est vis particularum ambarum simul sumptarum ad terram rotandam. Hujus differentiæ pars affirmativa $L\,N \times M\,m$ seu $2\,L\,N \times N\,X$ est ad particularum duarum ejusdem magnitudinis in A consistentium vim $2\,A\,H \times H\,C$, ut $L\,X\,q$ ad $A\,C\,q$. Et pars negativa $N\,M \times \overline{M\,C + m\,C}$ seu $2\,X\,Y \times C\,Y$ ad particularum earundem in A consistentium vim

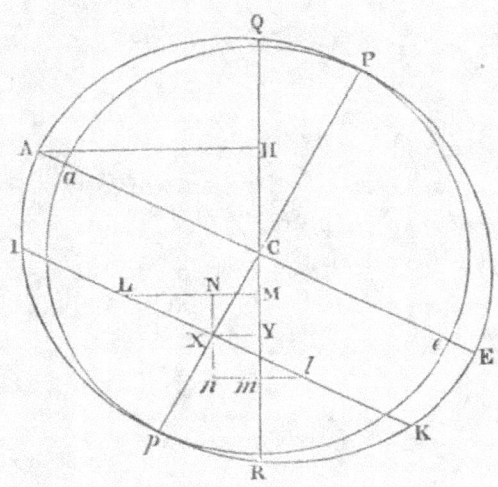

$2\,A\,H \times H\,C$, ut $C\,X\,q$ ad $A\,C\,q$. Ac proinde partium differentia, id est, particularum duarum L & l simul sumptarum vis ad terram rotandam est ad vim particularum duarum iisdem æqualium & in loco A consistentium ad terram itidem rotandam, ut $L\,X\,q - C\,X\,q$ ad $A\,C\,q$. Sed si circuli $I\,K$ circumferentia $I\,K$ dividatur in particulas innumeras æquales L, erunt omnes $L\,X\,q$ ad totidem $I\,X\,q$ ut 1 ad 2 (per lem. 1) atque ad totidem $A\,C\,q$, ut $I\,X\,q$ ad $2\,A\,C\,q$; & totidem $C\,X\,q$ ad totidem $A\,C\,q$ ut $2\,C\,X\,q$ ad $2\,A\,C\,q$. Quare vires conjunctæ particularum omnium in circuitu circuli $I\,K$ sunt ad vires conjunctas particularum totidem in loco A, ut $I\,X\,q - 2\,C\,X\,q$ ad $2\,A\,C\,q$: & propterea (per lem. 1) ad vires conjunctas particularum totidem in circuitu circuli $A\,E$, ut $I\,X\,q - 2\,C\,X\,q$ ad $A\,C\,q$.

Jam vero si sphæræ diameter $P\,p$ dividatur in partes innumeras æquales, quibus insistant circuli totidem $I\,K$, materia in perimetro circuli cujusque $I\,K$ erit ut $I\,X\,q$: ideoque vis materiæ illius ad terram rotandam erit ut IXq in $IXq - 2\,CXq$. Et vis materiæ ejusdem, si in circuli AE perimetro consisteret, esset ut IXq in ACq. Et propterea vis particularum omnium materiæ totius, extra globum in perimetris circulorum omnium consistentis, est ad vim particularum totidem in perimetro circuli maximi AE consistentis, ut omnia IXq in $IXq - 2\,CXq$ ad totidem IXq in ACq, hoc est, ut omnia ACq $-CXq$ in $ACq - 3\,CXq$ ad totidem $ACq - CXq$ in ACq, id est, ut omnia $ACqq - 4\,ACq \times CXq + 3\,CXqq$ ad totidem $ACqq -$ $ACq \times CXq$, hoc est, ut tota quantitas fluens, cujus fluxio est $ACqq$ $-4\,ACq \times CXq + 3\,CXqq$, ad totam quantitatem fluentem, cujus fluxio est $ACqq - ACq \times CXq$; ac proinde per methodum fluxionum, ut $ACqq \times CX - \frac{4}{3}\,ACq \times CX$ cub $+ \frac{3}{5}\,CXqc$ ad $ACqq \times$ $CX - \frac{1}{3}\,ACq \times CX$ cub, id est, si pro CX scribatur tota Cp vel AC, ut $\frac{1}{15}\,ACqc$ ad $\frac{2}{3}\,ACqc$, hoc est, ut duo ad quinque. *Q. E. D.*

LEMMA III.

Iisdem positis : dico tertio quod motus terræ totius circum axem jam ante descriptum, ex motibus particularum omnium compositus, erit ad motum annuli prædicti circum axem eundem in ratione, quæ componitur ex ratione materiæ in terra ad materiam in annulo & ratione trium quadratorum ex arcu quadrantali circuli cujuscunque ad duo quadrata ex diametro ; id est, in ratione materiæ ad materiam & numeri 925275 *ad numerum* 1000000.

Est enim motus cylindri circum axem suum immotum revolventis ad motum sphæræ inscriptæ & simul revolventis, ut quælibet quatuor æqualia quadrata ad tres ex circulis sibi inscriptis : & motus cylindri ad motum annuli tenuissimi, sphæram & cylindrum ad communem eorum contactum ambientis, ut duplum materiæ in cylindro ad triplum materiæ in annulo ; & annuli motus iste circum axem cylindri uniformiter continuatus ad ejusdem motum uniformem circum diametrum propriam, eodem tempore periodico factum, ut circumferentia circuli ad duplum diametri.

HYPOTHESIS II.

Si annulus prædictus, terra omni reliqua sublata, solus in orbe terræ motu annuo circa solem ferretur, & interea circa axem suum, ad planum eclipticæ in angulo graduum 23½ inclinatum, motu diurno revolveretur: idem foret motus punctorum æquinoctialium, sive annulus iste fluidus esset, sive is ex materia rigida & firma constaret.

PROPOSITIO XXXIX. PROBLEMA XX.

Invenire præcessionem æquinoctiorum.

Motus mediocris horarius nodorum lunæ in orbe circulari, ubi nodi sunt in quadraturis, erat 16″ 35‴ 16^{iv} 36^{v}, & hujus dimidium 8″ 17‴ 38^{iv} 18^{v} (ob rationes supra explicatas) est motus medius horarius nodorum in tali orbe; fitque anno toto sidereo 20$^{gr.}$ 11′ 46″. Quoniam igitur nodi lunæ in tali orbe conficerent annuatim 20$^{gr.}$ 11′ 46″ in antecedentia; & si plures essent lunæ motus nodorum cujusque (per corol. 16 prop. LXVI lib. 1) forent ut tempora periodica; si luna spatio diei siderei juxta superficiem terræ revolveretur, motus annuus nodorum foret ad 20$^{gr.}$ 11′ 46″ ut dies sidereus horarum 23 56′ ad tempus periodicum lunæ dierum 27 hor. 7 43′; id est, ut 1436 ad 39343. Et par est ratio nodorum annuli lunarum terram ambientis; sive lunæ illæ se mutuo non contingant, sive liquescant & in annulum continuum formentur, sive denique annulus ille rigescat & inflexibilis reddatur.

Fingamus igitur quod annulus iste quoad quantitatem materiæ æqualis sit terræ omni *P a p A P e p E* quæ globo *P a p e* superior est; *(Vid. fig. pag. 474)* & quoniam globus iste est ad terram illam superiorem ut *a C qu.* ad *A C qu.—a C qu.* id est (cum terræ semidiameter minor *P C* vel *a C* sit ad semidiametrum majorem *A C* ut 229 ad 230) ut 52441 ad 459; si annulus iste terram secundum æquatorem cingeret & uterque simul circa diametrum annuli revolveretur, motus annuli esset ad motum globi interioris (per hujus lem. III) ut 459 ad 52441 & 1000000 ad 925275 conjunctim, hoc est, ut 4590 ad 485223; ideoque motus annuli esset ad summam motuum annuli ac globi, ut 4590 ad 489813. Unde si annulus globo adhæreat, & motum suum, quo ipsius nodi seu puncta æquinoctialia regrediuntur, cum globo communicet : motus qui restabit in annulo erit ad ipsius motum priorem, ut 4590 ad 489813 ; & propterea motus punctorum æquinoctialium diminuetur in eadem ratione. Erit igitur motus annuus punctorum æquinoctialium corporis ex annulo & globo compositi ad motum 20$^{gr.}$ 11' 46", ut 1436 ad 39343 & 4590 ad 439813 conjunctim, id est, ut 100 ad 292369. Vires autem quibus nodi lunarum (ut supra explicui) atque ideo quibus puncta æquinoctialia annuli regrediuntur (id est vires 3 *I T in fig. pag.* 437 & 438) sunt in singulis particulis ut distantiæ particularum a plano *Q R*, & his viribus particulæ illæ planum fugiunt; & propterea (per lem. 11) si materia annuli per totam globi superficiem in morem figuræ *P a p A P e p E* ad superiorem illam terræ partem constituendam spargeretur, vis & efficacia tota particularum omnium ad terram circa quamvis æquatoris diametrum rotandam, atque ideo ad movenda puncta æquinoctialia, evaderet minor quam prius in ratione 2 ad 5. Ideoque annuus æquinoctiorum regressus jam esset ad 20$^{gr.}$ 11' 46", ut 10 ad 73092 : ac proinde fieret 9" 56''' 50^{iv}.

Cæterum hic motus ob inclinationem plani æquatoris ad planum eclipticæ minuendus est, idque in ratione sinus 91706 (qui sinus est complementi graduum 23½) ad radium 100000. Qua ratione motus iste jam fiet 9" 7''' 20^{iv}. Hæc est annua præcessio æquinoctiorum a vi solis oriunda.

Vis autem lunæ ad mare movendum erat ad vim solis ut 4.4815 ad 1 circiter. Et vis lunæ ad æquinoctia movenda est ad vim solis in eadem proportione. Indeque prodit annua æquinoctiorum præcessio a vi lunæ oriunda 40" 52''' 52^{iv}, ac tota præcessio annua a vi utraque oriunda 50" 00''' 12^{iv}. Et hic motus cum phænomenis congruit. Nam præcessio æquinoctiorum ex observationibus astronimicis est annuatim minutorum secundorum plus minus quinquaginta.

Si altitudo terræ ad æquatorem superet altitudinem ejus ad polos milliaribus pluribus quam 17½, materia ejus rarior erit ad circumferentiam quam ad centrum : & præcessio æquinoctiorum ob altitudinem illam augeri, ob raritatem diminui debet.

Descripsimus jam systema solis, terræ, lunæ, & planetarum : superest ut de cometis nonnulla adjiciantur.

LEMMA IV.

Cometas esse luna superiores & in regione planetarum versari.

Ut defectus parallaxeos diurnæ extulit cometas supra regiones sublunares, sic ex parallaxi annua convincitur eorum descensus in regiones planetarum.   Nam cometæ, qui progrediuntur secundum ordinem signorum, sunt omnes sub exitu apparitionis aut solito tardiores aut retrogradi si terra est inter ipsos & solem; at justo celeriores si terra vergit ad oppositionem.   Et contra, qui pergunt contra ordinem signorum sunt justo celeriores in fine apparitionis si terra versatur inter ipsos & solem; & justo tardiores vel retrogradi si terra sita est ad contrarias partes.   Contingit hoc maxime ex motu terræ in vario ipsius situ, perinde ut fit in planetis, qui pro motu terræ vel conspirante vel contrario nunc retrogradi sunt, nunc tardius progredi videntur, nunc vero celerius.   Si terra pergit ad eandem partem cum cometa, & motu angulari circa solem tanto celerius fertur, ut recta per terram & cometam perpetuo ducta convergat ad partes ultra cometam, cometa e terra spectatus ob motum suum tardiorem apparet esse retrogradus; sin terra tardius fertur,

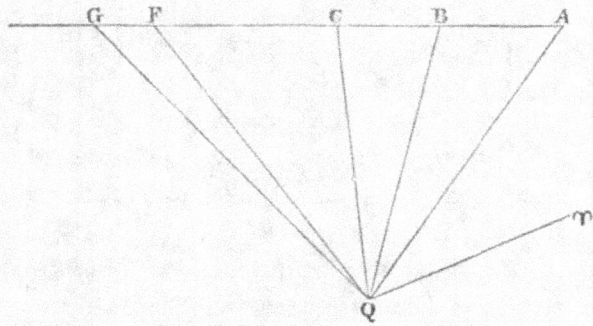

motus cometæ (detracto motu terræ) fit saltem tardior.   At si terra pergit in contrarias partes, cometa exinde velocior apparet.   Ex acceleratione autem vel retardatione vel motu retrogrado distantia cometæ in hunc modum colligitur.   Sunto $\Upsilon Q A$, $\Upsilon Q B$, $\Upsilon Q C$ observatæ tres longitudines cometæ sub initio motus, sitque $\Upsilon Q F$

longitudo ultimo observata, ubi cometa videri desinit. Agatur recta
$A\,B\,C$, cujus partes $A\,B$, $B\,C$ rectis $Q\,A$ & $Q\,B$, $Q\,B$ & $Q\,C$ interjectæ sint ad invicem ut tempora inter observationes tres primas.
Producatur $A\,C$ ad G, ut sit $A\,G$ ad $A\,B$ ut tempus inter observationem primam & ultimam ad tempus inter observationem primam &
secundam, & jungatur $Q\,G$. Et si cometa moveretur uniformiter in
linea recta, atque terra vel quiesceret, vel etiam in linea recta uniformi
cum motu progrederetur; foret angulus $\gamma\,Q\,G$ longitudo cometæ
tempore observationis ultimæ. Angulus igitur $F\,Q\,G$, qui longitudinum differentia est, oritur ab inæqualitate motuum cometæ ac terræ.
Hic autem angulus, si terra & cometa in contrarias partes moventur,
additur angulo $\gamma\,Q\,G$, & sic motum apparentem cometæ velociorem
reddit: sin cometa pergit in easdem partes cum terra, eidem subducitur, motumque cometæ vel tardiorem reddit, vel forte retrogradum;
uti modo exposui. Oritur igitur hic angulus præcipue ex motu
terræ, & idcirco pro parallaxi cometæ merito habendus est, neglecto
videlicet ejus incremento vel decremento nonnullo, quod a cometæ
motu inæquabili in orbe proprio oriri possit. Distantia vero cometæ

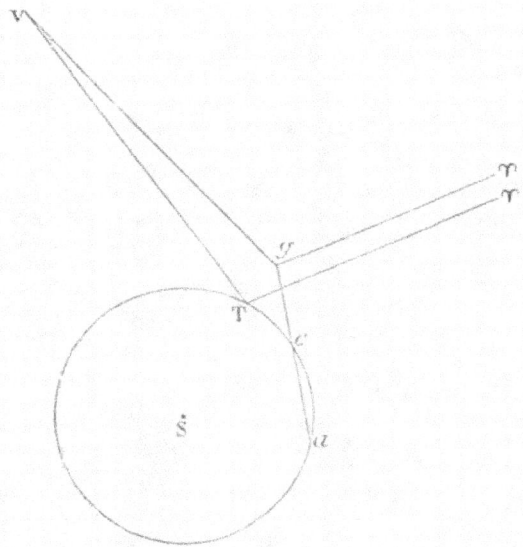

ex hac parallaxi sic colligitur. Designet S solem, $a\,c\,T$ orbem magnum, a locum terræ in observatione prima, c locum terræ in observa-

tione tertia, T locum terræ in observatione ultima, & T ♈ lineam rectam versus principium arietis ductam. Sumatur angulus ♈ $T V$ æqualis angulo ♈ $Q F$, hoc est, æqualis, longitudini cometæ ubi terra versatur in T. Jungatur $a c$, & producatur ea ad g, ut sit $a g$ ad $a c$ ut $A G$ ad $A C$, & erit g locus quem terra tempore observationis ultimæ, motu in recta $a c$ uniformiter continuato, attingeret.

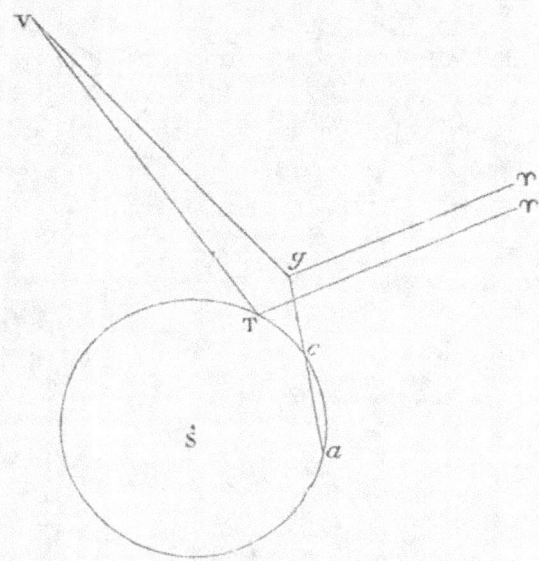

Ideoque si ducatur g ♈ ipsi T ♈ parallela, & capiatur angulus ♈ $g V$ angulo ♈ $Q G$ æqualis, erit hic angulus ♈ $g V$ æqualis longitudini cometæ e loco g spectati ; & angulus $T V g$ parallaxis erit, quæ oritur a translatione terræ de loco g in locum T: ac proinde V locus erit cometæ in plano eclipticæ. Hic autem locus V orbe *Jovis* inferior esse solet.

Idem colligitur ex curvatura viæ cometarum. Pergunt hæc corpora propemodum in circulis maximis quamdiu moventur celerius ; at in fine cursus, ubi motus apparentis pars illa, quæ a parallaxi oritur, majorem habet proportionem ad motum totum apparentem, deflectere solent ab his circulis, & quoties terra movetur in unam partem, abire in partem contrariam. Oritur hæc deflexio maxime ex parallaxi, propterea quod respondet motui terræ ; & insignis ejus quantitas, meo computo, collocavit disparentes cometas satis longe infra jovem. Unde consequens est quod in perigæis & periheliis, ubi propius adsunt, descendunt sæpius infra orbes martis & inferiorum planetarum.

Confirmatur etiam propinquitas cometarum ex luce capitum. Nam corporis cœlestis a sole illustrati & in regiones longinquas abeuntis diminuitur splendor in quadruplicata ratione distantiæ : in duplicata ratione videlicet ob auctam corporis distantiam a sole, & in alia duplicata ratione ob diminutam diametrum apparentem. Unde si detur & lucis quantitas & apparens diameter cometæ dabitur distantia, dicendo quod distantia sit ad distantiam planetæ in ratione diametri ad diametrum directe & ratione subduplicata lucis ad lucem inverse. Sic minima capillitii cometæ anni 1682 diameter, per tubum opticum sexdecim pedum a *Flamstedio* observata & micrometro mensurata, æquabat $2'$ $0''$; nucleus autem seu stella in medio capitis vix decimam partem latitudinis hujus occupabat, ideoque lata erat tantum $11''$ vel $12''$. Luce vero & claritate capitis superabat caput cometæ anni 1680, stellasque primæ vel secundæ magnitudinis æmulabatur. Ponamus saturnum cum annulo suo quasi quadruplo lucidiorem fuisse : & quoniam lux annuli propemodum æquabat lucem globi intermedii, & diameter apparens globi sit quasi $21''$ ideoque lux globi & annuli conjunctim æquaret lucem globi cujus diameter esset $30''$, erit distantia cometæ ad distantiam saturni ut 1 ad $\sqrt{4}$ inverse & $12''$ ad $30''$ directe, id est, ut 24 ad 30 seu 4 ad 5. Rursus cometa anni 1665 mense aprili, ut auctor est *Hevelius*, claritate sua pene fixas omnes superabat, quinetiam ipsum saturnum, ratione coloris videlicet longe vividioris. Quippe lucidior erat hic cometa altero illo, qui in fine anni præcedentis apparuerat, & cum stellis primæ magnitudinis conferebatur. Latitudo capillitii erat quasi $6'$, at nucleus cum planetis ope tubi optici collatus plane minor erat jove, & nunc minor corpore intermedio saturni, nunc ipsi æqualis judicabatur. Porro cum diameter capillitii cometarum raro superet $8'$ vel $12'$, diameter vero nuclei seu stellæ centralis sit quasi decima vel forte decima quinta pars diametri capillitii, patet stellas hasce ut plurimum ejusdem esse apparentis magnitudinis cum planetis. Unde cum lux earum cum luce saturni non raro conferri possit eamque aliquando superet, manifestum est quod cometæ omnes in periheliis vel infra saturnum collocandi sint vel non longe supra. Errant igitur toto cœlo, qui cometas in regionem fixarum prope ablegant : qua certe ratione non magis illustrari deberent a sole nostro, quam planetæ, qui hic sunt, illustrantur a stellis fixis.

Hæc disputavimus non considerando obscurationem cometarum per fumum illum maxime copiosum & crassum, quo caput circundatur, quasi per nubem obtuse semper lucens. Nam quanto obscurius redditur corpus per hunc fumum, tanto propius ad solem accedat necesse est, ut copia lucis a se reflexæ planetas æmuletur. Inde verisimile fit cometas longe infra sphæram saturni descendere, uti ex parallaxi probavimus. Idem vero quam maxime confirmatur ex caudis. Hæ vel ex reflexione fumi sparsi per æthera vel ex luce capitis oriuntur. Priore casu minuenda est distantia cometarum, ne fumus a capite semper ortus per spatia nimis ampla incredibili cum velocitate & expansione propagetur. In posteriore referenda est lux omnis tam caudæ quam capillitii ad nucleum capitis. Igitur si concipiamus lucem hanc omnem congregari & intra discum nuclei coarctari, nucleus ille jam certe, quoties caudam maximam & fulgentissimam emittit, jovem ipsum splendore suo multum superabit. Minore igitur cum diametro apparente plus lucis emittens, multo magis illustrabitur a sole, ideoque erit soli multo propior. Quinetiam capita sub sole delitescentia, & caudas cum maximas tum fulgentissimas instar trabium ignitarum nonnunquam emittentia, eodem argumento infra orbem veneris collocari debent. Nam lux illa omnis si in stellam congregari supponatur, ipsam venerem ne dicam veneres plures conjunctas quandoque superaret.

Idem denique colligitur ex luce capitum crescente in recessu cometarum a terra solem versus, ac decrescente in eorum recessu a sole versus terram. Sic enim cometa posterior anni 1665 (observante *Hevelio*) ex quo conspici cœpit remittebat semper de motu suo apparente, ideoque præterierat perigæum ; splendor vero capitis nihilominus indies crescebat, usque dum cometa radiis solaribus obtectus desiit apparere. Cometa anni 1683 (observante eodem *Hevelio*) in fine mensis julii, ubi primum conspectus est, tardissime movebatur, minuta prima 40 vel 45 circiter singulis diebus in orbe suo conficiens. Ex eo tempore motus ejus diurnus perpetuo augebatur usque ad *Sept.* 4, quando evasit graduum quasi quinque. Igitur toto hoc tempore cometa ad terram appropinquabat. Id quod etiam ex diametro capitis micrometro mensurata colligitur : quippe quam *Hevelius* reperit *Aug.* 6 esse tantum 6′ 5″ inclusa coma, at *Sept.* 2 esse 9′ 7″. Caput igitur initio longe minus apparuit quam in fine motus, at initio tamen in vicinia solis longe lucidius extitit quam circa finem, ut refert idem *Hevelius.* Proinde toto hoc tempore, ob recessum ipsius a sole, quoad lumen decrevit, non obstante accessu ad terram. Cometa anni 1618 circa medium mensis *Decembris* & iste anni 1680 circa finem ejusdem mensis celerrime movebantur, ideoque tunc erant in perigæis. Verum splendor maximus capitum contigit ante duas fere septimanas, ubi modo exierant de radiis solaribus ; & splendor maximus caudarum paulo ante in majore vicinitate solis. Caput cometæ prioris, juxta observationes *Cysati, Decemb.* 1 majus videbatur stellis primæ magnitudinis, & *Decemb.* 16 (jam in perigæo existens) magnitudine parum, splendore seu claritate luminis plurimum defecerat. *Jan.* 7 *Keplerus* de capite incertus finem fecit observandi. Die 12 mensis *Decemb.* conspectum & a *Flamstedio* observatum est caput cometæ posterioris in distantia novem graduum a sole ; id quod stellæ tertiæ magnitudinis vix concessum fuisset. *Decemb.* 15 & 17 apparuit idem ut stella tertiæ magnitudinis, diminutum utique splendore nubium juxta solem occidentem. *Decemb.* 26 velocissime motus, inque perigæo propemodum existens, cedebat ori pegasi, stellæ tertiæ magnitudinis. *Jan.* 3 apparebat ut stella quartæ, *Jan.* 9 ut stella quintæ, *Jen.* 13 ob splendorem lunæ crescentis disparuit. *Jan.* 25 vix æquabat stellas magnitudinis septimæ. Si sumantur æqualia a perigæo hinc inde tempora, capita quæ temporibus illis in longinquis regionibus posita, ob æquales a terra distantias, æqualiter lucere debuissent, in plaga solis maxime splenduere, ex altera perigæi parte evanuere. Igitur ex magna lucis in utroque situ differentia concluditur magna solis & cometæ vicinitas in situ priore. Nam lux cometarum regularis esse solet & maxima apparere, ubi capita velocissime moventur atque ideo sunt in perigæis ; nisi quatenus ea major est in vicinia solis.

Corol. 1. Splendent igitur cometæ luce solis a se reflexa.

Corol. 2. Ex dictis etiam intelligitur cur cometæ tantopere frequentant regionem solis. Si cernerentur in regionibus longe ultra saturnum, deberent sæpius apparere in partibus soli oppositis. Forent enim terræ viciniores, qui in his partibus versarentur; & sol interpositus obscuraret cæteros. Verum percurrendo historias cometarum reperi quod quadruplo vel quintuplo plures detecti sunt in hemisphærio solem versus quam in hemisphærio opposito, præter alios proculdubio non paucos quos lux solaris obtexit. Nimirum in descensu ad regiones nostras neque caudas emittunt, neque adeo illustrantur a sole, ut nudis oculis se prius detegendos exhibeant, quam sint ipso jove propiores. Spatii autem tantillo intervallo circa solem descripti pars longe major sita est a latere terræ, quod solem respicit; inque parte illa majore cometæ, soli ut plurimum viciniores, magis illuminari solent.

Corol. 3. Hinc etiam manifestum est, quod cœli resistentia destituuntur. Nam cometæ vias obliquas & nonnunquam cursui planetarum contrarias secuti moventur omnifariam liberrime, & motus suos, etiam contra cursum planetarum, diutissime conservant. Fallor ni genus planetarum sint & motu perpetuo in orbem redeant. Nam quod scriptores aliqui meteora esse volunt, argumentum a capitum perpetuis mutationibus ducentes, fundamento carere videtur. Capita cometarum atmosphæris ingentibus cinguntur; & atmosphæræ inferne densiores esse debent. Unde nubes sunt, non ipsa cometarum corpora, in quibus mutationes illæ visuntur. Sic terra si e planetis spectaretur luce nubium suarum proculdubio splenderet, & corpus firmum sub nubibus prope delitesceret. Sic cingula jovis in nubibus planetæ illius formata sunt, quæ situm mutant inter se, & firmum jovis corpus per nubes illas difficilius cernitur. Et multo magis corpora cometarum sub atmosphæris & profundioribus & crassioribus abscondi debent.

PROPOSITIO XL. THEOREMA XX.

Cometas in sectionibus conicis umbilicos in centro solis habentibus moveri, & radiis ad solem ductis areas temporibus proportionales describere.

Patet per corol. 1 prop. XIII libri primi collatum cum prop. VIII, XII & XIII libri tertii.

Corol. 1. Hinc si cometæ in orbem redeunt, orbes erunt ellipses & tempora periodica erunt ad tempora periodica planetarum in axium principalium ratione sesquiplicata. Ideoque cometæ maxima ex parte supra planetas versantes & eo nomine orbes axibus majoribus describentes tardius revolventur. Ut si axis orbis cometæ sit quadruplo major axe orbis saturni, tempus revolutionis cometæ erit ad tempus revolutionis saturni, id est ad annos 30, ut $4\sqrt{4}$ (seu 8) ad 1, ideoque erit annorum 240.

Corol. 2. Orbes autem erunt parabolis adeo finitimi, ut eorum vice parabolæ sine erroribus sensibilibus adhiberi possint.

Corol. 3. Et propterea (per corol. 7 prop. XVI lib. 1) velocitas cometæ omnis erit semper ad velocitatem planetæ cujusvis circa solem in circulo revolventis in subduplicata ratione duplæ distantiæ planetæ a centro solis ad distantiam cometæ a centro solis quamproxime. Ponamus radium orbis magni, seu ellipseos in qua terra revolvitur, semidiametrum maximam esse partium 100000000: & terra motu suo diurno mediocri describet partes 1720212, & motu horario partes $71675\frac{1}{2}$. Ideoque cometa in eadem telluris a sole distantia mediocri ea cum velocitate quæ sit ad velocitatem telluris ut $\sqrt{2}$ ad 1 describet motu suo diurno partes 2432747, & motu horario partes $101364\frac{1}{2}$. In majoribus autem vel minoribus distantiis motus tum diurnus tum horarius erit ad hunc motum diurnum & horarium in subduplicata ratione distantiarum reciproce, ideoque datur.

Corol. 4. Unde si latus rectum parabolæ quadruplo majus sit radio orbis magni & quadratum radii illius ponatur esse partium 100000000 area quam cometa radio ad solem ducto singulis diebus describit erit partium 1216373½, & singulis horis area illa erit partium 50682¼. Sin latus rectum majus sit vel minus in ratione quavis, erit area diurna & horaria major vel minor in eadem ratione subduplicata.

LEMMA V.

Invenire lineam curvam generis parabolici, quæ per data quotcunque puncta transibit.

Sunto puncta illa A, B, C, D, E, F, &c. & ab iisdem ad rectam quamvis positione datam HN demitte perpendicula quotcunque AH, BI, CK, DL, EM, FN.

Cas. 1. Si punctorum H, I, K, L, M, N æqualia sunt intervalla HI, IK, KL, &c. collige perpendiculorum AH, BI, CK, &c. differentias primas b, $2b$, $3b$, $4b$, $5b$, &c. secundas c, $2c$, $3c$, $4c$, &c. tertias d, $2d$, $3d$, &c. id est, ita ut sit $AH - BI = b$, $BI - CK = 2b$, $CK - DL = 3b$, $DL + EM = 4b$, $-EM + FN = 5b$, &c. dein $b -$

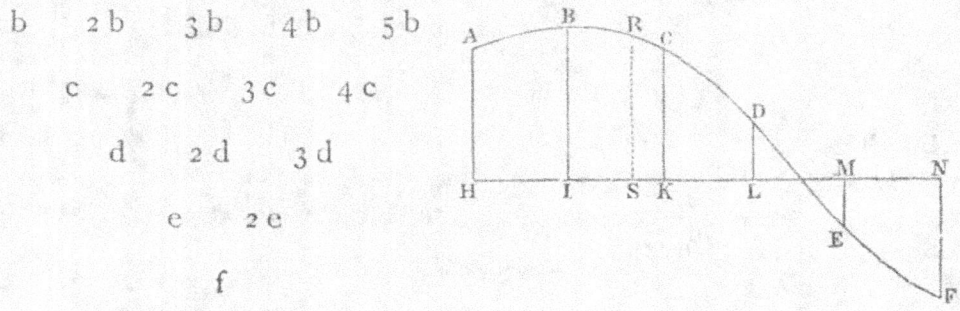

b $2b$ $3b$ $4b$ $5b$

     c $2c$ $3c$ $4c$

       d $2d$ $3d$

          e $2e$

            f

$2b = c$, &c. & sic pergatur ad differentiam ultimam, quæ hic est f. Deinde erecta quacunque perpendiculari RS, quæ fuerit ordinatim applicata ad curvam quæsitam : ut inveniatur hujus longitudo, pone intervalla HI, IK, KL, LM, &c. unitates esse, & dic $AH = a$, $-HS = p$, $½p$ in $-IS = q$, $⅓q$ in $+SK = r$, $¼r$ in $+SL = s$, $⅕s$ in $+SM = t$; pergendo videlicet ad usque penultimum perpendiculum ME, & præponendo signa negativa terminis HS, IS, &c. qui jacent ad partes puncti S versus A, & signa affirmativa terminis SK, SL, &c. qui jacent ad alteras partes puncti S. Et signis probe observatis, erit $RS = a + bp + cq + dr + es + ft$, &c.

Cas. 2. Quod si punctorum H, I, K, L, &c. inæqualia sint intervalla HI, IK, &c. collige perpendiculorum AH, BI, CK, &c. differentias primas per intervalla perpendiculorum divisas $b, 2b, 3b, 4b, 5b$; secundas per intervalla bina divisas $c, 2c, 3c, 4c$, &c. tertias per intervalla terna divisas $d, 2d, 3d$, &c. quartas per intervalla quaterna divisas $e, 2e$, &c. & sic deinceps; id est, ita ut sit $b = \dfrac{AH - BI}{HI}$, $2b = \dfrac{BI - CK}{IK}$, $3b = \dfrac{CK - DL}{KL}$, &c. dein $c = \dfrac{b - 2b}{HK}$,

$2c = \dfrac{2b - 3b}{IL}$, $3c = \dfrac{3b - 4b}{KM}$, &c. postea $d = \dfrac{c - 2c}{HL}$, $2d = \dfrac{2c - 3c}{IM}$,

&c. Inventis differentiis, dic $AH = a, -HS = p$, p in $-IS = q$, q in $+SK = r$, r in $+SL = s$, s in $+SM = t$; pergendo scilicet ad usque perpendiculum penultimum ME, & erit ordinatim applicata $RS = a + bp + cq + dr + es + ft$, &c.

Corol. Hinc areæ curvarum omnium inveniri possunt quamproxime. Nam si curvæ cujusvis quadrandæ inveniantur puncta aliquot, & parabola per eadem duci intelligatur: erit area parabolæ hujus eadem quamproxime cum area curvæ illius quadrandæ. Potest autem parabola per methodos notissimas semper quadrari Geometrice.

LEMMA VI.

Ex observatis aliquot locis cometæ invenire locum ejus ad tempus quodvis intermedium datum.

Designent HI, IK, KL, LM tempora inter observationes (in *fig. præced.*) HA, IB, KC, LD, ME observatas quinque longitudines cometæ, HS tempus datum inter observationem primam & longitudinem quæsitam. Et si per puncta A, B, C, D, E duci intelligatur curva regularis $ABCDE$, & per lemma superius inveniatur ejus ordinatim applicata RS, erit RS longitudo quæsita.

Eadem methodo ex observatis quinque latitudinibus invenitur latitudo ad tempus datum.

Si longitudinum observatarum parvæ sint differentiæ, puta graduum tantum 4 vel 5 suffecerint observationes tres vel quatuor ad inveniendam longitudinem & latitudinem novam.   Sin majores sint differentiæ, puta graduum 10 vel 20, debebunt observationes quinque adhiberi.

L E M M A   V I I.

Per datum punctum P *ducere rectam lineam* B C, *cujus partes* P B, P C, *rectis duabus positione datis* A B, A C *abscissæ, datam habeant rationem ad invicem.*

A puncto illo *P* ad rectarum alterutram *A B* ducatur recta quævis *P D*, & producatur eadem versus rectam alteram *A C* usque ad *E*, ut sit *P E* ad *P D* in data illa ratione.   Ipsi *A D* parallela sit *E C;* & si agatur *C P B*, erit *P C* ad *P B* ut *P E* ad *P D*.   Q.E.F.

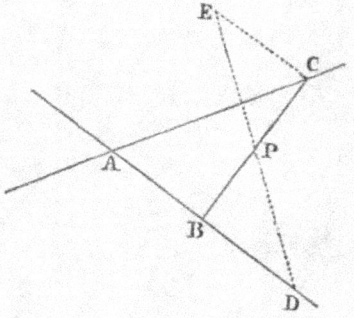

L E M M A   V I I I.

Sit A B C *parabola umbilicum habens* S.   *Chorda* A C *bisecta in*

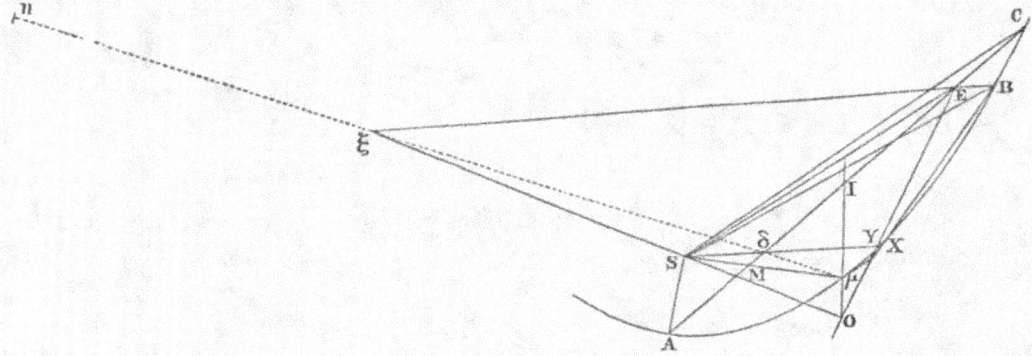

I *abscindatur segmentum* A B C I, *cujus diameter sit* I μ *& vertex* μ.

In I μ *producta capiatur* μ O *æqualis dimidio ipsius* I μ. *Jungatur* O S, *& producatur ea ad* ξ, *ut sit* S ξ *æqualis* 2 S O. *Et si cometa* B *moveatur in arcu* C B A, *& agatur* ξ B *secans* A C *in* E : *dico quod punctum* E *abscindet de chorda* A C *segmentum* A E *tempori proportionale quamproxime.*

Jungatur enim *E O* secans arcum parabolicum *A B C* in *Y*, & agatur μ *X*, quæ tangat eundem arcum in vertice μ & actæ *E O* occurrat in *X ;* & erit area curvilinea *A E X μ A* ad aream curvilineam *A C Y μ A* ut *A E* ad *A C.* Ideoque cum triangulum *A S E* sit ad triangulum *A S C* in eadem ratione, erit area tota *A S E X μ A* ad aream totam *A S C Y μ A* ut *A E* ad *A C.* Cum autem ξ O sit ad *S O* ut 3 ad 1 & *E O* ad *X O* in eadem ratione, erit *S X* ipsi *E B* parallela : & propterea si jungatur *B X* erit triangulum *S E B* triangulo *X E B* æquale. Unde si ad aream *A S E X μ A* addatur triangulum *E X B*, & de summa auferatur triangulum *S E B*, manebit area *A S B X μ A* areæ *A S E X μ A* æqualis, atque ideo ad aream *A S C Y μ A* ut *A E* ad *A C.* Sed areæ *A S B X μ A* æqualis est area *A S B Y μ A* quamproxime, & hæc area *A S B Y μ A* est ad aream *A S C Y μ A*, ut tempus descripti arcus *A B* ad tempus descripti arcus totius *A C.* Ideoque *A E* est ad *A C* in ratione temporum quamproxime. *Q. E. D.*

Corol. Ubi punctum *B* incidit in parabolæ verticem μ, est *A E* ad *A C* in ratione temporum accurate.

Scholium.

Si jungatur μ ξ secans *A C* in δ, & in ea capiatur ξ *n*, quæ sit ad μ *B* ut 27 *M I* ad 16 *M* μ : acta *B n* secabit chordam *A C* in ratione temporum magis accurate quam prius. Jaceat autem punctum *n* ultra punctum ξ, si punctum *B* magis distat a vertice principali parabolæ quam punctum μ ; & citra, si minus distat ab eodem vertice.

LEMMA IX.

Rectæ I μ *&* μ M *& longitudo* $\dfrac{A\,I\,C}{4\,S\,\mu}$ *æquantur inter se.*

Nam 4 S μ est latus rectum parabolæ pertinens ad verticem μ.

LEMMA X.

Si producatur S μ *ad* N *&* P, *ut* μ N *sit pars tertia ipsius* μ I, *&*
S P *sit ad* S N *ut* S N *ad* S μ, *cometa, quo tempore describit arcum*
A μ C, *si progrederetur ea semper cum velocitate quam habet in alti-*
tudine ipsi S P *æquali, describeret longitudinem æqualem chordæ* A C.

Nam si cometa velocitate, quam habet in μ, eodem tempore progrederetur uniformiter in recta, quæ parabolam tangit in μ; area,
quam radio ad punctum S ducto describeret, æqualis esset areæ
parabolicæ A S C μ. Ideoque contentum sub longitudine in tangente
descripta & longitudine S μ esset ad contentum sub longitudinibus
A C & S M, ut area A S C μ ad triangulum A S C, id est, ut S N

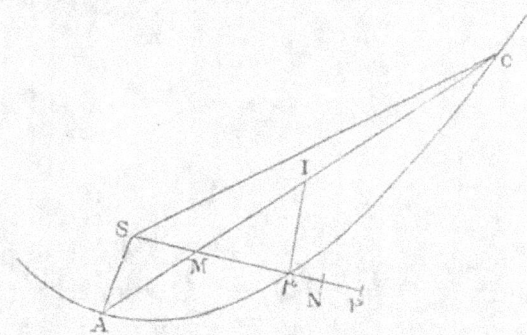

ad S M. Quare A C est ad longitudinem in tangente descriptam,
ut S μ ad S N. Cum autem velocitas cometæ in altitudine S P sit
(per corol. 6 prop. XVI lib. 1) ad ejus velocitatem in altitudine S μ
in subduplicata ratione S P ad S μ inverse, id est, in ratione S μ ad
S N: longitudo hac velocitate eodem tempore descripta erit ad lon-

gitudinem in tangente descriptam, ut $S\mu$ ad SN. Igitur AC & longitudo hac nova velocitate descripta, cum sint ad longitudinem in
tangente descriptam in eadem ratione, æquantur inter se. *Q. E. D.*

Corol. Cometa igitur ea cum velocitate, quam habet in altitudine
$S\mu + \frac{2}{3} I\mu$, eodem tempore describeret chordam AC quamproxime.

LEMMA XI.

Si cometa motu omni privatus de altitudine S N *seu* $S\mu + \frac{1}{3} I\mu$
demitteretur, ut caderet in solem, & ea semper vi uniformiter con-
tinuata urgeretur in solem, qua urgetur sub initio; idem semisse
temporis, quo in orbe suo describat arcum A C, *descensu suo describeret*
spatium longitudini I μ *æquale.*

Nam cometa, quo tempore describat arcum parabolicum AC,
eodem tempore ea cum velocitate, quam habet in altitudine SP (per
lemma novissimum) describet chordam AC, ideoque (per corol. 7
prop. xvi lib. 1) eodem tempore in circulo, cujus semidiameter esset
SP, vi gravitatis suæ revolvendo describeret arcum, cujus longitudo
esset ad arcus parabolici chordam AC in subduplicata ratione
unitatis ad binarium. Et propterea eo cum pondere, quod habet in
solem in altitudine SP, cadendo de altitudine illa in solem, describeret semisse temporis illius (per corol. 9 prop. iv lib. 1) spatium
æquale quadrato semissis chordæ illius applicato ad quadruplum
altitudinis SP, id est, spatium $\frac{AIq}{4SP}$. Unde cum pondus cometæ in
solem in altitudine SN sit ad ipsius pondus in solem in altitudine
SP, ut SP ad $S\mu$: cometa pondere quod habet in altitudine SN
eodem tempore, in solem cadendo, describit spatium $\frac{AIq}{4S\mu}$, id est,
spatium longitudini $I\mu$ vel $M\mu$ æquale. *Q. E. D.*

PROPOSITIO XLI.   PROBLEMA XXI.

Cometæ in parabola moti trajectoriam ex datis tribus observationibus determinare.

Problema hocce longe difficillimum multimode aggressus, composui problemata quædam in libro primo, quæ ad ejus solutionem spectant.   Postea solutionem sequentem paulo simpliciorem excogitavi.

Seligantur tres observationes æqualibus temporum intervallis ab invicem quamproxime distantes.   Sit autem temporis intervallum illud, ubi cometa tardius movetur, paulo majus altero, ita videlicet ut temporum differentia sit ad summam temporum, ut summa temporum ad dies plus minus sexcentos; vel ut punctum *E* (in fig. lem. VIII)

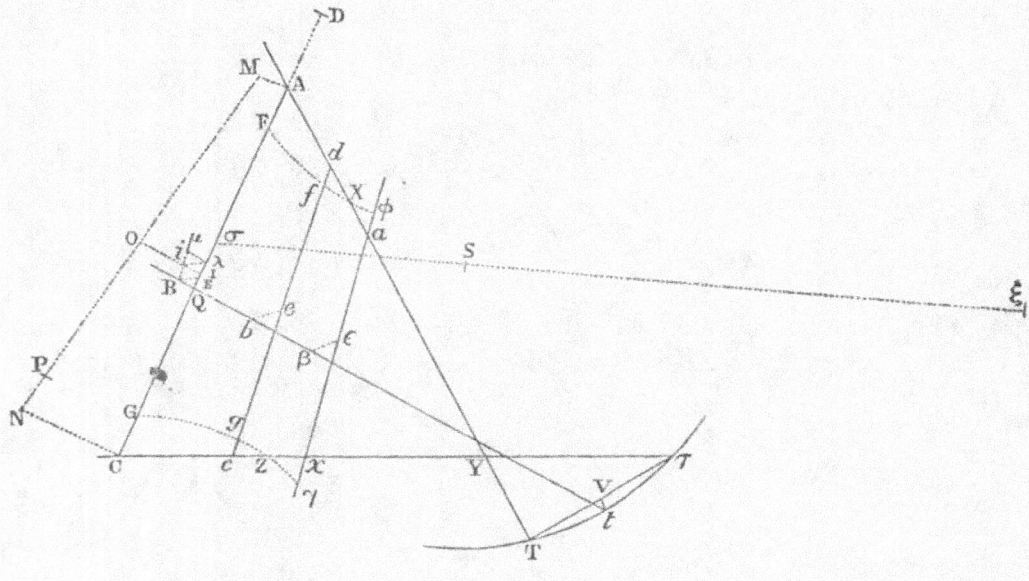

incidat in punctum *M* quamproxime, & inde aberret versus *I* potius quam versus *A*.   Si tales observationes non præsto sint, inveniendus est novus cometæ locus per lemma sextum.

Designent S solem, T, t, τ tria loca terræ in orbe magno, TA tB, τC observatas tres longitudines cometæ, V tempus inter observationem primam & secundam, W tempus inter secundam ac tertiam, X longitudinem, quam cometa toto illo tempore ea cum velocitate, quam habet in mediocri telluris a sole distantia, describere posset, quæque (per corol. 3 prop. xl lib. iii) invenienda est, & tV perpendiculum in chordam $T\tau$.   In observata longitudine media tB sumatur utcunque punctum B pro loco cometæ in plano eclipticæ, & inde versus solem S ducatur linea BE, quæ sit ad sagittam iV, ut contentum sub SB & St *quad.* ad cubum hypotenusæ trianguli rectanguli, cujus latera sunt SB & tangens latitudinis cometæ in observatione secunda ad radium tB.   Et per punctum E agatur (per hujus lem. vii) recta AEC, cujus partes AE, EC, ad rectas TA & τC terminatæ, sint ad invicem ut tempora V & W: & erunt A & C loca cometæ in plano eclipticæ in observatione prima ac tertia quamproxime, si modo B sit locus ejus recte assumptus in observatione secunda.

Ad AC bisectam in I erige perpendiculum Ii.   Per punctum B age occultam Bi ipsi AC parallelam.   Junge occultam Si secantem AC in λ, & comple parallelogrammum $iI\lambda\mu$.   Cape $I\sigma$ æqualem $3I\lambda$, & per solem S age occultam $\sigma\xi$ æqualem $3S\sigma + 3i\lambda$.   Et deletis jam literis A, E, C, I, a puncto B versus punctum ξ duc occultam novam BE, quæ sit ad priorem BE in duplicata ratione distantiæ BS ad quantitatem $S\mu + \frac{1}{3}i\lambda$.   Et per punctum E iterum duc rectam AEC eadem lege ac prius, id est, ita ut ejus partes AE & EC sint ad invicem ut tempora inter observationes V & W.   Et erunt A & C loca cometæ magis accurate.

Ad AC bisectam in I erigantur perpendicula AM, CN, IO, quorum AM & CN sint tangentes latitudinum in observatione prima ac tertia ad radios TA & τC.   Jungatur MN secans IO in O.   Constituatur rectangulum $iI\lambda\mu$ ut prius.   In IA producta capiatur ID æqualis $S\mu + \frac{2}{3}i\lambda$.   Deinde in MN versus N capiatur MP, quæ sit ad longitudinem supra inventam X in subduplicata ratione mediocris distantiæ telluris a sole (seu semidiametri orbis magni) ad distantiam OD.   Si punctum P incidat in punctum N; erunt A, B, C tria loca cometæ, per quæ orbis ejus in plano eclipticæ describi debet. Sin punctum P non incidat in punctum N; in recta AC capiatur CG ipsi NP æqualis, ita ut puncta G & P ad easdem partes rectæ NC jaceant.

Eadem methodo, qua puncta E, A, C, G, ex assumpto puncto B inventa sunt, inveniantur ex assumptis utcunque punctis aliis b & β puncta nova e, a, c, g, & $\epsilon, a, \kappa, \gamma$. Deinde si per G, g, γ ducatur circumferentia circuli $Gg\gamma$, secans rectam τC in Z: erit Z locus cometæ in plano eclipticæ. Et si in $AC, ac, a\kappa$ capiantur AF, $af, a\phi$ ipsis $CG, cg, \kappa\gamma$ respective æquales, & per puncta F, f,

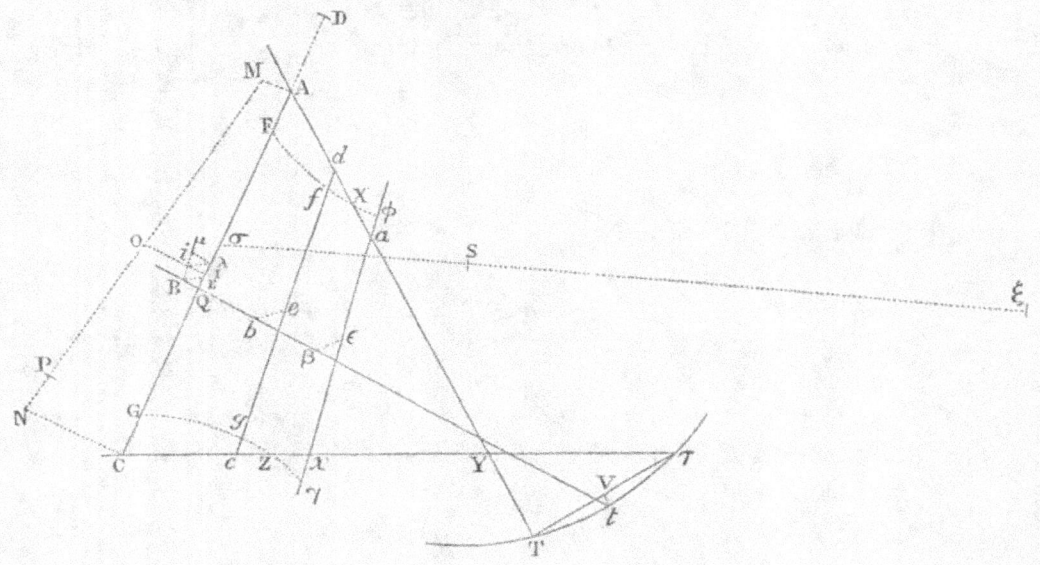

ϕ ducatur circumferentia circuli $Ff\phi$, secans rectam AT in X; erit punctum X alius cometæ locus in plano eclipticæ. Ad puncta X & Z erigantur tangentes latitudinum cometæ ad radios TX & τZ; & habebuntur loca duo cometæ in orbe proprio. Denique (per prop. XIX lib. 1) umbilico S per loca illa duo describatur parabola, & hæc erit trajectoria cometæ. *Q.E.I.*

Constructionis hujus demonstratio ex lemmatibus consequitur: quippe cum recta AC secetur in E in ratione temporum per lemma VII, ut oportet per lem. VIII: & BE per lem. XI sit pars rectæ BS vel $B\xi$ in plano eclipticæ arcui ABC & chordæ AEC interjecta; & MP (per corol. lem. X) longitudo sit chordæ arcus, quem cometa in orbe proprio inter observationem primam ac tertiam describere debet, ideoque ipsi $M N$ æqualis fuerit, si modo B sit verus cometæ locus in plano eclipticæ.

Cæterum puncta B, b, β non quælibet, sed vero proxima eligere convenit. Si angulus $A Q t$, in quo vestigium orbis in plano eclipticæ descriptum secat rectam $t B$, præterpropter innotescat; in angulo illo ducenda erit recta occulta $A C$, quæ sit ad $\frac{1}{3} T \tau$ in subduplicata ratione $S Q$ ad $S t$. Et agendo rectam $S E B$, cujus pars $E B$ æquetur longitudini $V t$, determinabitur punctum B quod prima vice usurpare licet. Tum recta $A C$ deleta & secundum præcedentem constructionem iterum ducta, & inventa insuper longitudine $M P$; in $t B$ capiatur punctum b, ea lege, ut si $T A$, τC se mutuo secuerint in Y, sit distantia $Y b$ ad distantiam $Y B$, in ratione composita ex ratione $M P$ ad $M N$ & ratione subduplicata $S B$ ad $S b$. Et eadem methodo inveniendum erit punctum tertium β si modo operationem tertio repetere lubet. Sed hac methodo operationes duæ ut plurimum suffecerint. Nam si distantia $B b$ perexigua obvenerit; postquam inventa sunt puncta F, f & G, g, actæ rectæ $F f$ & $G g$ secabunt $T A$ & τC in punctis quæsitis X & Z.

Exemplum.

Proponatur cometa anni 1680. Hujus motum a *Flamstedio* observatum & ex observationibus computatum, atque ab *Halleio* ex iisdem observationibus correctum, tabula sequens exhibet.

	Tem. appar.	Tem. verum.	Long. Solis.	Cometæ Longitudo.	Cometæ Lat. bor.
	h. ′	h. ′ ″	° ′ ″	° ′ ″	° ′ ″
1680 Dec. 12	4 46	4 46 0	♑ 1 51 23	♑ 6 32 30	8 28 0
21	6 32½	6 36 59	11 6 44	♒ 5 8 12	21 42 13
24	6 12	6 17 52	14 9 26	18 49 23	25 23 5
26	5 14	5 20 44	16 9 22	28 24 13	27 0 52
29	7 55	8 3 2	19 19 43	♓ 13 10 41	28 9 58
30	8 2	8 10 26	20 21 9	17 38 20	28 11 53
1681 Jan. 5	5 51	6 1 38	26 22 18	♈ 8 48 53	26 15 7
9	6 49	7 0 53	♒ 0 29 2	18 44 4	24 11 56
10	5 54	6 6 10	1 27 43	20 40 50	23 43 52
13	6 56	7 8 55	4 33 20	25 59 48	22 17 28
25	7 44	7 58 42	16 45 36	♉ 9 35 0	17 56 30
30	8 7	8 21 53	21 49 58	13 19 51	16 42 18
Feb. 2	6 20	6 34 51	24 46 59	15 13 53	16 4 1
5	6 50	7 4 41	27 49 51	16 59 6	15 27 3

His adde observationes quasdam e nostris.

	Tem. appar.	Cometæ Longitudo.	Cometæ Lat. bor.
	h. ′	° ′ ″	° ′ ″
1681 Feb. 25	8 30	♉ 26 18 35	12 46 46
27	8 15	27 4 30	12 36 12
Mar. 1	11 0	27 52 42	12 23 40
2	8 0	28 12 48	12 19 38
5	11 30	29 18 0	12 3 16
7	9 30	♊ 0 4 0	11 57 0
9	8 30	0 43 4	11 45 52

Hæ observationes telescopio septupedali, & micrometro filisque in foco telescopii locatis peractæ sunt : quibus instrumentis & positiones fixarum inter se & positiones cometæ ad fixas determinavimus. Designet *A* stellam quartæ magnitudinis in sinistro calcaneo Persei *(Bayero* o) *B* stellam sequentem tertiæ magnitudinis in sinistro pede *(Bayero* ζ) & *C* stellam sextæ magnitudinis *(Bayero n)* in talo ejusdem pedis, ac *D, E, F, G, H, I, K, L, M, N, O, Z, α, β, γ, δ* stellas alias minores in eodem pede. Sintque *p, P, Q, R, S, T, V, X,*

loca cometæ in observationibus supra descriptis: & existente distantia
$A\,B$ partium $80\frac{7}{12}$, erat $A\,C$ partium $52\frac{1}{4}$, $B\,C$ $58\frac{5}{6}$, $A\,D$ $57\frac{3}{12}$, $B\,D$
$82\frac{6}{11}$, $C\,D$ $23\frac{2}{3}$, $A\,E$ $29\frac{1}{4}$, $C\,E$ $57\frac{1}{2}$, $D\,E$ $49\frac{11}{12}$, $A\,I$ $27\frac{7}{12}$, $B\,I$ $52\frac{1}{8}$, $C\,I$
$36\frac{1}{12}$, $D\,I$ $53\frac{5}{11}$, $A\,K$ $38\frac{2}{3}$, $B\,K$ 43, $C\,K$ $31\frac{5}{8}$, $F\,K$ 29, $F\,B$ 23, $F\,C$

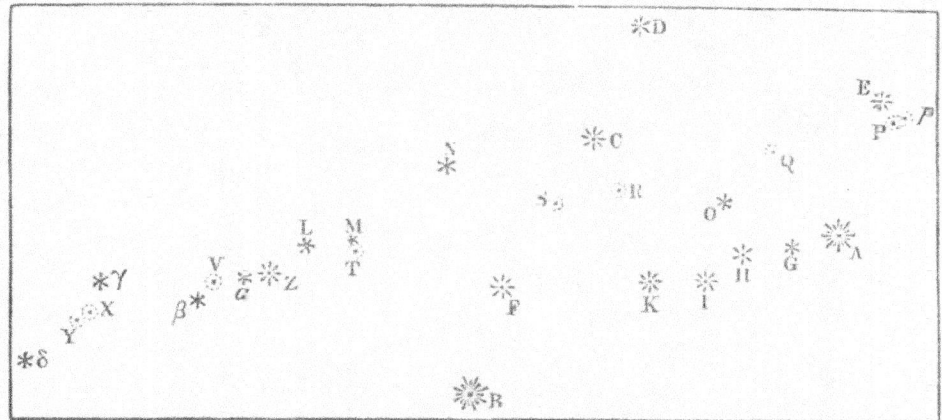

$36\frac{1}{2}$, $A\,H$ $18\frac{4}{5}$, $D\,H$ $50\frac{2}{5}$, $B\,N$ $46\frac{1}{2}$, $C\,N$ $31\frac{1}{4}$, $B\,L$ $45\frac{1}{2}$, $N\,L$ $31\frac{7}{8}$
$H\,O$ erat ad $H\,I$ ut 7 ad 6 & producta transibat inter stellas D & E,
sic ut distantia stellæ D ab hac recta esset $\frac{1}{5}C\,D$. $L\,M$ erat ad $L\,N$
ut 2 ad 9, & producta transibat per stellam H. His determinabantur
positiones fixarum inter se.

Tandem *Poundius* noster iterum observavit positiones harum
fixarum inter se, & earum longitudines & latitudines in tabulam
sequentem retulit.

Fixarum	Longitudines			Lat. boreal.		
	o	′	″	o	′	″
A	♉ 26	41	50	12	8	36
B	28	40	23	11	17	54
C	27	58	30	12	40	25
E	26	27	17	12	52	7
F	28	28	37	11	52	22
G	26	56	8	12	4	58
H	27	11	45	12	2	1
I	27	25	2	11	53	11
K	27	42	7	11	53	26

Fixarum	Longitudines			Lat. boreal.		
	o	′	″	o	′	″
L	♉ 29	33	34	12	7	48
M	29	18	54	12	7	20
N	28	48	29	12	31	9
Z	29	44	48	11	57	13
α	29	52	3	11	55	48
β	♊ 0	8	23	11	48	56
γ	0	40	10	11	55	18
δ	1	3	20	11	30	42

Positiones vero cometæ ad has fixas observabam ut sequitur.

Die veneris *Feb.* 25 st. vet. hor. $8\frac{1}{2}$ p.m. cometæ in p existentis
distantia a stella E erat minor quam $\frac{3}{13}$. $A\,E$, major quam $\frac{1}{5}$ $A\,E$,

2 I

ideoque æqualis $\frac{3}{4}$ $A\,E$ proxime ; & angulus $A\,p\,E$ nonnihil obtusus erat, sed fere rectus. Nempe si demitteretur ad $p\,E$ perpendiculum ab A, distantia cometæ a perpendiculo illo erat $\frac{1}{8}\,p\,E$.

Eadem nocte hora $9\frac{1}{2}$, cometæ in P existentis distantia a stella E erat major quam $\frac{1}{4\frac{1}{2}}\,A\,E$, minor quam $\frac{1}{5\frac{1}{4}}\,A\,E$, ideoque æqualis $\frac{1}{4\frac{7}{8}}$ $A\,E$, seu $\frac{8}{39}\,A\,E$ quamproxime. A perpendiculo autem a stella A ad rectam $P\,E$ demisso distantia cometæ erat $\frac{4}{9}\,P\,E$.

Die solis *Feb.* 27 hor. $8\frac{1}{4}$ p.m. cometæ in Q existentis distantia a stella O æquabat distantiam stellarum O & H, & recta $Q\,O$ producta transibat inter stellas K & B. Positionem hujus rectæ ob nubes intervenientes magis accurate definire non potui.

Die martis *Mart.* 1 hor. 11 p.m. cometa in R existens stellis K & C accurate interjacebat, & rectæ $C\,R\,K$ pars $C\,R$ paulo major erat quam $\frac{1}{3}\,C\,K$, & paulo minor quam $\frac{1}{3}\,C\,K+\frac{1}{8}\,C\,R$, ideoque æqualis $\frac{1}{3}\,C\,K+\frac{1}{16}\,C\,R$ seu $\frac{6}{15}\,C\,K$.

Die mercurii *Mart.* 2 hor. 8 p.m. cometæ existentis in S distantia a stella C erat $\frac{4}{9}\,F\,C$ quamproxime. Distantia stellæ F a recta $C\,S$ producta erat $\frac{1}{24}\,F\,C$; & distantia stellæ B ab eadem recta erat quintuplo major quam distantia stellæ F. Item recta $N\,S$ producta transibat inter stellas H & I, quintuplo vel sextuplo propior existens stellæ H quam stellæ I.

Die saturni *Mart.* 5 hor. $11\frac{1}{2}$ p.m. cometa existente in T, recta $M\,T$ æqualis erat $\frac{1}{2}\,M\,L$, & recta $L\,T$ producta transibat inter B & F, quadruplo vel quintuplo propior F quam B, auferens a $B\,F$ quintam vel sextam ejus partem versus F. Et $M\,T$ producta transibat extra spatium $B\,F$ ad partes stellæ B, quadruplo propior existens stellæ B quam stellæ F. Erat M stella perexigua quæ per telescopium videri vix potuit & L stella major quasi magnitudinis octavæ.

Die lunæ *Mart.* 7 hor. $9\frac{1}{4}$ p.m. cometa existente in V, recta $V\,a$ producta transibat inter B & F, auferens a $B\,F$ versus F $\frac{1}{16}\,B\,F$, & erat ad rectam $V\,\beta$ ut 5 ad 4. Et distantia cometæ a recta $a\,\beta$ erat $\frac{1}{4}\,V\,\beta$.

Die mercurii *Mart.* 9 hora $8\frac{1}{2}$ p.m. cometa existente in X, recta $\gamma\,X$ æqualis erat $\frac{1}{4}\,\gamma\,\delta$, & perpendiculum demissum a stella δ ad rectam $\gamma\,X$ erat $\frac{2}{5}\,\gamma\,\delta$.

Eadem nocte hora 12, cometa existente in Y, recta $\gamma\,Y$ æqualis erat $\frac{1}{3}$ γ δ, aut paulo minor, puta $\frac{7}{8}$ γ δ, & perpendiculum demissum a stella δ ad rectam γ Y æqualis erat $\frac{1}{3}$ γ δ vel $\frac{1}{4}$ γ δ circiter. Sed cometa ob viciniam horizontis cerni vix potuit nec locus ejus tam distincte ac in præcedentibus definiri.

Ex hujusmodi observationibus per constructiones figurarum & computationes derivabam longitudines & latitudines cometæ, & *Poundius* noster ex correctis fixarum locis loca cometæ correxit, & loca correcta habentur supra. Micrometro parum affabre constructo usus sum, sed longitudinum tamen & latitudinum errores (quatenus ex observationibus nostris oriantur) minutum unum primum vix superant. Cometa autem (juxta observationes nostras) in fine motus sui notabiliter deflectere cœpit boream versus a parallelo quem in fine mensis *Februarii* tenuerat.

Jam ad orbem cometæ determinandum; selegi ex observationibus hactenus descriptis tres, quas *Flamstedius* habuit *Dec.* 21, *Jan.* 5, & *Jan.* 25. Ex his inveni St partium 9842,1 & Vt partium 455, quales 10000 sunt semidiameter orbis magni. Tum ad operationem primam assumende tB partium 5657, inveni SB 9747, BE prima vice 412, Su 9503, $i\lambda$ 413: BE secunda vice 421, OD 10186, X 8528,4 MP 8450, MN 8475, NP 25. Unde ad operationem secundam collegi distantiam tb 5640. Et per hanc operationem inveni tandem distantias TX 4775 & τZ 11322. Ex quibus orbem definiendo, inveni nodos ejus descendentem in $\simeq$ & ascendentem in r 1^{gr} 53'; inclinationem plani ejus ad planum eclipticæ 61^{gr} 20' $\frac{1}{3}$; verticem ejus (seu perihelium cometæ) distare a nodo 8^{gr} 38', & esse in $\ddagger$ 27^{gr} 43' cum latitudine australi 7^{gr} 34'; & ejus latus rectum esse 236,8, arcamque radio ad solem ducto singulis diebus descriptam 93585, quadrato semidiametri orbis magni posito 100000000; cometam vero in hoc orbe secundum seriem signorum processisse, & *Decemb.* 8^{d} 0^{h} 4' p.m. in vertice orbis seu perihelio fuisse. Hæc omnia per scalam partium æqualium & chordas angulorum ex tabula sinuum naturalium collectas determinavi graphice; construendo schema satis amplum, in quo videlicet semidiameter orbis magni (partium 10000) æqualis esset digitis $16\frac{1}{3}$ pedis *Anglicani*.

Tandem ut constaret an cometa in orbe sic invento vere moveretur, collegi per operationes partim arithmeticas partim graphicas loca cometæ in hoc orbe ad observationum quarundam tempora: uti in tabula sequente videre licet.

	Distant. Comet. a Sole	*Long. Collect.*	*Lat. Collect.*	*Long. Obs.*	*Lat. Obs.*	*Differ. Long.*	*Differ. Lat.*
		gr. ′	gr. ′	gr. ′	gr. ′		
Dec. 12	2792	♑ 6 32	8 $18\frac{1}{2}$	♑ 6 $31\frac{1}{3}$	8 26	+1	$-7\frac{1}{2}$
29	8403	♓ 13 $13\frac{2}{3}$	28 0	♓ 13 $11\frac{3}{4}$	28 $10\frac{1}{12}$	+2	$-10\frac{1}{12}$
Feb. 5	16669	♉ 17 0	15 $29\frac{2}{3}$	♉ 16 $59\frac{7}{8}$	15 $27\frac{2}{5}$	+0	$+2\frac{1}{4}$
Mar. 5	21737	29 $19\frac{3}{4}$	12 4	29 $20\frac{6}{7}$	12 $3\frac{1}{2}$	−1	$+\frac{1}{2}$

Postea vero *Halleius* noster orbitam per calculum arithmeticum accuratius determinavit, quam per descriptiones linearum fieri licuit; & retinuit quidem locum nodorum in ♋ & ♑ 1^{gr} 53′, & inclinationem plani orbitæ ad eclipticam 61$^{gr.}$ 20′ $\frac{1}{3}$, ut & tempus perihelii cometæ *Decemb.* 8$^{d.}$ 0$^{h.}$ 4′: distantiam vero perihelii a nodo ascendente in orbita cometæ mensuratam invenit esse 9$^{gr.}$ 20′, & latus rectum parabolæ esse 2430 partium existente mediocri solis a terra distantia partium 100000. Et ex his datis, calculo itidem arithmetico accurate instituto, loca cometæ ad observationum tempora computavit, ut sequitur.

Tempus verum				*Distantia Cometæ a* ☉	*Long. comp.*			*Lat. comp.*			*Errores in*			
											Long.		*Lat.*	
	d.	h.			gr.	′	″	gr.	′	″	′	″	′	″
Dec.	12	4	46	28028	♑ 6	29	25	8	26	0 Bor.	−3	5	−2	0
	21	6	37	61076	♒ 5	6	30	21	43	20	−1	42	+1	7
	24	6	18	70008	18	48	20	25	22	40	−1	3	−0	25
	26	5	21	75576	28	22	45	27	1	36	−1	28	+0	44
	29	8	3	84021	♓ 13	12	40	28	10	10	+1	59	+0	12
	30	8	10	86661	17	40	5	28	11	20	+1	45	−0	33
Jan.	5	6	$1\frac{1}{2}$	101440	♈ 8	49	49	26	15	15	+0	56	+0	8
	9	7	0	110959	18	44	36	24	12	54	+0	32	+0	58
	10	6	6	113162	20	41	0	23	44	10	+0	10	+0	18
	13	7	9	120000	26	0	21	22	17	30	+0	33	+0	2
	25	7	59	145370	♉ 9	33	40	17	57	55	−1	20	+1	25
	30	8	22	155303	13	17	41	16	42	7	−2	10	−0	11
Feb.	2	6	35	160951	15	11	11	16	4	15	−2	42	+0	14
	5	7	$4\frac{1}{2}$	166686	16	58	25	15	29	13	−0	41	+2	10
	25	8	41	202570	26	15	46	12	48	0	−2	49	+1	14
Mar.	5	11	39	216205	29	18	35	12	5	40	+0	35	+2	24

Apparuit etiam hic cometa mense *Novembri* præcedente & *Coburgi* in *Saxonia* a D$^{no.}$ *Gottfried Kirch* observatus est diebus mensis hujus quarto, sexto & undecimo, stylo veteri; & ex positionibus ejus ad proximas stellas fixas ope telescopii nunc bipedalis nunc decempedalis satis accurate observatis, ac differentia longitudinum *Coburgi* & *Londini* graduum undecim & locis fixarum a *Pomdio* nostro observatis. *Halleius* noster loca cometæ determinavit ut sequitur.

Novem. 3^d 17^h $2'$, tempore apparente *Londini*, cometa erat in Ω 29^{gr} $51'$ cum lat. bor. 1^{gr} $17'$ $45''$.

Novem. 5^d 15^h $58'$ cometa erat in m 3^{gr} $23'$ cum lat. bor. 1^{gr} $6'$.

Novem. 10^d 16^h $31'$ cometa æqualiter distabat a stellis leonis σ ac τ *Bayero*; nondum vero attigit rectam easdem jungentem, sed parum abfuit ab ea. In stellarum catalogo *Flamstediano* σ tunc habuit m 14^{gr} $15'$ cum lat. bor. 1^{gr} $41'$ fere, τ vero m 17^{gr} $3\frac{1}{2}$, cum lat. austr. 0^{gr} $34'$. Et medium punctum inter has stellas fuit m 15^{gr} $39\frac{1}{2}$, cum lat. bor. 0^{gr} $33\frac{1}{2}$. Sit distantia cometæ a recta illa $10'$ vel $12'$ circiter, & differentia longitudinum cometæ & puncti illius medii erit $7'$, & differentia latitudinum $7\frac{1}{2}$, circiter. Et inde cometa erat in m 15^{gr} $32'$ cum lat. bor. $26'$ circiter.

Observatio prima ex situ cometæ ad parvas quasdam fixas abunde satis accurata fuit. Secunda etiam satis accurata fuit. In tertia, quæ minus accurata fuit, error minutorum sex vel septem subesse potuit, & vix major. Longitudo vero cometæ in observatione prima, quæ cæteris accuratior fuit, in orbe prædicto parabolico computata erat Ω 29^{gr} $30'$ $22''$, latitudo borealis 1^{gr} $25'$ $7''$ & distantia ejus a sole 115546.

Porro *Halleius* observando quod cometa insignis intervallo annorum 575 quater apparuisset, scilicet mense *Septembri* post cædem *Julii Cæsaris*, anno *Christi* 531 *Lampadio* & *Oreste Coss.*, anno *Christi* 1106 mense *Februario*, & sub finem anni 1680, idque cum cauda longa & insigni (præterquam quod sub mortem *Cæsaris* cauda ob incommodam telluris positionem minus apparuisset) quæsivit orbem ellipticum cujus axis major esset partium 1382957, existente mediocri distantia telluris a sole partium 10000 : in quo orbe utique cometa annis 575 revolvi possit. Et ponendo nodum ascendentem in ∞ 2^{gr} $2'$; inclinationem plani orbis ad planum eclipticæ 61^{gr} $6'$ $48''$; perihelium cometæ in hoc plano $\nearrow$ 22^{gr} $44'$ $25''$: tempus æquatum perihelii *Decem.* 7^d 23^h $9'$; distantiam perihelii a nodo ascendente in plano eclipticæ 9^{gr} 17' 35"; & axem conjugatum 18481,2: computavit motum cometæ in hoc orbe elliptico. Loca autem ejus tam ex observationibus deducta quam in hoc orbe computata exhibentur in tabula sequente.

Tempus verum			Long. obs.			Lat. Bor. obs.			Long. comp.			Lat. comp.			Errores in			
															Long.		Lat.	
d.	h.	'	gr.	'	"	gr.	'	"	gr.	'	"	gr.	'	"	'	"	'	"
Nov. 3	16	47	♌29	51	0	1	17	45	♌29	51	22	1	17	32 B	+0	22	−0	13
5	15	37	♏3	23	0	1	0	0	♏3	24	32	1	6	9	+1	32	+0	9
10	16	18	15	32	0	0	27	0	15	33	2	0	25	7	+1	2	−1	53
16	17	0				.			♎8	16	45	0	53	7 A				
18	21	34							18	52	15	1	26	54				
20	17	0							28	10	36	1	53	35				
23	17	5							♏13	22	42	2	29	0				
Dec. 12	4	46	♏6	32	30	8	28	0	♏6	31	20	8	29	6 B	−1	10	+1	6
21	6	37	♒5	8	12	21	42	13	♒5	6	14	21	44	42	−1	58	+2	29
24	6	18	18	49	23	25	23	5	18	47	30	25	23	35	−1	53	+0	30
26	5	21	28	24	13	27	0	52	28	21	42	27	2	1	−2	31	+1	9
29	8	3	♓13	10	41	28	9	58	♓13	11	14	28	10	38	+0	33	+0	40
30	8	10	17	38	20	28	11	53	17	38	27	28	11	37	+0	7	−0	16
Jan. 5	6	1½	♈8	48	53	26	15	7	♈8	48	51	26	14	57	−0	2	−0	10
9	7	1	18	44	4	24	11	56	18	43	51	24	12	17	−0	13	+0	21
10	6	6	20	40	50	23	43	32	20	40	23	23	43	25	−0	27	−0	7
13	7	9	25	59	48	22	17	28	26	0	8	22	16	32	+0	20	−0	56
25	7	59	♉9	35	0	17	56	30	♉9	34	11	17	56	6	−0	49	−0	24
30	8	22	13	19	51	16	42	18	13	18	28	16	40	5	−1	23	−2	13
Feb. 2	6	35	15	13	53	16	4	1	15	11	59	16	2	7	−1	54	−1	54
5	7	4½	16	59	6	15	27	3	16	59	17	15	27	0	+0	11	−0	3
25	8	41	26	18	35	12	46	46	26	16	59	12	45	22	−1	36	−1	24
Mar. 1	11	10	27	52	42	12	23	40	27	51	47	12	23	28	−0	55	−1	12
5	11	39	29	18	0	12	3	16	29	20	11	12	2	50	+2	11	−0	26
9	8	38	♊0	43	4	11	45	52	♊0	42	43	11	45	35	−0	21	−0	17

Observationes cometæ hujus a principio ad finem non minus congruunt cum motu cometæ in orbe jam descripto, quam motus planetarum congruere solent cum eorum theoriis, & congruendo probant unum & eundem fuisse cometam, qui toto hoc tempore apparuit, ejusque orbem hic recte definitum fuisse.

In tabula præcedente omisimus observationes diebus *Novembris* 16, 18, 20 & 23 ut minus accuratas. Nam cometa his etiam temporibus observatus fuit. *Ponthæus* utique & socii, *Novem.* 17 st. vet. hora sexta matutina *Romæ*, id est, hora 5 10' *Londini*, filis ad fixas applicatis, cometam observarunt in ♎ 8^{gr} 30' cum latitudine australi 0^{gr} 40' Extant eorum observationes in tractatu, quem *Pon-*

thæus de hoc cometa in lucem edidit. *Cellius*, qui aderat & observationes suas in epistola ad *D. Cassinum* misit, cometam eadem hora vidit in ♎ 8ᵍʳ· 30′ cum latitudine australi 0ᵍʳ· 30′. Eadem hora *Galletius Avenioni* (id est, hora matutina 5 42′ *Londini*) cometam vidit in ♎ 8ᵍʳ· sine latitudine. Cometa autem per theoriam jam fuit in ♎ 8ᵍʳ· 16′ 45″ cum latitudine australi 0ᵍʳ· 53′ 7″.

Nov. 18 hora matutina 6 30′ *Romæ* (id est, hora 5 40′ *Londini*) *Ponthæus* cometam vidit in ♎ 13ᵍʳ· 30′ cum latitudine australi 1ᵍʳ· 20′. *Cellius* in ♎ 13ᵍʳ· 30′ cum latitudine australi 1ᵍʳ· 00′. *Galletius* autem hora matutina 5 30′ *Avenioni* cometam vidit in ♎ 13ᵍʳ· 00′, cum latitudine australi 1ᵍʳ· 00′. Et *R. P. Ango* in academia *Flexiensi* apud *Gallos* hora quinta matutina (id est, hora 5 9′ *Londini*) cometam vidit in medio inter stellas duas parvas, quarum una media est trium in recta linea in Virginis australi manu, *Bayero* ψ, & altera est extrema alæ *Bayero* θ. Unde cometa tunc fuit in ♎ 12ᵍʳ· 46′ cum latitudine australi 50′. Eodem die *Bostoniæ* in *Nova-Anglia* in latitudine 42½ graduum, hora quinta matutina, (id est *Londini* hora matutina 9 44′) cometa visus est prope ♎ 14ᵍʳ·, cum latitudine australi 1ᵍʳ· 30′, uti a cl. *Halleio* accepi.

Nov. 19 hora mat. 4½ *Cantabrigiæ* cometa (observante juvene quodam) distabat a Spica ♍ quasi 2ᵍʳ· boreazephyrum versus. Erat autem Spica in ♎ 19ᵍʳ· 23′ 47″ cum lat. austr. 2ᵍʳ· 1′ 59″. Eodem die hor. 5 mat. *Bostoniæ* in *Nova-Anglia* cometa distabat a Spica ♍ gradu uno, differentia latitudinum existente 40′. Eodem die in insula *Jamaica* cometa distabat a Spica intervallo quasi gradus unius. Eodem die D. *Arthurus Storer* ad fluvium *Patuxent* prope *Hunting-Creek* in *Maryland* in confinio *Virginiæ* in lat. 38½ᵍʳ·, hora quinta matutina (id est, hora 10ᵃ *Londini*) cometam vidit supra Spicam ♍, & cum Spica propemodum conjunctum, existente distantia inter eosdem quasi ⅔ᵍʳ· Et ex his observationibus inter se collatis colligo quod hora 9 44′ *Londini* cometa erat in ♎ 18ᵍʳ· 50′ cum latitudine australi 1ᵍʳ· 25′ circiter. Cometa autem per theoriam jam erat in ♎ 18ᵍʳ· 52′ 15″ cum latitudine australi 1ᵍʳ· 26′ 54″.

Nov. 20 D. *Montenarus* astronomiæ professor *Paduensis* hora sexta matutina *Venetiis* (id est, hora 5 10′ *Londini*) cometam vidit in ♎ 23ᵍʳ· cum latitudine australi 1ᵍʳ· 30′. Eodem die *Bostoniæ* distabat cometa a Spica ♍ 4^{gr} longitudinis in orientem, ideoque erat in ♎ 23^{gr} 24' circiter.

Nov. 21 *Ponthæus* & socii hor. mat. $7\frac{1}{4}$ cometam observarunt in ♎ 27^{gr} 50'.cum latitudine australi 1^{gr} 16', *Cellius* in ♎ 28^{gr}, *Ango* hora quinta matutina in ♎ 27^{gr} 45', *Montenarus* in ♎ 27^{gr} 51. Eodem die in insula *Jamaica* cometa visus est prope principium Scorpii, eandemque circiter latitudinem habuit cum Spica Virginis, id est, 2^{gr} 2'. Eodem die ad horam quintam matutinam *Ballasoræ* in *India Orientali*, (id est ad horam noctis præcedentis 11 20' *Londini*) capta est distantia cometæ a Spica ♏ 7^{gr} 35' in orientem. In linea recta erat inter Spicam & Lancem, ideoque versabatur in ♎ 26^{gr} 58' cum lat. australi 1^{gr} 11' circiter; & post horas 5 & 40' (ad horam scilicet quintam matutinam *Londini*) erat in ♎ 28^{gr} 12' cum lat. austr. 1^{gr} 16'. Per theoriam vero cometa jam erat in ♎ 28^{gr} 10' 36", cum latitudine australi 1^{gr} 53' 35".

Nov. 22 Cometa visus est a *Montenaro* in ♏ 2^{gr} 33'. *Bostoniæ* autem in *Nova-Anglia* apparuit, in ♏ 3^{gr} circiter eadem fere cum latitudine ac prius, id est, 1^{gr} 30'. Eodem die ad horam quintam matutinam *Ballasoræ* cometa observebatur in ♏ 1^{gr} 50'; ideoque ad horam quintam matutinam *Londini* cometa erit in ♏ 3^{gr} 5' circiter. Eodem die *Londini* hora mat. $6\frac{1}{2}$ *Hookius* noster cometam vidit in ♏ 3^{gr} 30' circiter, idque in linea recta quæ transit per Spicam Virginis & Cor Leonis, non exacte quidem, sed a linea illa paululum deflectentem ad boream. *Montenarus* itidem notavit quod linea a cometa per Spicam ducta hoc die & sequentibus transibat per australe latus Cordis Leonis, interposito perparvo intervallo inter Cor Leonis & hanc lineam. Linea recta per Cor Leonis & Spicam Virginis transiens eclipticam secuit in ♏ 3^{gr} 46'; in angulo 2^{gr} 51'. Et si cometa locatus fuisset in hac linea in ♏ 3^{gr} ejus latitudo fuisset 2^{gr} 26'. Sed cum cometa consentientibus *Hookio* & *Montenaro* nonnihil distaret ab hac linea boream versus, latitudo ejus fuit paulo minor. Die 20 ex observatione *Montenari* latitudo ejus propemodum æquabat latitudinem Spicæ ♍, eratque 1^{gr} 30' circiter, & consentientibus *Hookio, Montenaro* & *Angone* perpetuo augebatur, ideoque jam sensibiliter major erat quam 1^{gr} 30'. Inter limites autem jam constitutos 2^{gr} 26' & 1^{gr} 30' magnitudine mediocri latitudo erit 1^{gr} 58' circiter. Cauda cometæ, consentientibus *Hookio* & *Montenaro*, dirigebatur ad Spicam ♍, declinans aliquantulum a stella ista, juxta *Hookium* in austrum, juxta *Montenarum* in boream; ideoque declinatio illa vix fuit sensibilis, & cauda æquatori fere parallela existens aliquantulum deflectebatur ab oppositione solis boream versus.

Nov. 23 st. vet. hora quinta matutina *Noriburgi* (id est hora 4½ *Londini*) D. *Zimmerman* cometam vidit in ♏ 8ᵍʳ· 8′, cum latitudine australi 2ᵍʳ· 31′, captis scilicet ejus distantiis a stellis fixis.

Nov. 24 ante ortum solis cometa visus est a *Montenaro* in ♏ 12ᵍʳ· 52′, ad boreale latus rectæ quæ per Cor Leonis & Spicam Virginis ducebatur, ideoque latitudinem habuit paulo minorem quam 2ᵍʳ· 38′. Hæc latitudo, uti diximus, ex observationibus *Montenari, Angonis* & *Hookii* perpetuo augebatur; ideoque jam paulo major erat quam 1ᵍʳ· 53′; & magnitudine mediocri, sine notabili errore, statui potest 2ᵍʳ· 18′. Latitudinem *Penthæus* & *Galletius* jam decrevisse volunt, & *Cellius* & observator in *Nova Anglia* eandem fere magnitudinem retinuisse, scilicet gradus unius vel unius cum semisse. Crassiores sunt observationes *Penthæi* & *Cellii*, eæ præsertim quæ per azimuthos & altitudines capiebantur, ut & eæ *Galletii*: meliores sunt eæ quæ per positiones cometæ ad fixas a *Montenaro, Hookio, Angone* & observatore in *Nova Anglia*, & nonnunquam a *Penthæo* & *Cellio* sunt factæ. Eodem die ad horam quintam matutinam *Ballasoræ* cometa observabatur in ♏ 11ᵍʳ· 45′; ideoque ad horam quintam matutinam *Londini* erat in ♏ 13ᵍʳ· circiter. Per theoriam vero cometa jam erat in ♏ 13ᵍʳ· 22′ 42″.

Nov. 25 ante ortum solis *Montenarus* cometam observavit in ♏ 17⅓ᵍʳ· circiter. Et *Cellius* observavit eodem tempore quod cometa erat in linea recta inter stellam lucidam in dextro femore Virginis & lancem australem Libræ, & hæc recta secat viam cometæ in ♏ 18ᵍʳ· 36′. Per theoriam vero cometa jam erat in ♏ 18⅓ᵍʳ· circiter.

Congruunt igitur hæ observationes cum theoria quatenus congruunt inter se, & congruendo probant unum & eundem fuisse cometam, qui toto tempore a quarto die *Novembris* ad usque nonum *Martii* apparuit. Trajectoria cometæ hujus bis secuit planum eclipticæ, & propterea non fuit rectilinea. Eclipticam secuit non in oppositis cæli partibus, sed in fine Virginis & principio Capricorni, intervallo graduum 98 circiter; ideoque cursus cometæ plurimum de-

flectebatur a circulo maximo.   Nam & mense *Novembri* cursus ejus
tribus saltem gradibus ab ecliptica in austrum declinabat, & postea
mense *Decembri* gradibus 29 vergebat ab ecliptica in septentrionem,
partibus duabus orbitæ, in quibus cometa tendebat in solem &
redibat a sole, angulo apparente graduum plus triginta ab invicem
declinantibus, ut observavit *Montenarus*.   Pergebat hic cometa per
signa novem, a Leonis scilicet ultimo gradu ad principium Geminorum,
præter signum Leonis, per quod pergebat antequam videri cœpit;
& nulla alia extat theoria, qua cometa tantam cœli partem motu
regulari percurrat.   Motus ejus fuit maxime inæquabilis.   Nam circa
diem vigesimum *Novembris* descripsit gradus circiter quinque singulis
diebus; dein motu retardato inter *Novemb.* 26 & *Decemb.* 12, spatio
scilicet dierum quindecim cum semisse, descripsit gradus tantum 40;
postea vero motu iterum accelerato descripsit gradus fere quinque
singulis diebus, antequam motus iterum retardari cœpit.   Et theoria, quæ motui tam inæquabili per maximam cœli partem probe
respondet, quæque easdem observat leges cum theoria planetarum, &
cum accuratis observationibus astronomicis accurate congruit, non
potest non esse vera.

Cæterum trajectoriam quam cometa descripsit, & caudam veram

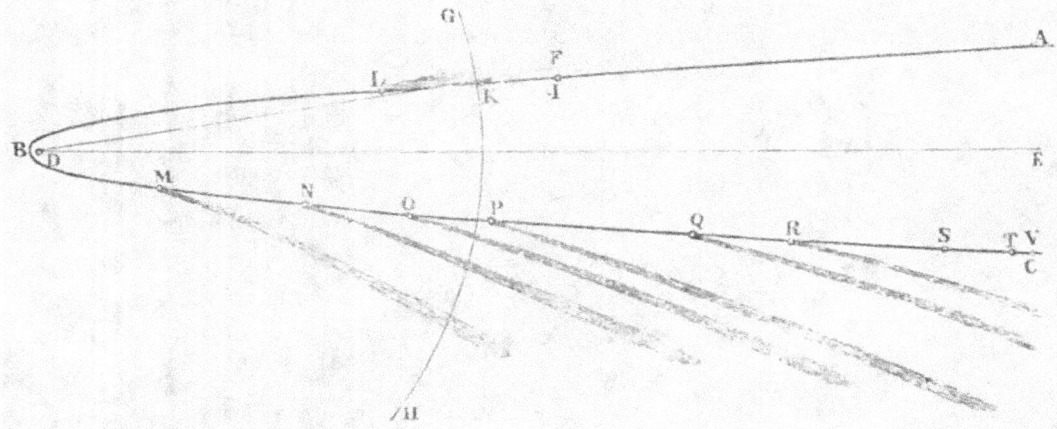

quam singulis in locis projecit, visum est annexo schemate in plano
trajectoriæ delineatas exhibere : ubi *A B C* denotat trajectoriam
cometæ, *D* solem, *D E* trajectoriæ axem, *D F* lineam nodorum,

G H intersectionem sphæræ orbis magni cum plano trajectoriæ, *I* locum cometæ *Nov.* 4 *Ann.* 1680, *K* locum ejusdem *Nov.* 11, *L* locum *Nov.* 19, *M* locum *Dec.* 12, *N* locum *Dec.* 21, *O* locum *Dec.* 29, *P* locum *Jan.* 5 *sequent.*, *Q* locum *Jan.* 25, *R* locum *Feb.* 5, *S* locum *Feb.* 25, *T* locum *Mar.* 5, & *V* locum *Mar.* 9. Observationes vero sequentes in cauda definienda adhibui.

Nov. 4 & 6 cauda nondum apparuit. *Nov.* 11 cauda jam cœpta non nisi semissem gradus unius longa tubo decempedali visa fuit. *Nov.* 17 cauda gradus amplius quindecim longa *Ponthæo* apparuit. *Nov.* 18 cauda 30ᵍʳ longa, solique directe opposita in *Nova-Anglia* cernebatur & protendebatur usque ad stellam δ, quæ tunc erat in ♍ 9ᵍʳ 54'. *Nov.* 19 in *Mary-land* cauda visa fuit gradus 15 vel 20 longa. *Dec.* 10 cauda (observante *Flamstedio*) transibat per medium distantiæ inter caudam serpentis Ophiuchi & stellam δ in Aquilæ australi ala, & desinebat prope stellas *A*, ω, *b* in tabulis *Bayeri*. Terminus igitur erat in ♐ 19½ᵍʳ, cum latitudine boreali 34½ᵍʳ circiter. *Dec.* 11 cauda surgebat ad usque caput Sagittæ (*Bayero* α, β,) desinens in ♐ 26ᵍʳ 43', cum latitudine boreali 38ᵍʳ 34'. *Dec.* 12 cauda transibat per medium Sagittæ, nec longe ultra protendebatur, desinens in ♒ 4ᵍʳ, cum latitudine boreali 42½ᵍʳ circiter. Intelligenda sunt hæc de longitudine caudæ clarioris. Nam luce obscuriore in cœlo forsan magis sereno, cauda *Dec.* 12 hora 5 40' *Romæ* (observante *Ponthæo*) supra Cygni uropygium ad gradus 10 sese extulit; atque ab hac stella ejus latus ad occasum & boream min. 45 destitit. Lata autem erat cauda his diebus gradus 3 juxta terminum superiorem, ideoque medium ejus distabat a stella illa 2ᵍʳ 15' austrum versus, & terminus superior erat in ♓ 22ᵍʳ, cum latitudine boreali 61ᵍʳ. Et hinc longa erat cauda 70ᵍʳ circiter. *Dec.* 21 eadem surgebat fere ad cathedram *Cassiopeiæ*, æqualiter distans a β & *Schedir*, & distantiam ab utraque distantiæ earum ab invicem æqualem habens, ideoque desinens in ♈ 24ᵍʳ, cum latitudine 47½ᵍʳ. *Dec.* 29 cauda tangebat *Scheat* sitam ad sinistram, & intervallum stellarum duarum in pede boreali *Andromedæ* accurate complebat, & longa erat 54ᵍʳ; ideoque desinebat in ♉ 19ᵍʳ, cum latitudine 35ᵍʳ. *Jan.* 5 cauda tetigit stellam π in pectore *Andromedæ* ad latus ejus dextrum, & stellam μ in ejus cingulo ad latus sinistrum; & (juxta observationes

nostras) longa erat 40$^{gr.}$; curva autem erat & convexo latere spectabat
ad austrum.   Cum circulo per solem & caput cometæ transeunte
angulum confecit graduum 4 juxta caput cometæ; at juxta terminum
alterum inclinabatur ad circulum illum in angulo 10 vel 11 graduum
& chorda caudæ cum circulo illo continebat angulum graduum
octo.   *Jan.* 13 cauda luce satis sensibili terminabatur inter
Alamech & *Algol,* & luce tenuissima desinebat e regione stellæ κ in
latere *Persei.*   Distantia termini caudæ a circulo solem & cometam
jungente erat 3$^{gr.}$ 50', & inclinatio chordæ caudæ ad circulum illum
8$\frac{1}{2}$$^{gr.}$.   *Jan.* 25 & 26 cauda luce tenui micabat ad longitudinem
graduum 6 vel 7; & nocte una & altera sequente ubi cœlum valde
serenum erat, luce tenuissima & ægerrime sensibili attingebat
longitudinem graduum duodecim & paulo ultra.   Dirigebatur autem
ejus axis ad lucidam in humero orientali Aurigæ accurate, ideoque
declinabat ab oppositione solis boream versus in angulo graduum
decem.   Denique *Feb.* 10 caudam oculis armatis aspexi gradus duos
longam.   Nam lux prædicta tenuior per vitra non apparuit.
Ponthæus autem *Feb.* 7 se caudam ad longitudinem graduum 12
vidisse scribit.   *Feb.* 25 & deinceps cometa sine cauda apparuit.

Orbem jam descriptum spectanti & reliqua cometæ hujus
phænomena in animo revolventi haud difficulter constabit, quod
corpora cometarum sunt solida, compacta, fixa ac durabilia ad instar
corporum planetarum.   Nam si nihil aliud essent quam vapores vel
exhalationes terræ, solis & planetarum, cometa hicce in transitu suo
per viciniam solis statim dissipari debuisset.   Est enim calor solis ut
radiorum densitas, hoc est, reciproce ut quadratum distantiæ locorum
a sole.   Ideoque cum distantia cometæ a centro solis *Decemb.* 8 ubi
in perihelio versabatur esset ad distantiam terræ a centro solis ut 6
ad 1000 circiter, calor solis apud cometam eo tempore erat ad
calorem solis æstivi apud nos ut 1000000 ad 36, seu 28000 ad 1.   Sed
calor aquæ ebullientis est quasi triplo major quam calor quem terra
arida concipit ad æstivum solem, ut expertus sum : & calor ferri
candentis (si recte conjector) quasi triplo vel quadruplo major quam
calor aquæ ebullientis; ideoque calor, quem terra arida apud cometam
in perihelio versantem ex radiis solaribus concipere posset, quasi
2000 vicibus major quam calor ferri candentis.   Tanto autem calore

vapores & exhalationes omnisque materia volatilis statim consumi ac dissipari debuissent.

Cometa igitur in perihelio suo calorem immensum ad solem concepit, & calorem illum diutissime conservare potest. Nam globus ferri candentis digitum unum latus calorem suum omnem spatio horæ unius in aëre consistens vix amitteret. Globus autem major calorem diutius conservaret in ratione diametri, propterea quod superficies (ad cujus mensuram per contactum aëris ambientis refrigeratur) in illa ratione minor est pro quantitate materiæ suæ calidæ inclusæ. Ideoque globus ferri candentis huic terræ æqualis, id est, pedes plus minus 40000000 latus, diebus totidem & idcirco annis 50000, vix refrigesceret. Suspicor tamen quod duratio caloris, ob causas latentes, augeatur in minore ratione quam ea diametri : & optarim rationem veram per experimenta investigari.

Porro notandum est quod cometa mense *Decembri*, ubi ad solem modo incaluerat, caudam emittebat longe majorem & splendidiorem quam antea mense *Novembri*, ubi perihelium nondum attigerat. Et universaliter caudæ omnes maximæ & fulgentissimæ e cometis oriuntur statim post transitum eorum per regionem solis. Conducit igitur calefactio cometæ ad magnitudinem caudæ. Et inde colligere videor quod cauda nihil aliud sit quam vapor longe tenuissimus, quem caput seu nucleus cometæ per calorem suum emittit.

Cæterum de cometarum caudis triplex est opinio ; eas vel jubar esse solis per translucida cometarum capita propagatum, vel oriri ex refractione lucis in progressu ipsius a capite cometæ in terram, vel denique nubem esse seu vaporem a capite cometæ jugiter surgentem & abeuntem in partes a sole aversas. Opinio prima eorum est qui nondum imbuti sunt scientia rerum opticarum. Nam jubar solis in cubiculo tenebroso non cernitur, nisi quatenus lux reflectitur e pulverum & fumorum particulis per aërem semper volitantibus : ideoque in aëre fumis crassioribus infecto splendidius est & sensum fortius ferit ; in aëre clariore tenuius est & ægrius sentitur : in cœlis autem sine materia reflectente nullum esse potest. Lux non cernitur quatenus in jubare est, sed quatenus inde reflectitur ad oculos nostros. Nam visio non fit nisi per radios qui in oculos impingunt. Requiritur igitur materia aliqua reflectens in regione caudæ, ne

cœlum totum luce solis illustratum uniformiter splendeat.   Opinio
secunda multis premitur difficultatibus.   Caudæ nunquam variegan-
tur coloribus : qui tamen refractionum solent esse comites insepara-
biles.   Lux fixarum & planetarum distincte ad nos transmissa
demonstrat medium cœleste nulla vi refractiva pollere.   Nam quod
dicitur fixas ab *Ægyptiis* comatas nonnunquam visas fuisse, id,
quoniam rarissime contingit, ascribendum est nubium refractioni
fortuitæ.   Fixarum quoque radiatio & scintillatio ad refractiones tum
oculorum tum aëris tremuli referendæ sunt : quippe quæ admotis
oculo telescopiis evanescunt.   Aëris & ascendentium vaporum tremore
fit, ut radii facile de angusto pupillæ spatio per vices detorqueantur,
de latiore autem vitri objectivi apertura neutiquam.   Inde est quod
scintillatio in priori casu generetur, in posteriore autem cesset : &
cessatio in posteriore casu demonstrat regularem transmissionem lucis
per cœlos sine omni refractione sensibili.   Nequis contendat quod
caudæ non soleant videri in cometis, cum eorum lux non est satis
fortis, quia tunc radii secundarii non habent satis virium ad oculos
movendos, & propterea caudas fixarum non cerni : sciendum est
quod lux fixarum plus centum vicibus augeri potest mediantibus
telescopiis, nec tamen caudæ cernuntur.   Planetarum quoque lux
copiosior est, caudæ vero nullæ : cometæ autem sæpe caudatissimi
sunt, ubi capitum lux tenuis est & valde obtusa.   Sic enim cometa
anni 1680, mense *Decembri*, quo tempore caput luce sua vix æquabat stellas secundæ magnitudinis, caudam emittebat splendore notabili usque ad gradus 40, 50, 60 vel 70 longitudinis & ultra : postea
Jan. 27 & 28 caput apparebat ut stella septimæ tantum magnitudinis, cauda vero luce quidem pertenui sed satis sensibili longa
erat 6 vel 7 gradus, & luce obscurissima, quæ cerni vix posset,
porrigebatur ad gradum usque duodecimum vel paulo ultra : ut supra
dictum est.   Sed & *Feb.* 9 & 10 ubi caput nudis oculis videri desierat,
caudam gradus duos longam per telescopium contemplatus sum.
Porro si cauda oriretur ex refractione materiæ cœlestis, & pro figura
cœlorum deflecteretur de solis oppositione, deberet deflexio illa in
iisdem cœli regionibus in eandem semper partem fieri.   Atqui cometa
anni 1680 *Decemb.* 28 hora 8½ p.m. *Londini* versabatur in ♓ 8$^{gr.}$ 41′,
cum latitudine boreali 28$^{gr.}$ 6′, sole existente in ♑ 18$^{gr.}$ 26′.   Et co-

meta anni 1577 *Dec.* 29 versabatur in ♓ 8ᵍʳ· 41′ cum latitudine boreali 28ᵍʳ· 40′ sole etiam existente in ♑ 18ᵍʳ· 26′ circiter. Utroque in casu terra versabatur in eodem loco, & cometa apparebat in eadem cœli parte : in priori tamen casu cauda cometæ (ex meis & aliorum observationibus) declinabat angulo graduum 4½ ab oppositione solis aquilonem versus; in posteriore vero (ex observationibus *Tychonis*) declinatio erat graduum 21 in austrum. Igitur repudiata cœlorum refractione superest ut phænomena caudarum ex materia aliqua lucem reflectente deriventur.

Caudas autem a capitibus oriri & in regiones a sole aversas ascendere confirmatur ex legibus quas observant. Ut quod in planis orbium cometarum per solem transeuntibus jacentes deviant ab oppositione solis in eas semper partes, quas capita in orbibus illis progredientia relinquunt. Quod spectatori in his planis constituto apparent in partibus a sole directe aversis; digrediente autem spectatore de his planis, deviatio paulatim sentitur, & indies apparet major. Quod deviatio cæteris paribus minor est ubi cauda obliquior est ad orbem cometæ, ut & ubi caput cometæ ad solem propius accedit; præsertim si spectetur deviationis angulus juxta caput cometæ. Præterea quod caudæ non deviantes apparent rectæ, deviantes autem incurvantur. Quod curvatura major est ubi major est deviatio, & magis sensibilis ubi cauda cæteris paribus longior est : nam in brevioribus curvatura ægre animadvertitur. Quod deviationis angulus minor est juxta caput cometæ, major juxta caudæ extremitatem alteram, atque ideo quod cauda convexo sui latere partes respicit a quibus fit deviatio, quæque in recta sunt linea a sole per caput cometæ in infinitum ducta. Et quod caudæ quæ prolixiores sunt & latiores, & luce vegetiore micant, sint ad latera convexa paulo splendidiores & limite minus indistincto terminatæ quam ad concava. Pendent igitur phænomena caudæ a motu capitis, non autem a regione cœli in qua caput conspicitur; & propterea non fiunt per refractionem cœlorum, sed a capite suppeditante materiam oriuntur. Etenim ut in aëre nostro fumus corporis cujusvis igniti petit superiora, idque vel perpendiculariter si corpus quiescat, vel oblique si corpus moveatur in latus : ita in cœlis, ubi corpora gravitant in solem, fumi & vapores ascendere debent a sole (uti jam dictum est) & superiora

vel recta petere, si corpus fumans quiescit; vel oblique, si corpus
progrediendo loca semper deserit a quibus superiores vaporis partes
ascenderant. Et obliquitas ista minor erit ubi ascensus vaporis
velocior est: nimirum in vicinia solis & juxta corpus fumans. Ex
obliquitatis autem diversitate incurvabitur vaporis columna: & quia
vapor in columnæ latere præcedente paulo recentior est, ideo etiam
is ibidem aliquanto densior erit, lucemque propterea copiosius re-
flectet, & limite minus indistincto terminabitur. De caudarum
agitationibus subitaneis & incertis, deque earum figuris irregularibus,
quas nonnulli quandoque describunt, hic nihil adjicio; propterea quod
vel a mutationibus aëris nostri & motibus nubium caudas aliqua ex
parte obscurantium oriantur; vel forte a partibus viæ lacteæ, quæ
cum caudis prætereuntibus confundi possint, ac tanquam earum partes
spectari.

Vapores autem, qui spatiis tam immensis implendis sufficiant, ex
cometarum atmosphæris oriri posse, intelligetur ex raritate aëris
nostri. Nam aër juxta superficiem terræ spatium occupat quasi 850
partibus majus quam aqua ejusdem ponderis, ideoque aëris columna
cylindrica pedes 850 alta ejusdem est ponderis cum aquæ columna
pedali latitudinis ejusdem. Columna autem aëris ad summitatem
atmosphæræ assurgens æquat pondere suo columnam aquæ pedes 33
altam circiter; & propterea si columnæ totius aëreæ pars inferior
pedum 850 altitudinis dematur, pars reliqua superior æquabit pondere suo columnam aquæ altam pedes 32. Inde vero (per regulam
multis experimentis confirmatam, quod compressio aëris sit ut pondus atmosphæræ incumbentis, quodque gravitas sit reciproce ut
quadratum distantiæ locorum a centro terræ) computationem per
corol. prop. XXII lib. II ineundo, inveni quod aër, si ascendatur a
superficie terræ ad altitudinem semidiametri unius terrestris, rarior
sit quam apud nos in ratione longe majori, quam spatii omnis infra
orbem saturni ad globum diametro digiti unius descriptum. Ideoque
globus aëris nostri digitum unum latus, ea cum raritate quam habe-
ret in altitudine semidiametri unius terrestris, impleret omnes planetarum regiones usque ad sphæram saturni & longe ultra. Proinde
cum aër adhuc altior in immensum rarescat; & coma seu atmosphæra cometæ, ascendendo ab illius centro, quasi decuplo altior sit

quam superficies nuclei, deinde cauda adhuc altius ascendat, debebit cauda esse quam rarissima. Et quamvis ob longe crassiorem cometarum atmosphæram, magnamque corporum gravitationem solem versus, & gravitationem particularum aëris & vaporum in se mutuo fieri possit ut aër in spatiis cœlestibus inque cometarum caudis non adeo rarescat; perexiguam tamen quantitatem aëris & vaporum ad omnia illa caudarum phænomena abunde sufficere, ex hac computatione perspicuum est. Nam & caudarum insignis raritas colligitur ex astris per eas translucentibus. Atmosphæra terrestris luce solis splendens crassitudine sua paucorum milliarium & astra omnia & ipsam lunam obscurat & extinguit penitus: per immensam vero caudarum crassitudinem, luce pariter solari illustratam, astra minima sine claritatis detrimento translucere noscuntur. Neque major esse solet caudarum plurimarum splendor, quam aëris nostri in tenebroso cubiculo latitudine digiti unius duorumve lucem solis in jubare reflectentis.

Quo temporis spatio vapor a capite ad terminum caudæ ascendit, cognosci fere potest ducendo rectam a termino caudæ ad solem, & notando locum ubi recta illa trajectoriam secat. Nam vapor in termino caudæ, si recta ascendat a sole, ascendere cœpit a capite, quo tempore caput erat in loco intersectionis. At vapor non recta ascendit a sole, sed motum cometæ, quem ante ascensum suum habebat, retinendo & cum motu ascensus sui eundem componendo ascendit oblique. Unde verior erit problematis solutio, ut recta illa, quæ orbem secat, parallela sit longitudini caudæ, vel potius (ob motum curvilineum cometæ) ut eadem a linea caudæ divergat. Hoc pacto inveni quod vapor, qui erat in termino caudæ *Jan.* 25, ascendere cœperat a capite ante *Dec.* 11, ideoque ascensu suo toto dies plus 45 consumpserat. At cauda illa omnis quæ *Dec.* 10 apparuit ascenderat spatio dierum illorum duorum, qui a tempore perihelii cometæ elapsi fuerant. Vapor igitur sub initio in vicinia solis celerrime ascendebat, & postea cum motu per gravitatem suam semper retardato ascendere pergebat; & ascendendo augebat longitudinem caudæ: cauda autem, quamdiu apparuit, ex vapore fere omni constabat, qui a tempore perihelii ascenderat: & vapor, qui primus ascendit & terminum caudæ composuit, non prius evanuit quam ob nimiam suam tam a sole illustrante quam ab oculis nostris distantiam videri desiit.

2 K

Unde etiam caudæ cometarum aliorum, quæ breves sunt, non ascendunt motu celeri & perpetuo a capitibus & mox evanescunt, sed sunt permanentes vaporum & exhalationum columnæ, a capitibus lentissimo multorum dierum motu propagatæ, quæ, participando motum illum capitum quem habuere sub initio, per cœlos una cum capitibus moveri pergunt. Et hinc rursus colligitur spatia cœlestia vi resistendi destitui; utpote in quibus non solum solida planetarum & cometarum corpora, sed etiam rarissimi caudarum vapores motus suos velocissimos liberrime peragunt ac diutissime conservant.

Ascensum caudarum ex atmosphæris capitum & progressum in partes a sole aversas *Keplerus* ascribit actioni radiorum lucis materiam caudæ secum rapientium. Et auram longe tenuissimam in spatiis liberrimis actioni radiorum cedere non est a ratione prorsus alienum, non obstante quod substantiæ crassæ impeditissimis in regionibus nostris a radiis solis sensibiliter propelli nequeant. Alius particulas tam leves quam graves dari posse existimat, & materiam caudarum levitare, perque levitatem suam a sole ascendere. Cum autem gravitas corporum terrestrium sit ut materia in corporibus, ideoque servata quantitate materiæ intendi & remitti nequeat, suspicor ascensum illum ex rarefactione materiæ caudarum potius oriri. Ascendit fumus in camino impulsu aëris cui innatat. Aër ille per calorem rarefactus ascendit ob diminutam suam gravitatem specificam, & fumum implicatum rapit secum. Quidni cauda cometæ ad eundem modum ascenderit a sole? Nam radii solares non agitant media, quæ permeant, nisi in reflexione & refractione. Particulæ reflectentes ea actione calefactæ calefacient auram æthaream cui implicantur. Illa calore sibi communicato rarefiet, & ob diminutam ea raritate gravitatem suam specificam, qua prius tendebat in solem, ascendet & secum rapiet particulas reflectentes ex quibus cauda componitur: Ad ascensum vaporum conducit etiam, quod hi gyrantur circa solem & ea actione conantur a sole recedere, at solis atmosphæra & materia cœlorum vel plane quiescit, vel motu solo quem a solis rotatione acceperit tardius gyratur. Hæ sunt causæ ascensus caudarum in vicinia solis, ubi orbes curviores sunt, & cometæ intra densiorem & ea ratione graviorem solis atmosphæram consistunt, & caudas quam longissimas mox emittunt. Nam caudæ, quæ tunc nascuntur, conservando motum suum & interea versus solem gravitando, movebuntur circa solem in ellipsibus pro more capitum, & per motum illum capita semper comitabuntur & iis liberrime adhærebunt. Gravitas enim vaporum in solem non magis efficiet ut caudæ postea decidant a capitibus solem versus, quam gravitas capitum efficere possit, ut hæc decidant a caudis. Communi gravitate vel simul in solem cadent, vel simul in ascensu suo retardabuntur; ideoque gravitas illa non impedit, quo minus caudæ & capita positionem quamcunque ad invicem a causis jam descriptis, aut aliis quibuscunque facillime accipiant & postea liberrime servent.

Caudæ igitur, quæ in cometarum perheliis nascuntur, in regiones longinquas cum eorum capitibus abibunt, & vel inde post longam annorum seriem cum iisdem ad nos redibunt, vel potius ibi rarefactæ paulatim evanescent. Nam postea in descensu capitum ad solem caudæ novæ breviusculæ lento motu a capitibus propagari debebunt, & subinde in perheliis cometarum illorum, qui ad usque atmosphæram solis descendunt, in immensum augeri. Vapor enim in spatiis illis liberrimis perpetuo rarescit ac dilatatur. Qua ratione fit ut cauda omnis ad extremitatem superiorem latior sit quam juxta caput cometæ. Ea autem rarefactione vaporem perpetuo dilatatum diffundi tandem & spargi per cœlos universos, deinde paulatim in planetas per gravitatem suam attrahi, & cum eorum atmosphæris misceri rationi consentaneum videtur. Nam quemadmodum maria ad constitutionem terræ hujus omnino requiruntur, idque ut ex iis per calorem solis vapores copiose satis excitentur, qui vel in nubes coacti decidant in pluviis, & terram omnem ad procreationem vegetabilium irrigent & nutriant; vel in frigidis montium verticibus condensati (ut aliqui cum ratione philosophantur) decurrant in fontes & flumina: sic ad conservationem marium & humorum in planetis requiri videntur cometæ, ex quorum exhalationibus & vaporibus condensatis quicquid liquoris per vegetationem & putrefactionem consumitur & in terram aridam convertitur continuo suppleri & refici possit. Nam vegetabilia omnia ex liquoribus omnino crescunt, dein magna ex parte in terram aridam per putrefactionem abeunt, & limus ex liquoribus putrefactis perpetuo decidit. Hinc moles terræ aridæ indies augetur, & liquores, nisi aliunde augmentum sumerent, perpetuo decrescere deberent ac tandem deficere. Porro suspicor spiritum illum, qui aëris nostri pars minima est sed subtilissima &

optima & ad rerum omnium vitam requiritur, ex cometis præcipue
venire.

Atmosphæræ cometarum in descensu eorem in solem excurrendo
in caudas diminuuntur, & (ea certe in parte quæ solem respicit)
angustiores redduntur : & vicissim in recessu eorum a sole, ubi jam
minus excurrunt in caudas, ampliantur; si modo phænomena eorum
Hevelius recte notavit. Minimæ autem apparent, ubi capita jam
modo ad solem calefacta in caudas maximas & fulgentissimas abiere,
& nuclei fumo forsan crassiore & nigriore in atmosphærarum partibus
infimis circundantur. Nam fumus omnis ingenti calore excitatus
crassior & nigrior esse solet. Sic caput cometæ, de quo egimus,
in æqualibus a sole ac terra distantiis obscurius apparuit post
perihelium suum quam antea. Mense enim *Decembri* cum stellis
tertiæ magnitudinis conferri solebat, at mense *Novembri* cum stellis
primæ & secundæ. Et qui utrumque viderant, majorem describunt
cometam priorem. Nam juveni cuidam *Cantabrigiensi*, *Novem*. 19,
cometa hicce luce sua quantumvis plumbea & obtusa æquabat Spicam
Virginis, & clarius micabat quam postea. Et *Montenaro Nov.*
20 st. vet. cometa apparebat major stellis primæ magnitudinis,
existente cauda duorum graduum longitudinis. Et *D. Storer* literis,
quæ in manus nostras incidere, scripsit caput ejus mense *Decembri*,
ubi caudam maximam & fulgentissimam emittebat, parvum esse &
magnitudine visibili longe cedere cometæ, qui mense *Novembri* ante
solis ortum apparuerat. Cujus rei rationem esse conjectabatur,
quod materia capitis sub initio copiosior esset, & paulatim consu-
meretur.

Eodem spectare videtur, quod capita cometarum aliorum, qui caudas maximas & fulgentissimas emiserunt, apparuerint subobscura &
exigua. Nam anno 1668 *Mart.* 5 st. nov. hora septima vespertina
R. P. Valentinus Estancius, Brasiliæ agens, cometam vidit horizonti
proximum ad occasum solis brumalem, capite minimo & vix conspicuo,
cauda vero supra modum fulgente, ut stantes in littore speciem
ejus e mari reflexam facile cernerent. Speciem utique habebat
trabis splendentis longitudine 23 graduum, ab occidente in austrum
vergens, & horizonti fere parallela. Tantus autem splendor
tres solum dies durabat, subinde notabiliter decrescens; & interea
decrescente splendore aucta est magnitudine cauda. Unde etiam in

Lusitania quartam fere cœli partem (id est, gradus 45) occupasse dicitur ab occidente in orientem splendore cum insigni protensa; nec tamen tota apparuit, capite semper in his regionibus infra horizontem delitescente. Ex incremento caudæ & decremento splendoris manifestum est, quod caput a sole recessit, eique proximum fuit sub initio, pro more cometæ anni 1680. Et in chronico *Saxonico* similis legitur cometa anni 1106, *cujus stella erat parva & obscura* (ut ille anni 1680) *sed splendor qui ex ea exivit valdè clarus & quasi ingens trabs ad orientem & aquilonem tendebat,* ut habet etiam *Hevelius* ex *Simeone Dunelmensi* Monacho. Apparuit initio mensis *Februarii,* ac deinceps circa vesperam, ad occasum solis brumalem. Inde vero & ex situ caudæ colligitur caput fuisse soli vicinum. *A sole,* inquit *Matthæus Parisiensis, distabat quasi cubito uno, ab hora tertia* [rectius sexta] *usque ad horam nonam radium ex se longum emittens.* Talis etiam erat ardentissimus ille cometa ab *Aristotele* descriptus lib. 1. Meteor. 6, *cujus caput primo die non conspectum est, eo quod ante solem vel saltem sub radiis solaribus occidisset, sequente vero die quantum potuit visum est. Nam quam minima fieri potest distantia solem reliquit, & mox occubuit. Ob nimium ardorem* [caudæ scilicet] *nondum apparebat capitis sparsus ignis, sed procedente tempore* (ait Aristoteles) *cum* [cauda] *jam minus flagraret, reddita est* [capiti] *cometæ sua facies. Et splendorem suum ad tertiam usque cœli partem* [id est, ad 60^{gr}] *extendit. Apparuit autem tempore hyberno* [an. 4. olymp. 101] *& ascendens usque ad cingulum Orionis ibi evanuit.* Cometa ille anni 1618, qui e radiis solaribus caudatissimus emersit, stellas primæ magnitudinis æquare vel paulo superare videbatur, sed majores apparuere cometæ non pauci, qui caudas breviores habuere. Horum aliqui Jovem, alii Venerem vel etiam lunam æquasse traduntur.

Diximus cometas esse genus planetarum in orbibus valde eccentricis circa solem revolventium. Et quemadmodum e planetis non caudatis minores esse solent, qui in orbibus minoribus & soli propioribus gyrantur, sic etiam cometas, qui in periheliis suis ad solem propius accedunt, ut plurimum minores esse, ne solem attractione sua nimis agitent, rationi consentaneum videtur. Orbium vero transversas diametros & revolutionum tempora periodica, ex collatione cometarum in iisdem orbibus post longa temporum intervalla redeuntium, determinanda relinquo.   Interea huic negotio propositio sequens lumen accendere potest.

PROPOSITIO XLII.   PROBLEMA XXII.

Inventam cometæ trajectoriam corrigere.

Operatio 1. Assumatur positio plani trajectoriæ, per propositionem superiorem inventa; & seligantur tria loca cometæ observationibus accuratissimis definita & ab invicem quam maxime distantia; sitque A tempus inter primam & secundam, ac B tempus inter secundam ac tertiam. Cometam autem in eorum aliquo in perigæo versari convenit, vel saltem non longe a perigæo abesse. Ex his locis apparentibus inveniantur, per operationes trigonometricas, loca tria vera cometæ in assumpto illo plano trajectoriæ. Deinde per loca illa inventa, circa centrum solis ceu umbilicum, per operationes arithmeticas ope prop. XXI lib. 1 institutas, describatur sectio conica: & ejus areæ, radiis a sole ad loca inventa ductis terminatæ, sunto D & E; nempe D area inter observationem primam & secundam, & E area inter secundam ac tertiam. Sitque T tempus totum, quo area tota D + E velocitate cometæ per prop. XVI lib. 1 inventa describi debet.

Oper. 2. Augeatur longitudo nodorum plani trajectoriæ, additis ad longitudinem illam 20′ vel 30′, quæ dicantur P; & servetur plani illius inclinatio ad planum eclipticæ. Deinde ex prædictis tribus cometæ locis observatis inveniantur in hoc novo plano loca tria vera, ut supra: deinde etiam orbis per loca illa transiens, & ejusdem areæ duæ inter observationes descriptæ quæ sint *d* & *e*, nec non tempus totum *t* quo area tota *d* + *e* describi debeat.

Oper. 3. Servetur longitudo nodorum in operatione prima, & augeatur inclinatio plani trajectoriæ ad planum eclipticæ, additis ad inclinationem illam 20′ vel 30′, quæ dicantur Q. Deinde ex observatis prædictis tribus cometæ locis apparentibus inveniantur in hoc novo plano loca tria vera, orbisque per loca illa transiens, ut & ejusdem areæ duæ inter observationes descriptæ quæ sint δ & ε, & tempus totum τ quo area tota δ + ε describi debeat.

Jam sit C ad 1 ut A ad B, & G ad 1 ut D ad E, & g ad 1 ut d ad e, & γ ad 1 ut δ ad ϵ; sitque S tempus verum inter observationem primam ac tertiam; & signis + & — probe observatis quærantur numeri m & n ea lege, ut sit 2 G — 2 C $=m$ G — $m g + n$ G — $n \gamma$ & 2 T — 2 S æquale m T — $m t + n$ T — $n \tau$. Et si in operatione prima I designet inclinationem plani trajectoriæ ad planum eclipticæ & K longitudinem nodi alterutrius, erit I $+ n$ Q vera inclinatio plani trajectoriæ ad planum eclipticæ & K $+ m P$ vera longitudo nodi. Ac denique si in operatione prima, secunda ac tertia, quantitates R, r & ρ designent latera recta trajectoriæ, & quantitates $\frac{1}{L}$, $\frac{1}{l}$, $\frac{1}{\lambda}$ ejusdem latera transversa respective: erit R $+ m$ $r — m$ R $+ n \rho — n$ R verum latus rectum, & $\dfrac{1}{L + m l — m L + n \lambda — n L}$ verum latus transversum trajectoriæ quam cometa describit. Dato autem latere transverso datur etiam tempus periodicum cometæ. *Q. E. I.*

Cæterum cometarum revolventium tempora periodica & orbium latera transversa haud satis accurate determinabuntur, nisi per collationem cometarum inter se, qui diversis temporibus apparent. Si plures cometæ, post æqualia temporum intervalla, eundem orbem descripsisse reperiantur, concludendum erit hos omnes esse unum & eundem cometam, in eodem orbe revolventem. Et tum demum ex revolutionum temporibus dabuntur orbium latera transversa, & ex his lateribus determinabuntur orbes elliptici.

In hunc finem computandæ sunt igitur cometarum plurium trajectoriæ, ex hypothesi quod sint parabolicæ. Nam hujusmodi trajectoriæ cum phænomenis semper congruent quamproxime. Id liquet, non tantum ex trajectoria parabolica cometæ anni 1680, quam cum observationibus supra contuli, sed etiam ex ea cometæ illius insignis, qui annis 1664 & 1665 apparuit & ab *Hevelio* observatus fuit. Is ex observationibus suis longitudines & latitudines hujus cometæ computavit, sed minus accurate. Ex iisdem observationibus *Halleius* noster loca cometæ hujus denuo computavit, & tum demum ex locis sic inventis trajectoriam cometæ determinavit. Invenit autem ejus nodum ascendentem in II 21$^{gr.}$ 13′ 55″, inclinationem orbitæ ad planum eclipticæ 21$^{gr.}$ 18′ 40″, distantiam perihelii a nodo in orbita

49^{gr} 27′ 30″. Perihelium in ♌ 8^{gr} 40′ 30″ cum latitudine austrina heliocentrica 16^{gr} 1′ 45″. Cometam in perihelio *Novem.* 24^{d} 11^{h} 52′ p.m. tempore æquato *Londini,* vel 13^{h} 8′ *Gedani,* stylo veteri, & latus rectum parabolæ 410286, existente mediocri terræ a sole distantia 100000. Quam probe loca cometæ in hoc orbe computata congruunt cum observationibus, patebit ex tabula sequente ab *Halleio* supputata.

Temp. Appar. Gedani, st. vet.	Observatæ Cometæ distantiæ.	Loca observata.	Loca computata in Orbe.
		gr ′ ″	gr ′ ″
Decemb. 3ᵈ 18ʰ 29½	a Corde Leonis 46 24 20	Long. ♎ 7 1 0	♎ 7 1 29
	a Spica Virginis 22 52 10	Lat. aust. 21 39 0	21 38 50
4 18 1½	a Corde Leonis 46 2 45	Long. ♎ 16 15 0	♎ 6 16 5
	a Spica Virginis 23 52 40	Lat. aust. 22 24 0	22 24 0
7 17 48	a Corde Leonis 44 48 0	Long. ♎ 3 6 0	♎ 3 7 33
	a Spica Virginis 27 56 40	Lat. aust. 25 22 0	25 21 40
17 14 43	a Corde Leonis 53 15 15	Long. ♌ 2 56 0	♌ 2 56 0
	ab Hum. Orionis dext. 45 43 30	Lat. aust. 49 25 0	49 25 0
19 9 25	a Procyone 35 13 50	Long. ♊ 20 40 30	♊ 28 43 0
	a Lucid. Mandib. Ceti 52 56 0	Lat. aust. 45 48 0	45 46 0
20 9 53½	a Procyone 40 49 0	Long. ♊ 13 3 0	♊ 13 5 0
	a Lucid. Mandib. Ceti 40 4 0	Lat. aust. 39 54 0	39 53 0
21 9 9½	ab Hum. dext. Orionis 26 21 25	Long. ♊ 2 16 0	♊ 2 18 30
	a Lucid. Mandib. Ceti 29 28 0	Lat. aust. 33 41 0	33 39 40
22 9 0	ab Hum. dext. Orionis 29 47 0	Long. ♉ 24 24 0	♉ 24 27 0
	a Lucid. Mandib. Ceti 20 29 30	Lat. aust. 27 45 0	27 46 0
26 7 58	a Lucida Arietis 23 20 0	Long. ♉ 9 0 0	♉ 9 2 28
	ab Aldebaran 26 44 0	Lat. aust. 12 36 0	12 34 13
27 6 45	a Lucida Arietis 20 45 0	Long. ♉ 7 5 40	♉ 7 8 45
	ab Aldebaran 28 10 0	Lat. aust. 10 23 0	10 23 13
28 7 39	a Lucida Arietis 18 29 0	Long. ♉ 5 24 45	♉ 5 27 52
	a Palilicio 29 37 0	Lat. aust. 8 22 50	8 23 37
31 6 45	a Cing. Androm. 30 48 10	Long. ♉ 2 7 40	♉ 2 8 20
	a Palilicio 32 53 30	Lat. aust. 4 13 0	4 16 25
Jan. 1665. 7 7 37½	a Cing. Androm. 25 11 0	Long. ♈ 28 24 47	♈ 28 24 0
	a Palilicio 37 12 25	Lat. bor. 0 54 0	0 53 0
13 7 0	a Capite Androm. 28 7 10	Long. ♈ 27 6 54	♈ 27 6 39
	a Palilicio 38 55 20	Lat. bor. 3 6 50	3 7 40
24 7 29	a Cing. Androm. 20 32 15	Long. ♈ 26 29 15	♈ 26 28 50
	a Palilicio 40 5 0	Lat. bor. 5 25 50	5 26 0
Feb. 7 8 37		Long. ♈ 27 4 46	♈ 27 24 55
		Lat. bor. 7 3 29	7 3 15
22 8 46		Long. ♈ 28 29 46	♈ 28 29 58
		Lat. bor. 8 12 36	8 10 25
Mar. 1 8 16		Long. ♈ 29 18 15	♈ 29 18 20
		Lat. bor. 8 36 26	8 36 12
7 8 37		Long. ♉ 0 2 48	♉ 0 2 42
		Lat. bor. 8 56 30	8 56 56

Mense *Februario* anni ineuntis 1665 stella prima Arietis, quam in sequentibus vocabo γ, erat in ♈ 28$^{gr.}$ 30′ 15″ cum latitudine boreali 7$^{gr.}$ 8′ 58″. Secunda Arietis erat in ♈ 29$^{gr.}$ 17′ 18″ cum latitudine boreali 8$^{gr.}$ 28′ 16″. Et stella quædam alia septimæ magnitudinis, quam vocabo *A*, erat in ♈ 28$^{gr.}$ 24′ 45″ cum latitudine boreali 8$^{gr.}$ 28′ 33″. Cometa vero *Feb.* 7$^{d.}$ 7′ 30″ *Parisiis* (id est *Feb.* 7$^{d.}$ 8′ 37″ *Gedani*) st. vet. triangulum constituebat cum stellis illis γ & *A* rectangulum ad γ. Et distantia cometæ a stella γ æqualis erat distantiæ stellarum γ & *A*, id est 1$^{gr.}$ 19′ 46″ in circulo magno, atque ideo ea erat 1$^{gr.}$ 20′ 26″ in parallelo latitudinis stellæ γ. Quare si de longitudine stellæ γ detrahatur longitudo 1$^{gr.}$ 20′ 26″, manebit longitudo cometæ ♈ 27$^{gr.}$ 9′ 49″. *Auzoutius* ex hac sua observatione cometam posuit in ♈ 27$^{gr.}$ 0′ circiter. Et ex schemate, quo *Hookius* motum ejus delineavit, is jam erat in ♈ 26$^{gr.}$ 59′ 24″. Ratione mediocri posui eundem in ♈ 27$^{gr.}$ 4′ 45″. Ex eadem observatione *Auzoutius* latitudinem cometæ jam posuit 7$^{gr.}$ & 4′ vel 5′ boream versus. Eandem rectius posuisset 7$^{gr.}$ 3′ 29″, existente scilicet differentia latitudinum cometæ & stellæ γ æquali differentiæ longitudinum stellarum γ & *A*.

Feb. 22$^{d.}$ 7$^{h.}$ 30′ *Londini*, id est *Feb.* 22$^{d.}$ 8$^{h.}$ 46′ *Gedani*, distantia cometæ a stella *A*, juxta observationem *Hookii* a seipso in schemate delineatam, ut & juxta observationes *Auzoutii* a *Petito* in schemate delineatas, erat pars quinta distantiæ inter stellam *A* & primam arietis, seu 15′ 57″. Et distantia cometæ a linea jungente stellam *A* & primam Arietis erat pars quarta ejusdem partis quintæ, id est 4′. Ideoque cometa erat in ♈ 28$^{gr.}$ 29′ 46″, cum lat. bor. 8$^{gr.}$ 12′ 36″.

Mart. 1$^{d.}$ 7$^{h.}$ 0′ *Londini*, id est *Mart.* 1$^{d.}$ 8$^{h.}$ 16′ *Gedani*, cometa observatus fuit prope secundam Arietis, existente distantia inter eosdem ad distantiam inter primam & secundam Arietis, hoc est ad 1$^{gr.}$ 33′, ut 4 ad 45 secundum *Hookium*, vel ut 2 ad 23 secundum *Gottignies*. Unde distantia cometæ a secunda Arietis erat 8′ 16″ secundum *Hookium*, vel 8′ 5″ secundum *Gottignies*, vel ratione mediocri 8′ 10″. Cometa vero secundum *Gottignies* jam modo prætergressus fuerat secundam Arietis quasi spatio quartæ vel quintæ partis itineris uno die confecti, id est 1′ 35″ circiter (quocum satis consentit *Auzoutius*) vel paulo minorem secundum *Hookium*, puta 1′. Quare si ad longitudinem primæ Arietis addatur 1′, & ad latitudinem ejus 8' 10", habebitur longitudo cometæ ♈ 29$^{gr.}$ 18', & latitudo borealis 8$^{gr.}$ 36' 26".

Mart. 7$^{d.}$ 7$^{h.}$ 30' *Parisiis* (id est *Mart.* 7$^{d.}$ 8$^{h.}$ 37' *Gedani*) ex observationibus *Auzoutii* distantia cometæ a secunda Arietis æqualis erat distantiæ secundæ Arietis a stella *A*, id est 52' 29". Et differentia longitudinum cometæ & secundæ Arietis erat 45' vel 46', vel ratione mediocri 45' 30". Ideoque cometa erat in ♉ 0$^{gr.}$ 2' 48". Ex schemate observationum *Auzoutii*, quod *Petitus* construxit, *Hevelius* deduxit latitudinem cometæ 8$^{gr.}$ 54'. Sed sculptor viam cometæ sub finem motus ejus irregulariter incurvavit, & *Hevelius* in schemate observationum *Auzoutii* a se constructo incurvationem irregularem correxit, & sic latitudinem cometæ fecit esse 8$^{gr.}$ 55' 30". Et irregularitatem paulo magis corrigendo, latitudo evadere potest 8$^{gr.}$ 56', vel 8$^{gr.}$ 57'.

Visus etiam fuit hic cometa *Martii* die 9, & tunc locari debuit in ♉ 0$^{gr.}$ 18', cum lat. bor. 9$^{gr.}$ 3'½ circiter.

Apparuit hic cometa menses tres signaque fere sex descripsit & uno die gradus fere viginti confecit. Cursus ejus a circulo maximo plurimum deflexit, in boream incurvatus; & motus ejus sub finem ex retrogrado factus est directus. Et non obstante cursu tam insolito, theoria a principio ad finem cum observationibus non minus accurate congruit, quam theoriæ planetarum cum eorum observationibus congruere solent, ut inspicienti tabulam patebit. Subducenda tamen sunt minuta duo prima circiter, ubi cometa velocissimus fuit; id quod fiet auferendo duodecim minuta secunda ab angulo inter nodum ascendentem & perihelium, seu constituendo angulum illum 49$^{gr.}$ 27' 18". Cometæ utriusque (& hujus & superioris) parallaxis annua insignis fuit, & inde demonstratur motus annuus terræ in orbe magno.

Confirmatur etiam theoria per motum cometæ, qui apparuit anno 1683. Hic fuit retrogradus in orbe, cujus planum cum plano eclipticæ angulum fere rectum continebat. Hujus nodus ascendens (computante *Halleio*) erat in ♍ 23$^{gr.}$ 23'; inclinatio orbitæ ad eclipticam 83$^{gr.}$ 11'; perihelium in ♊ 25$^{gr.}$ 29' 30"; distantia perihelia a sole 56020, existente radio orbis magni 100000 & tempore perihelii *Julii* 2$^{d.}$ 3$^{h.}$ 50'. Loca autem cometæ in hoc orbe ab *Halleio* computata, & cum locis a *Flamstedio* observatis collata, exhibentur in tabula sequente.

1683 Temp. Æquat.	Locus Solis.	Cometæ Long. Comp.	Lat. Bor. Comp.	Cometæ Long. Obs.	Lat. Bor. Observ.	Differ. Long.	Differ. Lat.
d. h. '	gr. ' ''	gr. ' ''	gr. ' ''	gr. ' ''	gr. ' ''	' ''	' ''
Jul. 13 12 55	♌ 1 2 30	♋13 5 42	29 28 13	♋13 6 42	29 28 20	+1 0	+0 7
15 11 15	2 53 12	11 37 48	29 34 0	11 39 43	29 34 50	+1 55	+0 50
17 10 20	4 45 45	10 7 6	29 33 30	10 8 40	29 34 0	+1 34	+0 30
23 13 40	10 38 21	5 10 27	28 51 42	5 11 30	28 50 28	+1 3	−1 14
25 14 5	12 35 28	3 27 53	24 24 47	3 27 0	28 23 40	−0 53	−1 7
31 9 42	18 9 22	♊27 55 3	26 22 52	♊27 54 24	26 22 25	−0 39	−0 27
31 14 55	18 21 53	27 41 7	26 16 57	27 41 8	26 14 50	+0 1	−2 7
Aug. 2 14 56	20 17 16	25 29 32	25 16 19	25 28 46	25 17 28	−0 46	+1 9
4 10 49	22 2 50	23 18 20	24 10 49	23 16 55	24 12 19	−1 25	+1 30
6 10 9	23 56 45	20 42 23	22 47 5	20 40 32	22 49 5	−1 51	+2 0
9 10 26	26 50 52	16 7 57	20 6 37	16 5 55	20 6 10	−2 2	−0 27
15 14 1	♍ 2 47 13	3 30 48	11 37 33	3 26 18	11 32 1	−4 30	−5 32
16 15 10	3 48 2	0 43 7	9 34 16	0 41 55	9 34 13	−1 12	−0 3
18 15 44	5 45 33	♉24 52 53	5 11 15	♉24 49 5	5 9 11	−3 48	−2 4
			Austr.		*Austr.*		
22 14 44	9 35 49	11 7 14	5 16 53	11 7 12	5 16 50	−0 2	−0 3
23 15 52	10 36 48	7 2 18	8 17 9	7 1 17	8 16 41	−1 1	−0 28
26 16 2	13 31 10	♈24 45 31	16 38 0	♈24 44 0	16 38 20	−1 31	+0 20

Confirmatur etiam theoria per motum cometæ retrogradi qui apparuit anno 1682. Hujus nodus ascendens (computante *Halleio*) erat in ♉ 21gr 16' 30''. Inclinatio orbitæ ad planum eclipticæ 17gr 56' 0''. Perihelium in ♒ 2gr 52' 50''. Distantia perihelia a sole 58328, existente radio orbis magni 100000. Et tempus æquatum perihelii *Sept.* 4d 7h 39'. Loca vero ex observationibus *Flamstedii* computata, & cum locis per theoriam computatis collata, exhibentur in tabula sequente.

1682 Temp. Appar.	Locus Solis.	Cometæ Long. Comp.	Lat. Bor. Comp.	Cometæ Long. Obs.	Lat. Bor. Observ.	Differ. Long.	Differ. Lat.
d. h. '	gr. ' ''	gr. ' ''	gr. ' ''	gr. ' ''	gr. ' ''	' ''	' ''
Aug. 19 16 38	♍ 7 0 7	♌18 14 28	25 50 7	♌18 14 40	25 49 55	−0 12	+0 12
20 15 38	7 55 52	24 46 23	26 14 42	24 46 22	26 12 52	+0 1	+1 50
21 8 21	8 36 14	29 37 15	26 20 3	29 38 2	26 17 37	−0 47	+2 26
22 8 8	9 33 55	♍ 6 29 53	26 8 42	♍ 6 30 3	26 7 12	−0 10	+1 30
29 8 20	16 22 40	♎12 37 54	18 37 47	♎12 37 49	18 34 5	+0 5	+3 42
30 7 45	17 19 41	15 36 1	17 26 43	15 35 18	17 27 17	+0 43	−0 34
Sept. 1 7 33	19 16 9	20 30 53	15 13 0	20 27 4	15 9 49	+3 49	+3 11
4 7 22	22 11 28	25 42 0	12 23 48	25 40 58	12 22 0	+1 2	+1 48
5 7 32	23 10 29	27 0 46	11 33 8	26 59 24	11 33 51	+1 22	−0 43
8 7 16	26 5 58	29 58 44	9 26 46	29 58 45	9 26 43	−0 1	+0 3
9 7 26	27 5 9	♏ 0 44 10	8 49 10	♏ 0 44 4	8 48 25	+0 0	+0 45

Confirmatur etiam theoria per motum retrogradum cometæ, qui

apparuit anno 1723. Hujus nodus ascendens (computante D. *Bradleo*, astronomiæ apud *Oxonienses* professore *Saviliano*) erat in ♈ 14$^{gr.}$ 16′. Inclinatio orbitæ ad planum eclipticæ 49$^{gr.}$ 59′. Perihelium in ♉ 12$^{gr.}$ 15′ 20″. Distantia perihelia a sole 998651, existente radio orbis magni 1000000, & tempore æquato perihelii *Septem.* 16$^{d.}$ 16$^{h.}$ 10′. Loca vero cometæ in hoc orbe a *Bradleo* computata, & cum locis a seipso & patruo suo D. *Poundio* & a D. *Halleio* observatis collata exhibentur in tabula sequente.

1723 Temp. Æquat.	Comet. Long. Observat.	Lat. Bor. Observat.	Comet. Long. Comput.	Lat. Bor. Comput.	Differ. Long.	Differ. Latit.
d. h. ,	o ′ ″	o ′ ″	o ′ ″	o ′ ″	″	″
Octob. 9 8 5	♏7 22 15	5 2 0	♏7 21 26	5 2 47	+ 49	− 47
10 6 21	6 41 12	7 44 13	6 41 42	7 43 18	− 50	+ 55
12 7 22	5 39 58	11 55 0	5 40 19	11 54 55	− 21	+ 5
14 8 57	4 59 49	14 43 50	5 0 37	14 44 1	− 48	− 11
15 6 35	4 47 41	15 40 51	4 47 45	15 40 55	− 4	− 4
21 6 22	4 2 32	19 41 49	4 2 21	19 42 3	+ 11	− 14
22 6 24	3 59 2	20 8 12	3 59 10	20 8 17	− 8	− 5
24 8 2	3 55 29	20 55 18	3 55 11	20 55 9	+ 18	+ 9
29 8 56	3 56 17	22 20 27	3 56 42	22 20 10	− 25	+ 17
30 6 20	3 58 9	22 32 28	3 58 17	22 32 12	− 8	+ 16
Nov. 5 5 53	4 16 30	23 38 33	4 16 23	23 38 7	+ 7	+ 26
8 7 6	4 29 36	24 4 30	4 29 54	24 4 40	− 18	− 10
14 6 20	5 2 16	24 48 46	5 2 51	24 48 16	− 35	+ 30
20 7 45	5 42 20	25 24 45	5 43 13	25 25 17	− 53	− 32
Dec. 7 6 45	8 4 13	26 54 18	8 3 55	26 53 42	+ 18	+ 36

His exemplis abunde satis manifestum est, quod motus cometarum per theoriam a nobis expositam non minus accurate exhibentur, quam solent motus planetarum per eorum theorias. Et propterea orbes cometarum per hanc theoriam enumerari possunt, & tempus periodicum cometæ in quolibet orbe revolventis tandem sciri, & tum demum orbium ellipticorum latera transversa & apheliorum altitudines innotescent.

Cometa retrogradus, qui apparuit anno 1607, descripsit orbem, cujus nodus ascendens (computante *Halleio*) erat in ♉ 20$^{gr.}$ 21′; inclinatio plani orbis ad planum eclipticæ erat 17$^{gr.}$ 2′; perihelium erat in ♒ 2$^{gr.}$ 16′; & distantia perihelia a sole erat 58680, existente radio orbis magni 100000. Et cometa erat in perihelio |*Octob.* 16$^{d.}$ 3$^{h.}$ 50′. Congruit hic orbis quamproxime cum orbe cometæ, qui apparuit anno 1682. Si cometæ hi duo fuerint unus & idem, revolvetur hic cometa spatio annorum 75, & axis major orbis ejus erit ad axem majorem orbis magni, ut $\sqrt{c}$: 75 × 75 ad 1, seu 1778 ad 100 circiter. Et distantia aphelia cometæ hujus a sole erit ad distantiam mediocrem terræ a sole, ut 35 ad 1 circiter. Quibus cognitis haud difficile fuerit orbem ellipticum cometæ hujus determinare. Atque hæc ita se habebunt si cometa spatio annorum septuaginta quinque in hoc orbe posthac redierit. Cometæ reliqui majori tempore revolvi videntur & altius ascendere.

Cæterum cometæ, ob magnum eorum numerum & magnam apheliorum a sole distantiam & longam moram in apheliis, per gravitates in se mutuo nonnihil turbari debent, & eorum eccentricitates & revolutionum tempora nunc augeri aliquantulum, nunc diminui. Proinde non est expectandum ut cometa idem in eodem orbe & iisdem temporibus periodicis accurate redeat. Sufficit si mutationes non majores obvenerint, quam quæ a causis prædictis oriantur.

Et hinc ratio redditur, cur cometæ non comprehendantur zodiaco more planetarum, sed inde migrent & motibus variis in omnes cœlorum regiones ferantur. Scilicet eo fine, ut in apheliis suis, ubi tardissime moventur, quam longissime distent ab invicem, & se mutuo quam minime trahant. Qua de causa cometæ qui altius descendunt, ideoque tardissime moventur in apheliis, debent altius ascendere.

Cometa, qui anno 1680 apparuit, minus distabat a sole in perihelio suo quam parte sexta diametri solis; & propter summam velocitatem in vicinia illa & densitatem aliquam atmosphæræ solis, resistentiam nonnullam sentire debuit & aliquantulum retardari & propius ad solem accedere: & singulis revolutionibus accedendo ad solem incidet is tandem in corpus solis. Sed & in aphelio, ubi tardissime movetur, aliquando per attractionem aliorum cometarum retardari potest, & subinde in solem incidere. Sic etiam stellæ fixæ, quæ paulatim expirant in lucem & vapores, cometis in ipsas incidentibus refici possunt, & novo alimento accensæ pro stellis novis haberi. Hujus generis sunt stellæ fixæ, quæ subito apparent, & sub initio quam maxime splendent, & subinde paulatim evanescunt. Talis fuit stella in cathedra Cassiopeiæ quam *Cornelius Gemma* octavo *Novembris* 1572 lustrando illam cœli partem nocte serena minime vidit; at nocte proxima (*Novem.* 9) vidit fixis omnibus splendidiorem, & luce sua vix cedentem Veneri. Hanc *Tycho Brahæus* vidit undecimo ejusdem mensis ubi maxime splenduit ; & ex eo tempore paulatim decrescentem & spatio mensium sexdecim evanescentem observavit. Mense *Novembri*, ubi primum apparuit, Venerem luce sua æquabat: Mense *Decembri* nonnihil diminuta Jovem æquare videbatur. Anno 1573 mense *Januario* minor erat Jove & major Sirio, cui in fine *Februarii* & *Martii* initio evasit æqualis. Mense *Aprili* & *Maio* stellis secundæ magnitudinis, *Junio, Julio* & *Augusto* stellis tertiæ magnitudinis, *Septembri, Octobri* & *Novembri* stellis quartæ, *Decembri* & anni 1574 mense *Januario* stellis quintæ, & mense *Februario* stellis sextæ magnitudinis æqualis videbatur, & mense *Martio* ex oculis evanuit. Color illi ab initio clarus, albicans ac splendidus, postea flavus, & anni 1573 mense *Martio* rutilans instar Martis aut stellæ Aldebaran ; *Maio* autem albitudinem sublividam induxit, qualem in Saturno cernimus, quem colorem usque in finem servavit, semper tamen obscurior facta. Talis etiam fuit stella in dextro pede Serpentarii, quam *Kepleri* discipuli anno 1604 die 30 *Septembris* st. vet. apparere cœpisse observarunt & luce sua stellam Jovis superasse, cum nocte præcedente minime apparuisset. Ab eo vero tempore paulatim decrevit, & spatio mensium quindecim vel sexdecim ex oculis evanuit. Tali etiam stella nova supra modum splendente *Hipparchus* ad fixas observandas & in catalogum referendas excitatus fuisse dicitur. Sed fixæ, quæ per vices apparent & evanescunt, quæque paulatim crescunt, & luce sua fixas tertiæ magnitudinis vix unquam superant, videntur esse generis alterius, & revolvendo partem lucidam & partem obscuram per vices ostendere. Vapores autem, qui ex sole & stellis fixis & caudis cometarum oriuntur, incidere possunt per gravitatem suam in atmosphæras planetarum & ibi condensari & converti in aquam & spiritus humidos, & subinde per lentum calorem in sales & sulphura & tincturas & limum & lutum & argillam & arenam & lapides & coralla & substantias alias terrestres paulatim migrare.

SCHOLIUM GENERALE.

Hypothesis vorticum multis premitur difficultatibus. Ut planeta unusquisque radio ad solem ducto areas describat tempori proportionales, tempora periodica partium vorticis deberent esse in duplicata ratione distantiarum a sole. Ut periodica planetarum tempora sint in proportione sesquiplicata distantiarum a sole, tempora periodica partium vorticis deberent esse in sesquiplicata distantiarum proportione. Ut vortices minores circum Saturnum, Jovem & alios planetas gyrati conserventur & tranquille natent in vortice solis, tempora periodica partium vorticis solaris deberent esse æqualia. Revolutiones solis & planetarum circum axes suos, quæ cum motibus vorticum congruere deberent, ab omnibus hisce proportionibus discrepant. Motus cometarum sunt summe regulares, & easdem leges cum planetarum motibus observant, & per vortices explicari nequeunt. Feruntur cometæ motibus valde eccentricis in omnes cœlorum partes, quod fieri non potest nisi vortices tollantur.

Projectilia in aëre nostro solam aëris resistentiam sentiunt. Sublato aëre, ut fit in vacuo *Boyliano*, resistentia cessat, siquidem pluma tenuis & aurum solidum æquali cum velocitate in hoc vacuo cadunt. Et par est ratio spatiorum cœlestium, quæ sunt supra atmosphæram terræ. Corpora omnia in istis spatiis liberrime moveri debent; & propterea planetæ & cometæ in orbibus specie & positione datis secundum leges supra expositas perpetuo revolvi. Perseverabunt quidem in orbibus suis per leges gravitatis, sed regularem orbium situm primitus acquirere per leges hasce minime potuerunt.

Planetæ sex principales revolvuntur circum solem in circulis soli concentricis, eadem motus directione, in eodem plano quamproxime. Lunæ decem revolvuntur circum Terram. Jovem & Saturnum in circulis concentricis, eadem motus directione, in planis orbium planetarum quamproxime. Et hi omnes motus regulares originem non habent ex causis mechanicis; siquidem cometæ in orbibus valde eccentricis, & in omnes cœlorum partes libere feruntur. Quo motus genere cometæ per orbes planetarum celerrime & facillme transeunt, & in apheliis suis, ubi tardiores sunt & diutius morantur, quam longissime distant ab invicem, ut se mutuo quam minime trahant. Elegantissima hæcce solis, planetarum & cometarum compages non nisi consilio & dominio entis intelligentis & potentis oriri potuit. Et si stellæ fixæ sint centra similium systematum, hæc omnia simili consilio constructa suberunt *Unius* dominio: præsertim cum lux fixarum sit ejusdem naturæ ac lux solis, & systemata omnia lucem in omnia invicem immittant. Et ne fixarum systemata per gravitatem suam in se mutuo cadant, hic eadem immensam ab invicem distantiam posuerit.

Hic omnia regit non ut anima mundi, sed ut universorum dominus. Et propter dominium suum, dominus deus ᵃΠαντοκράτωρ dici solet. Nam deus est vox relativa & ad servos refertur : & deitas est dominatio dei, non in corpus proprium, uti sentiunt quibus deus est anima mundi, sed in servos. Deus summus est ens æternum, infinitum, absolute perfectum : sed ens utcunque perfectum sine dominio non est dominus deus. Dicimus enim deus meus, deus vester, deus *Israelis*, deus deorum, & dominus dominorum : sed non dicimus æternus meus, æternus vester, æternus *Israelis*, æternus deorum ; non dicimus infinitus meus, vel perfectus meus. Hæ appellationes relationem non habent ad servos. Vox deus passim ᵇsignificat dominum : sed omnis dominus non est deus. Dominatio entis spiritualis deum constituit, vera verum, summa summum, ficta fictum. Et ex dominatione vera sequitur deum verum esse vivum, intelligentem & potentem ; ex reliquis perfectionibus summum esse, vel summe perfectum. Æternus est & infinitus, omnipotens & omnisciens, id est, durat ab æterno in æternum, & adest ab infinito in infinitum : omnia regit ; & omnia cognoscit, quæ fiunt aut fieri possunt. Non est æternitas & infinitas, sed æternus & infinitus ; non est duratio & spatium, sed durat & adest. Durat semper, & adest ubique, & existendo semper & ubique durationem & spatium constituit. Cum unaquæque spatii particula sit *semper*, & unumquodque durationis indivisibile momentum *ubique*, certe rerum omnium fabricator ac dominus non erit *nunquam*, *nusquam*. Omnis anima sentiens diversis temporibus, & in diversis sensuum, & motuum organis eadem est persona indivisibilis. Partes dantur successivæ in duratione, coexistentes in spatio, neutræ in persona hominis seu principio ejus cogitante ; & multo minus in substantia cogitante dei. Omnis homo, quatenus res sentiens, est unus & idem homo durante vita sua in omnibus & singulis sensuum organis. Deus est unus & idem deus semper & ubique. Omnipræsens est non per *virtutem* solam, sed etiam per *substantiam* : nam virtus sine substantia subsistere non

ᵃ Id est Imperator universalis.

ᵇ *Pocockus* noster vocem *dei* deducit a voce *Arabica du* (& in casu obliquo *di*) quæ dominum significat. Et hoc sensu principes vocantur dii, *Psalm.* lxxxiv 6 & *Joan.* x 45. Et *Moses* dicitur *deus* fratris *Aaron*, & *deus* regis *Pharaoh* (*Exod.* iv 16 & vii 1). Et eodem sensu animæ principum mortuorum olim a gentibus vocabantur dii, sed falso propter defectum dominii.

potest. In ipso *c* continentur & moventur universa, sed sine mutua passione. Deus nihil patitur ex corporum motibus: illa nullam sentiunt resistentiam ex omnipraesentia dei. Deum summum necessario existere in confesso est: Et eadem necessitate *semper* est & *ubique*. Unde etiam totus est sui similis, totus oculus, totus auris, totus cerebrum, totus brachium, totus vis sentiendi, intelligendi, & agendi, sed more minime humano, more minime corporeo, more nobis prorsus incognito. Ut caecus non habet ideam colorum, sic nos ideam non habemus modorum, quibus deus sapientissimus sentit & intelligit omnia. Corpore omni & figura corporea prorsus destituitur, ideoque videri non potest, nec audiri, nec tangi, nec sub specie rei alicujus corporei coli debet. Ideas habemus attributorum ejus, sed quid sit rei alicujus substantia minime cognoscimus. Videmus tantum corporum figuras & colores, audimus tantum sonos, tangimus tantum superficies externas, olfacimus odores solos, & gustamus sapores: intimas substantias nullo sensu, nulla actione reflexa cognoscimus; & multo minus ideam habemus substantiae dei. Hinc cognoscimus solummodo per proprietates ejus & attributa, & per sapientissimas & optimas rerum structuras & causas finales, & admiramur ob perfectiones; veneramur autem & colimus ob dominium. Colimus enim ut servi, & deus sine dominio, providentia, & causis finalibus nihil aliud est quam fatum & natura. A caeca necessitate metaphysica, quae utique eadem est semper & ubique, nulla oritur rerum variatio. Tota rerum conditarum pro locis ac temporibus diversitas ab ideis & voluntate entis necessario existentis solummodo oriri potuit. Dicitur autem deus per allegoriam videre, audire, loqui, ridere, amare, odio habere, cupere, dare, accipere, gaudere, irasci, pugnare, fabricare, condere, construere. Nam sermo omnis de deo a rebus humanis per similitudinem aliquam desumitur, non perfectam quidem, sed aliqualem tamen. Et haec de deo, de quo utique ex phaenomenis disserere ad philosophiam naturalem pertinet.

Hactenus phaenomena caelorum & maris nostri per vim gravitatis

c Ita sentiebant veteres, ut *Pythagoras* apud *Ciceronem* de Natura deorum *lib.* 1; *Thales; Anaxagoras; Virgilius* Georgic. *lib.* iv *v.* 220, & Aeneid. *lib.* 6. *v.* 721; *Philo* Allegor. *lib.* 1 sub initio; *Aratus* in Phaenom. sub initio. Ita etiam scriptores sacri ut *Paulus* in Act. xvii 27, 28; *Johannes* in Evang. xiv 2; *Moses* in Deut. iv 39, & x 14; *David* Psal. cxxxix 7, 8, 9; *Solomon* 1 Reg. viii 27; *Job* xxii 12, 13, 14; *Jeremias* xxiii 23, 24. Fingebant autem idololatrae solem, lunam & astra, animas hominum & alias mundi partes esse partes dei summi & ideo colendas sed falso.

exposui, sed causam gravitatis nondum assignavi.   Oritur utique hæc
vis a causa aliqua, quæ penetrat ad usque centra solis & planetarum
sine virtutis diminutione; quæque agit non pro quantitate *superficierum* particularum, in quas agit (ut solent causæ mechanicæ) sed
pro quantitate materiæ *solidæ;* & cujus actio in immensas distantias
undique extenditur, decrescendo semper in duplicata ratione distantiarum.   Gravitas in solem componitur ex gravitatibus in singulas
solis particulas, & recedendo a sole decrescit accurate in duplicata
ratione distantiarum ad usque orbem Saturni, ut ex quiete apheliorum planetarum manifestum est, & ad usque ultima cometarum
aphelia, si modo aphelia illa quiescant.   Rationem vero harum
gravitatis proprietatum ex phænomenis nondum potui deducere,
& hypotheses non fingo.   Quicquid enim ex phænomenis non
deducitur, *hypothesis* vocanda est; & hypotheses seu metaphysicæ,
seu physicæ, seu qualitatum occultarum, seu mechanicæ, in *philosophia
experimentali* locum non habent.   In hac philosophia propositiones
deducuntur ex phænomenis, & redduntur generales per inductionem.
Sic impenetrabilitas, mobilitas & impetus corporum & leges motuum
& gravitatis innotuerunt.   Et satis est quod gravitas revera existat,
& agat secundum leges a nobis expositas, & ad corporum cælestium
& maris nostri motus omnes sufficiat.

Adjicere jam liceret nonnulla de spiritu quodam subtilissimo
corpora crassa pervadente, & in iisdem latente; cujus vi & actionibus
particulæ corporum ad minimas distantias se mutuo attrahunt, &
contiguæ factæ cohærent; & corpora electrica agunt ad distantias
majores, tam repellendo quam attrahendo corpuscula vicina; & lux
emittitur, reflectitur, refringitur, inflectitur, & corpora calefacit;
& sensatio omnis excitatur, & membra animalium ad voluntatem
moventur, vibrationibus scilicet hujus spiritus per solida nervorum
capillamenta ab externis sensuum organis ad cerebrum & a cerebro
in musculos propagatis.   Sed hæc paucis exponi non possunt; neque
adest sufficiens copia experimentorum, quibus leges actionum hujus
spiritus accurate determinari & monstrari debent.

FINIS.

INDEX RERUM

ALPHABETICUS.

N. B. *Citationes factæ sunt ad normam sequentis exempli.* III, 10: 484, 16: 514, 6 *designant libri tertii propositionem decimam: paginæ* 484^{tæ} *lineam* 16^{nam}: *paginæ* 514^{æ} *lineam* 6^{am}.

PRINTED BY ROBERT MACLEHOSE.

www.ingramcontent.com/pod-product-compliance
Lightning Source LLC
Chambersburg PA
CBHW081426170526
45166CB00008B/2112